国家卫生健康委员会“十四五”规划教材
全国高等学校药学类专业第九轮规划教材
供药学类专业用

生物技术制药

第4版

主　编　王凤山　邹全明

副主编　唐晓波　黄　昆

编　者（以姓氏笔画为序）

王　毅（吉林大学药学院）
王凤山（山东大学药学院）
邹全明（中国人民解放军陆军军医大学）
房　月（中国医科大学）
唐晓波（哈尔滨医科大学）
黄　昆（华中科技大学同济医学院）
崔慧斐（山东大学药学院）
詹金彪（浙江大学医学院）
蔡　琳（温州医科大学）
鞠佃文（复旦大学药学院）

人民卫生出版社
·北　京·

图书在版编目（CIP）数据

生物技术制药 / 王凤山，邹全明主编 . —4 版 . —北京：人民卫生出版社，2022.11（2024.12重印）

ISBN 978-7-117-33476-1

Ⅰ. ①生… Ⅱ. ①王…②邹… Ⅲ. ①生物制品 – 生产工艺 Ⅳ. ①TQ464

中国版本图书馆 CIP 数据核字（2022）第 158556 号

生物技术制药

Shengwu Jishu Zhiyao

第 4 版

主　　编：王凤山　邹全明
出版发行：人民卫生出版社（中继线 010-59780011）
地　　址：北京市朝阳区潘家园南里 19 号
邮　　编：100021
E - mail：pmph @ pmph.com
购书热线：010-59787592　010-59787584　010-65264830
印　　刷：中煤（北京）印务有限公司
经　　销：新华书店
开　　本：850 × 1168　1/16　　**印张：**20
字　　数：578 千字
版　　次：2007 年 7 月第 1 版　　2022 年 11 月第 4 版
印　　次：2024 年 12 月第 5 次印刷
标准书号：ISBN 978-7-117-33476-1
定　　价：72.00 元
打击盗版举报电话：010-59787491　E-mail：WQ @ pmph.com
质量问题联系电话：010-59787234　E-mail：zhiliang @ pmph.com
数字融合服务电话：4001118166　E-mail：zengzhi @ pmph.com

出版说明

全国高等学校药学类专业规划教材是我国历史最悠久、影响力最广、发行量最大的药学类专业高等教育教材。本套教材于 1979 年出版第 1 版，至今已有 43 年的历史，历经八轮修订，通过几代药学专家的辛勤劳动和智慧创新，得以不断传承和发展，为我国药学类专业的人才培养作出了重要贡献。

目前，高等药学教育正面临着新的要求和任务。一方面，随着我国高等教育改革的不断深入，课程思政建设工作的不断推进，药学类专业的办学形式、专业种类、教学方式呈多样化发展，我国高等药学教育进入了一个新的时期。另一方面，在全面实施健康中国战略的背景下，药学领域正由仿制药为主向原创新药为主转变，药学服务模式正由“以药品为中心”向“以患者为中心”转变。这对新形势下的高等药学教育提出了新的挑战。

为助力高等药学教育高质量发展，推动“新医科”背景下“新药科”建设，适应新形势下高等学校药学类专业教育教学、学科建设和人才培养的需要，进一步做好药学类专业本科教材的组织规划和质量保障工作，人民卫生出版社经广泛、深入的调研和论证，全面启动了全国高等学校药学类专业第九轮规划教材的修订编写工作。

本次修订出版的全国高等学校药学类专业第九轮规划教材共 35 种，其中在第八轮规划教材的基础上修订 33 种，为满足生物制药专业的教学需求新编教材 2 种，分别为《生物药物分析》和《生物技术药物学》。全套教材均为国家卫生健康委员会“十四五”规划教材。

本轮教材具有如下特点：

1. 坚持传承创新，体现时代特色　本轮教材继承和巩固了前八轮教材建设的工作成果，根据近几年新出台的国家政策法规、《中华人民共和国药典》(2020 年版）等进行更新，同时删减老旧内容，以保证教材内容的先进性。继续坚持“三基”“五性”“三特定”的原则，做到前后知识衔接有序，避免不同课程之间内容的交叉重复。

2. 深化思政教育，坚定理想信念　本轮教材以习近平新时代中国特色社会主义思想为指导，将“立德树人”放在突出地位，使教材体现的教育思想和理念、人才培养的目标和内容，服务于中国特色社会主义事业。各门教材根据自身特点，融入思想政治教育，激发学生的爱国主义情怀以及敢于创新、勇攀高峰的科学精神。

3. 完善教材体系，优化编写模式　根据高等药学教育改革与发展趋势，本轮教材以主干教材为主体，辅以配套教材与数字化资源。同时，强化“案例教学”的编写方式，并多配图表，让知识更加形象直观，便于教师讲授与学生理解。

4. 注重技能培养，对接岗位需求　本轮教材紧密联系药物研发、生产、质控、应用及药学服务等方面的工作实际，在做到理论知识深入浅出、难度适宜的基础上，注重理论与实践的结合。部分实操性强的课程配有实验指导类配套教材，强化实践技能的培养，提升学生的实践能力。

5. 顺应“互联网 + 教育”，推进纸数融合　本次修订在完善纸质教材内容的同时，同步建设了以纸质教材内容为核心的多样化的数字化教学资源，通过在纸质教材中添加二维码的方式，“无缝隙”地链接视频、动画、图片、PPT、音频、文档等富媒体资源，将“线上”“线下”教学有机融合，以满足学生个性化、自主性的学习要求。

众多学术水平一流和教学经验丰富的专家教授以高度负责、严谨认真的态度参与了本套教材的编写工作，付出了诸多心血，各参编院校对编写工作的顺利开展给予了大力支持，在此对相关单位和各位专家表示诚挚的感谢！教材出版后，各位教师、学生在使用过程中，如发现问题请反馈给我们（renweiyaoxue@163.com），以便及时更正和修订完善。

人民卫生出版社

2022 年 3 月

主编简介

王凤山

山东大学教授，博士生导师，国家糖工程技术研究中心副主任，山东大学药品监管科学研究院执行院长，国家药品监督管理局糖药物质量研究与评价重点实验室主任，山东大学淄博生物医药研究院院长，山东大学药学院生化与生物技术药物研究所所长。国务院政府特殊津贴享受者，山东省泰山学者——药学特聘专家。自1986年起在山东大学药学院任教至今。主要学术兼职有：中国药学会第二十四届理事会理事兼第九届生化与生物技术药物专业委员会副主任委员；中国生化制药工业协会专家委员会主任委员；山东省药学会副理事长。主要研究方向：生物技术药物、多糖类药物及蛋白质与多肽类药物。主编国家级规划教材与专著12部，参编12部，发表学术论文400余篇。

邹全明

中国人民解放军陆军军医大学教授，博士生导师，国家免疫生物制品工程技术研究中心主任，国务院学位委员会药学学科评议组成员。从教35年，讲授生物技术制药、免疫学和临床免疫学与检验等多门课程，获重庆市教学成果奖二等奖、中国人民解放军军队院校育才奖银奖，被评为“最受学生喜爱的老师”。主编、参编教材与专著13部。成功主持研制国际首个预防胃病的幽门螺杆菌疫苗，获1.1类新药证书；主研的国际首个五组分金黄色葡萄球菌疫苗开展Ⅲ期临床试验。发表研究论著200余篇；获国家技术发明奖二等奖、国家科技计划执行突出贡献奖等。获中央军委主席习近平签署通令记个人二等功。

副主编简介

唐晓波

哈尔滨医科大学三级教授。生物制药学教研室主任，国家科技奖励评审专家，《中华地方病学杂志》英文编辑。从事本科生教学 17 年，主讲生物技术制药，讲授药学分子生物学。发表教学论文 6 篇。主持并完成国家自然科学基金面上项目 2 项。发表科研论文 71 篇，其中 SCI 收录 24 篇。获省部级科技进步奖二等奖 1 项、三等奖 1 项、地厅级一等奖 5 项。获得发明专利授权 5 项。

黄　昆

华中科技大学同济医学院药学院教授、博士生导师，华中科技大学医学学科与发展规划办公室主任。教育部“长江学者”特聘教授、国家“百千万人才工程”入选者暨“有突出贡献中青年专家”，获得国家优秀青年科学基金、教育部“新世纪优秀人才”、“湖北省自然科学基金创新群体”、“湖北省杰出青年科学基金”、中国药学会 - 赛诺菲安万特青年生物药物奖等荣誉或称号。作为主编、副主编、编委等编写各级规划教材 8 部。从事代谢疾病和抗肿瘤药物研发，先后主持国家和省部级项目 20 余项，已发表 SCI 论文 100 余篇，被引用 4 000 余次。

前 言

生物技术制药是指利用基因工程、细胞工程、发酵工程、酶工程、蛋白质工程等生物技术的原理和方法，研究、开发和生产用于预防、治疗与诊断疾病的药物的一门科学。1968 年限制性内切核酸酶的发现，使人们有了可以操作基因的工具，为生物技术制药业的发展奠定了基础，现已成为生物技术产业中极为辉煌的领域之一。至今已有 300 余种生物技术药物上市，用于治疗和预防心肌梗死、脑卒中、多发性硬化症、类风湿关节炎、肿瘤、糖尿病等疾病，还有几百种生物技术药物正处于Ⅰ期到Ⅲ期临床研究中。生物技术制药已发展成为一门新学科，且发展迅猛。随着我国步入“十四五”时期，我们在《生物技术制药》(第 3 版)的基础上修订编写了《生物技术制药》(第 4 版)，以供全国高等学校药学类专业或相关专业学生使用。

基于生物技术制药科学的发展，与第 3 版相比，本版教材在内容上有了一定的更新。特别是随着核酸药物的发展以及将干细胞、嵌合抗原受体 T 细胞(chimeric antigen receptor T cell，CAR-T)等治疗细胞纳入药物审评、监管，为了更充分体现生物技术制药的内涵发展，第 4 版教材将第 3 版教材的“第十章 新型生物技术制药”分为两章内容，即“第十章 核酸药物及其制备技术”和“第十一章 细胞药物及其制备技术”。为了有利于教和学，特别是为了便于学生对相关知识有更好的理解与掌握，本版教材还配有数字内容，同时也注意引入了思政内容。

本教材共十一章。其中，第一章由山东大学药学院王凤山编写，第二章由浙江大学医学院詹金彪编写，第三章由山东大学药学院崔慧斐编写，第四章由哈尔滨医科大学唐晓波编写，第五章由中国人民解放军陆军军医大学邹全明编写，第六章由温州医科大学蔡琳编写，第七章由复旦大学药学院鞠佃文编写，第八章由华中科技大学同济医学院黄昆编写，第九章由山东大学药学院王凤山编写，第十章由吉林大学药学院王毅编写，第十一章由中国医科大学房月编写。教材在各章均阐明了每种生物技术的概念、制备原理和方法及特点，同时还介绍了它们在制药工业上的应用实例，使读者能对每种生物技术及其制药应用有系统的认识与了解。

本教材在编写过程中得到了各参编院校的支持与帮助，在此一并表示感谢。由于编者学术水平及编写能力有限，难免有疏漏、错误和不当之处，诚请读者批评指正。

王凤山　邹全明

2022 年 1 月

目　录

第一章

绪　　论

学习要求:

1. **掌握**　生物技术、生物技术药物、生物技术制药的概念。
2. **熟悉**　生物技术药物的特性、生物技术制药的主要研究内容与任务。
3. **了解**　生物技术药物的分类、生物技术制药的发展历程和趋势。

第一章
教学课件

一、生物技术的概念

生物技术(biotechnology)又称为生物工程(bioengineering),是指人们以现代生命科学为基础,结合先进的工程技术手段和其他基础学科的科学原理,按照预先的设计改造生物体或加工生物原料,为人类生产出所需产品或达到某种目的的技术。生物技术所涉及的学科包括生物化学、分子生物学、分子遗传学、微生物学、细胞生物学、免疫学、药学、化学工程、计算机技术等。按照传统的说法,生物技术包括的内容主要是基因工程、细胞工程、发酵工程和酶工程这四大工程。由于生物技术与生命科学的飞速发展和学科之间的相互渗透,生物技术所包含的内容不断扩大,如蛋白质工程、抗体工程、糖链工程、海洋生物技术、生物转化等。

1. 基因工程　基因工程(genetic engineering),也称遗传工程,是现代生物技术的核心和主导。其主要原理是应用人工方法把生物的遗传物质(通常是 DNA 或其片段)分离出来,在体外进行切割、拼接和重组,然后将重组了的 DNA 导入某种宿主细胞或个体,从而改变它们的遗传品性;有时还使目的基因在新的宿主细胞或个体中大量表达,以获得基因产物(多肽或蛋白质)。由于它是在 DNA 分子水平上“动手术”,又称为“重组 DNA 技术”“分子水平杂交技术”或称“基因操作”。

2. 细胞工程　细胞工程(cell engineering)是指以细胞为基本单位,在体外条件下进行培养、繁殖,或人为地使细胞某些生物学特性按人们的意愿发生改变,从而达到改良生物品种、创造新品种或获得某种有用物质的过程。由于细胞工程是在细胞水平上“动手术”,又称为“细胞操作技术”。

3. 发酵工程　发酵工程(fermentation engineering)是通过现代技术手段,利用微生物的特殊功能生产有用的物质,或直接将微生物应用于工业生产的一种技术体系。这项技术主要包括菌种选育、菌种生产、代谢产物的发酵生产以及微生物机能的利用等技术。

4. 酶工程　酶工程(enzyme engineering)是利用酶或细胞所具有的特异催化功能,或对酶进行修饰改造,并借助生物反应器和工艺过程来生产人类所需产品的一项技术。它主要包括酶的开发和生产、酶的分离和纯化、酶的固定化、反应器的研制、酶的应用等内容。

5. 蛋白质工程　蛋白质工程(protein engineering)是一门从改变基因入手制造新型蛋白质的技术。其过程是:先找到一个与这种新型蛋白质的基因接近的基因,然后修改这个基因(用定位突变技术修改这个基因的核酸序列),再把修改好的基因植入细菌或其他生物的细胞里,让细菌或宿主细胞产生出人们想要的新型蛋白质。它与基因工程的区别在于:前者是利用基因拼接技术用生物生产已存在的蛋白质;后者则是通过改变基因顺序来改变蛋白质的结构,生产新的蛋白质。因此,蛋白质工程又被称为“第二代基因工程”。

6. 抗体工程　抗体工程(antibody engineering)是应用细胞生物学或分子生物学手段在体外进行

遗传学操作，改变抗体的结构和生物学特性，以获得具有适合人们需要的、有特定生物学特性和功能的新抗体，或建立能够稳定获得高质量和产量抗体的技术。

7. 糖链工程 糖链工程(glycotechnology)是利用化学、生物、仪器分析等手段，研究糖蛋白糖链的技术，内容包括糖链的制备、糖链结构的分析、糖链与蛋白质的连接方式研究、糖链对蛋白质功能与活性的影响研究、蛋白质糖基化技术研究等。

8. 海洋生物技术 海洋生物技术(marine biotechnology)是指运用海洋生物学与工程学的原理和方法，利用海洋生物或生物代谢过程，生产有用物质或定向改良海洋生物遗传特性所形成的技术。

9. 生物转化 生物转化(bioconversion，biotransformation)也称生物催化(biocatalysis)，是指利用酶或有机体(细胞、细胞器)作为催化剂实现化学转化的过程，是生物体系的酶制剂对外源性底物进行结构修饰所发生的化学反应。微生物因其培养简单、种类繁多、酶系丰富而成为生物转化中最常见的有机体。

10. 合成生物学 合成生物学(synthetic biology)是一个将科学、技术和工程相结合，设计和构建新的生物部件或系统，或对自然界的已有生物系统进行重新设计，以高效产生所需物质的技术体系。

生物技术自产生以来，由于其发展的迅速性和应用的广泛性，已被应用到国民经济的各领域，形成了各领域特殊的生物技术，如医学生物技术、药物生物技术、农业生物技术、植物生物技术、动物生物技术、食品生物技术、环境生物技术等。

二、生物技术药物

(一) 生物技术药物的概念

生物药物(biological drug)是指运用生物学、微生物学、医学、化学、生物化学、药学等学科的原理、方法和成果，从生物体、生物组织、细胞、体液等制造的一类用于预防、治疗和诊断疾病的制品。这类制品包括生物体的初级和次级代谢产物，或生物体的某一组成部分，甚至整个生物体，主要有蛋白质、核酸、糖类、脂类等。

生物技术药物(biotechnological drug，biotech drug)是指采用重组 DNA 技术或其他生物技术生产的用于预防、治疗和诊断疾病的药物，主要是重组蛋白或核酸类药物，如细胞因子、纤溶酶原激活剂、重组血浆因子、生长因子、融合蛋白、受体、疫苗、单克隆抗体、反义核酸、小干扰 RNA 等。

(二) 生物技术药物的分类

生物技术药物可根据用途、作用类型、生化特性来进行分类。

1. 按用途分类

(1) 治疗药物：如用于肿瘤治疗或辅助治疗的药物，如天冬酰胺酶、白细胞介素 -2、集落细胞刺激因子等；用于内分泌疾病治疗的药物，如胰岛素、生长素、甲状腺素等；用于心血管系统疾病治疗的药物，如血管舒缓素、弹性蛋白酶等；用于血液和造血系统的药物，如尿激酶、凝血酶、凝血因子Ⅷ和Ⅸ、组织型纤溶酶原激活剂、促红细胞生成素等；抗病毒药物如干扰素等。

(2) 预防药物：预防药物主要是疫苗，如乙型肝炎疫苗、伤寒疫苗、麻疹减毒活疫苗、卡介苗等。

(3) 诊断药物：绝大部分临床诊断试剂都来自生物技术。常见的诊断试剂包括：①免疫诊断试剂，如乙型肝炎表面抗原血凝制剂、乙型脑炎抗原和链球菌溶血素、流行性感冒(简称流感)病毒诊断血清、甲胎蛋白诊断血清等；②酶联免疫诊断试剂，如乙型肝炎病毒表面抗原诊断试剂盒、获得性免疫缺陷综合征(AIDS)诊断试剂盒等；③器官功能诊断药物，如磷酸组胺、促甲状腺素释放激素、促性腺激素释放激素等；④放射性核素诊断药物，如 ^{131}I- 血清白蛋白等；⑤诊断用单克隆抗体，如结核菌素纯蛋白衍生物、卡介苗纯蛋白衍生物等；⑥诊断用 DNA 芯片，如用于遗传病和癌症诊断的基因芯片等。

2. 按作用类型分类

(1) 细胞因子类药物：如白细胞介素、干扰素、集落刺激因子等。

(2) 激素类药物：如人胰岛素、人生长激素等。

(3) 酶类药物：如胰酶、胃蛋白酶、胰蛋白酶、天冬酰胺酶、尿激酶、凝血酶等。

(4) 疫苗：如脊髓灰质炎疫苗、甲型肝炎疫苗、流感疫苗等。

(5) 单克隆抗体药物：如利妥昔单抗、曲妥珠单抗等。

(6) 反义核酸药物：如诺西那生钠[Spinraza，别名 nusinersen，靶点是生存运动神经元 -2（*SMN2*）基因]等。

(7) RNA 干扰（RNAi）药物：如 Onpattro（patisiran）（靶点是转甲状腺素蛋白，TTR）、givlaari（givosiran）（靶点是氨基乙酰丙酸合成酶 1，ALAS1）、Oxlumo（lumasiran）（靶点是羟基酸氧化酶 1，HAO1）、Leqvio（inclisiran）（靶点是 Pcsk9）等。

(8) 基因治疗药物：如重组人 p53 腺病毒注射液等。

3. 按生化特性分类

(1) 多肽类药物：如胸腺肽 α-1、胸腺五肽、奥曲肽、降钙素、催产素等。

(2) 蛋白质类药物：如绒促性素、人血白蛋白、神经生长因子、肿瘤坏死因子等。

(3) 核酸类药物：如腺苷三磷酸（ATP）、辅酶 A、三氟胸苷、齐多夫定、阿糖腺苷等。

(4) 聚乙二醇（PEG）化多肽或蛋白质药物：如 PEG 修饰的干扰素 α-2b（interferon alfa-2b）、干扰素 α-2a（interferon alfa-2a）等。

（三）生物技术药物的特性

生物技术药物的化学本质一般为通过现代生物技术制备的多肽、蛋白质、核酸及它们的衍生物，与小分子化学药物相比，在理化性质、药理学作用、生产制备和质量控制方面都有其特殊性。

1. 理化性质特性

(1) 相对分子质量大：生物技术药物的分子一般为多肽、蛋白质、核酸或它们的衍生物，相对分子质量（M_r）在几千至几万，甚至几十万。如人胰岛素的 M_r 为 5.734kDa，人促红细胞生成素（EPO）的 M_r 为 34kDa 左右，L- 天冬酰胺酶的 M_r 为 135.184kDa。

(2) 结构复杂：蛋白质和核酸均为生物大分子，除一级结构外还有二、三级结构，有些由两个以上亚基组成的蛋白质还有四级结构。另外，具有糖基化修饰的糖蛋白类药物其结构就更为复杂，糖链的多少、长短及连接位置均影响糖蛋白类药物的活性。这些因素均决定了生物技术药物结构的复杂性。

(3) 稳定性差：多肽、蛋白质类药物稳定性差，极易受温度、pH、化学试剂、机械应力与超声波、空气氧化、表面吸附、光照等的影响而变性失活。多肽、蛋白质、核酸（特别是 RNA）类药物还易受蛋白酶或核酸酶的作用而发生降解。

2. 药理学作用特性

(1) 活性与作用机制明确：作为生物技术药物的多肽、蛋白质、核酸，是在医学、生物学、生物化学、遗传学等基础学科对正常与异常的生命现象研究过程中发现的生物活性物质或经过优化改造的这类物质，这些物质的活性和对生理功能的调节机制是比较清楚的。比如在清楚地了解胰岛素在糖代谢中的作用以后开发了具有降血糖作用的胰岛素；在大量的研究证明 *p53* 基因是抑癌基因以后，将含 *p53* 基因的重组腺病毒颗粒开发成了抗肿瘤药物。

(2) 作用针对性强：作为生物技术药物的多肽、蛋白质、核酸在生物体内均参与特定的生理生化过程，有其特定的作用靶分子（受体）、靶细胞或靶器官。如多肽与蛋白质激素类药物是通过与它们的受体结合来发挥其作用的，单克隆抗体则通过与其特定的抗原结合而发挥作用，疫苗则刺激机体产生特异性抗体来发挥预防和治疗疾病的作用。

(3) 毒性低：生物技术药物本身是体内天然存在的物质或它们的衍生物，而不是体内原先不存在的物质，机体对该类物质具有相容性，并且这类药物在体内被分解代谢后，其代谢产物还会被机体利用合成其他物质，因此大多数生物技术药物在正常剂量情况下一般不会产生毒性。

(4) 体内半衰期短：多肽、蛋白质、核酸类药物可被体内相应的酶（肽酶、蛋白酶、核酸酶）所降解，对于分子质量较大的蛋白质还会遭到免疫系统的清除作用，因此生物技术药物一般体内半衰期均较短。如胸腺肽 α-1 在体内的半衰期为 100 分钟，超氧化物歧化酶（SOD）的消除半衰期为 6~10 分钟，对于小肽其半衰期更短，如胸腺五肽只有不到 1 分钟。

(5) 有种属特异性：许多生物技术药物的药理活性有种属特异性，如某些人源基因编码的多肽或蛋白质类药物，其与动物的相应多肽或蛋白质的同源性有很大差别，因此对一些动物无药理活性。人生长激素（GH）由 191 个氨基酸残基组成，与其他脊椎动物的 GH 相比，约有 1/3 氨基酸残基序列不同，猪、牛、羊等的 GH 对灵长类并不呈现明显的促生长效应。

(6) 可产生免疫原性：许多来源于人的生物技术药物对动物有免疫原性，所以重复将这类药物给予动物将会产生抗体。有些人源性的蛋白质在人体中也能产生抗体，可能是重组药物蛋白质在结构及构型上与人体天然蛋白质有所不同所致。

3. 生产制备特性

(1) 药物分子在原料中的含量低：生物技术药物一般由发酵工程菌或培养细胞来制备，发酵或培养液中所含欲分离的物质浓度很低，常常低于 100mg/L。这样，就要求对原料进行高度浓缩，从而使成本增大。

(2) 原料液中常存在降解目标产物的杂质：生物技术药物一般为多肽或蛋白质类物质，极易受原料液中一些杂质（如酶）的作用而发生降解。因此，要采取快速的分离纯化方法以除去影响目标产物稳定性的杂质。

(3) 制备工艺条件温和：欲分离的药物分子通常很不稳定，遇热、极端 pH、有机溶剂会引起失活或分解，在分离过程中稍不注意就会引起失活或降解。因此，分离纯化过程的操作条件一般较温和，以满足维持生物物质生物活性的要求。

(4) 分离纯化困难：原料液中常存在与目标分子在结构、构成成分等理化性质上及其相似的分子及异构体，形成用常规方法难以分离的混合物。因此，需要用多种不同原理的层析单元操作才能达到药用纯度。

(5) 产品易受有害物质污染：生物技术药物的分子及其所存在的环境物质均为营养物质，极易受到微生物的污染而产生一些有害杂质，如热原。另外，产品中还易残存具有免疫原性的物质。这些有害杂质必须在制备过程中完全去除。

4. 质量控制特性　由于生物技术药物均为大分子药物，其生产菌种（或细胞）、生产工艺均影响最终产品的质量，产品中相关物质的来源和种类与化学药物和中药不同，因此这类药物的质量标准的制定和质量控制项目也与化学药物和中药不同。

(1) 质量标准内容的特殊性：生物技术药物的质量标准包括基本要求、制造、检定等内容，而化学药物的质量标准则主要包括性状、鉴别、检查、含量测定等内容。

(2) 制造项下的特殊规定：对于利用哺乳动物细胞生产的生物技术药物，在本项下要写出工程细胞的情况，包括：名称及来源，细胞库建立、传代及保存，主细胞库及工作细胞库细胞的检定；对于利用工程菌生产的生物技术药物，在本项下要写出工程菌菌种的情况，包括：名称及来源，种子批的建立，菌种检定。本项下还要写出原液和成品的制备方法。

(3) 检定项下的特殊规定：在本项下规定了对原液、半成品和成品的检定内容与方法。原液检定项目包括生物学活性、蛋白质含量、比活性、纯度（两种方法）、分子量、外源性 DNA 残留量、鼠 IgG 残留量（采用单克隆抗体亲和纯化时）、宿主菌蛋白质残留量、残余抗生素活性、细菌内毒素检查、等电点、紫外光谱、肽图、N 端氨基酸序列（至少每年测定 1 次）；半成品检定项目包括细菌内毒素检查、无菌检查；成品检定项目除一般相应成品药的检定项目外，还要查生物学活性、残余抗生素活性、异常毒性等。

三、生物技术制药的概念和主要研究内容与任务

（一）生物技术制药的概念

生物技术制药（biotechnological pharmaceutics）是指利用基因工程、细胞工程、发酵工程、酶工程、蛋白质工程等生物技术的原理和方法，来研究、开发与生产用于预防、治疗和诊断疾病的药物的一门科学。

（二）生物技术制药的主要研究内容与任务

生物技术制药的主要研究内容包括两方面，即生物制药技术的研究、开发与应用和利用生物技术研究、开发和生产药物。

1. 生物制药技术的研究、开发与应用　生物制药技术的研究内容与任务就是要不断地研究、改进和完善基因工程、细胞工程、发酵工程、酶工程等生物技术，并且把生物技术内各项技术与其他学科的先进技术融合在一起，创造和发展新的生物技术。如：基因工程、细胞工程、蛋白质工程与单克隆抗体技术相结合产生的抗体工程；基因工程、酶工程、蛋白质工程与质谱技术相结合产生的糖链工程；细胞工程与生物传感器技术、微电子技术、自动控制相结合研制出的哺乳动物细胞大规模培养生物反应器等。这些生物制药技术的研究、开发与应用不仅使生物技术制药的生产规模得以显著放大、生产效率显著提高，而且使新的生物技术药物不断被研究、开发和生产。

2. 利用生物技术研究、开发和生产药物

（1）应用基因工程技术大量生产天然存在量极微或难以获得的药物：在自然界存在许多具有特殊生物活性和治疗作用的物质，它们含量极微或不可能大量获得，如生长激素释放抑制因子、人生长激素、人胰岛素、各种细胞生长因子等。许多这些物质的作用都有种属特异性，即只有人来源的这些物质才能对人类疾病的治疗有效，但从人的器官和组织进行大量提取是不可能的。有些物质即使能从动物提取，但由于含量极微，在经济上也不合算。自从 1982 年第一个基因重组产品——人胰岛素上市以来，美国已批准 100 多个生物技术药品上市，我国也有 50 多种产品上市。

（2）应用蛋白质工程技术设计新的药物：有些天然蛋白质类药物存在一些缺点，可用定位突变技术更换某些关键氨基酸残基来克服。例如天然白细胞介素 -2（IL-2）的第 125 位氨基酸残基为半胱氨酸，它的存在容易使 IL-2 在表达之后，两个 IL-2 分子的半胱氨酸残基形成二硫键而形成聚合体，引起活性的降低。将该位点的半胱氨酸突变为丝氨酸，所得的突变 IL-2 不会形成二聚体，活性高、稳定性好。

也可用蛋白质工程技术增加、删除或调整分子上的某些肽段。如将大肠埃希菌表达的组织型纤溶酶原激活剂（tPA）A 链的 F、G、K1 3 个结构域除去，只留下 A 链的 K2 结构域和 B 链，从而使其失去肝细胞识别的 A 链非糖链的依赖结构，结果半衰期从 5~6 分钟上升到了 11.6~15.4 分钟。

还可用蛋白质工程技术将功能互补的两种基因工程药物在基因水平上融合。通过基因融合而获得的嵌合型药物，其功能不仅是原有药物功能的加和，还会出现新的药理作用。如 IL-6 与 IL-2 融合表达产物 CH925 除具有两者的活性外，还可提高不同级别红细胞祖细胞的生长。

（3）应用酶工程改变药用酶的性质：天然来源的药用酶在应用上存在许多缺点，如稳定性差、有抗原性、体内半衰期短等，用一定的分子通过化学反应对酶分子进行化学修饰，可使这些性质得到改善。例如猪血 SOD 存在体内半衰期短、有一定的抗原性等缺点，用聚乙二醇（PEG）修饰后可使其半衰期由几分钟延长至 1 个多小时，抗原性几乎全部丧失，用低抗凝活性肝素修饰的 SOD 还能增强其抗炎活性。

（4）应用生物技术改造传统制药工艺：传统制药大多通过化学反应工艺来获得所需的药品，往往存在产率低和对设备条件要求高（如高温、高压）等缺点。传统的通过发酵手段生产药物的工艺也存有转化率低、分离纯化困难的不足。这些缺点和不足正随着生物技术在制药工艺方面的应用而被

克服。

利用酶转化法，尤其是应用固定化生物反应器改进制药工艺，已在有机酸、氨基酸、核苷酸、抗生素、维生素、甾体激素等领域取得显著成效。如用酶转化法生产 L- 天冬氨酸、L- 丙氨酸、L- 色氨酸的收率可达 100%；应用固定化微生物细胞生产抗生素也在土霉素、青霉素、柔红霉素、赤霉素等品种取得进展。这些工艺的特点是在温和的条件下进行，转化效率高，产物与反应物易分离。

四、生物技术制药的发展历程和趋势

1919 年匈牙利的 *Agricultural Engineer* 杂志首次使用"生物技术"一词。其后经过了漫长的 50 年，生物技术基本上在发酵工程这一领域发展，医药工作者通过微生物发酵获得了"抗生素"，用于治疗感染性疾病。1968 年，Matthew Meselson 和 Rober Yuan 发现限制性内切核酸酶，使基因工程成为生物技术上的一个亮点。1973 年美国加利福尼亚大学旧金山分校的 Herbert Boyer 教授和斯坦福大学的 Stanley Cohen 教授共同完成的基因工程实验为现代生物技术的标志，并启动了生物技术制药业飞速发展的五个十年。

第一个十年是从 20 世纪 70 年代中期至 80 年代中期，是生物时代。在这十年中，生物技术包括重组 DNA、DNA 的合成、蛋白质的合成、DNA 和蛋白质的微量测序等技术得到了迅猛的发展，并且出现了重组蛋白和单克隆抗体等新型药物。1982 年，第一个生物技术药物——利用细菌生产的人胰岛素获得美国食品药品管理局（FDA）批准并投放市场，它标志着现代生物技术医药产业的兴起。

第二个十年是从 20 世纪 80 年代中期至 90 年代中期，是技术平台时代。在此期间建立了高通量筛选、组合化学、胚胎干细胞技术等平台。治疗的新模式有反义核酸药物、基因治疗以及在治疗中添加使用重组蛋白。在这个时代，很多生物技术及平台被用于药物的探索性研究。开发的产品有胰岛素、干扰素、促红细胞生成素（EPO）、细胞集落刺激因子（CSF）、人生长激素等。

第三个十年是从 20 世纪 90 年代中期到 2000 年中期，被称为基因组时代。技术的发展包括基因组、高通量的测序、基因芯片、生物信息、生物能源、生物光电、生物传感器、蛋白质组学、功能基因组学等新技术。在这个时代，更多的技术被应用于制药工程，药物研发的思路和策略也有突破性的进展或改变，更多的新药被成功开发。

第四个十年是从 2000 年中期至 2010 年中期，被称为后基因组时代。技术发展包括功能基因与功能蛋白的发现、功能蛋白的改造、人源化单克隆抗体的制备、基因工程疫苗的制备、基因治疗剂与 RNA 治疗剂的设计与开发、干细胞治疗及组织工程的研究与应用等。

第五个十年是从 2010 年中期至今，为基因编辑和合成生物学时代。2010 年中期之后，新一代基因编辑技术已可以对生物体的基因组序列进行靶向性修改，从而改变生物体或物种的基因组序列。该技术克服了改变微生物、植物、动物和人类遗传组成过程的一些技术障碍，现如今对基因组的改变和修饰更为精确、高效，且简单易操作。合成生物学是基因工程中一个刚刚出现的分支学科。该学科致力于从零开始建立微生物基因组，从而分解、改变并扩展基因密码，建立生物新的合成体系生产某种产物，为人类服务。

经过五十余年的飞速发展，生物技术制药已成为制药业中发展快、活力强和技术含量高的领域之一，已成为 21 世纪发展前景诱人的产业之一。生物技术药物在制药产业中所占的市场份额以及全球生物技术药物年销售额也呈现逐年上升趋势。生物技术药物的发展趋势为：①治疗性抗体药物发展迅猛，已成为种类最多和销售额最大的一类生物技术药物；②以基因工程疫苗为代表的新型疫苗不断出现，疫苗的作用已从单纯的预防传染病发展到预防或治疗疾病（包括传染病）以及防、治兼具；③反义寡核苷酸、siRNA、基因治疗药物在治疗肿瘤、遗传性疾病方面将发挥重大作用；④采用蛋白质工程技术和聚乙二醇（PEG）化技术对蛋白质药物进行分子改造依然是获取具有优良性能的生物技术药物的手段。此外，生物技术药物新剂型、干细胞治疗与组织工程、基于基因组学和蛋白组学的药物

新靶点及用于疾病检测的生物芯片的开发也是生物技术药物研究的重点。

我国生物技术药物起步稍晚，但跟踪仿制，发展迅速。IL-2、干扰素 α、粒细胞集落刺激因子、促红细胞生成素、生长激素等于 20 世纪 90 年代中期获准在国内上市，稍落后于美国，几乎与欧洲同步。目前我国已批准生产的生物药物有近 100 种，批准进入临床试验的有 100 多种。但我国的生物制药产业仍存在诸多不足：①产业结构不尽合理，具有国际竞争力的龙头企业尚未形成，同质化竞争严重；②创新能力不足，缺乏有自主知识产权的原创性产品；③生物医药系统平台建设不够，"下游"技术薄弱，尤其是纯化处理技术与先进国家比较仍有很大差距。为促进我国生物制药产业的健康快速发展，当务之急是采取必要的措施解决我国生物制药产业发展中存在的诸多问题。

总之，生物制药产业不仅将成为利润丰厚的支柱产业，也将为人类健康提供更多、更好的保障。中国有着丰富的生物资源，市场潜力巨大，而人才的培养与储备正在加速累积，在不久的将来，中国一定能够在世界生物医药发展中占有一席之地。

思考题

1. 什么是生物技术？简述生物技术所包含的内容及定义。
2. 简述生物技术药物的概念与分类。
3. 生物技术药物在理化性质、药理学作用、生产制备和质量控制方面的特性分别是什么？
4. 简述生物技术制药的概念和主要研究内容与任务。

第一章
目标测试

（王凤山）

参 考 文 献

[1] 国家药典委员会. 中华人民共和国药典: 2020 年版. 北京: 中国医药科技出版社, 2020.
[2] WALSH G. Biopharmaceuticals: Biochemistry and Biotechnology. 2nd ed. Lexington: Wiley, 2013.

第二章

基因工程制药

第二章
教学课件

学习要求：

1. **掌握** 基因工程制药的基本概念和基本原理，以及原核和真核细胞工程菌的构建、筛选和鉴定等基本知识。
2. **熟悉** 基因工程药物的特点和质量控制技术，以及基因工程药物修饰改造的思路。
3. **了解** 国内外基因工程制药技术发展情况及趋势。

第一节 概 述

一、基因工程制药的基本概念

基因工程（genetic engineering）又称重组 DNA 技术（recombinant DNA technology），即在体外将 DNA 片段与载体连接形成重组 DNA 分子，在宿主细胞中复制、扩增和表达目的蛋白质所用的方法和技术。利用重组 DNA 技术将外源基因导入宿主菌或宿主细胞进行大规模培养和诱导表达以获得蛋白质药物的过程称为基因工程制药（genetic engineering pharmaceutic）。

二、基因工程制药的发展简史

重组 DNA 技术起源于 20 世纪 70 年代。1972 年，美国科学家保罗·伯格（Paul Berg）将猿猴病毒 SV40 的 DNA 与 λ 噬菌体 DNA 分子连接，构建了第一个重组 DNA 分子，开启了重组 DNA 技术的先河，因为这项具有里程碑意义的工作，他于 1980 年获得诺贝尔化学奖。1973 年，斯坦利·科恩（Stanley N. Cohen）等首次将含卡那霉素抗性基因的 R6-5 质粒 DNA 与含四环素抗性基因的 pSC101 质粒 DNA 连接，并成功转入大肠埃希菌，转化后的大肠埃希菌获得两种抗生素的抗性，并能在双抗平板上生长。他们得出结论：体外重组的基因可以改变宿主细胞的性状并在宿主体内得到表达。这一技术在制药工业展示了它的应用前景。1982 年，第一个用细菌生产的基因工程产品——重组人胰岛素在美国批准上市，宣告全球第一个基因工程药物的诞生。1986 年，重组人干扰素 α 和干扰素 β 先后在美国和欧洲获得批准上市。1987 年，全球首个基因重组疫苗——重组乙型肝炎疫苗在美国获准上市，标志着基因工程技术进入传统疫苗生产领域。1989 年，基因工程重要产品促红细胞生成素（erythropoietin，EPO）获准上市。2002 年，第一个全人源抗体 Humira 获准上市，兴起了重组抗体药物研发的热潮。2017 年，第一个嵌合抗原受体 T 细胞免疫疗法（chimeric antigen receptor T cell immunotherapy，CAR-T immunotherapy）获批，标志着基因修饰的细胞药物 "living drug" 的诞生，扩大了传统药物的范围。这预示着随着重组 DNA 技术的日臻成熟，基因工程制药将得到迅猛的发展。截至 2021 年 12 月底，在欧美国家批准的基因工程药物已达到 332 种，加上复方制剂已经超过 431 种，其中近 3 年内批准的品种达到 39 种，呈现快速上升趋势。2020 年，全球销售额超过 1 亿美元的重组蛋白类生物药（包括抗体类药物，不包括疫苗）共有 42 个，总销售额达到 1 737 亿美元。单品种销售额

超过 20 亿美元的基因工程药物有 33 个。除了阿达木单抗等 25 个重组单克隆抗体和融合蛋白外，比较重要的品种还包括：度拉糖肽、索马鲁肽、甘精胰岛素、利拉鲁肽、赖脯胰岛素、门冬胰岛素、长效重组粒细胞集落刺激因子（granulocyte colony stimulating factor，G-CSF）、EPO、重组人干扰素（recombinant human interferon，rhIFN）、长效重组凝血因子Ⅷ等。2021 年，全球药物销售 Top 20 里有 14 款生物药，除 2 种新冠疫苗外，其中 12 款为重组抗体类和重组蛋白类药物。

0202
基因工程生产的主要重组蛋白类药物（拓展阅读）

我国从 20 世纪 80 年代初期开始基因工程药物的研发。1989 年，我国第一个基因工程药物 IFN 批准上市，实现了零的突破；1992 年，第一个基因工程乙型肝炎疫苗投入市场；2004 年，我国批准了世界上第一个基因治疗药物——重组人 p53 腺病毒注射液。经过 30 多年的努力，我国基因工程药物研究和开发取得了突破性进展。2015 年 5 月，国务院发布《中国制造 2025》规划，明确将包括基因工程药物为主的生物技术药物列入优先发展的战略产业。2016 年，国家发展和改革委员会《“十三五”生物产业发展规划》重申生物医药产业的战略地位，提出了构建生物医药新体系的观点。2021 年 3 月，国务院发布《“十四五”规划和 2035 年远景目标纲要》，明确提出强化战略科技力量，推动生物医药创新和发展的思路。2022 年 1 月 30 日，中华人民共和国工业和信息化部等九部委印发《“十四五”医药工业发展规划》明确将新型抗体药物、重组蛋白药物、疫苗、CAR-T 类细胞药物、基因治疗药物等创新生物药列入重点发展目标。相信在“十四五”期间，我国的基因工程制药产业将会得到迅速发展。

三、基因工程制药的基本过程

0203
基因工程制药流程图（动画）

基因工程制药的基本流程包括 8 个主要步骤（图 2-1）：①目的基因的获得；②表达载体的选择；③目的基因与载体的连接；④重组 DNA 转入受体细胞；⑤重组子的筛选与鉴定；⑥工程菌发酵表达重组蛋白；⑦重组蛋白产品的纯化；⑧重组蛋白制剂的生产。

0204
基因工程中常用的工具酶及其功能（拓展阅读）

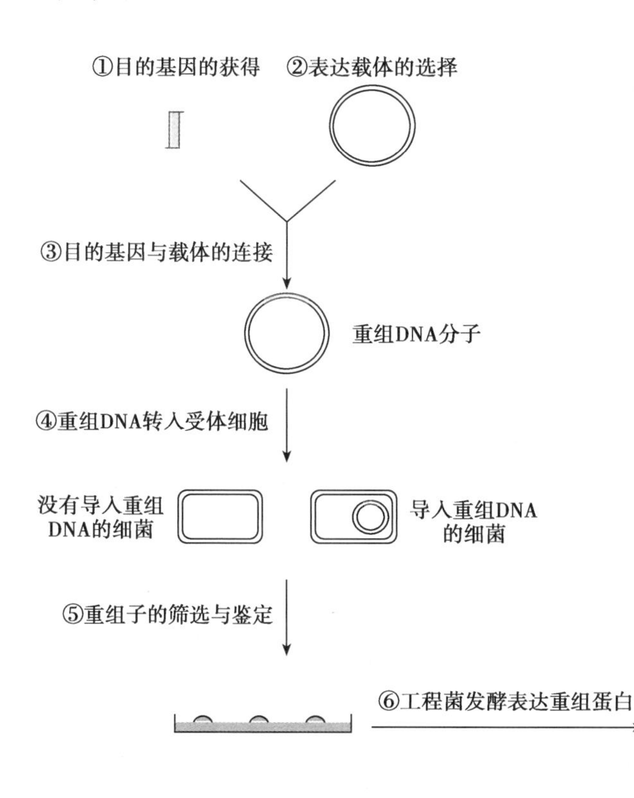

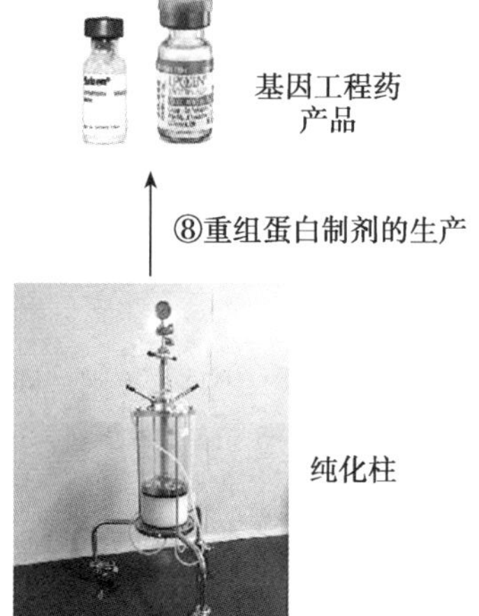

图 2-1　基因工程制药流程图

第二节 基因工程制药技术

基因工程制药流程中首先是构建基因工程菌株或细胞株，其设计思路直接影响后续的表达和分离纯化，在基因工程制药过程中起决定性的作用。

一、基因工程菌的构建与筛选的基本方法

（一）常用工具酶介绍

基因工程制药过程中要进行一系列体外 DNA 的重组操作，包括 DNA 的切割、连接、扩增、突变、修饰等步骤，这些操作过程均需要用到特异的工具酶。

这些工具酶包括限制性内切核酸酶、DNA 连接酶、DNA 聚合酶、DNA 修饰酶等。

1. 限制性内切核酸酶（restriction endonuclease） 限制性内切核酸酶主要指来自细菌、能够识别 DNA 的特异序列、并在识别位点或其周围切割双链 DNA 的一类内切酶。限制性内切核酸酶分为三型：Ⅰ型，Ⅱ型和Ⅲ型。其中，Ⅰ型和Ⅲ型是多功能酶，除了 DNA 限制性内切核酸酶作用外，还具有 DNA 修饰功能；在基因工程中，常用Ⅱ型限制性内切核酸酶，其特点是分子量小，仅需 Mg^{2+} 作为辅助因子，它们能识别双链 DNA 的特异序列，并在这个序列内进行切割，产生特异的 DNA 片段，为基因工程中常用的“剪刀”。

（1）命名：限制性内切核酸酶的命名由细菌来源和发现次序组成。如内切酶 *Eco*R Ⅰ，第 1 个字母为大写的斜体 *E*，代表产生该酶的细菌属名（*Escherichia*，埃希菌属）；第 2 和第 3 个字母 *co* 是该细菌的种名（*coli*，大肠埃希菌种），用小写斜体表示；第 4 个字母可以大写或者小写（有时候可以不写），这里 R 代表菌株名 RY13；而最后用罗马数字编号，表示该细菌中发现的限制性内切核酸酶的先后次序，这里Ⅰ表示为第一个发现。

（2）识别和酶切位点：限制性内切核酸酶具有特异的识别和酶切位点，其识别位点通常具有回文序列（palindrome），一般为 4~6bp（少数 ≥ 8bp），且富含 GC，如图 2-2 所示。限制性内切核酸酶切割双链 DNA 分子后可以产生平端（blunt end）或者黏性末端（sticky end），例如表 2-1 中的 *Hin*d Ⅱ和 *Sma* Ⅰ，酶切后产生平端 DNA 片段，而表 2-1 中的其他酶均产生黏性末端片段。

图 2-2 限制性内切核酸酶的识别和酶切位点

注：蓝框中序列为识别位点，灰色箭头表示酶切部位。

（3）同尾酶和同裂酶：来源与识别序列不同，但切割 DNA 后产生相同的黏性末端，称为同尾酶（isocaudarner）。如表 2-1 中的 *Bam*H Ⅰ和 *Bgl* Ⅱ，它们酶切所产生的 DNA 片段可以交互碱基配对并进行连接，连接后的产物不能被任何一个上述同尾酶所识别和酶切。来源不同但能识别同一序列（切割位点可同或不同）的两种酶互称同裂酶（isoschizomer）。如表 2-1 中，*Sma* Ⅰ和 *Xma* Ⅰ互为同裂酶。同尾酶和同裂酶为 DNA 操作提供了多种选择余地。

（4）影响限制性内切核酸酶作用的因素：限制性内切核酸酶通常不能切割在识别位点内有特异碱基修饰（如甲基化）的序列。另外，缓冲液的组成或温度也会影响一些酶的识别特异性。例如，*Eco*R Ⅰ在正常情况下识别“GAATTC”序列，但在甘油浓度 > 5%（*v/v*）或反应温度较低时识别序列可变为“AATT”，这种现象称为星号活性（star activity）。

表 2-1　常见限制性内切核酸酶识别位点（′表示酶切位置）

限制性内切核酸酶	识别位点	限制性内切核酸酶	识别位点
*Eco*R Ⅰ	G′AATTC CTTAA′G	*Sma* Ⅰ	CCC′GGG GGG′CCC
*Hin*d Ⅲ	A′AGCTT TTCGA′A	*Hin*d Ⅱ	GTC′GAC CAG′CTG
*Bam*H Ⅰ	G′GATCC CCTAG′G	*Apa* Ⅰ	GGGCC′C C′CCGGG
Bgl Ⅱ	A′GATCT TCTAG′A	*Xma* Ⅰ	C′CCGGG GGGCC′C
Pst Ⅰ	CTGCA′G G′ACGTC	*Not* Ⅰ	GC′GGCCGC CGCCGG′CG

2. DNA 连接酶（DNA ligase）　该类酶可以催化 DNA 片段中两个相邻的 3-OH 和 5′- 磷酸基团形成 3′,5′- 磷酸二酯键，从而使 DNA 片段或单链断裂形成的缺口连接起来。根据来源不同，DNA 连接酶可以分为：①大肠埃希菌染色体编码的 DNA 连接酶，需 NAD^+ 作为辅因子；②大肠埃希菌 T4 噬菌体 DNA 编码的 T4 DNA 连接酶，需 ATP 作为辅因子。

3. DNA 聚合酶（DNA polymerase）　基因工程中常用的 DNA 聚合酶主要包括 DNA 聚合酶Ⅰ、DNA 聚合酶Ⅰ大片段（Klenow 片段）、Taq DNA 聚合酶和反转录酶（依赖 RNA 的 DNA 聚合酶），它们的作用如下。

（1）DNA 聚合酶Ⅰ：大肠埃希菌 DNA 聚合酶Ⅰ（DNA polymerase Ⅰ）是基因工程中常用的 DNA 聚合酶，主要用于合成 DNA。该酶除具有 5′→3′ 聚合酶活性外，还有 3′→5′ 及 5′→3′ 外切核酸酶活性，因其具有 5′→3′ 外切核酸酶活性而常用于 DNA 探针的切口平移法（nick translation）标记。

（2）DNA 聚合酶Ⅰ大片段：又称为 Klenow 片段，其保留了 5′→3′ 聚合酶活性及 3′→5′ 外切酶活性，失去了 5′→3′ 外切酶活性。它具有的 3′→5′ 外切酶活性能保证 DNA 复制的准确性，即把 DNA 合成过程中错配的核苷酸去除，再把正确的核苷酸接上去（该活性称为校对活性）。Klenow 片段的主要用途有：①可以用于双链 DNA 的 5′- 黏性末端合成补齐（5′→3′ 聚合酶活性）和 3′- 黏性末端水解切除未配对的核苷酸（3′→5′ 外切酶活性），转变成平端；通过补齐 5′- 黏性末端可进行互补链的 3′- 端标记；②在 cDNA 克隆中，可以用于第二股链的合成；③也可以用于 DNA 序列分析。

（3）Taq DNA 聚合酶：该酶具有良好的聚合活性和热稳定性，常用于聚合酶链反应（polymerase chain reaction，PCR），用于核酸的体外扩增。Taq DNA 聚合酶具有 5′→3′ 聚合酶活性及 5′→3′ 外切酶活性，但没有 3′→5′ 外切酶活性，因而无 3′→5′ 校对活性，故在 PCR 反应中如果发生碱基错配，该酶没有校正功能。针对此不足，目前已经研发出多种高保真、耐高温 DNA 聚合酶，大大降低了 PCR 过程中的碱基错配率。另外，Taq DNA 聚合酶具有末端转移酶活性，能在所合成 DNA 链的 3′- 端加上一个多余的腺苷酸残基（A），所以 PCR 产物可直接与带有 3′-T 的线性化载体（T 载体）连接，即所谓的 T-A 克隆法。

（4）反转录酶（reverse transcriptase）：该酶是以 RNA 为模板指导脱氧核苷三磷酸合成互补 DNA（complementary DNA，cDNA），是一种依赖 RNA 的 DNA 聚合酶，在基因工程中主要用于合成 cDNA。

4. DNA 修饰酶　这类酶包括多核苷酸激酶、碱性磷酸酶、末端脱氧核苷酰转移酶等。多核苷酸激酶可使寡核苷酸链 5′- 羟基末端磷酸化。该类酶具有 5′- 多核苷酸激酶和 3′- 磷酸酶活性，能催化 ATP 的 γ- 位磷酸向 DNA 和 RNA 的 5′- 羟基转移。该类酶常用于：① DNA 或 RNA 的 5′- 端标记，可用于探针标记；②使没有 5′- 端磷酸的 DNA 片段磷酸化，以方便连接和克隆之用。碱性磷酸酶可以切除 DNA 片段的末端磷酸基，末端脱氧核苷酰转移酶可以在 3′- 羟基末端进行同聚物加尾，以满足

某些 DNA 的操作设计。

（二）目的基因的获取

针对需要生产的重组蛋白产品，选择目的基因的获取途径。目前，获得目的基因的主要方法有化学合成法、PCR 法、cDNA 文库法、基因组 DNA 文库法等。

1. 化学合成法　在已知目的基因的核苷酸序列或其编码产物的氨基酸残基序列的前提下，目的基因可以通过化学合成法直接合成。随着 DNA 合成仪的发展，目前已可以自动合成小于 100 个碱基的特定序列的寡核苷酸单链。

化学合成法包括磷酸二酯法、磷酸三酯法及固相亚磷酸三酯法。固相亚磷酸三酯法具有反应速率快、合成效率高和副作用少的优点，因此应用最为广泛。它的基本原理是将所要合成的寡核苷酸链的 3′- 羟基偶合于不溶性载体，如二氧化硅，然后将单核苷酸以 3′ → 5′ 的方向加上去，逐步延伸寡核苷酸链至目的寡核苷酸链的合成。

大片段目的基因可以通过小片段寡核苷酸拼接形成，方法包括小片段粘接法、大片段酶促法等。小片段粘接法是指将目的基因 DNA 的两条单链均连续分成 12~15 个碱基的小片段，两条互补链共设计成交错排列的两套小片段，化学合成后，退火形成双链 DNA。大片段酶促法是指将目的基因 DNA 的两条单链交错分成 100 个碱基以下的小片段，化学合成后，通过聚合酶和连接酶补平。

2. PCR 法　如果已经知道目的基因的序列，通过设计引物，就能很方便地用 PCR 从基因组 DNA 或 cDNA 中获得目的基因。PCR 是一种核酸体外扩增技术，在生物医药领域得到了广泛的应用，该技术由美国科学家 Kary Banks Mullis 于 1983 年发明，其因此荣获 1993 年度诺贝尔化学奖。

PCR 法是根据生物体内 DNA 复制原理，在 DNA 聚合酶催化和 dNTP 参与下，引物依赖 DNA 模板特异性地扩增 DNA。在含有 DNA 模板、引物、DNA 聚合酶、dNTP 的缓冲溶液中通过以下 3 个循环步骤扩增 DNA：①变性（denaturation），双链 DNA 模板加热变性，解离成单链模板；②退火（annealing），温度下降，引物与单链模板结合；③延伸（extension），温度调整至 DNA 聚合酶最适宜温度，DNA 聚合酶催化 dNTP 加至引物 3′-OH，引物以 5′ → 3′ 方向延伸，最终与单链模板形成双链 DNA，并开始下一个循环。PCR 的基本原理示意图见图 2-3。

PCR 法
（拓展阅读）

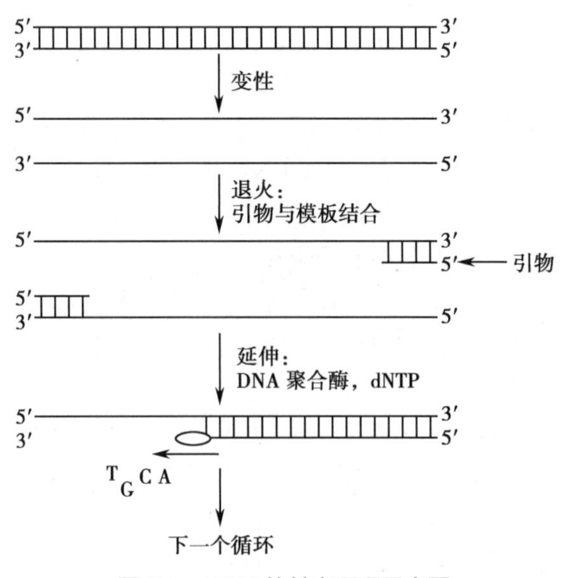

图 2-3　PCR 的基本原理示意图

PCR 法可以在体外特异性地扩增目的基因片段，并可以在设计引物时引入合适的酶切位点和标签结构等，是目前实验室最常用的目的基因制备法。必须注意的是，PCR 体外扩增常容易带入突变，

为了保证目的基因片段序列的正确性，一般建议使用高保真的 DNA 聚合酶和相对保守的 PCR 扩增条件。同时，凡经 PCR 扩增制备的目的基因片段，在实现克隆后必须进行测序分析。

3. cDNA 文库法　cDNA（complementary DNA）是指与 mRNA 互补的 DNA。cDNA 文库法是指提取生物体总 mRNA，并以 mRNA 作为模板，通过反转录酶催化合成 cDNA，将全部 cDNA 都克隆至宿主细胞而构建 cDNA 文库。cDNA 文库代表了细胞或组织所表达的全部蛋白质，从中获取的基因序列也都是直接编码蛋白质的序列。目前已经有商品化的不同组织细胞来源的 cDNA 文库可供选购。

构建 cDNA 文库的基本步骤，包括 mRNA 的分离纯化、双链 cDNA 的体外合成、双链 cDNA 的克隆和 cDNA 重组克隆的筛选。目前基因表达检测技术和 mRNA 高效分离方法已非常成熟，大多数真核生物 mRNA 3′-端含有多聚腺苷酸（polyA）尾巴，利用 polyA 和亲和层析柱上寡聚脱氧胸腺嘧啶（oligo-dT）碱基互补结合的性质将细胞总 RNA 制备物上柱进行分离，可获得 mRNA。以 mRNA 为模板，在 4 种 dNTP 参与下，反转录酶催化 cDNA 第一链的合成，形成 DNA-RNA 的杂合双链。以 cDNA 第一链为模板，DNA 聚合酶催化 cDNA 第二链的合成，根据引物的处理方法不同衍生出多种制备方法，包括自身合成法、置换合成法、引物合成法等。合成的双链 cDNA 与载体分子连接形成重组子，转化大肠埃希菌，通过重组克隆的筛选获得期望重组子。

在已知基因序列的前提下，有更多的实验室采取更为简便的反转录 PCR（RT-PCR）法克隆特定的 cDNA 片段，即通过特异引物的设计，直接用反转录酶从提取的 mRNA 中扩增特异的目的基因片段。

4. 基因组 DNA 文库法　基因组 DNA 文库（genomic DNA library）是指某一特定生物体全部基因组 DNA 序列的随机克隆群体的集合，以 DNA 片段的形式贮存了所有的基因组 DNA 信息，包括所有外显子和内含子序列。具体而言，基因组 DNA 文库的构建方法，就是将生物体全部基因组通过限制性内切核酸酶酶切或者机械剪切的方法切成不同的 DNA 片段，将其与载体连接构建重组子，转化宿主细胞，从而形成含生物体全部基因组 DNA 片段的克隆群体。利用探针原位杂交等方法可以筛选获得含有目的基因的克隆。

（三）载体的选择

载体（vector）是指可供插入或携带外源 DNA，实现外源 DNA 在受体细胞中的扩增或表达编码蛋白质所采用的一些 DNA 分子，常见的载体包括质粒（plasmid）、λ 噬菌体、病毒 DNA 等。根据目的不同，载体可以分为克隆载体（cloning vector）和表达载体（expression vector），前者主要用于外源 DNA 的扩增，后者则用于外源目的基因的有效转录和翻译。常见的载体 DNA 分子通常具有复制起点、选择标记、多克隆位点等要素（图 2-4）。①复制子（replicon）：DNA 中能独立进行复制的单位称为复制子，包含控制质粒 DNA 复制起点（origin of replication，ori）和质粒拷贝数等遗传因素。复制子分为松弛型复制子和严紧型复制子两类。松弛型复制子的复制与宿主蛋白质的合成功能无关，宿主染色体 DNA 复制受阻时，质粒仍可复制，因此含有此类复制子的质粒在每个宿主细胞中的拷贝数可达到几百甚至几千。严紧型复制子的复制与宿主蛋白质合成相关，因此在每个宿主细胞中为低拷贝数，仅 1~3 个。质粒的复制类型还受宿主状况的影响。②选择标记（selection marker）：由质粒编码的选择标记赋予宿主细胞新的表型，用于鉴定和筛选转化有质粒的宿主细胞。最常见的选择标记为抗生素抗性基因，包括氨苄西林（*Amp*）、四环素（*Tet*）、氯霉素（*Cm*）、卡那霉素（*Kan*）和新霉素（*Neo*）等。含有质粒的宿主细胞被赋予抗生素抗性的表型而能在含抗生素的环境中生长，从而达到被鉴定筛选的目的。③多克隆位点（multiple cloning site，MCS）：质粒载体中由多个限制性内切核酸酶识别序列密集排列形成的序列称之为多克隆位点。在 DNA 操作中，在目的基因两端设计限制性内切核酸酶酶切位点，用于将目的基因插入多克隆位点中相应的酶切部位。

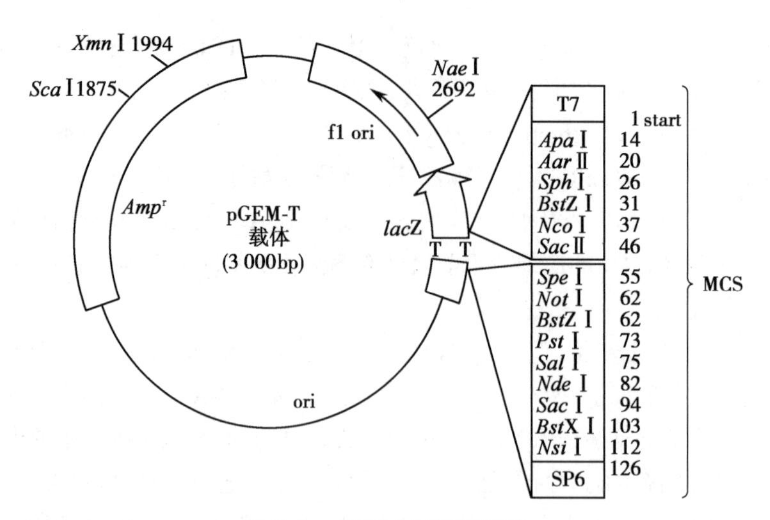

图 2-4　pGEM-T 载体图谱

下面简单介绍质粒载体：

1. 克隆载体　典型克隆载体有 pBR322 载体、pUC 载体等。pBR322 载体为早期代表性载体，现已较少使用，主要用于构建新克隆载体的起始材料，该载体含有氨苄西林和四环素抗性基因。pUC 载体复制子来源于 pBR322，含有氨苄西林抗性基因和 *lacZ′* 基因以及一个多克隆位点。

2. 表达载体　表达载体含有强启动子，外源基因在启动子控制下转录，并表达外源蛋白。根据受体细胞的不同，表达载体可以分为原核表达载体和真核表达载体。

(1) 原核表达载体：用于原核细胞工程菌的构建，除了具备载体 DNA 的一般特性以外，表达载体还需有调控外源基因有效转录和翻译的序列，如启动子核糖体结合位点（SD 序列）、转录终止序列等（图 2-5）。

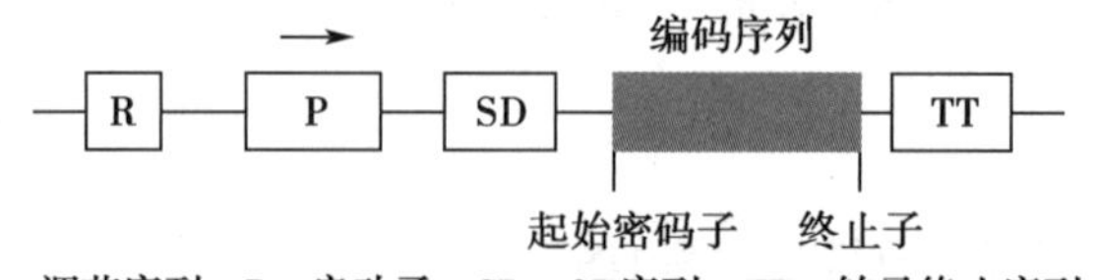

图 2-5　原核表达载体的基本结构

1) 启动子：启动子（promotor）是 DNA 链上能与 RNA 聚合酶结合并起始 mRNA 合成的一段序列，其功能是转录出目标基因的 mRNA，是决定外源基因在原核生物中表达效率的关键因素。强启动子起始 mRNA 合成的效率高，弱启动子起始 mRNA 合成的效率低。原核生物的 RNA 聚合酶不能识别真核基因的启动子，真核基因在大肠埃希菌中表达必须将真核基因置于原核的启动子控制之下，即原核表达载体的启动子为原核启动子。原核启动子有 *lac*、*trp*、*tac*、*λpL* 和 *T7* 等，不同启动子具有不同的调控机制。

2) 核糖体结合位点：外源基因在大肠埃希菌中表达的另一个重要影响因素是核糖体结合位点，即 SD（Shine-Dalgarno）序列以及 SD 序列与起始密码子 AUG 之间的距离。SD 序列由 Shine 和 Dalgarno 发现，是 mRNA 上的核糖体结合位点，位于 mRNA 起始密码子 AUG 上游 3~10bp 处 3~11bp 长度的序列，该段序列富含嘌呤核苷酸，与核糖体 16S rRNA 3′- 端富含嘧啶的序列互补，从而与核糖体结合。

SD 序列与核糖体的结合程度、SD 序列的核苷酸组成、SD 序列与 AUG 之间的距离、AUG 两侧核苷酸的组成、mRNA 5′- 端的二级结构等，都会影响外源基因在大肠埃希菌中的表达效率。

3) 终止子：终止子是基因 3′- 端能被 RNA 聚合酶识别并停止转录功能的特定 DNA 序列。终

止子由富含 A/T 的序列和富含 G/C 的序列组成，富含 G/C 区域具有回文对称结构，转录后形成的 mRNA 具有茎环的二级结构，与 RNA 聚合酶作用使之构象变化，终止 RNA 的合成。

依据表达目的蛋白的方式，可将原核表达载体分为非融合表达载体、融合表达载体和分泌型表达载体，可根据要求合理选用。常见的非融合表达载体如 pKK223.3 质粒，可直接表达任何含 RBS 和 ATG 的基因。融合表达载体常见的包括 pGEX 系列载体（GST 融合表达）和硫氧还蛋白融合表达载体等，外源基因插入后可以与 GST 或硫氧还蛋白基因形成融合表达。分泌型表达载体含有编码信号肽的序列（signal sequence，SS），可让细菌表达的蛋白质分泌到细胞周质或细胞外，常见的如 pIN Ⅲ-ompA 系列载体。

（2）真核表达载体：真核表达载体除具有包括在原核细胞中起作用的复制起始位点、抗生素抗性基因、多克隆位点等一般元件外，还具有①真核表达调控元件：包括启动子、增强子、转录终止序列、poly A 加尾信号等；②真核细胞复制起始序列；③真核细胞的药物抗性基因。其基本结构见图 2-6。

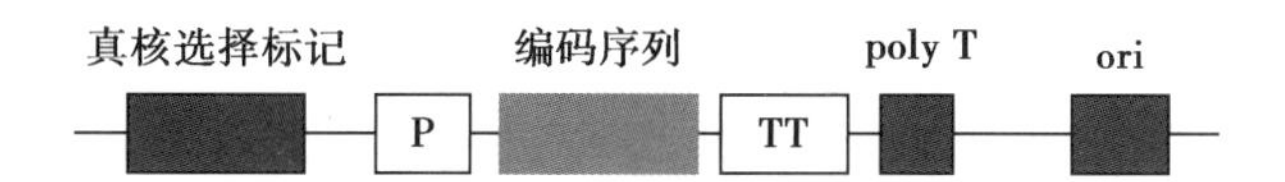

P：启动子；TT：转录终止序列；poly T：产生poly A尾巴；
ori：真核复制起始序列。

图 2-6　真核表达载体的基本结构

1）启动子和增强子：真核启动子和增强子在不同类型细胞中的活性差别很大。某些来源于病毒的启动子和增强子，其适应真核宿主细胞的范围较广，如 Rous 肉瘤病毒基因组长末端重复序列（long terminal repeats，LTR）、SV40 病毒早期基因的启动子和增强子、人类巨细胞病毒（CMV）启动子等。这些启动子和增强子组合可在广泛的宿主细胞中起作用，故在真核表达载体中被普遍使用。

2）加尾信号：真核表达载体带有的 poly T 序列可保证新转录的 mRNA 能有效地加上 poly A 尾巴。mRNA 上的 poly A 加尾信号包括 mRNA 3′- 端的 AAUAAA 和其下游的 GU 或 U 富含区。尽管全长 cDNA 克隆本身可能已带有 AAUAAA 序列和一段 poly A，但这些序列仍不足以保证 poly A 的有效形成；因此，载体中必须带有 poly A 加尾信号。

真核表达载体含有原核基因序列和真核转录单位，能在大肠埃希菌中自我复制，也能在真核细胞中进行表达。选择载体时除了要考虑受体细胞的种类、表达产品的结构与活性要求等因素外，还要考虑目的基因 DNA 片段的大小，并应有适宜的多克隆位点。

（四）目的基因与载体的连接及影响因素

DNA 连接酶（DNA ligase）催化载体 DNA 与目的基因片段连接，两个 DNA 片段的 5′- 磷酸基团和 3′- 羟基在连接酶催化下形成磷酸二酯键。

1. 目的基因与载体的连接　根据 DNA 末端类型，载体 DNA 与目的基因的连接可以分为以下几种：

（1）黏性末端连接：目的基因 DNA 片段经双酶切获得不同黏性末端的两端，与经双酶切的载体 DNA 可以在连接酶的催化下顺利连接成为一个重组 DNA 分子（图 2-7）。当目的基因 DNA 片段经单酶切或同尾酶切获得相同黏性末端的两端，与经相同单酶切的载体 DNA 也可以在连接酶的催化下连接，获得正、反两方向的重组 DNA 分子。通常情况下，单一相同内切酶产生的黏性末端容易发生载体或目的基因片段的自连而影响反应效率，而且产生的重组载体中插入的基因片段存在正反的方向性问题。为克服这些缺点，在基因工程中，常采用双酶切定向克隆的方法。连接反应产生的重组载体可以通过载体上的选择标记、目的基因片段的 PCR、内切酶酶切等方法进行筛选和鉴定。

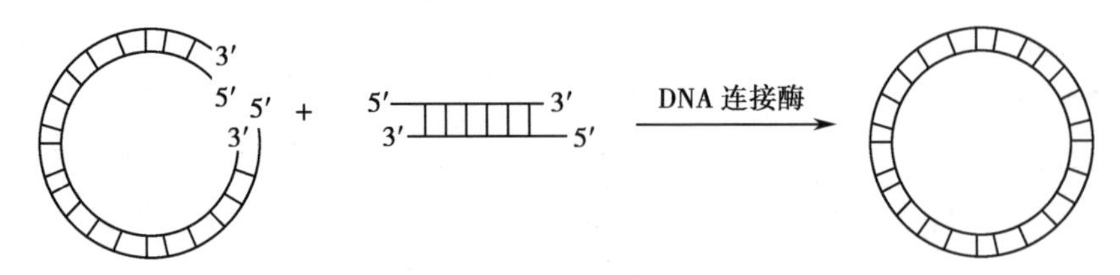

图 2-7　黏性末端 DNA 片段与载体 DNA 的连接

(2) 平端连接：平端之间的连接效率远远低于黏性末端之间的连接。由于大肠埃希菌 DNA 连接酶催化平端 DNA 片段之间的连接效率很低，因此在平端连接时常选用噬菌体 T4 DNA 连接酶。为了提高连接效率，可以采取提高 T4 DNA 连接酶的浓度，延长反应时间，控制 DNA 浓度、目的基因片段和载体 DNA 的摩尔比等措施。平端连接同样存在载体自身环化、目的基因片段的自连和插入基因的方向性问题。作为一般规律，如果控制目的基因片段和载体 DNA 的摩尔数相等，DNA 的总浓度小于 100μg/ml，可能获得一定数量的重组子。

(3) 黏性末端 - 平端连接：目的基因片段通过一端为黏性末端和另一端为平端的方式，与载体 DNA 连接，可以定向插入目的基因片段。这种混合末端的连接方式效率介于上述两种方式之间。

2. 影响目的基因与载体之间连接效率的主要因素　主要有如下几种：

(1) DNA 片段之间的连接方式：黏性末端的连接效率高于平端，向平端的 DNA 连接合成接头（含内切酶的位点），经过酶切后可引入黏性末端，从而提高克隆效率。

(2) 目的基因与载体的浓度和分子比例：增加 DNA 浓度可以提高连接效率，提高目的基因 DNA 片段与载体 DNA 摩尔数之比，可降低载体自身环化的概率。

(3) 连接反应体系：选择合适的连接酶浓度、反应温度、连接时间和缓冲液，可以提高连接效率。

另外，在连接反应前，用碱性磷酸酶催化载体 DNA 去除 5′- 磷酸基团或用末端脱氧核苷酰转移酶在载体 DNA 的 3′- 羟基加上寡核苷酸，可以抑制线状载体 DNA 重新环化和自连。

(五) 重组 DNA 分子导入宿主细胞

只有将重组 DNA 分子导入到适当的宿主细胞后，才能进行 DNA 扩增和蛋白质的表达。宿主细胞分为原核细胞和真核细胞两类，基因工程中常见的原核细胞包括大肠埃希菌、枯草杆菌、乳酸菌、沙门菌、链霉菌等，真核细胞包括酵母、昆虫细胞、哺乳动物细胞等。外源重组 DNA 分子导入到宿主细胞的常用方法包括转化、转染、感染、电穿孔、显微注射等。

1. 重组 DNA 导入细菌　将重组质粒导入大肠埃希菌等细菌，常采用化学转化法、电转化法和感染法。前两种方法，先需要制备细胞膜通透性增加的细菌，使其容易接受外源 DNA，这样的细菌称为“感受态（competent）”细胞。

(1) 化学转化法（transformation）：对数生长期的细菌经冰浴上预冷的氯化钙溶液处理，细胞膜通透性增加，成为感受态细胞。加入重组质粒，经 42℃热休克处理，质粒 DNA 进入感受态细胞。细胞在 LB 培养基 /37℃培养一定时间，使含有重组质粒的细胞复原并表达抗生素抗性基因，涂布于含有抗生素的培养板上，生长过夜得到克隆菌落。

(2) 电转化法（electroporation）：其原理是利用高压电脉冲在细菌的细胞膜上形成电穿孔，使得外源 DNA 进入到细胞中。与化学转化法相比，制备电转化的感受态细胞要容易得多，将对数生长期的细菌经冰浴冷却并离心，用冰冷的去离子水充分洗净以降低离子强度，转移至特制的电转杯中，加入重组质粒，然后通过短时高压电击，外源 DNA 即可进入细胞内。电击转化效率与电场强度、细菌密度、温度、DNA 浓度以及质粒的大小等有关。

(3) 感染法（infection）：以病毒形式（噬菌体或者包装病毒）将外源 DNA 导入到宿主细胞的过程称为感染。以 λDNA 或黏粒作为载体构建的重组 DNA，可以经包装进入含外壳蛋白的颗粒中，成为具有感染能力的噬菌体颗粒，然后通过感染的方式将重组 DNA 导入大肠埃希菌，并在大肠埃希菌内

进行扩增。

2. 重组 DNA 导入酵母　对于外源基因导入到酵母菌的方法，目前主要采用电转化法、化学转化法和原生质体转化法。

(1) 电转化法：该方法方便、快速和高效，因此最受欢迎。电转化法基本步骤如下：先用冰冷的去离子水和山梨醇处理酵母细胞制备感受态细胞，将感受态细胞置于电转杯中，加入线性化的重组酵母载体 DNA，通过电击将重组 DNA 导入酵母，然后加山梨醇在 30℃培养 2~3 天，直至酵母菌落的出现。

(2) 化学转化法：该方法简单、设备要求低，是另一种常用方法。对数生长期的酵母经氯化锂或乙酸锂处理，加入重组 DNA，在运载 DNA（鲑鱼 DNA 或小牛胸腺 DNA）、聚乙二醇（PEG）、二甲亚砜（DMSO）等存在下，经热休克处理，重组 DNA 可以进入酵母细胞。

(3) 原生质体转化法：该方法须先用酶消化去除酵母胞壁制备原生质体，在聚乙二醇和氯化钙存在下，含外源基因的酵母载体可以导入其中。但该方法操作时间长（原生质体再生需要 4~5 天），转化效率受原生质体再生率的制约。

3. 重组 DNA 导入哺乳动物细胞　哺乳动物细胞基因转移效率远远低于大肠埃希菌，因此发展了多种基因转移方法，分为物理方法、化学方法和生物方法。

(1) 物理方法：主要包括显微注射法和电转化法。①显微注射法是常用的物理方法，需要用显微注射仪将外源 DNA 注射入细胞核中，导入外源 DNA 的细胞，经体外培养以及分子生物学检测，可以用于基因表达；②哺乳动物细胞的电转化法与细菌和酵母的电转化法相似，将哺乳动物细胞放在高压电脉冲作用下，细胞膜上产生瞬时可让 DNA 通过的微孔以摄取外源 DNA，采用适当的电场强度和脉冲时间，以免细胞死亡。

(2) 化学方法：主要为转染法，包括 DNA- 磷酸钙转染法、二乙氨乙基（DEAE）- 葡聚糖转染法和脂质体介导的基因转染法。① DNA- 磷酸钙转染法：将含有目的基因的氯化钙溶液与含有哺乳动物细胞的磷酸盐缓冲溶液混合，目的基因与磷酸钙形成白色沉淀复合物黏附于细胞膜表面，转染效率显著提高。②二乙氨乙基 - 葡聚糖转染法：外源 DNA 与多聚阳离子聚合物 DEAE- 葡聚糖形成复合物，通过内吞作用进入哺乳动物细胞。该方法转染效率非常高，但只适合瞬时转染。③脂质体介导的基因转染法：这种方法最为常用，目前已经有不少商品化的试剂盒。阳离子脂质体作为 DNA 的运输载体，可以与带负电荷的 DNA 形成复合体，通过脂类与细胞膜的相互作用或者通过非特异性的内吞作用被哺乳动物细胞摄取。

(3) 生物方法：主要为病毒感染法，常用反转录病毒、慢病毒、腺病毒、腺相关病毒等。携带目的基因的病毒经外壳蛋白的包装，成为成熟的病毒颗粒，通过感染途径将目的基因导入到哺乳动物细胞内，甚至可以整合至染色体 DNA 上，成为稳定的细胞系。

（六）重组 DNA 的筛选与鉴定

由于转化效率的限制，只有部分宿主细胞导入了重组 DNA，因此需要从这些细胞中筛选出重组子。将通过上述方法导入 DNA 的细菌（或者细胞）涂布于特定的固体培养板（或者液态培养基），生长出单菌落（或者细胞单克隆），进行筛选和鉴定。通过载体上的遗传标志，可以快捷方便地筛选出带有载体 DNA 的克隆；在此基础上，通过目的基因 DNA 序列的特异性可以筛选并鉴定重组 DNA；最后，通过目的基因编码产物蛋白质的检测，可以鉴定阳性克隆。

1. 载体遗传标记法

(1) 抗生素抗性筛选法（antibiotic resistance screening）：抗生素抗性基因常被用于载体的筛选标记，常见的筛选标记包括氨苄西林（*Amp*）、四环素（*Tet*）、氯霉素（*Cm*）、卡那霉素（*Kan*）、新霉素（*Neo*）等抗性基因。将含有特异抗生素抗性基因的载体 DNA 转入宿主细胞后，将细胞在含有相应抗生素的培养基中培养，带有抗生素抗性基因的细胞能够生长，而没有转入 DNA 的细胞不能存活，从而达到筛选的目的。

抗药性抗性筛选法（拓展阅读）

（2）α- 互补筛选法（α-complementary screening）：α- 互补是指大肠埃希菌 β- 半乳糖苷酶的两个无活性片段组合而成为有活性的功能酶，进而通过酶促反应进行鉴定的过程。许多载体（如 pUC 及其衍生质粒含 *lac*Zα 基因）携带 β- 半乳糖苷酶 N 端 143 个氨基酸残基（α 片段）的编码序列，在该序列中包含有保持阅读框的多克隆位点；而相应的宿主菌细胞基因组则含有 β- 半乳糖苷酶 C 端的编码序列（ω 片段）。在异丙基 -β-D- 硫代半乳糖苷（IPTG）的诱导下，载体与宿主细胞同时表达该酶的 α 和 ω 片段，形成有活性的 β- 半乳糖苷酶。这种酶可以催化底物 5- 溴 -4- 氯 -3- 吲哚 -β-D- 半乳糖苷（X-gal）转变为蓝色产物，使细菌克隆呈蓝色；当外源 DNA 片段插入到载体的多克隆位点后，导致无互补功能的 N 端片段的产生，不能分解底物，故使转化的菌落呈现白色，因此 α- 互补筛选法又称蓝 - 白筛选法（图 2-8）。

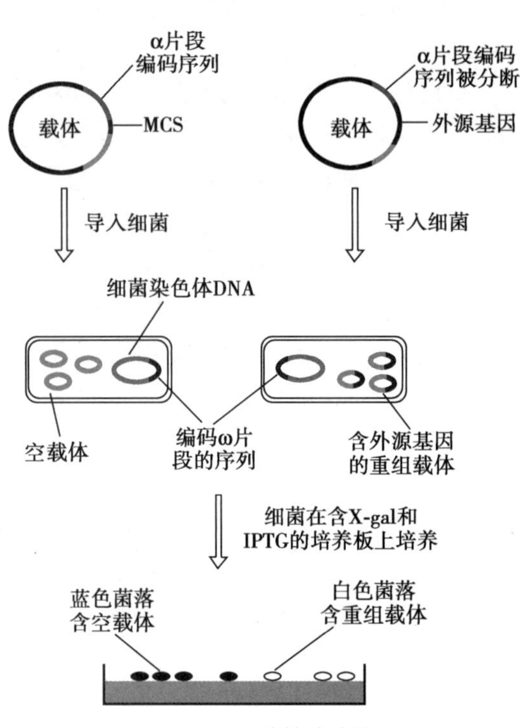

图 2-8 α- 互补筛选法的原理

（3）营养缺陷性筛选法（nutritional defect screening）：宿主细胞因基因突变而不能合成生长所必需的营养物质，如氨基酸或者维生素，而载体则携带合成这些营养成分的编码基因，只有含载体 DNA 的菌落或者细胞才能够在缺少该营养物质的培养基上生长从而实现筛选。例如，*trp*1 基因突变的酵母细胞不能在缺少色氨酸的培养基上生长，当转入含活性 *trp*1 基因的载体 DNA 后，转化菌可以在该营养缺陷的培养基上生长。另外，当含有功能性 *dhfr*（二氢叶酸还原酶基因，用 *dhfr* 表示）的载体转入到有 *dhfr* 缺陷的哺乳动物细胞［如中国仓鼠卵巢细胞（CHO 细胞）］后，可以使其在无胸腺嘧啶的培养基中生长，从而达到筛选的目的。

（4）噬菌斑筛选法（plaque screening）：λ 噬菌体有一个重要特性是对包装时的 λDNA 的大小有严格要求，只有当重组 λDNA 的长度达到野生型的 75%~105% 时，噬菌体才能包装成具有感染活性的颗粒，转化子在固体培养板上出现清晰的噬菌斑，不含外源 DNA 的空载体因长度过小而不能装配成噬菌体颗粒，故不能感染宿主细胞形成噬菌斑，从而实现初步的筛选。

2. 核酸分子杂交法

（1）菌落原位杂交法（*in situ* colony hybridization）：菌落原位杂交法又称探针原位杂交法。设计并制备与目的基因某一区域互补的探针，根据核酸杂交原理，探针序列可以与目的基因序列形成互补碱基配对，产生特异的信号。常用方法是将琼脂板上的菌落用硝酸纤维薄膜覆盖，使之定位转移到膜上。薄膜上的克隆需要经过原位裂解、变性、固定等步骤，使 DNA 充分暴露以便于进行杂交反应。根据探针上的标记不同，可通过放射性自显影、化学发光、酶促底物显色等进行定位检测（图 2-9）。

DNA 印迹分析（拓展阅读）

（2）DNA 印迹分析（DNA blot analysis）：该方法由英国科学家 Edwin Southern 于 1975 年建立，因此通常被称为 Southern 印迹法（Southern blotting）。DNA 印迹法主要包括 3 个步骤：首先，将待测 DNA 混合物先进行凝胶电泳分离；然后，将分离后的 DNA 片段转移至硝酸纤维素膜；最后，用放射性核素标记的 DNA 探针进行杂交，以检测目的 DNA 片段。

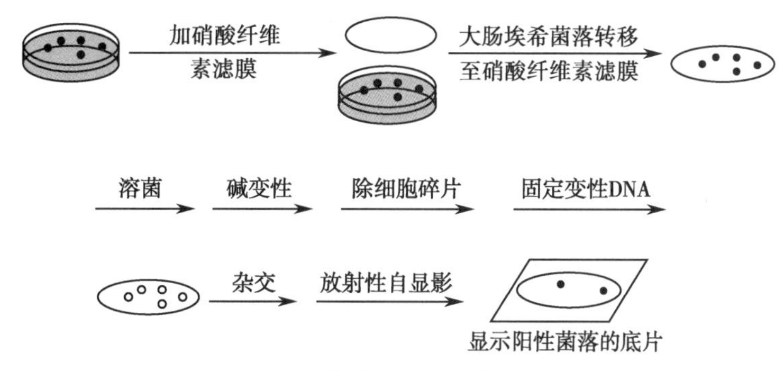

图 2-9　菌落原位杂交法示意图

3. 限制性内切核酸酶谱法　从初筛为阳性的克隆中提取重组 DNA，选择合适的限制性内切核酸酶进行酶切，用琼脂糖凝胶电泳分析酶切片段的大小，从而判断是否有目的基因片段的存在。同时，根据酶切位点的不对称分布，可以分析插入基因片段的方向性。通过插入片段的内切酶位点的预测和验证分析，来进行酶谱分析鉴定。

4. PCR 法　从阳性的候选克隆中提取 DNA，根据目的基因的序列设计特异引物，采用常规 PCR 法扩增，电泳分析 DNA 片段的大小，可直接检测目的 DNA 的存在，快速方便地筛选出带有目的基因的克隆，进一步通过 DNA 序列分析进行鉴定。

5. DNA 序列测定法　遗传标志、分子杂交和限制性内切核酸酶图谱法只能鉴定外源载体 DNA 和目的基因的存在与否，而插入序列的正确性最终必须通过 DNA 序列分析来确定。早期的 DNA 序列分析方法主要有同位素标记的双脱氧链终止法和化学测序法。随着测序技术的快速发展，目前已经诞生了荧光标记的全自动测序仪，可以提供大规模商业化的测序服务。

DNA 序列测定法（拓展阅读）

从原理上来讲，目前最常用的 DNA 测序方法仍然是桑格 - 库森法（Sanger-Coulson method，又称双脱氧法、链终止法）（图 2-10）。以单链 DNA 作为模板，加入合成的寡核苷酸引物并退火，设立 4 种不同的测序反应管，每一个反应管都含有 4 种正常的 dNTP 和 DNA 聚合酶。此外，在每个反应管中再加入一种放射性核素或者荧光素标记的双脱氧 dNTP（如 ddATP、ddGTP、ddCTP 或者 ddTTP），ddNTP 与 dNTP 的区别在于前者脱氧核糖的 3′-OH 被 3′-H 取代，导致其失去形成 3′，5′- 磷酸二酯键的能力。当一种少量的 ddNTP 加入后，ddNTP 会竞争与 dNTP 参与聚合酶链反应，随合成链的延伸，一旦延伸至外源 DNA 模板中 N 的出现，部分合成链中因 dNTP 参与而继续延伸，部分因 ddNTP 竞争掺入而终止延伸。最终获得的合成链，除完整的互补链，还包括提前终止的 3′- 端为放射性核素或者荧光素标记 N 的所有互补短链，根据放射性自显影或者荧光检测获知重组 DNA 中所有 N 的序列位置。将 4 种反应管产生的寡核苷酸产物通过电泳分离，从凝胶的底部到顶部按 5′ → 3′ 方向读出新合成链的序列。DNA 序列测定法是鉴定目的 DNA 的最准确的方法。

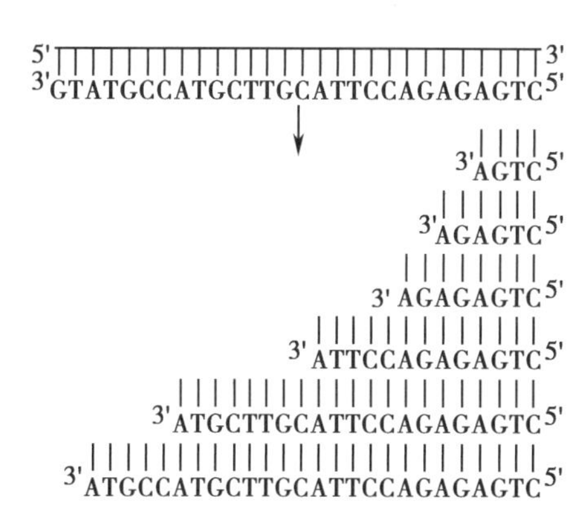

图 2-10　桑格 - 库森法进行 DNA 测序的基本原理

6. 目的基因表达产物测定法　如果导入的目的基因能在宿主细胞中表达编码蛋白，且宿主细胞本身不含有该蛋白质，那么可以通过检测该编码蛋白的表达水平或者生物活性来筛选和鉴定重组子。常用的方法包括酶联免疫吸附测定（enzyme-linked immunosorbent assay，ELISA）、免疫组化分析等，

这些方法的共同点是利用抗原 - 抗体的反应原理,采用能识别目的蛋白的抗体(一抗),然后用标记有酶、化学发光基团或者荧光基团的第二抗体(二抗)系统进行信号放大检测,用于分析表达特异蛋白质的阳性细胞。

二、原核细胞工程菌的构建与筛选

自从 1973 年斯坦利·科恩(Stanley N. Cohen)等在大肠埃希菌中首次成功地实现了外源基因的表达,随后的 40 余年,原核表达系统得到了快速发展。目前,已经建立的原核表达系统有大肠埃希菌、枯草杆菌、乳酸菌、沙门菌、苏云金杆菌、芽孢杆菌、链霉菌等。原核表达体系的主要优点是:①宿主菌遗传背景清楚,商品化菌种齐全,方便购买;②原核细胞操作简便、繁殖快和周期短;③大规模生产成本低,产量较高;④下游纯化工艺简单,易于控制,生产效率高。

原核表达体系中又以大肠埃希菌表达体系的研究最为成熟,应用最为广泛。大肠埃希菌的基因组已经清楚,工程化菌种和表达载体种类齐全,适合大规模生产,是外源基因的首选表达体系。一般来说,原核表达体系既可用于原核蛋白的表达,也可以用于某些真核蛋白的表达。构建一个有效的原核表达体系,须考虑目的基因的结构、表达载体、宿主菌、表达产物的形式和下游分离纯化等多种因素。工程菌需要通过重组方法进行筛选。

(一) 目的基因的结构与形式

由于原核细胞缺乏转录后的加工能力,无法对真核基因的内含子序列进行切除加工,故不能直接采用基因组 DNA,而只能选用 cDNA。此外,由于生物普遍存在密码子偏爱性(codon bias),即只选择使用同一种氨基酸的同义密码子中的 1~2 种,称为偏爱密码子。大肠埃希菌等原核生物使用的密码子具有选择性,分为偏爱密码子和稀有密码子。经统计发现 8 种密码子 AGA、AGC、ATA、CCG、CCT、CTC、CGA、GTC 是大肠埃希菌的稀有密码子。因此,在外源蛋白翻译过程中,如果外源基因中使用大肠埃希菌的偏爱密码子,蛋白质合成迅速,错配率较低;反之,如果外源基因中使用较多大肠埃希菌的稀有密码子,蛋白质合成就会受到抑制。对含高比例稀有密码子的外源基因,可采用定点突变方法对 cDNA 中稀有密码子进行同义突变修饰,以提高外源基因的表达效率。

(二) 表达载体的选择和构建

表达载体是影响外源基因表达的关键因素。一个理想的表达载体一般需具有强而可控的启动子、核糖体结合位点(SD 序列)和转录终止信号。同时,还应当有较高拷贝数、稳定性好、表达产物容易纯化等特性。通常,强启动子起始 mRNA 合成的效率高,弱启动子起始 mRNA 合成的效率低;原核生物的 RNA 聚合酶不能识别真核基因的启动子,当真核基因在原核体系中表达时,必须将真核基因置于原核的启动子控制之下,原核启动子有 *lac*、*trp*、*tac*、P_L/P_R、*T7* 等可供选用。影响外源基因表达的另一个重要影响因素是核糖体结合位点,即 SD 序列以及 SD 序列与起始密码子 AUG 之间的距离。SD 序列的核苷酸组成、SD 序列与 AUG 之间的距离、AUG 两侧核苷酸的组成、mRNA 5′- 端的二级结构等可影响外源基因在大肠埃希菌中的表达效率。一般认为,SD 序列与 AUG 之间的距离以 6~12bp 为佳,其组成应富含 A 和 U,通过调整 SD 序列与 AUG 之间的距离可以提高目的蛋白的表达效率。

可以通过前期的试用,找到对某一目的基因的理想表达载体。此外,根据目的蛋白的理化性质和不同生产工艺的要求,可以选择非融合表达载体、融合表达载体和分泌型表达载体。

(三) 宿主菌的选择

宿主菌可以明显影响外源基因的表达。基因工程用的工程菌通常是经过改造的限制系统和重组系统缺陷的细菌,目前最常用的是大肠埃希菌。选择表达菌株时,要考虑几个原则。①与表达载体的配套:如大肠埃希菌 BL21(DE3)菌株,该菌种是为含 *T7* 启动子的表达载体(如 pET 系列)设计的,*T7* 噬菌体聚合酶基因已经被整合于 BL21 的染色体上;②外源表达蛋白的稳定性:内源性的蛋白酶可能会造成外源表达蛋白的不稳定,所以要考虑选择一些蛋白酶缺陷型菌株作为起始表达菌株,例如大肠

埃希菌 BL21 系列就是 *lon* 和 *omp*T 蛋白酶缺陷型；③外源基因的结构：对于含稀有密码子较多的真核基因，如果不经基因突变，也可以考虑选用 BL21 衍生菌 Rosetta 2，它已经添加了大肠埃希菌缺乏的 7 种稀有密码子对应的 tRNA，可以提高真核基因在原核系统中的表达效率；④目的蛋白的结构：当要表达的目的蛋白具有二硫键结构，需要形成正确的折叠时，可以选择 K-12 衍生菌 Origami 2 系列，后者可以显著提高蛋白质的二硫键形成率，提高蛋白质的可溶性和活性表达水平。Rosetta-gami 2 则是综合了上述两类菌株的优点，既能翻译稀有密码子，又能促进二硫键的正确形成，帮助表达需要借助二硫键形成正确折叠构象的真核蛋白。

总之，同一外源基因在不同工程菌中的表达水平可能会有差异，通常先需要试用几种，从中找出理想的工程菌。

（四）外源基因的表达形式

目的基因的表达形式主要是由表达载体和宿主菌共同决定的。根据目的蛋白的性质和下游工艺处理的需要，选择适当的表达系统，可以使目的基因的表达产物——重组蛋白定位于胞内、周质和胞外。

1. 胞内表达　有非融合表达和融合表达形式之分。

（1）非融合表达：指外源基因的一种独立表达形式，不与细菌的任何蛋白质或多肽融合在一起进行表达，即将外源基因直接克隆于启动子和 SD 序列的下游进行表达。通过非融合表达形式，可以获得结构、功能以及免疫原性等与天然状态相似的外源蛋白，但易被蛋白酶所降解而影响蛋白质表达量。非融合表达时可能形成不溶性的包涵体（inclusion body），通常没有活性。包涵体的出现是由于原核生物蛋白质翻译过程中折叠系统的功能缺陷造成的，多肽链错误折叠而聚集成难溶性颗粒。通过选择不同的表达载体系统、降低表达温度和缩短诱导时间有时可以避免或者减弱包涵体的出现。有时通过变性和复性过程，可以将包涵体蛋白复性，得到有活性的重组蛋白。

非融合
表达载体
（拓展阅读）

（2）融合表达：所谓融合蛋白是指将一段特殊的蛋白质（或短肽）的基因构建入载体，使之与目的蛋白连接表达形成融合蛋白（fusion protein）。融合表达载体构建模式为原核启动子→ SD 序列→起始密码子 ATG →编码特殊蛋白（或短肽）的基因→目的基因→终止密码子。融合表达的优点有：①融合蛋白在大肠埃希菌内较稳定，表达效率提高；②原核短肽设计为可用于亲和纯化的标签从而大大简化融合蛋白的纯化，目前常用的融合表达体系有谷胱甘肽硫转移酶（GST）表达体系、金黄色葡萄球菌 A 蛋白表达体系、麦芽糖结合蛋白 MBP 表达体系等；③融合蛋白可以通过化学方法或蛋白酶法切除融合蛋白中的特殊蛋白质（或者短肽），形成具有生物活性的目的蛋白。

融合
表达载体
（拓展阅读）

2. 分泌表达　外源基因在大肠埃希菌中胞内表达是最常用的方法，但有时易形成包涵体，采用分泌表达途径可以改善重组蛋白的表达效果。分泌表达通过将外源基因融合至编码原核蛋白信号肽序列的下游实现。信号肽和外源蛋白的融合蛋白在跨过内膜或外膜后，信号肽酶切去信号肽，外源蛋白被分泌至细胞周质，甚至穿过细胞外膜进入培养基中。

（1）分泌至周质：细胞周质分泌途径可获得具有一级结构的重组蛋白产物，周质中蛋白酶较胞内少，有利于目的蛋白的稳定性，但蛋白质表达量往往低于胞内表达。表达量提高同样容易形成包涵体，影响目的蛋白的生物活性。

分泌型
表达载体
（拓展阅读）

（2）分泌至胞外：可通过构建胞外分泌表达载体将外源蛋白分泌至胞外，因此可直接分析培养液中重组蛋白的水平。该方法通过离心除去菌体，收集含重组蛋白的培养基，可大大简化下游的产品纯化步骤。

（五）原核工程菌的筛选

原核细胞工程菌构建完成后，也需要通过遗传标志法、核酸分子杂交法、限制性内切核酸酶谱法、

PCR 法等进行初步筛选，最后需要通过 DNA 测序法确证外源基因序列的正确性。

由于原核表达体系缺乏蛋白质折叠系统，真核蛋白易形成空间构象错误的多肽链，生成不溶性的包涵体。此外，原核细胞也缺乏蛋白质翻译后加工系统，不能形成糖基化、磷酸化等修饰，因此对某些需要修饰的蛋白质无法用原核表达体系获得有活性的产物的，必须要用真核表达体系来实现功能性表达。

三、真核细胞工程菌的构建与筛选

与原核表达体系相比，真核表达体系具有很多的优势。首先，对外源基因的要求可以是 cDNA，也可以是 DNA，具有转录后的加工能力；具有蛋白质的折叠和翻译后的加工系统，可以形成有正确折叠、装配和糖基化等修饰的蛋白质；可使重组蛋白分泌表达，有利于纯化。当然，真核表达体系（特别是哺乳动物细胞表达体系）也有一些缺点，包括真核细胞生长缓慢、操作复杂、产量较低、生产成本高等。目前基因工程中常用的真核表达系统有酵母表达系统、昆虫细胞表达系统和哺乳动物细胞表达系统。

（一）酵母表达系统

酵母表达系统有酿酒酵母、裂殖酵母、甲醇酵母、克鲁维酵母等表达系统可供选择。其中应用最为广泛的是甲醇酵母表达系统，特别是毕赤酵母（*Pichia pastoris*）表达系统，它可以在甲醇为唯一碳源和能源的培养基中生长。

毕赤酵母表达系统的主要优点是：①高表达量，外源蛋白在毕赤酵母中可获得 g/L 级表达量，有的甚至高达 10g/L；②高稳定性，外源基因被整合至毕赤酵母染色体上，避免了遗传不稳定现象；③具有翻译后修饰功能，包括蛋白质折叠、二硫键的形成和部分 *O*- 糖基化和 *N*- 糖基化修饰等；④可分泌表达，培养基中含毕赤酵母自身蛋白较少，主要为分泌表达的外源蛋白，因此有利于后续的分离纯化。

外源蛋白在酵母表达系统中表达的影响因素，主要包括如下几方面：

（1）外源基因结构：外源基因 mRNA 5′- 端非翻译区（5′-UTR）的核苷酸序列和长度影响 mRNA 的翻译水平。如果起始密码子旁侧序列容易形成 RNA 二级结构，将会阻止翻译的进行。富含 A-T 序列会导致转录提前终止而产生缩短的 mRNA。使用酵母偏爱密码子有利于提高外源蛋白的表达量。

（2）表达载体的选择和构建：典型的毕赤酵母表达载体包含特异的启动子和转录终止子，启动子与终止子之间含可供外源基因插入的多克隆位点。其特点为：①有乙醇氧化酶 *AOX* 1 和 *AOX* 2 启动子、*PGAP* 启动子（三磷酸甘油醛脱氢酶启动子）、*PFLD*1 启动子（依赖谷胱甘肽的甲醛脱氢酶启动子）等之分，多数毕赤酵母载体选择 *AOX* 1 和 *AOX* 2 启动子。②外源蛋白表达形式包括胞内表达和分泌表达两种，分泌表达型酵母可利用自身信号肽和酵母信号肽获得较好的表达效果，信号肽包括 α- 交配因子信号肽、酸性磷酸酶信号肽等。分泌表达的蛋白质可以产生 *O*- 糖基化或 *N*- 糖基化修饰，其中 *N*- 糖基化的位点在多肽链序列 Asn-X-Ser/Thr 的 Asn 的酰胺氮上，以高甘露糖型的糖基化形式存在，寡糖链的长度一般为 8~14 个甘露糖残基。③因为毕赤酵母中没有稳定的天然质粒，所以其表达载体常采用整合型质粒。当线性化的重组载体转化受体细胞时，它的 5′*AOX*1 和 3′*AOX*1 能与酵母染色体上的同源基因发生重组，从而使整个载体连同外源基因整合到受体染色体上，外源基因可以在 5′*AOX*1 启动子控制下稳定表达。

可供选择的分泌表达载体包括：pPIC9、pPIC9K、pPICZαA、pHIL-S1、pYAM75P 等；胞内表达载体主要有：pHIL-D2、pA0815、pPIC3K、pPICZ 等。

（3）宿主菌的选择：常用的毕赤酵母宿主菌有组氨酸缺陷型的 GS115、KM71 和 SMD1168，以及腺嘌呤缺陷型的 PMAD11 和 PMAD16。其中，GS115 和 KM71 最为常用，GS115 菌株具有 *AOX*1，为甲醇利用正常型（即 Mut^{+}）；而 KM71 菌株的 *AOX*1 位点被 ARG4 基因插入，为甲醇利用缓慢型（即 Mut^{s}）。这两种菌株都适用于一般的酵母转化方法。另外，对于容易降解的蛋白质，需要选择蛋白酶

缺陷的宿主菌进行表达，如 KM71、PMAD16、SMD1168 等。

（4）工程菌的筛选：通常整合型表达载体的拷贝数可以有很大变化。一般而言，含多拷贝外源基因的表达菌株，外源蛋白的表达水平也较高。体内整合可以通过多次插入的方法获得多拷贝整合；另外，也可以用体外整合的方法，即将多个外源基因串联连接后插入。通过抗生素 G418、Zeocin 抗性基因进行高拷贝数转化子的筛选，获得高拷贝数工程菌株。

（二）昆虫细胞表达系统

昆虫细胞与哺乳动物细胞类似，常见的表达系统是利用昆虫细胞和杆状病毒载体来表达外源蛋白。与其他表达系统比较，昆虫细胞表达系统具有的优点包括：①允许表达较大的外源基因，可同时表达多个外源基因；②能有效地进行蛋白质翻译后加工，与哺乳动物细胞类似；③可以分为胞内表达和分泌型表达；④易于培养而且生长速度快，可以不需要 CO_2（甚至血清），重组蛋白产量较高；⑤杆状病毒具有宿主专一性，对植物和脊椎动物无致病性，生物安全性高。

杆状病毒表达载体主要由核型多角体病毒改建而成，该表达载体由大肠埃希菌的基础质粒插入多角体蛋白（polyhedrin）基因的强启动子序列改造而成。昆虫细胞宿主对杆状病毒的感染非常敏感，常用的宿主细胞系为 sf9 和 sf21。正常昆虫细胞贴壁生长，18~24 小时扩增一代；而被病毒感染后，昆虫细胞变大并变圆，且不能贴壁。

由于杆状病毒的基因组很大，内切酶位点多，很难进行直接克隆。一般先将外源基因克隆于专门设计的转移载体上，再与病毒载体共转染昆虫细胞，在昆虫细胞内发生同源重组，将外源基因的表达单元整合到杆状病毒基因组中，得到重组病毒。重组病毒感染宿主细胞后，即可获得目的蛋白的高水平表达。

通过培养感染细胞并进行筛选，可以获得含高拷贝目的基因的稳定细胞系，获得高产工程细胞株。

（三）哺乳动物细胞表达系统

与原核和昆虫细胞表达系统比较，哺乳动物细胞表达系统具有很大的优势，主要表现在：①重组蛋白能实现精确折叠，形成正确构象；②能够完成复杂的蛋白质翻译后加工，包括 *N*- 型和 *O*- 型糖基化等多种修饰，因而外源蛋白的结构和生物功能最为接近天然的高等生物蛋白质；③能使外源蛋白更好地分泌；④表达的目的蛋白产物不易降解。因此，如果要表达结构复杂和多种修饰的功能性蛋白质，如凝血因子Ⅷ、治疗性抗体等，通常需要用哺乳动物细胞表达系统。该系统的缺点是：操作技术要求高、细胞生长慢、表达效率较低、成本高、放大生产困难等。

（1）目的基因的形式：哺乳动物细胞具有转录后的加工能力，因此可以直接采用基因组 DNA 或者 cDNA 作为目的基因的形式。

（2）哺乳类细胞表达载体：哺乳动物细胞表达系统的表达载体可分为病毒载体和质粒载体。

1）病毒载体：通过病毒颗粒的外壳蛋白与宿主细胞膜相互作用，介导外源基因进入细胞内。常用的病毒载体包括反转录病毒（retrovirus，RV）、慢病毒（lentivirus，LV）、腺病毒（adenovirus，AV）、腺相关病毒（adenovirus-associated virus，AAV）等。这些病毒载体的特性为：① RV 载体：具有较高整合和表达外源基因的能力，但因其随机整合，故它对分裂细胞具有感染能力。② LV 载体：是以 1 型人类免疫缺陷病毒（HIV-1）为基础发展起来的表达载体，它对分裂细胞和非分裂细胞均具有感染能力，可将外源基因有效地整合到宿主基因组上，从而获得持久表达。③ AV 载体：目前普遍使用的是第三代载体，能容纳较大的 DNA 片段，因其不能整合到染色体上，所以不能持久地表达外源基因。④ AAV 载体：将外源基因定点整合至人类 19 号染色体长臂末端，病毒稳定且宿主范围广，能稳定表达外源基因。

2）质粒载体：通过物理或化学的方法将外源基因导入细胞。根据质粒是否能够独立于染色体进行自我复制而将质粒载体分为整合型和附加型两类。整合型载体整合于宿主细胞染色体，附加型载

体独立于染色体进行自我复制。

根据目的基因 DNA 片段的大小和表达产物的结构与活性的需要，可选择几种病毒或者质粒载体，与宿主细胞进行外源蛋白的试表达，从而找到合适的载体。

（3）宿主细胞的选择：常用的哺乳动物细胞株包括 CHO 细胞、鼠骨髓瘤细胞株、COS 细胞、BHK-21 细胞、Vero 细胞、HEK-293 细胞等。其中，CHO 细胞是最常用的哺乳动物受体细胞，分野生型和 *dhfr* 缺失突变型，遗传背景清楚，可以悬浮或者贴壁生长，外源基因可整合进入染色体，外源蛋白的折叠和修饰准确，可以分泌表达和胞内表达，被 FDA 确认为安全的基因工程细胞株。不同的宿主细胞具有不同的特性，对表达的重组蛋白的稳定性和糖基化类型存在一定的差异，应当根据需要进行合理的选择。

哺乳动物细胞表达系统可分为瞬时、稳定和诱导表达系统。瞬时表达是指表达载体导入宿主细胞后不能整合到染色体，可不经选择培养，即时检测到外源蛋白的表达，但表达载体随细胞分裂逐渐丢失，外源蛋白的表达时限短暂；稳定表达系统是指表达载体进入宿主细胞后经选择培养，表达载体稳定整合于细胞基因组，外源蛋白的表达稳定且持久；诱导表达系统是指外源基因在外源性物质诱导后开始转录表达，一般用于表达产物对细胞有毒性的情况。

（4）工程细胞株的筛选：重组 DNA 转染到哺乳动物细胞后，必须根据特定的选择标记才能将少数转染的细胞克隆从成千上万个未转染的细胞中筛选出来。不同的哺乳动物细胞系，采用的选择标记也不同。这样由特定的细胞系、选择标记、选择性培养基相匹配形成一套完整的选择系统。常用的选择系统有二氢叶酸还原酶基因（*dhfr*）选择系统、胸苷激酶基因（*tk*）选择系统、氨基糖苷磷酸转移酶基因（*aph*）选择系统、新霉素磷酸转移酶基因（*neo*）选择系统、腺苷脱氨酶基因（*ada*）选择系统、黄嘌呤-鸟嘌呤磷酸核糖转移酶基因（*hgprt*）选择系统等。这些选择系统的原理，大部分是利用嘌呤或者嘧啶核苷酸合成途径的特性而设计的。例如，带有 *dhfr* 的表达载体与携带外源基因的表达质粒共转染 *dhfr* 缺陷的 CHO 细胞后，可以获得在选择性培养基[缺少次黄嘌呤（H）和胸腺嘧啶核苷（T）的培养基]上生长的细胞克隆，但不同的细胞克隆外源蛋白表达水平存在差异。可以进一步用二氢叶酸还原酶抑制剂甲氨蝶呤（MTX）处理，绝大多数 CHO 细胞死亡，极少数幸存下来的抗性细胞中，*dhfr* 得以扩增。与此同时，与 *dhfr* 相邻的 DNA 区域（含目的基因）也同时被扩增，目的基因的拷贝数可增加几百至几千倍，最后获得稳定和高产的单克隆细胞株。这种方法称为加压筛选，目前在工程细胞株的筛选上此方法得到了广泛的应用。

最后，含表达载体的宿主细胞应经过克隆而建立主细胞库（master cell bank），再进一步建立生产细胞库，为后续的工业化生产打下基础。

第三节　基因重组蛋白的分离纯化

重组蛋白的纯化工艺必须根据产物性质以及杂质的状况进行设计，将各种分离纯化的步骤加以组合，从而达到去除杂质的目的。利用基因工程方法生产的重组蛋白往往与菌体蛋白和发酵液中的其他蛋白质混在一起，分离纯化步骤的设计必须从有关蛋白质分子的电离状态、溶解性、分子量大小以及对某些特殊物质的亲和性等方面进行综合考虑。由于基因重组蛋白大多具有生物学功能，因此在提取纯化过程中不仅要保证一定的回收率，而且不能影响生物活性。

根据目的产物的性质和对产品纯度的要求不同，可选择不同的分离纯化方法和路线，但主要分为两方面：一是目标产物的初级分离，主要是在发酵培养后，将目的产物从菌体和培养液中分离开来；二是目标产物的纯化，这是在分离的基础上运用各种纯化手段，使产物达到预定的纯度。

分离纯化工艺应满足下列要求：①条件要温和，能保持目的产物的生物活性；②方法的选择性要好，能从复杂的混合物中有效地将目的产物分离出来，达到较高纯化倍数；③重组蛋白产物回收率要高；④纯化步骤之间最好能直接衔接，不需要对物料加以处理或调整，这样可以减少工艺步骤；⑤整

个分离纯化过程周期短，以提高生产效率。

一、基因重组蛋白的主要分离技术

无论是胞内型还是分泌型的基因重组蛋白，如何高效、快速地将表达的目的蛋白与表达体系中的其他组分分离，是基因重组蛋白分离纯化过程中的关键步骤。

（一）细胞的破碎

基因工程中胞内表达的重组蛋白，需要通过破碎细胞的步骤将蛋白质从细胞中释放出来，常用方法包括机械法和非机械法两种。

1. 机械法　常用的机械法主要为超声破碎法和匀浆法。

(1) 超声破碎法：超声仪利用超声波，通过液体介质而产生机械剪切压力和剧烈振荡，从而起到破碎细胞和组织的作用。超声破碎处理会产生大量的热量，应采取相应降温措施，必要时在冰浴条件下进行，以免蛋白质变性。需要根据细胞种类，控制合适的功率、时间以及超声间歇时间。

(2) 匀浆法：通过匀浆机产生的机械剪切力将细胞破碎，使胞内蛋白质释放。

2. 非机械法　非机械法可以分为表面活性剂法、酶解法、渗透压冲击法等。

(1) 表面活性剂法：常用表面活性剂，包括十二烷基硫酸钠（SDS）、Triton-100、NP-40、去氧胆酸钠等。表面活性剂可破坏细胞膜，使细胞裂解，裂解后应透析除去表面活性剂，以防止蛋白质变性。

(2) 酶解法：细菌的细胞壁较厚，常用溶菌酶处理细胞，达到胞内蛋白质释出的效果。

(3) 渗透压冲击法：细胞需先用高渗溶液处理，当达到平衡后再转入低渗溶液中，由于渗透压发生突然变化，胞外的水分迅速渗入胞内，使细胞快速膨胀而破裂。

细胞破碎时，要避免剧烈的条件。尽可能在低温条件下进行，使用适当的缓冲液并添加适量的乙二胺四乙酸（EDTA）等以抑制蛋白酶对产物的破坏作用。

（二）离心

离心即借助于离心力，使密度不同的物质进行分离的方法。在离心场中，利用分子之间的密度差可以实现快速的固液分离。另外，因为不同的生物分子有不同的密度和体积，可实现在不同离心力的作用下沉降分离。由于细胞、细胞碎片、包涵体和病毒颗粒的密度都大于环境液体的密度，可以用离心机将其分离。离心分离具有速度快、分离效率高等优点，但需要专门的离心机设备。

（三）沉淀

沉淀的原理是利用蛋白质在不同条件下的溶解度不同，通过某些方法降低某一蛋白质的溶解度，使它们在短时间内形成蛋白质聚集体，再用离心方法将其与溶液中其他蛋白质分离开来。

1. 等电点沉淀法　蛋白质具有带电的特性，而蛋白质的带电特性与溶液的 pH 有关。当溶液的 pH 达到等电点（pI）时，蛋白质所带净电荷正好为零，稳定蛋白质胶体溶液的条件（如同种电荷的相互排斥和水化膜）被破坏，这种情况下，等电点附近的蛋白质分子便相互作用、聚集并沉淀。故可以利用这一性质来富集具有某一等电点的蛋白质组分，使其与其他蛋白质组分分离。蛋白质分级沉淀就是基于不同的蛋白质具有不同等电点的特性，逐渐改变其环境溶液的 pH，使具有不同等电点的蛋白质依次沉淀，从而达到不同蛋白质的分离。

2. 盐析法　在高盐浓度时，蛋白质的溶解度会明显降低，这个效应称为盐析（salting out）。增加溶液中的盐的浓度，会使蛋白质胶体颗粒失去表面的电荷和水化膜的保护，使其分子之间更容易碰撞并促进蛋白质表面疏水区的相互作用，形成蛋白质聚集体而沉淀。目前最常用的盐析剂是硫酸铵，虽然硫酸铵并不是盐析效应最好的盐类，但因其他在水溶液中的溶解度大而有利于盐析。为了增加蛋白质的沉淀效果，盐析法常可与其他方法配合使用，如与等电点沉淀法配合使用。

（四）膜分离

膜是具有选择性分离功能的材料，利用半透膜的选择性透过和截留的功能，实现样品中不同组

分的分离、纯化、浓缩的过程称作膜分离（membrane separation）。膜分离具有设备简单、无化学变化、费用较低及处理效率较高等特点。由于可在常温条件下操作，节省能源，特别适用于热敏性物质的分离。

用于分离的膜应具有较大的透过速度和较高的选择性，还要能耐热、耐酸、耐碱和耐细菌侵蚀，能进行杀菌处理。制造膜的材料主要有改性天然物质、高分子合成产物及一些特殊材料。其中以醋酸纤维素和聚砜应用最广。几种主要的膜分离技术见表 2-2。

表 2-2 几种主要的膜分离技术

过程	膜的类型	推动力	截留物质	使用对象
透析	对称或不对称膜	浓度差	大分子，M_r 大小可变	脱盐和分级分离
反渗透	对称或不对称膜	压力差 1~8MPa	分子、离子等	小分子溶液的浓缩和纯水的制备
超滤	不对称微孔膜	压力差 0.2~0.8MPa	大分子，M_r 大小可变	大分子物质的分离
微滤	对称多孔细孔膜 0.05~10μm	压力差 0.1MPa	不溶物质，颗粒大小可变	除菌、澄清和细胞收集
电渗析	离子交换膜	电位差	非离子和大分子化合物	离子和蛋白分离

1. 透析　透析（dialysis）是利用膜两侧的浓度差为驱动力，从溶液中分离出小分子物质的过程。在选择透析袋时，应注意袋的直径和纤维膜孔的标称孔径。由于截留的目标产物的 M_r 是以假定的球蛋白平均大小为基础标定的，如果所需截留的目标蛋白的形状是长链的，那么即使它的 M_r 大于截留 M_r，也有可能流失。因此，应选用标称截留 M_r 远大于待研究蛋白质 M_r 的透析袋，以免目标蛋白的损失。另外，样品的透析率与样品的扩散速率有关，扩散速率又与 M_r 有关，小分子比大分子透析得快。温度也影响透析，较高的温度可增加扩散速度，但为防止目的蛋白的失活和变性，透析通常在 4℃下进行。

2. 反渗透、超滤和微滤　反渗透（reverse osmosis）是通过外加的高于溶液渗透压的压力，使溶液中的水透过膜，而溶液中的溶质则全部被截留，从而使溶液进一步浓缩。超滤（ultrafiltration）与反渗透并无原则上的区别，只是超滤使用孔径较大的薄膜，截留的 M_r 也较大。微滤（microfiltration）则是以多孔细小的薄膜为过滤介质，使不溶物浓缩过滤的操作。因此反渗透、超滤和微滤的相同点都是以压力差为驱动力；不同点是：反渗透只允许溶剂通过，可浓缩溶质或制备纯水；超滤可根据 M_r 的大小实现大分子物质的筛分，并可同时实现截留分子的浓缩；微滤只截留不溶性的颗粒。反渗透、超滤和微滤的孔径范围见表 2-3。

表 2-3 反渗透、超滤和微滤的孔径范围

膜分离过程	反渗透	超滤	微滤
孔径 /μm	0.000 1~0.01	0.003~0.08	0.05~12

3. 电渗析　电渗析是在电位差的驱动下，用离子交换膜从溶液中分离离子的过程。其原理是用阴、阳离子交换膜交替排列在正、负极之间，由此形成了许多独立的小单元。当溶液中的离子在电场作用下通过这些单元时，某些单元的正、负离子透过离子交换膜，其溶液被脱盐；另一些单元中的正、负离子受电场及离子交换膜的排斥作用而留在单元中，形成高盐溶液。利用电渗析法可使溶液中的蛋白与离子分离，从而达到脱盐的目的。

（五）双水相萃取

细胞破碎后，如何高效快速地将细胞碎片与胞内的基因重组蛋白分离，是基因重组蛋白分离纯化过程中关键的步骤之一。普通的离心法和膜分离法往往显得效率低下，因为离心沉淀不仅能耗大，且

细胞碎片清除不干净；而膜分离法速度慢，易出现蛋白质滞留等情况。

双水相萃取的原理是水相中加入溶于水的高分子化合物如聚乙二醇和葡聚糖，形成密度不同的两相体系。由于两相中均含有较多的水，故称为双水相。常见的双水相系统有聚乙二醇（PEG）/ 无机盐、PEG/ 葡聚糖等。当使用 PEG/ 无机盐提取胞内蛋白时，细胞碎片能全部进入下相（盐相），蛋白质则留在上相（PEG 相）中；此时，再加入一定量的 PEG 进行第二次萃取，因为多糖和核酸的亲水性较蛋白质为强，这样蛋白质继续留 PEG 相中，而多糖和核酸则进入盐相中。如此，再进行第三次萃取，使蛋白质进入盐相中，还可使蛋白质与色素分离。由于萃取所使用的条件比较温和，有利于目的蛋白的活性保持。这一技术已经成功用于干扰素 β（IFN β）和过氧化氢酶的分离。

影响双水相萃取分配的因素有很多，如无机盐的浓度、聚合物的 M_r、pH 及温度等。

二、基因重组蛋白的主要纯化技术

基因重组蛋白的纯化主要采用多种层析法。

（一）离子交换层析

离子交换层析（ion exchange chromatography）是最常用的层析方法之一，它是利用蛋白质等电点的差异来实现不同蛋白质间的分离和纯化。离子交换层析的基本原理是通过带电的溶质分子与离子交换剂中可以交换的离子进行交换，从而实现分离纯化。离子交换所采用的分离介质是一类不溶介质上固定有离子化基团的凝胶，由于不同蛋白质的等电点不同，因此在某一特定的 pH 时所带的电荷也不同，从而与这些基团的结合能力亦不同，在不同浓度的反离子（counter ion）溶液中，被逐渐洗脱下来从而实现目标蛋白的分离纯化。

离子交换剂根据其不同电荷载量以及与蛋白质分子上交换官能团的不同，可分为阴离子交换剂和阳离子交换剂。

盐离子浓度对离子交换过程的影响最为关键，若交换溶液中的盐离子浓度较高，将会干扰蛋白质分子与离子交换剂的结合，必须在上样前先将样品进行透析、稀释或用脱盐柱进行脱盐。离子的大小也影响离子交换过程，小离子的交换速度比较快，而大分子由于受到空间位阻的影响，在交换剂内的扩散速度很慢。另外，洗脱梯度和流速对分离效果有很明显的影响，一般来说，减缓洗脱梯度以及降低流速往往能使分离纯化效果得到改善。

由于离子交换层析分辨率高、容量大、操作容易，该法已成为基因重组蛋白分离纯化的一种重要方法。

（二）亲和层析

亲和层析（affinity chromatography）是利用固定化配基与目的蛋白之间特异的生物亲和作用进行吸附分离的技术。这些亲和作用包括酶与激活剂或抑制剂之间、抗原与抗体之间、激素或配体与受体之间，以及蛋白质与 DNA、RNA 上某些特定区域之间的亲和作用等。由于分子之间相互作用的特异性和专一性，用亲和层析技术进行分离能使大多数目的蛋白在经过一次亲和柱之后就达到很高的纯度。在亲和层析中起可逆结合作用的特异性物质称为配基，与配基结合的支撑物称为载体。

亲和层析操作主要包括 5 个步骤。①配基固定化：选择合适的配基与不溶性的载体结合成具有特异性的分离介质。②亲和吸附：配基与目的蛋白发生特异性结合，其他杂质分子大部分直接透过层析柱，但仍有少部分杂质分子能与配体发生非特异性的结合。③洗涤：用足够量的平衡缓冲液洗涤柱子，以去除非特异性结合的杂质分子。④洗脱解离：通过在流动相中加入与配基竞争结合的小分子物质、改变离子强度或改变 pH 等，使目的蛋白与配基解离。⑤再生：用大量的平衡缓冲液清洗层析柱，使亲和层析凝胶恢复到原来的状态。某些凝胶再生时，如选择金属离子螯合层析（metal ion affinity chromatography）介质，还需加入一定量的配体分子（如 Ni^{2+}）用以补偿在层析过程中丢失的金属离子。

固相基质上的配基应该具有与目的蛋白结合的特异性，且有能形成稳定复合物的能力。当亲和力过低时，配基与目的蛋白质的结合力较弱，选择性低，分离效果不理想；但若亲和力过高，洗脱条件必须十分强烈，这又有可能造成蛋白质的变性。因此，要使亲和层析达到最佳的分离纯化效果，首先要选用恰当的亲和层析介质。

（三）凝胶过滤层析

凝胶过滤层析（gel filtration chromatography）又称为分子筛层析，也称排阻层析，其基本原理是根据生物大分子的 M_r 大小来实现目的蛋白的分离纯化。在凝胶过滤层析中所用的凝胶是一种惰性的不带电荷的、具有三维空间结构的多孔网状物质，凝胶的每个颗粒的微细结构就如一个筛子，当样品随流动相经过凝胶柱时，较大的分子不能进入凝胶网孔内而受到排阻，与流动相一起首先被洗脱下来；而较小的分子进入部分凝胶网孔内，所以流出的速度相对较慢。

凝胶过滤主要用于脱盐、分级分离及 M_r 的测定。脱盐是将无机盐与生物大分子进行分离；分级分离则是将不同 M_r 大小的分子分开。在使用标准样品作对照时，凝胶过滤可以测定生物大分子的 M_r。一般来说，凝胶过滤法对 M_r 大小差异较大的蛋白质之间的分离效果较好，而对那些分子大小差异较小的蛋白质的分离效果较差。影响凝胶过滤分离效果的因素有很多，主要有凝胶类型、柱塔板数、上样量及流速等。对于分离不同 M_r 范围的样品，要采用不同类型的凝胶介质。

凝胶过滤法具有许多优点：①分离蛋白质的 M_r 范围广，在几百到几百万之间；②凝胶是不带电荷的惰性基质，不会与溶质分子发生任何作用，因此蛋白质的回收率高，试验的重复性好；③凝胶介质可反复使用。

（四）反相层析和疏水相互作用层析

反相层析（reversed phase chromatography，RPC）和疏水相互作用层析（hydrophobic interaction chromatography，HIC）是根据蛋白质疏水性的差异来实现分离纯化的。反相层析是利用溶质分子中非极性基团与非极性固定相之间相互作用力的大小，以及溶质分子中极性基团与流动相中极性分子之间在相反方向作用力的大小差异进行分离的。进行生物大分子反相层析分离时，常用的固定相为硅胶烷基键合相，流动相常采用低离子强度的酸性水溶液，并加入一定比例的能与水互溶的乙腈、甲醇、异丙醇等有机溶剂。由于固定相骨架的疏水性强，吸附的蛋白质需要用有机溶剂才能洗脱下来。

疏水相互作用层析的原理与反相层析相似，主要是利用蛋白质分子表面上的疏水区域（非极性氨基酸残基的侧链，如丙氨酸、甲硫氨酸、色氨酸和苯丙氨酸）和介质的疏水基团（苯基或辛基）之间的相互作用。所用介质表面的疏水性比反相层析所用介质的弱，常为有机聚合物键合相或大孔硅胶键合相，流动相一般采用 pH 6.0~8.0 的盐水溶液。在高盐离子浓度时，蛋白质分子中疏水性部分与介质的疏水基团产生疏水性作用而被吸附；盐离子浓度降低时，蛋白质的疏水作用也随之减弱，不同蛋白质被逐步洗脱下来，蛋白质的疏水性越强，洗脱的时间越长。相对反相层析而言，疏水相互作用层析回收率较高，蛋白质变性的可能性较小。

反相层析和疏水相互作用层析的差异在于前者在有机相中进行，蛋白质经过反相流动相与固定相作用，有时会发生部分变性；而后者通常在水溶液中进行，蛋白质在分离过程中一般仍保持其天然构象。

三、选择分离纯化方法的依据

（一）根据产物表达形式来选择

分泌型表达产物的发酵液的体积很大，但浓度较低，因此必须在纯化前进行浓缩，可用沉淀和超滤的方法浓缩。

产物在周质表达是介于细胞内可溶性表达和分泌表达之间的一种形式，它可以避开细胞内可溶

性蛋白和培养基中蛋白质类的杂质，在一定程度上有利于分离纯化。对大肠埃希菌经低浓度溶菌酶处理后，可采用渗透压冲击法来获得周质蛋白。由于周质中仅有为数不多的几种分泌蛋白，同时又没有蛋白水解酶的污染，因此通常能有较高的回收率。

对于大肠埃希菌细胞内可溶性表达，破菌后的上清液首选亲和分离方法。如果没有可以利用的单克隆抗体或相对特异性的亲和配基，一般选用离子交换层析，处于极端等电点的蛋白质用离子交换可以得到较好的纯化效果，能去掉大部分杂质。

包涵体形式表达对蛋白质分离纯化有两方面影响：积极的方面是比较容易与胞内可溶性蛋白杂质分离，使纯化较容易完成；消极的方面是包涵体需要经过变性、复性才能拥有生物学活性。包涵体从匀浆液中经离心分离后，必须以促溶剂（如脲、盐酸胍、SDS）溶解，在适当条件下（pH、离子强度与稀释）复性。产物经过了一个变性复性过程，较容易形成错误的折叠和聚合体，因此，包涵体很难实现100% 的复性。经过复性后的蛋白质，再选用不同的方法进行分离纯化。

（二）根据分离单元之间的衔接选择

应选择不同机制的分离单元来组成一套分离纯化工艺，尽早采用高效的分离手段，先将含量最多的杂质分离除去，将费用最高、最费时的分离单元放在最后阶段，即通常先运用非特异性、低分辨率的操作单元（如沉淀、超滤和吸附等）以尽快缩小样品的体积，提高产物浓度，去除最主要的杂质（包括非蛋白质类杂质）；随后采用高分辨率的操作单元（如具有高选择性的离子交换层析和亲和层析）；凝胶过滤层析这类分离规模小、分离速度慢的操作单元放在最后，这样可以提高分辨效果。

层析分离次序的选择同样重要。一个合理组合的层析次序能够提高分离效率，同时对条件做较小的改变即可进行各步骤之间的过渡。当几种方法联用时，最好以不同的分离机制为基础，而且经前一种方法处理的样品应能适于作为后一种方法的料液，不必经过脱盐、浓缩等处理。如经盐析后得到的样品不适于离子交换层析，但可直接应用于疏水相互作用层析。离子交换、疏水及亲和层析通常可起到蛋白质浓缩的效应，而凝胶过滤层析常常使样品稀释，在离子交换层析之后进行疏水相互作用层析就很适合，不必经过缓冲液的更换，因为多数蛋白质在高离子强度下与疏水介质结合较强。亲和层析选择性最强，但不能放在第一步：一方面因为杂质多，亲和介质易受污染，缩短使用寿命；另一方面，体积较大，需用大量的介质，而亲和层析的介质一般较贵。因此，亲和层析多放在第二步以后。有时为了防止介质污染，在其前面加一保护柱，通常为不带配基的介质。经过亲和层析后，还可能有脱落的配基存在，而且目的蛋白在分离纯化过程中会聚合成二聚体或更高的聚合物，特别是浓度较高或含有降解产物时更易形成聚合体，因此最后需经过进一步的纯化操作，纯化常使用凝胶过滤层析，也可用高效液相层析，但费用较高。凝胶过滤层析放在最后一步又可以直接过渡到适当的缓冲体系中，利于产品保存。

（三）根据分离纯化工艺的要求来选择

在基因重组蛋白分离纯化过程中，通常需要综合使用多种分离纯化技术。一般来说，分离纯化工艺应遵循以下原则：

(1) 具有良好的稳定性、重复性和较高的安全性：工艺的稳定性包括不受或少受发酵工艺、条件及原材料来源的影响，在任何环境下使用都应具有重复性，可生产出同一规格的产品。为保证工艺的重复性，必须明确工艺中需严格控制的步骤和技术，以及允许的变化范围。严格控制的工艺步骤和技术越少，工艺条件可变动范围越宽，工艺重复性越好。在选择后处理技术、工艺和操作条件时，要确保去除有危险的杂质，保证生产过程的安全以及产品质量和使用安全。药品生产要保证无菌、无热原、无污染。

(2) 尽可能减少组成工艺的步骤：步骤越多，产品的后处理收率越低，但必须保证产品的质量。组成工艺的各技术或步骤之间要能相互适应和协调，工艺与设备也能相互适应，从而减少各步骤之间对物料的处理和条件调整的次数。

(3)分离纯化工艺所用的时间要尽可能短：因稳定性差的产物随工艺时间的增加，收率特别是生物活性收率会降低，产物质量也会下降。

(4)工艺和技术必须高效：所采用的工艺和技术应尽可能地做到收率高、易操作、对设备要求低、能耗低。

第四节　基因工程药物的改造

蛋白质类药物在临床上一般通过静脉或皮下注射给药。经静脉或皮下注射后常伴有蛋白质降解，生物利用度低；M_r<20kDa 的蛋白质药物易由肾小球滤过，通过肾小管时又被蛋白酶部分降解从尿中排出，半衰期短。另外，异种蛋白的抗原性也影响蛋白质药物的适用范围和使用效果。

为了提高蛋白质药物的稳定性，解除其抗原性，提高其生物学活性，延长其半衰期，人们越来越重视克服蛋白质药物应用中的缺点，以扩大其在实际应用中的适用范围。

一、构建突变体

基因定点突变(site-directed mutagenesis)技术能够在基因水平上对所编码的蛋白质分子进行改造。定点突变大体可分为 3 种类型：第一类是通过寡核苷酸介导的基因突变；第二类是盒式突变或片段取代突变；第三类是利用 PCR，以双链 DNA 为模板进行的基因突变。通过构建突变体能够改变蛋白质药物的活性以及稳定性，延长药物半衰期。

定点突变的流程见图 2-11。首先，设计一对互补引物，在引物中含有预期的突变位点。然后以待突变的质粒为模板，用这两个引物和 DNA 聚合酶进行 PCR 扩增反应。构建得到含有预期突变位点的双链质粒，该双链质粒中存在缺口(nick)。待突变的质粒通常来源于大肠埃希菌，在细菌中会被甲基化修饰，而在体外通过 PCR 扩增得到的质粒没有甲基化。用甲基化酶处理后，可以消化掉待突变的质粒模板，而使含有突变位点的扩增质粒被选择性地保留下来。把扩增质粒转化到细菌后，质粒中的缺口可以被大肠埃希菌修复，得到含有预期突变质粒的阳性克隆。

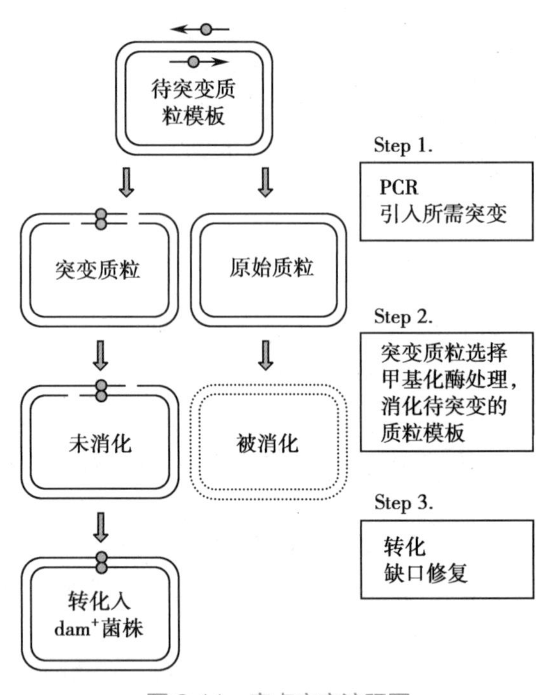

图 2-11　定点突变流程图

定点突变技术已经成功地用于蛋白质类药物的分子改造。

例 2-1　白细胞介素-2(IL-2)由 133 个氨基酸残基组成，第 125 位的 Cys 呈游离状态，易生成错误的二硫键配对或形成同源二聚体而影响活性以及稳定性，用 Ser 或 Ala 取代 Cys 后的 IL-2 突变体的生物活性是野生型 IL-2 的 2 倍，体内半衰期由几分钟提高到 1 小时。

例 2-2　Aventis 公司从大肠埃希菌 K12 菌株中表达生产了重组人胰岛素的突变体 Lantus。Lantus 是将人胰岛素 A 链第 21 位的 Asp 突变成 Gly，在 B 链 C- 端第 30 位处引入了两个 Arg，使胰岛素等电点改变为 pH 6.7。因为等电点的特性，Lantus 在酸性环境下为澄清溶液，一旦注入皮下组织则形成不溶的微沉淀物，其药物浓度曲线趋近于正常生理胰岛素的基础分泌曲线：体内浓度相对恒定 24 小时以上，每天注射一次即可。

自然界中亦存在天然突变体，突变体蛋白在生物学活性和血浆半衰期与野生型均存在一定区别：如载脂蛋白 AI（ApoAI）的米兰突变体（AIM），ApoAI 第 173 位的 Arg 突变为 Cys 形成 AIM，AIM 单体易形成同源二聚体，血浆半衰期也较野生型更长。

二、构建融合蛋白

人血清白蛋白（human serum albumin，HSA）是人血浆中含量最高的蛋白质（40g/L），由 585 个氨基酸残基组成，M_r 为 65kDa。HSA 具有维持血液渗透压、运输营养物质以及其他重要生物物质的作用。同时，HSA 又是许多内源因子和外源药物的载体，药物和 HSA 结合以后，可以降低其生物利用度，并延长药物在体内的半衰期。重组白蛋白（recombinant HSA，rHSA）也被用作药物载体，赋予药物更好的理化性质。

HSA 基因在毕赤酵母中可以实现高效分泌表达，发酵液中蛋白含量可达 4g/L，上清液中杂质含量较低，易于纯化。所以，通过与 HSA 基因的融合，蛋白质药物能够在毕赤酵母中得到表达，获得 HSA 融合蛋白（fusion protein），可有效地延长蛋白质药物的半衰期。HSA 与治疗蛋白形成融合蛋白的原理见图 2-12。

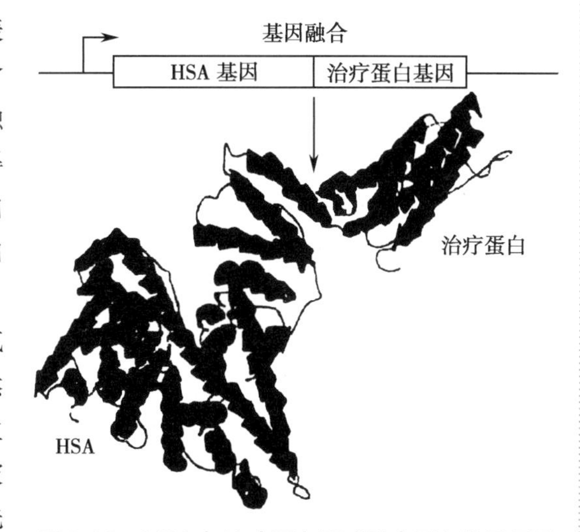

图 2-12　HSA 与治疗蛋白形成融合蛋白的原理图

日本 Green Cross 公司酵母表达的 HSA 已完成Ⅲ期临床试验，结果表明酵母表达的 HSA 与天然 HSA 在效果和安全性方面是一致的；英国诺维信生物医药公司生产的重组 HSA 已经作为药用辅料被 FDA 批准用于麻风腮三联疫苗中。Delta 公司首先将 HSA 用于基因融合以提高多肽、蛋白药物的半衰期，并申请了 HSA 与人生长激素（human growth hormone，hGH）的融合蛋白的专利。目前，已有多家公司从事 HSA 融合蛋白药物的研究，研发的产品有 HSA/GLP-1、FIX/HSA、HSA/IFN-α 融合蛋白、HSA/rG-CSF 融合蛋白等，其中前两种产品已经获批上市。

阿必鲁肽（albiglutide）是一种长效胰高血糖素样肽 -1（GLP-1）受体激动剂，它是由两个 *GLP-1* 基因与 *HSA* 基因串联融合，并在酵母中表达而获得的重组蛋白。2014 年 4 月，其被 FDA 批准用于 2 型糖尿病的治疗。阿必鲁肽的安全性及有效性已在由 2 000 多名 2 型糖尿病患者参与的 8 项临床试验中得到评价，它可单独或与口服降糖药联合来控制 2 型糖尿病患者的血糖水平，能有效改善参与试验患者的糖化血红蛋白（HbA1c）水平。天然的 GLP-1 的半衰期只有 1~2 分钟，而阿必鲁肽的皮下注射半衰期达到 4 天，半衰期大幅度延长。推荐剂量是 30mg 或 50mg，每周 1 次，在腹部、大腿或上臂区皮下注射给药。

Idelvion（rⅨ-FP）是凝血因子Ⅸ与 HSA 的融合蛋白，于 2016 年被 FDA 批准，用于儿童和成人 B 型血友病患者的治疗。它在血液中的半衰期为 20 天左右。当 HSA 降解后凝血因子Ⅸ才被激活，这样大大延长了药物作用的时间，可以阻止凝血因子Ⅸ不足而引起的出血。单次注射 50U/kg，在 1~12 岁儿童体内的半衰期为 91 小时，在 12~18 岁儿童体内的半衰期为 87.3 小时，明显高于重组Ⅸ因子的半衰期（17.2 小时）。给药频率可一周 1 次，症状可控后可以每 2 周给药 1 次。

人血清白蛋白融合的方式使某些重组蛋白类药物克服了半衰期短、清除率高的缺点，在保持原有药物活性的基础上，延长了蛋白质类药物的半衰期、降低了体内清除率，实现蛋白质类药物的长效治疗。临床试验初步结果表明，与人血清白蛋白融合不会引起免疫原性的增加，但是多次注射后免疫原性是否增加还需进一步临床试验的验证。融合蛋白技术与 PEG 修饰技术比较，具有无须化学修饰、

生产工艺简单易控、底物均一性高、质量容易控制、药物半衰期延长效果比 PEG 修饰更加有效等优点，是值得关注的发展方向。

三、构建糖基化位点

蛋白质的糖基化是一种翻译后修饰方式，它对于蛋白质的结构与功能有重要的影响。根据糖苷键类型，蛋白质糖基化主要包括 *N*- 糖基化和 *O*- 糖基化。*N*- 连接的糖链合成起始于内质网，完成于高尔基体。有关 *N*- 糖基化的位点已经基本清楚，多肽链的特征序列 Asn-X-Ser/Thr（X 代表任何一种氨基酸）是一个潜在的 *N*- 糖基化位点，寡糖链通常链接到 Asn 的酰胺基 N 上。理论上，在蛋白质空间结构合适的位置，采用人工定点突变的方法，在序列上引入 Asn-X-Ser/Thr 或者去除这样的序列，可以产生糖基化突变体。

传统的重组人促红细胞生成素（EPO）的突变体，有 3 个 *N*- 糖基化位点（Asn24、Asn38、Asn83），1 个 *O*- 糖基化位点（Ser126）。*N*- 糖基化不完全的重组人 EPO 体内活性是正常体外活性的 1/500，并且体内清除率也明显加快。同时，*N*- 糖基化 EPO 的等电点为 4.2~4.6，而未经糖基化 EPO 的等电点为 9.2。Aranesp 为重组人 EPO 突变体。Aranesp 有 165 个氨基酸残基，采用定点突变技术将其中 5 个氨基酸残基位点进行了改变，即 Ala30 → Asn、His32 → Thr、Pro87 → Val、Trp88 → Asn 和 Pro90 → Thr，在 30 和 88 两个位点新引入了两个 *N*- 连接寡糖链，*N*- 连接的寡糖链从原来的 3 条增加到 5 条，使 M_r 从原来的 30kDa 增加到 50kDa，体内试验表明 Aranesp 的半衰期较传统的重组人 EPO 突变体延长 4 倍以上。

糖基化对单克隆抗体药物的疗效、稳定性、免疫原性、药动学性质等具有重要影响，被认为是产品的关键质量属性。阿特珠单抗（atezolizumab）是一种程序死亡配体 1（programmed cell death ligand 1，PD-L1）阻断抗体（属于 IgG_1），于 2016 年被 FDA 批准用于治疗晚期转移性尿路上皮癌。已经发现人 IgG_1 分子 H 链的 Asn297 位能够发生 *N*- 糖基化，该糖基化对抗体依赖细胞介导的细胞毒作用（antibody-dependent cell-mediated cytotoxicity，ADCC）影响很大。但对于纯拮抗作用的抗体，没有 ADCC 效应可能避免副作用，治疗效果会更好。因此，阿特珠单抗设计时将重链的 *N*- 糖基化位点中的 Asn297 替换为 Ala，产生的无糖基化的单克隆抗体 Fc 区难以与 FcγRs 结合，从而提高了抗肿瘤疗效。另外，无糖基化的抗体可以避免糖基化带来的异质性问题，便于质量控制。

第五节 基因工程药物的质量控制

一、基因工程药物的质量控制要点

保证基因工程药物的安全和有效性是进行产品质量控制的主要目的。基因工程药物不同于一般的化学药物，它来源于活细胞，具有复杂的分子结构，涉及细菌发酵、细胞培养等生物学过程以及分离纯化等复杂的下游处理过程，具有固有的易变性和不确定性，因此质量控制对基因工程药物来说至关重要。

与小分子药物质量控制相比，基因工程药物的质量控制有相似的地方，也存在许多不同的方面。基因工程药物的 M_r 一般远大于小分子化学药物，这使得很多小分子药物的鉴别方法无法用于基因工程药物。如质谱在鉴定小分子药物方面有很高的准确性，而用于基因工程药物时电离使其汽化就十分困难，直到基质辅助激光解吸离子化（MALDI）和电喷雾离子化（ESI）等技术的出现，才使得质谱可以应用到基因工程药物的鉴定中。在鉴定的过程中，基因工程药物由于结构复杂，常常需要多种检测方法。例如 M_r 相同的药物可能在空间结构上存在不同，相同的氨基酸残基序列在不同宿主中表达可能有不同的修饰方式，这些问题使得鉴定方法常常需要同时借助多种分析方法。小分子药物和基

因工程药物的来源不同，杂质的性质因此也差别比较大。对于小分子药物，杂质来源主要是合成过程中原料残留、合成副产物和纯化中溶剂残留，而基因工程药物的杂质主要来源于宿主蛋白残留和宿主DNA残留。蛋白质残留和DNA残留的检测一般都用专用的试剂盒，如酵母表达的宿主蛋白残留就有专用的ELISA试剂盒。药物定量方面，基因工程药物的产物多为蛋白质或核酸，这些物质的定量方法一般都采用生化反应的方式。

基因工程药物质量控制项目主要有：蛋白质含量测定、纯度检查、理化性质的鉴定、生物学活性测定、内毒素分析、宿主蛋白与核酸残留分析等，其质量控制要点及主要方法的特点如下：

1. 蛋白质含量测定　无论何种药物，只有在合适的浓度范围内才能发挥有效的治疗效果。对于基因工程药物来说，蛋白含量测定是后续给药的基础。常用的含量测定方法有：紫外吸收法、BCA法、劳里法（Lowry method，福林-酚试剂法）、考马斯亮蓝法等，有些可以用ELISA法进行分析。紫外吸收法相对来说测定最简便省时，但是精确程度不如其他方法，容易受到溶液中其他杂质或辅料的干扰。BCA法、考马斯亮蓝法测蛋白浓度都是采用蛋白质与有色物质反应后产生颜色的变化，然后通过比色法测定，选择时主要根据样品所处的缓冲体系。劳里法的灵敏度高于以上几种方法，缺点是测定时步骤较多。ELISA法是这些方法中灵敏度最高、抗干扰能力最强的方法，其商业化的试剂盒测定浓度一般可以达到皮克（pg）级，但是该方法使用时要有特定的抗体，成本较高，操作步骤也比较多，一般用于复杂样品中含量的测定。

2. 蛋白质纯度检查　基因工程药物纯度检测的方法主要有：非还原十二烷基硫酸钠-聚丙烯酰胺凝胶电泳（SDS polyacrylamide gel electrophoresis，SDS-PAGE）、非变性聚丙烯酰胺凝胶电泳（PAGE）法、层析法等。SDS-PAGE法是最常用的纯度检测方法，该方法首先将不同的蛋白质都带上相同量的电荷，然后在电场和凝胶作用下蛋白质根据M_r大小分开，根据条带的情况即可判断基因工程药物的纯度。非变性PAGE法也是一种必要的纯度检测方法，由于非变性PAGE的分析原理除了电场和凝胶的作用外，蛋白质本身的带电情况也会影响最终的结果，这样就有可能使微量差异甚至是空间结构不同的蛋白质分离开来。层析法的优点主要是灵敏度高、结果重复性较PAGE法更好。

3. 蛋白质理化性质的鉴定　主要包括下列多项分析：

（1）蛋白质M_r测定：M_r测定方法主要有SDS-PAGE法、凝胶层析法、质谱法等。SDS-PAGE法、凝胶层析法都只能粗略地测定蛋白质的M_r，而质谱法能够精确测定蛋白质的M_r。

（2）蛋白质等电点测定：蛋白质等电点测定一般采用等电聚焦凝胶电泳。

（3）蛋白质序列分析：主要的方法有埃德曼降解法与质谱分析。埃德曼降解法测定蛋白质*N*-端序列的技术已经相对成熟，国内已有商业化的服务可以测得*N*-端15个以上的氨基酸残基。近年来，基质辅助激光解吸离子化-飞行时间（MALDI-TOF）质谱法等质谱技术的发展可为蛋白质序列分析提供更多有价值的信息。

（4）肽图分析：肽图是一种蛋白质一级结构的特征性指纹图谱。根据重组蛋白多肽链的序列特性，采用化学法或者特异的蛋白酶法将多肽水解成不同的片段，再通过一定的分析手段获得特征性指纹图谱。肽图分析可对蛋白质一级结构进行精确鉴别，也可以作为产品工艺稳定性的验证指标。

（5）蛋白质二硫键分析：蛋白质的二硫键和游离巯基与蛋白质活性密切相关。基因重组蛋白的二硫键配对是否正确，不仅影响生物活性，而且也可能影响免疫原性。

（6）氨基酸组成分析：重组蛋白的氨基酸组成应与标准品一致。

4. 生物学活性测定　与化学药物不同，重组蛋白的活性效价与其绝对质量不一致，必须用生物学活性测定方法加以控制。活性测定方法有很多，包括：体外细胞培养法、离体动物器官测定法、体内测定法、生化酶促反应测定法等，需要根据不同目的蛋白的测定要求来选用。

5. 内毒素分析、宿主蛋白与核酸残留分析　内毒素、宿主蛋白与核酸残留若控制不好，可使药物产生毒副作用。

二、方法及技术应用

(一) 蛋白质含量的测定

蛋白质含量的测定是研究蛋白质的第一步,目前常用的方法如下。

1. 紫外(UV)吸收法　由于蛋白质中含有芳香族氨基酸残基(如色氨酸、酪氨酸和苯丙氨酸残基),因此蛋白质在 280nm 处有特征吸收峰,故测定 280nm 的光吸收值可以计算出对应溶液中的蛋白质含量。由于不同蛋白质中的芳香族氨基酸残基的含量不同,因此,紫外吸收法必须用同类蛋白质制备标准曲线。

值得注意的是,若蛋白质中含有少量核酸时,在一定程度上会干扰实验数据,此时可用下列的近似方法除去核酸的干扰:

$$蛋白质的实际紫外吸收值 = 1.55A_{280}-0.75A_{260}$$

其中,A_{280} 和 A_{260} 分别是待测样品在 280nm 和 260nm 处的紫外吸收。

2. BCA 法　BCA(bicinchoninic acid)法是近年来得到广泛使用的蛋白质浓度测定方法。其优点是不受蛋白质中氨基酸残基组成差异的影响,抗干扰能力强,与几乎所有的缓冲溶液相容。其原理是在碱性溶液中,蛋白质分子将二价铜离子还原成一价铜离子(双缩脲反应,biuret reaction),后者与试剂中的二喹啉甲酸(bicinchoninic acid)形成一个在 562nm 处具有最大吸光度的紫色复合物,其吸光度与蛋白质浓度成正比,线性范围在 20~2 000μg/ml。但必须指出,BCA 法不是真正的反应终点测定法,随着时间的增加,溶液颜色会不断加深,所以样品的测定必须在短时间(最长为 10 分钟)内完成。

3. 劳里法　劳里法是采用福林 - 酚试剂来进行测定,其原理是基于蛋白质在碱性溶液中与铜形成复合物,此复合物可以使磷钼酸 - 磷钨酸试剂产生蓝色。该法测定蛋白质浓度的线性范围在 50~250μg/ml,灵敏度和准确度高,缺点是操作步骤较多,高浓度的盐酸胍、尿素、一些表面活性剂(如 Triton、Tween)和金属离子螯合剂(如 EDTA、Tris)等会干扰实验结果。

4. 考马斯亮蓝法　考马斯亮蓝法是近年来常用的方法,由 Bradford 首先提出。其原理是将考马斯亮蓝(Coomassie brilliant blue)G250 溶于 pH<1 的酸性溶液时,溶液呈红褐色,但当溶液中有蛋白质存在时,与蛋白质结合的考马斯亮蓝恢复为原先的蓝色,在 595nm 处有最大的光吸收。该法测定蛋白质浓度的线性范围为 10~100μg/ml。其优点是操作简单、灵敏度高、重复性好,缺点是抗干扰能力弱、与缓冲液的相容性较差。

(二) 蛋白质纯度的检测

蛋白质的纯度是重组蛋白检测的重要指标之一。按规定必须用高效液相层析(HPLC)和非还原 SDS-PAGE 两种以上方法测定,纯度要求高,通常要求大于 95%,对某些品种甚至要求 99% 以上。除其他杂蛋白外,还要求考虑是否存在盐、缓冲液离子、十二烷基硫酸钠等小分子。

目前鉴定蛋白质纯度的方法,常见的有电泳法、质谱法、层析法和末端氨基酸残基分析法等,详见表 2-4。

SDS-PAGE 法是目前最常用的鉴定蛋白质纯度的方法。该方法不仅能快速、准确地鉴别蛋白质的纯化程度,还能推算出蛋白质的 M_r,结合凝胶成像扫描装置还能计算出各蛋白质条带的相对含量。

电泳时,聚丙烯酰胺凝胶起到了一个分子筛的功能。同时,电泳中使用的十二烷基硫酸钠(sodium dodecylsulfate,SDS)使蛋白质变性并使其带上较为均匀的电荷,分辨率高。此外,应根据所要鉴定蛋白质的 M_r 选择不同的聚丙烯酰胺凝胶浓度(表 2-5)。

表 2-4 蛋白质纯度鉴定方法一览表

方法		灵敏度	备注
电泳法	非变性电泳	纳克级(银染);约>100ng(考马斯亮蓝法)	有时需作不同 pH 条件下的电泳
	非还原 SDS-PAGE		上样量不低于 5μg,当蛋白质是由几个亚基组成时,必须结合非变性电泳或其他方法
	等电点聚焦		方法十分灵敏,用 immobiline 两性电解质分辨率可达 0.001 pH
	毛细管电泳	约皮克级	样品需求量少,方法简便、快速
质谱法	电子喷雾法(ESI-MS)	约纳克级,取决于所测样品的 M_r	最佳准确率可达 0.01%,待测样品的质荷比(m/z)可达 2 500
	基质辅助激光解吸离子化质谱(MALDI-MS)		可测定 M_r 大到几十万道尔顿的蛋白质样品
层析法	反相 HPLC(RP-HPLC)	纳克级	分辨率高,但若蛋白质中疏水基团较多时,会影响其回收率,使纯度计算偏低,同时使层析柱的使用寿命缩短
	凝胶过滤	毫克级	此法重复性好,蛋白质回收率高,缺点是分辨率不如反相 HPLC 高
	离子交换	毫克级	分辨率较高,但在计算回收率和纯度时,要考虑到未与交换柱结合的蛋白质
	亲和层析		分辨率和回收率均较高,但寻找合适配体比较烦琐
末端氨基酸残基分析法	*N*- 端序列分析	纳克至微克级,取决于所测样品 M_r	常用的有埃德曼降解法
	C- 端序列分析	纳克至微克级,取决于所测样品 M_r	用羧肽酶 Y 等水解 C- 端氨基酸残基,再结合质谱法可得到准确的结果

表 2-5 SDS-PAGE 凝胶浓度对蛋白质的有效分离范围

凝胶浓度 /%	分离范围 /kDa	凝胶浓度 /%	分离范围 /kDa
15.0	<50	7.5	<100
10.0	<70	5.0	<200

(三) 蛋白质相对分子质量(M_r)的测定

蛋白质 M_r 测定有 SDS-PAGE 法、凝胶层析法和质谱法等。

实验室常用的蛋白质 M_r 的测定方法是 SDS-PAGE 法。在 SDS 存在的条件下,蛋白质表面带有大量负电荷,在这种情况下电泳,蛋白质移动的速度只与 M_r 大小有关,而与蛋白质本身的电荷无关,聚丙烯酰胺凝胶充当了一个分子筛的功能。如加入一定量的 β- 巯基乙醇,可使蛋白质的二硫键被还原,此时电泳的条带均为单一的多肽链分子。此法的缺点是电泳在变性条件下进行,若未知蛋白质是由多个亚基组成的分子,只能得到各亚基的 M_r,还必须配合非变性凝胶电泳或其他方法,才能正确鉴定该蛋白质分子的 M_r。

凝胶过滤测定的是完整蛋白质的 M_r,因此同时采用 SDS-PAGE 法和凝胶过滤法测定同一种蛋白质的 M_r,可以方便地判断样品中的蛋白质是否为寡聚蛋白质。

目前最为常用、最为准确的测定蛋白质 M_r 的方法是质谱法(mass spectrum)。质谱技术在近年发展迅速,基质辅助激光解吸离子化 - 飞行时间(MALDI-TOF)质谱法和电子喷雾离子化(ESI)质谱法是最常用的两种方法。ESI 质谱法测定的是离子形式的 M_r,待测样品经过分离装置(如高效液相层析)或其他仪器,流速一般控制在 1~8μl/min,样品流出所形成的微小液滴在外加电场作用下带电,并

被吸附到质谱仪的进出口处，当溶剂挥发时，液滴被干燥，直径减小，单位面积的电荷密度增加，当电荷密度增加到一定程度时，产生的强大电场使液滴中的粒子逸出至气相中，并在外加电场的作用下运动，从荷质比（m/z）的分析就能确定待测蛋白的 M_r。目前 ESI 法测定的精确度可达万分之一，m/z 的测定值高达 2 500 或更高，样品的需求量只有数个到十几个飞摩尔。MALDI-TOF 质谱法近年来也得到了越来越多的应用。其方法是将基质（如肉桂酸的衍生物等）加入待测蛋白样品中，基质的浓度应大大高于待测样品的浓度。当用紫外线短脉冲（1~10 纳秒）照射样品时，相应的基质对某波长有很强的紫外吸收，可导致基质和待测样品分子的解析及离子化。被离子化后的样品在一个很高的外加电场作用下加速，并进入一个无电场的飞行管内，此时离子的质量可通过其在管内的飞行时间来确定。目前 M_r 在几十万道尔顿以内的蛋白质或其他生物大分子均可用 MALDI-TOF 质谱法来测定。

（四）蛋白质等电点的测定

蛋白质等电点（pI）是蛋白质上净电荷为零时的 pH。测定蛋白质等电点的常用方法是等电聚焦法（isoelectric focusing，IEF）。等电聚焦是利用蛋白质在一定的 pH 条件下所带的净电荷不同，通过外加电场作用，在线性 pH 梯度下移动，当 pH 等于某一数值时，该蛋白质分子不再移动，此处凝胶的 pH 就是该蛋白质的等电点。理论上来说，一种蛋白质只有一个等电点，但由于蛋白质空间构象不同，可能会引起同一蛋白质的等电点有所差异。

（五）蛋白质序列的分析

蛋白质序列的分析首先是将氨基酸一个一个依次从蛋白质的末端（*N*- 端或 C- 端）切割下来，然后在氨基酸残基上衍生一个生色基团，再通过 HPLC 进行分离分析测定。

根据切割不同末端，序列分析又分为 *N*- 端氨基酸分析和 C- 端氨基酸分析。

1. *N*- 端氨基酸序列分析　目前 *N*- 端测序在自动氨基酸测序仪上进行，其基本原理就是埃德曼降解法。埃德曼降解法的第一步是偶联反应，其原理是异硫氰酸苯酯（PITC）与多肽或蛋白质的 α- 氨基发生反应，生成苯氨基硫代甲酰基衍生物。此时应注意的是对于非 *N*- 端的酰胺基必须保护起来，且反应时的 pH 必须高于氨基端的 p*K* 值。第二步是环化裂解反应，在 45~55℃的无水有机酸［三氟乙酸（TFA）］中，苯氨基硫代甲酰基衍生物的硫原子与碳原子发生关环反应，使肽链断裂，并产生一个五元环的氨基酸衍生物——苯胺基噻唑啉酮（anilinothiazolidinone，ATZ）。第三步是转化反应，生成硫乙内酰脲（thiohydantoin）衍生物，如苯基海硫因（PTH）- 氨基酸衍生物。蛋白质或者多肽和 PITC 反应，只有 *N*- 端氨基酸的 PTH 衍生物释放出来，通过反相 HPLC 进行分离分析。而原来的多肽少了 *N*- 端的一个氨基酸残基，开始进行下一轮的与 PITC 的反应，如此循环进行，就可以分析出 *N*- 端氨基酸残基序列。

两种不同蛋白质 *N*- 端 15 个氨基酸残基序列完全一致的可能性是很小的，因此测定重组蛋白 *N*- 端 15 个氨基酸残基序列，就可以很大程度上排除其他蛋白质混淆的可能。

2. C- 端氨基酸序列分析　C- 端测序对确认表达蛋白质的 C- 端是否正确以及判断在表达、纯化过程中是否发生了必不可少的加工有很大帮助，因此基因重组蛋白在测定 *N*- 端序列的同时，还有必要测定 C- 端的几个氨基酸残基序列。另外，对于 *N*- 端封闭的蛋白质，C- 端测序尤为适用。

C- 端测序除经典的用羧肽酶的方法外，目前多采用类似 *N*- 端测序的化学方法。采用化学试剂与蛋白质或多肽的 α- 羧基反应，反应后的 C- 端衍生物被切割下来，通过 HPLC 分离鉴定。C- 端测序技术虽然有了很大改进，但其反应效率和 *N*- 端的埃德曼降解法测序仍有一定的差距，还有待进一步改善。一般基因重组蛋白的 C- 端测序可以根据需要测定 1~3 个氨基酸残基。

另外，在蛋白质 M_r 测定中常用的质谱法，近几年来也越来越广泛地使用在蛋白质测序中。常用的一种方法是埃德曼降解法与 MALDI-MS 联合使用。蛋白质在酶或化学裂解试剂作用下产生不同 M_r 的多肽，用反相 HPLC 将多肽分离，再用质谱法分析其 M_r，也可结合氨基酸分析仪进行测定。各种多肽随后用埃德曼降解法测定 *N*- 端的氨基酸残基组成，通过人工或计算机辅助拼接出完整的多肽

序列。使用几种不同的酶或化学裂解的方法可得到蛋白质的完整序列。例如用羧肽酶 Y 与 MLADI-MS 联合使用,可得到蛋白质的 C- 端氨基酸残基顺序。但使用质谱法时无法区分末端的亮氨酸与异亮氨酸。

（六）肽图分析

肽图分析是根据重组蛋白多肽链的序列、M_r 大小以及氨基酸组成等特性,采用化学法或者特异的蛋白酶法[一般为内肽酶(endopeptidase)]将多肽裂解成不同的片段,通过一定的分离分析手段获得特征性指纹图谱。

肽图分析必须采用高纯度的样品(至少 95%)。化学法中,常采用溴化氢、甲酸、羟胺等试剂,可以分别选择性裂解多肽链中 Met 的羧基端、Asp-Pro 之间的肽键、Asn-Gly 之间的肽键等;而蛋白酶法中,常采用胰蛋白酶、胃蛋白酶 A、Glu 蛋白内切酶、Lys 蛋白内切酶、Arg 蛋白内切酶等,它们能分别选择性酶切 Arg/Lys 的羧基端、Phe 的氨基端、Glu/Asp 的羧基端、Lys 的羧基端、Arg 的羧基端等。

重组蛋白经过化学法或者蛋白酶法裂解的片段,通常采用的分离分析方法包括反相 HPLC、毛细管电泳(HPCE)、液质联用(LC-MS)分析等,得到精确的图谱。肽图分析可作为与天然产品、标准品或者参考品作精密比较的手段,它与序列结构资料一起,可对蛋白质一级结构(包括二硫键分布)进行精确鉴别。对于同一品种不同批次产品的肽图的一致性比较,可以作为工艺稳定性验证指标。目前,肽图分析得到了广泛的应用,它还可以用于点突变分析、二硫键分析和糖基化位点分析等目的。

（七）蛋白质二硫键的分析

蛋白质中二硫键的数量可以根据相关的半胱氨酸残基的数量,通过还原反应和烷基化反应前后的质量差异来确定,也可以通过肽图分析进行。基因重组蛋白的二硫键的正确配对对其生物活性十分重要,对不同的蛋白质分子鉴定二硫键位置的方法也各异,可以根据其不同蛋白质分子结构的已知性质来设计鉴定方法。

（八）蛋白质活性的测定

分离与纯化后的蛋白质能否保持其完整的生物活性,是整个分离与纯化过程成败与否最重要的定性定量指标,必须用生物学活性测定方法加以控制。目前,常用的活性测定方法可以分为体外细胞培养法、体内测定法、离体动物器官测定法和生化酶促反应测定法。

1. 体外细胞培养法　大多数重组细胞因子,如粒细胞集落刺激因子(G-CSF)、表皮生长因子(EGF)、白细胞介素 -2(IL-2)、肿瘤坏死因子(TNF)等,可以促进或者抑制细胞的生长;选择适当的细胞株,可以采用体外细胞培养法测定其生物学活性。

2. 体内测定法　有些重组蛋白须注射到动物体内进行活性测定;如重组 EPO 须注射到小鼠体内,测定小鼠网织红细胞增加的数量,与标准品比较后,计算出活性单位。

3. 离体动物器官测定法　如果是能影响离体器官功能的重组蛋白,如重组人脑利钠肽,可采用兔主动脉条测定其活性。

4. 生化酶促反应测定法　是直接或者间接利用重组蛋白的酶学活性而设计的,适用于特定的产品,如重组链激酶。

总之,对不同重组蛋白的活性测定没有统一的模式可循,需要根据产品的类型和特性来进行设计,具体可根据《中华人民共和国药典》规定的方法进行测定。

（九）免疫测定法

免疫测定法是常用的重组蛋白检测方法之一。基因重组蛋白是一种抗原,均可制备相应的抗体或单克隆抗体,因此,可以用放射性免疫测定(radioimmunoassay,RIA)或酶联免疫吸附测定(ELISA)测定其免疫学性质。

（十）内毒素分析、宿主蛋白与核酸残留分析

内毒素的来源主要是表达宿主自身的脂多糖类物质,这些物质有着很高的致热性,有时痕量的内

毒素就可以引起人体剧烈的反应。内毒素经典的检测方法是家兔体温升高法。近年来采用鲎试剂来半定量检测内毒素的方法,因其使用方便快速,应用也越来越广泛。宿主蛋白残留主要采用免疫分析的方法,目前常用表达宿主的蛋白质残留免疫分析试剂盒都已经商品化。对核酸残留的检测方法有核酸杂交法、PCR 法和利用高亲和力的 DNA 结合蛋白进行检测。前两种方法主要用于检测特定的 DNA 残留,如 HIV 核酸残留,利用高亲和力的 DNA 结合蛋白进行检测则几乎可以检测所有序列核酸残留。

第六节 基因工程制药实例

一、粒细胞 - 巨噬细胞集落刺激因子

20 世纪 60 年代,随着体内造血细胞培养技术的成熟,Bradley 等率先发现在骨髓细胞分化增殖为粒细胞 - 巨噬细胞集落的过程中,需要能够刺激集落形成的一种物质的参与,该类物质就是集落刺激因子(colony stimulating factor,CSF)。CSF 是一种参与造血调节过程的糖蛋白,又称造血刺激因子或造血调节因子。粒细胞 - 巨噬细胞集落刺激因子(granulocyte-macrophage colony stimulating factor,GM-CSF)就是其中的一种,是最早被分离纯化、克隆的造血生长因子之一,主要来源于 T 淋巴细胞、中性粒细胞、单核细胞、巨噬细胞等。GM-CSF 已于 1991 年获得 FDA 批准用于临床,我国也已经成功研制了这种产品。

(一) 结构与性质

人 GM-CSF cDNA 编码 144 个氨基酸残基,*N*- 端 17 个氨基酸残基是信号肽,有 2 个潜在的 *N*- 糖基化位点,分别位于 40~46 和 54~56 位,根据糖基化程度的不同,M_r 范围为 14~35kDa。成熟的 GM-CSF 有 127 个氨基酸残基,含 4 个半胱氨酸残基和 2 对二硫键。体外大肠埃希菌表达的是非糖基化的 GM-CSF,含 127 个氨基酸残基,M_r 约 14.5kDa,等电点约为 5.4。GM-CSF 的生物活性与是否糖基化没有关联。

GM-CSF 分子是由 2 个反向平行的 β 折叠和 4 个反向平行的 α 螺旋组成的,分子整体为非球形,另有 2 个二硫键分别连接螺旋 B 和 β 折叠的第二条线、螺旋 C 及羧基末端,在 43~54 位残基形成的环,穿过羧基末端二硫键形成的环,形成"穿线"拓扑结构。

GM-CSF 在体外能够刺激骨髓中的粒细胞和巨噬细胞增殖形成集落,同时伴随嗜酸性粒细胞集落出现频率的增加,剂量较高的 GM-CSF 还可以使巨核细胞形成集落。GM-CSF 在体内外都具有免疫增强作用,能够促进抗原呈递细胞、巨噬细胞的功能和促进抗体依赖的细胞介导的细胞毒效应,有利于消灭局部的感染,促进机体对肿瘤细胞、真菌等的杀灭作用。

(二) 制备工艺

1977 年,研究人员在小鼠肺条件培养液中首次发现了一种能够刺激粒细胞和巨噬细胞集落形成的因子,活性成分经纯化后命名为 GM-CSF。小鼠和人的 GM-CSF 的 cDNA 分别在 1984 年和 1985 年先后成功克隆,并在哺乳动物细胞中得以成功表达,但产量低、培养困难、不易纯化。之后在大肠埃希菌中成功表达出人的 GM-CSF,分离纯化得到高纯度的重组人 GM-CSF(rhGM-CSF),并进入临床使用。

1. 基因构建及表达 人 GM-CSF 的 cDNA 是通过转染或者杂交探针的方法从人白血病细胞系 Mo 或者人 T 淋巴细胞系 T7 的 cDNA 文库中筛选得到的,使用 pCD 作为载体构建其 cDNA 文库。在成功克隆出人的 GM-CSF 的 cDNA 之后,通过设计 PCR 引物,构建工程菌来生产 rhGM-CSF。

rhGM-CSF 的表达体系主要有 3 种:大肠埃希菌表达体系、COS 细胞株表达体系和昆虫表达体系,多数企业是利用大肠埃希菌系统来表达、生产的。

就大肠埃希菌的表达体系而言，首先构建表达质粒：通过PCR扩增获得人GM-CSF（hGM-CSF）的cDNA，三氯甲烷抽提后经琼脂糖凝胶电泳分离，回收约420bp大小的DNA带，*Eco*R Ⅰ和*Bam*H Ⅰ双酶切PCR扩增产物和pBV220质粒，利用T4连接酶进行连接，转化大肠埃希菌DH5α后挑选Ap抗性转化子，将筛选得到的阳性重组质粒命名为pGM09，如图2-13所示。

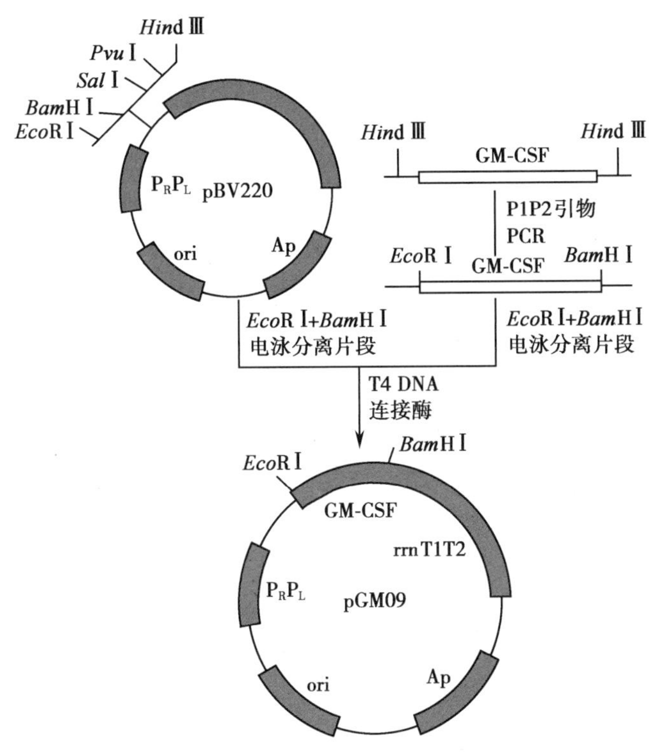

图2-13　hGM-CSF表达载体构建图

酶切鉴定pGM09后，接种pGM09/DH5α于试管中30℃过夜后，取1%接种于LBA（含50mg/L Amp的LB）溶液100ml中，于30℃摇床振摇3小时左右，至OD_{600}达0.5后迅速升温至42℃继续振摇4小时，即可收集菌体。

2. 分离纯化　基因表达产物一般在大肠埃希菌胞质中以不溶性包涵体的形式存在。包涵体通过超声破菌分离后，经变性和复性处理，复性后加入凝血酶酶切，最后得到有活性的rhGM-CSF。然后用疏水相互作用层析、离子交换层析和凝胶过滤层析等进行蛋白质纯化，最终可以获得高纯度的rhGM-CSF。除菌过滤后，加入人血清白蛋白作保护剂，取样检定合格后分装，冷冻干燥获得成品rhGM-CSF。

3. 研究现状　大肠埃希菌表达系统缺乏翻译后的蛋白加工能力，而且对表达蛋白的稳定性、还原性和生物学活性均有潜在的影响，但它成本低、产量高，仍是目前最为常见的外源基因表达系统。由于hGM-CSF的cDNA 5′-端起始序列的G和C含量较高，同时还有大肠埃希菌使用频率低的密码子，因而天然的hGM-CSF基因序列难以在原核系统中得以高效表达。

在构建rhGM-CSF表达载体时，利用PCR技术对原cDNA进行必要的修饰，包括信号肽编码序列的删除、限制性酶切位点的设计以及密码子的更换等，可以实现它在大肠埃希菌中的高效表达。例如在hGM-CSF成熟基因序列的3′-端引入大肠埃希菌的强终止密码子TAA和*Bam*H Ⅰ的酶切位点，通过PCR得到修饰后完整的rhGM-CSF成熟区的基因序列。改造后的基因在大肠埃希菌中得以高效表达，而且氨基酸残基顺序、生物活性都与天然的GM-CSF完全相同，蛋白质免疫印迹实验确定改造后的表达产物具有hGM-CSF的蛋白构型。

也有人利用PCR技术从细胞中克隆GM-CSF基因，在5′-端设计凝血酶切位点、5个组氨酸密码子、起始密码子和*Eco*RⅠ酶切位点，将酶切后的扩增产物克隆至工程菌质粒的*Eco*RⅠ的酶切位点，转化大肠埃希菌并筛选阳性重组子。诱导后的菌株在高倍镜下可见表达的rGM-CSF聚合物所形成的包涵体。细菌的生化鉴定均符合要求，在大肠埃希菌中获高效表达，表达的蛋白量占菌体总蛋白的31%，生物活性好，纯化工艺也得到简化。

在基因工程生产生化药物的实际过程中，构建及生产上的每一步都存在优化的可能性。现今，rhGM-CSF已经是一种成熟的应用于临床的药物，但对它的生产的改进仍将是一个值得探索和研究的课题。

二、胰岛素

胰岛素（insulin）是一种蛋白质类激素，以前胰岛素原的形式在胰岛β细胞内合成。胰岛素在临床上主要用于1型糖尿病和口服药物疗效不明显的2型糖尿病的治疗。

（一）结构与性质

1921年，Banting和Best从胰岛内首次分离出胰岛素，Banting因此获得1923年的诺贝尔生理学或医学奖。1955年，胰岛素的氨基酸残基序列首次被报道，从此，胰岛素成为蛋白质化学的里程碑。1969年胰岛素的三维结构被确定，1979年胰岛素的基因被克隆出来。

前胰岛素原由长约23个氨基酸残基的前导序列（信号肽）、含30个氨基酸残基的B链、含25~38个氨基酸残基的连接序列的C肽和含21个氨基酸残基的A链组成。经跨膜运输，前导序列被裂解，生成胰岛素原，在高尔基体内进一步形成二硫键，后切除C肽，生成成熟的胰岛素，分泌到细胞外进入血液循环（图2-14）。

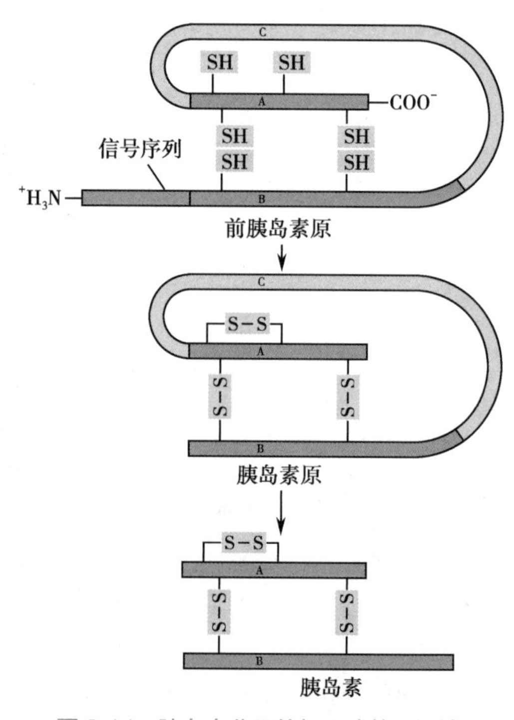

图2-14　胰岛素分子的加工成熟和运输

成熟的胰岛素是含有17种氨基酸残基的、共有51个氨基酸残基的双链蛋白质，2条链分别称为A链和B链。A链由21个氨基酸残基组成，B链由30个氨基酸残基组成，2条多肽链之间有2对二硫键，A链中还有一对内二硫键，这些二硫键参与维持胰岛素分子三级结构的稳定，去除这些二硫键，胰岛素即失去活性。人胰岛素的M_r为5 807kDa。

胰岛素具有广泛的调节细胞代谢的生物学功能，是人体维持正常代谢和生存所必需的激素。它对糖、蛋白质和脂肪代谢都有着明显的作用，同时还有促进细胞生长和分化等作用。

（二）制备工艺

1982年以前，人类应用的全部胰岛素都是从动物提取的，1982年世界上第一个重组人胰岛素问世，之后动物胰岛素就逐渐被重组人胰岛素所取代。生物合成人胰岛素的成功不仅是胰岛素生产史上的飞跃，使人类从此结束了依赖天然胰岛素的历史，更是开启了人工生物合成激素的新时代。

1. 基因构建及表达　目前重组人胰岛素的生产中主要应用两种宿主表达系统：大肠埃希菌表达系统和酵母表达系统。

以大肠埃希菌作为宿主的表达系统有两个优点：一是表达量高，一般表达产物可以达到大肠埃希菌总蛋白的20%~30%；二是表达产物为不溶解的包涵体，经洗涤后表达产物的纯度可以达到90%

左右，易于分离纯化。缺点是表达出的胰岛素无生物活性，需要经过复性才能显示其生物活性。胰岛素的表达是可诱导的，表达质粒的不同诱导物也不同，如色氨酸操纵子用的诱导物是 3β- 吲哚丙烯酸。带有表达质粒的大肠埃希菌进行高密度发酵的过程中，菌体达到一定密度后加入 3β- 吲哚丙烯酸到发酵液中即可诱导胰岛素的表达，一般表达量可达到 3~5g/L。

以酵母菌作为宿主的表达系统也具有两个优点：一是表达产物的二硫键结构位置都是正确的，二是不需要复性加工处理。缺点是表达量低、发酵时间长。酵母表达体系由下面几部分组成：信号肽、前肽序列、蛋白酶切位点（KR）和微小胰岛素原（胰岛素前体）（图 2-15）。

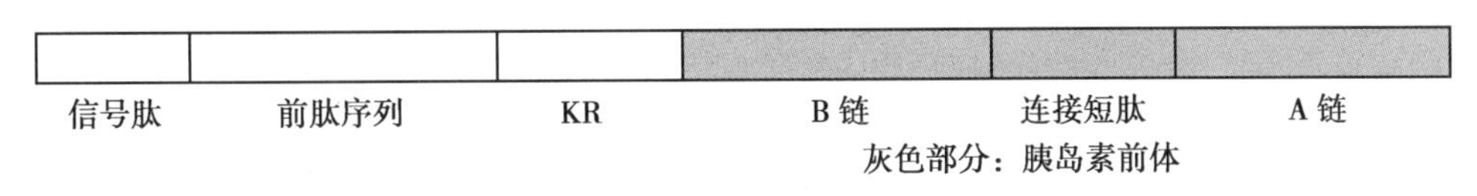

图 2-15　引导序列与胰岛素前体嵌合蛋白分子结构

前肽序列的作用在于引导新合成的微小胰岛素原通过正确的分泌途径——从细胞内质网膜到高尔基体，后分泌至胞外。在分泌过程中微小胰岛素原形成结构正确的二硫键，后由酵母细胞内的特异蛋白内切酶在赖氨酸 - 精氨酸酶切位点将前体肽链切除，最后变成有正确构象的微小胰岛素原分泌到细胞外。有正确构象的微小胰岛素原经过初步纯化、胰蛋白酶消化和转肽酶反应，加上 B30 苏氨酸以后形成人胰岛素。

（1）大肠埃希菌表达胰岛素原：1980 年，科学家首先在大肠埃希菌（*Escherichia coli*）中分别表达 A 链和 B 链，通过化学氧化还原作用首次获得重组人胰岛素，但这种方法收率低、成本高，现已被淘汰。20 世纪 90 年代初，礼来公司开发出了生产胰岛素的新方法，可仿照胰岛素在自然界的生成过程：即先表达出胰岛素原，再通过酶胰岛素切得到具有活性的胰岛素。先分离纯化得到胰岛素原的 mRNA，反转录得到胰岛素原的 cDNA，在其 cDNA 的 5′- 端加上 ATG 起始密码子，然后将该 cDNA 与 β- 半乳糖苷酶编码的基因连接构成重组质粒，再转化大肠埃希菌构建工程菌，经发酵、表达、纯化得到胰岛素原融合蛋白，表达质粒示意图如图 2-16 所示。

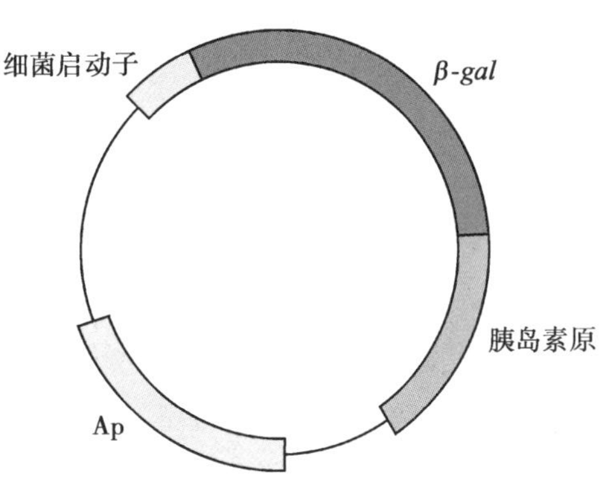

图 2-16　重组胰岛素原表达质粒示意图

（2）酵母菌表达胰岛素原：通过重组酵母细胞表达可以直接得到具有正确构象和二硫键结构的胰岛素。诺和诺德公司首先在酵母中表达微小胰岛素原，所谓微小胰岛素原就是由几个氨基酸残基取代了 C 肽。细胞内表达微小胰岛素原之后，直接经过转录后修饰形成具有正确二硫键的微小胰岛素原，并能分泌到胞外。通过收集含有微小胰岛素原的培养基并分离纯化，加工成胰岛素成品。

2. 分离纯化　几种主要的重组人胰岛素的分离纯化工艺各不相同，但主要的纯化路线存在着不少共同点。在粗制品的提取上，采用吸附超滤和包涵体的洗涤等；在分离层析上，一般先用离子交换层析，后用分子筛层析，最后选用反相层析；在重结晶上，并不是作为除去杂蛋白的手段，主要是除去层析过程中加入的有机溶剂残留物以及其他的有害杂质。

（1）大肠埃希菌表达胰岛素原：纯化后的胰岛素原融合蛋白通过溴化氰裂解去除保护多肽，得到无序胰岛素原，经过纯化得到胰岛素原纯品。再通过酶切去胰岛素原的 C 肽，得到胰岛素粗品，通过离子交换、分子筛层析、反相层析和结晶，纯化得到活性胰岛素成品。

（2）酵母菌表达胰岛素原：培养液离心去菌体得到微小胰岛素原溶液，超滤、离子交换吸附、沉淀得到纯化的微小胰岛素原。利用胰酶和羧肽酶处理微小胰岛素原得到胰岛素粗品，通过离子交换层析、分子筛层析、二步反相层析纯化得到胰岛素纯品，最后通过重结晶得到终产品。

3. 质量控制　胰岛素在临床上需长期使用,剂量较高,必须考虑其在生产过程中未除尽的杂蛋白和自身降解物的潜在危害性。

鉴别胰岛素一般选用反相 HPLC 分析胰岛素供试品和对照品,观察保留时间是否一致,而且该方法能够分离出不同来源的胰岛素以及胰岛素类似物,是一种特异性方法。另外一种方法是利用肽图分析结合紫外检测鉴别。

胰岛素的效价测定目前国际通用的方法是反相 HPLC,该方法与之前的生物活性测定法相比,结果一致且专属性更高。

当表达产物是胰岛素原融合蛋白时,需要检测原料药中的人胰岛素原。一般采用非放射性标记法,用生物素单克隆抗体和亲和素酶标记物方法控制人胰岛素原含量低于 0.001%。

4. 研究现状　现今胰岛素的研究范围已经得以扩大,出现了类胰岛素的概念。类胰岛素是指通过各种人工途径获得的、与天然胰岛素相似的多肽类药用物质。人们已研制出多种类胰岛素用于胰岛素的药理学性质研究、胰岛素结构与功能的关系研究等,其中有些表现出比天然人胰岛素更优越的性质。就临床应用而言,人们主要致力于长效、速效类胰岛素的开发;就基础研究而言,各种类胰岛素的研究均有助于更加深入地了解胰岛素的受体结合部位、活性部位等。

除了在胰岛素本身结构上的改进之外,目前另一研究热点是胰岛素分泌基因工程。以 C. Newgard 等为代表的科学家,用细胞基因工程技术开展了人工胰岛素分泌细胞系的研究,又称为糖尿病的"细胞治疗":运用基因转染技术使本来不分泌胰岛素的细胞表达产生胰岛素,再将该人工胰岛素分泌细胞植入人体内,替代和恢复衰竭了的胰岛 β 细胞功能。而且通过这种方法,现已能使胰腺导管细胞,甚至其他不相关细胞例如垂体细胞、肝细胞及肌细胞等,分化成为分泌胰岛素的细胞。而研究最多的则是将胚胎或成人的多能干细胞诱导分化为能分泌胰岛素的细胞,但该方法距离临床应用还有相当的距离。但有理由相信,随着胰岛素基因工程和蛋白质工程的发展,糖尿病的细胞治疗一定会取得更大的突破。

三、人生长激素

人生长激素(human growth hormone,hGH)是由腺垂体分泌的一种非糖基化蛋白,是一种能够促进骨骼、内脏和全身生长,激活蛋白质生物合成,影响脂肪和矿物质的代谢,在机体发育过程中起着关键作用的蛋白类激素。hGH 普遍存在于各种组织内,尤其是肝组织,是一个多靶点的重要生物分子。其分泌受生长激素释放激素(growth hormone releasing hormone,GHRH)和生长抑素(somatostatin)的调控,呈脉冲式释放。临床上 hGH 主要用于治疗由于垂体生长素分泌不足而导致的垂体性侏儒症,除此之外还可用于烧伤、骨折、创伤、出血性溃疡、组织坏死、肌肉萎缩及骨质疏松等疾病的辅助治疗。

(一) 结构与性质

hGH 是由 191 个氨基酸残基组成的单链球形酸性蛋白,等电点为 5.2,M_r 约为 21.7kDa,在 55~165 和 182~189 氨基酸残基之间具有 2 对链内二硫键,不含糖基,其在体内的 10% 以变异体形式存在(M_r 为 20kDa),缺失 32~46 这一段氨基酸残基序列。此外,hGH 可通过链间的二硫键以二聚体的形式存在。进一步研究表明,hGH 的 *N*- 端 1~134 位的氨基酸残基肽链为其活性所必需的,而 C- 端的一段肽链则起着稳定整个分子的作用,使其在血液循环中不被蛋白酶破坏。hGH 的新生肽链形式是活性激素的前体,可以通过信号肽的切除来活化。

通过抗体及受体与配体晶体复合物的 X 射线衍射研究发现,它有 2 个受体结合位点,称位点 1 和位点 2。hGH 先通过位点 1 和第一个受体结合,再通过位点 2 和第二个受体结合,从而形成 3 分子的复合物。结合在配体上的 2 个受体分子会聚合,这种聚合直接影响由 hGH 引起的细胞内信号转导。hGH 的晶体结构研究还发现其含有 4 个左手 α 螺旋,长度在 21~30 个氨基酸残基,走向不同于一般的升 - 降 - 升 - 降,而是升 - 升 - 降 - 降。

（二）制备工艺

自 1956 年发现 hGH 至 1985 年间，在重组 DNA 技术应用于大规模生产之前，hGH 的来源十分有限，只能从人尸体的垂体分离纯化得到。1985 年，FDA 批准了由大肠埃希菌发酵生产的重组 hGH（rhGH）上市用于临床治疗，随后市面上出现了通过多种途径制备得到的 rhGH 制剂。

1. 基因构建及表达　生长激素存在于几乎所有的脊椎动物体内，它不同于胰岛素的地方在于其具有明显的种属特异性。随着重组 DNA 技术的发展，各种生物物种的生长激素 cDNA 相继得以克隆，并且得以在大肠埃希菌或酵母菌中获得表达。

第一代的 rhGH 是直接在大肠埃希菌中表达的，重组蛋白的 *N*- 端比天然的 hGH 多一个甲硫氨酸，一般用 Met-hGH 来表示。重组 Met-hGH 的大肠埃希菌工程菌的构建程序如图 2-17 所示：首先从人垂体组织中分离 hGH 的 mRNA，合成双链 cDNA，用 *Hae* Ⅲ酶处理该 cDNA，电泳回收 551bp 的限制性酶切片段（含 hGH 24~91 位氨基酸残基的编码序列）。将该片段由 TdT 酶增补同聚 C 末端，同时将 pBR322 质粒用 *Pst* Ⅰ切开在 3′- 端加同聚 G 末端，然后与含有寡聚 C 末端的 *Hae* Ⅲ cDNA 片段体外重组克隆。另外，人工合成一段 84bp 的寡核苷酸片段，含有一个甲硫氨酸和 hGH *N*- 端的前 24 个密码子，在其 3′- 端插入 *Eco*R Ⅰ位点，5′- 端含有 *Hae* Ⅲ和 *Hin*d Ⅲ的位点，并将该片段同样克隆至 pBR322 的 *Eco*R Ⅰ和 *Hin*d Ⅲ之间。之后将两段 hGH 编码序列连接在表达质粒上：先用 *Hin*d Ⅲ切开含双 P_{lac} 串联启动子的 pGH6 质粒，用 S1 核酸酶去黏性末端，再用 *Eco*R Ⅰ处理使该质粒为 *Eco*R Ⅰ黏性末端，而另一端则为平头末端；最后从上述构建的两个重组质粒切下 hGH 的编码片段，连接两者后一同连入修饰过的 pGH6 表达质粒上，形成了含完整 hGH 编码序列的重组子 pHGH107。转化该质粒进入合适的大肠埃希菌受体菌，以四环素筛选重组克隆，得到的克隆菌可用于发酵生产重组 Met-hGH。

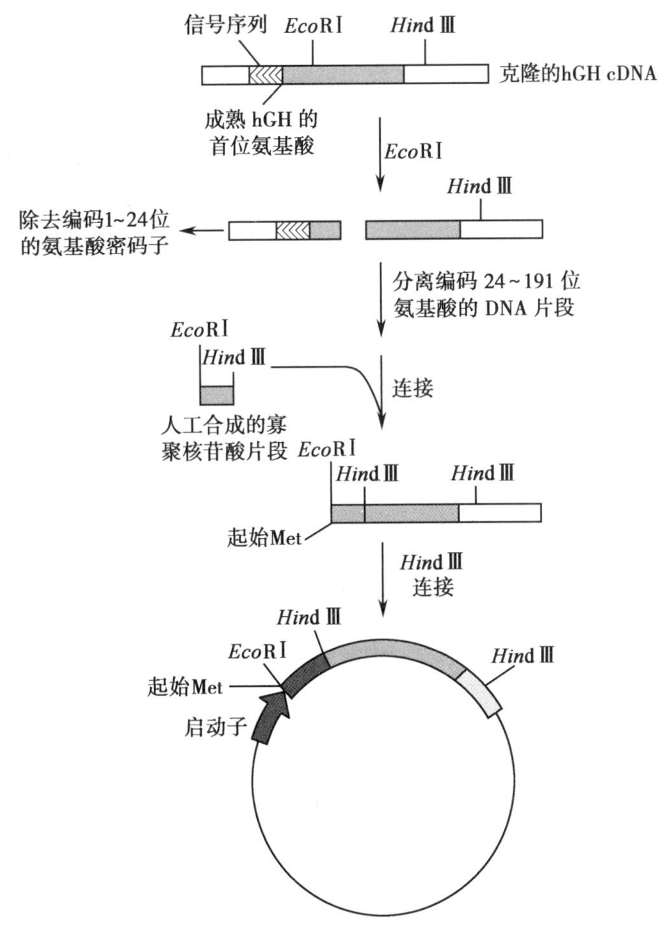

图 2-17　重组 Met-hGH 表达载体构建图

第二代重组 hGH 是以分泌型表达的，信号肽在分泌过程中自动切除，产生与天然蛋白完全一致的序列，即重组 Phe-hGH。与重组 Met-hGH 相比较，重组 Phe-hGH 可以消除 Met 的微小结构差异所带来的免疫原性问题。重组 Phe-hGH 工程菌构建的原理是利用大肠埃希菌受体菌内膜上的特异性信号肽剪切酶切除 *N*- 端多余的 Met 残基，采用分泌表达型质粒 pIN-Ⅲ-ompA3，它含有 *IPP* 启动子、SD 序列以及编码大肠埃希菌外膜蛋白信号肽的 DNA 序列，其工程菌示意图如图 2-18 所示。

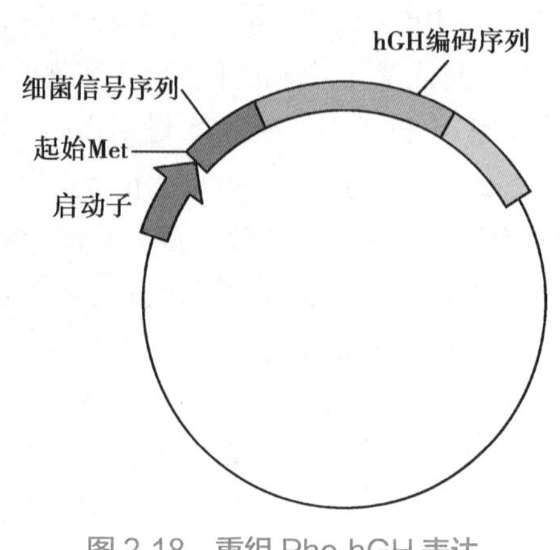

图 2-18　重组 Phe-hGH 表达质粒示意图

2. 分离纯化　重组 Met-hGH 是从细菌胞内提取的；而重组 Phe-hGH 则是从细胞周质中获取释放累积的 hGH，一般通过对外膜进行低渗透压处理即可。后续分离纯化工作主要包括：进行等电点沉淀、硫酸铵盐析、离子交换层析和凝胶过滤层析等步骤，最终获得纯品 rhGH。

3. 活性测定　2001 年世界卫生组织通过多个国家和实验室的国际协作研究，制定了 rhGH 的第二国际标准，规定 rhGH 的活性测定方法选用去垂体大鼠体重增加或者胫骨骨骺宽度增加的生物检测法，检测活性应为 3.0U/mg（含 191 个氨基酸残基的单体活性 >97%）。

4. 研究现状　尽管分泌型表达的 rhGH 在结构上与天然 hGH 具有完全一致的氨基酸残基序列，但是与其他分泌型异源的重组蛋白的表达一样，该方法产率较低，而且大肠埃希菌细胞内的信号肽活性不大，它的肽链裂解活性对蛋白质 *N*- 端的第一个氨基酸残基组成具有一定的选择性，因而最终得到的分泌的重组蛋白产物中含有相当比例的融合 hGH 的前体分子，使目标产物的收率下降，生产成本也相当高。而重组 Met-hGH 表达率很高，生产成本也相对低廉；因此，人们开始把目光投向体外切除 Met。

体外切除 *N*- 端 Met 的方法较多，主要包括化学法和酶促法两大类。rhGH 主要采用酶促法，使用比较普遍的是氨肽酶。氨肽酶是一种特异性较强的肽链 *N*- 端的外切酶，其外切活性一般与肽链的第二和第三位氨基酸残基的性质有关，可选择性地切除特定序列的肽链 *N*- 端上的氨基酸残基。常见的几种氨肽酶有甲硫氨酸氨基肽酶（MAP）、氨肽酶 P（Ap-P）、氨肽酶 M（Ap-M）和二肽氨基肽酶Ⅰ（DAP-Ⅰ）等。

最近有研究显示，rhGH 可以延缓机体的衰老，可能会成为今后的研究方向。

小结

通过重组 DNA 技术将外源基因导入原核和真核宿主细胞，进行高表达，并经过分离纯化获取药用活性蛋白质的技术属于基因工程制药，多数基因工程药物属于细胞因子、酶、激素和抗体等。外源基因可以通过化学合成法、PCR 法、cDNA 文库法和基因组 DNA 文库法等技术获取，利用限制性内切核酸酶和 DNA 连接酶可以将外源基因和载体进行基因重组，常用的载体有质粒和λ噬菌体载体等。重组的载体可以导入宿主细胞，如大肠埃希菌、酵母和哺乳动物细胞。常用遗传标记筛选法，如抗生素抗性筛选法、α- 互补筛选法、营养缺陷性筛选法和噬菌斑筛选法等进行重组子筛选，再利用核酸分子杂交法、限制性内切核酸酶图谱法、基因序列测定法等进行外源基因的鉴定。表达产物须经过超滤、盐析、透析、离子交换、凝胶过滤等方法分离纯化，以达到一定的纯度，通常超过 95%。分离纯化的蛋白质需要对其进行蛋白质含量测定、纯度检查、M_r 测定、等电点测定等，还需要对其进行氨基酸残基序列分析、肽图分析、二硫键分析等结构确定。此外，还要测定宿主 DNA 和宿主蛋白质残留，制定符合国家药品监督管理局要求的质量控制方法和标准。构建突变体和融合蛋白通常是改善与提高天然活性蛋白质药物性质的手段，如胰岛素突变

体可以制备快速胰岛素和长效胰岛素，HSA 融合蛋白可以显著延长半衰期。重组粒细胞 - 巨噬细胞集落刺激因子、胰岛素和人生长激素是被最早、最广泛应用的基因工程药物，它们的制备技术具有代表性。

思考题

1. 简述基因工程制药的基本原理和基本流程。
2. 与化学药物相比较，基因工程药物有什么特点？
3. 原核与真核表达体系各有什么优缺点？哪些蛋白质需要用真核表达体系？
4. 重组蛋白类药物的质量控制要考虑哪几方面？
5. 基因工程药物如何提高其疗效？今后的发展趋势有哪些？

第二章
目标测试

（詹金彪）

参考文献

［1］WALSH G. Biopharmaceutical benchmarks 2018. Nat Biotechnol, 2018, 36 (12): 1136-1145.
［2］王军志. 生物技术药物研究开发和质量控制. 3 版. 北京: 科学出版社, 2021.
［3］MR 格林, J 萨姆布鲁克. 分子克隆实验指南. 4 版. 贺福初, 主译. 北京: 科学出版社, 2021.
［4］国家药典委员会. 中华人民共和国药典: 2020 年版. 北京: 中国医药科技出版社, 2020.
［5］姚文兵. 生物技术制药概论. 4 版. 北京: 中国医药科技出版社, 2019.

第三章

动物细胞工程制药

第三章
教学课件

学习要求：

1. **掌握** 动物细胞培养的基本要求和培养基的种类及主要组成。
2. **熟悉** 生产常用动物细胞的种类；动物细胞大规模培养的主要方法和操作方式。
3. **了解** 动物细胞生物反应器的基本知识；动物细胞工程制药的发展前景。

第一节 概 述

一、动物细胞工程制药的基本概念

所谓动物细胞工程(animal cell engineering)，就是以动物细胞为单位，按人们的意愿，应用细胞生物学、分子生物学等理论和技术，有目的地进行精心设计与操作，使动物细胞的某些遗传特性发生改变，达到改良或产生新品种的目的，以及使动物细胞增加或重新获得产生某种特定产物的能力，从而在离体条件下进行大量培养、增殖，并提取出对人类有用的产品的一项应用科学和技术。动物细胞工程制药是动物细胞工程在制药工业方面的应用，已成为生物制药最重要的组成部分之一。动物细胞工程制药是指利用动物细胞(包括原代细胞、二倍体细胞、异倍体细胞、融合的或重组的动物细胞)为宿主，也包括利用转基因动物作为生物反应器，用于生产疫苗、多肽和蛋白质等生物制品。目前全世界生物技术药物中使用动物细胞工程生产的已超过 80%。

二、动物细胞工程制药的发展历史

恩德斯(John Franklin Enders)及其同事在 1949 年建立了猴肾原代细胞在体外大量扩增脊髓灰质炎病毒的方法，奠定了制备脊髓灰质炎疫苗的基础，因此在 1954 年获得诺贝尔生理学或医学奖。随着基因工程技术的发展，人们逐渐认识到有许多蛋白质药物不能在原核细胞内表达，因为重组药用蛋白的翻译后修饰是它们发挥药理活性所必需，也影响其药动学行为以及体内稳定性。这些翻译后修饰包括蛋白的正确折叠、二硫键的形成、多聚化、蛋白酶加工、磷酸化以及充分糖基化，翻译后修饰是在内质网和高尔基体内进行的。因此，对结构复杂、分子巨大，或糖基化程度高，或二硫键数目多的药用蛋白，如组织型纤溶酶原激活剂、促红细胞生成素、抗凝血酶Ⅲ、单克隆抗体等，只能用哺乳动物细胞表达系统来生产。另外，在原核细胞的培养过程中极易受外源毒素的污染。相比之下，培养的动物细胞就没有上述不足。20 世纪 80 年代以后，随着基因工程技术和细胞融合技术的迅速发展，已经能够把特定的外源基因通过 PCR 技术扩增几千倍，并可转染到动物细胞内，使其高质量地表达。因此，利用动物细胞培养技术生产各种特殊生物制品是微生物细胞、植物细胞培养所无法取代的。多年的实践充分表明，动物细胞，特别是适合工业化生产的转化细胞所生产的蛋白质药物是安全、有效的，这就使动物细胞一跃成为一种重要的宿主细胞。1986 年用淋巴母细胞 Namalwa 生产的干扰素被批准用于临床。此后，用猴肾传代细胞 Vero 细胞生产的狂犬病疫苗和脊髓灰质炎疫苗也被大量应用；

1987 年用杂交瘤细胞生产的 OKT3 单克隆抗体被批准用于临床的排斥反应。尤其在 1988 年之后，一大批用转化细胞生产的重组基因产品，如组织型纤溶酶原激活剂、促红细胞生成素、凝血因子Ⅶ等先后在各国被陆续批准上市，标志着动物细胞制药新兴产业的形成。当然，各国对生产用动物细胞都做出了相应的规定，并对最终产品中残留 DNA 量提出了严格的要求。实际上，对于一些人用和兽用的重要蛋白质药物，尤其是那些分子较大、结构较复杂或存在糖基化的蛋白质来说，动物细胞培养制备是首选的方式。当前用动物细胞制备的药品包括疫苗（如乙型肝炎疫苗、脊髓灰质炎疫苗、狂犬病疫苗等）、单克隆抗体、激素（如人生长激素、促黄体生成素、促卵泡激素等）、淋巴因子（如干扰素、白细胞介素等）、多肽生长因子（如神经生长因子、表皮生长因子等）、酶类（如组织型纤溶酶原激活剂、凝血因子Ⅶ和Ⅷ等）。如今，动物细胞工程制药在生物制药的研究和应用中起着关键作用，投放市场以及临床试验中的重组蛋白有 70% 以上来自哺乳动物细胞培养，且该比例还在不断增加。

三、动物细胞工程制药的基本过程

动物细胞工程制药是指利用动物细胞（包括原代细胞、二倍体细胞、异倍体细胞、融合或重组的细胞）为宿主或者反应器，也包括利用转基因动物作为生物反应器，进行疫苗、多肽和蛋白质等生物制品的生产。利用动物细胞为宿主，扩增病毒用于疫苗的制备（见第五章 疫苗及其制备技术）。以工程动物细胞生产重组多肽和蛋白质药物，可分为上游阶段和下游阶段。上游阶段包括工程细胞的构建和细胞保藏、细胞培养，这部分工作主要在实验室内完成。工程细胞的构建过程与基因工程菌的构建过程基本相同，即把目的基因与表达载体重组，转入合适的动物细胞中，获得稳定高效表达的工程动物细胞。下游阶段包括工程动物细胞的大规模培养、目标产品的分离纯化、质量控制等（图 3-1）。

本章将重点介绍动物细胞的体外培养、动物细胞培养基和其他常用液体、生产用动物细胞、动物细胞的大规模培养以及动物细胞工程制药技术，最后介绍促红细胞生成素（EPO）和抗凝血酶Ⅲ（AT Ⅲ）两个动物细胞工程制药的制造实例。

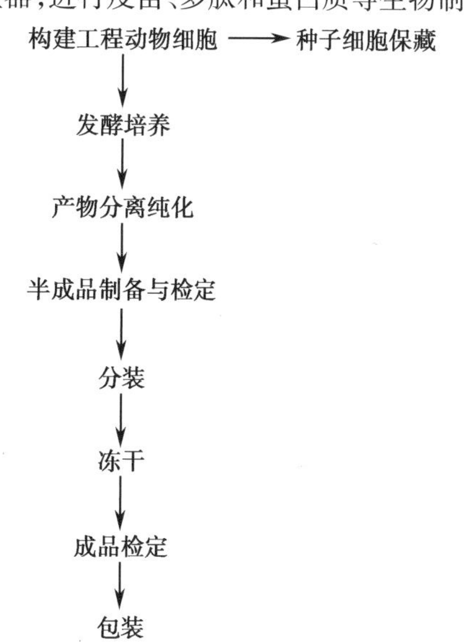

图 3-1　动物细胞工程制药的基本过程

第二节　动物细胞的体外培养

一、体外培养动物细胞的类型

在体内，动物细胞为了适应其功能需要，细胞的形态有了相应的变化，此即为分化。如神经细胞具有很长的分支和很多纤维，以便接受和传递刺激；红细胞呈扁平的圆盘状，使其与外界的接触面增大，有利于与周围环境进行气体交换和在血管内的流动；肌肉细胞呈纺锤形，可起到收缩伸展的作用。然而，当动物细胞离体培养时，上述这些分化的形态通常会发生变化。根据体外培养时动物细胞对生长基质的依赖性，可将动物细胞分为贴壁依赖性细胞（anchorage-dependent cell）、非贴壁依赖性细胞（anchorage-independent cell）和兼性贴壁细胞（anchorage-compatible cell）3 种类型。

1. 贴壁依赖性细胞　大多数动物细胞，包括非淋巴组织细胞和许多异倍体细胞，一般生长于带适量正电荷的固体或半固体表面，培养时需要贴附因子（attachment factor），其可由细胞自身分泌或人为在培养基中加入，使细胞在支持物表面贴附伸展和生长增殖。细胞在支持物表面生长时，分化常不

显著，失去了它们在动物体内的原有特征，一般呈成纤维细胞型（图 3-2）或上皮细胞型（图 3-3）两种形态。

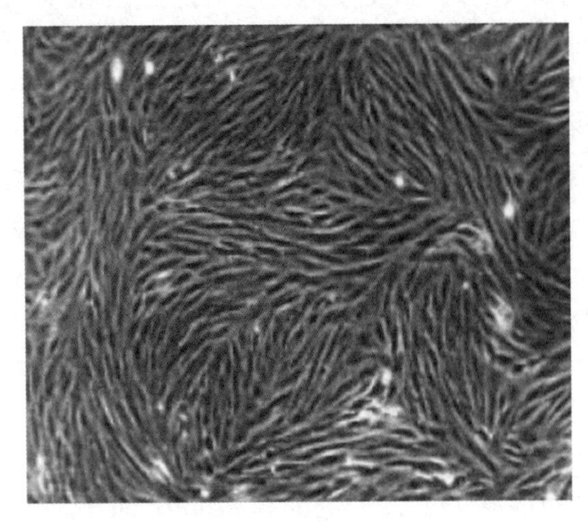

图 3-2 成纤维细胞型

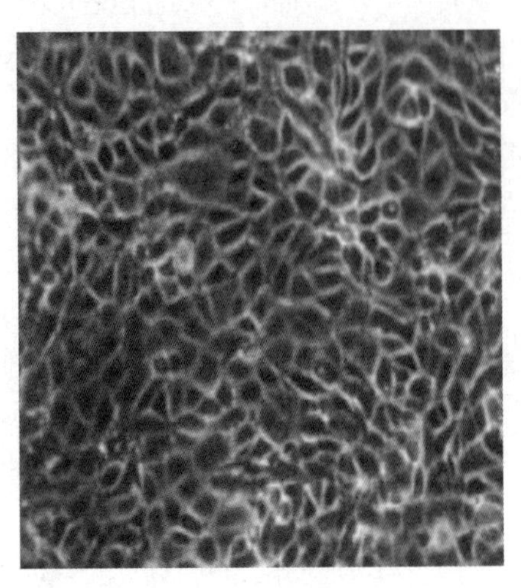

图 3-3 上皮细胞型

2. 非贴壁依赖性细胞　这类细胞一般是来源于血液、淋巴组织的细胞和杂交瘤细胞。一些肿瘤细胞和某些生产干扰素的转化细胞都不需要固体支持物即可在培养液中悬浮生长，因此也被称为悬浮细胞（suspension cell），细胞胞体一般呈圆球形（图 3-4）。

3. 兼性贴壁细胞　有些细胞对固体支持物的依赖性不严格，可以贴壁生长，但在一定条件下也可以悬浮生长，该类细胞称为兼性贴壁细胞。如常用的中国仓鼠卵巢细胞（Chinese hamster ovary cell，CHO 细胞）、小鼠 L929 细胞和 BHK 细胞等。当它们贴壁培养时呈上皮或成纤维形态，悬浮培养时则呈圆球形。

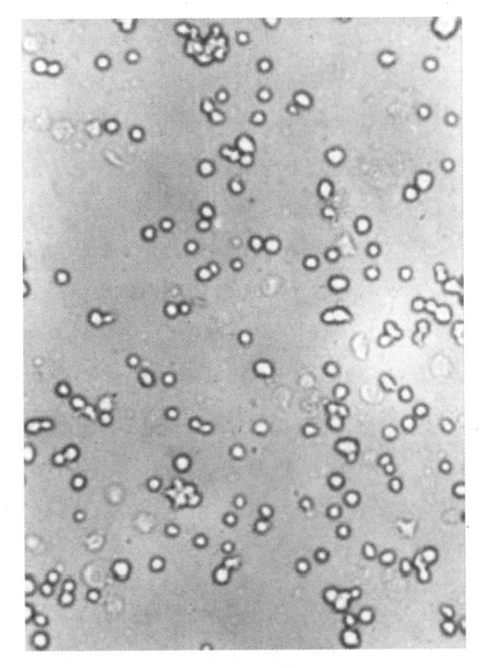

图 3-4 悬浮细胞

二、动物细胞培养的环境条件

除了营养要求以外，动物细胞的培养对环境条件非常敏感，所以对这些条件必须严格控制，如温度、pH、通氧量、渗透压等。

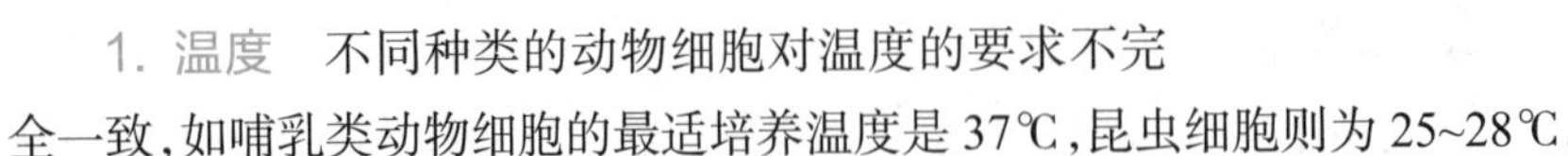

1. 温度　不同种类的动物细胞对温度的要求不完全一致，如哺乳类动物细胞的最适培养温度是 37℃，昆虫细胞则为 25~28℃。

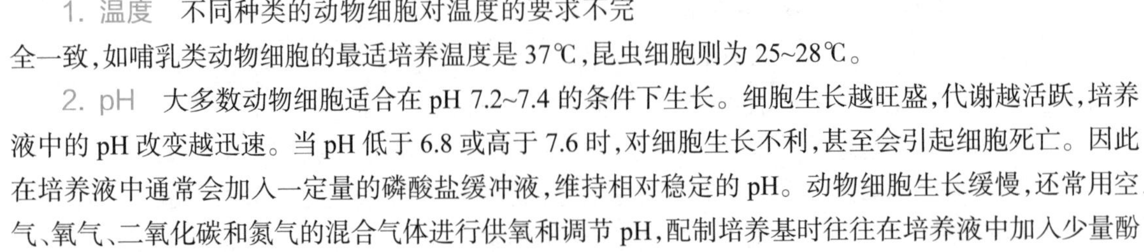

2. pH　大多数动物细胞适合在 pH 7.2~7.4 的条件下生长。细胞生长越旺盛，代谢越活跃，培养液中的 pH 改变越迅速。当 pH 低于 6.8 或高于 7.6 时，对细胞生长不利，甚至会引起细胞死亡。因此在培养液中通常会加入一定量的磷酸盐缓冲液，维持相对稳定的 pH。动物细胞生长缓慢，还常用空气、氧气、二氧化碳和氮气的混合气体进行供氧和调节 pH，配制培养基时往往在培养液中加入少量酚红作为酸碱变化的指示剂。

3. 通氧量　动物细胞培养对氧气的要求与微生物是不一样的，在培养中要使用 CO_2 培养箱，通入一定量的 CO_2（通常是 5%），这是因为动物细胞在体内生长的环境是含有 CO_2 的。不同的细胞对氧和 CO_2 的比例要求不完全一样。

4. 防止污染 防止污染是动物细胞培养中十分重要的问题。由于动物细胞生长的时间长，培养液的营养又十分丰富，细菌、真菌、病毒、生物组织材料以及环境中的各种杂质均可引起污染；特别是小牛血清的支原体污染及组织材料的污染问题更为棘手。污染的显著标志是培养基的 pH 迅速改变，细胞外形模糊，甚至出现漂浮的细胞集落。为了避免污染，所有的培养液和器皿等都要按操作规程严格灭菌，并且在配制培养液时往往要加入适量抗生素。常用的是青霉素、链霉素和卡那霉素等。

5. 基本营养物质 能进入细胞中被细胞利用和参与细胞代谢活动的物质属营养物质（nutritive substance），体外培养细胞所需营养物质与体内基本相同。除三大营养素外，还需要一定量的维生素等。这些营养物质由动物细胞培养基提供。此外，还需要激素类物质和促细胞生长因子。

6. 渗透压 大多数培养细胞对渗透压有一定耐受性。不同细胞可能有所不同：鼠细胞渗透压在 320mOsm/L 左右，对大多数细胞来说，渗透压在 260~320mOsm/L 范围都适宜。

三、动物细胞的培养特性

动物细胞与微生物细胞、植物细胞一样，可在生物反应器中进行大规模培养，但其细胞结构和培养特性与微生物和植物细胞相比具有其自身的特点：①比微生物细胞大得多，无细胞壁，抗机械强度低，对剪切力敏感，适应环境能力差；②倍增时间长，生长缓慢，正常二倍体细胞的生长寿命是有限的；③对培养基要求高，易受微生物污染，培养时常需添加抗生素；④生长大多需贴附于基质，相互粘连以集群形式存在，并有接触抑制现象；⑤多半将产物分泌在细胞外，便于收集和纯化；⑥对蛋白质的合成条件和修饰功能与细菌不同。动物细胞可对蛋白质进行完善的翻译后修饰，特别是糖基化，与天然产品更一致，更适于临床应用。表 3-1 列出了微生物、植物、动物细胞的特性比较。

表 3-1 微生物、植物、动物细胞的特性比较

细胞种类	微生物细胞	植物细胞	动物细胞
细胞大小 /μm	1~10	20~300	10~100
倍增时间 /h	0.3~5	>12	>15
营养要求	低	低	高
对剪切力	大多数不敏感	敏感	敏感
光照要求	不要求	大多数要求光照	不要求
主要产物	醇、有机酸、氨基酸、抗生素、核苷酸、酶等	色素、药物、香精、酶、多肽等次生代谢产物	单克隆体、疫苗、多肽等功能蛋白

四、动物细胞培养的基本技术

1. 细胞的原代培养 原代培养的主要步骤为：①无菌条件下，从健康动物体内取出适量组织，剪切成小薄片；②加入适宜浓度的胰蛋白酶、胶原酶或 EDTA 等进行消化作用使细胞分散；③将分散的细胞进行洗涤并纯化后，以 2×10^6~7×10^6 细胞 /ml 的浓度加到培养基中，37℃下进行原代培养，并适时进行传代培养（图 3-5）。细胞的原代培养分为组织培养和单层细胞培养两种方法。

原代细胞培养材料来自胚胎或成体的组织或器官，胚胎组织如 10~12 日龄鸡胚、人工流产胎儿等，成体组织如动物肝、肾、脾、心脏及手术和活体检查所取的组织、器官等。胚胎组织细胞生命力强，细胞间粘连作用弱，易于酶消化分散，易于培养和繁殖，而成体组织则相反。肿瘤细胞增殖力强，可在体外长期培养和增殖，并可进行悬浮培养。

组织培养（tissue culture）是将动物组织切成直径 1~2mm 的小块进行培养的方法。将组织块以血浆凝固、胶原固着或直接固着于培养器壁上，加培养液后置于 37℃的培养箱中，通入含 5% CO_2 的空气培养，即可在组织块周围长出新的细胞单层，培养过程中进行旋转或振荡，培养效果会更佳。

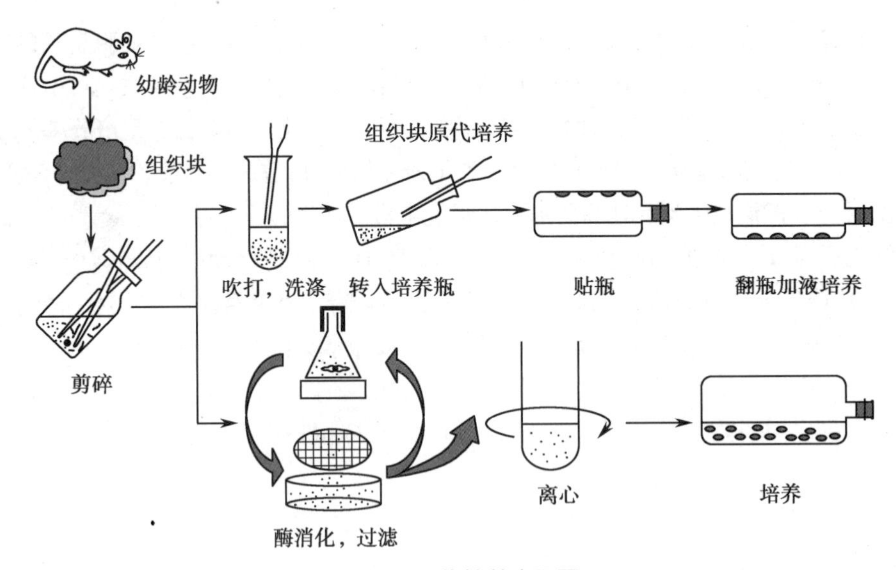

图 3-5　原代培养步骤图

单层细胞培养（monolayer cell culture）是将动物组织块中粘连在一起的细胞用酶法或物理分散法分散成单个细胞，制成细胞悬液，经计数、稀释后，接种于无菌培养液中，37℃、含 5% CO_2 的空气下进行原代培养，细胞随即开始生长并逐渐形成单层。正常组织原代单层细胞不能无限期增殖。分散细胞时，常用的蛋白酶有胰蛋白酶及胶原酶等，前者应用得最多。此外，在肾细胞分散中也可采用灌注分散法，其过程是将肾连同肾动脉及静脉一起剪下，动脉口通过玻璃管连接乳胶管，将胰蛋白酶压入肾中，并以一定流速在 20~30 分钟流完，经消化的肾脏膨大松散呈糊状，再切碎移入消化瓶，经电磁搅拌分散，直接制成细胞悬液接种、培养。

2. 细胞的传代培养　将细胞从一个培养器皿中消化、分散并接种至另一个培养器皿中的操作称为细胞传代（passage）。细胞在培养器皿上生长一定时间后需进行分离再培养，否则细胞会因密度过大、生存空间不足、代谢产物在培养液里的浓度过高等因素造成细胞衰老，停止生长甚至死亡。因此，为了维持细胞的生长和获得更多的细胞量，往往要进行细胞的传代培养（subculture）。在传代过程中要注意减少对细胞的损伤以及保持培养基和培养条件的相对稳定。传代时可以根据细胞的量和实验需要将原来的细胞扩大培养，即 1 瓶细胞可以分成 2 瓶甚至 3 瓶。

3. 细胞克隆培养　细胞克隆培养（clonal culture）即单细胞分离培养，是将动物组织分散后，将一个细胞从群体细胞中分离出来，由单个细胞培养成纯系细胞集群。由于动物细胞生长时的群体效应，单个细胞即使在最优良的培养基中也难以生长。故克隆培养过程中常用条件培养基，或者在培养基中加入饲养细胞如小鼠胸腺细胞或腹腔细胞，或者尽可能减少浸浴细胞的培养基量，以满足细胞克隆的条件。进行细胞克隆培养时，先将细胞稀释成 10 细胞 /ml 浓度以下的悬液，再向培养板的每个孔中加入悬液 0.1ml，使每孔的细胞数平均为 1 个。在含 5% CO_2 空气的培养箱中培养，培养中间需换液且检查细胞生长情况，直至形成单克隆，再进行移植继代培养。

单细胞克隆培养技术有很多种方法，常用的有稀释铺板法、饲养层克隆法、胶原膜板法或血纤维蛋白膜层板克隆法和软琼脂平板克隆法等。

细胞的冻存与复苏（图片）

4. 动物细胞的冻存与复苏

（1）细胞的冻存：细胞深低温保存的基本原理是，在 −70℃以下时，细胞内的酶活性均已丧失，即代谢处于完全停止状态，故可以长期保存。在不加任何保护措施直接冻存细胞时，细胞内和外环境中的水都会形成冰晶，能导致细胞内发生机械损伤、电解质浓度升高、渗透压改变、脱水、pH 改变、蛋白质变性等，甚至引起细胞死亡。若向培养液加入保护剂，可使冰点降低。在缓慢的冻结条件下，能使细胞内水分在冻结前透出细胞。

为了保存细胞，大都采用液氮低温（-196℃）冻存的方法。

细胞低温保存的关键在于通过 0~-20℃阶段的处理过程。在此温度范围内，水晶呈针状，极易招致细胞的严重损伤。再者在冷冻时，冷冻速度很重要，不能太快也不能太慢。太慢会产生冰晶损伤细胞，太快不足以使水分排出。一般利用等速降温仪以 1~3℃ /min 的速度下降至 -120℃，以后投入液氮中。或者，将细胞管在 4℃放置 10 分钟，然后 -20℃放置 30 分钟，-80℃放置 16~18 小时（或过夜），置液氮罐颈口 1 小时，最后浸入液氮。

细胞冻存中的注意事项还有：①冻存的细胞应在对数生长期且存活率高的状态。②冻存的细胞应处在良好的营养状态，故在冻存前一天要换液培养。③细胞密度以 1×10^6 ~ 2×10^6 细胞 /ml 为宜。④配制冻存用培养基要与实际使用的一致，另加 10%（*v/v*）二甲亚砜或甘油作为保护剂，二甲亚砜除菌过滤，不要用高压蒸汽灭菌；甘油以高压蒸汽灭菌后避光保存；需在开启后一年内使用，因长期储存后对细胞会有毒性。⑤细胞冻存管封口后要检查其密封性。再者，细胞冻存管的标签上要标注细胞名称、编号和冻存日期。

（2）细胞的复苏：细胞复苏的原则是快速融化，必须将冻存在 -196℃液氮中的细胞快速融化至 37℃，使细胞外冻存时的冰晶迅速融化，避免冰晶缓慢融化时进入细胞形成再结晶，对细胞造成损害。在实际操作中需注意的事项有：①操作中要注意防护，戴面罩和手套以防止因玻璃安瓿封口不好，在融化时渗入液氮引起安瓿爆炸。②从液氮罐取出的安瓿应立即放入 37℃水浴中，并要不断摇动，使管中的液体迅速融化。③ 1~2 分钟后冻存管内液体完全溶解，取出，用乙醇擦拭冻存管的外壁，再拿到超净台内。④尽早将细胞离心，以去除对细胞有一定毒性的二甲亚砜；或先将细胞悬液直接种入培养瓶内，加培养基 10ml，待细胞贴壁后（4~6 小时）立即换液。⑤隔天观察细胞生长情况，再换液一次。

第三节　动物细胞培养基和其他常用液体

一、动物细胞的营养要求

动植物及微生物细胞培养时，所需营养成分大都包括水、碳源、氮源、维生素、激素及无机盐等；但动物细胞对于培养环境的适应性更差，培养时间要求更长，所需营养要求更高。动物细胞营养要求的特点为：①碳源不能为无机物，大多为葡萄糖。②氮源亦不能为无机物，主要为各种氨基酸。③在很多情况下尚需添加 5%~20% 的小牛血清或适量的动物胚胎浸出液。血清是一种很好的营养物质，绝大多数动物细胞在含有胎牛或新生牛血清的培养基中生长得最好。

二、动物细胞培养基

动物细胞培养基是维持动物组织及细胞在体外生存、生长的基本营养物质。从发展历史看，可分为天然培养基（natural medium）、合成培养基（synthetic medium）和无血清培养基（serum-free medium）三大类。

1. 天然培养基　天然培养基是直接采用取自动物体液或组织中提取的成分作培养液，如乳蛋白水解物、酪蛋白水解物、血清、血浆及胚胎浸出液等。其中，血清为最有效和最常用的培养基成分，它含有许多未知成分，但对动物细胞的生长繁殖和生物学性状是必不可少的。实验中动物细胞培养液有维持液和生长液之分，维持液含低浓度或不含小牛血清，生长液含 5%~20% 小牛血清。

2. 合成培养基　自 Eagle 培养液开发以来，各种基本合成培养液的设计和研制得到发展。目前已经商业化的培养基有 199、MEM、CMRL、DMEM、RPMI-1640、F12、IMEM 等。合成培养基的化学成分主要为氨基酸、糖类、蛋白质、核酸类物质、维生素、辅酶、激素、生长因子、微量元素及缓冲剂等。例如，Eagle 培养基含有 13 种氨基酸、9 种维生素、6 种无机盐及葡萄糖；199 培养基含 21 种氨基酸、

17 种维生素、7 种无机盐、4 种嘌呤、2 种嘧啶、谷胱甘肽、ATP、胆固醇、吐温 -80、脱氧核糖、核糖、葡萄糖及醋酸钠。表 3-2 列出了常用合成培养基的组成，可以看到动物细胞的培养基组成是比较复杂的。

3. 无血清培养基 无血清培养基的出现是培养基发展历程上的一个里程碑。无血清培养基是指不需要添加血清就可以维持细胞在体外较长时间生长增殖的合成培养基。常规细胞培养基的制备方法是在基础培养基中添加适量的血清或组织提取物，其中最常用于培养基的血清是一种组成很不明确的混合物。血清对细胞在体外培养时的主要作用是提供生长因子、激素、结合蛋白，并提供保护作用，但同时也有细胞生长抑制因子和毒性因子。由于动物血清制备的局限性，给细胞培养的标准化带来困难，同时也存在细胞培养表达产品分离纯化难的问题，具有潜在的细胞毒性作用，对用于规模化培养细胞增加了难度。应用无血清培养环境进行动物细胞的规模化重组蛋白表达生产已成为一种趋势。

表 3-2 常用的合成培养基组成

	RPMI-1640	MEM	DMEM	BME	Ham's F-12
氨基酸 /(mg/L)					
精氨酸（L-arginine）	200.0			17.4	
精氨酸（L-arginine·HCl）		126.0	84.0		211.0
天冬酰胺（L-asparagine）	50.0				
天冬酰胺（L-asparagine·H_2O）					15.0
天冬氨酸（L-aspartic acid）	20.0				13.3
胱氨酸（L-cystine）	50.0		48.0	12.0	
胱氨酸（L-cystine·HCl）		31.0			
半胱氨酸（L-cysteine·HCl·H_2O）					35.12
谷氨酸（L-glutamic acid）	20.0				14.7
谷氨酰胺（L-glutamine）	300.0	292.0	584.0	292.0	146.0
丙氨酸（L-alanine）					8.9
甘氨酸（glycine）	10.0		30.0		7.5
组氨酸（L-histidine）	15.0			8.0	
组氨酸（L-histidine·HCl·H_2O）		42.0	42.0		20.96
羟脯氨酸（L-hydroxyproline）	20.0				
异亮氨酸（L-isoleucine）	50.0	52.0	105.0	26.0	3.9
亮氨酸（L-leucine）	50.0	52.0	105.0	26.0	13.1
赖氨酸（L-lysine）				29.2	
赖氨酸（L-lysine·HCl）	40.0	72.5	146.0		36.5
甲硫氨酸（L-methionine）	15.0	15.0	30.0	7.5	4.48
苯丙氨酸（L-phenylalanine）	15.0	32.0	66.0	16.5	4.96
脯氨酸（L-proline）	20.0				34.5
丝氨酸（L-serine）	30.0		42.0		10.5
苏氨酸（L-threonine）	20.0	48.0	95.0	24.0	11.9
色氨酸（L-tryptophan）	5.0	10.0	16.0	4.0	2.04
酪氨酸（L-tyrosine）	20.0		72.0	18.0	
酪氨酸（L-tyrosine·2Na·H_2O）		52.0			7.8
缬氨酸（L-valine）	20.0	46.0	94.0	23.5	11.7

续表

	RPMI-1640	MEM	DMEM	BME	Ham's F-12
维生素/(mg/L)					
对氨基苯甲酸(*p*-aminobenzoic acid)	1.0				
生物素(D-biotin)	0.2	1.0		1.0	0.007 3
泛酸钙(D-calcium pantothenate)	0.25	1.0	4.0	1.0	0.48
氯化胆碱(choline chloride)	3.0	1.0	4.0	1.0	13.96
烟酰胺(nicotinamide)	1.0	1.0	4.0	1.0	0.037
叶酸(folic acid)	1.0	1.0	4.0	1.0	1.3
肌醇(inositol)	35.0	2.0	7.2	2.0	18.0
吡哆醛(pyridoxal·HCl)	1.0	1.0	4.0	1.0	0.062
维生素 B_2(vitamin B_2)	0.2	0.1	0.4	0.1	0.038
维生素 B_1(vitamin B_1)	1.0	1.0	4.0	1.0	0.34
维生素 B_{12}(vitamin B_{12})	0.005				1.36
盐类/(mg/L)					
KCl	400.0	400.0	200.0	400.0	223.6
$CaCl_2$		200.0	400.0	200.0	33.22
$MgCl_2$					57.22
$MgSO_4$		97.67			
$MgSO_4·7H_2O$	100.0		200.0	200.0	
NaCl	6 000.0	6 800.0	6 400.0	6 800.0	7 599.0
$NaHCO_3$	2 000.0	2 200.0	3 700.0	2 200.0	1 176.0
$Na_2HPO_4·H_2O$		140.0	125.0	140.0	142.04
$CuSO_4·5H_2O$					0.002 5
$FeSO_4·7H_2O$			0.1		0.834
$ZnSO_4·7H_2O$					0.863
$Ca(NO_3)_2·4H_2O$	100.0				
其他/(mg/L)					
葡萄糖(D-glucose)	2 000.0	1 000.0	4 500.0	1 000.0	1 802.0
硫辛酸(lipoic acid)					0.21
酚红(phenol red)	5.0	10.0	15.0	10.0	1.2
丙酮酸钠(sodium pyruvate)					110.0
次黄嘌呤(hypoxanthine)					4.77
亚油酸(linoleic acid)					0.084
腐胺(putrescine·HCl)					0.161
胸腺嘧啶核苷(thymidine)					0.73
谷胱甘肽[glutathione(reduced)]	1.0				

从20世纪50年代起，人们即开始了无血清培养基的研究。无血清培养基一般是在合成培养基的基础上，引入成分完全明确或部分明确的血清替代成分，使培养基能满足动物细胞培养的要求，又可有效克服因使用血清所引发的问题。进入20世纪80年代后，新的无血清培养基不断问世。人们经过研究发现，只要在培养基中增加某些适于细胞生长的成分，如纤连蛋白(fibronectin)、转铁蛋白

(transferrin)、胰岛素(insulin)、表皮生长因子(epidermal growth factor,EGF)等,不少细胞即能在无血清供应的情况下生长,尤其是CHO细胞、杂交瘤细胞、骨髓瘤细胞以及BHK-21细胞等。某些细胞在无血清的条件下,其生长和抗体的产量甚至较有血清培养时高出数倍。

目前的无血清培养基已进入第三代。第一代无血清培养基虽然不含有血清,但含有大量的动物或植物蛋白,如牛血清白蛋白或激素等,虽然它所含的总体蛋白要低于血清,但蛋白质的含量依然很高。20世纪80年代末、90年代初,研究人员开发了第二代无血清培养基,它完全不用动物来源的蛋白质,培养基蛋白质含量很低(少于100μg/ml),使重组蛋白的纯化简单,目前市售的无血清培养基主要是这一类。第三代无血清培养基现已出现,它完全不含有蛋白质或含量极低,没有任何动物、人类蛋白或多肽,为表达产品的下游处理工作提供极大方便。但目前无血清培养基的价格还很高,不适于大规模的工业化生产;再者,无血清培养基的细胞适用范围窄,细胞在无血清培养基中易受某些机械因素和化学因素的影响,培养基的保存和应用不如传统的合成培养基方便。人们正应用新型蛋白质组分析技术及生物芯片技术定位胞质信号通路相关蛋白、膜表面的生长因子受体、激素受体、细胞因子受体、黏附分子等,用于确定细胞培养基中调控分子的添加组合。新一代动物细胞无血清培养基将具有无血清、无蛋白质、无动物来源以及成分确定的特性,同时在功能上是安全、通用的高效培养基。

动物细胞培养基的配制原则基本与微生物培养基一致,但不能采用高压法灭菌。将各种成分按一定比例配成母液,使用时再按要求配制与稀释,然后用膜过滤除菌、分装、储存。

三、动物细胞培养常用的其他溶液

1. 平衡盐溶液　平衡盐溶液(balanced salt solution)是由生理盐水和葡萄糖组成,其中的无机离子是细胞的组成成分。平衡盐溶液具有维持细胞渗透压、调控培养液酸碱度平衡的功能。平衡盐溶液中加入少量酚红指示剂以直观显示培养液pH的改变,pH降低时溶液变成黄色,pH升高时溶液变成紫红色。

Hanks液和Earle液是两种常用的平衡盐溶液基础溶液。前者缓冲能力较弱,后者缓冲能力较强。磷酸盐缓冲液成分较简单,也较常用。表3-3列举了几种常用平衡盐溶液的配方。

表3-3　几种常用平衡盐溶液配方

单位:g/L

	Ringer	Tyrode	Earle	Hanks	Dublecco	D-Hanks
NaCl	9.00	8.00	6.80	8.00	8.00	8.00
KCl	0.42	0.20	0.40	0.40	0.20	0.40
$CaCl_2$	0.25	0.20	0.20	0.14	0.10	
$MgCl_2 \cdot 6H_2O$		0.10			0.10	
$MgSO_4 \cdot 7H_2O$			0.20	0.20		
$Na_2HPO_4 \cdot H_2O$				0.06	1.42	0.06
$NaH_2PO_4 \cdot 2H_2O$		0.05	0.14			
KH_2PO_4				0.06	0.20	0.06
$NaHCO_3$		1.00	2.20	0.35		0.35
葡萄糖		1.00	1.00	1.00		
酚红			0.02	0.02	0.02	0.02

2. 培养基pH调整液　各种细胞对培养环境的酸碱度要求是十分严格的。大部分合成培养液都呈微酸性,培养前需要用pH调整液把培养基的pH调到所需的范围。如果在灭菌前就把pH调整液加入培养基调至标准值,灭菌后其pH又会发生改变。因此,pH调整液应单独配制,单独灭菌,

在要使用灭菌后的培养基前再加入。这样做也可以保证营养成分的稳定并延长其保存期。常用pH调整液有：3.7%、5.6%、7.4% $NaHCO_3$溶液和羟乙基哌嗪乙磺酸[4-(2-hydroxyethyl)piperzaine-1-ethanesulphonic acid，HEPES]溶液。HEPES是具有较强缓冲能力的氢离子缓冲剂，它可以作为添加剂长时间控制培养液维持恒定的pH范围，每30mmol/L相当于2%的CO_2。

3. 细胞消化液　细胞培养前要用消化液把组织块解离成分散细胞或传代培养时使细胞脱离贴壁器皿的表面并分散解离。常用消化液有两种，即胰蛋白酶溶液和EDTA溶液。

(1)胰蛋白酶溶液：分离自牛、猪等动物胰脏的胰蛋白酶(trypsin)呈黄白色粉末状，极易潮解，注意冷藏干燥保存。因其能水解细胞间的蛋白质，故用其解离分散细胞。其酶活力用水解酪蛋白的能力表示，常用1∶125和1∶250两种浓度，即一份胰蛋白酶能解离125份或250份酪蛋白。此酶对细胞解离作用与细胞类型及其性质有关，不同细胞株对酶的浓度、温度、作用时间的要求也不尽相同。一般相对浓度大、温度高、时间长，则解离效果较好，但超过一定限度会损伤细胞。在pH 8.0、37℃时胰蛋白酶效果最好。胰蛋白酶溶液常配成0.125%和0.25%两种浓度，用无Ca^{2+}、Mg^{2+}的D-Hanks平衡盐溶液配制，调节pH至6.8~7.2。消化细胞结束时，加入少量血清或含血清的培养基终止酶作用。

(2)EDTA溶液：EDTA为一种化学螯合剂，其溶液又称Versen液，对细胞具一定的非酶解离作用。因经济方便、毒性小、易配制，为常用的消化液，常用浓度0.02%(个别细胞系要求浓度较高)。使用完，需用Hanks液冲洗净(血清对其无终止作用)。

此外，链霉蛋白酶、骨胶原酶、透明质酸酶等也可用于消化细胞。因价格昂贵、保存困难，只用于特殊种类的细胞消化。

4. 抗生素溶液　细胞培养过程中，常在培养液中加入适量的抗生素以防止发生微生物污染。常用抗生素有青霉素、链霉素、卡那霉素、制霉菌素等。

第四节　生产用动物细胞

1949年，恩德斯及其同事建立了利用猴肾原代细胞在体外大量扩增脊髓灰质炎病毒的方法，奠定了制备脊髓灰质炎疫苗的基础，为动物细胞培养用于生物制药开创了先河。20世纪50年代，尽管人们建立了许多连续传代细胞系，但由于担心生物制品受到污染，特别是致瘤因子可能来自生产细胞系，因此随后的几十年中所有的生产均应用原代细胞。1961年建立的第一个二倍体细胞系WI-38也是出于安全性的考虑，在10年后才获准用于生产人用疫苗。但由于其有限的增殖能力难以形成大规模、高生产率的工艺而没有被广泛用于生产。直到20世纪80年代，随着致瘤研究的逐步深入，转化细胞系致瘤的可能性被排除，它们才在人用治疗蛋白生产中得以应用。如今，转化细胞系已被广泛接受，并由于其无限增殖能力、低营养需求等优点而广泛用于人用治疗蛋白的生产中。

一、生产用动物细胞的种类

生产用动物细胞的来源有直接从动物组织或器官经过处理、传代制得的细胞，也有利用细胞工程获得的融合细胞系和利用基因工程技术获得的基因重组细胞系。

1. 原代细胞　直接将动物组织或器官经过粉碎、消化而制得的悬浮细胞称为原代细胞(primary culture cell)。一般1g组织中约有10^9个细胞，但实际上并不是所有的细胞都形成单细胞，并且由于组织块常由多种细胞组成，而真正能满足生产的细胞只是其中一小部分，因此用原代细胞生产药物需要大量的动物组织原料。另外，原代细胞不能直接从细胞库获得，而只能临时用动物组织制备，故费钱费力。与体内细胞相似，原代细胞生长分裂并不旺盛，这些都限制了原代细胞的应用。动物细胞生产生物药品的早期，一般用原代培养的细胞来生产疫苗。目前有些产品的生产仍沿用原代细胞，如鸡胚细胞、兔肾或鼠肾细胞和淋巴细胞等，它们仍具有一定的应用价值，如利用鸡胚细胞生产狂犬病疫苗。

2. 细胞系和细胞株 原代培养物经首次传代成功后即为细胞系(cell line);细胞株(cell strain)则是通过选择法或克隆形成法从原代培养物或细胞系中获得的具有特殊性质或标志的培养细胞,细胞株的特殊性质或标志必须在整个培养期间始终存在。细胞经传代后分裂增殖旺盛,能保持一致的二倍体核型,称为二倍体细胞系(diploid cell line)。许多传代细胞系建立于20世纪50年代,用它们来生产疫苗不仅可以降低实验动物的使用量,并且因为所用的细胞性质均一,通过体外大规模培养技术生产的疫苗可以保证质量稳定,避免了动物个体差异产生的疫苗质量不稳定问题。传代细胞系有时也来源于肿瘤细胞,由于缺乏有效的科学手段来排除其潜在的致瘤性,因而数十年间未允许传代细胞系用于生产。20世纪70年代以后,大量研究工作证实了二倍体细胞的安全性,WI-38(正常人胚胎组织)是第一个用于生产脊髓灰质炎灭活疫苗的二倍体细胞系;MRC-5(正常男性胚肺组织)和2BS(人胚肺二倍体成纤维细胞)等曾经被广泛应用于生产。二倍体细胞系一般从动物胚胎组织中获取,有明显的贴壁和接触抑制特性,有正常细胞的核型,一般可传代培养50代左右,且无致瘤性,现在传代细胞已被广泛用于人用治疗性药物的生产,但仍不是最理想的生产细胞系。

3. 转化细胞系 正常细胞经过某个转化过程,失去正常细胞的特点而获得无限增殖的能力,得到的细胞系称为转化细胞系(transformant line)。该类细胞常常是由于染色体的断裂而变成了异倍体。一般来说,转化细胞系是通过正常细胞转化而来的,转化的方法可以是人为的,如应用病毒感染或使用化学试剂处理;也可以是自发的,在传代过程中,有个别的细胞可自发转化为有无限生命力的细胞系。另外,直接从动物肿瘤组织中建立的细胞系也属于转化细胞。可见,转化细胞系的标志之一是细胞的永生性(immortality),因此,称这样的细胞群体为无限细胞系(infinite cell line)或连续细胞系(continuous cell line)。由于转化细胞系具有无限的生命力,较短的倍增时间以及较低的培养条件要求,所以更适合于大规模工业化的生产需求,近年来用于生产的很多细胞,如Vero细胞(正常成年非洲绿猴肾细胞)、CHO细胞(中国仓鼠卵巢细胞)、Namalwa细胞(淋巴瘤细胞)和BHK-21细胞(幼鼠肾细胞)等,均属于此类细胞系。CHO细胞($dhfr^-$)作为重要的基因表达受体细胞,已成功应用于表达促红细胞生成素(EPO)、重组乙型肝炎疫苗等。

4. 工程细胞系 工程细胞系(engineering cell line)是指采用细胞融合技术或基因工程技术对宿主细胞的遗传物质进行修饰改造或重组,获得具有稳定遗传的独特性状的细胞系。用于构建工程细胞的动物细胞有BHK-21细胞、CHO细胞、Namalwa细胞、Vero细胞、SP2/0细胞(小鼠骨髓瘤细胞)、Sf9细胞(昆虫卵巢细胞)等。其中CHO细胞被应用得最多,至今批准的重组蛋白大生产的宿主细胞大多是CHO细胞。

(1)融合细胞系:融合细胞系是通过动物细胞融合技术而构建的。如SP2/0-Ag14细胞系是通过细胞融合的方法,从抗羊红细胞活性的BALB/c的小鼠脾细胞和骨髓瘤细胞系P3X63Ag8融合杂交瘤SP2/NL-Ag亚克隆中分离获得,可用于生产单克隆抗体。详见本章第六节。

(2)基因工程细胞系:目前用重组DNA技术改造的CHO细胞生产干扰素、白细胞介素、促红细胞生成素、单克隆抗体、诊断试剂以及其他多种蛋白质类药品,已成为国际医药市场上的热销产品。基因工程细胞系的构建主要包括表达载体的构建、表达载体的导入以及表达细胞株的筛选等过程,在“第二章 基因工程制药”中已有详细介绍。

二、制药工业中常用的动物细胞

由于生物工程技术的飞速发展,一大批动物细胞已被用于多肽和蛋白质药物生产。表3-4列出了工业生产中常用的细胞株。根据FDA的规定,除原代细胞外,其他细胞株或细胞系一旦建立后都必须进细胞库保存。并且,工程细胞必须建立两个细胞库,一个是原始细胞库(master cell bank,MCR),另一个是生产用细胞库(manufacturer's working cell bank,MWCB)或称为工作细胞库(working cell bank)。所有进库的细胞都必须建立档案,进行无菌性、无交叉污染和各种有害因子的检查。

表 3-4　几种工业生产中常用的细胞株

细胞名称	来源	核型	常用培养基	用途
CHO-K1	中国仓鼠卵巢	2*n*=20~22	DMEM，0.1mmol/L 次黄嘌呤，0.1mmol/L 胸苷，10% 小牛血清，脯氨酸	分泌表达外源蛋白，如干扰素
BHK-21	地鼠幼鼠肾脏	2*n*=44	DMEM，7% 胎牛血清	增殖病毒，制备疫苗，表达外源蛋白
重组 NS0	鼠骨髓瘤		无血清培养	生产单克隆抗体
W1-38	正常人胚胎组织	2*n*=46	BME，10% 小牛血清	生产疫苗
MRC-5	正常男性胚肺组织	2*n*=46	BME，10% 小牛血清	生产疫苗，如甲型肝炎疫苗
Namalwa	肯尼亚淋巴瘤患者	2*n*=12~14，单 X 染色体，无 Y 染色体	RPMI-1640，7% 胎牛血清	生产干扰素 α
Vero	正常成年非洲绿猴肾	2*n*=60	199 培养基，5% 胎牛血清	增殖病毒，制备疫苗，表达外源蛋白
C127	小鼠乳腺肿瘤	N. D.	DMEM，10% 胎牛血清	表达外源蛋白
SP2/0-Ag14	小鼠脾细胞和骨髓瘤细胞的融合细胞	2*n*=62~68	DMEM，10% 胎牛血清	生产抗体
Sf9	秋黏虫蛹卵组织	N. D.	Grace 培养基，3.3g/L 水解乳蛋白，3.3g/L 酵母浸液，10% 胎牛血清	表达外源蛋白

注：N. D.，没有确定（not determined）。

第五节　动物细胞的大规模培养

动物细胞的大规模培养是指在人工条件下（设定 pH、温度、溶解氧等），在细胞生物反应器（bioreactor）中高密度大量培养动物细胞用于生产生物制品的技术。目前可大规模培养的动物细胞有来自鸡胚、猪肾、猴肾、地鼠肾等多种原代细胞及人二倍体细胞、CHO 细胞、BHK-21 细胞、Vero 细胞等，并已成功生产了包括狂犬病疫苗、口蹄疫疫苗、甲型肝炎疫苗、乙型肝炎疫苗、促红细胞生成素、单克隆抗体等产品。

一、动物细胞的大规模培养方法

动物细胞实验室的培养方法可分为悬浮培养、贴壁培养和贴壁 - 悬浮培养 3 种，在实际生产中一些连续细胞系如 CHO 细胞、BHK-21 细胞、杂交瘤细胞、昆虫细胞等往往采用悬浮培养，而一些正常细胞（如人二倍体细胞等）和传代细胞（如 Vero、CL27 细胞等）则常常利用各种载体作为细胞黏附的支撑进行贴壁方式生长或贴壁 - 悬浮生长。近 30 年来，多种载体开发成功，为工业化大规模生产重组蛋白、单克隆抗体和疫苗提供了新的方法。

1. 悬浮培养法　悬浮培养法（suspension culture）是细胞在培养液中呈悬浮状态生长繁殖的培养方法（图 3-6）。它适用于一切种类的非贴壁依赖性细胞，也适用于兼性贴壁细胞，可连续测定细胞浓度，连续收集部分细胞进行继代培养；无须消化分散，细胞收率高。悬浮培养最常用的生物反应器为搅拌式和气升式，有效体积由 10L 至 10 000L。目前悬浮培养法已用于重组蛋白和单克隆抗体生产。

2. 微载体培养法　大多数动物细胞，包括非淋巴组织细胞和许多异倍体肿瘤细胞都是贴壁依赖性细胞，所以对其进行大规模培养时都要使用微载体或微珠（图 3-7）。微载体是直径 60~250μm 的颗

粒，通过搅拌可使贴壁依赖性和兼性贴壁细胞吸附于颗粒表面长成单层，在培养液中进行悬浮培养。在微珠上培养的细胞，每个细胞产生抗体、干扰素等的能力与常规单层贴壁培养的细胞相当。

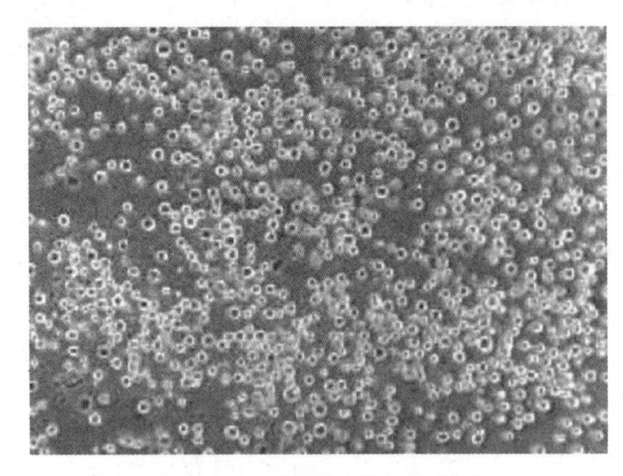

图 3-6　悬浮培养的动物细胞

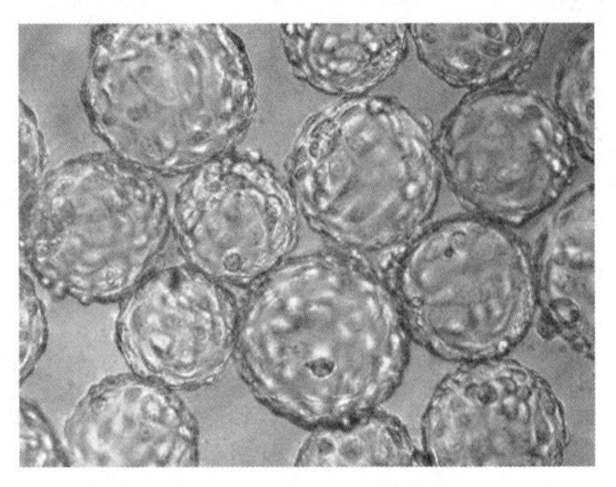

图 3-7　微载体上生长的动物细胞

理想的微载体应利于细胞的快速附着和扩展，有利于细胞的高密度生长，不干扰代谢产物的合成和分泌，可以高压灭菌，对细胞无毒害，并且传代操作中细胞易于脱落。微载体培养法克服了常规贴壁培养方法的缺点，使贴壁细胞的培养兼有悬浮培养和固定化培养的优点，适于正常组织细胞和二倍体传代细胞。自问世以来，微载体已成功应用于原代细胞和建立的细胞系的培养，用于生产重组蛋白。

3. 多孔载体培养法　把细胞接种在多孔载体上培养是近年来发展起来的一种大规模高密度动物细胞培养的方法。多孔载体是一种支撑材料，在它的内部有很多网状小孔，细胞可以在里面生长（图 3-8）。它既可以用于悬浮细胞的固定化连续灌流培养，又可用于细胞的贴壁培养。由于细胞在载体内部生长，因此可以免受搅拌等造成的机械损伤。因此，使用多孔载体培养可以提高搅拌转速和通气量。制备多孔载体的材料必须具备良好的生物相容性（即对细胞无毒害）、机械稳定性和热稳定性，在高温、高压以及搅拌条件下不破碎、不软化、不分解。常用的材料有玻璃、陶瓷、明胶、胶原、海藻酸钠、纤维素及其衍生物、聚苯乙烯和聚乙烯等，其中玻璃和纤维素的生物相容性、机械稳定性和热稳定性最好。

4. 微囊化培养法　20 世纪 80 年代，Lim 和 Sum 利用海藻酸和多聚赖氨酸制成了一种微囊。微囊化培养是借鉴了酶的固定化技术，它把细胞包裹在微囊里进行悬浮培养（图 3-9）。由于细胞分散在各自的微小环境中，受到微囊外壳的保护，从而减少了搅拌对细胞的剪切力，细胞可以大量生长，细胞的密度和纯度都得到提高。因此微囊化培养法已被应用于单克隆抗体、干扰素等生物药物的生产。

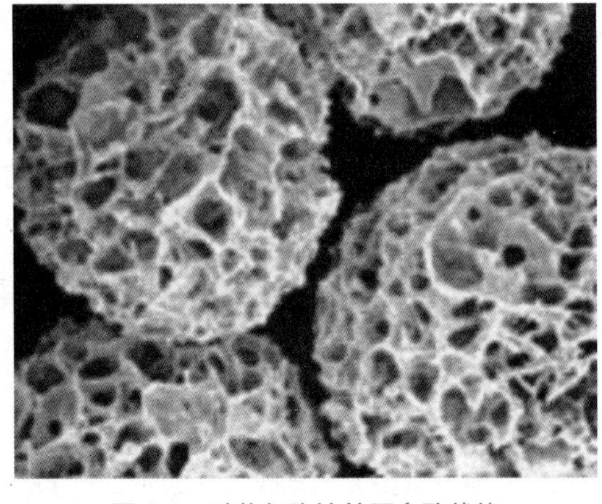

图 3-8　动物细胞培养用多孔载体

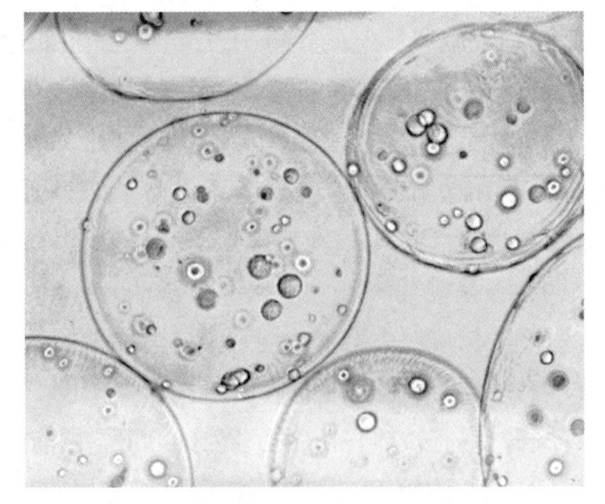

图 3-9　微囊化法培养的动物细胞

5. 中空纤维培养法　动物细胞在体内的生长是在三维空间发展的，在细胞和细胞之间存在着毛细血管，它可以输送细胞生长代谢需要的营养。但是在前面介绍的方法中，细胞都只能在二维空间中生长，一般是沿着支撑材料表面生长，培养细胞的量不能大量增加。中空纤维细胞培养（hollow fiber cell culture）技术是模拟细胞在体内生长的三维状态，把细胞接种在中空纤维的外腔，利用中空纤维模拟人工毛细血管供给营养，可以使细胞高密度地生长（图 3-10）。目前该方法已在生长激素和单克隆抗体的生产中应用。现已开发成功的中空纤维材料有聚砜、聚丙烯等。

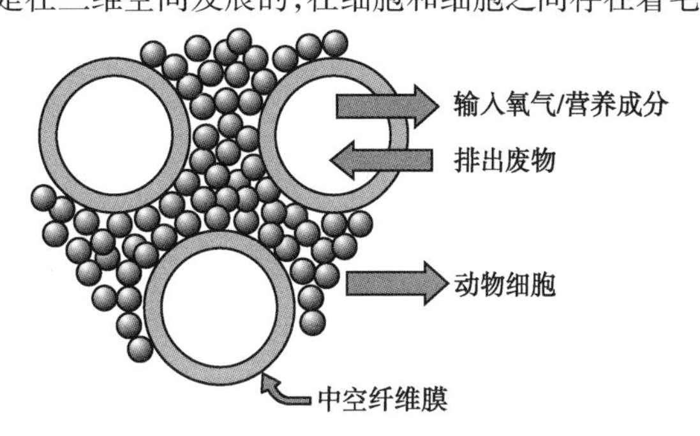

图 3-10　中空纤维培养法培养动物细胞模式图

二、动物细胞生物反应器

动物细胞生物反应器给动物细胞的生长代谢提供一个优良的环境，从而使其在生长代谢过程中产生出大量优质的目标产物。对动物细胞生物反应器的要求除了使用的材料必须对细胞无毒，具有良好的传热性、密闭性以外，最重要的是反应器必须能长期连续运转。早期的培养动物细胞的生物反应器常与微生物发酵通用，现在随着大量培养技术和载体材料的发展，已经设计出专门的动物细胞反应器。

1. 搅拌式生物反应器　它是根据微生物发酵罐改造的。反应器的高径比一般为 1∶1~1.5∶1，并且罐底是圆形的，搅拌采用倾斜式浆液搅拌器、船舶推进式浆液搅拌器或笼式通气搅拌器，并且配有进出液体系统。这种反应器具有通气好、搅拌剪切力小等优点，利于动物细胞长时间和高密度培养，主要用于悬浮细胞培养、微载体培养、微囊培养等。搅拌式生物反应器见图 3-11。

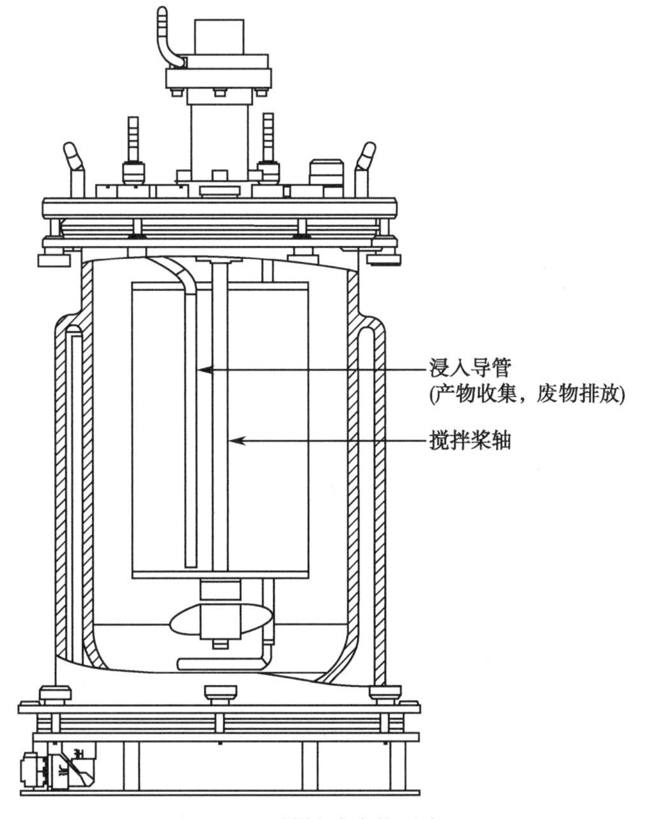

图 3-11　搅拌式生物反应器

2. 气升式生物反应器　该类反应器的特点是没有搅拌部件，气体通过装在罐底的喷管进入反应器的导流管，这样使罐底部液体的密度小于导流管外部的液体密度，从而使液体形成循环流。气升式生物反应器主要采用内循环式，但也有采用外循环式（图 3-12）。它比搅拌式生物反应器剪切力要小，反应器的高径比一般为 10∶1 左右，一般要求气泡直径为 1~2mm，空气流速为 0.01~0.06vvm。气升式生物反应器主要用于悬浮细胞的分批培养，也可用于微载体培养。

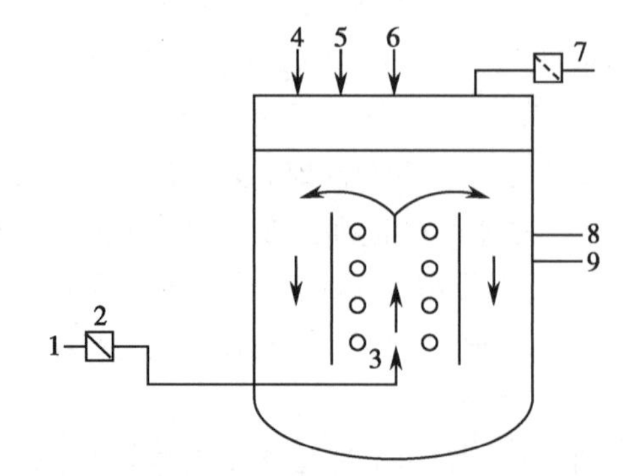

1. 进气；2. 过滤器；3. 导流筒；4. 无菌培养基；5. 接种；6. 消毒用蒸汽；7. 排气过滤器；8. 温度计；9. pH 计。

图 3-12　气升式生物反应器

3. 中空纤维式生物反应器　该类反应器是由数百或数千根中空纤维束组成，它可以是垂直的，也可以是平床式的。主要用于贴壁细胞培养，也可用于悬浮细胞培养（图 3-13）。

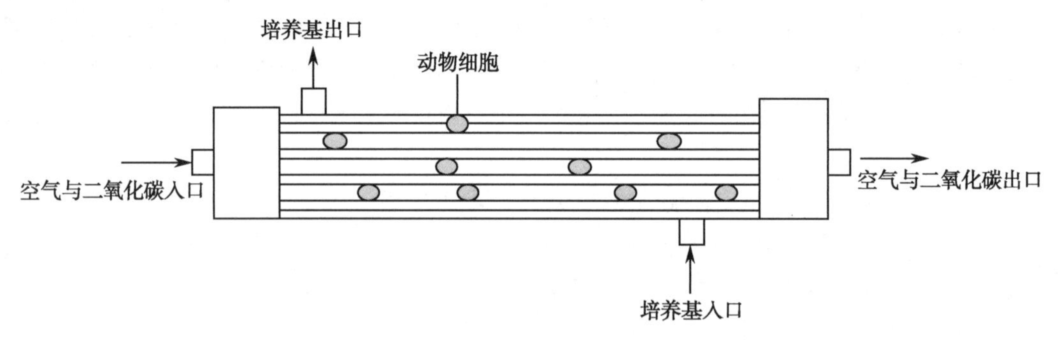

图 3-13　中空纤维式生物反应器

4. 透析袋式或膜式生物反应器　将反应器内设置为双室（培养基和细胞）或三室（培养基、细胞、产物）系统（图 3-14），根据需要，室与室之间装有滤膜，这样可以达到保留和浓缩产品或分离提纯产品的目的。

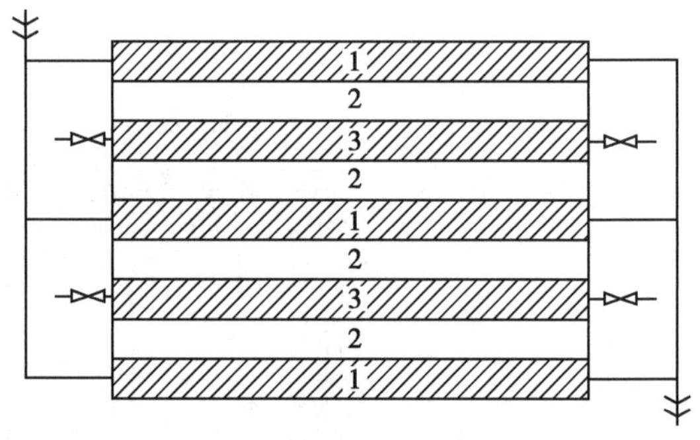

1. 培养物；2. 细胞；3. 产物。

图 3-14　三室系统的膜式生物反应器示意图

5. 固定床或流化床式生物反应器　它是在反应器内装填了一些对细胞生长无害且有利于细胞贴附的载体，如有孔玻璃、陶瓷、塑料等，反应器可以是床式的，当培养液从流化床下往上输入时，微球可在一定范围内旋转，保证微球内细胞获得充分养料和氧气。另一种新型的生物反应器是将通气搅拌与固定床或流化床结合，由于其特殊的搅拌装置，在搅拌中可产生负压，迫使培养液不断流向黏附有细胞的载体，有利于营养物和氧的输送（图 3-15）。

6. 一次性摇袋式细胞培养生物反应器　其研发始于 1996 年，并且在 1998 年投入商品化生产。目前摇袋式细胞培养生物反应器适用于各种类型的细胞培养，包括 CHO 细胞、NSO 细胞、杂交瘤细胞、HEK293 细胞、杆状病毒昆虫细胞、T 细胞、植物细胞等。

在摇袋式细胞培养生物反应器中，细胞及培养基被置于一个预先消过毒的无菌塑料袋中，这种塑料袋也被称为 Cell bags 生物反应器（图 3-16A）。由于袋子是一次性使用的，是独立无菌包装（经

由 25~40kGy γ 射线辐射消毒)，所以传统罐体所常见的污染、交叉污染等状况在该生物反应器中得以消除。培养基和接种细胞处于这样一个密封、无菌并且气密性的袋子中，通入空气(经由除菌过滤器过滤)后形成一个具有一定空间的培养容器，而袋子被置于一个摇动平台上。随着摇动平台的左右摇动，培养基液体在袋中形成波浪式的运动，起到良好混合的作用(图 3-16B)。同时，这种运动方式所产生的剪切力也很小，远远小于传统罐体中用搅拌或者气升式方法所产生的剪切力。波浪式起伏的培养基液面，不断地和通入袋内的空气反复接触混合，为细胞生长提供足够的溶解氧。通过调节摇动平台的摇动频率和角度，以及向袋内通入一定比例的空气 / 氧气混合气体，还可以提供更高水平的溶解氧，最大可以支持 6×10^7 细胞 /ml 的细胞密度。待培养周期结束，细胞和培养基可以分别被收获，袋子可以作为“生物垃圾”处理。

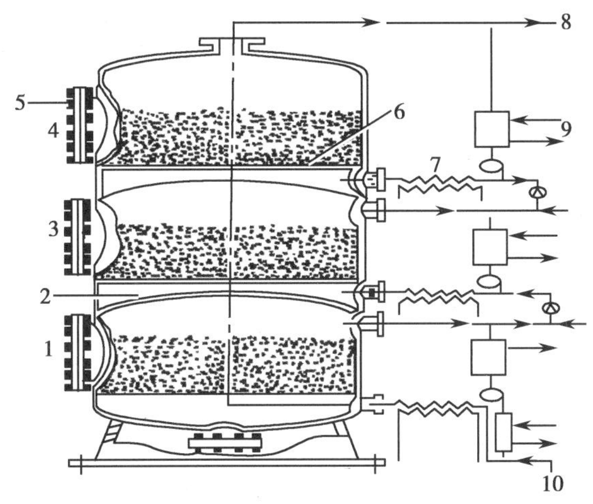

1. 一级；2. 固相隔膜；3. 二级；4. 三级；5. 清洁孔；6. 多孔分配板；
7. 加热器；8. 收液；9. 膜器交换器；10. 培养基进口。

图 3-15　多级流化床式生物反应器示意图

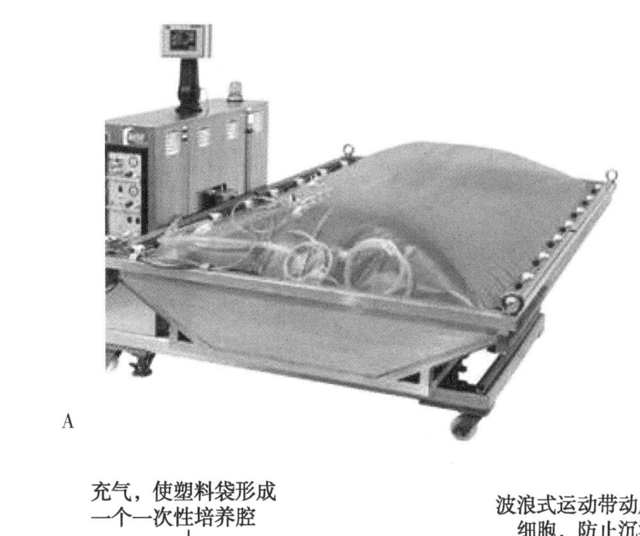
A

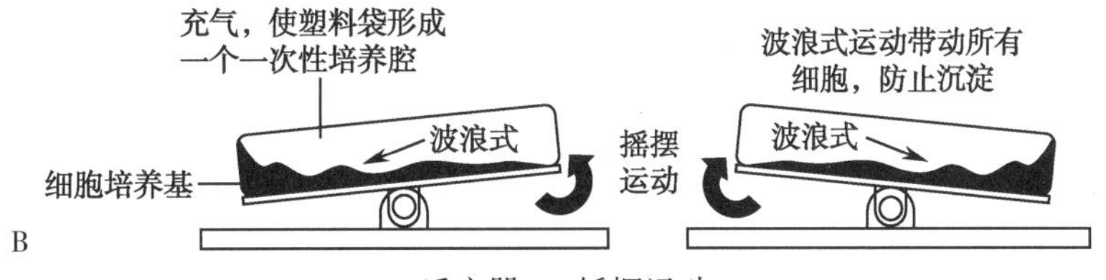

B

A. 反应器；B. 摇摆运动。

图 3-16　摇袋式生物反应器

研究表明，经过优化的袋子的几何形状、附件、膜材料、摇动频率和角度可以提供足够的溶解氧水平，用于支持高密度大规模细胞培养，并且不会形成泡沫和剪切力的破坏作用。目前最大袋子已经放大到1 000L 工作体积的规模。

三、动物细胞生物反应器的主要操作模式

动物细胞大规模培养的操作模式与培养细菌一样，一般可分为分批式（batch）操作、补料 - 分批式（fed-batch）操作、半连续式（semi-continuous）操作、连续式（continuous）操作和灌流式（perfusion）操作5种模式。

分批式操作（图片）

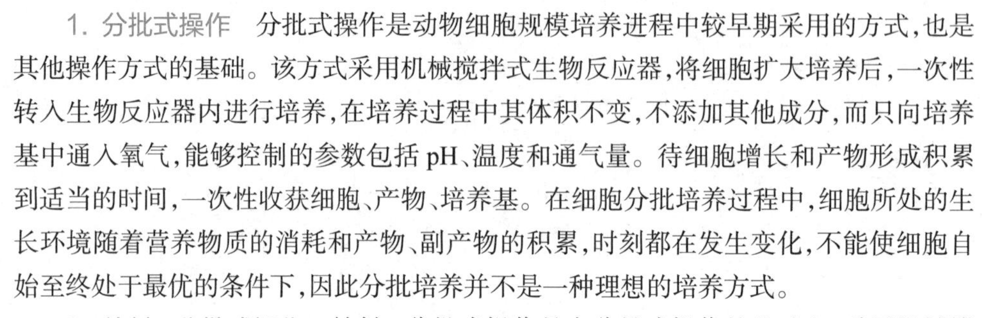

1. 分批式操作　分批式操作是动物细胞规模培养进程中较早期采用的方式，也是其他操作方式的基础。该方式采用机械搅拌式生物反应器，将细胞扩大培养后，一次性转入生物反应器内进行培养，在培养过程中其体积不变，不添加其他成分，而只向培养基中通入氧气，能够控制的参数包括pH、温度和通气量。待细胞增长和产物形成积累到适当的时间，一次性收获细胞、产物、培养基。在细胞分批培养过程中，细胞所处的生长环境随着营养物质的消耗和产物、副产物的积累，时刻都在发生变化，不能使细胞自始至终处于最优的条件下，因此分批培养并不是一种理想的培养方式。

补料 - 分批式操作（图片）

2. 补料 - 分批式操作　补料 - 分批式操作是在分批式操作的基础上，采用机械搅拌式生物反应器系统，悬浮培养细胞或以悬浮微载体培养的贴壁细胞，细胞初始接种的培养基体积一般为终体积的1/2~1/3，在培养过程中根据细胞对营养物质的不断消耗和需求，流加浓缩的营养物或培养基，从而使细胞持续生长至较高的密度，目标产品达到较高的水平，整个培养过程没有流出或回收，通常在细胞进入衰亡期或衰亡期后终止培养操作，并回收整个反应体系，分离细胞和细胞碎片，浓缩、纯化目标蛋白。补料 - 分批式操作只是向培养系统补加必要的营养成分，如葡萄糖、谷氨酰胺、氨基酸与维生素等以维持营养物质的浓度不变。由于补料 - 分批式操作能控制更多的环境参数，使得细胞生长和产物生成容易维持在优化状态。同时在流加式培养过程中，由于新鲜培养液的加入，整个过程的反应体积是变化的。

3. 半连续式操作　半连续式操作又称为重复分批式操作或换液操作。采用机械搅拌式生物反应器系统，悬浮培养形式。在细胞增长和产物形成过程中，每间隔一段时间从中取出部分培养物，再用新的培养液补足到原有体积，使反应器内的培养物总体积不变。这种类型的操作是将细胞接种一定体积的培养基，待其生长至一定的密度，在细胞生长至最大密度之前，用新鲜的培养基稀释培养物，每次稀释反应器培养体积的1/2~3/4，以维持细胞的指数生长状态，随着稀释率的增加，培养体积逐步增加。或者在细胞增长和产物形成过程中，每隔一定时间，定期取出部分培养物，或是条件培养基，或是连同细胞、载体一起取出，然后补加细胞或载体，或是新鲜的培养基继续进行培养。剩余的培养物可作为种子继续培养，从而可维持反复培养，而无须反应器的清洗、消毒等一系列复杂的操作。在半连续式操作中，由于细胞适应了生物反应器的培养环境和相当高的接种量，经过几次的稀释、换液培养过程，细胞密度常常会显著提高。

4. 连续式操作　连续式操作是一种常见的悬浮培养模式，采用机械搅拌式生物反应器系统。该模式是将细胞接种于一定体积的培养基后，为了防止衰退期的出现，在细胞达最大密度之前，以一定速度向生物反应器连续添加新鲜培养基。与此同时，含有细胞的培养物以相同的速度连续从反应器流出，以保持培养体积的恒定。连续式操作的优点为：①细胞维持持续指数增长；②产物体积不断增长；③可控制衰退期与下降期。连续式操作的缺点为：①由于是开放式操作，加上培养周期较长，容易造成污染；②在长周期的连续培养中，细胞的生长特性以及分泌产物容易变异；③对设备、仪器的控制技术要求较高。

连续式操作和半连续式操作（图片）

5. 灌流式操作　灌流式操作是把细胞和培养基一起加入反应器中培养一段时间后，收获培养液的同时不断地加入新鲜的培养基，可以提供充分的营养成分，并可带走代谢产物，而细胞截流系统可使细胞或酶保留在反应器内，维持较高的细胞密度，一般可达 10^7~10^9 细胞 /ml，从而大幅提高产品的产量，并可大大降低劳动力消耗。再者，产品在罐内停留时间短，可及时回收到低温下保存，有利于保持产品的活性。

灌流式操作（图片）

第六节　动物细胞工程制药技术

动物细胞工程是根据细胞生物学及工程学原理，定向改变动物细胞内的遗传物质，从而获得新型生物或特种细胞产品的一门技术。这一技术在生物制药的研究和应用中起关键作用，目前全世界生物技术药物中使用动物细胞工程生产的已超过 80%，例如蛋白质、单克隆抗体、疫苗等。当前动物细胞工程制药所涉及的主要技术领域包括细胞融合技术、转基因动物技术、细胞核移植技术、动物细胞大规模培养等方面。

一、细胞融合技术

细胞融合技术作为细胞工程的核心基础技术之一，不仅在农业、工业的应用领域不断扩大，而且在医药领域也取得了开创性的研究成果，如单克隆抗体、疫苗等生物制品的生产。

所谓细胞融合（cell fusion），是指在外力（诱导剂或促融剂）作用下，两个或两个以上的异源（种、属间）细胞或原生质体相互接触，从而发生膜融合、胞质融合和核融合并形成杂种细胞的现象，或称细胞杂交。

细胞融合全过程中会发生下列主要变化：呈致密状态的体细胞在促融剂的作用下细胞膜的性质发生变化，首先出现细胞凝集现象，然后一部分凝集细胞之间的膜发生粘连，继而融合成为多核细胞，在培养过程中多核细胞又进行核的融合而成为单核的杂种细胞；而那些不能形成单核的融合细胞在培养过程中逐渐死亡。一般来说，融合细胞的构建主要包括细胞融合和杂交细胞的筛选两个过程。

1. 细胞融合　细胞膜是由脂质双分子层和镶嵌其中的蛋白质组成，由于脂质分子和蛋白质分子在膜上的位置不是固定不变的，因此，细胞膜的流动性为细胞融合提供了生物学机制，许多环境因素的变化都可对细胞膜的流动性产生影响，从而促进细胞融合的发生。细胞的融合大致包括细胞的接触、细胞膜的融合、细胞质的重组和遗传物质的选择等过程。

目前，用于诱导动物细胞融合的方法主要有病毒法、PEG 法、电击法和激光法等。某些灭活病毒如仙台病毒、牛痘病毒和新城鸡瘟病毒等，由于病毒表面的神经氨酸酶降解了细胞膜上的糖蛋白，就会使细胞膜局部凝集在病毒周围，从而使两个或多个细胞膜间互相渗透，细胞质也互相渗透，细胞核互相融合，其中最常用的是仙台病毒。PEG 的诱导机制目前尚不清楚，Blow 等发现当 PEG 的浓度增加到 50% 时，PEG 可能与邻近膜的水分相结合，使细胞之间只有微小空间的水分被 PEG 取代，从而降低了细胞表面的极性，导致双脂层的不稳定，使细胞膜发生融合。电击和激光等方法则是在刺激时使膜脂分子的排列发生改变，而当刺激因素解除后，细胞膜恢复原有的有序结构，在恢复过程中便可诱导紧密贴合的细胞发生融合。

2. 杂交细胞的筛选　动物细胞经过细胞融合后，除了目的杂交细胞之外，还有大量的同核体细胞和未融合亲本细胞，如果不进行筛选，目的杂交细胞往往因数量较少且生长缓慢，其生长很容易受到亲本细胞优势生长的抑制。因此，对融合后的杂交细胞进行筛选，即将杂交细胞与未融合亲本细胞、同核体细胞区分开十分重要。杂交细胞的筛选方法主要有 3 种：第一种方法是利用各种营养缺陷型细胞系或抗性细胞系作为参与细胞融合的亲本细胞，通过选择性培养基将互补的杂交细胞筛选出来；第二种方法是利用或人为地造成两个或几个亲本细胞之间的物理特性差异，如大小、颜色或漂

浮密度等性质的不同,从中筛选出杂交细胞;第三种方法是利用或人为地造成杂种细胞与未融合细胞之间生长或分化能力等方面的差异进行筛选。在具体应用过程中,上述的几种方法视具体实验对象可互相配合使用。

值得注意的是,杂交细胞由于遗传表型不稳定,种间细胞融合的染色体可能会相互排斥,在体外培养过程中其结构基因或调节基因也有可能发生突变甚至丢失。因此,应对构建好的杂交细胞进行克隆和再克隆,并进行动态观察和定期分析。

二、转基因动物技术

转基因动物技术和转基因动物制药是近年来世界范围内的研究热点,许多国家的政府和一些大的生物技术公司都给予极大的关注,相继投入巨资进行研究。转基因动物制药是 20 世纪 70 年代基因工程药物诞生后该类药物发展的第三个阶段,前两个阶段分别为细菌基因工程药物阶段和哺乳动物细胞基因工程药物阶段。细菌本身是低等生物,缺乏真核生物基因所必需的一些翻译后加工机制,因此用于表达真核基因的蛋白质产物时往往没有活性,必须经过后加工才能成为有活性的蛋白质药物,而后加工过程极为复杂,因而限制了细菌基因工程的发展。细菌基因工程的缺陷,促使人们寻找新的生产药用蛋白质的方法。从 20 世纪 70 年代开始,人们转向使用真核细胞表达系统来生产药用蛋白,即利用哺乳动物细胞来代替基因工程细菌。该方法克服了细菌基因工程表达的蛋白质没有活性的缺点。用该方法生产的促红细胞生成素(EPO)、组织型纤溶酶原激活剂(tPA)等已经上市。但是人或哺乳动物细胞培养条件相当苛刻,药物生产的成本很高,这样也限制了该方法的进一步发展。利用转基因动物,特别是乳腺生物反应器生产基因药物是一种全新的生产模式,有以往制药技术不可比拟的优越性,好比在动物身上建"药厂"。动物的乳汁或血液可以源源不断地为我们提供目的基因的产品。它的优越性还表现在产量高、易提纯、表达产物已经过充分修饰和加工、具有稳定的生物活性。另外,作为生物反应器的转基因动物又可无限繁殖,故具有投资成本低、药物开发周期短和经济效益高等优点。可以说,转基因动物的问世,为利用基因工程手段获得低成本、高活性和高表达的药物开辟了一条重要途径。

(一) 转基因动物制作方法

采用基因工程技术把外源目的基因导入动物生殖细胞、胚胎干细胞或早期胚胎,并在受体动物的染色体上稳定整合,再经过发育途径把外源目的基因稳定地传给子代,通过这项技术所获得的动物即为转基因动物(transgenic animal)。

目前在转基因动物的操作中,主要的方法有基因显微注射法、反转录病毒感染法、胚胎干细胞法、精子载体导入法、基因打靶法和酵母人工染色体法。

1. 基因显微注射法　基因显微注射法(gene microinjection method)即通过显微操作技术将外源基因直接注入受精卵,利用受精卵繁殖过程中 DNA 的复制将外源基因整合到受体细胞的染色体 DNA 中,发育成转基因动物,示意图见图 3-17。该方法由 Gordon 发明,是目前最常用、最成功的方法,通过这种方法已获得转基因小鼠、兔、羊、猪等。该方法主要应用显微注射装置将外源目的基因导入动物受精卵的雄性原核,并将其移入代孕母体输卵管中进行发育,经过妊娠、分娩,获得后代,再通过杂交获得纯合的转基因动物。可采用分子杂交或 PCR 法筛选出整合有外源基因的动物。

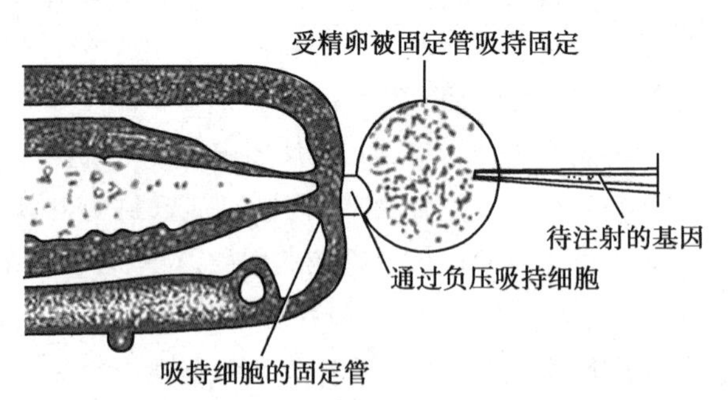

图 3-17　基因显微注射示意图

显微注射技术的优点在于能有效地形成转基因系,因为外源 DNA 与受体基因组的整合是

发生在卵裂前(即单细胞期),故所获得的转基因动物为非嵌合体,而且几乎任何生物的DNA均可以通过显微注射技术导入,该技术对DNA大小也无严格限制,最大可达155kb。但是该方法的缺点是需借助专门的显微注射仪才能完成,而且成功率低,一般情况下通过显微注射法获得转基因动物的成功率低于5%(表3-5)。这是因为显微注射法所注射的DNA在宿主基因组中是随机整合的,由整合引起的突变、插入失活等均可导致转基因动物个体发育障碍、不育及早期死亡等,或者由于外源基因经常以多拷贝串联的形式随机地整合于受体基因组中,这种异常的排列会使转入的基因无法表达、错误表达或妨碍转移基因表达的正常调节。

表3-5 显微注射法动物转基因的效率

动物种类	注射胚胎数	后代数	转基因动物/%	备注
家兔	1 904	218	1.5	1次实验统计
大鼠	1 403	353	4.4	5次实验统计
小鼠	12 314	1 847	2.6	18次实验统计
猪	19 397	1 920	0.9	20次实验统计
牛	1 018	193	0.7	7次实验统计
绵羊	5 424	556	0.9	10次实验统计

2. 反转录病毒感染法 反转录病毒感染法(retroviral vector infection method)是利用反转录病毒载体把基因整合到受体细胞核基因组中。在各种动物基因转移操作中,它是一种最有效的方法。反转录病毒的核酸是一条单链RNA,病毒进入胚胎细胞后,RNA首先编码出反转录酶,在反转录酶的作用下,病毒RNA反转录为双链的DNA分子,该DNA整合到宿主细胞染色体中,达到转移基因的目的。

反转录病毒感染法的优点是:①重组反转录病毒可同时感染大量胚胎;②感染后的整合率高,可达100%;③不需要昂贵的显微注射设备;④前病毒以单拷贝形式插入整合位点,整合点宿主DNA片段易于被分离纯化,有利于对插入位点的宿主基因进行鉴定。缺点是:①外源基因难以植入生殖系统,成功率较低;②反转录病毒载体容量有限,病毒衣壳大小有限,不能插入大的外源DNA片段(只能转移DNA≤10kb的小片段),因此,转入的基因很容易缺少其邻近的调控序列。

3. 胚胎干细胞法 胚胎干细胞(embryonic stem cell,ESC)简称ES细胞,是从早期胚胎细胞团分离出来并能在体外培养的一种高度未分化的、具有形成所有成年细胞类型能力的全能干细胞。它是正常二倍体型,像早期胚胎细胞一样具有发育上的全能性。胚胎干细胞被注射到正常动物的胚腔内,能参与宿主内细胞团的发育,广泛地分化成各种组织,包括其功能性的生殖细胞。此外,胚胎干细胞还可以在体外进行人工培养、扩增,并能以克隆的形式保存。因此,胚胎干细胞系的建立为动物细胞工程找到了一个良好的实验新体系。

胚胎干细胞要变成动物个体有两种途径:①把胚胎干细胞与8~10个细胞时期的胚胎聚集,或通过胚腔注射构成嵌合体,胚胎干细胞在嵌合体里经过细胞增殖分化成各种组织并形成有功能的生殖细胞,也就是胚胎干细胞通过嵌合体的子代变成动物个体。②通过核移植(或细胞融合)把胚胎干细胞导入去核的卵母细胞,然后转移到代孕母体输卵管,种植到子宫而发育成个体。通过胚胎干细胞获得转基因小鼠的过程见图3-18。

胚胎干细胞法的优点是外源DNA的整合率及整合在生殖细胞中的比例较高。利用基因的同源重组实现了外源基因在受体细胞基因组中的定点整合,克服了基因随机整合的盲目性和随机性,这样就减少了宿主细胞基因组中有利基因的失活及癌基因激活的可能性。但是该法的不足之处是不容易建立胚胎干细胞株,长期培养后,导入过外源基因的胚胎干细胞会由于细胞分化,使生产的转基因动物是嵌合体(chimera)等。

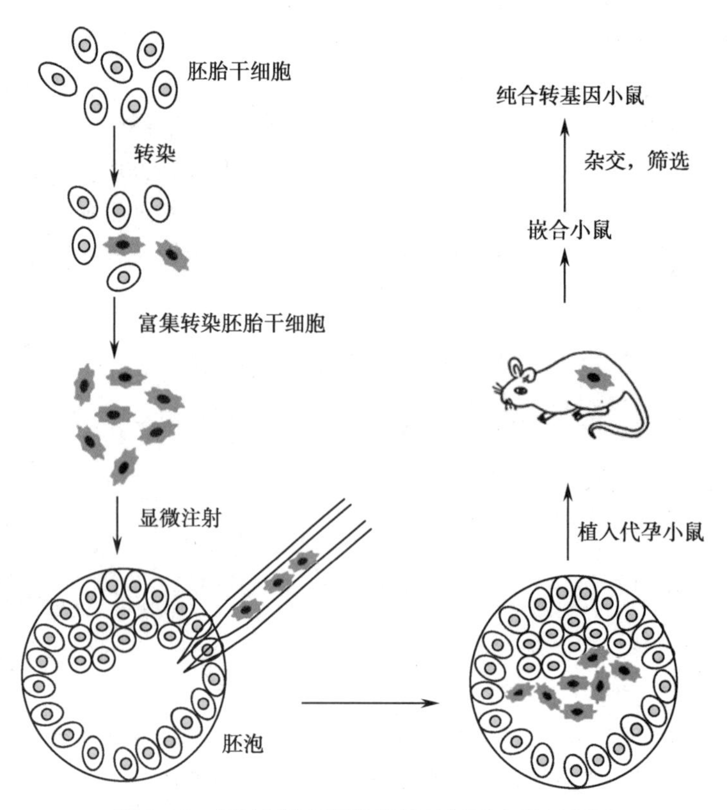

图 3-18 通过胚胎干细胞获得转基因小鼠示意图

4. 精子载体导入法　精子载体导入（sperm-mediated gene transfer）是以精子作为外源基因的载体，在受精过程中将外源基因导入动物胚胎，从而使外源基因进入子代的基因组中。1989 年，Lavitrano 首先报道利用此法制备报道基因（reporter gene）转基因小鼠获得成功，外源基因整合率达 30%。但是，由于每一个物种具有遗传的相对稳定性和保守性，因此对精子携带外源基因向子代成功传递的概率会受影响，例如携带外源基因的精子受精能力可能会下降或丧失，或即使受精胚胎也可能在发育早期夭折等。

由于精子载体重复率低，结果不稳定，1999 年 Anthony 等报道了一种新的方法，即首先将精子与外源基因共孵育，然后在精子头部显微注入外源基因，这样在出生的后代中转基因阳性率可提高 20% 以上，而且精子膜破损更有利于转基因动物的获得。这种方法使用的微注射针较原核显微注射针口径大 100 倍，能注射兆碱基及亚兆碱基级的构建载体，如酵母或哺乳动物人工染色体。这些较大的构建载体含有表达所需要的调控序列，能大大提高外源基因的整合及表达水平。同时，在不同物种中，精子可以保存并且能支持完全发育，使得该法具有更广泛的实用性。

此方法的优点是利用精子的自然属性，克服了人为机械操作给胚胎造成的损伤，整合率高，小鼠、家兔达 30% 以上，成本低，缺点是结果不稳定。目前具体的方法体系虽然还不完善，但它是有发展前途的方法。它可以与体外受精、早期胚胎阳性选择和胚胎超低温技术相结合，使转基因技术更加实用化。

5. 基因打靶法　基因打靶（gene targeting）是一种利用同源重组方法改变生物体某一内源基因的遗传学技术。该技术是从 20 世纪 80 年代发展起来的，是建立在对同源重组不断了解的基础之上。1989 年美国科学家马里奥·卡佩奇（Mario Capecchi）等利用胚胎干细胞，将基因打靶技术成功地应用于小鼠；他们因此获得了 2007 年诺贝尔生理学与医学奖。基因打靶技术的应用，一方面可以使导入的外源基因定点整合于人们希望整合的部位，从而避免了外源基因随机整合对内源基因的影响；另一方面，人们还可以利用基因打靶技术定点灭活一个内源基因，亦称为基因敲除（gene knockout）。

因此，基因打靶技术为在整体水平研究某一基因的功能以及进行基因的修正即基因治疗开辟了新的途径。

基因打靶是根据同源重组的原理而设计的一项技术。在这一技术中，体内细胞基因组的某一段 DNA 序列被视为“靶子”，经精巧构建的欲导入的外源基因 DNA 序列被视为“弹头”，这样导入的外源基因进入受体细胞后就不再是随机整合，而是“弹头”瞄准“靶子”进行准确的定点整合。根据 DNA 同源重组的原理，导入的外源基因必须和靶基因有一定的同源序列。因此，外源基因导入前必须经过精巧的构建，经构建的外源基因称为打靶载体（targeting vector）。基因打靶的结果有如下可能：①靶基因被灭活即基因敲除，当打靶载体插入一个特定的 DNA 序列就可以实现基因敲除；②靶基因被导入的外源基因替代，可以是以正常基因替代突变的基因；③在受体细胞基因组中定点引入一个原本不存在的完全新的基因，称之为基因敲入（gene knock-in）。

基因打靶技术的步骤主要包括：构建打靶载体、打靶载体导入受体细胞（常用胚胎干细胞）、受体细胞导入囊胚、囊胚植入代孕雌性动物子宫发育。其中，打靶载体的构建是关键。在打靶载体中需要一个与靶基因同源的 DNA 片段，这一片段称为同源重组指导序列（homologous recombination directing sequences，HRDS），外源基因插入这一同源序列之中。HRDS 一般用基因组 DNA 而不用 cDNA，因 cDNA 容易造成缺失或其他改变；长度可为 3~15kb。依据打靶载体插入受体细胞基因组的方式不同，打靶载体可分为两种类型：一种称为 O 型载体，这种打靶载体在与靶基因发生同源重组时将全部插入靶基因特定位点中，因此亦称插入型载体。插入型载体一般用于基因敲入和基因敲除。另一种类型的打靶载体称为 Ω 型载体，这种打靶载体在与靶基因同源重组时，HRDS 之间的外源基因将取代受体细胞基因组与 HRDS 同源序列之间的基因，因此，除可用于基因敲入和基因敲除外，还可用于基因修正（gene correction）。

在小鼠实验中，用基因打靶的方法产生的第一代子鼠为嵌合体小鼠，即小鼠由囊胚的细胞及经基因打靶的胚胎干细胞共同发育而来，因此并非小鼠的全部细胞中都整合有导入的外源基因。为获得纯合子的转基因小鼠，还需要用打靶后出生的雄性小鼠与提供囊胚的正常雌鼠交配，即回交（backcross）。回交后出生的子代鼠中有野生型的小鼠（–/–），即完全不携带有外源基因，也有杂合的小鼠（–/+）。再用杂合子小鼠互交（intercrossing），从出生的子代鼠中鉴定、筛选出纯合子的基因打靶小鼠。再经繁育可建立转基因小鼠品系。

6. 酵母人工染色体法　酵母人工染色体（yeast artificial chromosome，YAC）载体是近年来发展起来的新型载体，具有克隆百万碱基对级的大片段外源 DNA 的能力。此法具有以下优点：保证巨大基因的完整性，保证所有顺式作用因子的完整并与结构基因的位置关系不变，保证较长的外源片段在转基因动物研究中整合率的提高。鉴于基因的完整性，目的基因上下游的侧翼序列可以消除或减弱基因整合的位置效应。

（二）转基因动物生物反应器

利用基因工程手段获得的转基因动物可用来生产人类所需要的生物活性物质或药用珍稀蛋白。在这种情况下，转基因动物本身、转基因动物的器官和组织就可以作为一个生物反应器。研究表明，用转基因动物的乳腺、血液、尿液等均可替代生物发酵生产蛋白质和多肽。近期的研究已证明利用转基因猪的血液可生产人类血红蛋白，在转基因家畜血液中得到了人免疫球蛋白、干扰素、胰蛋白酶和生长激素等，在转基因山羊、绵羊和猪的乳汁中获得了纤溶酶原激活因子和抗凝集因子，它们都具有正常的生物活性。转基因动物作为生物反应器，表达的产物能充分修饰且具有稳定的生物活性，产品成本低，可以大规模生产，产品质量高且易纯化。因此有关转基因动物反应器也是生物制药技术中的一个研究热点。

1. 转基因动物乳腺生物反应器　利用转基因动物乳腺生物反应器（mammary gland bioreactor）生产药用蛋白是一种全新的生产模式。转基因动物乳腺生物反应器是利用乳腺特异性启动子控制目

的基因的表达，最终在动物乳汁中获得目的蛋白的一种制药方式。早在 1991 年，怀特（Wright）等就将人 α_1- 抗胰蛋白酶（antitrypsin，AT）基因转入绵羊，获得的 4 只转基因雌性绵羊产生的乳汁中均含有 AT，含量最高可达 30g/L，且每只绵羊在产奶期可产奶 250~800L，由此可见利用转基因动物生产药用蛋白的巨大潜力。

乳腺生物反应器的优越性如下：①动物乳腺是一个封闭系统，乳腺组织表达的蛋白质绝大部分不会流到血液循环系统，从而避免外源性蛋白的大量表达对受体动物健康的危害；②乳腺组织是蛋白质生物合成的有效场所，用乳腺来生产药用蛋白产量十分可观；③动物乳腺表达的外源基因可以遗传，这样一旦获得一个生产某种有药用价值蛋白质的动物个体，就可以利用常规畜牧技术大量繁殖生产群体。为此，乳腺生物反应器的研究受到各国科学家的青睐，许多制药公司也纷纷投入资金进行资助，并取得了可喜的成果。当前用这种方式表达的活性蛋白有抗凝血因子Ⅲ、tPA、人蛋白 C 等。目前，全球有十几家公司在进行动物乳腺生物反应器的产业化开发。2006 年 6 月 2 日，经长达 15 年潜心研发的转基因山羊生产的药物抗凝血酶Ⅲ（ATryn）获得欧洲药品管理局（European Medicines Agency，EMA）正式批准上市销售。ATryn 的用途广泛，既能用于冠状动脉旁路手术，又能治疗烧伤等。乳腺生物反应器的原理是应用重组 DNA 技术和转基因技术，将目的基因转移到受精卵雄性原核中，经胚胎移植得到转基因乳腺表达的个体，其乳腺组织即可分泌含有目的产品的乳汁（图 3-19）。

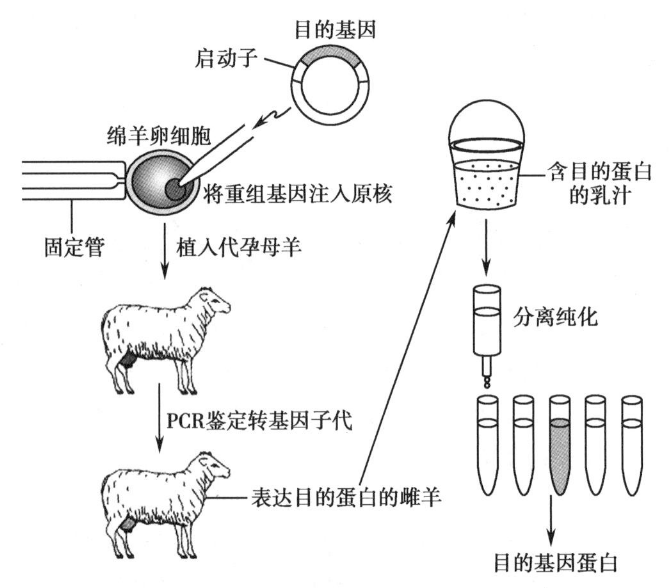

图 3-19　用转基因绵羊生产药用蛋白质

乳腺表达系统载体有其独特的特点，构建表达载体时，外源基因在乳腺的特异性表达需要乳蛋白基因的一个启动子和调控区，即要有一个引导泌乳期乳蛋白基因表达的序列。这样，才能将外源基因置于乳腺特异性调节序列控制之下，使其在乳腺中表达，再通过回收乳汁得到目的蛋白。目前大多数蛋白质基因的启动子已用于外源基因在转基因动物乳腺中表达。表 3-6 列出了目前用于动物乳腺表达载体中的乳蛋白基因启动子。

表 3-6　目前用于动物乳腺表达载体中的乳蛋白基因启动子

启动子	人的基因	转基因动物
β- 乳球蛋白（BLG）启动子	α1- 抗胰蛋白酶基因、凝血因子基因	绵羊
αs1- 酪蛋白启动子	乳铁蛋白基因、尿激酶基因	牛、鼠
β- 酪蛋白启动子	囊性纤维化跨膜调节剂基因、白细胞介素基因	鼠、兔
乳清白蛋白启动子	凝血酶原激活剂等基因	山羊

2. 转基因动物血液生物反应器　大型家畜血液容量大，可作为转基因家畜专一表达的组织，该生物反应器适合生产人血红蛋白、抗体或非活性状态的融合蛋白。Swanson 等制备了血液中含有人血红蛋白的转基因猪。将人 β- 珠蛋白基因的调控区域与 2 个人 α_1- 珠蛋白、1 个 β_2- 珠蛋白基因连接，构成载体，在得到的 7 头原代转基因猪中，有一头猪血液里含 54% 的人 α_1- 珠蛋白成分。但是当血液生物反应器生产的蛋白质或多肽进入转基因动物血液循环时，会影响该动物的健康，例如表达的激素、细胞介素、tPA 等具有生物活性的蛋白质很难在不影响转基因家畜健康的情况下表达，这些问题有待解决。

3. 转基因动物尿液生物反应器　也称膀胱生物反应器，尿液早已是生物制药业中生产促性腺激素的天然材料。与乳腺生物反应器相比，尿液是一个比较容易收集的体液，周期较短，转基因动物出生后不久就可以从雌、雄动物尿液中收获表达产物，获得外源蛋白。而且外源基因表达的产物不进入血液循环，不影响转基因家畜的健康。如果外源蛋白在尿液中的修饰加工比在哺乳动物细胞中更为完备，或者外源蛋白的副作用对动物本身影响不大，那么尿液将是生产重组蛋白的重要材料。

膀胱生物反应器多用 Uroplakin 启动子，*Uroplakin* 基因在多种哺乳动物中有很高的保守性。如用 Uroplakin 启动子启动人生长激素基因，在膀胱上皮细胞中可合成人生长激素（hGH）。

4. 转基因鸡（蛋）生物反应器　鸡蛋中的蛋白质主要包括卵黄蛋白和清蛋白，而清蛋白又是一个复杂的蛋白质群。Sang 将外源基因注入小公鸡，首次获得蛋黄中含贵重人类蛋白的母鸡。Rapp 等在鸡蛋蛋清中成功地表达了人干扰素，证明了这个系统有成为反应器的潜力。目前应进一步明确卵清蛋白基因结构和鸡染色体基因图谱，使之能够定点整合、定点表达、稳定遗传。

三、细胞核移植技术

细胞核移植（nuclear transplantation）技术是指将一个动物细胞的细胞核移植至去核的卵母细胞中，产生与供细胞核动物的遗传成分一样的动物的技术。现已先后在绵羊、小鼠、牛、猪、山羊等动物上获得胚胎细胞核移植后代，目前，体细胞克隆也在牛、山羊、小鼠等物种上均获得了成功。

转基因动物研究是动物生物工程领域中最诱人和最有发展前景的课题之一；但目前转基因动物生产效率仍然很低。体细胞核移植的成功，为转基因动物生产带来了一场新的革命。利用体细胞核移植技术，在核移植前先把目的外源基因和标记基因（如 *LagZ* 基因和新霉素抗性基因）的融合基因导入培养的体细胞中，再通过标记基因的表现来筛选转基因阳性细胞及其克隆，然后把此阳性细胞的核移植到去核卵母细胞中，最后生产出的动物在理论上应是 100% 的阳性转基因动物。采用此法，安格利卡·施尼克（Angelika Schnieke）等已成功获得 3 只转基因绵羊，这 3 只绵羊能高水平地表达人凝血因子Ⅸ（125μg/ml）。Cibelli 同样利用核移植法已获得 3 头转基因牛，证实了该法的有效性。这种方法的优点在于：①事先筛选转基因阳性细胞作为核供体，可极大地提高阳性转基因动物生产率；②培养的体细胞更易于进行基因打靶等基因操作；③可以事先确定核移植后代的性别，定向生产转基因动物。这些研究展示了转基因克隆动物技术的可能性，为细胞工程制药带来了光明前景。

第七节　动物细胞工程制药实例

一、利用动物细胞培养制造促红细胞生成素

促红细胞生成素（erythropoietin，EPO）是第一个被发现并应用于临床的造血生长因子。EPO 又称血细胞生成素、红细胞刺激因子，正常情况下由肾脏产生，是一种糖蛋白，是调节前体红细胞增殖、分化以及保持外周血中红细胞数量处于正常生理范围内的最主要的激素。它可与红细胞前体细胞

表面的 EPO 受体结合，促进合成血红蛋白，使前体细胞增殖分化成红细胞，从而调节体内红细胞和血红蛋白的生理平衡。EPO 也可刺激红系祖细胞和早幼红细胞形成成熟的红细胞集落。其可能作用于骨髓巨核前体细胞，除此之外，对其他造血细胞均无作用，是至今认为作用最单一的造血生长因子。

0307

EPO 是高度糖基化的蛋白质（图片）

（一）结构和性质

EPO 是由 193 个氨基酸残基组成的高度糖基化的蛋白质，其中 27 个高度疏水性的氨基酸残基为分泌信号肽，成熟的 EPO 由 166 个氨基酸残基组成，分子内有 2 对二硫键，3 个 *N*- 糖基化位点和 1 个 *O*- 糖基化位点，其中 2 对二硫键在变性 EPO 复性并折叠成有生物活性构型时是必不可少的。天然 EPO 是含唾液酸的一种酸性糖蛋白，其糖结构有维持体内生物效应的重要作用，去唾液酸或者去糖基化不影响 EPO 的体外生物活性，但可以使 EPO 完全丧失体内活性，因此，只有在真核细胞中表达的 EPO 才有生物学活性。

EPO 是稳定的耐热蛋白质，80℃下不变性，可利用该特性除去粗制品中的杂蛋白和蛋白酶活性。EPO 对丙酮、6mol/L 盐酸胍、8mol/L 尿素、95% 乙醇、0.01mol/L 二巯基乙醇等有机溶剂均具有耐受性。在 pH 3.5 ~ 10.0 的条件下，EPO 能保持稳定活性。

人 EPO 基因位于第 7 号染色体长臂 11-12 区，包括 4 个内含子（1 562bp）和 5 个外显子（582bp）。外显子的长度和序列具有高度的保守性，5′ 及 3′ 的非编码区也具有一定程度的保守性。内含子中除了第一个有中等程度保守性外，其他内含子均无保守性。利用人 EPO cDNA 探针和限制性内切核酸酶 *Hin*d Ⅲ和 *Hin*f Ⅰ对不同个体的基因组 DNA 进行限制性片段长度多态性分析，发现人 EPO 有 2 个等位基因。

EPO 是调节和维持红细胞生理循环的重要物质，主要具有以下生物学活性：①促进红系细胞的生长、分化和增殖；②促进红系祖细胞分化成熟为红细胞；③稳定红细胞膜，改善细胞膜脂质的流动性和蛋白质的构象，具抗氧化作用。自 1985 年人重组 EPO 问世以来，其作为一种替代因子和药物已应用于临床。

（二）利用 CHO 细胞培养制造 EPO 的主要过程

1. 构建 EPO 表达载体　有两种方式获得编码人 EPO 基因，一种是提取胎肝染色体 DNA，然后以特异性寡核苷酸为引物，经 PCR 扩增出人 EPO 的基因片段，然后与克隆载体连接，克隆基因；另一种是提取人胎肝 mRNA，反转录合成 cDNA 文库，进行文库筛选，得到人 EPO 基因。

将人 EPO 基因与表达质粒重组，导入哺乳动物细胞，经筛选得到表达人 EPO 的细胞株。常用的表达载体有带有二氢叶酸还原酶基因（*dhfr*）的表达载体，也可以用不含 *dhfr* 的表达载体。常用的宿主细胞为 CHO 细胞。构建载体经过筛选后，必须通过测序，确证红细胞生成素的 DNA 序列及其推导的氨基酸序列是正确的。

2. 构建表达 EPO 的细胞株　以 *dhfr* 缺陷型的中国仓鼠卵巢细胞系（CHO *dhfr*⁻）为宿主细胞。将此细胞培养于 100mm 培养皿中，待细胞长满至 50%~60% 时，用无血清细胞培养基淋洗细胞，加入由无血清培养基、表达载体和共转化载体，以及 lipofectin 组成的共转染混合液，37℃培养 4 小时。吸出培养基，加入含 10% 胎牛血清的 F12 培养基，37℃培养过夜。随后在含青霉素、链霉素及 10% 胎牛血清的 DEME 中培养，获得抗性克隆。逐步提高 MTX 终浓度，筛选抗性克隆。利用酶联免疫分析法确认所得到的细胞表达人 EPO。

3. 工程 CHO 细胞培养工艺过程　在获得了能够高效表达目的蛋白的重组细胞株以后，需要解决的问题就是通过培养而大量生产出目的蛋白。常规动物细胞培养的方法是将细胞放在不同的容器中进行培养。

（1）种子细胞制备：①冻存的细胞株在 37℃水浴复苏，无菌离心，弃去冻存液；②加入适量

DMEM 培养基（含 10% 小牛血清）；③ 37℃二氧化碳培养箱培养，连续传三代；④细胞消化后接种，接种的细胞浓度约为 2.5×10^6 细胞 /ml。

（2）反应器连续培养：①加入纤维素载体片及 pH 7.0 的 PBS 缓冲液，5L 细胞反应器高压灭菌 1.5 小时；②将反应器接入主机，排出 PBS 缓冲液，加含有小牛血清的 DMEM 培养基，接种，控制条件 pH 7.0，搅拌转速 <50r/min，在 37℃、溶解氧为 50%~80% 条件下进行贴壁培养；③转速提高到 80~100r/min，继续扩增培养 10 天；④更换为无血清合成培养基，由软件控制温度、溶解氧、pH 等培养条件，进行连续灌流培养；⑤收获培养物，4~8℃保存。

4. 培养工艺控制　生物反应器由于各种辅助配件比较完善，因此具有许多优点，如无菌操作安全可靠、保温和气体交换可靠、能保持 pH 稳定、监视控制自动化、产物的收集和新液的补充持续进行以及载体有足够的表面积等，非常适于基因工程细胞的高密度、高表达连续培养。但不同的细胞其最适生长和表达条件不完全相同，必须摸索出最适培养条件。

在刚接种后细胞稀少时，搅拌速度要缓慢，使细胞牢固地贴附于载体上，随着细胞数量的增加可逐渐提高搅拌速度，以便使细胞周围的微环境中代谢产物和营养物质都在较短的时间内达到平衡。

动物细胞培养对温度波动的敏感性很大。因此，对温度的控制应较为严格，恒定的温度（37℃）是较为理想的条件。

pH 也是细胞培养的关键性参数，它能影响细胞的存活力、生长及代谢。细胞生长的最适 pH 因细胞类型不同而异，应先通过实验寻找出最适 pH，再通过输入 CO_2 和碳酸氢盐溶液维持其恒定。细胞生长与表达的最适 pH 为 7.0~7.2。

氧是细胞代谢中最重要的养分之一，它可以直接或间接地影响细胞的生长与代谢。溶解氧应在 10%~100% 的范围内。可根据需要向培养液内加入氧气、空气或氮气或按比例的混合气体，以控制溶解氧。

葡萄糖是细胞生长与表达过程中必不可少的碳源之一，其消耗程度直接反映出细胞代谢旺盛程度，细胞生长、表达旺盛时需大量消耗，而缺乏时细胞生长速度与产物表达量均降低，故应及时充分地予以补充。此外，还应监测氨、乳酸盐类等代谢废物在培养基中的含量，使之维持在较低的浓度，以减少对细胞的损害。

虽然采用有血清培养基能有效刺激细胞的分化和增殖，但无血清的合成培养基用于生产可降低纯化过程中杂蛋白质的含量，减少纯化的负载，并延长层析柱的使用寿命，有效提高产品的纯度。

5. EPO 的分离纯化工艺过程

（1）EPO 的初级分离：① CM-Sephrose 亲和层析柱预先用 NaAc-HAc- 异丙醇活化，并用 20mmol/L Tris-HCl 平衡缓冲液平衡；②收获培养基滤膜过滤后上 CM 亲和层析柱，平衡缓冲液平衡；③ 0~2mol/L NaCl，20mmol/L Tris 洗脱液梯度洗脱；④收集活性洗脱峰，10mmol/L Tris 透析液透析过夜。

（2）EPO 的精制：①透析后的活性组分上预先平衡的 DEAE 离子交换柱。② 0~1mol/L NaCl-Tris 洗脱液梯度洗脱，收集活性洗脱峰；③上 10% 乙腈平衡的反相 HPLC 柱（C4 填料），10%~70% 的乙腈溶液梯度洗脱，收集活性洗脱峰。冻干后最后得到产品蛋白含量为 1.2mg/ml，其比活 $>1.2\times10^5$U/mg。

6. EPO 的质量控制　得到 EPO 纯品后，测定纯度、蛋白质含量、M_r 等理化性质和体内外生物学活性。EPO 的体外活性即免疫学活性，用酶联免疫分析试剂盒检测。EPO 的体内生物活性测定：采用网织红细胞计数法。选用 6~8 周龄的同性别 BALB/c 小鼠分为 3 个剂量组，每组 2 只。分别于腹部皮下注射 EPO 标准品和稀释样品，以每只 2U、4U、8U 注射；连续注射 3 天后，眼眶取血，染色，涂片计数 1 000 个红细胞中的网织红细胞数，同时也计算原血中的红细胞数，两值相乘为原血中网织红细胞绝对数。以注射剂量为横坐标，网织红细胞绝对值为纵坐标，求得待测样品的体内生物学活性，并计算样品稀释前的浓度。

二、利用转基因动物生产抗凝血酶Ⅲ

2009年2月，美国食品药品管理局（FDA）首次批准了在转基因山羊乳汁表达的抗血栓药物抗凝血酶Ⅲ——ATryn上市。2006年，欧洲已经批准使用本品来阻止身患遗传性抗凝血酶Ⅲ缺乏症患者在手术或分娩过程中可能出现的凝血现象。该新药的推出，有望拉开用转基因动物器官作为“药厂”的序幕，未来几年类似药物将会相继上市。

制备转基因乳腺生物反应器的过程在本章第六节中已经介绍，是利用乳腺特异性启动子控制目的基因的表达，最终在动物乳汁中获得目的蛋白的一种制药方式。构建转基因乳腺生物反应器过程中利用了基因重组和转基因技术，之后将重组的目的基因转移到受精卵雄性原核中，再经胚胎移植，得到转基因乳腺表达的个体，其乳腺组织即可分泌含有目的产品的乳汁。

抗凝血酶Ⅲ是天然的血液稀释剂。抗凝血酶缺乏症患者，其血液易于凝结，如果凝结的血块流经肺部或脑部可导致死亡，孕妇若患有此症容易造成流产或死胎。

小结

根据体外培养时动物细胞对生长基质的依赖性，可将动物细胞分为贴壁依赖性细胞、非贴壁依赖性细胞和兼性贴壁细胞3种类型。除了营养要求以外，动物细胞的培养对环境条件要求非常高，所以对这些条件必须严格控制，如温度、pH、通氧量、渗透压等，还必须严防污染的发生。动物细胞培养的基本技术包括原代培养、传代培养、细胞克隆培养以及细胞的冻存和复苏。动物细胞培养基是维持动物组织及细胞在体外生存、生长的基本营养物质，可分为天然培养基、合成培养基和无血清培养基三大类。应用无血清培养环境进行动物细胞的规模化重组蛋白表达生产已成为一种趋势。

生产用动物细胞的来源有直接从动物组织或器官经过处理得到的原代细胞，传代获得的细胞，通过自发转化、人工诱变或从肿瘤细胞取材制得的转化细胞，也有利用细胞工程获得的融合细胞系和利用基因工程技术获得的基因重组细胞系。

动物细胞的大规模培养是指在人工条件下（设定pH、温度、溶解氧等），在细胞生物反应器中高密度大量培养动物细胞用于生产生物制品的技术。大规模培养动物细胞的方法包括悬浮培养法、微载体培养法、多孔载体培养法、微囊化培养法、中空纤维培养法。

动物细胞生物反应器给动物细胞的生长代谢提供一个优良的环境，从而使其在生长代谢过程中产生出大量优质的所需产物。常用的动物细胞反应器有搅拌式生物反应器、气升式生物反应器、中空纤维式生物反应器、透析袋式或膜式生物反应器、固定床或流化床式生物反应器和一次性摇袋式细胞培养生物反应器等。它们均具有良好的密闭性和传热性，可长期连续运转，所用材质对细胞无毒，且传质、传氧手段均适应动物细胞抗剪切力差的特点。动物细胞大规模培养的操作模式可分为分批式操作、补料-分批式操作、半连续式操作、连续式操作和灌流式操作5种模式。

动物细胞工程制药所涉及的主要技术领域包括细胞融合技术、转基因动物技术、细胞核移植技术、动物细胞大规模培养等方面。转基因动物作为生物反应器，表达的产物能充分修饰且具有稳定的生物活性，产品成本低，可以大规模生产，产品质量高且易纯化，是生物制药技术中的一个研究热点。

思考题

1. 离体培养的动物细胞有哪些类型？
2. 生产用动物细胞有哪些种类？各有何特点？

3. 常用的动物细胞培养基有哪几类？

4. 动物细胞大规模培养有哪些操作方式？

5. 利用动物细胞生产的药物主要有哪些？

第三章
目标测试

（崔慧斐）

参 考 文 献

［1］姚文兵. 生物技术制药概论. 3 版. 北京: 中国医药科技出版社, 2015.

［2］王晓利. 生物制药技术. 北京: 科学出版社, 2018.

［3］WALSH G. Biopharmaceuticals: biochemistry and biotechnology. New York: John Wiley & Sons, 2003.

［4］高向东. 现代生物技术制药. 北京: 人民卫生出版社, 2021.

［5］李志勇. 细胞工程学. 2 版. 北京: 高等教育出版社, 2019.

第四章

抗体工程制药

第四章
教学课件

学习要求：

1. **掌握** 单克隆抗体的制备原理、方法及基本过程；噬菌体抗体库技术的原理和基本过程。
2. **熟悉** 重组人多克隆抗体制备的基本过程；单链抗体制备的基本过程；双特异性单链抗体的制备方法；抗体药物的分类；抗体融合蛋白的两个类型。
3. **了解** 抗体药物的发展趋势。

第一节 概 述

一、抗体工程制药的基本概念

1. 抗体 抗体（antibody，Ab）是指机体免疫细胞被抗原激活后，由分化成熟的终末B淋巴细胞（简称B细胞）——浆细胞合成、分泌的一类能与刺激其产生的抗原特异性结合的具有免疫功能的球蛋白。一个浆细胞只能产生一种抗体。按理化性质和生物学功能，可将其分为IgM、IgG、IgA、IgE、IgD五类。本章介绍的抗体通常是指IgG。

2. 抗血清 抗血清（antiserum）是针对多种抗原决定簇（也称抗原表位，epitope）、由多个B细胞产生、含有多克隆抗体（polyclonal Ab）的血清。通过注射抗血清可以传递被动免疫（passive immunity）治疗许多疾病。目前唯一能够治疗埃博拉病毒感染患者的方法就是注射感染过埃博拉病毒康复患者的抗血清。

3. 单克隆抗体 单克隆抗体（monoclonal antibody，mAb）是由体内或培养的一个识别单一抗原表位的B细胞克隆所分泌的针对一种抗原决定簇的免疫球蛋白，简称单抗（本章第三节）。每个B细胞都有一种独特的受体，只能与一种结构相适应的抗原决定簇结合，由此激活的这一细胞（克隆）只能产生针对这一抗原决定簇的结构与功能完全相同的抗体，即单克隆抗体。

4. 基因工程抗体 基因工程抗体（genetically engineered antibody，gAb）又称重组抗体、工程抗体，是指利用重组DNA及蛋白质工程技术对编码抗体的基因按不同需要进行加工改造和重新装配，经转染适当的受体细胞所表达的抗体分子。

5. 抗体工程制药 抗体工程制药是应用细胞工程或基因工程等生物技术制备抗体药物的过程。

二、抗体工程制药的发展简史

1890年，德国学者Emil von Behring用白喉毒素免疫动物时发现了该动物血清中能中和白喉毒素毒性作用的一种物质，称之为抗毒素（antitoxin）。他因此获得1901年诺贝尔生理学或医学奖。用白喉杆菌培养上清液中分离到的可溶性毒素注入马体内得到的抗血清可以治疗白喉，这是第一个用抗体治疗疾病的例子。抗体作为疾病预防、治疗和诊断的制剂已有上百年的历史。1986年，全球首个鼠源单克隆抗体药物OKT3（muromonab-CD3）获得FDA批准，用于器官移植后的超急性排斥反

应，开创了单克隆抗体用于疾病治疗的先河。直至8年后，FDA才批准了第2款治疗性单克隆抗体产品。自2006年以来，抗体药物的批准逐步进入常态化。2015年FDA批准了第50款抗体，距第1款抗体药物已历时29年。但从第50款抗体到第100款抗体的获批，历时仅6年时间。目前，进入临床或临床试用的单克隆抗体均用于治疗难治性疾病，如恶性肿瘤、病毒性感染等感染性疾病、自身免疫性疾病、心血管疾病等。截至2021年11月，国家药品监督管理局共批准了70个抗体药物上市，其中有26个为我国自主研发。

到目前为止，抗体药物的发展经历了3个阶段。第一代为抗血清。抗血清的来源主要有两种：一是来自接种疫苗或康复患者的血清；另一种来自免疫动物的血清。前者供应量有限，而且有转移感染源的危险；后者是异源蛋白，会引发抗抗体的产生，甚至引起过敏。不论哪一种抗血清，它们的有效抗体含量均很低，而且批与批之间差异大、不稳定。第二代为20世纪70年代中期德国学者Georges J. F. Köhler和英国学者Cesar Milstein利用B细胞杂交瘤技术制备的单克隆抗体，这一生物技术是抗体技术发展史上的里程碑之一。他们因此获得1984年诺贝尔生理学或医学奖。单克隆抗体在诊断、治疗、预防疾病和蛋白质提纯等方面显示了重要作用。然而，鼠源性单克隆抗体在人体反复使用后出现人抗鼠抗体（human anti-mouse antibody，HAMA），导致鼠源性单克隆抗体在人体内被迅速清除，半衰期缩短，甚至产生严重的不良反应。有报道称鼠源性单克隆抗体在治疗黑色素瘤、结肠癌、乳腺癌和卵巢癌患者时出现HAMA的发生率高达100%。为了减少或避免HAMA反应，在人杂交瘤技术难以突破的情况下，出现了第三代抗体，即工程抗体。工程抗体的生产除了使用受体细胞之外，已经可以由转基因动物生产。1997年，美国一家公司使用转基因技术成功制备了含人免疫球蛋白基因的转基因小鼠XenoMouse。目前，鼠源性单克隆抗体、嵌合抗体研发被逐渐冷落，全人源单克隆抗体、抗体偶联药物成为研发热点。

无论是单克隆抗体还是工程抗体，均为抗单一抗原决定簇的抗体。虽然在临床治疗特别是在某些肿瘤和自身免疫病的治疗中有一定的疗效，但相对于多克隆抗体来说，单克隆抗体对复杂靶抗原的治疗效果相对逊色，特别是对感染性疾病，至今只有一个抗呼吸道合胞病毒（respiratory syncytial virus，RSV）的人源化抗体上市，用于治疗呼吸道合胞病毒病。如果抗体药物能同时靶向几个抗原决定簇，则可以增加病原体表面抗体密度，有利于有效调动免疫效应机制。此外，也可以覆盖不同的血清型或抗原的多态性，降低由于变异而产生的病原体逃逸或肿瘤细胞逃逸的机会。1994年，Sarantopoulos首次提出了重组多克隆抗体（简称重组多抗）的概念。2005年，丹麦一家公司开发了一种从人免疫球蛋白产生细胞中获取抗原特异性抗体库的方法，称为Symplex™技术。重组多抗技术的出现，使得获取针对特定病原体上多个抗原或者同一抗原上不同决定簇的抗体药物成为可能。目前，该公司已经建立了重组多抗的技术平台，在此基础上开发了全人抗RhD抗原的重组多抗，编号为Sym001（由25种抗RhD抗体组成）。Sym001已于2006年进入临床研究，用于治疗新生儿溶血症和先天性血小板减少性紫癜。该公司还拥有抗痘苗病毒重组多克隆抗体（编号为Sym002）、抗RSV重组多克隆抗体（编号为Sym003）和抗肿瘤重组多克隆抗体（编号为Sym004），这些多克隆抗体药物均在研制中。Symplex™技术的最大特点是从人血直接获得免疫抗体库，该库既保持了天然抗体的可变区，又保持了天然抗体库的多样性。此外，该方法省时间，从单细胞分选开始，15天内即可获得用于筛选的抗体库。2009年，中国学者金艾顺等开发了一种更加节省时间的从人外周血制备工程抗体的新方法，称为阵列芯片上的免疫斑点法（immunospot array assay on a chip，ISAAC）。该方法能在单细胞水平分析活细胞，为抗体药物研究提供了一个快速、高效、高通量（达234 000细胞）鉴定和收集目标抗原特异性抗体分泌细胞（antigen-specific antibody-secreting cell，ASC）的系统。他们应用该系统从人外周血淋巴细胞中检测并收集了乙型肝炎病毒和流感病毒ASC，一周内生产了具有病毒中和活性的人抗体。

三、抗体工程制药的基本过程

不同类型抗体药物的开发有其自身的特殊性，但一般的开发过程可有以下几方面。

(1) 建立杂交瘤细胞株。

(2) 单克隆抗体测序：掌握单克隆抗体的DNA序列是优化抗体功能的关键，也是申请专利的关键。

(3) 制备嵌合抗体：是指利用重组DNA技术，将异源单克隆抗体的轻、重链可变区基因插入含有人抗体恒定区的表达载体中，转化哺乳动物细胞表达的抗体。嵌合抗体的安全性已被FDA批准的上市抗体药物所证实。此外，制备嵌合抗体更符合成本-效益原则。

(4) 杂交瘤细胞稳定化：产生抗体的杂交瘤细胞株本质上是不稳定的。细胞株维持不当会导致产生抗体能力的丢失，并最终失去细胞株本身。

(5) 抗体人源化：抗体治疗的关键问题之一是患者的HAMA反应，抗体人源化已成为减少该反应的有力途径。

(6) 确定抗体/蛋白质特性：主要是测定抗体和抗原的亲和力、抗体的热稳定性等特性。

(7) 抗体的瞬时表达：瞬时表达的目的是生产足够数量的抗体，以便对其特性进行研究。

(8) 建立稳定表达抗体的细胞株。

(9) 抗体的生产：用稳定表达抗体的细胞株来生产抗体，为研究和开发抗体生产出足量的抗体。

四、抗体药物的分类

抗体药物按其抗体分子的构成，可以分为以下3类。

1. 抗体或抗体片段　完整的抗体包括鼠源性单克隆抗体、嵌合抗体、人源化抗体和人抗体。抗体片段包括抗原结合片段（fragment of antigen-binding，Fab）、单链抗体可变区基因片段（single-chain variable fragment，scFv，简称单链抗体）、双特异抗体（bispecific antibody，bsAb）等。

2. 抗体偶联物或称免疫偶联物　抗体偶联物（antibody conjugate）由抗体或抗体片段与“弹头”物质连接而成。可用作“弹头”的物质有放射性核素、化疗药物与毒素，这些“弹头”物质与抗体连接，分别构成放射免疫偶联物、化学免疫偶联物与免疫毒素。

3. 抗体融合蛋白　抗体融合蛋白（antibody fusion protein）由抗体片段和活性蛋白构成，如免疫毒素。免疫毒素基于抗体部分对相应抗原的特异识别作用及毒素部分具有的细胞毒作用，对肿瘤细胞具有靶向性杀伤效应，是很有潜力的免疫治疗方法。毒素多为细菌或植物来源的毒素，如铜绿假单胞菌外毒素PE38、白喉毒素、蓖麻毒素等。免疫毒素多采用重组融合表达方式制备。

抗体偶联物（拓展阅读）

第二节 抗体分子的结构与功能

在学习抗体的制备技术之前，有必要先复习抗体分子的结构组成、抗体分子各部分的生物学功能以及结构与功能的关系。

一、抗体的结构

（一）基本结构

抗体分子具有一个共同的结构，即由4条多肽链（2条相同的重链和2条相同的轻链）通过二硫键（—S—S—）连接而成，为“Y”字形结构（图4-1）。

1. 轻链（light chain，L链）　L链由214个氨基酸残基组成，相对分子质量（M_r）约为25kDa。

L 链共有两型:kappa(κ)与 lambda(λ),同一个天然抗体分子上 2 条 L 链的型总是相同的。

2. 重链(heavy chain,H 链)　H 链由 450~ 570 个氨基酸残基组成,M_r 为 50~70kDa。

3. 可变区和恒定区　由抗体近 *N*- 端轻链的 1/2 区段与重链的 1/4 或 1/5 区段的氨基酸残基组成,其排列顺序多变,称为可变区(variable region,V 区)(图 4-1、图 4-2)。近 C- 端轻链的 1/2 区段与重链的 3/4 或 4/5 区段则比较恒定,称为恒定区(constant region,C 区)。

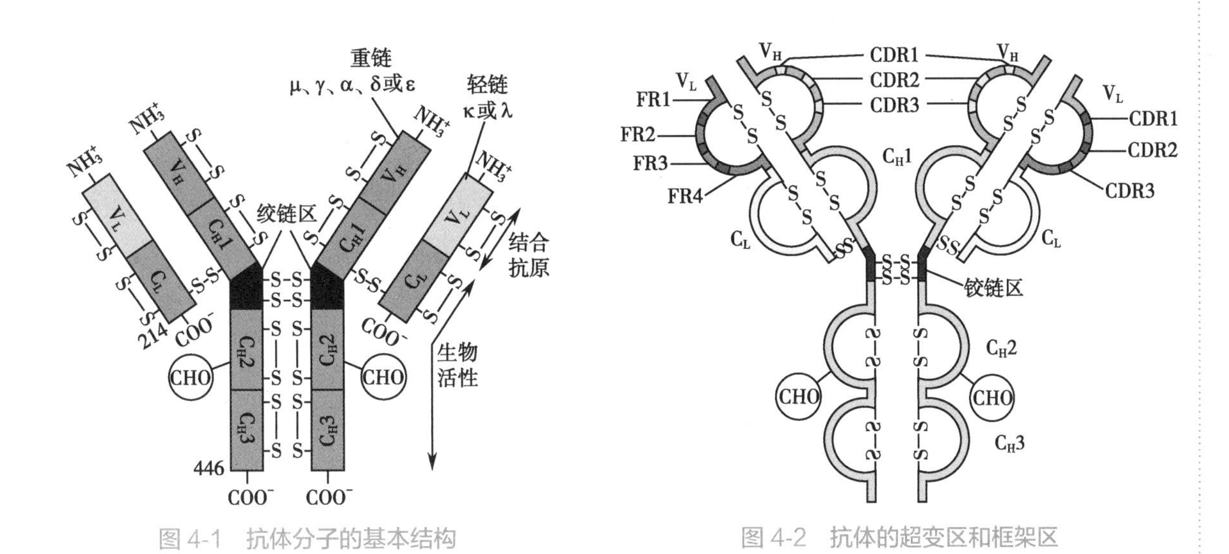

图 4-1　抗体分子的基本结构　　图 4-2　抗体的超变区和框架区

4. 超变区和框架区　在可变区中,某些特定位置的氨基酸残基显示更大的变异性,称为超变区(hypervariable region,HVR)或互补决定区(complementarity determining region,CDR)(图 4-2)。可变区中氨基酸残基组成和排列顺序变化小的部分称为框架区(framework region,FR),框架区对维持 HVR 的空间结构具有重要作用。

5. 铰链区　抗体分子 C_H1 和 C_H2 之间的区域称为铰链区(hinge region),含有大量脯氨酸和二硫键,富有弹性,可以自由伸展至 180°(图 4-1、图 4-2)。这种变构有利于与不同距离的抗原决定簇结合。

(二) 功能区

1. 抗体的功能区(domain)　每条多肽链折叠成几个含有约 110 个氨基酸残基的具有不同生物学功能的球状结构域(图 4-1、图 4-3、图 4-4)。

2. 各功能区的功能　各功能区具有不同的功能。V_H 和 V_L 共同构成抗原特异性结合部位;C_H 和 C_L 上具有部分同种异型遗传标志;IgG 的 C_H2 和 IgM 的 C_H3 具有补体 C1q 的结合位点(图 4-3),母体 IgG 可借助 C_H2 通过胎盘屏障(图 4-4);IgG 的 C_H3(图 4-3)能与单核巨噬细胞、粒细胞、B 细胞和自然杀伤(NK)细胞的 Fc 段受体(FcγR)结合(图 4-4、图 4-5);IgE 的 C_H2 和 C_H3 可以与肥大细胞或嗜碱性粒细胞表面的 FcεR 结合。

(三) 水解片段

1. 木瓜蛋白酶水解片段　木瓜蛋白酶水解 IgG 分子可产生 2 个 Fab 和 1 个可结晶片段(fragment crystallizable,Fc)(图 4-3)。Fab 片段包括完整的轻链和部分重链(V_H 和 C_H1 功能区),该片段具有单价抗体活性,即只能与一个相应的抗原决定簇特异性结合。Fc 片段相当于两条重链的 C_H2 和 C_H3 功能区,由二硫键连接。Fc 段是抗体分子与效应分子或细胞相互作用的部位。

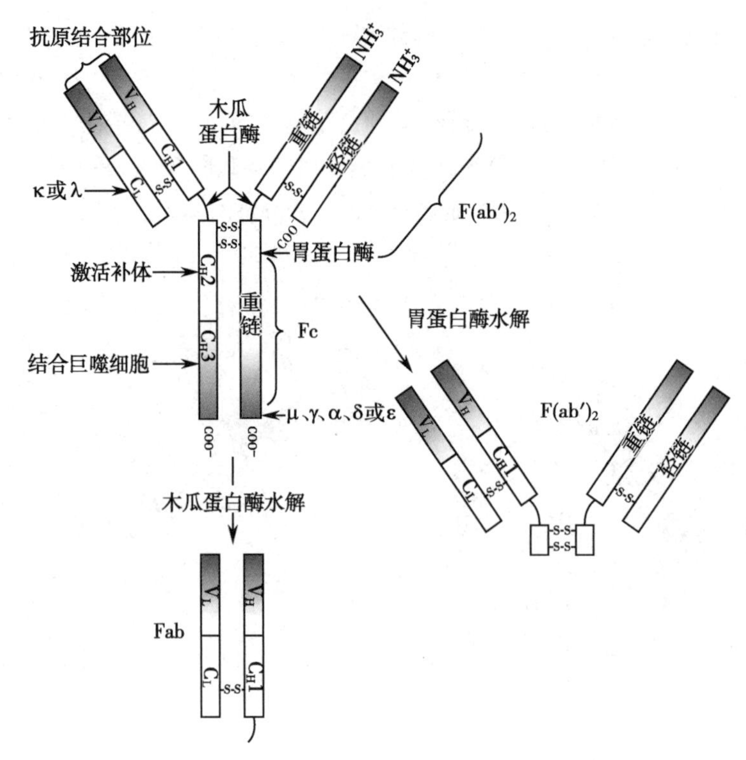

图 4-3 抗体水解片段

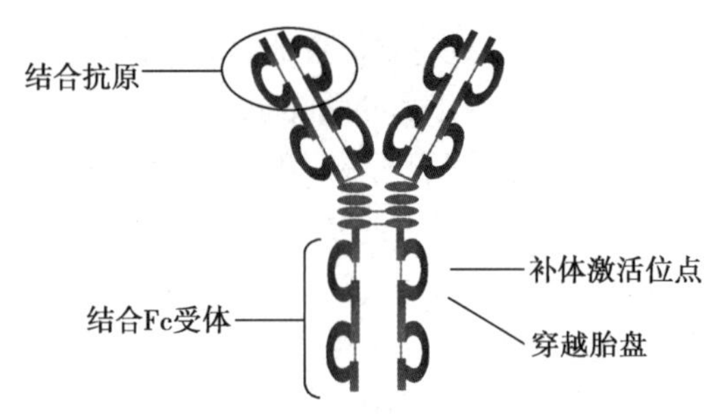

图 4-4 抗体片段:结构与功能的关系

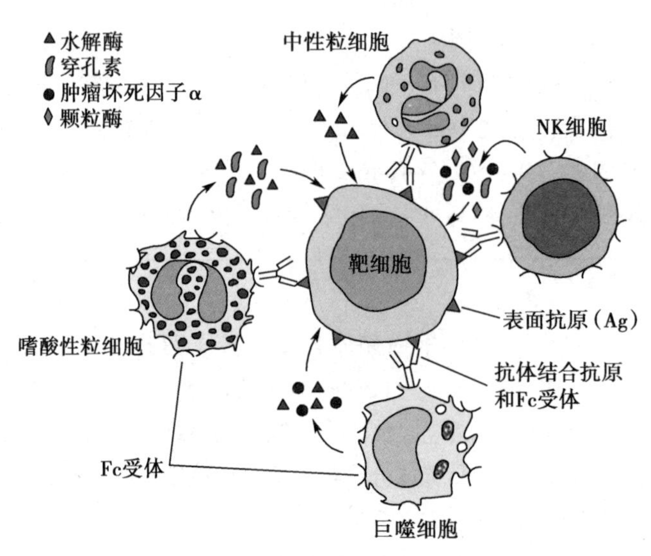

图 4-5 抗体依赖的细胞毒性

2. 胃蛋白酶水解片段 胃蛋白酶水解 IgG 分子可产生 1 个 $F(ab')_2$(图 4-3)和若干裂解的小分子片段(pFc′)。$F(ab')_2$ 含有 2 条 L 链和略大于 Fab 段的 H 链,由二硫键连接,具有双价抗体活性,与抗原结合可发生凝集或沉淀反应。

二、抗体的基因结构及其表达

脊椎动物免疫系统最显著的特点之一,是它对显然是无限的外来抗原的响应能力。伴随免疫球蛋白序列数据的积累,发现几乎每一个抗体分子在其可变区中都含有一个独特的氨基酸序列,但在其恒定区中只有一个有限数量的不变序列。一个单一蛋白分子这种恒定性(恒定区)和巨大变化(可变区)互相组合的遗传学基础存在于免疫球蛋白的基因中。

人抗体分子是由 3 个不连锁的 Igκ、Igλ、IgH 基因库编码的。3 种基因库分别位于第 2 号、第 22 号和第 14 号染色体。

抗体 H 链基因的结构及重排:H 链基因库是由 V_H 基因、D_H(多样性)基因、J_H(连接)基因、C_H 基因 4 种基因片段组成,其中 V_H、D_H、J_H 3 种基因片段经重排后编码 H 链的 V 区,C_H 基因片段编码 H 链的 C 区(图 4-6)。V_H 基因约有 100 个,接下来是 D_H 基因(至少 20 个)、J_H 基因 6 个和 C_H 基因 9 个(顺序为 C_μ、$C_\gamma3$、$C_\gamma1$、C_δ、$C_\alpha1$、$C_\gamma2$、$C_\gamma4$、C_ε、$C_\alpha2$)。在 B 细胞分化、成熟及活化过程中,首先 D 与 J 基因连接成 D-J,然后与 V 基因片段连接成 V-D-J,再与 C 基因分别重排成不同类和亚类。在基因重排过程中,编码 V 区的基因 V-D-J 基因片段不变,与不同的 C 基因连接,即可发生抗体的类别转换。

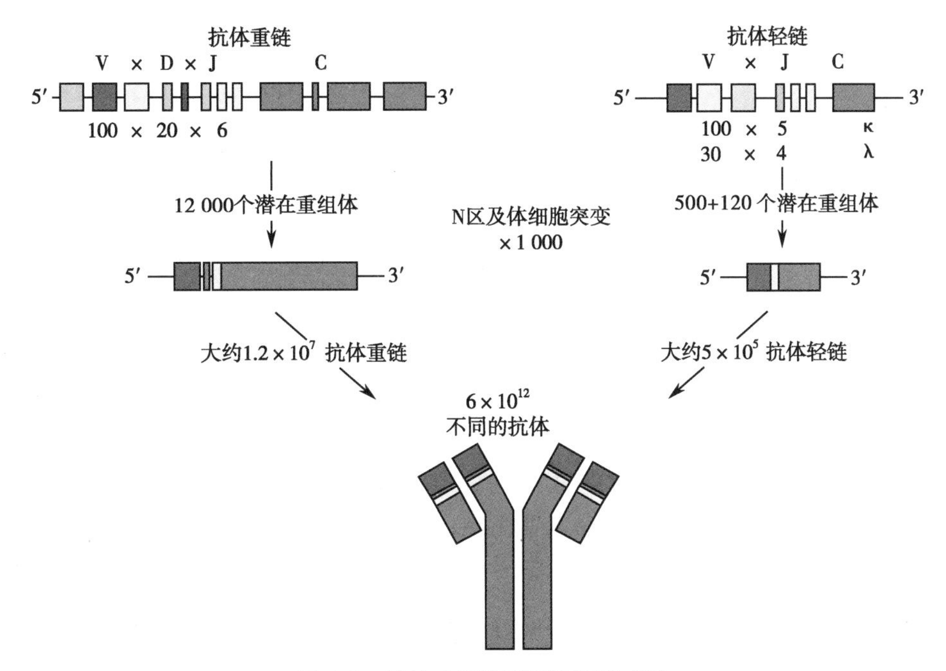

图 4-6 抗体分子的基因结构模式图

抗体 L 链基因的结构及重排:① κ 链基因库是由 V 基因片段(V_κ,约 100 个)、J 基因片段(J_κ,约 5 个)和 C 基因片段(C_κ,1 个)构成(图 4-6),各基因片段之间以随机方式进行重排;② λ 链基因库是由 V_λ(约 30 个)和 4 个连接在一起的 J_λ-C_λ 基因对构成,λ 链基因也以随机方式重排。

日本学者 Susumu Tonegawa 因其对抗体产生过程中基因重排的发现,获得 1987 年诺贝尔生理学或医学奖。

三、抗体的功能

抗体有 2 个主要功能,一是识别并结合抗原(V 区的作用,图 4-4),二是结合后的免疫应答(C_H2

或 C_H3 的作用，图 4-1，图 4-4）。与抗原结合后，抗体引起不同的免疫应答，其中的两项免疫应答在肿瘤的免疫治疗中有用，这就是补体依赖的细胞毒性（complement dependent cytotoxicity，CDC）（图 4-7）和抗体依赖的细胞毒性（antibody dependent cellular cytotoxicity，ADCC）（图 4-5，图 4-9）。

（一）补体依赖的细胞毒性

补体系统是“先天”（也就是非自适性的）免疫系统的重要组成部分（B 细胞是自适性免疫系统的一部分），它是由很多蛋白酶组成的级联体系，每一种酶都是下一个蛋白质底物的催化剂。补体激活经典途径的启动是：许多抗体结合到一个抗原（例如一种细菌）上，形成的复合物与 C1q 相结合，从而激发补体途径。C1q 含有 5 种多肽。C1q 特异性地结合到 IgG_1~IgG_3 和 IgM 恒定区的一部分，这种结合部分地依赖于 C_H2 结构域的糖基化状态。一旦结合到免疫复合物上，C1q 经过一个构象改变，从而引发自身催化的自我断裂。其结果是被结合的复合物引发酶催化的级联反应，其中包括补体蛋白 C2~C9 和其他几种因子。这种级联反应迅速延伸，直到最后形成攻膜复合物（membrane attack complex，MAC）。MAC 是这一种疏水的蛋白复合物，它插入到靶细胞膜中，引起靶细胞渗透性破坏甚至使其溶解（图 4-7）。

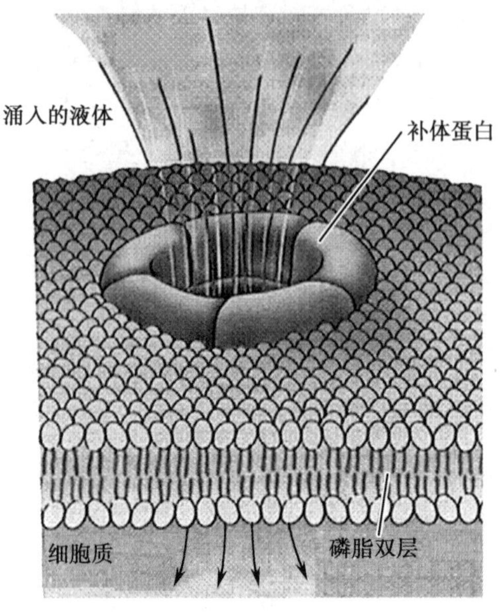

图 4-7　补体依赖的细胞毒性

（二）抗体依赖的细胞毒性

抗体依赖的细胞毒性代表了另一种免疫防御机制。当许多抗体与靶物质（如某种细菌）结合后，这时被抗体覆盖的（或受调理的）靶物质，可被来自骨髓系统的免疫细胞所产生的大量 Fc 受体（图 4-5）所捕获。单个抗体与大多数 Fc 受体间的相互作用是很微弱的，只有遇到了被调理的靶物质，这种 Fc 受体 - 抗体结合才能达到足够强度，以保证巨噬细胞的吸附及激活。根据巨噬细胞的类型不同，这一激活作用或是导致对被调理靶物质进行吞噬（胞饮作用）（图 4-8），或是导致有毒物质的释放，如水解酶、穿孔素、肿瘤坏死因子 α 和颗粒酶等（图 4-5），结果导致经调理的靶物质被分解（图 4-9）。

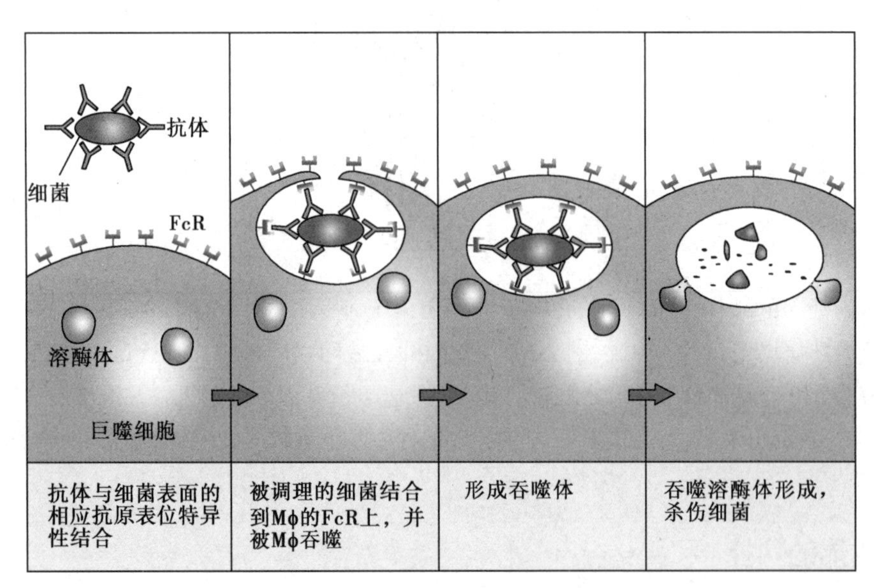

图 4-8　调理作用示意图

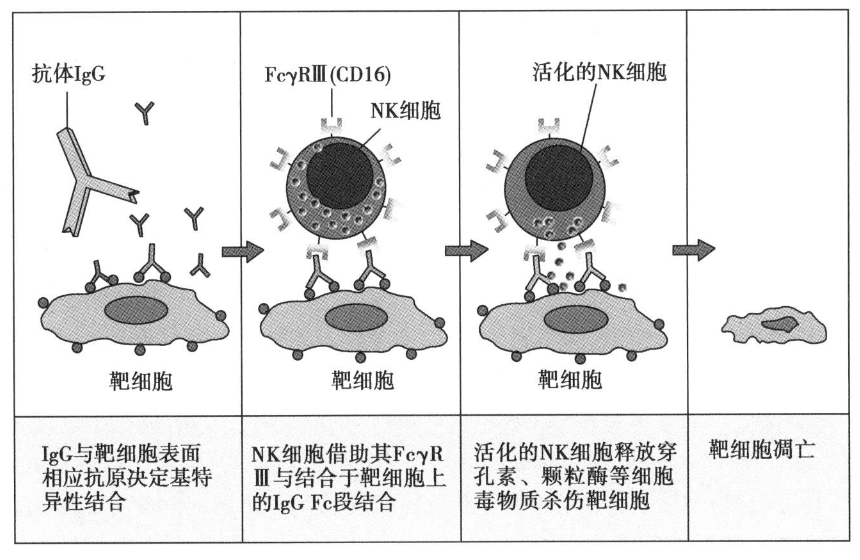

图 4-9　自然杀伤(NK)细胞介导的 ADCC 作用

第三节　单克隆抗体的制备

单克隆抗体的制备
(动画)

单克隆抗体备受药物开发者关注,其一是因为其对细胞表面靶抗原具有出色的特异性和亲和力。研究者发现,不同形式的抗体可用于清除循环蛋白、彻底阻断信号通路、驱动细胞表面受体的内化和降解、将小分子有效载荷呈递至特定细胞类型、招募免疫细胞至癌细胞中等。

单克隆抗体更具吸引力的优势在于,过去可能需要花费数年时间来寻找对特定靶标具有活性的小分子,但抗体的发现可能仅需几个月。研究者对 2005—2014 年进入临床阶段的 569 个抗体分析发现,从Ⅰ期临床试验到获批的总体成功率为 22%,其成功率约为小分子药物的 2 倍。

单克隆抗体的制备过程大体包括制备抗原、免疫动物、B 细胞与骨髓瘤细胞融合形成杂交瘤细胞、筛选杂交瘤细胞、筛选产生目标单克隆抗体的杂交瘤细胞(阳性细胞)、阳性细胞的克隆化、单克隆抗体的纯化及鉴定、体外大规模培养或动物腹腔培养阳性细胞株生产单克隆抗体(图 4-10)。

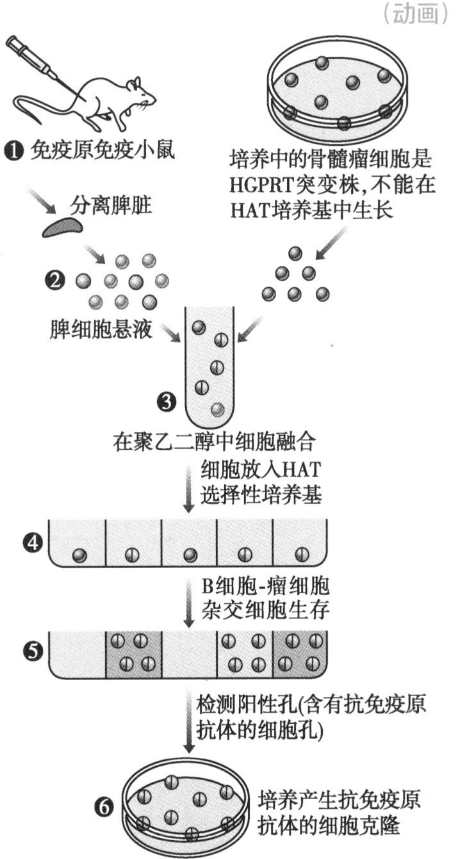

图 4-10　单克隆抗体制备流程图

一、单克隆抗体技术的基本原理

单克隆抗体技术的原理是基于动物细胞融合技术,即骨髓瘤细胞与 B 细胞的融合。骨髓瘤细胞(myeloma cell)(一种肿瘤细胞)在体外培养能无限增殖,但不能分泌特异性抗体;而抗原免疫的 B 细胞能产生特异性抗体,但在体外不能无限增殖。将免疫 B 细胞与骨髓瘤细胞融合后形成的杂交瘤细胞,继承了两个亲代

细胞的特性，既具有骨髓瘤细胞能无限增殖的特性，又具有免疫B细胞合成和分泌特异性抗体的能力。

在两类细胞的融合混合物中存在着未融合的单核亲本细胞（脾、瘤细胞）、同型融合多核细胞（如脾-脾、瘤-瘤的融合细胞）、异型融合的双核细胞（脾-瘤融合细胞）和多核杂交瘤细胞等多种细胞，如何从中筛选出异型融合的双核杂交瘤细胞是该技术的目的与关键之一。通常使用HAT（H为次黄嘌呤、A为氨基蝶呤、T为胸腺嘧啶核苷）选择培养基对杂交瘤细胞进行筛选。用HAT筛选杂交瘤细胞的原理是基于上述细胞的代谢特点。在哺乳动物细胞中，DNA前体物的生物合成有两种不同的途径，一条由磷酸核糖、氨基酸合成核苷酸，进而合成DNA，即从头合成途径（de novo synthesis pathway），这是主要途径。这条途径可被叶酸的拮抗物——氨基蝶呤（aminopterin，A）所阻断。但如果培养基中有核苷酸"前体"次黄嘌呤（hypoxanthine，H）和胸腺嘧啶核苷（thymidine，T），即便有A存在，细胞通过另一途径（salvage synthesis pathway，补救合成途径、替代途径或应急途径）也可合成核苷酸。但补救合成途径需次黄嘌呤鸟嘌呤磷酸核糖转移酶（hypoxanthine-guanine phosphoribosyl transferase，HGPRT）和胸腺嘧啶核苷激酶（thymidine kinase，TK）的存在，这两种酶缺一不可。而实验所用的骨髓瘤细胞株是HGPRT缺陷（$HGPRT^-$）型细胞，所以骨髓瘤细胞不能在HAT培养液中生长（图4-11）。

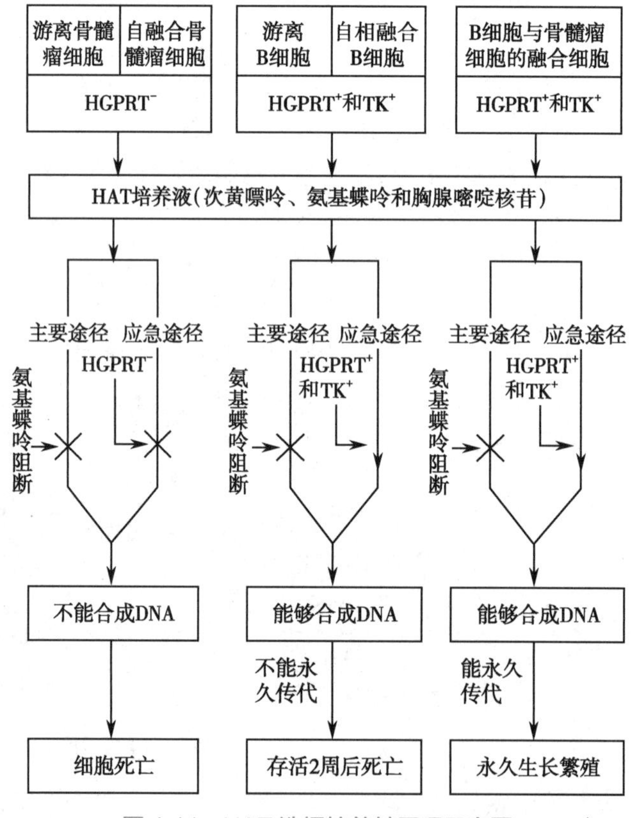

图4-11 HAT选择培养基原理示意图

在HAT培养基中进行选择性培养过程中，未融合的脾细胞因不能在体外长期存活而死亡；未融合的骨髓瘤细胞合成DNA的主要途径被培养基中的A阻断，又因缺乏HGPRT，不能利用培养基中的H和T进行DNA的合成过程而死亡；只有融合的杂交瘤细胞由于从脾细胞获得了HGPRT，因此能在HAT培养基中存活和增殖。然后经克隆化培养，可筛选出能产生特异性单克隆抗体的杂交瘤细胞（第四章第三节四、筛选阳性克隆及克隆化）。利用体内或体外培养，即可无限制地大量制备单克隆抗体（第四章第三节 六、单克隆抗体的大量制备）。

二、抗原和动物免疫

（一）抗原的制备

要制备针对特定抗原的单克隆抗体，首先要制备用于免疫的适当抗原，再用抗原进行动物免疫。目前常用下列方法获得抗原。

1. 提取纯化天然抗原　运用蛋白质等生物大分子分离纯化技术直接从生物样本中分离纯化蛋白质分子用作抗原，即天然抗原（natural antigen），包括天然的蛋白质抗原和颗粒性的细胞抗原（如肿瘤细胞、细菌等）。

就抗体制备而言，天然抗原最好。由于抗原分子在生物样品中的含量多寡不一，对于一些含量甚微的低丰度蛋白质，其所需的生物样品量和分离纯化成本极高。生物样本特别是人体样本的获得越来越困难，又由于分离成本极高、得率极低，远远满足不了抗体制备对抗原的需要，除极少数的高丰度抗原仍采用此方法获得外，已经很少有实验室继续使用此法。

2. 用基因工程技术制备重组蛋白抗原　通过原核表达系统获得的重组蛋白抗原（recombinant protein antigen），只能解决连续氨基酸表位和部分抗原构象表位的抗原来源问题。而真核及哺乳动物细胞重组表达系统则可以解决抗原构象表位的问题，是抗原的最佳来源，但表达量偏低，成本过高，因此没有广泛使用。

3. 合成多肽半抗原　随着人类、重要动植物以及模式生物等部分生物全基因序列的解码和蛋白质组学的迅猛发展，科学家已经能很轻易地获得目的蛋白的基因和氨基酸残基序列。根据抗原蛋白的氨基酸残基序列，借助抗原表位预测分析软件也能比较准确地预测和筛选出抗原性较好的多肽片段，经人工固相合成，最终获得抗原表位的多肽片段，即多肽（polypeptide）半抗原。

由于多肽合成技术已十分成熟，特别是多通道多肽自动合成仪等技术的使用，使得多肽的合成效率高、成本低、来源充足，合成多肽半抗原已成为抗体制备中抗原的主要来源。

4. 多肽半抗原及小分子半抗原与载体偶联　随着对食品安全、药物残留和环境监测与保护的需要，对各种小分子半抗原（hapten）单克隆抗体的制备已逐渐成为抗体制备的一个新亮点。抗生素、食品添加剂、农药、兽药、重金属等大多属于小分子半抗原，没有免疫原性，必须运用蛋白质修饰或生物标记技术与载体蛋白分子钥孔血蓝蛋白（keyhole limpet hemocyanin，KLH）或牛血清白蛋白（bovine serum albumin，BSA）等偶联，才能获得免疫原性，成为完全抗原用于动物的免疫。

获得抗原之后，要选择适当的动物进行免疫，以便在动物体内获得产生针对特异抗原的单克隆抗体。

（二）动物及免疫

免疫接种是单克隆抗体制备过程中的重要环节之一，其目的在于使 B 细胞在特异抗原刺激下分化、增殖、分泌特异性抗体。制备单克隆抗体时，应根据所使用的骨髓瘤细胞的种属来源及动物品系选用免疫动物。

1. 动物的选择　免疫动物品系和骨髓瘤细胞在种系发生上距离越远，产生的杂交瘤就会越不稳定，所以一般采用与骨髓瘤供体同一品系的动物进行免疫。常用的骨髓瘤品系来自 BALB/c 小鼠和 Lou 大鼠，免疫动物也采用相应的品系，最常用的是 BALB/c 小鼠。如果 BALB/c 小鼠对所用抗原不能产生良好的免疫应答时，应该用其他品系小鼠或大鼠。表 4-1 是常用的骨髓瘤细胞株及其来源。

2. 免疫方法　有体内、体外和脾内免疫法。体内免疫法适用于免疫原性强、抗原量较多的情况。体外免疫法则用于不能采用体内免疫法的情况，如制备人单克隆抗体，或者抗原的免疫原性极弱且能引起免疫抑制。体外免疫法的优点很多，如所需抗原量少（一般只需几微克）、免疫期较短（仅 4~5 天）、干扰因素少，已成功制备出针对多种抗原的单克隆抗体，但融合后产生的杂交瘤细胞株不够

稳定。脾内免疫法可提高小鼠对抗原的免疫反应性,且节省时间,一般免疫3天后即可取脾进行融合。脾内免疫法是在麻醉条件下直接将0.1~0.2ml抗原注入脾脏进行免疫。目前最常使用的是体内免疫法。

表4-1 骨髓瘤细胞株一览表

全名	简称	来源	表达自身抗体分子	耐受
P3-X63-Ag8	X63	BALB/c	Ig-γ1κ	8-AG
SP2/0-Ag14	SP2/0	BALB/c小鼠浆母细胞瘤	—	8-AG
Fast-Zero	FO	BALB/c小鼠浆母细胞瘤	—	8-AG
P3-NS1-Ag4.1	NS-1	BALB/c小鼠浆母细胞瘤	κ(非分泌型)	8-AG
YB2-3.0-Ag20	YB2	(Lou×AO)F1	—	8-AG
P3-X63-Ag8.653	P3.653	BALB/c	—	8-AG
MOPC11-X45-6TG	X45	BALB/c	Ig-γ2b	6-TG
Y3-Ag1,2,3	Y3	Lou大鼠骨髓瘤	κ	8-AG

注:8-AG,8-氮杂鸟嘌呤;6-TG,6-巯基鸟嘌呤;—,不表达。

3. 乳化 对免疫原性弱的可溶性抗原而言,为了增强其免疫原性或改变免疫反应的类型、节约抗原等,常采用加佐剂的方法以刺激机体产生较强的免疫应答,常用佐剂为弗氏佐剂。在初次免疫时,可溶性抗原一般需要与一定量的弗氏完全佐剂混合,经过乳化后才能用于免疫接种。所谓乳化(emulsification)就是用佐剂将抗原包裹,使之形成油包水乳剂(water-in-oil emulsion)。在加强免疫时,通常用弗氏不完全佐剂。抗原的乳化有多种方法,常用的有注射器法(量少时,特别是弗氏佐剂与抗原乳化时,常采用注射器乳化。用两个注射器,一个吸入抗原液,一个吸入佐剂,两注射器头以胶管连接,注意一定扎紧,然后来回抽吸)、乳钵研磨法和机械搅拌法。抗原的乳化程度对免疫效果有较大的影响,常用的检测方法是将形成的油包水乳浊液放一滴在水面上呈小滴状,不易马上扩散就算合格,如出现平展扩散即为未乳化好。商品化的弗氏完全佐剂在使用前须振摇,使沉淀的分枝杆菌充分混匀。

4. 免疫途径(体内免疫法) 体内免疫采用皮下注射、腹腔或静脉注射,也可采用足垫、皮内、滴鼻或点眼等。抗原量少,则一般多采用加佐剂,淋巴结内或淋巴结周围、足掌、皮内、皮下多点注射;如抗原量多,则可采用皮下、肌内以及静脉注射。融合前最后一次加强免疫(通常不加佐剂)多采用腹腔或静脉注射,目前尤其推崇后者,因为可使抗原对脾细胞作用得更迅速而充分。

5. 免疫程序 在设计免疫程序时,应考虑到抗原的性质和纯度、抗原量、免疫途径、免疫次数与间隔时间、佐剂的应用及动物对该抗原的应答能力等。没有一个免疫程序能适用于各种抗原。为达到最高的融合率,需要获得尽可能多的浆母细胞,这在最后一次加强免疫后第3~4天取脾进行融合较为适宜。在初次免疫应答时取脾细胞与骨髓瘤细胞融合,获得的杂交瘤主要分泌IgM抗体,再次免疫应答时获得的杂交瘤主要分泌IgG抗体。

动物免疫可按图4-12所示步骤操作。

初次免疫　Ag 25~100μg，加弗氏完全佐剂皮下多点注射

↓ 3周后

第二次免疫　Ag 10~50μg，加弗氏不完全佐剂皮下或腹腔注射(腹腔内剂量不宜超过0.5ml)

↓ 2周后

第三次免疫　剂量同上，加弗氏不完全佐剂，腹腔注射

(5~7天后采血，酶联免疫吸附试验检测抗体效价)

↓ 2周后

加强免疫(融合前免疫)　Ag 10~50μg为宜,腹腔或静脉内注射

↓ 3天后

无菌取脾，制备脾细胞，用于细胞融合

图 4-12　动物免疫流程图

三、细胞融合和杂交瘤细胞的筛选

细胞融合(cell fusion)是 2 个或 2 个以上细胞合并成 1 个细胞的过程。除自然情况外,两个离体的培养细胞也可用人工的方法进行融合,使之产生一个新的杂种细胞。在单克隆抗体制备中是将免疫动物的脾细胞与不分泌抗体的骨髓瘤细胞融合,生成能不断分泌特异性抗体并能在体内外不断分裂增殖的杂交瘤细胞。细胞融合是单克隆抗体制备中最重要的环节之一,成功融合的关键包括充分的前期准备工作、洁净的无菌环境以及熟练的无菌操作技术。细胞融合前还应准备好 3 种细胞:分泌抗体的免疫脾细胞、能在体外培养基中无限生长的骨髓瘤细胞和起辅助作用的细胞——饲养细胞。

(一) 细胞的准备

1. 免疫脾细胞　免疫脾细胞是指处于免疫状态脾脏中的 B 淋巴母细胞。一般取最后一次加强免疫 3 天以后的脾脏,制备成细胞悬液。由于此时 B 淋巴母细胞比例较大,融合的成功率较高。根据经验,一般免疫后脾脏体积约是正常鼠脾脏体积的 2 倍。免疫脾细胞的制备可按图 4-13 所示步骤操作。

最后一次加强免疫的BALB/c小鼠，3天后摘除眼球放血，收集血清留作阳性对照

↓

断颈处死，浸泡于75%乙醇中消毒3~5分钟

↓

用无菌剪刀剪开皮肤，暴露腹膜，打开腹腔，分离脾脏

↓

取出脾脏，用不完全RPMI-1640培养液洗1次，于无菌平皿中用注射器针芯研磨成细胞悬液

↓

筛网过滤，台酚蓝染液作活细胞计数

↓

放入50ml离心管，1 200r/min，离心8~10分钟，弃上清

↓

用不完全培养液重悬，置冰水浴中备用

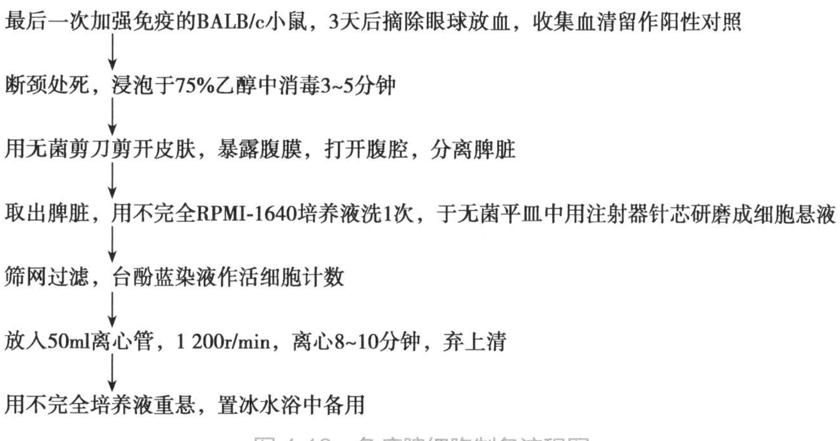

图 4-13　免疫脾细胞制备流程图

2. 骨髓瘤细胞　在准备融合前的 2 周开始复苏骨髓瘤细胞。一般的培养液如 RPMI-1640、DMEM 培养基,均适合骨髓瘤细胞的生长。小牛血清的浓度一般为 10%~20%,细胞的最大密度不得超过 10^6/ml,一般扩大培养以 1∶10 稀释传代,每 3~5 天传代一次。细胞的倍增时间为 16~20 小时。如果骨髓瘤细胞发生回复突变,变成 $HGPRT^+$ 细胞,就能够在 HAT 中生长。因此,为确保该细胞对 HAT 的敏感性,每 3~6 个月用 8- 氮杂鸟嘌呤(8-AG)筛选一次,以便杀死回复突变的细胞。

保证骨髓瘤细胞处于对数生长期、形态良好、活细胞计数>95%,是决定细胞融合及后续能否克隆化生长的关键。用于融合的骨髓瘤细胞应具备融合率高、自身不分泌抗体、所产生的杂交瘤细胞分泌抗体的能力强且长期稳定等特点(见表 4-1)。

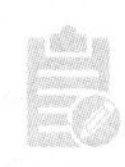

3. 饲养细胞　在细胞培养过程中，单个或少数分散的细胞不易生长繁殖，若加入其他活细胞则可以促进这些细胞生长繁殖，所加入的细胞称饲养细胞（feeder cell）。在单克隆抗体制备过程中，多个环节需要加饲养细胞，如杂交瘤细胞筛选、克隆化和扩大培养过程中。饲养细胞除能满足杂交瘤细胞对细胞密度的依赖性外，还能释放某些生长刺激因子。常用的饲养细胞有小鼠腹腔巨噬细胞、脾细胞和胸腺细胞，也有人用小鼠成纤维细胞株 3T3 经射线照射后作为饲养细胞，使用比较方便。照射后可放入液氮罐长期保存。因小鼠腹腔巨噬细胞还能清除死亡细胞，故较常用。通常在细胞融合前 2~3 天制备小鼠腹腔巨噬细胞。饲养细胞的制备可按图 4-14 所示步骤操作。

10~12周龄BALB/c小鼠
↓
断颈处死　浸泡于75%乙醇，消毒3~5分钟
↓
用无菌剪刀剪开皮肤，暴露腹膜
↓
用无菌注射器或尖吸管注入腹腔细胞培养液8~10ml
↓
反复冲洗，吸出冲洗液
↓
放入10ml离心管，1 200r/min，离心5~6分钟，弃上清
↓
用20%胎牛血清(FCS)的培养液重悬，调整细胞数1×10^5/ml
↓
加入96孔板，100μl/孔
↓
放入37℃　CO_2孵箱培养备用

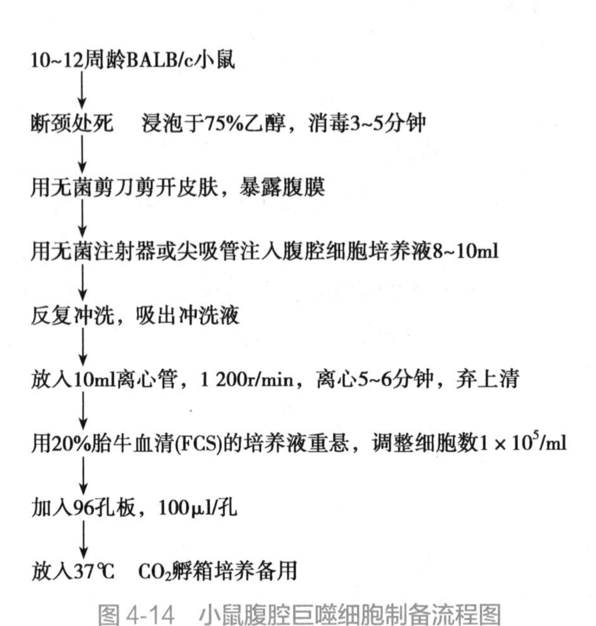

图 4-14　小鼠腹腔巨噬细胞制备流程图

（二）脾细胞和骨髓瘤细胞的融合

取适量脾细胞与骨髓瘤细胞，在聚乙二醇（PEG）作用下诱导它们融合，时间控制在 2 分钟以内，然后用培养液将 PEG 融合液缓缓稀释。一般来说，PEG 的 M_r 和浓度越大，其促融率越高，但其黏度和细胞毒性也越大。常用 PEG 的浓度是 40%~50%，M_r 是 4kDa。

细胞融合的操作方法很多，常用的有转动法和离心法。融合时脾细胞和骨髓瘤细胞的比例为 1∶1~10∶1，一般 3∶1~5 ∶1 最为常用。细胞融合可按图 4-15 所示流程操作。

(1) 将脾细胞与骨髓瘤细胞按5∶1的比例，在50ml塑料离心管内混合，用不完全培养液洗1次，1 200r/min，离心8分钟，弃上清。
↓
(2) 用滴管吸净残留液体，轻轻弹击离心管底，使细胞沉淀略加松动，置37℃水浴进行融合。
①于30秒内加入37℃预温的PEG 1ml，边加边搅拌；
②静置作用90秒；
③每隔2分钟分别加入1ml、2ml、3ml、4ml、5ml和10ml 37℃预热的不完全培养液，终止PEG的作用。
↓
(3) 1 200r/min，离心8分钟，弃上清。
↓
(4) 用20%小牛血清RPMI-1640轻轻混悬。
↓
(5) 将融合后细胞悬液加入含有饲养细胞的96孔板，100μl/孔，37℃、5% CO_2孵箱培养。

图 4-15　细胞融合流程图

（三）HAT 筛选杂交瘤细胞

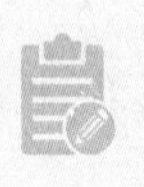

未融合的免疫脾细胞在培养 6~10 天会自然死亡，异型融合的多核细胞由于其核分裂不正常，在

培养过程中也会死亡，未融合的骨髓瘤细胞生长快而不利于杂交瘤细胞的生长。所以，融合后的混合物必须立即移入选择性培养基中进行选择培养。常用的选择培养基是 HAT 培养基(第四章第三节一、单克隆抗体技术的基本原理)。未融合的骨髓瘤细胞在 HAT 培养基中不可避免地死亡，融合的杂交瘤细胞有来自脾细胞的 HGPRT，可以利用 H 和 T 合成 DNA，克服 A 的阻断，因此杂交瘤细胞大量繁殖而被筛选出来。

加入 HAT 后的次日即可观察到骨髓瘤细胞开始死亡，融合后 3~4 天镜下观察可见分裂增殖的细胞和克隆形成。经 HAT 选择培养基培养 7~10 天，未融合的骨髓瘤细胞相继死亡，而杂交瘤细胞逐渐长成细胞集落。停用 HAT 选择培养液后不能直接使用普通培养液，必须添加含 HT 的培养基培养 2~4 周。当细胞集落面积超过培养孔的 1/10 以上时，即可用敏感的免疫学方法检测出阳性孔(有目标抗体合成的细胞孔)。

四、筛选阳性克隆及克隆化

经过上述免疫学方法筛选出的阳性孔内，仅有部分杂交瘤细胞是分泌目标抗体的细胞。由于分泌抗体的杂交瘤细胞比不分泌抗体的杂交瘤细胞生长慢，长期混合培养的结果是分泌抗体的细胞被不分泌抗体的细胞淘汰。因此，应该尽快筛选阳性克隆。筛选(screening)阳性克隆即筛选能分泌目标单克隆抗体的杂交瘤细胞，具体方法是用免疫动物时使用的抗原分别检测上述所有杂交瘤细胞孔中分泌的抗体。

(一) 筛选阳性克隆

筛选方法本身应微量、快速、特异、敏感、简便并能一次检测大批标本(孔)。常用的方法有：酶联免疫吸附测定(enzyme-linked immunosorbent assay，ELISA)，用于可溶性抗原(蛋白质)、细胞和病毒等抗体的检测；放射免疫测定(radioimmunoassay，RIA)，用于可溶性抗原、细胞抗体的检测；荧光激活细胞分选法(fluorescence-activated cell sorting，FACS)，用于针对细胞表面抗原的抗体检测；间接免疫荧光法(indirect immunofluorescence assay，IFA)，用于细胞和病毒抗体的检测。

(二) 杂交瘤细胞的克隆化

杂交瘤细胞克隆化(cloning)是指将阳性孔中分泌抗体的单个细胞分离出来。经过上述目标抗体检测筛选到的杂交瘤细胞孔分泌特异性抗体，但是不能保证一个孔内只有一个细胞克隆。在实际工作中，可能会有数个甚至更多的克隆，可能包括抗体分泌细胞和非抗体分泌细胞、所需要的抗体(目标抗体)分泌细胞和其他无关抗体分泌细胞。要将这些细胞彼此分开，就需要克隆化。克隆化的原则是，对于检测抗体阳性的杂交瘤克隆应尽早进行克隆化，否则分泌抗体的细胞会被非分泌抗体的细胞淘汰。即使经过克隆化的杂交瘤细胞也需要定期再克隆，防止杂交瘤细胞的突变或染色体丢失，从而丧失产生抗体的能力。

融合后的杂交瘤细胞一般要经过 3 次克隆化才能达到 100% 的阳性克隆。常用方法是有限稀释法和软琼脂法。

1. 有限稀释法　把杂交瘤细胞悬液稀释后，加入 96 孔细胞培养板中，理论上每孔 1 个细胞，第一次克隆化时用 HT 培养液，以后的克隆化可以用不含 HT 的 RPMI-1640 培养液。克隆化时也要加入饲养细胞(图 4-14)。

2. 软琼脂法　在培养液中加入 0.5% 左右的琼脂糖凝胶，细胞分裂后形成小球样团块，由于培养基是半固体的，可用毛细管将小球细胞团吸出，团块经打碎后移入 96 孔板继续培养。

(三) 杂交瘤细胞的冻存

及时冻存原始孔的杂交瘤细胞、每次克隆化得到的亚克隆细胞是十分重要的。因为在没有建立一个稳定分泌抗体的细胞株时，细胞的培养过程中随时可能发生污染、分泌抗体能力的丧失等。如果没有原始细胞的冻存，则会因为上述的意外而前功尽弃。

杂交瘤细胞的冻存方法同其他细胞株的冻存方法一样，原则上每支安瓿含细胞数应在 1×10^6 以上，但对原始孔的杂交瘤细胞可以因培养环境不同而改变，在 24 孔培养板中培养，当长满孔底时，1 孔就可以冻 1 支安瓿。

细胞冻存液：50% 小牛血清，40% 不完全培养液和 10% DMSO（二甲亚砜）。

冻存液最好预冷，操作动作轻柔、迅速。冻存时从室温可立即降到 0℃，再降温时一般按每分钟降温 2~3℃，待降至 −70℃可放入液氮中。或细胞管降至 0℃ 后放 −70℃超低温冰箱，次日转入液氮中。也可以用细胞冻存装置进行冻存。冻存的细胞要定期复苏，检查细胞的活性和分泌抗体的稳定性，在液氮中细胞可保存数年或更长时间。

五、单克隆抗体的鉴定和检测

通常分别对单克隆抗体及杂交瘤细胞进行鉴定。

（一）单克隆抗体的鉴定

1. 抗体特异性的鉴定 除用抗原进行抗体的检测外，还应该用与其抗原成分相关的其他抗原进行交叉实验以进行抗体特异性（antibody specificity）的鉴定，方法可选用 ELISA 和 IFA 法。例如：①制备抗黑色素瘤细胞的单克隆抗体，除用黑色素瘤细胞反应外，还应用其他脏器的肿瘤细胞和正常细胞进行交叉反应，以便挑选黑色素瘤特异性或相关抗原特异性的单克隆抗体；②制备抗重组细胞因子的单克隆抗体，应首先考虑是否与表达菌株的蛋白质有交叉反应，其次是与其他细胞因子间有无交叉反应。

2. 单克隆抗体的类与亚类的鉴定 由于不同类和亚类的抗体在生物学功能上有较大差异，诸如激活补体系统、调理作用、ADCC 作用等，因此要对单克隆抗体进行类和亚类的鉴定。目前常用的方法是 ELISA。

3. 单克隆抗体中和活性的鉴定 用动物的或细胞的保护实验来确定单克隆抗体的中和活性（neutralizing ability），即生物学活性。例如，如果要确定抗病毒单克隆抗体的中和活性，可用抗体和病毒同时接种于易感的动物或敏感的细胞，来观察动物或细胞是否得到抗体的保护。

4. 单克隆抗体识别抗原表位的鉴定 用竞争结合实验、测相加指数的方法测定单克隆抗体所识别的抗原位点，来确定单克隆抗体识别的表位是否相同。

5. 单克隆抗体亲和力的鉴定 抗体的亲和力（affinity）是指抗体和抗原结合的牢固程度。抗体亲和力的测定对抗体的筛选、确定抗体的用途、验证抗体的均一性等具有重要意义。如体内应用或做检测试剂用，应选择相对高亲和力的单克隆抗体，而亲和层析用亲和力相对弱一些的单克隆抗体。亲和力的高低是由抗原分子的大小、抗体分子的结合位点与抗原表位之间立体构型的合适度决定的。只有当抗原与抗体结合部位结构完全吻合时，抗体的亲和力最大。这种结合力以抗原 - 抗体反应平衡时抗原与抗体浓度的乘积与抗原 - 抗体复合物浓度之比表示。亲和力常以亲和常数 K 表示，K 的单位是 L/mol，通常 K 的范围在 10^8~10^{10}L/mol，也有高达 10^{14}L/mol。如亲和力太低，会严重影响测定的敏感性。一般用 ELISA 或 RIA 竞争结合实验来确定单克隆抗体与相应抗原结合的亲和力。

6. 抗体效价（titer）测定 效价（也称滴度）以小鼠腹腔积液或细胞培养液的稀释度表示，稀释度越高，则抗体效价也越高。用 ELISA 法测定，腹腔积液效价可达 100 万以上。如 ELISA 效价低于 10 万，用于诊断测定将不会达到很高的灵敏度，应重新制备。

（二）杂交瘤细胞的鉴定（染色体分析）

正常小鼠脾细胞的染色体数是 40，全部为端着丝粒；小鼠骨髓瘤细胞染色体：SP2/0 细胞为 62~68，NS-1 为 54~64，大多数为非整倍性，有中部和亚中部着丝点。杂交瘤细胞的染色体数接近两亲本细胞染色体数的总和，在结构上多数为端着丝粒染色体。染色体数多且较集中的杂交瘤细胞能分泌高效价的抗体。

六、单克隆抗体的大量制备

目前大量生产单克隆抗体的方法主要有体内培养和体外培养两种方法。体内培养是利用活体动物作为生物反应器，将杂交瘤细胞注射到小鼠或大鼠的腹腔内生长并分泌单克隆抗体。体外培养有悬浮培养、微载体培养、多孔载体培养、微囊化培养和中空纤维培养法，与本书第三章动物细胞工程制药中动物细胞的大规模培养方法完全一致。

1. 体内培养法　体内接种杂交瘤细胞，制备腹水。先给 BALB/c 小鼠腹腔注射降植烷（pristane）或液体石蜡 0.5ml，1~2 周后腹腔注射 1×10^6 个杂交瘤细胞，接种细胞 7~10 天后可产生腹水，密切观察动物的健康状况与腹水征象，待腹水尽可能多而小鼠濒于死亡之前处死小鼠，用滴管将腹水吸入离心管中。一般一只小鼠可获腹水 1~10ml。也可用注射器活体抽取腹水，用 75% 乙醇消毒腹部，用 7 号注射针头刺入腹腔下部，然后轻按腹部，使腹水自然滴出，一次可收集约 5ml，多者 10ml 以上，间隔 2 天可再次抽取，如此反复直至小鼠死亡。腹水中单克隆抗体含量可达 5~20mg/ml。抽取的腹水，1 200r/min 离心 5 分钟，取上清液保存。沉淀中的细胞可再给另外小鼠注射，其形成腹水的速度比原杂交瘤细胞快、量多。还可将腹水中细胞冻存起来，复苏后转种小鼠腹腔。为多获得腹水，应选择雌性小鼠，体重以重者为优。

2. 体外培养法　体外使用动物细胞生物反应器大量培养杂交瘤细胞，从细胞培养上清液中获取单克隆抗体。但此方法产量低，一般培养液抗体含量为 10~60μg/ml。

此外，还可以用转基因动物或转基因植物来生产抗体。

七、单克隆抗体的纯化

确定单克隆抗体的类和亚类后，根据抗体的用途综合选定纯化方法。用于体外诊断的单克隆抗体，IgG 采用沉淀处理结合亲和层析，IgM 采用沉淀处理结合凝胶过滤。体内诊断用单克隆抗体或治疗用单克隆抗体，应去除内毒素、核酸、病毒等微量的污染，必须经亲和层析和阴离子交换层析纯化。

体内诱生单克隆抗体的纯化：

①澄清和沉淀处理：先 1 200r/min 离心 5 分钟，去除沉淀，再 24 000r/min 离心 30 分钟，去除残留的小颗粒物质，再用 0.2μm 的微孔滤膜过滤，除去污染的细菌、支原体和脂质，然后用饱和硫酸铵沉淀抗体。②分离纯化：阴离子交换层析、亲和层析、凝胶过滤。

第四节　基因工程抗体

尽管单克隆抗体制备技术有许多不可比拟的优点，随着研究的深入，也暴露出许多问题，其中最主要的问题就是难以大量获得人杂交瘤抗体，致使用于临床治疗的单克隆抗体绝大多数都来源于小鼠和大鼠。在人体内使用的鼠单克隆抗体会被作为外源性蛋白抗原而产生 HAMA，鼠单克隆抗体会因此被迅速清除。HAMA 会妨碍小鼠单克隆抗体与抗原或靶细胞的结合，从而降低单克隆抗体的治疗效应。更为重要的是人抗鼠抗体可在人体内与小鼠单克隆抗体结合，产生类似血清病的超敏反应，因而限制了鼠单克隆抗体在临床上的反复使用。最好的解决办法是应用人源性单克隆抗体。但人 - 人杂交瘤技术尚未出现重大突破，存在着建株困难、抗体产量太低、稳定性和亲和力差以及本身还分泌一些杂蛋白等问题。因此，在 20 世纪 80 年代诞生了基因工程抗体。基因工程抗体保留了天然抗体的特异性和主要生物学活性，去除或减少了无关结构和鼠源性单克隆抗体的不足，并可赋予抗体分子新的生物学活性，具有广阔的前景。

基因工程抗体技术的基本原理与基因工程技术完全相同。以单链抗体为例，首先从杂交瘤细胞、免疫脾细胞或外周血 B 淋巴细胞中提纯 mRNA，反转录为 cDNA，再经 PCR 分别扩增抗体的重链和

轻链可变区编码基因，经适当方式将二者连接形成单链抗体，在一定的表达系统中进行表达。

基因工程抗体包括抗体及抗体片段、抗体偶联物（抗体与放射性核素、化疗药物、毒素及其他生物活性分子的偶联物）和抗体融合蛋白等（图 4-16）。

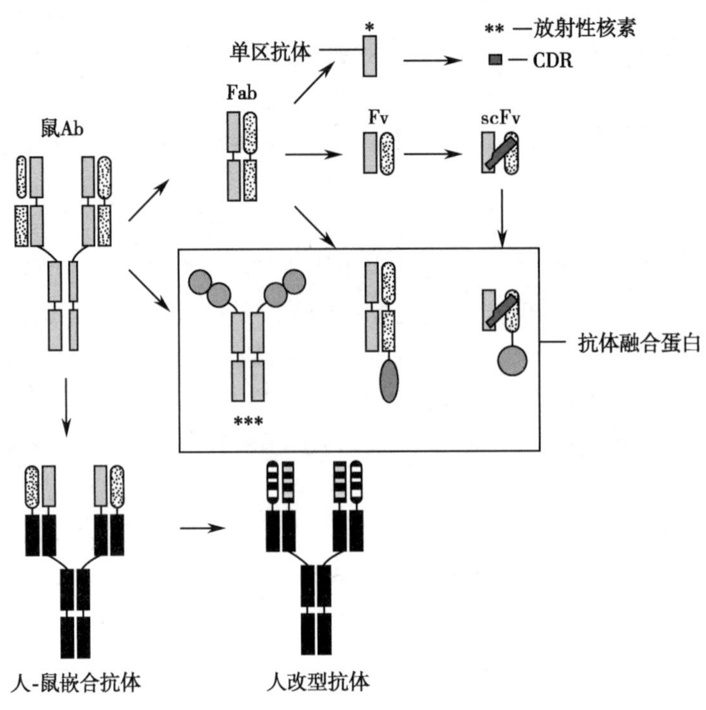

图 4-16 基因工程抗体示意图

一、Fab 与 Fv

Fab 抗体片段（图 4-3，图 4-16）由重链 V 区及 C_H1 功能区与整个轻链以二硫键形式连接而成，主要发挥抗体的抗原结合功能。

Fv 抗体（fragment variable，Fv）片段是由一个 V_H 和一个 V_L 组成的（图 4-16）。V_H 和 V_L 通过非共价键结合组成，是抗体中具有完整抗原结合活性的最小功能片段，M_r 只有完整抗体的 1/6。Fv 抗体片段分子小、免疫原性弱、对实体瘤的穿透性强，所以可作为靶向载体与药物、放射性核素、毒素等相结合，用于肿瘤的诊断和治疗。

二硫键稳定的 Fv（disulfide-stabilized Fv，dsFv）也是由一个 V_H 和一个 V_L 组成的，它是在 V_H 和 V_L 的适当位置各引入一个半胱氨酸，形成 dsFv（图 4-17B）。由于链内二硫键远离 CDR，不会干扰抗体与抗原的结合。

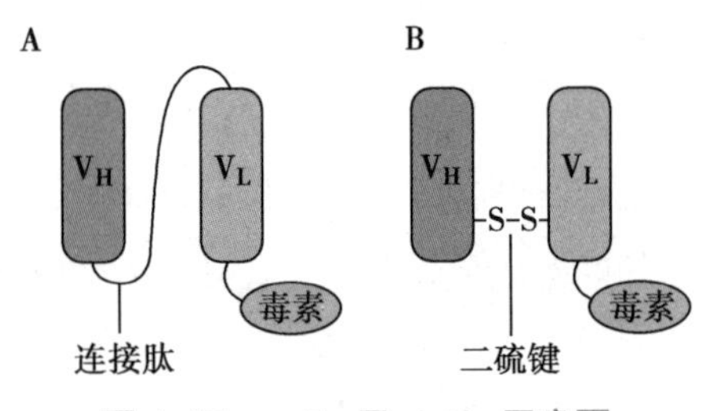

图 4-17 scFv 及 dsFv 示意图

二、单链抗体

单链抗体（single-chain fragment variable，scFv）是利用重组 DNA 技术将抗体一条 V_H 和一条 V_L 基因通过一短肽链基因（linker）连接后表达出来的抗体片段（图 4-16，图 4-17A）。

目前，scFv 的制备常采用基因工程技术，主要步骤包括 scFv 的基因构建和重组 scFv 的表达。下面对 scFv 的制备过程及重组 scFv 的应用作简要介绍。

1. scFv 的基因构建 scFv 与 Fv 抗体片段不同，它是通过连接肽将 V_H 和 V_L 连接而成的。鼠源抗体的 V_H 和 V_L 基因分别由 4 个相对恒定的 FR 和 3 个高度可变的 CDR（图 4-2）共同构成抗原结

合位点。制备 scFv 的关键是得到可变区基因，引物的设计非常重要，因此可以根据 FR1 和 FR4 的碱基组成及顺序分别合成用于扩增 V_H 和 V_L 基因的 PCR 引物。用 PCR 技术从杂交瘤细胞的基因组 DNA 或其 RNA 反转录后的 cDNA 中扩增 V_H 和 V_L 基因，用编码寡核苷酸接头将两者连接成 scFv 基因。目前有两种拼接方法，一种是将接头设计在表达载体上，两端各有限制内切酶供 V_H 和 V_L 的插入；另一种拼接方法是通过将接头的编码序列分别设计在扩增 V_H 和 V_L 引物中，用 PCR 直接合成 scFv 基因，此方法被称为重叠延伸拼接法（图 4-18）。这种方法简单易行，而且不必因第一种拼接法中设计内切酶位点而引入不必要的氨基酸残基。目前常用的接头为 $(Gly_4Ser)_3$。在 scFv 中，接头承担了与 C_L 和 C_H1 稳定作用相同的功能，维持 V_H 和 V_L 间的构象。

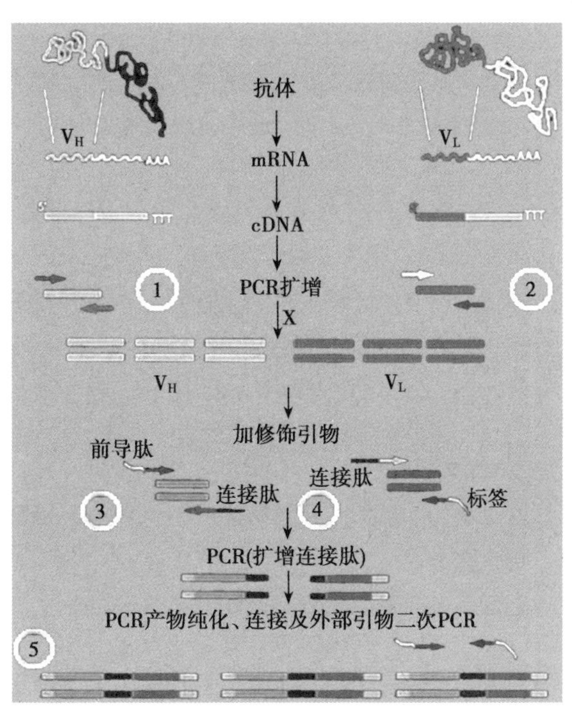

图 4-18　制备 scFv 流程图

2. 重组 scFv 的表达

制备 scFv 流程图（图片）

（1）在大肠埃希菌中表达：重组 scFv 在大肠埃希菌中的表达主要有 3 种形式：①直接在细胞质中表达；②与其他菌体蛋白融合，表达融合蛋白（第四章第四节　四、抗体融合蛋白）；③分泌表达具有功能的 scFv。重组 scFv 的表达主要采用分泌表达方式。重组 scFv 基因与引导分泌的信号肽 *Mel*、*OmpA*、*PelB*、*PheA* 等基因相连接，使表达产物分泌至大肠埃希菌外周或培养液中，获得有活性的可溶性表达产物。

（2）在噬菌体表达：一种含有信号肽序列的噬菌体展示系统能用于克隆 scFv，并在大肠埃希菌中使 scFv 基因与噬菌体外壳蛋白基因 *gp* Ⅲ融合，以融合蛋白的形式表达于丝状噬菌体表面（第四章第五节）。通过噬菌体展示技术产生亲和力和特异性更强的 scFv。

3. 重组 scFv 的应用

（1）用于构建和生产免疫毒素：抗体与毒素的偶联物被称为免疫毒素（immunotoxin）。抗体可将毒素定位于靶细胞，对靶细胞进行特异杀伤。常用的毒素为铜绿假单胞菌外毒素、蓖麻毒素及白喉毒素。例如，完整抗体 - 白喉毒素存在不稳定性和免疫原性及毒素 B 链的细胞非特异性结合，限制了其临床应用。scFv 免疫毒素是通过 scFv 基因 C- 端与毒素基因 A 链连接，直接在大肠埃希菌中表达的重组免疫毒素。较完整抗体免疫毒素具有操作更简单、廉价、免疫原性低和易于透入肿瘤组织内部等

优势，可达到更佳疗效。

（2）用于肿瘤的影像分析和治疗：如果将针对肿瘤相关抗原或肿瘤特异性抗原的同位素标记抗体注入体内，则可通过放射性浓集情况对肿瘤进行定位，所产生的内照射效应还可以起到放射性免疫治疗的作用。传统抗体由于 M_r 大、对肿瘤的穿透性差，仅有极少部分能到达肿瘤部位（0.001%~0.01%），从而导致本底升高，并影响影像分析与治疗的效果。scFv 分子量较小，可以更快、更多地进入肿瘤内部，使肿瘤定位图像清晰，还可避免非特异性损伤。同时，去除了 Fc 介导的受体结合，本底低、图像清晰，用于肿瘤的影像研究明显优于完整的抗体。

三、双链抗体

scFv 是单价的，抗原结合效率较低。而双链 scFv（双链抗体）与抗原结合比单价 scFv 更敏感、亲和力更高，这种双价抗体（diabody）在结构和功能上更接近亲本天然抗体（图 4-19）。如将特异性不同的两个 scFv 连接在一起，则可得到 bsAb（图 4-19），亦称双特异抗体，其两个抗原结合部位具有不同的特异性。

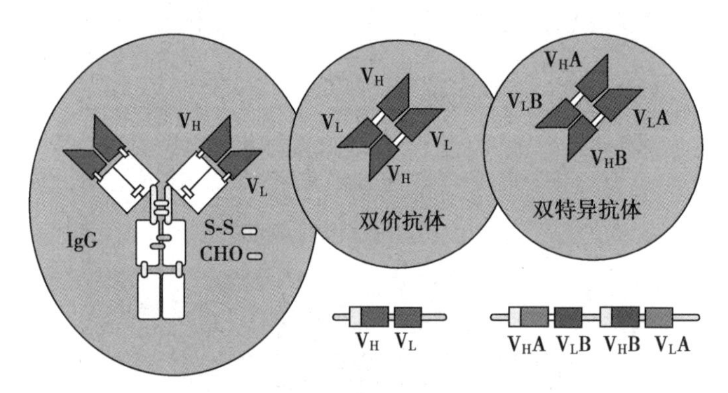

图 4-19 双价及双特异小分子抗体示意图

bsAb 是含有两个不同配体结合位点的抗体分子。它有两个不同的抗原结合部位（两个臂），可分别结合两种不同的抗原表位。其中一个臂可与靶细胞表面抗原结合，另一个则可与效应物（如药物、效应细胞等）结合，从而将效应物直接导向靶组织细胞。天然状态下不存在 bsAb，只能通过特殊方法进行制备。工程 bsAb 多采用抗体分子片段，如 Fab、Fv 或 scFv，经基因操作修饰或体外组装为 bsAb，或直接表达分泌型的 bsAb。

下面以双特异 scFv 制备为例，说明 bsAb 的制备方法。该制备方法的核心是将两条 scFv 或 dsFv 以一定方式连接起来，并使其各自保留与特异性抗原结合的能力。按双特异 scFv 分子连接方式的不同，可将其制备途径归为 3 类：①非共价键制备 bsAb。其方法是用一短的连接肽（3~15 个氨基酸残基）将一抗体的重链（V_HA）与另一抗体的轻链（V_LB）连接起来，构成杂合 scFv，同样再以 V_LA 和 V_HB 构建杂合 scFv，两条杂合 scFv 在同一表达系统，同时分别表达，由于短的连接肽的限制，同一条肽链内的两个 V 区之间不能匹配，只能与另一条杂合 scFv 中相应同源 V 区相匹配，重新聚合成具有两个抗原结合位点的二聚体（图 4-19）。通过分泌性原核表达体系，可直接获得有功能的双特异 scFv。经计算机模拟分析，两 scFv 呈两个位点相背的空间结构。另外，减少连接肽长度至 3 个氨基酸残基以下，还可获得三聚体（三链抗体，triabody）或四聚体（四链抗体，tetrabody）等多特异性抗体。该设计方法已成功应用于肿瘤特异性抗原及效应细胞相互作用等多项研究中。②共价连接制备 bsAb。在首先获得有功能的 dsFv 的基础上，根据特定研究目的，将两种具有不同抗原结合特征的 dsFv 用一段多肽连接肽直接连接起来，在原核或真核表达体系进行表达，经必要的复性或纯化过程，就可获得 bsAb。用专门用于表达 bsAb 的载体可直接将两个 dsFv 片段克隆于该载体的两个克隆位点，两位点

之间是一固定的 25 氨基酸残基连接肽，经克隆表达，就可生产出各种 bsAb。本设计中，两 dsFv 之间以连接肽相连，其稳定性会有所提高，更易于纯化和大量生产，较长片段连接肽的应用也使两抗体间有较大的自由度（图 4-20）。③应用亮氨酸拉链、螺旋 - 转角 - 螺旋等蛋白质结构域连接两单链抗体制备 bsAb。此部分不再详述。

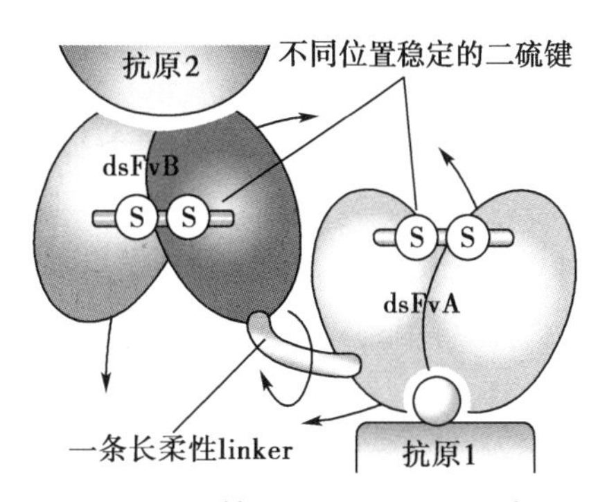

图 4-20　双特异 dsFv-dsFv′ 示意图

人们已在许多领域，尤其是肿瘤的诊断、治疗等方面对 bsAb 的应用进行了尝试。

（1）在免疫检测中的应用：bsAb 的一个臂针对靶抗原，另一个臂可针对酶。这样就可通过抗原 - 抗体反应特异地将酶引入检测系统，而无须通过化学方法将酶与抗体偶联。化学方法往往损及抗体或酶的活性，且不易获得均质制剂。

（2）在肿瘤放射免疫显像中的应用：bsAb 一个臂针对肿瘤细胞表面抗原，另一个臂针对半抗原螯合剂，后者可选择与放射性核素相结合。利用二次导向系统，较常规放射免疫显像增加了清晰度及灵敏度。

（3）介导药物杀伤效应：肿瘤导向治疗的常规方法是将单克隆抗体与药物、毒素或放射性核素偶联，这种方法往往导致抗体或 / 和药物活性丧失。bsAb 以抗原 - 抗体反应替代了化学交联，可避免抗体或 / 和药物活性丧失。例如抗癌胚抗原及抗长春新碱的 bsAb，介导长春新碱的杀瘤获得良好效果。

（4）介导细胞杀伤效应：bsAb 其一臂针对免疫活性细胞的效应分子，活化该细胞，另一臂针对肿瘤表面的抗原分子，起到细胞杀伤的导向作用。最常用的免疫活性细胞表面的效应分子有 TCR、CD3、CD16、CD2、CD28 等，其中以 T 细胞表达的 CD3 及单核细胞和 NK 细胞表达的 CD16（Fc 受体）的研究最多。采用抗肿瘤相关抗原及 CD3（图 4-21）和抗肿瘤相关抗原及 CD16 的 bsAb，在荷瘤动物模型中无论是抑瘤试验还是杀伤试验均获得良好结果。

双特异抗体（拓展阅读）

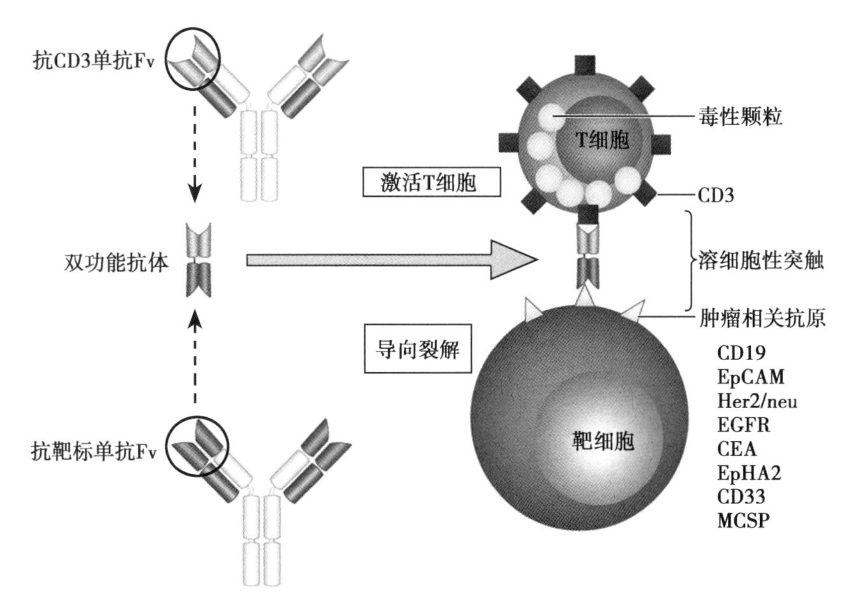

图 4-21　抗肿瘤相关抗原及抗 CD3 双特异抗体示意图

四、抗体融合蛋白

将抗体片段（例如 V 区或 C 区）连接到与抗体无关的其他蛋白（如毒素、细胞因子、葡萄球菌 A

蛋白、碱性磷酸酶、T 细胞受体等）上，就可创造出一些抗体相关分子，称为抗体融合蛋白（antibody fusion protein）。可将其分为 2 大类：一类是将抗体的 Fv 与其他生物活性蛋白结合，利用抗体 Fv 的特异性识别功能将某些生物活性引导到特定部位；另一类是含 Fc 段的抗体融合蛋白。

1. Fv 抗体融合蛋白　导向治疗尤其是肿瘤治疗是其主要应用领域。将抗肿瘤相关抗体与毒素、酶、细胞因子等生物活性分子融合以达到特异杀伤肿瘤细胞的目的（图 4-17）。目前应用铜绿假单胞菌外毒素和蓖麻毒素的抗体融合蛋白已进入Ⅱ期临床试验。

抗体与酶蛋白的偶联物被称为抗体酶（abzyme）。抗体酶应用前景广阔，它可在靶标位置将前体药物转化成有效的药物，从而避免对正常组织的损害。这种方法被称为抗体导向酶促前药治疗（antibody-directed enzyme-prodrug therapy，ADEPT）（图 4-22）。即将前体药物的专一性活化酶与单克隆抗体交联，导向输入到靶细胞部位，继而注入前体药物，相应的酶在靶部位把前体药物转化为活化型药物。药物在输送过程中为非活化型，在靶部位转化为活化型，从而可以降低药物毒性并提高抗肿瘤疗效。鉴于前体药物多为小分子物质，可自由通过各种组织屏障及肿瘤微血管，在肿瘤组织有较高的浓度，加之酶的专一性和扩大效应，使杀伤力明显增强。目前用作前体药物的抗癌药有氮芥、依托泊苷、多柔比星、丝裂霉素、甲氨蝶呤等。作为活化前药的导向酶有 β- 葡糖醛酸糖苷酶、β- 内酰胺酶、碱性磷酸酶、青霉素 V 或 G 酰胺酶、羧肽酶、胞嘧啶脱氨酶和胸腺嘧啶核苷酶等。

2. Fc 抗体融合蛋白　将 Fc 段与某些有黏附或结合功能的蛋白质融合而获得的融合蛋白称为 Fc 抗体融合蛋白，又被称为免疫黏附素（immunoadhesin）。Fc 段可赋予免疫黏附素的功能包括：①通过与抗体或蛋白 A 结合用于检测或纯化；②Fc 段介导的抗体效应功能（图 4-3、图 4-4、图 4-5），如 ADCC、激活补体及调理作用等；③延长该蛋白质在血液中的半衰期。下面以“CD4 免疫黏附素”（图 4-23）为例，说明 Fc 抗体融合蛋白的作用。CD4 是人类免疫缺陷病毒（HIV）的受体，能与 HIV 外壳蛋白 gp120 结合。现已证实重组可溶性 CD4 分子可封闭 gp120 及 HIV 与 $CD4^+$ T 细胞的结合，因而可防治获得性免疫缺陷综合征（AIDS）。将可溶性 CD4 基因与 IgG1 重链 C 区在体外重组所表达的 CD4 免疫黏附素具有可溶性 CD4 和 IgG1 Fc 片段（IgG 有较长的血浆半衰期，可与 Fc 受体结合）的双重功能，可封闭 gp120 与 $CD4^+$ 细胞的结合，阻断 gp120 介导的病理作用，并对 HIV 感染的细胞发挥 ADCC 效应（图 4-5、图 4-8、图 4-9）。与抗 gp120 单克隆抗体不同，CD4 免疫黏附素对那些虽表达 CD4 并且已经结合可溶性 gp120 但未感染 HIV 的细胞并无杀伤作用（而抗 gp120 则使这些细胞也受到损伤），可保护某些虽结合了 gp120 但仍能发挥生物功能的 Th 细胞群体。此外，CD4 免疫黏附素具有天然 IgG 通过胎盘的生物学活性，因此在治疗 AIDS 感染，特别是在防止母胎间 HIV 传递方面具有重要的意义。

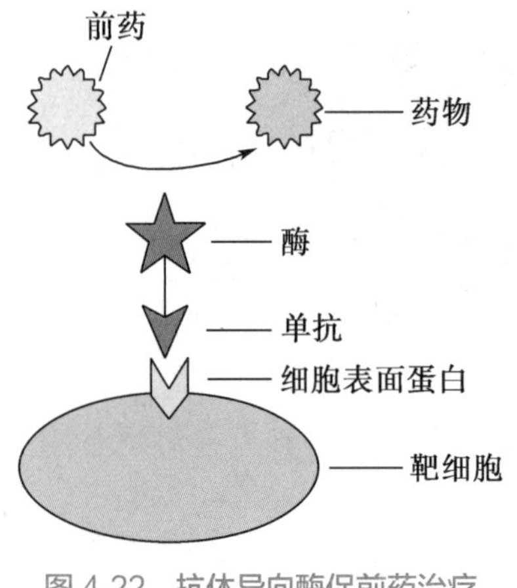

图 4-22　抗体导向酶促前药治疗（ADEPT）示意图

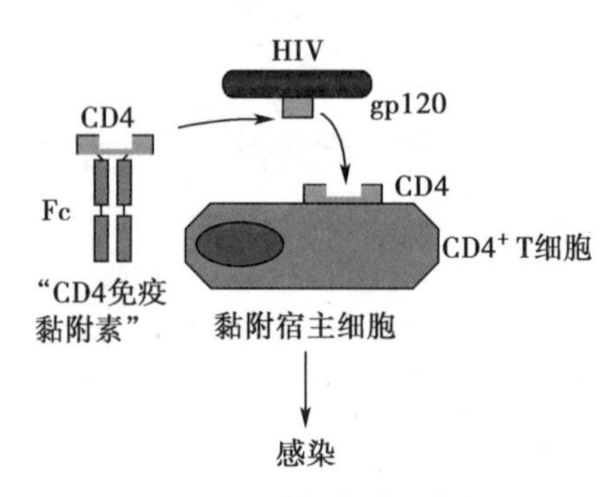

图 4-23　CD4 免疫黏附素示意图

五、嵌合抗体

嵌合抗体(chimeric antibody)是利用重组DNA技术,将异源单克隆抗体的轻、重链可变区基因插入含有人抗体恒定区的表达载体中,转化哺乳动物细胞表达的抗体。嵌合抗体的轻链和重链的V区是鼠源的,而C区是人源的,即整个抗体分子的60%~70%是人源的(图4-24)。这样的抗体减少了异源性抗体(如鼠抗体)的免疫原性,保留了亲本抗体(如鼠抗体)特异性结合抗原的能力,同时抗体重链C区(人源的)所代表的抗体即同种型(包括类和亚类)的差异可影响抗体的体内功能,如产生CDC、ADCC及免疫调理作用等。在构建嵌合抗体时,可有目的地改变抗体的类或亚类(如IgG_1和IgG_3比其他抗体具有更强的CDC和ADCC效应,可更有效地杀伤肿瘤细胞),增加体内的治疗效果。例如,大鼠抗CAMPATH-1抗原(该抗原表达于人淋巴细胞和单核细胞表面,但其他类型血细胞及造血干细胞均无此抗原表达)单克隆抗体具有抗人淋巴细胞和单核细胞特异性,已被用于体外处理骨髓移植物,清除其中免疫细胞,防止骨髓移植后产生移植物抗宿主反应(graft versus host reaction,GVHR)。在构建的含不同类型人IgG亚类的大鼠$F(ab')_2$人IgG_1 Fc片段、$F(ab')_2$人IgG_2 Fc片段、$F(ab')_2$人IgG_3 Fc片段和$F(ab')_2$人IgG Fc片段的“嵌合抗体”中,人IgG_1的C_H与大鼠抗CAMPATH-1的$F(ab')_2$构建的嵌合型抗体激活补体,溶解靶细胞的能力比较强(与大鼠抗CAMPATH-1相同),但该嵌合抗体介导的ADCC比大鼠抗CAMPATH-1天然抗体的作用更强。

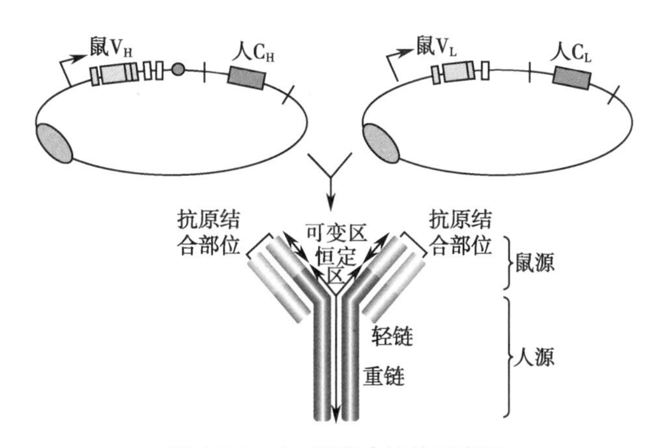

图4-24 人-鼠嵌合抗体示意图

构建嵌合抗体的大致过程是:将鼠源单克隆抗体的可变区基因克隆出来,连接到包含人抗体恒定区基因及表达所需的其他元件(如启动子、增强子、选择标记等)的表达载体上,在哺乳动物细胞(如骨髓瘤细胞、CHO细胞)中表达。

六、人源化抗体

尽管嵌合抗体的免疫原性已降低很多,但有时它仍可能引发较强的免疫反应。为了进一步降低抗体的鼠源成分,发展出CDR(图4-2,图4-16)移植技术。

CDR移植即把鼠抗体的CDR序列移植到人抗体的可变区内,所得到的抗体称CDR移植抗体(CDR grafting antibody)或重构抗体(reshaped antibody),也就是人源化抗体(humanized antibody,hAb)。该抗体既具有鼠源性单克隆抗体的特异性,又保持了人抗体的功能(C区的功能)。

人源化抗体的构建可用全基因合成法或基因定点突变法。全合成法是以人抗体基因序列为骨架,以鼠抗体的CDR置换人抗体的CDR,将整个可变区序列的两条链分解成若干片段,并使相邻的片段具有彼此互补的黏性末端。合成所有DNA片段,每组片段分别退火,然后逐组连接成完整的可

变区基因，插入质粒中，进一步即可用于构建和表达改形抗体。定点突变法是将人的可变区基因克隆，根据鼠抗体的 CDR 序列合成几种突变引物，用定点突变的方法将人的可变区基因的 CDR 序列变为鼠抗体的 CDR 序列，然后表达出重构抗体。

七、特殊抗体

（一）超变区多肽

抗体抗原的结合是经过 CDR 而实现的，因此，CDR 是构成抗原 - 抗体结合的最小结构单位。根据这一特点，可以设计出那些在抗原识别及亲和力方面有重要意义的 CDR 多肽，直接用于诊断或治疗，有望获得理想的结果。这种只含有一个 CDR 多肽的抗体，称为超变区多肽（hypervariable region polypeptide，HRP），亦称为最小识别单位（minimal recognition unit，MRU）。研究表明，MRU 也具有与抗原结合的能力，但亲和力低，稳定性不强，实际应用中有很大的局限性。目前为止，对其进行的研究开发工作较少。

（二）纳米抗体

纳米抗体由比利时科学家于 1993 年在 *Nature* 杂志中首次报道。在羊驼外周血液中存在一种天然缺失轻链的抗体，该抗体只包含一个重链可变区（V_H）和两个常规的 C_H2 与 C_H3 区，但却不像人工改造的单链抗体片段（scFv）那样容易相互粘连，甚至聚集成块。更重要的是单独克隆并表达出来的 V_H 结构具有与原重链抗体相当的结构稳定性以及与抗原的结合活性，是已知的可结合目标抗原的最小单位。V_H 晶体为直径 2.5nm、长 4nm 的圆柱体，分子量只有 15kDa，因此也被称为纳米抗体（nanobody，Nb）。

纳米抗体的特性：V_H 可溶性极高，不易聚集，能耐高温、强酸、强碱等致变性条件，适合于原核表达和各种真核表达系统，广泛用于开发治疗性抗体药物、诊断试剂、亲和纯化基质和科学研究等领域。

纳米抗体的优势：纳米抗体诸多方面均优于传统抗体。基于羊驼重链抗体的 V_H 单域抗体的特殊结构，兼具了传统抗体与小分子药物的优势，几乎完美克服了传统抗体开发周期长、稳定性较低、保存条件苛刻等缺陷，逐渐成为新一代治疗性生物医药与临床诊断试剂中的新兴力量。相比于常规抗体，纳米抗体的优势有：分子量小，可穿透血脑屏障；原核或真核系统中高表达；特异性强，亲和力高；对人的免疫原性弱。

纳米抗体的应用优势：用于生物医药研发［基因工程药物研发、抗体药物偶联物（ADC）药物研发］；用于临床体外诊断（胶体金法、酶联免疫吸附测定法、电化学发光法）；用于肿瘤研究、免疫学研究等基础研究。

纳米抗体的构建：纳米抗体库的构建采用了噬菌体展示技术。将外源蛋白或多肽的 DNA 序列插入到噬菌体外壳蛋白结构基因的适当位置，使外源基因随外壳蛋白的表达而表达；同时，外源蛋白随噬菌体的重新组装而展示到噬菌体表面。

一些机构和研究者对纳米抗体寄予了厚望。纳米抗体是一类仅含有天然存在的重链、尺寸比普通抗体要小得多的抗体，其独特结构使其成为新型生物药的理想材料。2019 年，由法国一家公司研发的全球首个纳米抗体 caplacizumab 获得 FDA 批准，用于治疗获得性血栓性血小板减少性紫癜。该公司正在开发 40 多个纳米抗体候选药物，用于癌症、自身免疫病、呼吸系统疾病、血液疾病等多领域。与此同时，全球领域更多纳米抗体管线也在不断增加。在中国，caplacizumab 于 2020 年进入第三批临床急需境外新药名单，一些中国公司也开始涉足纳米抗体领域，相关管线已进入后期临床阶段。

第五节 噬菌体抗体库技术

抗体库技术的主导思想是将某种动物的所有抗体可变区基因克隆在质粒或噬菌体表达载体中表

达，利用不同的抗原筛选出携带特异抗体基因的克隆，从而获得相应的特异性抗体。

将蛋白分子或肽段基因克隆到丝状噬菌体的基因组 DNA 中，并使噬菌体表面表达该异源性分子，这种方法称为噬菌体展示（phage display）。将抗体分子片段基因与噬菌体外壳蛋白基因融合，使抗体分子片段表达到噬菌体颗粒表面，就形成了噬菌体抗体。用体外基因克隆技术将 B 细胞全套可变区基因克隆出来，插入噬菌体表达载体，转化工程细菌进行表达，在噬菌体表面形成噬菌体抗体的群体，即为噬菌体抗体库（surface display antibody library）。经特定抗原或细胞筛选后，便可获得特异性抗体。

一、噬菌体抗体库技术的基本原理和程序

噬菌体抗体库技术的原理，就是用 PCR 技术从人免疫细胞中扩增出全部 V_H 和 V_L 基因，克隆到噬菌体载体上，并以融合蛋白的形式表达在其外壳表面。这样一来噬菌体 DNA 中有抗体基因的存在，同时在其表面又有抗体分子的表达，就可以方便地利用抗原 - 抗体特异性结合而筛选出所需要的抗体，并进行克隆扩增（图 4-25、图 4-26）。如果使抗体基因以分泌的方式表达，则可获得可溶性的抗体片段。在建库过程中如果将 V_H 和 V_L 随机组合，则可建成组合抗体库（图 4-27）；如果抗体 mRNA 来源于未经免疫的正常人，则可以在不需要细胞融合的情况下建立起人天然抗体库。

构建噬菌体抗体库通常包括以下几个过程：①从外周血或脾、淋巴结等组织中分离 B 细胞，提取 mRNA 并反转录为 cDNA；②应用抗体轻链和重链引物，根据建库的需要通过 PCR 技术扩增不同的抗体基因片段；③构建噬菌体载体；④用表达载体转化细菌，构建全套抗体库。通过多轮的抗原亲和吸附（结合）- 洗脱 - 扩增（图 4-26），最终筛选出抗原特异的抗体。其中，噬菌体抗体库的筛选是关键环节和步骤。

噬菌体抗体库的筛选包括两个主要步骤：淘选和鉴定（图 4-26、图 4-28）。淘选（panning）是将噬菌体抗体库与选择用的抗原共同孵育，通过几轮洗脱，收集结合的噬菌体。将获得的噬菌体感染细菌并扩增，再进行下一轮的筛选。经几轮淘选后，便可富集到与抗原特异性结合的噬菌体感染的多克隆菌株。鉴定过程是从上述噬菌体感染的多克隆菌株中挑选出单克隆菌株。将淘选出的噬菌体经感染细菌、铺板、挑选，即可得到高特异性单克隆菌株。

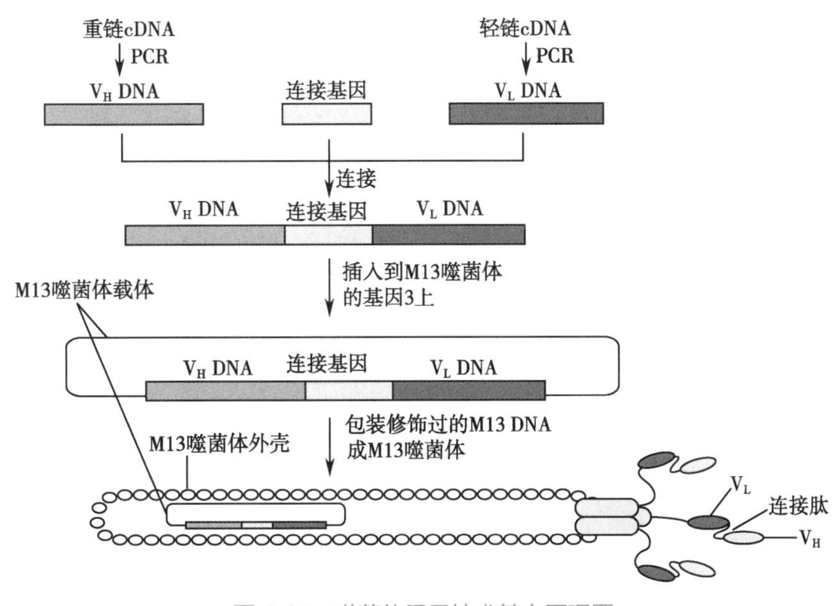

图 4-25　噬菌体展示技术基本原理图

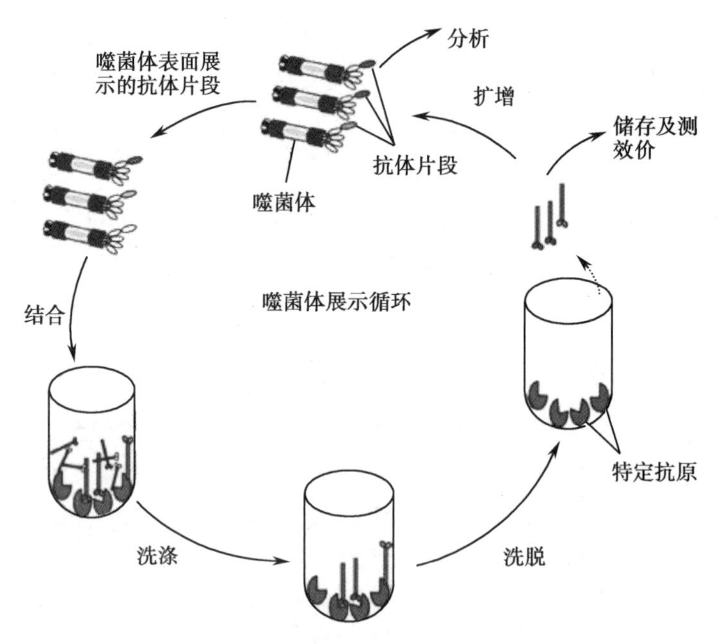

图 4-26　噬菌体抗体库筛选示意图

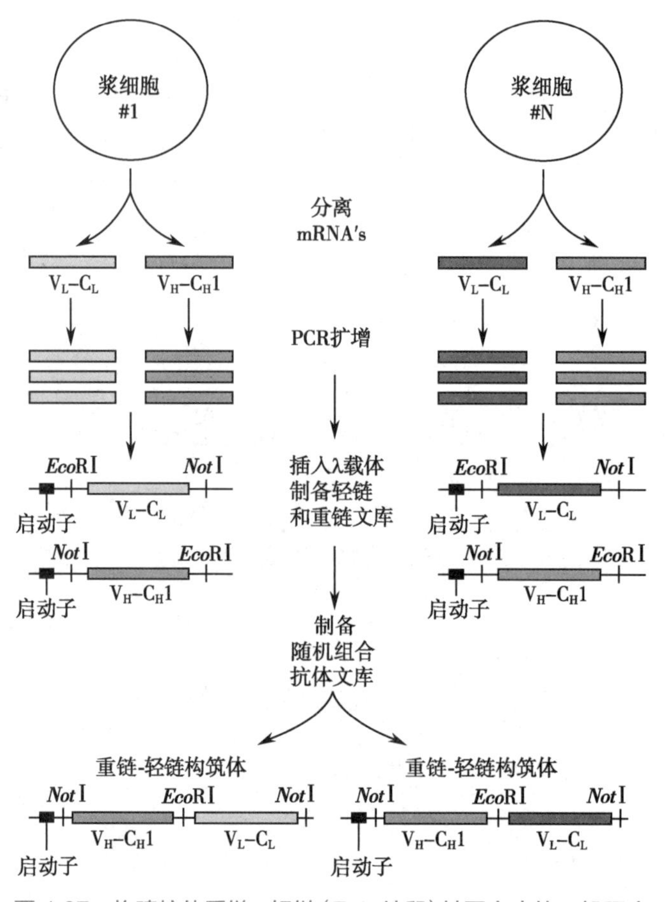

图 4-27　构建抗体重链 - 轻链（Fab 片段）基因文库的一般程序

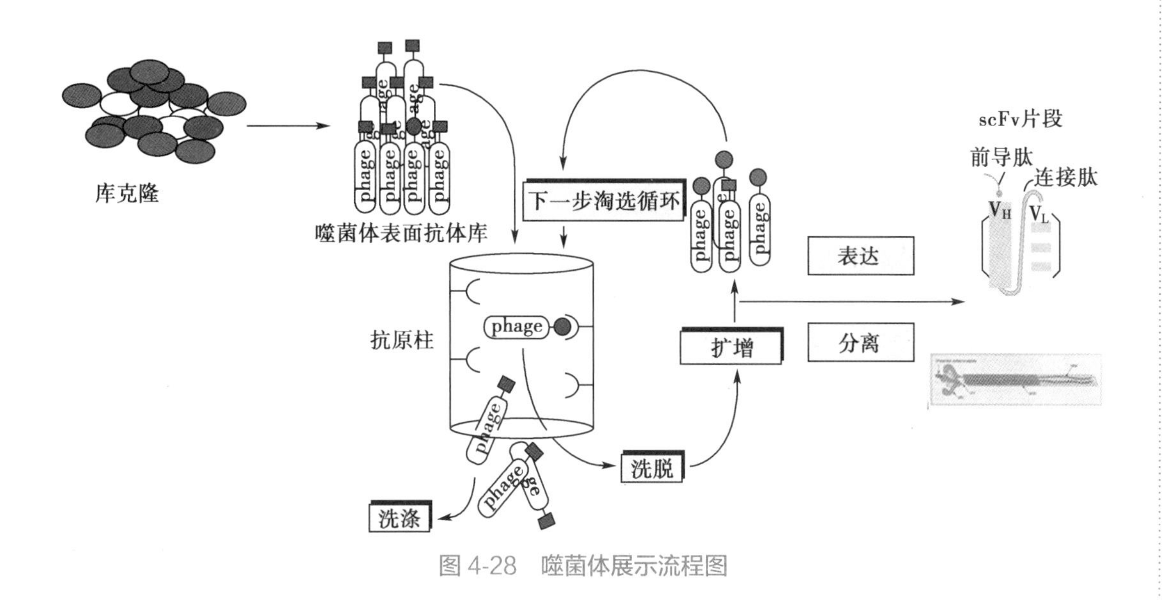

图 4-28　噬菌体展示流程图

二、噬菌体抗体库技术的筛选方法

1. 利用固相或液相纯化抗原进行筛选　用纯化或重组的抗原从噬菌体抗体库中筛选展示特异性抗体的噬菌体的传统方法主要有：①将纯抗原包被在固相介质上，如酶标板、免疫试管或亲和层析柱，然后加入待筛选的噬菌体，洗去非亲和性或低亲和性的噬菌体，回收高亲和性的噬菌体（图 4-26、图 4-28）；②将抗原与生物素基团相连，再将其结合在包被有链霉抗生物素蛋白（streptavidin）的磁珠上对噬菌体进行筛选。生物素（biotin）化的抗原与链霉抗生物素蛋白结合后，再通过磁场的作用将结合抗原的噬菌体与未结合抗原的噬菌体分开。

2. 全细胞筛选　对于无法提纯或抗原性质不确定的抗原（如癌细胞表面受体），采用传统的筛选方法可使抗原失活，如某些膜蛋白。可采取直接用肿瘤细胞从噬菌体抗体库中筛选抗体的方法。

3. 用切片组织进行筛选　为更接近于临床应用，筛选到真正与人肿瘤组织特异结合的噬菌体，可以用冷冻组织切片来进行筛选。

本节介绍的噬菌体抗体库技术可以构建巨大的抗体库，然后大量制造潜在的有效抗体治疗药。噬菌体经遗传工程将特异的抗体融入噬菌体包膜蛋白中，被展示的抗体基因就包含在噬菌体内。每个噬菌体含有一种不同的抗体，这些抗体包被的噬菌体在数量上可以达到上亿个，其数量与人免疫系统相当。淘选过程中能识别靶分子（抗原）的抗体及噬菌体与抗原紧密结合而留下，而其他抗体则随洗涤液体流走。然后，用这种与抗原结合的噬菌体 DNA 转染细菌，产生更多可选抗体用于候选药物（抗体）的开发研究。

第六节　人抗体药物研发新技术

一、重组人多克隆抗体技术

抗体作为治疗制剂已有上百年历史，主要有抗血清和单克隆抗体。抗血清对多表位抗原的中和

能力较强，但是抗血清安全性低、供应量有限、批次间差异大、有效抗体成分低，而且不能进行基因改造。单克隆抗体药物的特异性强、重复性好、能够进行基因操作、安全性高，但在由多表位抗原或突变较快的病原体引起的疾病治疗中其疗效相对较差。重组人多克隆抗体几乎拥有抗血清和单克隆抗体的所有优点，在多种疾病例如感染和癌症的治疗中将体现其巨大的优势和良好的临床应用前景。

重组人多克隆抗体的制备取决于两个主要技术：一是全人抗体库的构建和筛选技术，二是位点特异性整合技术。

（一）全人抗体库的构建、筛选技术

目前有许多方法可以克隆和分离抗原特异性的人源抗体，例如在噬菌体（第四章第五节）、酵母或核糖体上展示抗体，然后用抗原进行筛选，获得特异性抗体，这些方法依靠的都是抗体重链可变区与轻链可变区的随机组合。获得高亲和力抗体需要筛选大量克隆，而且筛选过程中可能出现偏性。丹麦一家公司建立了一种从人抗体产生细胞中获取抗原特异性抗体库的方法，称为 Symplex™ 技术。该技术以高通量方式在单细胞水平进行多重重叠延伸 PCR，获得的抗体轻、重链是天然配对的，而且它们的库容和抗体多样性高于常规的噬菌体展示抗体库技术。Symplex™ 技术平台克隆、筛选和识别真正人源抗体，从呈现特异疾病抗体（通过疫苗注射或自然免疫）的个体中找到药物（抗体）的先导化合物，再从这些免疫个体血液中用流式细胞仪分离出抗体分泌细胞，然后由 PCR 将抗体的重链和轻链 mRNA 反转录、扩增和连接。该技术精确地保存天然抗体库的多样性、亲和力及特异性。目前该技术已用于针对病毒如流感病毒、天花病毒、呼吸道合胞病毒以及肿瘤抗原 - 抗体库的建立。

Symplex™ 全人抗体库的构建、筛选技术流程为（图 4-29）：从具有特异疾病抗体的个体中采血，分离淋巴细胞，用单细胞分选流式细胞仪分离分泌抗体的细胞（CD19、CD38 和 CD45 阳性浆母细胞）；在单细胞水平进行多重重叠延伸 RT-PCR，将天然同源的 V_H-V_L 抗体基因配对、扩增，构建表达载体，表达 Fab 或 IgG；将上述分离到的 V_H-V_L 抗体基因片段插入噬菌体表达载体，制备噬菌体展示抗体库；用 ELISA 等高通量方法从抗体库中筛选特异性抗体。

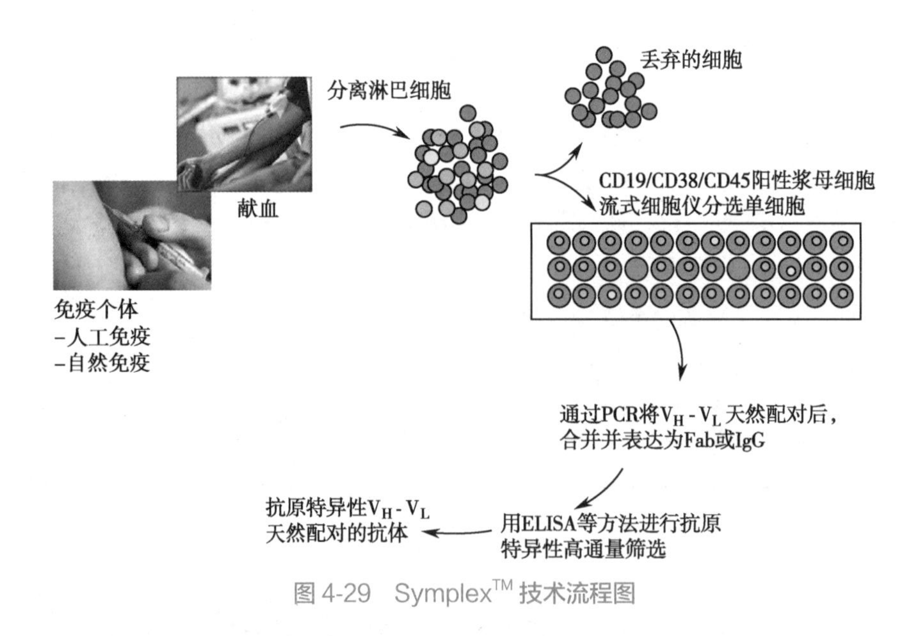

图 4-29　Symplex™ 技术流程图

Symplex™ 技术的特点是快，从单细胞分选开始，15 天内即可获得用于筛选的抗体库。

（二）位点特异性整合技术

从上述全人抗体库筛选抗体基因，再利用该公司建立的抗体表达技术（称为 Sympress™ Ⅰ技术）可以制造全长、特异的重组人源多克隆抗体。Sympress™ Ⅰ不同于普通表达技术，应用特异位点整

合，确保一个质粒只有 1 个抗体基因拷贝整合进 1 个细胞中同一染色体的同一位置，大大降低了随机整合的位置效应，保持了抗体生产制造过程中不同批次间的一致性。

位点特异性整合使抗体基因表达水平和细胞生长速率稳定，避免了表达某些抗体的细胞在生产过程中生长过度，每个抗体基因的遗传稳定性也保持了抗体生产制造过程中不同批次间的一致性，因此有可能使重组多克隆抗体符合“一批”制备的要求。位点特异性整合是通过重组酶识别基因组中特异性位点的特殊 DNA 序列，催化具有同源 DNA 序列的基因插入这一特异位点。该公司建立的抗体表达技术，采用的是 FRT/FLP 重组酶系统。也可以采用其他重组酶系统如 Cre/lox 和 ΦC31 等。

基于上述两项技术制备重组人多克隆抗体的具体流程是：富集人外周血 B 细胞，用单细胞 RT-PCR 法钓取抗体基因，构建噬菌体抗体库，从抗体库中筛选有功能的抗体基因（图 4-29），克隆到定点整合系统的载体上，与重组酶表达载体一起共转染相应的宿主细胞，筛选稳定表达抗体基因的细胞克隆，分别冻存。根据需要混合若干克隆建成多克隆主细胞库（polyclonal master cell bank，pMCB）和多克隆工作细胞库（polyclonal working cell bank，pWCB）（图 4-30）。与常规主细胞库和工作细胞库不同的是，它们由若干表达不同抗体的来自同一母本细胞的细胞株混合而成。

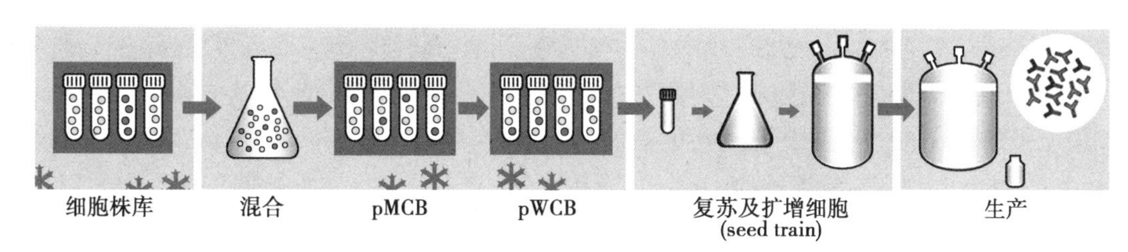

图 4-30　大规模生产重组人多克隆抗体流程示意图

为了提高抗体效价，该公司又建立了 Sympress™ Ⅱ技术：该技术采用多拷贝基因（超过 100 个基因拷贝）随机整合，使用由 CHO DG44 改进的细胞株 ECHO 表达抗体，抗体产量提高了约 10 倍。

二、抗原特异性抗体分泌细胞高效筛选技术

针对特异性抗原的人单克隆抗体是重要的候选治疗剂，然而此种抗体的开发受到现有抗原特异性抗体分泌细胞（antigen-specific antibody-secreting cell，ASC）筛选系统的限制。2009 年，金艾顺等报道了一种用微孔阵列芯片检测单个 ASC 的独特方法，称为阵列芯片上的免疫斑点法（immunospot array assay on a chip，ISAAC）。该方法在单细胞水平分析活细胞，建立了一种快速、高效、高通量（达 234 000 个细胞）鉴定和收集目标 ASC 的系统。他们应用该系统从人外周血淋巴细胞中检测并收集了乙型肝炎病毒和流感病毒 ASC，一周内生产了具有病毒中和活性的人抗体。此外，该系统可用于同时检测一张芯片上针对多种抗原的多种 ASC，以及挑选分泌高亲和力抗体的 ASC。该方法为针对个体患者制备治疗性抗体开辟了一条途径。

微孔阵列芯片检测和收集单个 ASC 方法的具体流程如下（图 4-31）：在一张具有 234 000 个孔的芯片上的每个孔周围包被抗人免疫球蛋白抗体（捕获抗体）；分离个体（通过疫苗注射或自然免疫）的外周血淋巴细胞，在芯片上培养淋巴细胞 3 小时，ASC 分泌的抗体被孔周围的捕获抗体捕获；加入生物素化抗原和亲和素 -Cy3 偶联物，抗原与分泌的特异性抗体结合形成明显的红色圆圈；用俄勒冈绿对芯片上的细胞进行染色（所有细胞均被染成绿色），荧光显微镜或细胞扫描仪观察单个细胞分泌的特异性抗体；在荧光显微镜下用带有毛细管的显微操纵仪收集分泌特异性抗体的单个 ASC（红色圆圈中的绿色细胞），放入微管中；单细胞 RT-PCR 扩增 V_H 和 V_L 的 cDNA 片段，将它们插入含有完整重链和轻链 cDNA 恒定区的表达载体；将重链和轻链表达载体共同转染 CHO 细胞，获得含有完整抗体的上清液。

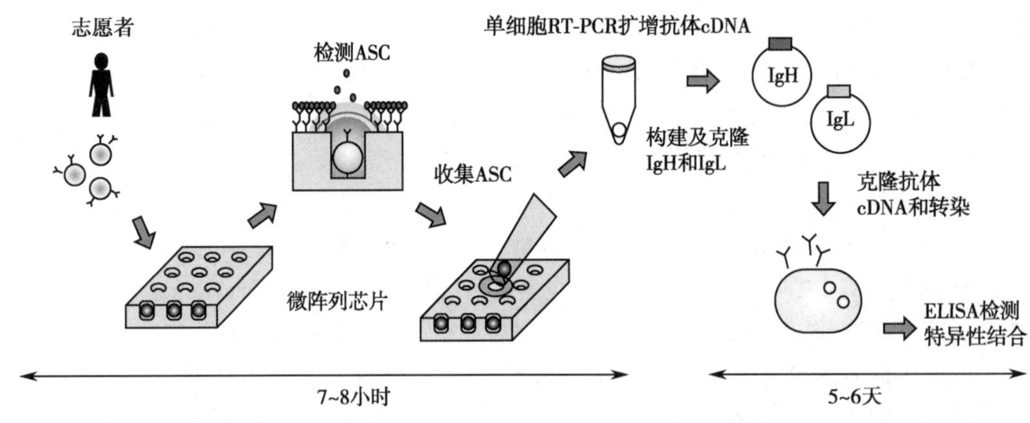

图 4-31　微孔阵列芯片检测和收集单个 ASC 方法示意图

微孔阵列芯片检测和收集单个 ASC 方法示意图（图片）

与传统筛选 ASC 的方法比较，ISAAC 具有下列优势：①直接和有效地从原代淋巴细胞的多克隆混合物中识别和分离分泌特异性抗体的 ASC。②筛选过程中可以早期分离到目标细胞，降低了使用免疫化学方法检测抗体特性过程中用于保持许多细胞克隆所需的时间和精力。③该芯片便于携带和处理，使在感染暴发现场分析针对特异性病原体的 ASC 及快速应对暴发成为可能。④ cDNA 的 5′- 端快速扩增（5′-RACE）法与 ISAAC 结合生产特异性抗体，不必设计 5′-V_H 引物就能够扩增抗体 cDNA。⑤ ISAAC 能够在一张芯片上检测多种抗原及挑选分泌高亲和力抗体的 ASC。

第七节　抗体工程制药实例

以抗乙型肝炎表面抗原（HBsAg）的单克隆抗体（单抗）生产工艺为例简述抗体工程制药的基本过程。

临床上用抗 HBsAg 单抗检测乙型肝炎病毒的感染，抗 HBsAg 单抗也用于生产治疗乙型肝炎的免疫制剂。目前生产抗 HBsAg 的单抗技术有基因工程与细胞工程。本文叙述大鼠骨髓瘤 $IR_{983}F$ 细胞与免疫大鼠脾淋巴细胞融合技术制造抗 HBsAg 单抗的工艺。

（一）工艺流程

大鼠骨髓瘤细胞 + 免疫大鼠脾淋巴细胞 —[融合] PEG→ 融合混合物 —[筛选] HAT→ 杂种细胞混合物

—[克隆化]→ 细胞种子 —[扩大培养]→ 培养液 —[分离]→ 粗制mAb —[精制] 层析→ 层析液

—[超滤]→ 浓缩液 —[冻干]→ mAb精品

（二）工艺过程

1. 培养基　大鼠骨髓瘤 $IR_{983}F$ 细胞株的培养基为 Dulbecco's modified Eagle 培养基（DMEM），该培养基是使 Eagle 培养基中 15 种氨基酸浓度增加 1 倍、8 种维生素浓度增加 3 倍而成，用于细胞培养，提高了细胞生长效果。其中尚需 10% 灭活小牛血清、1% 非必需氨基酸、0.1mol/L 丙酮酸钠、1% 谷氨酰胺及 50mg/ml 庆大霉素。杂交瘤细胞筛选系统用含 HAT 的 DMEM 培养基。

2. 饲养细胞制备　在细胞融合前 2~3 天，取健康大鼠处死，向腹腔内注入 DMEM 培养液 10ml，轻压腹腔使细胞悬浮，打开腹壁皮肤，暴露腹膜，提起腹膜中心，插入注射针头，吸出全部细胞悬液，1 200r/min 离心 5 分钟，用 pH 7.4、0.1mol/L 磷酸缓冲液洗涤 2~3 次，收集细胞，用含 10% 小牛血清、

100U/ml 青霉素和链霉素及 HAT 的 DMEM 培养液制成 10^6 细胞 /ml 悬浮液。使用 24 孔板时，每孔加 0.1ml；当使用 96 孔板时，则制成 2×10^5 细胞 /ml 的悬浮液每孔加 0.1ml，然后置 37℃的 CO_2 培养箱中温育，备用。

3. 亲本细胞制备　取对 8- 氮杂鸟嘌呤抗性的 Lou/c 大鼠非分泌型浆细胞瘤 $IR_{983}F$ 细胞，用常规方法制成细胞悬浮液，按 1.5×10^5 细胞 /ml 接种量接种于 DMEM 培养液中，于 37℃ CO_2 培养箱中培养至对数生长期，经常规消化分散法用 DMEM 培养液制成细胞悬浮液，即为待融合用骨髓瘤细胞亲本，备用。另取 HBsAg，用 pH 7.4、0.1mol/L 磷酸缓冲液溶解并稀释成 20μg/ml 的溶液，加等体积弗氏完全佐剂充分乳化后，取 2ml 注入 Lou/c 大鼠腹腔，2 周后进行第二次免疫，3 个月后于融合前 3~4 天进行加强免疫，3 次免疫的剂量和注射途径均相同，唯第三次免疫时不加弗氏佐剂。于细胞融合前处死大鼠，用碘酒棉球及酒精棉球先后对右上腹部消毒，剖开腹部，用无菌剪刀与镊子取出脾脏，用 pH 7.4、0.1mol/L 磷酸缓冲液洗去血液，在无菌烧杯或培养皿中切成 $1mm^3$ 小块，再用磷酸缓冲液洗涤 3~4 次，直至澄清。倾去洗涤液，加入组织块 5~6 倍体积（*w/v*）的 0.25% 胰蛋白酶溶液（pH 7.6~7.8）于 37℃保温，消化 20~40 分钟，每 10 分钟轻摇消化瓶 1 次，直至组织块松软为止。倾去胰蛋白酶溶液，再用上述磷酸缓冲液洗涤 3~5 次，然后加入少量磷酸缓冲液用 10ml 吸管吹打分散，至大部分组织块分散为细胞，用两层无菌纱布过滤，未分散的组织块再加少量磷酸缓冲液吹打和分散，合并细胞滤液，离心收集细胞并用磷酸缓冲液洗涤 2~3 次，然后用无血清的 DMEM 培养液稀释制成细胞悬浮液，即为免疫大鼠脾淋巴细胞亲本，备用。

4. 固定化抗大鼠 κ 轻链单克隆抗体的制备　取 Sepharose 4B 用 10 倍体积（*v/v*）蒸馏水分多次漂洗，布氏漏斗抽滤，称取湿凝胶 20g 于 500ml 三颈烧瓶中，加蒸馏水 30ml，搅匀后，用 2mol/L NaOH 溶液调至 pH 11，降温至 18℃。在通风橱中另取溴化氰 1.5g 于乳钵中，用蒸馏水 30~40ml 分多次研磨溶解，将溴化氰溶液倾入三颈瓶中，升温至 20~22℃，反应同时滴加 2mol/L NaOH 溶液维持 pH 11~12，待反应液 pH 不变时，继续反应 5 分钟，整个操作在 15 分钟内完成。取出烧瓶，向其中投入小冰块降温，3# 垂熔漏斗抽滤，然后用 4℃的 0.1mol/L $NaHCO_3$ 溶液 300ml 洗涤，再用 pH 10.2、0.025mol/L 硼酸缓冲液 500ml 分 3~4 次抽滤洗涤，最后转移至 250ml 烧杯中，加上述硼酸缓冲液 50~60ml，即得活化的 Sepharose 4B，备用。

取活化的 Sepharose 4B 30g 悬浮于 pH 10.2、0.025mol/L 硼酸缓冲液 100ml 中，另取抗大鼠 κ 轻链的 mAb（MARK-1）1g 溶于 25ml 硼酸缓冲液，然后加至上述已活化的 Sepharose 4B 悬浮物中，于 10℃搅拌反应 16~20 小时，将其装柱（ϕ2cm×50cm）并用 10 倍柱床体积（*v/v*）的上述硼酸缓冲液以 5~6ml/min 流速洗涤柱床，收集流出液，测 A_{280} 并根据流出液计算偶联效率。然后依次用 5 倍柱床体积（*v/v*）的 pH 10、0.1mol/L 乙醇胺溶液及 pH 8.0、0.1mol/L 硼酸缓冲液充分洗涤，最后用 pH 7.4、0.1mol/L 磷酸缓冲液洗至流出液 A_{280} 小于 0.01，即得抗 HBsAg mAb 的亲和吸附剂。将其转移至含 0.01% NaN_3 的 pH 7.4、0.1mol 磷酸缓冲液中，于 4℃贮存，备用。

5. 细胞融合　取 10^7 个 $IR_{983}F$ 细胞与 10^8 个免疫大鼠脾淋巴细胞于 50ml 离心管中，混匀，在 4℃下 1 500r/min 离心 8~10 分钟，用巴斯德吸管小心吸去上清液，轻弹管底，使沉淀的细胞松动，于 37℃水浴中保温，并于 1 分钟内轻轻滴加 50% PEG 4000 0.8ml，同时用吸管尖轻轻搅动 60~90 秒，然后于 2 分钟内缓慢滴加 DMEM 培养液 20ml，1 500r/min 离心 8~10 分钟，吸去上清液，然后再用含 20% 小牛血清的 DMEM 培养液稀释至 50ml，制成细胞悬浮液，得细胞融合混合物。取融合混合物 25ml 加至 2 块含饲养细胞的 24 孔微量培养板中，每孔加 0.5ml；余下 25ml 细胞融合混合物再用含 20% 小牛血清的 DMEM 培养液稀释至 50ml，依上法再接种两块 24 孔培养板。依此类推，每次融合混合物可接种 8~10 块 24 孔培养板，按 $IR_{983}F$ 计，每孔接种细胞数约为 10^5 个，剩余融合物弃去。若用 96 孔板，则每孔接种细胞数约为 10^4 个。然后于 37℃、CO_2 培养箱中培养 2~4 天，每天从各孔中吸去 1ml 原培养液，替换含 20% 小牛血清及 HAT 的 DMEM 培养液，继续培养至第 5~6 天

可见小克隆，至 9~10 天可见大克隆，中途不换 HT 培养液。若培养液出现淡黄色，可取出一部分培养液进行抗体检测。培养 10 天后改换含 HT 的培养液，继续培养 2 周后改用常规 DMEM 培养液培养。

6. 杂交瘤细胞筛选 筛选产生抗 HBsAg 单抗杂交瘤细胞的方法是用乙型肝炎表面抗体（AUSAB）酶联免疫试剂盒测定表达抗体的细胞，即将包被了人 HBsAg 的聚苯乙烯珠与待测杂交瘤培养上清培育，然后用磷酸缓冲液洗涤 3~4 次，加入用生物素偶联的 HBsAg 培育后洗涤，再加过氧化物酶标记的亲和素培育，最后用邻苯二胺（OPD）显色，经酶标仪定量测定，以确定产生抗 HBsAg 单抗的阳性孔。

经检测确定为产生抗 HBsAg 单抗的阳性孔细胞需进行克隆和再克隆，并经全面鉴定与分析，最后才能获得产生抗 HBsAg 单抗的杂交瘤克隆株。其过程如下：

将阳性孔中的细胞经常规消化分散法制成细胞悬液，计数，用含 20% 小牛血清的 DMEM 培养液依次稀释成 5×10^4 细胞 /ml、5×10^3 细胞 /ml、5×10^2 细胞 /ml 及 5×10 细胞 /ml 细胞悬液，然后在已有饲养细胞的 96 孔培养板的第 1~3 行中，每孔接种 5×10 细胞 /ml 细胞悬液 0.1ml，每孔细胞数平均为 5 个；余下细胞悬液再稀释成 10 细胞 /ml，在第 4~6 行孔中每孔接种 0.1ml，平均每孔细胞数为 1 个；余下细胞悬液再稀释成 2 细胞 /ml，在 7~8 行孔中每孔接种 0.1ml，平均每孔 0.2 个细胞。然后于 37℃、CO_2 培养箱中培养至第 5~6 天，镜检，记下单克隆细胞孔，补加培养液 0.1ml。在生长良好的情况下，第 1~3 行难有单克隆细胞，第 4~6 行偶有单克隆细胞，第 7~8 行多为单克隆细胞。培养至 9~10 天后有部分孔中培养液上清液变淡黄色，可能已有抗体产生。然后将抗体阳性孔内细胞分散接种至另外的 24 孔板中培养，并在原板的各孔中替换另一批培养液，以防污染及细胞死亡。当新的 24 孔板中细胞生长良好时，即进行消化分散转移至小方瓶中扩大培养，同时将细胞种子进行保存。所获的阳性培养物需按上述方法反复再克隆和全面鉴定，直至确证为阳性单克隆细胞为止。

7. 抗 HBsAg 单抗的生产 抗 HBsAg 单抗可采用人工生物反应器培养杂交瘤细胞进行生产，亦可采用动物体作为生物反应器进行生产，后者又可通过诱发实体瘤及腹水瘤进行生产。本文叙述腹水瘤生产技术，其过程如下。

向健康的 Lou/c 大鼠腹腔注射降植烷（pristane）1ml，饲养 1~2 周后，向大鼠腹腔接种 5×10^6 个杂交瘤细胞，饲养 9~11 天后即可明显产生腹水，待腹水量达到最大限度而大鼠又濒于死亡之前，处死动物，用毛细管抽取腹水，一般可得 50ml 左右，同时亦可取其血清分离抗体。此外也可不处死动物，而是每 1~3 天抽取 1 次腹水，通常每一只动物可抽取 10 次以上，从而获得更多单克隆抗体。

8. 抗 HBsAg 单抗的分离纯化 将固定化抗大鼠 κ 轻链的 Sepharose 4B 亲和吸附剂装柱（φ4cm×20cm），用 5 倍柱床体积（*v/v*）的 pH 7.4、0.1mol/L 磷酸缓冲液以 2~3ml/min 流速洗涤和平衡柱床，然后将含抗 HBsAg 单抗的腹水 100ml 用生理盐水稀释 5 倍（*v/v*），以 2ml/min 流速进柱，然后用 pH 7.4、0.1mol/L 磷酸缓冲液洗涤柱床，同时测定 A_{280}，等第一个杂蛋白峰洗出后，改用含 2.5mol/L NaCl 的上述磷酸缓冲液洗涤，除去非特异性吸附的杂蛋白，然后用 pH 2.8 的甘氨酸 -HCl 缓冲液洗脱，同时分阶段收集洗脱液，合并含单克隆抗体的洗脱液，立即用 pH 8.0、0.1mol/L Tris-HCl 缓冲液中和至 pH 7.0，经超滤、浓缩及冻干后即得抗 HBsAg 的单克隆抗体精品。

小结

抗体工程制药是应用细胞工程或基因工程等生物技术制备抗体药物的过程。

抗体作为治疗药物已经有上百年的历史，主要开发了三代产品。第一代抗血清对多表位抗原的中和能力较强，但是抗血清安全性低、供应量有限、批次间差异大、有效抗体成分低，而且不能进行基因改造。第二代单克隆抗体是通过细胞融合技术研发的，其优点是结构均一、纯度高、特

异性强、效价高、血清交叉反应少或无、制备成本低；缺点是其鼠源性对人具有较强的免疫原性，人体反复使用后可诱导产生人抗鼠抗体，从而削弱了其作用，甚至导致机体组织细胞的免疫病理损伤。最好的解决办法是应用人源性单克隆抗体。但人 - 人杂交瘤技术尚未出现重大突破，存在着建株困难、抗体产量太低、稳定性和亲和力差，以及本身还分泌一些杂蛋白等问题。第三代基因工程抗体是利用基因工程技术制备的，其优点是人源化或完全人的、均一性强、可工业化生产；不足是亲和力弱，效价不高。

抗体工程制药的基本过程包括建立杂交瘤细胞株、单克隆抗体测序、制备嵌合抗体、杂交瘤细胞稳定化、确定抗体 / 蛋白质特性、抗体的瞬时表达、建立稳定表达抗体的细胞株和抗体的生产。

抗体药物按其抗体分子的构成可分为 3 类：抗体或抗体片段、抗体偶联物或称免疫偶联物和抗体融合蛋白。

抗体由 4 条多肽链通过二硫键连接而成，为“Y”字形结构，有 2 个主要功能，一是识别并结合抗原，二是结合后的免疫应答。

单克隆抗体的制备过程大体包括制备抗原、免疫动物、B 细胞与骨髓瘤细胞融合形成杂交瘤细胞、筛选杂交瘤细胞、筛选产生目标单克隆抗体的杂交瘤细胞、阳性细胞的克隆化、单克隆抗体的纯化及鉴定、体外大规模培养或动物腹腔培养阳性细胞株生产单克隆抗体。

基因工程抗体是指利用重组 DNA 及蛋白质工程技术对编码抗体的基因按不同需要进行加工改造和重新装配，经转染适当的受体细胞所表达的抗体分子。基因工程抗体包括抗体或抗体片段、抗体偶联物和抗体融合蛋白等。

噬菌体抗体库技术是用体外基因克隆技术将 B 细胞全套可变区基因克隆出来，插入噬菌体表达载体，转化工程细菌进行表达，在噬菌体表面形成噬菌体抗体的群体，即为噬菌体抗体库。该技术可以建立巨大的抗体库，然后从中筛选有效的抗体治疗药物。

近期发展起来的重组人多克隆抗体技术模拟天然抗体的产生过程，具有多克隆抗体和单克隆抗体的所有优点。对复杂的疾病，包括感染性疾病和难以靶向的癌症有治疗反应，对突变抗原也保持活性，是未来抗体药物的发展趋势。

人抗体制备新方法——抗原特异性抗体分泌细胞高效筛选技术，在一周时间内能够生产出具有病毒中和活性的人抗体。

治疗性抗体根据作用机制分为两个基本类型：一类依赖于它们的抗原结合功能，例如抗体与抗原结合后阻断或中和靶分子的生物学活性，利用抗体的靶向性，将细胞毒性物质导向到靶部位，抗体与细胞膜抗原结合后诱发信号转导的改变，引起细胞凋亡等；另一类除与它们的抗原结合能力有关外，还与抗体的 Fc 结构有关，如激发 ADCC 和 CDC 效应，因此改进抗体与 Fc 受体 FcγR 结合或与补体的结合，可以提高它们的治疗效果。针对上述作用机制，可以对治疗性抗体进行改造，以提高抗体的效应功能。

思考题

1. 传统的鼠单克隆抗体在治疗应用方面有哪些局限？
2. 采用什么方法可获得部分或全部人源的治疗性抗体？
3. 什么类型的分子可作为治疗性抗体的靶标？
4. 在制备单克隆抗体时为什么要进行两次筛选？
5. 制备单克隆抗体时为什么要选用 B 淋巴细胞与骨髓瘤细胞融合形成杂交瘤细胞？

第四章
目标测试

（唐晓波）

参考文献

[1] MULLARD A. FDA approves 100th monoclonal antibody product. Nat Rev Drug Discov, 2021, 20 (7): 491-495.

[2] NIELSEN L S, BAER A, MÜLLER C, et al. Single-batch production of recombinant human polyclonal antibodies. Mol Biotechnol, 2010, 45 (3): 257-266.

[3] BARGOU R, LEO E, ZUGMAIER G, et al. Tumor regression in cancer patients by very low doses of a T cell-engaging antibody. Science, 2008, 321 (5891): 974-977.

[4] JIN A, OZAWA T, TAJIRI K, et al. A rapid and efficient single-cell manipulation method for screening antigen-specific antibody-secreting cells from human peripheral blood. Nat Med, 2009, 15 (9): 1088-1092.

[5] 涂追, 许杨, 何庆华, 等. 半巢式 PCR 法构建天然噬菌体单域重链抗体文库. 食品科学, 2010, 31 (19): 299-303.

第五章

疫苗及其制备技术

学习要求：

第五章
教学课件

1. **掌握** 疫苗、基因重组疫苗、联合疫苗的概念及疫苗的原理。
2. **熟悉** 疫苗的类型、特点及主要作用。
3. **了解** 疫苗发展历程、常见疫苗制备技术、疫苗产业特点。

第一节 概 述

一、疫苗的概念

疫苗（vaccine）的传统概念是指将病原微生物（细菌、病毒、真菌、立克次体、支原体、衣原体等）及其代谢产物，经过人工减毒、灭活或基因工程等方法制成的用于预防疾病的免疫制剂，如流感疫苗、乙型肝炎疫苗、霍乱疫苗、破伤风疫苗等。随着疫苗技术的发展，现代疫苗已经超越了预防传染病的传统含义，治疗性疫苗与非感染性疾病疫苗正在研究之中。随着生命科学飞速发展，疫苗理论和技术均得到极大提高。当今，集免疫学、微生物学、分子生物学及生物信息学等学科理论于一体，同时结合现代生物技术，即包括基因工程、细胞工程、发酵工程、蛋白质工程等技术方法，一门新兴的独立学科——疫苗学（vaccinology）已应运而生。

二、疫苗的作用与意义

接种疫苗可以阻断或灭绝传染病的滋生和传播，对于预防控制感染性疾病，保护人类健康，具有十分巨大的社会效益与经济价值。例如，人类利用疫苗已经彻底消灭天花，并大大减少了乙型肝炎病毒、脊髓灰质炎病毒、霍乱弧菌、炭疽杆菌等病原体的流行与感染，挽救了数千万人的生命。因此，疫苗是预防控制传染病，维护公共卫生最科学、最有效、最经济的手段。

三、疫苗的产生

疫苗的产生可谓人类发展史上最具里程碑意义的事件之一。因为从某种意义上来说，人类繁衍生息的历史就是不断同疾病和自然灾害斗争的历史。

中国早在宋真宗时期，已有关于人痘法预防天花的记载，医者从症状轻微的天花患者身上取浆液接种到健康儿童，使其通过产生轻微症状的感染获得免疫力，避免天花所致的严重感染甚至死亡。人痘法经过几百年的民间改良，至明朝隆庆年间趋于完善。据明朝医学书籍记载，人痘有痘衣法、痘浆法、旱疗法、水苗法等多种接种方法，这一方法经阿拉伯人传到欧洲并流传开来，但人痘法的缺点是有时会引起严重的天花。1721 年，人痘接种法传入英国。英国医生爱德华·詹纳（Edward Jenner）注意到感染过牛痘（牛群发生的类似人天花的轻微疾病）的人不会再感染天花。经过多次实验，詹纳于 1796 年从一挤奶女工感染的痘疱中取出疮浆，接种于 8 岁男孩詹姆士·菲普斯（James Phipps）的手臂上，结果该男孩并未染上天花，证明其对天花确实具有了免疫力。1798 年，医学界正式承认“疫苗接

种确实是一种行之有效的免疫方法”。

詹纳是牛痘疫苗的发明者，但他当时并不清楚为什么牛痘能够预防天花。1870 年，法国科学家路易·巴斯德（Louis Pasteur）在对鸡霍乱病的研究中发现，将鸡霍乱弧菌连续培养几代，可以将该细菌的毒力降到很低，给鸡接种这种减毒细菌后可使其获得对霍乱的免疫力，从而发明了第一个减毒细菌活疫苗——鸡霍乱疫苗。巴斯德将此归纳为接种什么病原体疫苗就可以使其不受该病菌感染的免疫接种原理，从而初步奠定了疫苗的理论基础。因此，人们将巴斯德称为“疫苗之父”。

四、疫苗技术的发展简史

（一）减毒活疫苗技术——第一次疫苗革命

由于野生型病原体具有较强的毒性和致病性，无法直接将其作为疫苗使用，以巴斯德为代表的众多科学家先后探索建立了减毒活疫苗技术，即运用物理学（温度调变、射线照射等）、化学（甲醛、β- 丙内酯等蛋白变性剂）、微生物学（不同动物感染传代、特殊培养基培养传代等）等技术有目的地处理病原微生物，使其失去或减低毒力，然后作为疫苗。

卡介苗就是减毒细菌活疫苗的成功例子。卡尔梅特（Albert Calmette）和介林（Camile Guerin）将一株从母牛分离到的牛型结核分枝杆菌在含有公牛胆汁的特殊培养基上连续培养 213 代，13 年后获得了减毒的卡介苗（Bacillus Calmette-Guérin，BCG）。卡介苗于 1921 年首次给一名新生儿口服免疫，服用后无任何不良反应。该婴儿在其母亲死于肺结核病后虽与患有结核病的外祖母生活，但在他的一生中却并没有患结核病。后来，卡介苗由口服改成皮内注射。从 1928 年开始，卡介苗在全世界广泛使用，至今已在 182 个国家和地区的 40 多亿儿童接种了卡介苗。根据世界卫生组织（WHO）扩大计划免疫的要求，现在每年仍有 1 亿多的新生儿接种卡介苗。

19 世纪末至 20 世纪初，运用减毒活疫苗技术研制的卡介苗、炭疽疫苗、狂犬病疫苗拯救了无数生命，大量的烈性传染病得到了控制，人类的平均寿命延长了数十年。这是疫苗立下的丰功伟绩，也是科学家对人类的伟大贡献。

（二）基因重组疫苗技术——第二次疫苗革命

从 20 世纪 70 年代中期开始，随着分子生物学技术的迅速发展，人们发明建立了基因重组疫苗技术。其方法是将病原体中的某一种或多种抗原基因通过分子设计、重组克隆、体外转录或表达、规模纯化和制剂配伍等工艺制备成基因重组疫苗，包括：基因重组蛋白疫苗、基因重组 mRNA 和 DNA 核酸疫苗、基因重组载体疫苗。该技术的优点是：①可以精准制备疫苗核心组分，剔除传统减毒或灭活疫苗中的无效或毒性成分；②工业化制备技术成熟、稳定，易于质量控制；③在生产过程中无须使用野生型有毒病原体，避免了泄漏或传播病原体的安全隐患。

最初的乙型肝炎疫苗是从乙型肝炎病毒携带者血浆中提取疫苗成分，不仅生产成本高、来源十分困难，还存在着将未除尽的乙型肝炎病毒通过疫苗传播给接种人群带来的巨大风险。1986 年，基因重组技术制备的乙型肝炎病毒表面抗原蛋白作为疫苗获得成功，并在全球范围内广泛使用，为第二次疫苗革命的代表性品种。此后，陆续成功研制了基因重组人乳头瘤病毒蛋白疫苗（预防宫颈癌）、基因重组 B 型人脑膜炎球菌蛋白疫苗，均已广泛使用。

（三）反向疫苗学技术——第三次疫苗革命

随着人类进入了后基因组时代，疫苗研究也改变了过去从表型分析入手的思维方式，从全基因水平来筛选具有保护性免疫反应的候选抗原。这种以基因组为基础的疫苗开发策略，称之为反向疫苗学（reverse vaccinology）。如图 5-1 所示，其方法是从微生物基因组出发，利用生物信息学手段预测病原体的毒力因子、外膜蛋白、侵袭及定植相关抗原等蛋白基因；然后对所预测的候选抗原进行高通量克隆、表达，纯化出重组蛋白抗原；最后对纯化后的抗原进行体内、体外评价，筛选出保护性抗原，进行疫苗研究。该技术的优点是：①通过对基因组序列进行生物信息学分析，大大缩减抗原的筛选范

围,减少抗原鉴定时间;②基于所有的蛋白质都是潜在疫苗抗原的思路,避免了保护性抗原的遗漏;③不需要培养微生物,避免了危险病原体带来的生物安全风险;④病原在不同时期和环境表达的蛋白质抗原都会被分析用来作为候选抗原,即使在对微生物的致病机制和免疫应答了解不充分的情况下也可运用。

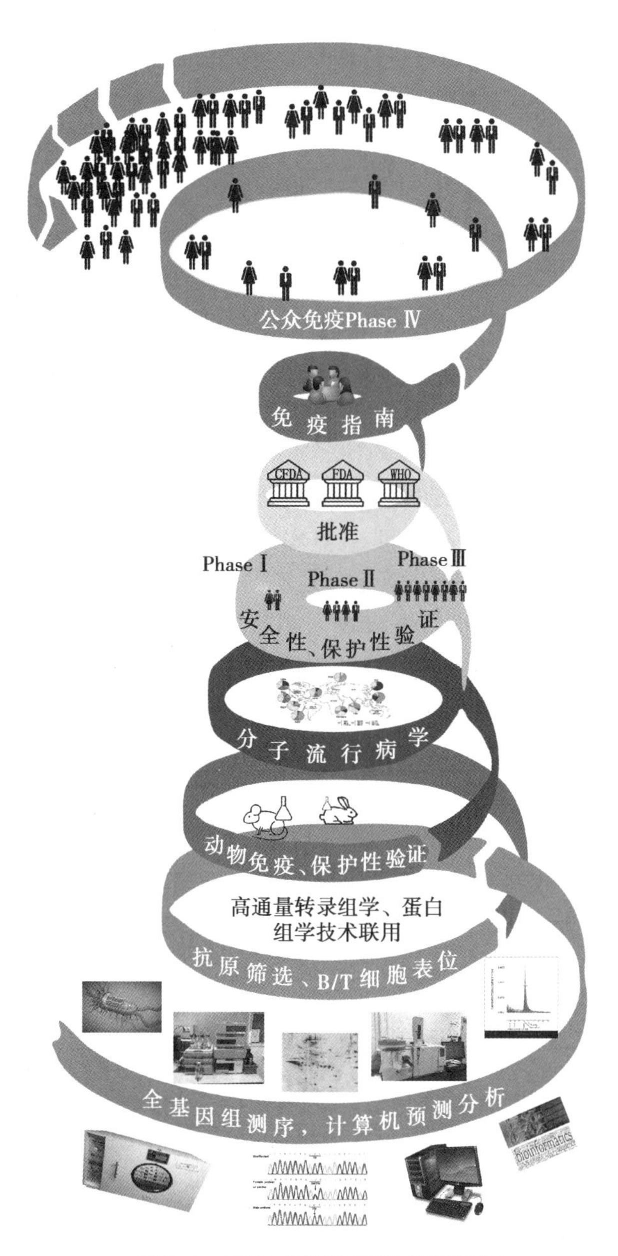

图 5-1 反向疫苗学策略原理示意图

反向疫苗学于2000年首次报道用于B群脑膜炎奈瑟菌(MenB)疫苗的开发。MenB基因组由两千多个开放阅读框(open reading frame,ORF)组成,研究人员首先通过计算机预测了600种候选蛋白抗原,然后利用大肠埃希菌对候选抗原进行了重组表达,其中350种蛋白抗原获得成功表达并纯化,接着考察了其在小鼠模型中产生杀菌抗体的能力,发现28种蛋白抗原能够引发杀菌抗体反应,最后基于抗原的交叉保护能力确定了3种最有希望的抗原NHBA、fHbp和NadA。目前,基于反向疫苗学开发的MenB疫苗已经成功上市。

反向疫苗学策略原理示意图(图片)

第二节 疫苗的组成、作用原理、类型与特点

一、疫苗的组成

疫苗的组成主要有两种形式：①具有免疫保护性的抗原(antigen,Ag)，如蛋白质、多肽、多糖，与免疫佐剂(adjuvant)混合而成；②由抗原对应的核酸序列片段，如mRNA、DNA序列，与递送系统做成制剂。

抗原是指能刺激机体产生免疫反应的物质。通常情况下，抗原具有免疫原性(immunogenicity)和免疫反应性(immunoreactivity)。免疫原性是指抗原能刺激机体特异性免疫细胞，使其活化、增殖、分化，最终产生免疫效应物质(抗体和致敏淋巴细胞)的特性。免疫反应性是指抗原与相应的免疫效应物质(抗体和致敏淋巴细胞)在体内或体外相遇时，可发生特异性结合而产生免疫反应的特性。仅有免疫反应性，而缺乏免疫原性的物质称为半抗原。

佐剂是指能非特异性地增强免疫应答或改变免疫应答类型的物质，可与抗原一起注入机体。佐剂增强免疫应答的机制是：①通过改变抗原的物理形状，延长抗原在机体内保留时间；②刺激单核巨噬细胞对抗原的呈递能力；③刺激淋巴细胞分化，增强免疫应答的能力。

目前用于人体的佐剂主要有：①铝佐剂(氢氧化铝或磷酸铝)，是1997年之前唯一可用于人体免疫接种的佐剂。②MF59(将Span 85分散于含角鲨烯和Tween 80的缓冲液中制成的O/W型乳剂)，是1997年由意大利首先批准上市，2005年又由FDA批准上市的第2个用于人体的佐剂。③AS 01/02/03/04系列佐剂系统，在过去30年里，葛兰素史克(GSK)公司基于经典佐剂(包括铝佐剂、乳剂和脂质体)与免疫刺激分子(如TLR配体)的合理组合，开发出了一系列AS佐剂系统，包括AS01(带状疱疹疫苗Shingrix和疟疾疫苗Mosquirix)、AS04(乙型肝炎疫苗Fendrix和人乳头瘤病毒疫苗Cervarix)以及AS03(流感疫苗Pandemrix和Arepanrix)。动物实验中最常用的佐剂是：弗氏完全佐剂(Freund's complete adjuvant,FCA)和弗氏不完全佐剂(Freund's incomplete adjuvant,FIA)。FCA是由液体石蜡、羊毛脂和灭活的分枝杆菌(卡介苗)组成的；FIA只有液体石蜡和羊毛脂，缺少灭活的结核分枝杆菌。

二、疫苗的作用原理

疫苗的作用原理是：当机体通过注射、口服或吸入等途径接种疫苗后，疫苗中的抗原就会发挥免疫原性作用，刺激机体免疫系统产生特异性、高效价的免疫保护物质，如特异性抗体、免疫细胞、细胞因子等，当机体再次接触到相同病原菌抗原时，机体的免疫系统便会依循其免疫记忆，迅速制造出更多的保护物质来阻断病原菌的入侵，从而使机体获得针对该病原体的特异性免疫力，使其免受侵害而得到保护(图5-2)。

疫苗作用原理示意图(图片)

三、疫苗的类型与特点

按照不同的标准或方法可以将疫苗分为不同类型，这里按照疫苗制备技术和其特点的不同分类如表5-1所示。

(一)减毒活疫苗

许多全身性感染，包括病毒性和细菌性感染，均可通过临床感染或亚临床感染(隐性感染)产生持久性乃至终身的免疫力，减毒活疫苗(live attenuated vaccine)的原理即是模拟自然发生的感染后免疫过程。减毒活疫苗是通过不同的方法手段，使病原体的毒力即致病性减弱或丧失后获得的一种由完整的微生物组成的疫苗制品。它能引发机体感染但不发生临床症状，而其免疫原性又足以能刺激机

体的免疫系统产生针对该病原体的免疫反应，在以后暴露于该病原体时，能保护机体不患病或减轻临床症状，例如卡介苗。减毒活疫苗分为细菌性活疫苗和病毒性活疫苗两大类，如天花疫苗、狂犬病疫苗、卡介苗、黄热病疫苗、脊髓灰质炎疫苗、腺病毒疫苗、伤寒疫苗、水痘疫苗、轮状病毒疫苗等。国内外使用的减毒活疫苗见表 5-2。

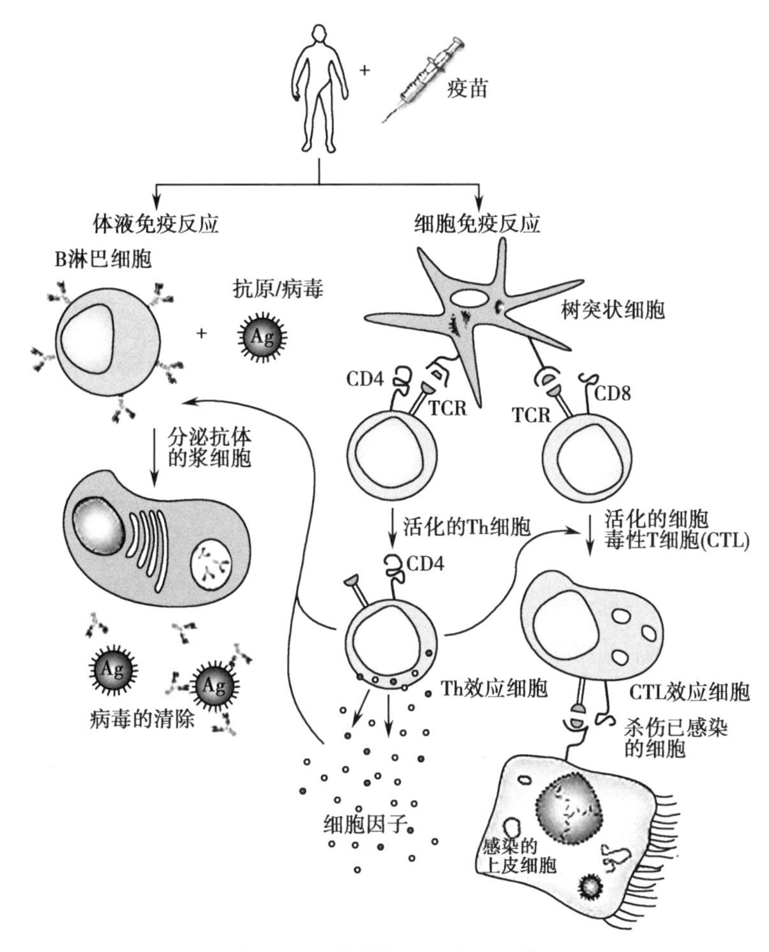

图 5-2　疫苗作用原理示意图

表 5-1　疫苗的主要类型

疫苗类型		举例
减毒活疫苗		乙型脑炎疫苗、卡介苗、脊髓灰质炎减毒活疫苗等
灭活疫苗		灭活霍乱疫苗、灭活甲型肝炎疫苗等
亚单位疫苗	纯化亚单位疫苗	伤寒 Vi 多糖疫苗、无细胞百白破联合疫苗等
	基因工程亚单位疫苗	重组乙型肝炎疫苗、人乳头瘤病毒（宫颈癌）疫苗
核酸疫苗		埃博拉（Ebola）疫苗
联合疫苗		麻疹 - 流行性腮腺炎 - 风疹联合疫苗、乙型肝炎 -b 型流感嗜血杆菌联合疫苗、百白破 -b 型流感嗜血杆菌联合疫苗等
治疗性疫苗		治疗性膀胱癌疫苗

表 5-2　国内外使用的减毒活疫苗一览表

分类	名称	接种途径	国内使用	国外使用
病毒疫苗	甲型肝炎减毒活疫苗	皮下注射	+	–
	麻疹减毒活疫苗	皮下注射	+	–
	腮腺炎减毒活疫苗	皮下注射	+	–
	黄热减毒活疫苗	皮下注射	+	+
	脊髓灰质炎减毒活疫苗	口服	+	–
	乙型脑炎减毒活疫苗	皮下注射	+	–
	风疹减毒活疫苗	皮下注射	+	+
	水痘减毒活疫苗	皮下注射	–	+
	登革热减毒活疫苗	皮下注射	–	+
	流感减毒活疫苗	喷雾	+	+
	腺病毒减毒活疫苗	肌内注射	–	+
细菌疫苗	炭疽减毒活疫苗	皮上划痕	+	+
	布鲁氏菌减毒活疫苗	皮上划痕	–	+
	卡介苗	皮内注射	+	–
	伤寒减毒活疫苗	口服	–	+
	霍乱减毒活疫苗	口服	–	+
	鼠疫减毒活疫苗	皮上划痕	+	+

注：“–”代表未使用；“+”代表使用。

“糖丸之父”顾方舟与脊髓灰质炎减毒活疫苗（拓展阅读）

减毒活疫苗的优点在于：①通过自然感染途径接种，可以诱导包括体液免疫、细胞免疫和黏膜免疫在内的全面的免疫应答，使机体获得较广泛的免疫保护；②由于使用的是活的病原微生物，可以在机体内长时间起作用而诱导较强的免疫反应，且由于活的病原微生物有再增殖的特性，理论上只需接种一次即可以达到满意的免疫效果；③可能引起水平传播，扩大免疫效果，增强群体免疫屏障；④一般不需要在疫苗中添加佐剂，生产工艺一般不需要浓缩纯化，价格低廉。

减毒活疫苗同时也存在一些缺点：①一般减毒活疫苗均保留一定残余毒力，对一些个体，如免疫缺陷者可能诱发严重疾病，并且由于多种原因，如基因修饰等，减毒活疫苗有可能出现毒力回复，即“返祖”现象；②减毒活疫苗是活微生物制剂，可能造成环境污染而引发交叉感染等，并可能滞留在环境中形成传染源；③缺损颗粒可能干扰疫苗的免疫效果，因此产品的分析评估较为困难；④保存、运输等条件要求较高，如需冷藏等。

（二）灭活疫苗

人类对疫苗的应用始于减毒活疫苗，但在实践中发现其存在一些问题。如果减毒程度不够有致病的可能性，过分减毒又造成免疫原性不足或丧失，失去活疫苗的效力。为克服这些缺陷，科学家们开展了灭活疫苗的研究。

灭活疫苗（inactivated vaccine）是将病原体（病毒、细菌及其他微生物）经培养增殖、灭活、纯化处理，使其完全丧失感染性，但保留了病原体的全部组分，因此，灭活疫苗具有较强的免疫原性和较好的安全性，至今使用的灭活疫苗达数十种，包括伤寒疫苗、霍乱疫苗、鼠疫疫苗、百白破联合疫苗、流感疫苗、立克次体疫苗、脊髓灰质炎疫苗、狂犬病疫苗、乙型脑炎疫苗、甲型肝炎疫苗、森林脑炎疫苗等。随

着基因重组疫苗、mRNA 疫苗、载体疫苗等新技术的不断出现，灭活疫苗研制的品种越来越有限。国内外使用的灭活疫苗见表 5-3。

表 5-3 国内外灭活疫苗的生产情况

疫苗名称	国内生产情况	国外生产情况
肺炎球菌多糖疫苗	+	+
空肠弯曲菌疫苗	–	+
肠产毒素大肠埃希菌疫苗	–	+
鼠疫疫苗	+	+
流行性脑脊髓膜炎疫苗	+	+
流行性脑脊髓膜炎疫苗（亚单位多糖）	+	+
伤寒疫苗	+	+
伤寒、副伤寒甲联合疫苗	+	+
百白破联合疫苗	+	+
吸附无细胞百白破联合疫苗	+	+
短棒状杆菌疫苗	+	–
布鲁氏菌疫苗	+	+
假单胞菌疫苗	+	+
霍乱疫苗（亚单位）	–	+
霍乱疫苗（基因工程）	+	+
斑疹伤寒疫苗	+	+
钩端螺旋体疫苗	+	+
灭活脊髓灰质炎病毒疫苗	+	+
甲型肝炎疫苗	+	+
重组乙型肝炎疫苗	+	+
流行性感冒疫苗	+	+
流行性肾综合征出血热疫苗	+	+
森林脑炎疫苗	+	+
狂犬病疫苗	+	–
腮腺炎疫苗	+	–

注："–" 代表未生产；"+" 代表生产。

灭活疫苗具有以下特点：

（1）灭活疫苗常需多次接种：接种 1 剂不能产生具有保护作用的免疫，必须接种第 2 剂或第 3 剂后才能产生保护性免疫。这样所引起的免疫反应通常是体液免疫，很少甚至不引起细胞免疫。体液免疫产生的抗体有中和、清除病原微生物及其毒素的作用，对细胞外感染的病原微生物有较好的保护效果。但是灭活疫苗有可能对病毒、细胞内寄生的细菌和寄生虫的保护效果较差或无效。

（2）接种灭活疫苗产生的抗体滴度较快地随时间下降：一些灭活疫苗需定期加强接种。灭活疫苗通常不受循环抗体影响，即使血液中有抗体存在也可以接种（如在婴儿期或使用含有抗体的血液制品后），它在体内不能复制，可以用于免疫缺陷者。

灭活疫苗与活疫苗的特点比较见表 5-4。

表 5-4 灭活疫苗与活疫苗的特点比较

比较内容	灭活疫苗	活疫苗
特点	用灭活的病原微生物制成 在制备过程中，能杀灭有生长增殖能力的微生物 不能产生分泌型抗体 sIgA 不能产生可能损害或改变保护性抗原决定簇 可能产生毒性或潜在的有害免疫反应	用弱毒或无毒活病原微生物制成 可采取自然感染途径的免疫，活疫苗进入机体后可增殖产生大量抗原 能产生分泌型抗体 sIgA 疫苗在机体内有毒力恢复的潜在危险性，有可能形成潜在感染或传播
稳定性及有效期	较稳定，易于保存和运输，有效期较长	不稳定，不易保存和运输，有效期相对较短
接种剂量及次数	需要多次免疫，接种剂量较大	多数只需一次免疫，接种剂量类似人自然感染过程
免疫效果	免疫效果较好，维持时间较短，常需免疫佐剂	免疫效果良好，维持时间较长

疫苗发展至今，灭活疫苗的概念已不仅仅是传统和经典方法制备的，还包括了基因工程新型疫苗中的一部分，这部分疫苗均是以单一的蛋白质或多肽形式制备，性质上也属灭活疫苗。

（三）亚单位疫苗

利用微生物的某种表面结构成分（抗原）制成、能诱发机体产生抗体的疫苗，称为亚单位疫苗（subunit vaccine）。亚单位疫苗采用生物化学或分子生物学技术制备，在安全性上极大地优于传统疫苗。

1. 纯化亚单位疫苗　由单个蛋白或寡糖组成的疫苗，如从致病微生物中纯化得到的细菌多糖、病毒表面蛋白和去掉了毒性的毒素，称为纯化亚单位疫苗（purified subunit vaccine）。例如 23 价肺炎球菌多糖疫苗、伤寒 Vi 多糖疫苗、无细胞百白破联合疫苗等，已经在全世界广泛使用，效果良好。纯化亚单位疫苗常需要佐剂或偶合物来增强它们的免疫原性，而且这些疫苗的生产通常需要大规模培养致病微生物，成本较高，也具有一定的病原微生物扩散的隐患。

2. 合成肽亚单位疫苗　合成肽亚单位疫苗（synthetic peptide subunit vaccine）可分为三大类：第一类是抗病毒相关肽疫苗，包括 HBV、HIV、呼吸道合胞病毒等；第二类是抗肿瘤相关肽疫苗，包括肿瘤特异性抗原肽疫苗、癌基因和突变的抑癌基因肽疫苗；第三类是抗细菌、寄生虫感染的肽疫苗，如结核分枝杆菌短肽疫苗、血吸虫多抗原肽疫苗和恶性疟疾的细胞毒性 T 淋巴细胞（cytotoxic T lymphocyte，CTL）表位肽疫苗。合成肽亚单位疫苗存在功效低、免疫原性差、半衰期短等不足。目前还没有上市的合成肽亚单位疫苗，仍处于研究阶段。

3. 基因工程蛋白亚单位疫苗　是指将病原体保护性抗原基因克隆表达到另一原核细胞（如大肠埃希菌或酵母）或真核细胞［如中国仓鼠卵巢（CHO）细胞］内，通过重组表达后分离纯化获得抗原蛋白质而生产的疫苗。乙型肝炎疫苗、人乳头瘤病毒（宫颈癌）疫苗、幽门螺杆菌疫苗等都是基因工程亚单位疫苗的典型代表。

大肠埃希菌是用来表达来自原核细胞外源基因最常用的宿主细胞，主要有两种表达方式。第一种方法是直接将外源基因接在大肠埃希菌启动子的下游而只表达该基因的产物，这种方法的优点是能够保证抗原的免疫原性。另一种是表达融合蛋白，这需要保留大肠埃希菌转录和翻译的起始信号，而将外源基因和细菌本身的基因融合在一起，表达出一个杂交的新的亚单位多肽。这种方法的优点是可以利用细菌蛋白的一些特点来帮助融合表达的鉴定或纯化。

使用真核细胞，如酵母或 CHO 细胞生产的乙型肝炎基因工程蛋白亚单位疫苗安全、有效，在全世界广泛使用，成为基因工程亚单位疫苗成功的典型范例。

4. 基因工程活载体亚单位疫苗 根据所用表达载体的不同，包括基因工程活载体疫苗、转基因植物疫苗。

(1) 基因工程活载体疫苗：基因工程活载体疫苗是将病原体的保护性抗原编码基因克隆入表达载体，用于转染细胞或真核细胞微生物及原核细胞微生物后得到的产物。

1) 细菌载体基因工程疫苗：可以作为基因工程疫苗载体的细菌包括沙门菌、卡介苗、乳酸杆菌和大肠埃希菌载体等。从疫苗的安全性和能诱导特殊免疫反应的角度出发，减毒沙门菌和卡介苗是最重要和用途最广的载体，前者能诱导黏膜免疫反应，而后者则具有诱导以细胞免疫反应为主的能力。

2) 病毒载体基因工程疫苗：以病毒为载体的基因工程疫苗可被视为病毒减毒活疫苗和亚单位蛋白质疫苗的结合，既可以避免亚单位疫苗需要佐剂和多次接种注射的缺点，又可以诱导全面而持久的免疫反应。可作为减毒活疫苗的病毒载体有痘苗病毒、腺病毒、脊髓灰质炎病毒和单纯疱疹病毒等，其中最常使用的是腺病毒载体。

基因工程活载体疫苗的特点有：①可制备能预防多种疾病的多价疫苗。如把乙型肝炎表面抗原、流感病毒血凝素、单纯疱疹病毒基因插入牛痘苗基因组中制成的多价疫苗等。②具有减毒活疫苗相似的特点，可模拟天然感染途径。③可操作性强，可设计成不同用途的疫苗或基因治疗转载系统。例如痘苗病毒、腺病毒都有较大的基因组(120kb、36kb)，通过缺失可容纳较大的外源基因，腺病毒在其 *E1* 区和 *E3* 区缺失情况下，理论上可以容纳 7~8kb 的外源基因。这样的载体有利于研制较大抗原基因疫苗和多价疫苗。

腺病毒载体技术主要经历 3 个发展阶段：第 1 代腺病毒载体是将具有病毒编码转录功能的 *E1*/*E3* 区基因序列敲除，此类型为复制缺陷型载体，只能在人胚肾细胞 HEK293 内完成复制，使用较为安全；第 2 代技术是在第 1 代的基础上，将 *E2* 区或 *E4* 区的基因部分或全部敲除，因此增加了可插入的外源基因容量，同时降低了病毒的毒力；第 3 代技术是将病毒具有编码蛋白功能的基因组序列全部敲除，仅保留末端反向重复序列和病毒包装元件，此类病毒载体的复制、包装均需要辅助病毒协助完成。目前，国内外生产的腺病毒载体疫苗见表 5-5。

表 5-5 国内外腺病毒载体疫苗的生产情况

疫苗名称	国内生产情况	国外生产情况
重组埃博拉病毒病疫苗(5 型腺病毒载体)	+	+
重组流感腺病毒载体疫苗	–	–
重组寄生虫腺病毒载体疫苗	–	–
重组 HIV 腺病毒载体疫苗	–	–

注：“–” 代表未生产；“+” 代表生产。

腺病毒载体疫苗的特点有：①宿主范围较广，对人致病性低，不整合到染色体中，无插入致突变性；②腺病毒重组载体的构建和在悬浮细胞中的大规模培养已有较成熟的技术路线，生产出的病毒滴度高；③携带保护性抗原的病毒可以刺激机体产生强烈的免疫应答；④可制备成注射或吸入剂型，便于运输和接种。

但载体疫苗在具有活疫苗优点的同时，也不可避免地带有活病毒一些潜在的问题。主要是病毒可能在不断繁殖过程中出现自身修复、发生 “毒力回复” 即毒力返祖。其次，大量排毒可能造成对环境的污染，特别是一些已被消灭的疾病，如人类已经不再接种痘苗预防天花，使用痘苗病毒做载体有潜在的危险性。同时，腺病毒用于疫苗使用时面临的最大问题是预存免疫(pre-existing immunity)的存在，若接种者本身体内含有针对此病毒载体的抗体(而非针对目标抗原的抗体)，或在短时间内快速产生了抗体，则病毒载体疫苗无法将有效成分递送进入预定的细胞质内，进而极大地降低腺病毒载体

疫苗在人体中的效价。

(2)转基因植物疫苗：转基因植物疫苗是把植物基因工程技术与机体免疫机制相结合，把生产疫苗的系统由大肠埃希菌和酵母菌换成了高等植物，通过口服转基因植物使机体获得特异性抗病能力。用于生产疫苗的植物中有的是可以生食的，例如水果，以及黄瓜、胡萝卜和番茄等蔬菜，合适的抗原基因只要在该植物可食用部位的器官特异表达的启动子驱动下，经转化得到的转基因植物即可直接用于口服免疫。转基因的植物疫苗具有效果好、成本低、易于保存和免疫接种方便等优点，因此特别适合于包括中国在内的发展中国家的需要，具有广泛的应用前景。

(四) mRNA 核酸疫苗与 DNA 核酸疫苗

核酸疫苗(nucleic acid vaccine)是 20 世纪 90 年代发展起来的一种新型疫苗，由能引起机体保护性免疫反应的抗原编码基因(DNA 或 RNA)直接导入机体细胞后，通过宿主细胞表达蛋白抗原，诱导宿主产生细胞免疫应答和体液免疫应答，从而达到预防和治疗疾病的目的。核酸疫苗又称为基因疫苗(genetic vaccine)、基因免疫(genetic immunization)或核酸免疫(nucleic acid immunization)。由上可知，可分为 mRNA 核酸疫苗与 DNA 核酸疫苗两种类型，目前，前者已大量运用于临床，因此予以重点介绍。

mRNA 疫苗采用体外转录、纯化、制剂包装等工艺制备，通过特定的递送系统使细胞摄取并表达编码的抗原，从而诱导机体产生体液及细胞免疫应答。其类型有非复制型和自扩增型。非复制型 mRNA 疫苗仅编码疫苗抗原。

由于 mRNA 容易被核酸酶降解，欠稳定，已研制多种有效策略：①调节 5′ 和 3′ 非翻译区(UTR)中的元件、5′ 端合成帽类似物、3′ 端加 Poly(A)尾、修饰核苷酸替换和密码子优化等；②优化不同 mRNA 递送系统，如脂质纳米粒(lipid nanoparticle，LNP)、鱼精蛋白、合成多肽、阳离子脂质和聚合物等，从而提升 mRNA 疫苗在生物体内的代谢以及抗原蛋白翻译的效率。

mRNA 疫苗具有以下特点：

(1)安全性良好：mRNA 疫苗无感染或插入突变的潜在风险；mRNA 会被正常的细胞途径降解，降低了代谢产物毒性的风险，其在体内的半衰期可采用多种修饰和递送方法调整；也可下调 mRNA 固有免疫原性，以进一步提高安全性。

(2)有效性好：通过序列修饰 / 优化可以显著提高 mRNA 的稳定性和翻译效率；mRNA 无须进入细胞核，在细胞质内即可发挥生物学效应；mRNA 疫苗可进行重复给药，建立更为强大的免疫保护作用。

(3)免疫原性良好、效果持久：mRNA 疫苗可激发机体 B 细胞和 T 细胞针对其编码抗原蛋白的特异性免疫反应，并建立免疫记忆。

(4)生产工艺简单、研发周期短：mRNA 设计、合成方法简便，生产成本低，批次间差异小，易于在体外开展大规模生产。

(5)稳定性较差，存储和运输条件较为苛刻。

(6)不良反应：包括注射部位疼痛、肌痛、头痛、疲劳和发冷等。目前存在极少数接种 mRNA 疫苗后发生心肌炎的不良反应报道，主要集中在 30 岁以下男性群体，发生这类不良反应的具体原因尚不明确。

mRNA 疫苗与传统疫苗的特点比较见表 5-6。

(五) 联合疫苗

联合免疫(combined immunization)是指将两种或两种以上的抗原采用联合疫苗、结合疫苗、混合或同次使用等方式进行免疫接种，以预防多种或不同血清型的同种以及不同生活周期传染病的一种手段。联合疫苗(combined vaccine)是由疫苗厂家将不同抗原进行物理混合后制成的一种混合制剂。结合疫苗(conjugate vaccine)与联合疫苗不同，是通过化学方法将两种以上的抗原相互偶联而制成的疫苗。

表 5-6　mRNA 核酸疫苗与传统疫苗的特点比较

类别	减毒疫苗	灭活疫苗	重组载体活疫苗	蛋白疫苗	肽疫苗	mRNA 疫苗
抗体反应	有	有	有	有	有	有
抗体升高速率	快	快	快	快	快	快
CTL 反应	有	无	有	无	不一定	有
T 辅助细胞反应	有	有	有	有	有	有
完整抗原	是	是	否	否	否	不一定
针对疫苗载体的免疫反应	无	无	不一定	无	无	不一定
免疫持久时间	长	短	长	短	短	长
需要免疫次数	一次	多次	多次	多次	多次	一次或多次
安全性	低	高	高	高	高	高
返祖的危险	是	否	否	否	否	否
工艺复杂程度	是	是	是	是	是	否

联合疫苗包括多联疫苗(multi-combined vaccine)和多价疫苗(multivalent vaccine)。多联疫苗可用于预防由不同病原微生物引起的传染病,例如,百白破联合疫苗可以预防白喉、百日咳和破伤风等3种不同的传染病;而多价疫苗仅预防由同一种病原微生物的不同亚型引起的传染病,例如23价肺炎球菌多糖疫苗,由代表23种不同血清型的细菌多糖所组成,只能预防肺炎球菌的感染。在实际应用中还有两种情况,一种是两种不同的疫苗制剂,由医务人员将它们临时相互混合后使用,可以称为混合使用。另一种是同次使用,即将两种以上的疫苗同时给儿童接种,但使用部位和途径不同,如口服和肌内注射,或在不同部位注射不同的疫苗。联合疫苗也不同于由基因工程或重组核酸的疫苗株制成的多价疫苗。经过多年的努力,目前世界上已使用的各种联合疫苗不少于十几种。表5-7为目前在国内外使用较多的联合疫苗种类。

表 5-7　正在使用的联合疫苗的种类

国外	国内
百白破联合疫苗	百白破联合疫苗
无细胞百白破联合疫苗	无细胞百白破联合疫苗
三价口服脊髓灰质炎减毒活疫苗	三价口服脊髓灰质炎减毒活疫苗
三价脊髓灰质炎灭活疫苗	全细胞百日咳、白喉类毒素二联疫苗
麻疹、流行性腮腺炎、风疹联合疫苗	伤寒、副伤寒二联疫苗
麻疹、风疹联合疫苗	伤寒、副伤寒甲乙三联疫苗
乙型肝炎、b 型流感嗜血杆菌联合疫苗	冻干口服弗氏宋内氏痢疾双价疫苗
百白破、b 型流感嗜血杆菌联合疫苗	流行性出血热双价疫苗
无细胞百白破、b 型流感嗜血杆菌联合疫苗	23 价肺炎球菌多糖疫苗
百白破、乙型肝炎联合疫苗	
百白破、b 型流感嗜血杆菌、乙型肝炎联合疫苗	
百白破、灭活脊髓灰质炎联合疫苗	
百白破、灭活脊髓灰质炎、b 型流感嗜血杆菌联合疫苗	
甲型肝炎联合疫苗	
23 价肺炎球菌多糖疫苗	

多联多价可以一针防多病，是未来的方向，但是距离安全、高效、持久、广谱、廉价和能预防各种传染病的联合疫苗的美好目标还有一段很长的路程要走。

（六）治疗性疫苗

传统意义上的疫苗是预防性疫苗。虽然疫苗的免疫接种能预防许多疾病，但由于技术的有限性，现有疫苗不足以预防所有疾病；全球经济发展的极度不平衡使疫苗应用受到限制；获得性免疫缺陷综合征（AIDS）、严重急性呼吸综合征（SARS）、埃博拉出血热、甲型流感、超级耐药细菌引起的感染和牛海绵状脑病（疯牛病）等感染性疾病导致了一系列公共卫生问题。目前极度困扰人们的疾病主要是因病毒持续感染导致的慢性疾病（如慢性乙型肝炎和 AIDS）、细菌慢性感染性疾病（如结核）、恶性肿瘤等，现有的医疗水平对这些疾病缺乏卓有成效的治疗药物和手段。传统意义的疫苗虽然可在健康人群中激活特异性免疫应答，产生特异性抗体和细胞毒性 T 淋巴细胞（cytotoxic T lymphocyte，CTL），从而获得对该病原体的免疫预防能力，但对已感染的个体却不能诱生有效的免疫应答。因此，有必要研究、开发新型的疫苗，使其不仅具有预防疾病的作用，同时还能对已感染或已患病个体诱导特异性免疫应答，清除病原体或异常细胞，使疾病得以治愈。这类疫苗便从传统意义的预防性扩展为治疗性，治疗性疫苗（therapeutic vaccine）的概念也便应运而生。

治疗性疫苗作为一种新兴的以治疗疾病为目的的疫苗，在设计思路、制备手段和应用技术方面均体现多元化、多层面和与现代分子生物学及细胞学技术密切结合的特点。多形式疫苗联合应用也是治疗性疫苗的主要应用策略，因此其复杂程度远超出传统的预防性疫苗，目前尚难以系统地加以分类。目前基于所治疗疾病的种类可将其分为 4 种类型：

1. 感染性疾病的治疗性疫苗　感染性疾病主要包括由病毒、细菌、原虫、寄生虫等病原体感染所导致的疾病，其病程也与感染过程密切相关。如 HBV 持续感染导致慢性肝炎和肝损伤。感染性疾病通常伴随病原体的持续存在和 Th1 型免疫应答的下调。因此，针对此治疗性疫苗重点在于清除病原体的持续性感染和上调 Th1 型免疫应答。这类治疗性疫苗包括病毒治疗性疫苗、细菌治疗性疫苗和原虫治疗性疫苗等。病毒治疗性疫苗的研究最为深入和广泛，研究热点有 HIV、HBV、HCV、流感病毒等。细菌感染性疾病近年来有增加趋势，如结核病开始大幅回升，麻风病等仍在局部地区蔓延。治疗性疫苗联合化学治疗，可进一步促进细菌的清除，在改善病理损害的同时增强无皮肤肉芽肿症状的非特异浸润，显著缩短治疗时间。原虫感染病如疟原虫等治疗性疫苗也在研究及临床试验中。

2. 肿瘤治疗性疫苗　恶性肿瘤的机制复杂多样，与病毒感染、基因组突变和细胞周期失控有关，至今未能明确其病因，因此尚无理想的治疗手段。肿瘤治疗性疫苗的研制迫在眉睫，但肿瘤特异性抗原的不明确性一直制约着肿瘤治疗性疫苗的发展。除以肿瘤细胞为疫苗外，抗原修饰树突状细胞疫苗（DC 疫苗）以及肿瘤相关抗原疫苗的研制在持续开发中。如端粒酶多肽成分（TERT）RNA 转染 DC 疫苗，利用 *TERT* 基因在正常组织中不表达，而在 85% 以上肿瘤内被激活的特性，可有效抑制小鼠黑色素瘤、乳腺癌和膀胱癌的生长；可在体外激活人外周血单个核细胞（peripheral blood mononuclear cell，PBMC）特异性抗前列腺癌、肾癌细胞的功能。肿瘤治疗性疫苗有望通过获得对自身细胞生长的有效控制而真正消退肿瘤。

2010 年 4 月 29 日，FDA 正式批准了一种前列腺癌治疗性疫苗 Sipuleucel-T（商品名为 Provenge）的上市申请，其为被 FDA 批准上市的首个治疗性疫苗。

3. 自身免疫性疾病的治疗性疫苗　自身免疫病如系统性红斑狼疮、类风湿关节炎、自身免疫性脑脊髓炎（EAE）等，发病率较高，严重危害人类的生命和健康，也是治疗性疫苗致力解决的一类疾病。

4. 移植用治疗性疫苗　用于抗移植慢性排斥反应的治疗性疫苗可通过封闭协同刺激分子、诱导对移植物的免疫耐受来延长移植物的存活期。未成熟 DC 疫苗诱导免疫耐受是当前的一个热点。

治疗性疫苗与传统意义上的预防性疫苗具有明显不同的特点，主要不同点见表 5-8。

表 5-8　治疗性疫苗与预防性疫苗使用特点比较

类别	使用对象	免疫应答类型	有效性判断标准
治疗性疫苗	疾病患者	细胞免疫为主	临床症状是否改善
预防性疫苗	健康人群	体液免疫为主	感染率是否显著降低

可见，治疗性疫苗的完善和广泛应用，将给予人类生命与健康新的保护力，使人们在患严重疾病之后通过激发的免疫力再次获得对疾病的控制力，可能改变疾病的病程和预后，甚至可能改写生命科学及医药治疗史。当前，治疗性疫苗已成为现代生物技术、免疫学及疫苗学发展的新领域。

第三节　疫苗的制备方法举例

目前全世界约有 50 种疫苗用于人类，100 多种疫苗用于畜禽，以预防传染病。根据制备的技术路线与方法不同，可将市售的疫苗主要分为五大类型：灭活疫苗、减毒活疫苗、基因工程亚单位疫苗、生化提取亚单位疫苗、mRNA 核酸疫苗。

本节将对目前主要的疫苗类型代表性品种的制备方法进行介绍。

一、灭活全毒疫苗制备方法举例——流感全病毒灭活疫苗的制备

流感全病毒灭活疫苗采用 WHO 推荐的，并经国家相关主管部门批准的甲型和乙型流行性感冒（简称流感）病毒株分别接种鸡胚，经培养、收获病毒液、灭活病毒、浓缩和纯化后制成，用于预防本株病毒引起的流行性感冒。

（一）制备方法

流感全病毒灭活疫苗制备流程见图 5-3。

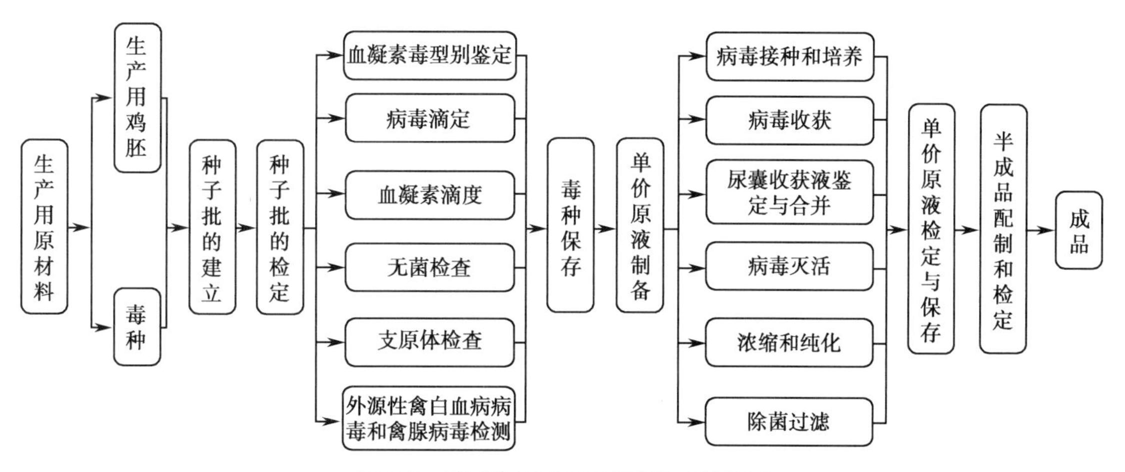

图 5-3　流感全病毒灭活疫苗制备流程图

1. 生产用原材料　毒种传代和制备用鸡胚应来源于无特定病原（specific pathogen free，SPF）鸡群；生产用毒种为 WHO 推荐并提供的甲型和乙型流感病毒株。

2. 毒种种子批的建立及检定　以 WHO 推荐并提供的流感毒株代次为基础，传代建立主种子批和工作种子批，至成品疫苗病毒总传代不得超过 5 代。建立的种子批应进行全面检定合格。

3. 单价原液的制备

(1) 病毒收获：筛选活鸡胚，置 2~8℃冷胚一定时间后，收获尿囊液于容器内。逐容器取样进行尿囊收获液检定。

(2)尿囊收获液检定及合并:①微生物限度检查,按细菌、霉菌及酵母菌计数法检测,菌数应 < 10^5CFU/ml,沙门菌检测应为阴性;②血凝滴度检测,血凝效价应不低于 1∶160;③每个收获容器检定合格的含单型流感病毒的尿囊液可合并为单价病毒合并液。

(3)病毒灭活:在规定的蛋白质含量范围内进行病毒灭活。单价病毒合并液中加入终浓度不高于 200μg/ml 的甲醛,置适宜的温度下进行病毒灭活。

(4)浓缩和纯化及除菌过滤:①超滤浓缩;②纯化;③除菌过滤。

(5)单价原液保存:应于 2~8℃保存。

4. 半成品的制备 根据各单价原液血凝素含量,将各型流感病毒按同一血凝素含量进行半成品配制,可补加适宜浓度的硫柳汞作为防腐剂,即为半成品。

5. 成品的制备 所配制的半成品应按照《中国生物制品规程》规定进行相应的分批、分装及冻干后包装。每瓶 0.5ml 或 1.0ml。每一次人用剂量为 0.5ml 或 1.0ml。含各型流感病毒株血凝素应为 15μg/ 剂。

(二) 检定要求

1. 单价原液检定

(1)鉴别试验:用相应(亚)型流感病毒特异性免疫血清进行血凝抑制试验或单向免疫扩散试验,结果证明抗原性与推荐病毒株相一致。

(2)病毒灭活验证试验:将病毒灭活后的尿囊液样品做 10 倍系列稀释,取原液及 10^{-1} 倍及 10^{-2} 倍稀释的病毒液分组接种鸡胚尿囊腔,取尿囊液进行血凝试验,结果应不出现血凝反应。

(3)血凝素含量:采用单向免疫扩散试验测定血凝素含量。应不低于 90μg/(strain·ml)。

2. 成品的检定

(1)鉴别:用相应(亚)型流感病毒特异性免疫血清进行单向免疫扩散试验,结果应证明抗原性与推荐病毒株相一致。

(2)外观:应为微乳白色液体,无异物。

(3)pH:应为 6.8~8.0。

(4)硫柳汞含量:应不高于 50μg/ 剂。

(5)蛋白质含量:应不高于 200μg/ 剂,并不得超过疫苗中血凝素含量的 4.5 倍。

(6)血凝素含量:每剂中各型流感病毒株血凝素含量应为配制量的 80%~120%。

(7)卵清蛋白含量:采用酶联免疫法检测,卵清蛋白含量应不高于 250ng/ 剂。

(8)抗生素残留量:生产过程中加入的抗生素应不高于 50ng/ 剂。

二、减毒活疫苗制备方法举例——皮内注射用卡介苗的制备

目前,世界上多数国家都已将卡介苗列为计划免疫必须接种的疫苗之一。皮内注射用卡介苗(BCG vaccine for intradermal injection)系用卡介菌经培养后,收集菌体,加入稳定剂冻干制成。接种的主要对象是新生儿,接种后可预防发生儿童结核病,特别是能防止那些严重类型的结核病,如结核性脑膜炎。

(一) 基本要求

卡介苗生产车间必须与其他生物制品生产车间及实验室分开。所需设备及器具均须单独设置并专用。卡介苗制造、包装及保存过程均须避光。从事卡介苗制造的工作人员及经常进入卡介苗制造室的人员,必须身体健康,经 X 射线检查无结核病,且每年经 X 射线检查 1~2 次,可疑者应暂离卡介苗的制造。

(二) 制备方法

皮内注射用卡介苗的制备流程图见图 5-4。

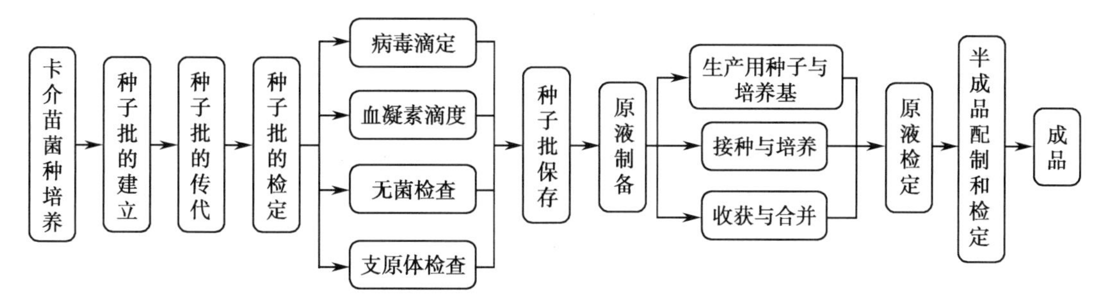

图 5-4　皮内注射用卡介苗制备流程图

1. 生产用菌种　生产用菌种应符合《生物制品生产检定用菌毒种管理规程》规定。采用卡介菌 D_2 PB 302 菌株。严禁使用通过动物传代的菌种制造卡介苗。

2. 种子批的建立及检定　工作种子批启开至菌体收集传代应不超过 12 代。建立的种子批应进行以下全面检定。

(1) 培养特性：卡介菌在苏通培养基（Sauton's medium）上生长良好，培养温度 37~39℃。抗酸染色应为阳性。

(2) 毒力试验：结果应为合格。

(3) 无有毒分枝杆菌试验：结果应为合格。

(4) 免疫力试验：免疫组与对照组动物的病变指数及脾脏毒菌分离数的对数值经统计学处理，应有显著差异。

(5) 种子批的保存：种子批应于 8℃以下冻干保存。

3. 原液的制备

(1) 生产用种子：启开工作种子批菌种，在苏通马铃薯培养基、胆汁马铃薯培养基或液体苏通培养基上每传 1 次为 1 代。在马铃薯培养基培养的菌种置冰箱保存，不得超过 2 个月。

(2) 生产用培养基：生产用培养基为苏通马铃薯培养基、胆汁马铃薯培养基或液体苏通培养基。

(3) 接种与培养：挑取生长良好的菌膜，移种于改良苏通综合培养基或经批准的其他培养基的表面，置 37~39℃静止培养。

(4) 收获和合并：培养结束后应逐瓶检查，若有污染、湿膜、浑浊等情况应废弃。收集菌膜压干，移入盛有不锈钢珠的瓶内，钢珠与菌体的比例应根据研磨机转速控制在一适宜的范围，并尽可能在低温条件下研磨。加入适量无致敏原的稳定剂稀释，制成原液。

4. 成品的制备　分装过程中应使疫苗液混合均匀。疫苗分装后应立即冻干，冻干后应立即封口。

（三）检定要求

1. 原液检定

(1) 菌检：生长物做涂片镜检，不得有杂菌。

(2) 浓度测定：用国家药品检定机构分发的卡介苗参考比浊标准，以分光光度法测定原液浓度，应不超过配制浓度的 110%。

2. 成品的检定　除装量差异、水分测定、活菌数测定和热稳定性试验外，按标示量加入灭菌注射用水，复溶后进行下列各项检定。

(1) 鉴别试验：应做抗酸染色涂片检查，细菌形态与特性应符合卡介菌特征。

(2) 外观：应为白色疏松体或粉末状，按标示量加入注射用水，应在 3 分钟内复溶至均匀悬液。

(3) 水分：应不高于 3.0%。

(4) 效力测定：应合格。

(5) 活菌数测定：每亚批疫苗均应做活菌数测定。抽取 5 支疫苗稀释并混合后进行测定，培养 4

周后含活菌数应不低于 1.0×10^{6}CFU/mg。本试验可与热稳定性试验同时进行。

(6)无有毒分枝杆菌试验：应合格。

(7)热稳定性试验：取每亚批疫苗于37℃放置28天测定活菌数，并与2~8℃保存的同批疫苗进行比较，计算活菌率；放置37℃的本品活菌数应不低于置2~8℃本品的25%，且不低于 2.5×10^{5}CFU/mg。

三、基因重组亚单位疫苗制备方法举例——重组乙型肝炎疫苗的制备

乙型病毒性肝炎是由乙型肝炎病毒（hepatitis B virus，HBV）引起的一种世界性疾病。发展中国家发病率高，据统计，全世界乙型肝炎病毒携带者（HBsAg携带者）超过2.8亿，我国约占1.3亿。乙型肝炎疫苗的应用是预防和控制乙型肝炎的根本措施。

目前重组乙型肝炎疫苗主要分为酵母（酿酒酵母和甲基营养型酵母）以及中国仓鼠卵巢细胞（Chinese hamster ovary cell，CHO cell）表达疫苗。

现在介绍由重组酿酒酵母表达乙型肝炎表面抗原（hepatitis B surface antigen，HBsAg）经纯化，加入铝佐剂制成的重组乙型肝炎疫苗（recombinant Hepatitis B vaccine）。

（一）制备方法

重组乙型肝炎疫苗的制备流程图见图5-5。

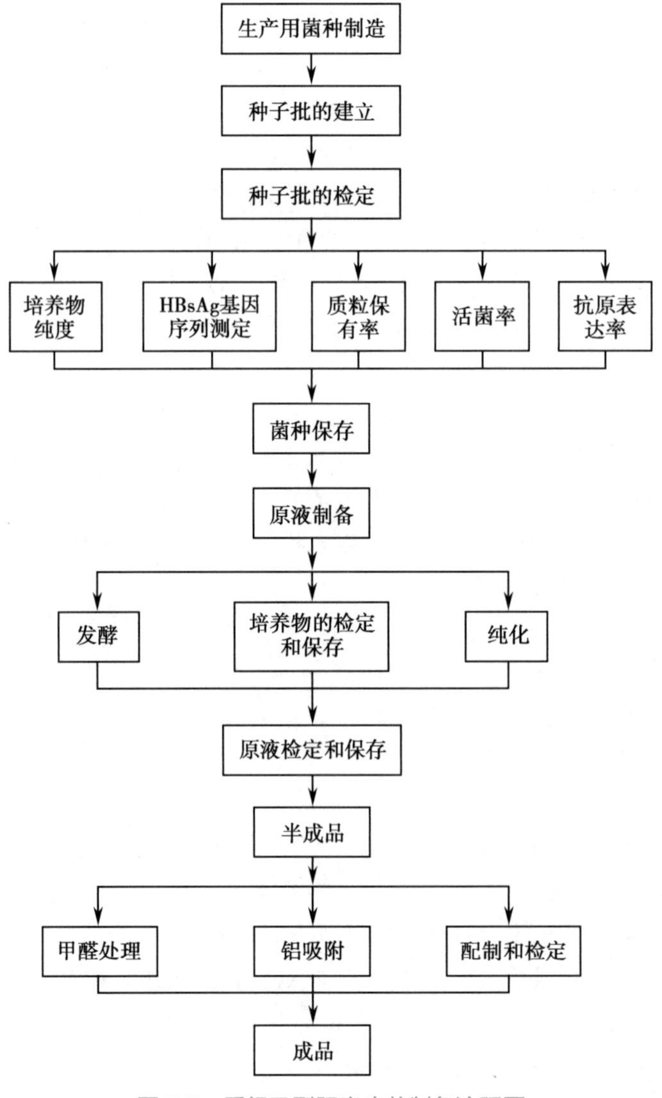

图5-5 重组乙型肝炎疫苗制备流程图

1. 生产用菌种　生产用菌种为核酸重组技术构建的表达 HBsAg 的重组酿酒酵母原始菌种。

2. 种子批的建立及检定　构建的重组原始菌种经扩增 1 代为主种子批，主种子批扩增 1 代为工作种子批。

（1）培养物纯度：应无细菌和其他真菌被检出。

（2）HBsAg 基因序列测定：HBsAg 基因序列应与原始菌种保持一致。

（3）质粒保有率：应不低于 95%。

（4）活菌率：采用血细胞计数板，分别计算每 1ml 培养物中总菌数和活菌数，活菌率应不低于 50%。

（5）抗原表达率：取种子批菌种扩增培养，采用适宜的方法将培养后的细胞破碎，并采用酶联免疫法或其他适宜方法测定 HBsAg 含量。抗原表达率应不低于 0.5%。

（6）菌种保存：主种子批和工作种子批菌种应于液氮中保存，工作种子批菌种于 −70℃保存应不超过 6 个月。

3. 原液的制备

（1）发酵：取工作种子批菌种，于适宜温度和时间，经锥形瓶、种子罐和生产罐进行三级发酵，收获的酵母菌应冷冻保存。

（2）纯化：用细胞破碎器破碎酿酒酵母，除去细胞碎片，以硅胶吸附法粗提 HBsAg，疏水层析法纯化 HBsAg，用硫氰酸盐处理，经稀释和除菌过滤后即为原液。

（3）原液的保存：于 2~8℃保存不超过 3 个月。

4. 半成品的制备

（1）甲醛处理：原液中按终浓度为 100μg/ml 加入甲醛，于 37℃保温适宜时间。

（2）铝吸附：每 1μg 蛋白质和铝剂按一定比例置 2~8℃条件下吸附适宜时间，用无菌 0.9% 氯化钠溶液洗涤，去上清液后再恢复至原体积，即为铝吸附产物。

（3）配制：蛋白质浓度为 20.0~27.0μg/ml 的铝吸附产物可与铝佐剂等量混合后，即为半成品。

5. 成品的制备　所配制的半成品应按照《中国生物制品规程》规定进行相应的分批、分装及冻干后包装。

（二）检定要求

1. 原液检定

（1）特异蛋白带：采用还原型 SDS- 聚丙烯酰胺凝胶电泳法，银染法染色。应有分子质量为 20~25kDa 的蛋白带，可有 HBsAg 多聚体蛋白带。

（2）*N*- 端氨基酸序列测定：*N*- 端氨基酸序列应为 Met-Glu-Asn-Ile-Thr-Ser-Gly-Phe-Leu-Gly-Pro-Leu-Leu-Val-Leu。

（3）纯度：采用免疫印迹法测定，所测供试品中酵母杂蛋白应符合批准的要求；采用高效液相层析，亲水硅胶高效体积排阻层析柱，排阻极限 1 000kDa，孔径 45nm，流动相为含 0.05% 叠氮钠和 0.1% SDS 的磷酸盐缓冲液（pH 7.0），上样量 100μl，检测波长 280nm。按面积归一法计算 P60 蛋白质含量，杂蛋白应不高于 1.0%。

2. 半成品的检定

（1）吸附完全性：结果应不低于 95%。

（2）硫氰酸盐含量：结果应小于 1.0μg/ml。

（3）Triton X-100 含量：结果应小于 15.0μg/ml。

3. 成品的检定

（1）鉴别试验：采用酶联免疫法检查，应证明含有 HBsAg。

（2）外观：应为乳白色混悬液体，可因沉淀而分层，易摇散，不应有摇不散的块状物。

（3）pH：应为 5.5~7.2。

(4)铝含量：应为0.35~0.62mg/ml。

四、生化提取亚单位组分疫苗制备方法举例——吸附破伤风疫苗的制备

吸附破伤风疫苗(tetanus vaccine, adsorbed)是采用破伤风梭状芽孢杆菌，在适宜的培养基中培养后提取破伤风毒素蛋白，经甲醛脱毒、精制，加入氢氧化铝佐剂制成，用于预防破伤风。

(一) 制备方法

吸附破伤风疫苗的制备流程见图5-6。

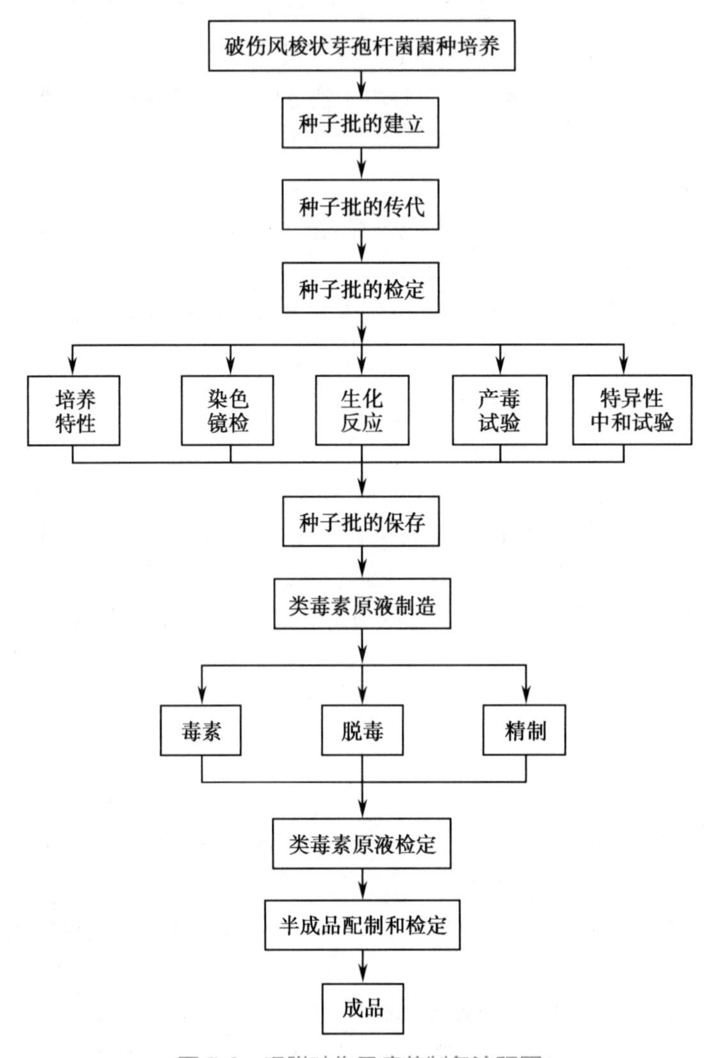

图5-6 吸附破伤风疫苗制备流程图

1. 生产用菌种 菌种应采用产毒效价高、免疫力强的破伤风梭状芽孢杆菌。

2. 种子批的建立、传代及检定 种子批应于2~8℃条件下保存。主种子批自启开后传代应不超过5代。工作种子批传代应不超过10代。建立的种子批应进行以下检定。

(1)培养特性：本菌为专性厌氧菌，适宜生长温度为37℃。在庖肉液体培养基中培养，培养液呈浑浊、产生气体、具腐败性恶臭。在血琼脂平皿培养基培养，菌落呈弥漫生长。在半固体培养基穿刺培养，表现为鞭毛动力。

(2)染色镜检：应合格。

(3)生化反应：不发酵糖类，液化明胶，产生硫化氢；不还原硝酸盐。

(4)产毒试验：应合格。

(5)特异性中和试验：取适量产毒培养滤液与相应稀释的破伤风抗毒素经体外中和后，注射于体重为18~22g小鼠的腹部皮下，每只小鼠注射0.4ml，至少4只；同时取未结合破伤风抗毒素的培养滤液0.4ml，注射至小鼠的腹部皮下，作为阳性对照。注射后每日观察，对照组小鼠应出现明显破伤风症状并死亡，试验组小鼠应存活。

3. 类毒素原液的制备

(1)毒素的获得

1)生产用种子：工作种子批生产前应检查菌种的全部特性，合格后方可用于生产。工作种子批先在产毒培养基种子管中传2~3代，再转至产毒培养基菌种瓶中制成生产用种子。

2)培养基：采用酪蛋白、黄豆蛋白、牛肉等蛋白质经加深水解后的培养基。

3)产毒与收获：毒素制造过程应严格控制杂菌污染，经显微镜检查或菌检发现污染者应废弃。检测培养物滤液或离心上清液，毒素经除菌过滤后效价应不低于40Lf/ml。

(2)脱毒

1)毒素或精制毒素的脱毒：毒素或精制毒素中加入适量甲醛溶液，置适宜温度条件下进行脱毒。

2)脱毒检查：每瓶取样，用体重300~400g豚鼠至少2只，每只皮下注射500Lf。精制毒素脱毒者可事先用0.9%氯化钠溶液稀释成100Lf/ml，皮下注射5ml，于注射后第7天、14天、21天进行观察，动物不应有破伤风症状，到期每只动物体重不得较注射前减轻，且健存者为合格。体重减轻者应予复试。发生破伤风症状者，原液应继续脱毒。脱毒检查合格的类毒素应做絮状单位(Lf)测定。类毒素应为黄色或棕黄色透明液体。

(3)精制：毒素或类毒素可用等电点沉淀、超滤、硫酸铵盐析等方法或经批准的其他适宜方法精制。用于精制的类毒素应透明，无肉眼可见的染菌。类毒素精制后应加0.1g/L硫柳汞防腐，并应尽快除菌过滤。类毒素原液保存于2~8℃，自精制之日起或先精制后脱毒的制品从脱毒试验合格之日起，有效期为3年6个月。

4. 半成品的制备

(1)佐剂配制：配制氢氧化铝可用三氯化铝加氨水法或三氯化铝加氢氧化钠法，用氨水配制，需透析除氨后使用。配制成的氢氧化铝原液应为浅蓝色或乳白色的胶体悬液，不应含有凝块或异物。

(2)吸附类毒素的配制：每1ml应含类毒素7~10Lf，氢氧化铝含量应不高于3.0mg/ml，同时可加0.05~0.10g/L硫柳汞作防腐剂。

5. 成品的制备　所配制的半成品应按照《中国生物制品规程》规定进行相应的分批、分装及冻干后包装。规格为每瓶0.5ml、1.0ml、2.0ml、5.0ml。每1次人用剂量0.5ml，含破伤风类毒素效价不低于40U。

(二)检定要求

1. 类毒素原液检定

(1)pH与纯度:pH应为6.6~7.4，每1mg蛋白氮应不低于1 500Lf。

(2)特异性毒性检查：每瓶原液取样等量混合，用0.9%氯化钠溶液稀释为250Lf/ml，用体重250~350g豚鼠4只，每只皮下注射2ml。于注射后第7天、14天及21天进行观察，局部无化脓、无坏死，动物不应有破伤风症状，到期每只动物体重比注射前增加者为合格。

(3)毒性逆转试验：每瓶原液取样，用PBS(pH 7.0~7.4)分别稀释至7~10Lf/ml，放置于37℃条件下42天，用体重250~350g的豚鼠4只，每只皮下注射5ml，于注射后第7天、14天及21天进行观察，动物不得有破伤风症状，到期每只动物体重比注射前增加为合格。

2. 半成品的检定　依法进行无菌检查，应符合规定。

3. 成品的检定

(1)鉴别试验：可选择下列一种方式进行。①疫苗注射动物后应产生破伤风抗体；②疫苗加入构

橼酸钠或碳酸钠将吸附剂溶解后做絮状试验，应出现絮状反应；③疫苗经解聚液溶解佐剂后取上清液做凝胶免疫沉淀试验，应出现免疫沉淀反应。

(2)外观：振摇后应为乳白色均匀悬液，无摇不散的凝块及异物。

(3)化学检定：pH 应为 6.0~7.0；氢氧化铝含量应不高于 3.0mg/ml；氯化钠含量应为 7.5~9.5g/L；硫柳汞含量应不高于 0.1g/L；游离甲醛含量应不高于 0.2g/L。

(4)效价测定：每 1 次人用剂量(0.5ml)中破伤风类毒素效价应不低于 40U。

(5)特异性毒性检查：每亚批取样等量混合，用体重 250~350g 豚鼠 4 只，每只注射 2.5ml 于腹部皮下，注射后第 7 天、14 天及 21 天各观察 1 次并称体重，动物不应有破伤风症状，注射部位无化脓、无坏死，到期体重比注射前增加者为合格。

第四节　疫苗生产的质量控制

长期以来，保证疫苗安全性和有效性的一致性原则是成功控制传染病计划中的一个基本要求。由于疫苗制品的原材料具有生物活性，例如，许多疫苗的生产涉及细胞或微生物培养，这些系统具有较大可变性；从分子角度看，疫苗是非常复杂的产品，而且人们至今也没有完全掌握其生理生化特征、免疫原性和保护效力之间的关系；另外，某些疫苗是活组织制备的，生产过程以及产品鉴定的试验方法具有特殊的生物学特性。因此，化学和生理学分析在疫苗的鉴定中只能提供有限的资料，故需要补充各种类型的生物学鉴定。与化学药品相比，由于化学药品有明确的化学分析能为其鉴定和质量评价提供相应的基础，通常对于化学药品而言，其包含的化学组分是安全性问题的结构基础；但与之相反，疫苗的主要安全性事故通常与批次制备过程相关，而不完全是与产品相关。疫苗的这种特殊性，强调了为保证疫苗的质量问题需要有效控制其生产过程。

目前世界各国的疫苗生产和研究单位都在实施 GMP 管理，以保证其产品质量。GMP 是指在药品生产全过程中，用科学、合理、规范化的条件和方法保证生产出优良药品的一套科学管理方法，是药品生产和质量管理的基本准则，是药品生产企业必须强制达到的最低标准。WHO 关于生物制品GMP 文件中对于疫苗生产的组织实施有明确的要求和标准，尤其是对生产与鉴定人员的培训和经验以及生产厂家负责人都有规定。应该注意临床试验的疫苗制品一定要在 GMP 条件下生产，特别要求在生产和鉴定过程中实施标准操作规程(standard operation procedure，SOP)。GMP 相关条款包括：①人员；②生产和控制厂房的位置与构造；③原材料及产品流动；④空气、水、蒸汽系统；⑤排水流出系统；⑥清洁；⑦质量保证和质量鉴定规程；⑧设备和建筑物保养清单；⑨电力及应急系统；⑩标签和包装设备程序。疫苗生产的质量控制流程如图 5-7 所示。

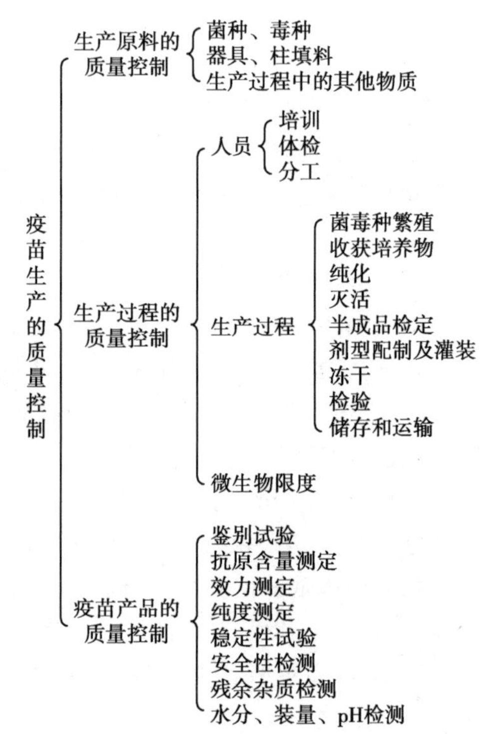

图 5-7　疫苗生产的质量控制流程示意图

一、生产原料的质量控制

疫苗制品生产用原材料须向合法和有质量保证的供方采购，应对供应商进行评估，并与之签订较固定的供需合同，以确保其物料的质量和稳定性，使用之前应由质量保证部门检查合格并签证发放。

(一) 生产用水

水是生产用基本原料，自来水需净化处理，其质量应符合饮用水标准;去离子水应定期处理树脂,并检测电导率;蒸馏水应采用多效蒸馏水器设备,应符合无热原、无菌要求,超过一周不能使用。

(二)器材、溶液等原材料的供应

器材供应包括玻璃器皿、橡皮用具等,在使用前应严格清洗、灭菌,方可使用。溶液、培养基配制时所选的化学试剂,一般应为二级纯或三级纯试剂,变质潮解者不能使用。配制好的溶液应透明、无杂质、无沉淀、无染菌,pH 符合要求。

(三)动物源的原材料

使用时要详细记录,内容至少包括动物来源、动物繁殖和饲养条件、动物的健康状况。应符合《实验动物管理制度与操作规程》,用于疫苗生产的动物应是清洁级以上的动物。

(四)菌种和毒种

用于疫苗生产的菌、毒种来源及历史应清楚,由中国食品药品检定研究院分发或由国家卫生健康委员会指定的其他单位保管或分发。应建立生产用菌、毒种的原始种子批、主代种子批和工作种子批系统。种子批系统应有菌、毒种原始来源,菌、毒种特征鉴定,传代谱系,菌、毒种是否为单一纯微生物,生产和培育特征,最适保存条件等完整资料。

(五)细胞

生产用细胞应建立原始细胞库、主代细胞库和工作代细胞库系统。细胞库系统应有细胞原始来源、群体倍增数、传代谱系、细胞是否为单一纯化细胞系、制备方法、保存条件等完整资料。对于基因工程疫苗,作为表达载体的细胞,除应有上述基本特性的记录外,还应提供表达载体的详细资料,包括克隆基因的来源和鉴定,以及表达载体的构建、结构和遗传特性;应说明载体组成的各部分来源和功能,如复制子和启动子来源、抗生素抗性标记物等;提供构建中所有位点酶切图谱。对于宿主细胞,还应详细说明载体引入宿主细胞的方法和载体在宿主细胞内的状态,应提供载体和宿主细胞结合后的遗传稳定性资料,同时要详细叙述生产过程中启动和控制克隆基因在宿主细胞中表达所采用的方法和表达水平。

二、生产过程的质量控制

生物制品的质量由从原材料投产到成品出厂整个生产过程中的一系列因素所决定,所以生物制品的质量是生产出来的,检定只是客观地反映及监督制品的质量水平。因此在疫苗的生产制备过程中,只有实行 GMP,对生产过程中每一步骤做到最大可能的控制,才能更为有效地使终产品符合所有质量要求和设计规范。在生产过程中必须严格按照《中国生物制品规程》和 GMP 的要求,遵从标准操作程序进行操作,其中对人员的素质、卫生及无菌的要求就显得尤为重要。

生产人员必须具备与本职工作相适应的文化程度和专业知识或经过培训能胜任本岗位的管理、生产和研究工作,并注意对其进行不断培训和考核以提高其业务能力;对患有特定传染病的人员,不得从事生产工作。对卫生及无菌管理都应按要求严格执行,包括对环境、工艺、个人卫生等各区域应达到规定的洁净度,洁净室内不得存放不必要的物品,特别是未经灭菌的器材和材料;由于污染的主要来源是操作人员,因此在洁净室里的工作人员应控制在最少数,并严格遵守标准操作程序进行操作;生产用的器具和材料,灭菌、除菌前和灭菌、除菌后应有明显标志,保证一切接触制品的器具材料都是严格灭菌的。

在生产过程中,无论是有限代次的生产还是连续培养,对材料和方法应有详细的资料记载,并提供最适培养条件的详细资料;在培养过程及收获时,应有灵敏的检测措施控制微生物污染;应提供培养生产浓度和产量恒定性方面的数据,并应确定废弃培养物的指标。对于基因工程疫苗,还应检测宿主细胞 / 载体系统的遗传稳定性,必要时做基因表达产物的核苷酸序列分析。

在疫苗的纯化过程中,其方法设计应考虑尽可能地去除杂质以及避免纯化过程可能带入的有害

物质；纯化工艺的每一步均应测定纯度，计算提纯倍数、收获率等；纯化工艺中尽量不加入对人体有害物质，若不得不加时应设法除尽，并在终产品中检测残留量；关于纯度的要求可视产品来源、用途、用法而确定，一般真核细胞表达的反复使用多次产品，要求纯度达 98% 以上，原核细胞表达的多次使用产品纯度达 95% 即可。

三、疫苗产品的质量控制

疫苗制品在出厂前必须按照《中国生物制品规程》的要求对其进行严格的质量检定，以保证制品安全有效。规程中对每个制品的检定项目、检定方法和质量指标都有明确的规定，一般可分为理化检定、安全性检定和效力检定 3 方面。

（一）理化检定

主要是为了检测疫苗中某些有效成分和无效有害成分，包括物理性状检查、防腐剂含量测定、蛋白质含量测定、纯度检查及其他一些项目的测定。

物理性状检查主要是指对疫苗外观以及冻干疫苗的真空度和溶解时间等方面的检测。疫苗的外观往往会涉及其安全和效力，因此必须进行认真的检查，可通过特定的人工光源检测澄明度。对外观类型不同的制品有不同的要求，透明液制品应为本色或无色澄明液体，不得含有异物、凝块或沉淀物；混悬液制品为乳白色悬液，不得有摇不散的凝块或异物；冻干制品应为白色、淡黄色疏松体，呈海绵状或结晶状，无明显冻融现象。对装量的要求也应严格。此外，对冻干疫苗还应进行真空度和溶解时间的检测，冻干疫苗进行真空封口，可进一步保持其生物活性和稳定性，而其溶解时限也应在一定时间内。

防腐剂含量测定是指测定在疫苗的制备过程中，为了纯化、灭活和防止杂质污染加入的防腐剂，如苯酚、三氯甲烷、甲醛等。《中国生物制品规程》对这些物质的含量也有一定限制，如苯酚含量要求在 0.25% 以下，残余三氯甲烷含量不得超过 0.5%，游离甲醛含量一般不得超过 0.02%。

对于基因工程疫苗，需进行蛋白质含量的测定，以检查其有效成分，计算纯度相比度。常用的方法有微量凯氏定氮法、劳里法（福林 - 酚试剂法）和紫外吸收法等。

纯度检查指基因工程疫苗在经过精制纯化后，要检测其纯度是否达到规程要求。常用的方法有电泳和层析，一般真核细胞表达的多次使用产品，要求纯度达 98% 以上，原核细胞表达的多次使用产品纯度达 95% 即可。

其他还有水分含量测定和氢氧化铝含量测定。冻干制品中残余水分含量的高低，直接影响制品的质量和稳定性。要求水分越低越好，有利于长期保存；而一些活疫苗中残余水分过高，则易造成活菌、活毒的死亡而失效，因此必须对疫苗制品中的残余水分进行测定以保证制品的质量，常用的方法有 Fischer 水分测定法、烘干失重法等。

（二）安全性检定

疫苗制品的安全性检查主要包括 3 方面的内容：①菌、毒种和主要原材料的检查；②半成品检查，主要检查对活菌、活毒的处理是否完善，半成品是否有杂菌或有害物质的污染，所加灭活剂、防腐剂是否过量等；③成品检查，必须逐批按规程要求，进行无菌试验、纯菌试验、毒性试验、热原试验及安全试验等检查，以确保制品的安全性。

（三）效力检定

疫苗的效力检定一般采用生物学方法，以生物体对待检品的生物活性反应为基础，以生物统计为工具，运用特定的试验设计，通过比较待检品与标准品在一定条件下所产生的特定产物、反应剂量间的差异来测得待检品的效价。理想的效力试验应具备以下条件：试验方法与人体使用大体相似；所用实验动物标准化；试验方法简单易行，重复性好；结果明确，能与流行病学调查结果基本一致。一般所采用的效力试验有动物保护力试验（或称免疫力试验）、活疫苗的效力测定、血清学试验等。

动物保护力试验是指将疫苗免疫动物后，再用同种的野毒或野菌攻击动物，从而判定疫苗的保护水平。这种方法可直接观察到疫苗的免疫效果，较之测定疫苗免疫后的抗体水平要更好。

活疫苗的效力测定又包括活菌苗测定和活病毒滴定测定。活菌苗多以制品中抗原菌的存活数表示其效力，将一定稀释度的菌液涂布接种于适宜的平皿培养基上，培养后计算菌落数，计算活菌率(%)；活病毒疫苗多以病毒滴度来表示其效力，常用 50% 组织培养法感染量(50% tissue culture infective dose, $TCID_{50}$)来表示，将疫苗作系列稀释后，各稀释度取一定量接种于传代细胞，培养后检测 $TCID_{50}$。

血清学试验系指体外抗原 - 抗体试验。疫苗免疫动物或人体后，可刺激机体产生相应的抗体，抗体的形成水平是反映疫苗质量的一个重要方面，可通过血清学试验来检测体外抗原 - 抗体的特异性反应。经典的血清学试验包括凝集反应、沉淀反应、中和反应和补体结合反应，在此基础上又经过不断的技术改进，发展了许多快速、灵敏的抗原 - 抗体反应，比如间接凝集试验、反向间接凝集试验、各种免疫扩散、免疫电泳以及荧光标记、酶标记、同位素标记等高敏感的检测技术，为疫苗制品的效力检定奠定了良好的基础。

由于疫苗制品的检定一般多采用生物学方法测定，因此在检定中难免会出现检定结果准确性不佳，究其原因不外乎有实验动物的个体差异、所用试剂和原材料的纯度或敏感性不一致等。因此必须对现有检定方法进行标准化研究，同时还必须采用新技术，建立新的准确、简便的检定方法，提高疫苗制品的检定工作质量，而质量检定人员也应本着对人类极端负责的精神，严格按照《中国生物制品规程》要求，对制品进行科学检定。此外还应意识到，疫苗制品的质量是生产出来的，检定只是客观地反映了制品的质量水平，通过检定可以发现制品中存在的质量问题，从而促进质量的提高，而只有对生产全过程实施全面的质量管理，才能全面而有效地保证疫苗的质量水平，生产出好的疫苗制品，造福于人类。

第五节　疫苗产业特点及疫苗应用概况

近年来，随着免疫学的飞速发展，基因重组技术的兴起，新疫苗不断地研究和开发，新型疫苗种类大量增加，相关统计数字显示，过去 20 年全球疫苗需求量增长了 10 倍。目前，全球预防性疫苗市场规模超过 800 亿美元，年增长率大于 10%。国内疫苗市场潜力也很大，截至 2021 年底，我国已经生产使用的疫苗多达 50 余种，特别是国务院决定扩大免疫规划范围，将甲型肝炎、流行性脑脊髓膜炎(流脑)、流行性乙型脑炎(乙脑)等 8 种疫苗也纳入国家免疫规划，我国免疫规划疫苗的种类从原有的 7 种扩大到现在的 15 种。全世界每年由于疫苗的使用，可以避免 500 万人可能感染传染病而导致的死亡，同时避免了 75 万儿童因患传染病而致残。由此可见，疫苗在疾病的预防、治疗中发挥越来越重要的作用。随着各大制药企业不断加大对疫苗的研发投入，不断拓展其疫苗市场，疫苗的开发研究进入了快速发展期。

一、疫苗研发生产特点

疫苗是生物制药的一个重要分支，疫苗不同于一般工业产品，具有许多独有特点：一是疫苗的接种对象是广大健康人群，具有公共产品的特征，安全性、有效性至关重要，为切实保证疫苗质量，需实行全过程监管；二是研发是疫苗供应体系的核心，由于疫苗具有生物活性，从实验室阶段到中试阶段、产业化阶段都需要大量研发工作，每种疫苗都需经过各阶段研发才可能投入批量生产；三是新疫苗研发具有周期长、投入高、风险大的特点，开发周期通常在 10 年以上；四是为避免产品污染，一条生产线只能生产一种疫苗，对于单一生产线的疫苗品种需要考虑建设备用生产线或实物储备，规避生产中断风险；五是我国人口基数大，疫苗需求量大，对大规模产业化生产技术的需求更加突出；六是部分疫苗投入产出比非常高。例如乙型肝炎疫苗，从 1992 年开始使用，特别是 2002 年纳入计划免疫后，根据 2006 年我国乙肝血清流行病学调查结果估算，相比 14 年前，我国儿童乙型肝炎表面抗原携

带者减少了 1 900 万人，仅此一项就能节约了近 7 000 亿元的治疗费用。

二、我国疫苗分类及需求

按照疫苗接种费用支付主体的不同，我国人用疫苗划分为两类。第一类疫苗是指政府免费向公民提供、公民应当依照政府规定接种的疫苗，包括国家免疫规划疫苗、特种储备疫苗（用于出国人员特殊免疫接种，以及防御生物恐怖袭击和生物战）等，由政府制订使用计划并集中采购。其中，国家免疫规划疫苗主要针对适龄儿童。我国新生婴儿需接种各种免疫规划、扩大免疫规划补种及加强免疫的疫苗。特种储备疫苗的研发、生产、储备目前也已具备了一定基础。第二类疫苗是指由公民自愿接种并自费负担的疫苗，供需主要依靠市场调节。其中人用狂犬病疫苗、成人乙型肝炎疫苗、人乳头瘤病毒疫苗等一些常用品种利润相对较高，市场竞争激烈，目前第二类疫苗接种率稳步上升。2021 年，我国第一类疫苗与第二类疫苗用量约为 20 亿人份。

三、我国疫苗行业现状

目前我国已形成各级卫生行政部门和疾病预防控制中心、医疗机构组织接种，生物制品企业根据政府计划或市场需求组织批量生产，药品监督管理部门实施质量监管，以及兽医行政主管部门归口负责人兽共患病等兽用疫苗的管理格局。初步形成了以科研机构和高校为主进行基础研究，有关企业、工程技术中心进行应用研究和工程化、产业化开发的疫苗研发生产体系。我国生产的疫苗品种、规模不断扩大，已成为全球最大疫苗生产国，是为数不多能够实现疫苗自主供应的国家之一。我国目前是疫苗研发与生产大国，但还不是强国，需要不断加强自主创新，努力成为疫苗强国。

四、接种疫苗的效果

第一类疫苗中的国家免疫规划疫苗品种由 1978 年的“4 苗防 6 病”发展到现在的“14 苗防 15 病”。通过广泛接种，传染病发病率和死亡率大为降低，法定报告传染病发病及死亡率由 1985 年的 872/10 000、2/10 000 分别降至 2018 年的 200/10 000、0.5/10 000，已彻底消灭天花，基本消灭脊髓灰质炎，麻疹、百日咳、白喉、流行性乙型脑炎、流行性脑脊髓膜炎等传染病的发病率也大幅下降。

此外，我国针对包括高致病性禽流感、狂犬病在内的 9 种人兽共患病，广泛进行动物免疫，兽用疫苗总产能超过 4 000 亿羽份（头份）。

五、面临的形势和挑战

近年来，国内外重大新发传染病不断出现，如埃博拉出血热、耐药严重的超级细菌引起的感染等。随着全球经济一体化程度不断加深，各国和地区间经济贸易往来日益增多，人口流动更加频繁，传染病传播的速度大大加快，波及范围更广，造成的影响更加难以控制。

当前形势下，各国政府越来越重视发挥疫苗在防控传染病方面的重要作用，发达国家纷纷采取各种优惠措施，鼓励支持国内疫苗产业发展和企业做大做强。欧美 5 家主要跨国公司的疫苗销售额占全球市场的 85% 以上，年度研发投入在 500 亿美元左右，现已开始大举进入中国市场。在发达国家，多联多价疫苗、基因工程疫苗、多糖蛋白结合疫苗、mRNA 疫苗、治疗性疫苗等新品种纷纷上市，而我国基本还处于产品研发阶段。

总体来看，我国疫苗供应体系已初步形成，并在疾病防控中发挥了重要作用（表 5-9），但在部分关键技术、装备研发，大规模生产设施建设和人兽共患病防治等方面仍较薄弱，管理相对分散，整体保障水平与实际需求还存在一定差距，供应能力大而不强。随着经济实力和综合国力的不断加强，我国正在不断完善疫苗研发、生产与供应体系，整合资源，加大投入力度，提升疫苗供应能力和产品质量，以满足常规需求和应急免疫接种需要，保障人民生命健康和经济社会平稳发展。

表 5-9　国家免疫规划疫苗儿童免疫程序表(2021 年版)

可预防疾病	疫苗种类	接种途径	剂量	英文缩写	接种年龄														
					出生时	1个月	2个月	3个月	4个月	5个月	6个月	8个月	9个月	18个月	2岁	3岁	4岁	5岁	6岁
乙型病毒性肝炎	乙型肝炎疫苗	肌内注射	10μg 或 20μg	HepB	1	2					3								
结核病[1]	卡介苗	皮内注射	0.1ml	BCG	1														
脊髓灰质炎	脊灰灭活疫苗	肌内注射	0.5ml	IPV			1	2											
	脊灰减毒活疫苗	口服	1 粒或 2 滴	bOPV					3								4		
百日咳、白喉、破伤风	百白破疫苗	肌内注射	0.5ml	DTaP				1	2	3				4					
	白破疫苗	肌内注射	0.5ml	DT															5
麻疹、风疹、流行性腮腺炎	麻腮风疫苗	皮下注射	0.5ml	MMR								1		2					
流行性乙型脑炎[2]	乙型脑炎减毒活疫苗	皮下注射	0.5ml	JE-L								1			2				
	乙型脑炎灭活疫苗	肌内注射	0.5ml	JE-I								1、2			3				4
流行性脑脊髓膜炎	A 群流脑多糖疫苗	皮下注射	0.5ml	MPSV-A							1		2						
	A 群 C 群流脑多糖疫苗	皮下注射	0.5ml	MPSV-AC												3			4
甲型病毒性肝炎[3]	甲型肝炎减毒活疫苗	皮下注射	0.5ml 或 1.0ml	HepA-L										1					
	甲型肝炎灭活疫苗	肌内注射	0.5ml	HepA-I										1	2				

注:

[1] 主要指结核性脑膜炎、粟粒性肺结核等。

[2] 选择乙型脑炎减毒活疫苗接种时,采用两剂次接种程序。选择乙型脑炎灭活疫苗接种时,采用四剂次接种程序;乙型脑炎灭活疫苗第 1、2 剂间隔 7~10 天。

[3] 选择甲型肝炎减毒活疫苗接种时,采用一剂次接种程序。选择甲型肝炎灭活疫苗接种时,采用两剂次接种程序。

小结

疫苗是指将病原微生物及其代谢产物,经过人工减毒、灭活或利用基因工程等方法制成的用于预防,也包括治疗传染病的免疫制剂。疫苗的组成主要有两种形式:①具有免疫保护性的抗原,如蛋白质、多肽、多糖与免疫佐剂混合而成;②由抗原对应的核酸序列片段,如蛋白质、多肽、多糖或如核酸 mRNA、DNA 序列等与免疫佐剂与递送系统制剂混合制备而成。接种疫苗可以阻断并灭绝传染病的滋生和传播,有效预防控制感染性疾病,保护人类健康。

以卡介苗、炭疽疫苗等减毒活疫苗为标志的第一代疫苗,为疫苗的创立奠定了坚实的理论基础。以基因重组疫苗技术为代表的第二次疫苗革命,采用基因克隆和表达技术高产、安全地获得病原微生物有效特异抗原作为疫苗,解决了传统用减毒或灭活的方法来制备疫苗和研究病原微

生物的主要困难。而目前以反向疫苗学技术为代表的第三次疫苗革命，改变了过去从表型分析入手的思维方式，而是从全蛋白质组水平来筛选具有保护性免疫反应的疫苗抗原，为现代疫苗的研究提供了全新的发展思路，已成为当前疫苗研究的前沿和热点领域。

疫苗主要由具有免疫保护性的抗原如蛋白质、多肽、多糖或核酸等与免疫佐剂混合制备而成。其作用原理是当机体通过注射或口服等途径接种疫苗后，疫苗中的抗原分子就会发挥免疫原性作用，刺激机体免疫系统产生高效价特异性的免疫保护物质，如特异性抗体、免疫细胞及细胞因子等，当机体再次接触到相同病原菌抗原时，机体的免疫系统便会依循其免疫记忆，迅速制造出更多的保护物质来阻断病原菌的入侵，从而使机体获得针对病原体特异性的免疫力，使其免受侵害而得到保护。按照制备的技术方法或其特点分类，常见的疫苗类型主要包括：减毒活疫苗、灭活疫苗、亚单位疫苗、核酸疫苗、联合疫苗、治疗性疫苗等。

疫苗生产的质量控制是保证疫苗的安全性及有效性，达到成功控制传染病目的最重要也是最基本的要求。其内容主要包括：生产原料的质量控制、生产过程的质量控制、疫苗产品的质量控制等。疫苗生产和研究单位只有在疫苗生产和鉴定过程中严格遵守及实施 GMP 及 SOP 管理，才能使疫苗真正达到"安全有效、质量可控"的标准，从而生产出好的疫苗制品，造福于人类。

疫苗以其独有的特点和优势，目前已成为生物制药领域的研究热点。随着疫苗研究关键技术的不断革新，新型疫苗种类正在大量增加。新型疫苗的蓬勃发展和传统疫苗的发扬光大，正是当今疫苗技术发展的时代特征，疫苗将在防控疾病方面发挥更加积极和重要的作用。

思考题

1. 简述疫苗的概念、组成及其作用原理。
2. 传统的灭活疫苗和减毒活疫苗在实际应用中存在哪些局限？
3. 简述基因工程亚单位疫苗的主要特点及制备方法。
4. 何谓治疗性疫苗？请比较治疗性疫苗与预防性疫苗的主要区别。
5. 设计并简述禽流感 H_5N_1 灭活疫苗的主要制备流程。

第五章
目标测试

（邹全明）

参考文献

[1] 国家药典委员会. 中华人民共和国药典: 2020 年版. 北京: 中国医药科技出版社, 2020.
[2] 王军志. 疫苗的质量控制与评价. 北京: 人民卫生出版社, 2013.
[3] 杨晓明. 当代新疫苗. 2 版. 北京: 高等教育出版社, 2020.
[4] THOMAS KRAMPS, KNUT ELBERS. RNA 疫苗方法与操作. 王升启, 主译. 北京: 科学出版社, 2020.
[5] STANLEY A PLOTKIN, WALTER A ORENST, PAVL A OFFLT. 疫苗. 6 版. 罗凤基, 杨晓明, 王军志, 等主译. 北京: 人民卫生出版社, 2017.
[6] YEHUDA SHOENFELD, NANCY AGMON-LEVIN, LUCIJA TOMLJENOVIC. Vaccines & autoimmunity. New Jersey: John Wiley & Sons Inc., 2015.

第六章

酶工程制药

学习要求：

第六章
教学课件

1. **掌握** 酶工程的研究内容，酶纯化的主要方法，固定化酶和固定化细胞的制备方法，酶反应器的基本类型。
2. **熟悉** 酶分离纯化的一般过程，固定化酶的性质和指标，酶反应器的性能评价以及操作。
3. **了解** 酶工程的研究现状与进展，酶工程在制药工业中的应用。

第一节 概 述

一、酶工程的基本概念

绝大多数酶是由氨基酸残基组成的生物大分子，可催化上千种代谢反应。根据所催化的反应类型可将酶分为氧化还原酶、转移酶、水解酶、裂解酶、异构酶、连接酶和转位酶。

酶工程（enzyme engineering）是利用酶或细胞所具有的特异催化功能，或对酶进行修饰改造，并借助生物反应器和工艺过程来生产人类所需产品的一项技术。酶工程是生物技术的重要组成部分，是酶学、微生物学与化学工程、医学、药学等有机结合而产生的交叉学科。

二、酶工程的发展简史

酶工程的起源可追溯到古埃及人利用发酵技术制作面包和饮料；中国古代人民酿酒以及用麴治疗消化不良等。自1940年之后，生物化学的进步加速了酶的分离和表征。20世纪70年代，随着重组DNA技术的应用，现代生物技术应运而生，对工业酶产生了深远影响，促进了新的生物催化剂的发展和应用。鉴于工业酶与传统化学品相比具有突出的经济效益和可持续性优势，工业酶在不同领域的应用一直在扩大，包括在医药、食品、化工等领域。

酶工程发展历史（拓展阅读）

酶工程发展历史及里程碑事件，如图6-1所示。

三、酶工程的研究内容

1971年第一届国际酶工程学术会议提出，酶工程的主要研究内容包括：酶的生产、分离纯化、酶的固定化、酶生物反应器、酶与固定化酶的应用等。按现代观点来看，酶工程的研究内容包括以下9方面。

1. 酶的生产　酶制剂的来源有微生物、动物和植物，以微生物为主，一般选用优良的产酶菌株，通过培养发酵来生产酶。提高酶的产量可以通过选育菌株、构建基因工程菌株、优化发酵条件等来实现。此外，在工业生产中往往需要特殊性能的新型酶，如耐高温、耐酸碱环境等，因此需要筛选或构建能生产特殊性能新型酶的菌株。

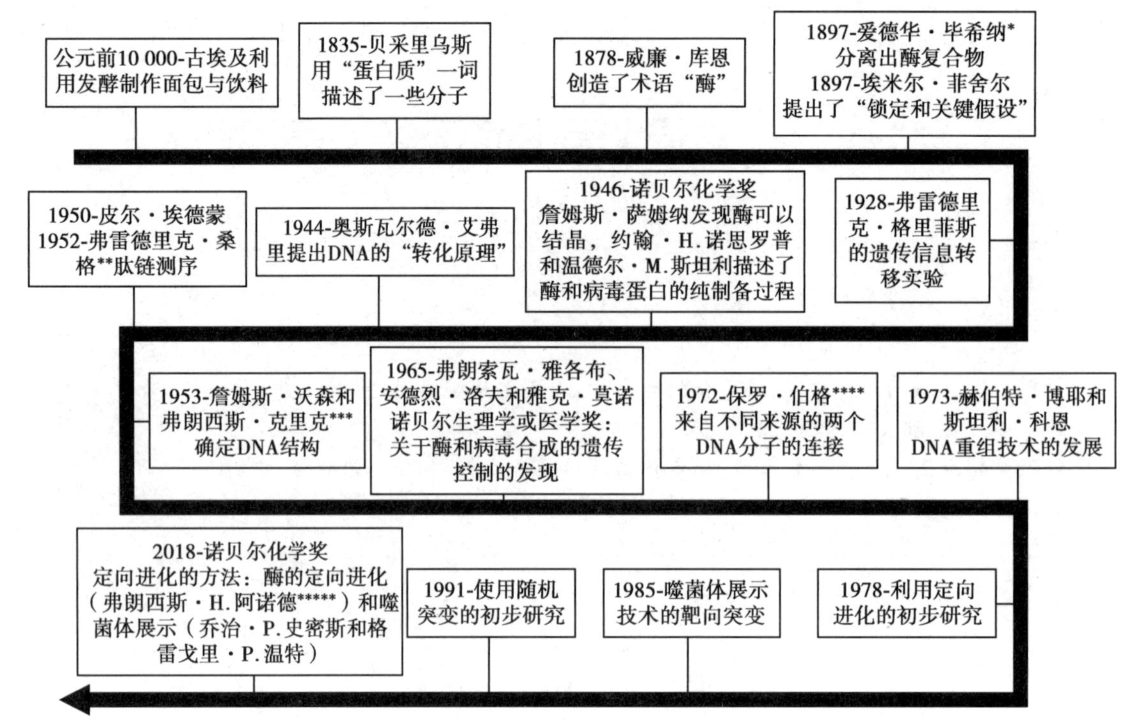

*1907 年：因在无细胞发酵方面的工作，被授予诺贝尔化学奖；**1958 年：因确定胰岛素的分子结构，被授予诺贝尔化学奖；***1962 年：因发现核酸的分子特征及其在信息传递中的意义，被授予诺贝尔生理学或医学奖；****1980 年：因在核酸方面尤其是重组 DNA 以及核酸碱基序列测定方面的工作，被授予诺贝尔化学奖；*****2018 年：弗朗西斯·阿诺德（Frances H. Arnold）凭借“酶的定向进化”（the directed evolution of enzyme）获得诺贝尔化学奖。

图 6-1　酶工程发展的历史和里程碑

2. 酶的分离纯化　酶的分离纯化技术是当前生物技术“后处理工艺”的核心。采用各种分离纯化技术，可以从微生物细胞及其发酵液或动植物组织提取液、细胞培养液中得到高活性的不同纯度的酶制剂。为了提高酶制剂的活性、纯度和收率，需要研究和开发新型、高效的分离纯化技术。

3. 酶和细胞的固定化　采用各种固定化方法可以对酶进行固定化，制备固定化酶。对固定化酶的酶学性质及应用条件的研究可以提高酶的稳定性、延长使用时间、扩大酶制剂的应用范围，全面提高酶的工业价值。固定化细胞是在固定化酶的基础上发展起来的一项技术，二者既有联系又有区别。研究固定化细胞的酶学性质，扩展固定化细胞的应用范围，是当今酶工程的一个热门课题。

4. 酶修饰及分子改造　为了克服酶自身性质的不足，可采用各种修饰方法对其结构进行改造，以改善天然酶的性质，如提高稳定性、抗蛋白酶水解、降低抗原性等，甚至创造出新的催化活性，从而提高酶的应用价值。

酶修饰及分子改造可以从以下 2 方面入手：①利用蛋白质工程技术，如定向进化、定点突变等对酶分子的结构进行改造，以获得一级结构和空间结构较为合理的具有优良特性的突变酶或新酶；②采用化学修饰方法对酶分子中的侧链基团进行化学修饰，改变酶的理化性质，最终达到改变酶的催化性质的目的。

5. 非水相催化　在非水相中，酶分子受到非水相介质的影响，其催化活性与在水相中有着较大的不同。目前，研究最多的非水相介质是有机溶剂，除此之外还包括气相介质、超临界介质、离子液介质等。在有机介质中，酶能够基本保持其整体结构和活性中心的空间构象，因此能够最大限度地发挥其催化活性。

6. 酶传感器　酶传感器又称为酶电极，是一种生物传感器，它是由感受器（如固定化酶）和换能

器（如离子选择性电极）所组成的一种分析装置，可用于测定混合样品中某种特定物质的浓度。

7. 酶反应器　酶反应器是根据酶的催化特性而设计的反应设备。其设计目的是提高生产效率、降低成本、减少耗能和污染，以获得最佳的经济效益和社会效益。酶反应器的种类有搅拌罐式反应器、填充床式反应器、流化床式反应器、膜式反应器、鼓泡式反应器等。

8. 抗体酶、人工酶和模拟酶　抗体酶是一类具有催化活性的抗体，是抗体的高度专一性和酶的高效催化能力巧妙结合的产物。人工酶是指人工合成的具有催化活性的多肽或蛋白质。而人工合成的具有催化功能，但相比酶结构简单得多的非蛋白质分子，可模拟酶对底物的结合和催化能力，又能够克服酶的不稳定性，这类物质被称为模拟酶。

9. 酶技术的应用　主要指研究与开发酶制剂在食品、药品、发酵、纺织、制革、化学分析、氨基酸合成、有机酸合成、抗生素合成、能源开发等方面的应用。

第二节　酶的提取与分离纯化

酶的提取与分离纯化是指将酶从细胞或其他含酶的原材料中提取出来，再与杂质分开，从而获得符合使用目的、有一定纯度和浓度的酶制剂的过程。该过程是酶学研究的基础，也是酶工程制药的重要内容。

一、酶制备的基本原则

绝大多数酶的化学本质是蛋白质，因此可利用蛋白质纯化原理和手段对其进行分离。但由于酶的特殊性，在酶的制备过程中需遵循以下原则。

1. 防止酶的变性失活　在酶制备过程中，通过采用低温（0 ~ 4℃）操作、避免剧烈搅拌、避免使用强酸或强碱、加入保护剂（如 EDTA、β- 巯基乙醇）等方法防止酶分子的降解与变性失活。在制备过程中，随着酶纯度的逐渐增加，杂蛋白逐渐移除，总蛋白浓度降低，蛋白质之间的相互保护作用随之减少，酶的稳定性亦减小，更应注意防止酶的变性。

2. 建立有效的目的酶跟踪监测方法　酶是具有催化活性的蛋白质，通过测定催化活性，可以比较容易地追踪酶在制备过程中的去向，同时酶的催化活性也可以作为选择制备方法与操作条件的准则。一般用两个指标来衡量分离纯化方法的好坏：总活力（total activity）的回收率和比活力（specific activity）提高的倍数。总活力的回收率反映了分离纯化过程中酶的损失情况；比活力是指在一定条件下，每毫克蛋白质所具有的酶活力单位（U/mg 蛋白质），其提高倍数反映了纯化方法的有效程度。理想的分离纯化方法是总活力回收率和比活力提高倍数越高越好，但实际情况往往是两者无法兼顾，应根据具体情况作相应取舍。

二、酶制备的一般程序

酶制备的一般程序主要包括原材料的选择和预处理、酶的分离、酶的精制和酶的浓缩干燥及结晶等步骤。酶的来源不同，理化特性不同，提取及制备过程也各异。图 6-2 表述了酶的提取、分离纯化的基本技术路线。

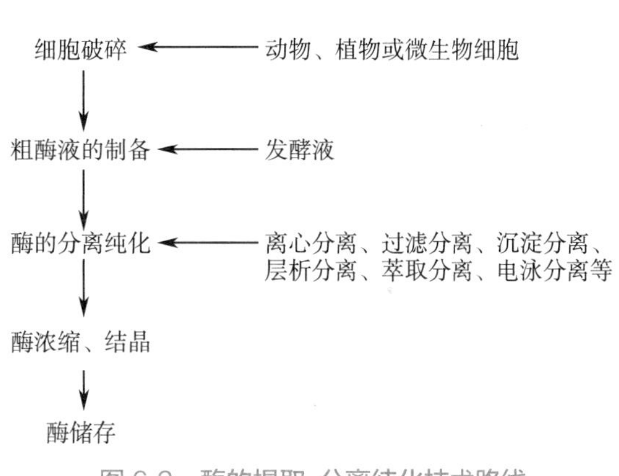

图 6-2　酶的提取、分离纯化技术路线

1. 原材料的选择和预处理　为了使得分离纯化过程容易进行，减少生产成本，一般选择含目的酶丰富的原料。同时也要考虑原料来源、取材方便经济等因素。目前，利用动物、植物、微生

物细胞体外大规模培养技术，可以大量获得珍稀的原材料，用于酶的分离纯化。利用基因工程重组DNA技术，能够使某些在细胞中含量极低的酶的纯化成为可能。

从微生物发酵液中提取酶的第一个步骤是发酵液的预处理，即采用沉淀法、变性法、絮凝和凝聚等方法除去发酵液中的无机离子、杂蛋白等，采用活性炭、离子交换树脂等除去色素及其他一些物质，以便于后续各步操作。

2. 酶的分离　酶的分离又称初步纯化或提取，一般采用盐析、等电点沉淀、有机溶剂沉淀和离心分离等技术将目的酶与其他杂蛋白分离开来。采用的方法一般简便、处理量大。

3. 酶的精制　酶的精制即酶的高度纯化。在分离得到粗酶后通常采用凝胶过滤、离子交换层析、吸附层析、亲和层析等规模小、分辨率高的手段，对酶进行进一步纯化。

4. 酶的浓缩干燥及结晶　使酶与溶剂分离并结晶得到酶制剂的过程。通常采用的方法有旋转蒸发、透析、超滤、冷冻干燥等。

三、酶的提取

（一）细胞破碎

酶的种类繁多，它们存在于不同生物体的不同部位。除了动植物体液中的酶和微生物胞外酶之外，大多数酶都存在于细胞中。为了获得细胞内的酶，就必须收集细胞并进行细胞或组织的破碎。对于不同的生物体或同一生物体不同组织的细胞，由于结构不同，所采用的细胞破碎方法和条件亦有所不同，必须根据具体情况（细胞性质、处理量等）进行适当的选择，以达到预期的效果。常见破碎方法分为物理方法、化学方法以及生物方法（表6-1）。

表6-1　常用的细胞破碎方法

类型	技术	原理
物理方法	球磨法	利用机械运动产生的剪切力使细胞破碎
	喷雾撞击法	冻结的细胞微粒高速撞击撞击板而发生破碎
	压力法	高压下使细胞通过小孔，在压力的突然变化下产生的剪切力使细胞破碎
	超声波法	超声波通过剪切力和空穴作用破碎细胞
	冻融法	细胞缓慢融化过程中因渗透压引起的膨胀而破裂
	渗透压法	低渗透溶液中，渗透压使得细胞溶胀破碎
化学方法	化学溶解	细胞壁和细胞膜被部分化学试剂溶解，释放内含物
生物方法	自溶法	组织中自身酶作用，破坏细胞结构，释放内含物
	酶解法	利用外来酶处理，破坏细胞壁或细胞膜，释放内含物

在酶的提取过程中必须注意，一旦细胞破碎，其原有的胞内体系即被破坏，各种酶分子在胞内的互相制约体系不复存在，细胞原有的各种蛋白酶随时有可能水解其他酶类，目的酶也不例外。为了保护目的酶的生物活性，常采取下列保护措施。

1. 采用缓冲系统　防止提取过程中某些酸碱基团的解离导致溶液pH的大幅度变化，使某些活性物质变性失活或因pH变化影响提取效果。

2. 添加保护剂　防止某些活性物质的活性基团及酶的活性中心受破坏。比如，巯基是许多酶的催化活性基团，极易被氧化，因此提取时常添加一些还原剂（半胱氨酸、巯基乙醇、二硫苏糖醇等），或者加入适量底物来保护酶的活性中心，或者添加金属螯合剂以防止重金属离子对酶的影响。

3. 抑制水解酶的作用　最有效的办法是在提取时添加酶抑制剂［苯甲基磺酰氟（PMSF）、二异丙基氟磷酸（DFP）、碘乙酸等］，抑制水解酶的活性。

4. 其他保护措施 为了保护酶的活性，也要注意温度、搅拌、紫外线、氧化等对酶的影响，在提取时依据目的酶的性质具体对待。

（二）酶的提取

提取（extraction）是将酶从生物组织或细胞破碎液中以溶解状态最大限度释放出来的过程，可根据目的酶的特点选用不同的溶剂进行提取。多数酶具有电解质性质，常用各种水溶液提取。疏水性较强的酶可用适当的有机溶剂提取。

1. 稀酸、稀碱溶液提取 酶是两性电解质，在等电点（pI）时溶解度最小，而在pH偏离等电点0.5后溶解度就大大增加。因此，pI在碱性范围内的酶可用稀酸提取，pI在酸性范围内的酶可用稀碱提取，以尽可能提高目的酶在提取液中的溶解度。但注意不要采用极端的pH，以防止酶的失活。

2. 盐溶液提取 低浓度的中性盐可使蛋白质的溶解度增加，这一现象被称为盐溶（salting in）。盐溶现象是由于中性盐的加入增加了溶液的极性，从而导致亲水性蛋白质溶解度增加。一般采用的盐浓度为0.05～0.2mol/L。

3. 有机溶剂提取 有机溶剂提取法适用于不能用盐溶法增加溶解度的酶的提取，如一些与脂质结合比较牢固或分子中非极性侧链较多的酶。常用的有机溶剂是乙醇、丙酮、丁醇等，通常在0℃搅拌下进行。

（三）沉淀分离

经过细胞破碎和提取过程，得到含目的酶的无细胞提取物，称为粗提物（crude extract）。在酶的进一步纯化过程中，常先采用一些沉淀技术将粗提物初步分离，如等电点沉淀、盐析、有机溶剂沉淀等（表6-2）。

表6-2 常用沉淀分离方法及其原理

沉淀分离方法	分离原理
盐析沉淀法	利用不同蛋白质在不同盐浓度条件下溶解度不同的特性，通过添加一定浓度的中性盐，使酶或其他杂质从溶液中沉淀析出
等电点沉淀法	利用两性电解质在等电点（pI）时溶解度最低，以及不同的两性电解质有不同的等电点这一特性，通过调节溶液的pH，使酶或杂质沉淀析出
有机溶剂沉淀法	利用酶和其他杂质在与水混溶的有机溶剂中的溶解度不同，通过添加一定量的某种有机溶剂，使酶或杂质沉淀析出
复合沉淀法	在酶溶液中加入某些物质，使它与酶形成复合物而沉淀
选择性变性沉淀法	选择一定的条件使酶液中存在的某些杂质变性沉淀，而不影响所需的酶

四、酶的纯化

采用上述方法提取得到的酶纯度较低，这样的酶一般只能直接应用于工业生产，只有经过进一步纯化和精制的酶才能用于食品、医药和酶学性质的研究。根据分离的原理可以使用不同的纯化方法，如依据分子大小的纯化方法有离心分离、膜分离、凝胶过滤层析；利用电荷性质的纯化方法有离子交换层析；利用疏水作用的纯化方法有疏水层析、反相层析；利用生物亲和作用的纯化方法有亲和层析。以上方法的具体原理在前面“第二章 基因工程制药”已有介绍。

对酶的分离纯化过程可采用表格记录，如表6-3所示，1 400ml粗提液的总酶活力为100 000U，经过4步纯化，最终获得6ml纯酶，酶的比活力由原来的10U/mg增至15 000U/mg，比活力提高1 500倍；酶活力从原来的100 000U减至45 000U，总活力回收率为45%。

表 6-3 酶分离纯化过程记录表

步骤	总体积/ml	蛋白总量/mg	总活力/U	比活力/(U/mg)	总活力回收率/%	比活力提高倍数
无细胞提取液	1 400	10 000	100 000	10	100	1.0
硫酸铵分级沉淀	280	3 000	96 000	32	96	3.2
离子交换层析	90	400	80 000	200	83.3	6.25
凝胶过滤层析	80	100	60 000	600	75	3.0
亲和层析	6	3	45 000	15 000	75	25

第三节 酶和细胞的固定化

酶的催化作用具有高选择性、高催化效率、反应条件温和、环保无污染等特点，但游离状态的酶对热、酸、碱、高离子强度、有机溶剂等均较敏感，易失活，并且反应后混有底物等物质，纯化困难，不能重复使用。1916 年 Nelson 和 Griffin 最先利用吸附法实现了酶的固定化，1969 年，日本一家制药公司第一次将固定化的氨基酰化酶应用于 DL- 氨基酸的光学拆分来生产 L- 氨基酸，开辟了固定化酶工业化应用的新纪元。1973 年，日本科学家成功实现了大肠埃希菌细胞的固定化，并利用菌体中的天冬氨酸酶进行 L- 天冬氨酸的连续生产，首次将固定化细胞应用于工业生产。1986 年，我国科学家利用固定化原生质体相继成功生产了碱性磷酸酶和葡萄糖氧化酶。目前，固定化技术和固定化酶的应用已经取得许多重要成果，充分展示了其在改革工艺和降低成本方面的巨大潜力。进一步开发更简便、更适用的固定化方法以及性能更加优异的载体材料，使更多的固定化酶和细胞取得规模化应用，仍然是这个领域追求的目标。同时，利用生物工程细菌产生具有酶活性的包涵体，避免载体的预制等，也是固定化酶技术的最新发展方向。

一、固定化酶的制备

（一）固定化酶的概念及优缺点

固定化酶（immobilized enzyme）是指被固定在载体或被限制于一定区域范围内，仍能进行催化反应并可回收及重复利用的酶。

酶经固定化后，具有的优点包括：①极易将固定化酶与底物、产物分开，产物中无残留酶，易于纯化，产品质量高；②可以在较长时间内多次使用；③在大多数情况下，可以提高酶的稳定性；④酶反应过程能够加以严格的控制；⑤酶的利用效率提高，单位酶催化的底物量增加，用酶量减少；⑥较游离酶更适合于多酶反应；⑦资源获取方便，减少污染。固定化酶也存在一些缺点，如：①固定化时，酶的活性有损失；②增加了生产成本，工厂的初始投资大；③只适用于可溶性底物，而且较适用于小分子底物，对大分子底物不适合；④与完整菌体相比，不适宜于多酶反应，特别是需要辅助因子的反应；⑤胞内酶通常需要经过酶的分离纯化过程。

（二）固定化酶的制备原则

固定化酶的应用目的、应用环境各不相同，酶的固定化方法也有很多。无论选择什么样的固定化方法，固定化酶的制备都要遵循以下几个基本原则：

（1）固定化不改变酶的催化活性及其专一性：酶的催化反应取决于酶的空间结构，因此在固定化时要保证酶的空间结构尤其是活性中心的空间结构不被破坏。

（2）固定化应有利于生产自动化、连续化：这要求用于固定化的载体必须有一定的机械强度，使之在制备过程中不易被破坏或受损。

（3）固定化酶应有尽可能小的空间位阻：固定化应尽可能不影响酶与底物的结合，以提高催化效率和产量。

（4）酶与载体应结合牢固：使固定化酶有利于回收储藏和反复使用。

（5）固定化酶应有尽可能高的稳定性：所选载体不与底物、产物或反应介质发生化学反应。

（6）固定化成本应适中，以利于工业使用。

（三）酶的固定化方法

制备固定化酶的方法称为酶的固定化（enzyme immobilization）。按照固定化所采用的反应类型进行分类，酶的固定化方法主要有载体结合法、交联法和包埋法等（图 6-3）。

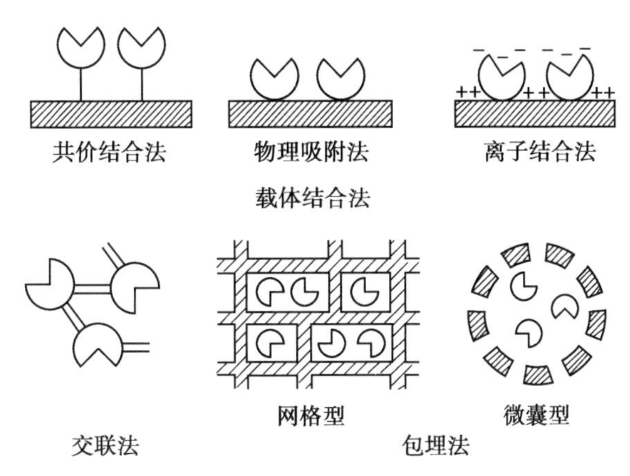

图 6-3　几种常见的酶固定化方法示意图

1. 载体结合法　载体结合法（carrier-binding method）是将酶结合于不溶性载体上的一种固定化方法。根据结合形式的不同，可分为物理吸附法、离子结合法和共价结合法 3 种形式。

（1）物理吸附法（physical adsorption method）：物理吸附法是利用酶和载体间的非特异性物理吸附作用将酶固定在载体表面，这些物理吸附作用包括范德瓦耳斯力、氢键、疏水作用、静电作用等。物理吸附法是最早出现的酶固定化方法，该法条件温和、工艺简便、载体选择范围很大，吸附时既可实现酶的固定化又可以达到纯化的目的，吸附后酶的构象变化较小或基本不变，因此对酶的催化活性影响小。但酶和载体之间结合力弱，不合适的 pH、温度、离子强度等条件都易使酶从载体脱落并污染催化反应产物。

（2）离子结合法（ionic binding method）：离子结合法是酶通过离子键结合于具有离子交换基团的水不溶性载体上的固定化方法。此法的载体有多糖类离子交换剂和合成高分子离子交换树脂，如 DEAE- 纤维素、Amberlite CG-50、XE-97 和 Dowex-50 等。离子结合法操作简单、处理条件温和、酶的高级结构和活性中心的氨基酸残基不易被破坏，能得到酶活力回收率较高的固定化酶。但其缺点是载体和酶的结合力较弱，容易受缓冲液种类或 pH 的影响，在离子强度较高的条件下往往会发生酶从载体上脱落的现象。

（3）共价结合法（covalent binding method）：共价结合法是指酶以共价键结合于载体上的固定化方法，即将酶分子上非活性部位功能团与载体表面反应基团进行共价结合的方法。一般先用化学方法将载体活化，再与酶分子表面的某些基团如羧基、氨基、羟基等反应，形成共价键。所得到的固定化酶与载体结合比较牢固，有良好的稳定性及重复使用性，是目前研究最为活跃的一类酶固定化方法。但该法较其他固定方法反应剧烈，固定化酶活性损失较严重。

2. 交联法　交联法（cross-linking method）是利用双功能或多功能交联试剂，在酶分子和交联试剂之间形成共价键，将酶分子之间彼此交叉连接，形成网格状结构的酶固定化方法。采用不同的交联条件和在交联体系中添加不同的材料，可以产生物理性质各异的固定化酶。交联法与共价结合法一

样也是利用共价键固定酶，所不同的是它不使用载体。交联法制备较难，酶活力损失较大，一般作为其他固定化方法的辅助手段。常用的交联剂包括戊二醛、己二胺、顺丁烯二酸酐、双偶氮苯等。其中，戊二醛是应用最为广泛的一种双功能交联剂，主要反应基团是蛋白质的 *N*- 端氨基，也包括硫醇、酚和咪唑等其他基团，但不足是特异性较差，其交联原理如图 6-4 所示。

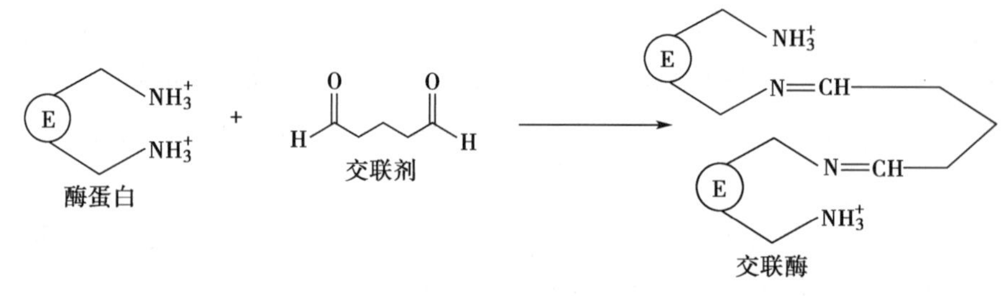

图 6-4　交联法原理示意图

3. 包埋法　包埋法（entrapment method）是指当载体与酶溶液混合后，借助引发剂进行聚合反应，通过物理作用将酶限定在载体的网格中，从而实现酶固定化的方法。该法条件温和，基本上不涉及酶的构象及酶分子的化学变化，因而酶活力回收率较高。但包埋法固定化酶易泄漏，常存在机械强度差、扩散受限制、传质阻力较大等问题，不宜催化大分子底物发生反应。包埋常用的载体主要有明胶、聚酰胺、琼脂、琼脂糖、聚丙烯酰胺、光交联树脂、海藻酸钠、火棉胶等。

包埋法可分为网格型和微囊型两种。

（1）网格型：将酶和细胞包埋在高分子凝胶细微网格中的称为网格型，常用的高分子化合物有聚丙烯酰胺、聚乙烯醇、光敏树脂等合成高分子化合物，以及淀粉、明胶、海藻胶、角叉菜胶等天然高分子化合物。网格型包埋法是固定化微生物中使用最多、最有效的方法。

（2）微囊型：将酶和细胞包埋在高分子半透膜中的称为微囊型，颗粒比网格型要小得多，较有利于底物与产物的扩散，但反应条件要求高，制备成本也高。

几种传统的酶固定化方法的特点如表 6-4。传统固定化方法的缺点是酶在任意位点与载体进行连接，使酶活性位点不能充分暴露，而且酶的载量不高，因此以定向固定化酶技术为代表的新型酶固定化方法成为当今固定化酶研究的热点。

表 6-4　常见固定化方法的优缺点

比较特点	物理吸附法	离子结合法	共价结合法	包埋法	交联法
制备	易	易	难	易	难
结合力	弱	中	强	强	强
酶活力	高	高	中	高	低
底物专一性	无变化	无变化	变化	无变化	变化
再生	可能	可能	不可能	不可能	不可能
固定化费用	低	低	中	中	高

4. 新型酶固定化方法　新型酶固定化方法力求固定化过程在较为温和的条件下进行，尽量减少或避免酶催化活力的损失，并提高固定化效率，以达到理想的固定化效果。现将几种新型酶固定化方法简单介绍如下：

（1）共固定化（co-immobilization）：共固定化一方面指几种固定化方法或载体的联合使用，即添加稳定因子和促进因子的固定化方法，以解决酶和载体结合不牢固、容易脱落等问题。如吸附 - 交联法、包埋 - 交联法、包埋 - 吸附法、絮凝 - 吸附法、吸附 - 交联法、膜 - 吸附法等。另一方面，共固定化

也可指将不同的酶同时固定于同一载体内形成共固定化系统的一种技术，可使几种不同功能的酶、细胞和细胞器在同一系统内进行协同作用。例如，利用凹凸棒土的强吸附作用，首先将乳糖酶吸附于凹凸棒土上，再采用壳聚糖溶液的包埋方法制成乳糖酶与酿酒酵母细胞的共固定化凝胶颗粒，乳糖转化率可达 93.2%。

(2) 无载体固定化（carrier-free immobilization）：直接利用交联剂交联溶解酶、晶体酶、物理聚集酶和喷雾干燥酶而形成交联溶解酶、交联晶体酶、交联酶聚集体和交联喷雾干燥酶的酶固定化技术。与传统固定化酶相比，无载体酶具有的优点有：①催化活性高，成本低；②具备较高的比表面积；③可加入多种酶；④底物扩散受限较少；⑤在极端条件、有机溶剂和蛋白酶中的稳定性较高。

(3) 定向固定化（oriented immobilization）：把酶和载体在酶的特定位点上连接起来，使酶在载体表面按一定的方向排列，使其活性位点面朝固定表面的外侧，这样有利于底物进入酶的活性位点，显著提高固定化酶的活性。基于上述原理，研究人员开发了多种不同类型的定向固定化方法。例如：利用酶和抗体之间的亲和性固定化、酶和金属离子形成复合物、通过酶分子上的糖基部分固定化、用分子生物学方法使酶定向固定化等。

(4) 原位固定化（in situ immobilization）：通过一步原位自组装生产不溶性酶的无载体固定化方法，包括利用工程细菌产生具有酶活性的包涵体——酶包涵体（enzyme inclusion body），或酶包被的聚羟基脂肪酸酯（polyhydroxyalkanoate，PHA）颗粒。原位固定化避免了分离生物催化剂后的固定化步骤。目前，利用原位固定化技术已成功地固定化了多种生物催化剂。例如：耐热的 α- 淀粉酶 - 荧光蛋白（FP）颗粒在 4~85℃和 pH 4~10 的条件下孵育后仍保持活性。

（四）固定化酶的性质

游离的酶经固定化后，酶本身的结构会受到影响，其催化作用由均相转到异相，由此带来的扩散限制效应、空间障碍、载体的分配效应等因素必然影响酶的性质。

1. 酶活力的改变　在多数情况下，酶固定化后的活力比天然酶小，其专一性也会发生改变。例如，用羧甲基纤维素做载体固定的胰蛋白酶，对高分子底物酪蛋白只显示原酶活力的 30%，而对低分子底物苯酰精氨酸 - 对硝基酰替苯胺的活力保持 80%。所以，一般认为高分子底物受到空间位阻的影响比低分子底物大。

在相同测定条件下，固定化酶的活力低于等摩尔原酶的活力，原因可能是：①酶分子在固定化过程中，空间构象会有所变化，甚至影响了活性中心的氨基酸残基；②固定化后，酶分子空间自由度受到限制（空间位阻），直接影响到活性中心对底物的定位作用；③内扩散阻力使底物分子与活性中心的接近受阻；④包埋时酶被半透膜包围，大分子底物不能透过膜与酶接近。不过也有个别情况，酶的活力在固定化后反而比原酶有所提高，原因可能是偶联过程中酶得到化学修饰，或固定化过程提高了酶的稳定性。

2. 酶稳定性的变化　稳定性关系到固定化酶能否实际应用。在大多数情况下，酶经过固定化后其稳定性都有所增加，产生这种效应的原因可能有：①固定化后酶分子与载体多点连接，可防止酶分子伸展变形；②酶活力的缓慢释放；③将酶与固态载体结合后，由于酶失去了分子间相互作用的机会，从而抑制了酶的自降解。固定化酶稳定性提高主要表现在以下方面：

(1) 热稳定性提高：作为生物催化剂，酶也和普通化学催化剂一样，温度越高反应速度越快。但是大多数酶是蛋白质组成的，一般对热不稳定。因此，实际上酶促反应不能在高温条件下进行，而固定化酶耐热性提高，使酶最适温度提高，酶催化反应能在较高温度下进行，加快反应速度，提高酶作用效率。

(2) 对有机试剂及蛋白酶的稳定性提高：酶经过固定化后，提高了对各种有机溶剂的稳定性，使本来不能在有机溶剂中进行的酶促反应成为可能。大多数天然酶经固定化后对蛋白酶的耐受能力提高，这可能由于空间位阻导致蛋白酶无法水解存在于固定化颗粒内部的酶。

(3)贮存和操作条件的稳定性提高：酶在固定化后，其使用和保存的时间往往会显著延长，这一特点最具实用价值。这种稳定性通常以半衰期表示，固定化酶的活力降低为最初活力一半时所经历的连续操作时间称为半衰期。这是固定化酶的一个重要特性参数，通常半衰期在1个月以上才具有工业应用价值。

3. 酶学特性的变化　天然酶经过固定化后，其底物特异性、最适温度、最适pH、米氏常数(K_m)等均可能发生变化。

(1)底物特异性：固定化酶底物特异性的改变是由载体的空间位阻引起的。酶固定在载体上以后，大分子底物难以接近酶的活性中心，从而使催化速度显著降低；而小分子底物受空间位阻的影响较小或不受影响，故作用于小分子底物的固定化酶与游离酶的催化能力没有显著差异。例如，糖化酶固定化后，对相对分子质量为8 000的直链淀粉的水解活力为游离酶的77%，但对相对分子质量为5×10^5的直链淀粉的水解活力仅为游离酶的15%~17%。

(2)最适温度：酶反应的最适温度是酶热稳定性与反应速度的综合体现。由于固定化后酶的热稳定性提高，所以最适温度也随之提高，这是非常有利的结果。例如，固定化脂肪酶的最适温度为45℃，相比于游离酶提高了10℃。

(3)最适pH：酶固定化后，其最适pH往往会发生变化。变化的原因是微环境表面电荷性质的影响，主要涉及载体带电性质和产物性质。一般来说，用带负电荷载体(阴离子聚合物)制备的固定化酶，其最适pH较游离酶偏高。这是因为多聚阴离子载体会吸引溶液中的阳离子，包括H^+，使其附着于载体表面，结果使固定化酶扩散层H^+浓度比周围的外部溶液高，即偏酸性，这样外部溶液中的pH必须向碱性偏移，才能抵消微环境作用，使其表现出酶的最大活力。反之，使用带正电荷的载体其最适pH向酸性偏移。

(4)米氏常数(K_m)：固定化酶的表观米氏常数(K_m)随载体的带电性能变化。当酶结合于电中性载体时，由于扩散限制造成表观K_m上升。可是带电载体和底物之间的静电作用会引起底物分子在扩散层和整个溶液之间不均一分布。由于静电作用，与载体电荷性质相反的底物在固定化酶微环境中的浓度比整体溶液中的高。与溶液酶相比，固定化酶即使在溶液的底物浓度较低时，也可达到最大反应速度，即固定化酶的表观K_m值低于溶液的K_m值；而载体与底物电荷相同，就会造成固定化酶的表观K_m值显著增加。简单地说，由于高级结构变化及载体影响引起酶与底物亲和力变化，从而使K_m变化，这种K_m变化又受溶液中离子强度的影响：离子强度升高，载体周围的静电梯度逐渐减小，K_m变化也逐渐缩小以至消失。例如在低离子浓度条件下，多聚阴离子衍生物-胰蛋白酶复合物对苯酰胺酸乙酯的K_m比原酶小30倍；但在高离子浓度下，接近原酶的K_m。

二、固定化细胞的制备

(一) 固定化细胞的概念

固定化细胞(immobilized cell)技术由酶固定化技术发展而来，是利用物理或化学手段将具有一定生理功能的生物细胞(如微生物细胞、植物细胞或动物细胞等)限制或定位在特定的空间区域，作为可重复使用的生物催化剂而加以利用的一门技术。固定化细胞和固定化酶技术共同组成了现代固定化生物催化剂技术。

固定化细胞的优点有：①不需要进行酶的分离纯化，酶活性损失较小，成本较低；②固定化细胞中的酶处于天然细胞的环境中，稳定性比较高；③保持了细胞内原有的多酶体系，可完成多步催化转化，而且无须辅酶的再生；④对不利环境的耐受性增强，细胞可重复使用，简化了细胞培养过程。

由于固定化细胞既有效地利用了细胞中的完整酶系统和细胞膜的选择通透性，又利用了酶的固定化技术，兼具二者的优点，因此广泛应用于食品工业、医药工业、环境保护等多领域。如固定化大肠埃希菌生产L-天冬氨酸或6-氨基青霉烷酸、固定化黄色短杆菌生产L-苹果酸等。但是固定化细胞

也有其局限性，主要表现为：①细胞膜和细胞壁可能阻碍底物的渗透与扩散，影响反应效率；②细胞内存在多种酶，可催化产生大量的副产物，降低产品的纯度，增加了下游纯化的难度；③在不适宜的条件下，固定化细胞容易发生自溶或破裂，影响产品的纯度和稳定性。

（二）固定化细胞的制备原则

细胞种类繁多，大小和特性各不相同，因此固定方法也多种多样。在制备固定化细胞时要根据不同情况选择不同的制备方法。一个好的固定化细胞制备方法应该遵循的原则包括：①控制固定化细胞的空隙度，使其具有较小的空间位阻，使底物、产物和其他代谢物能够自由扩散；②载体应具有稳定的网状结构，在所使用的条件下对细胞无破坏作用，且对细胞是惰性的；③固定化细胞具有良好的机械稳定性和化学稳定性，适于反复、连续使用；④固定化过程尽可能温和，避免对细胞的损伤和破坏。

（三）固定化细胞的方法

固定化细胞与固定化酶的制备原理有相似之处，也包括吸附法、包埋法、交联法等。此外，还可以采用一些特殊的方法，如微生物细胞自絮凝法，此法是利用一些菌株自身所具有的絮凝能力，通过使用助凝剂促进细胞凝聚，使得细胞自身形成固定化颗粒，这是一种无载体固定化方法。如含葡萄糖异构酶的链霉菌细胞经枸橼酸处理，使酶保留在细胞内，再加入絮凝剂——壳聚糖，获得的菌体干燥后即为固定化细胞。

（四）固定化细胞的性质

细胞被固定化后，其中酶的性质（诸如稳定性、最适温度、最适 pH 和 K_m）的变化基本上与固定化酶相仿。

细胞经过固定化后最适 pH 的变化无特定规律，如聚丙烯酰胺凝胶包埋的大肠埃希菌（含天冬氨酸酶）和短杆菌（含延胡索酸酶）的最适 pH 较游离细胞均向酸性侧偏移；但用相同方法包埋的无色短杆菌（含 L- 组氨酸脱氨酶）、大肠埃希菌（含青霉素酰胺酶）的最适 pH 均无变化。

细胞被固定化后，其最适温度通常与游离酶相同，如聚丙烯酰胺凝胶包埋的大肠埃希菌（含天冬氨酸酶、青霉素酰胺酶）和无色短杆菌（含 L- 组氨酸脱氨酶）的最适温度与游离细胞相同。

固定化细胞的稳定性一般都比游离细胞高，如含天冬氨酸酶的大肠埃希菌经醋酸纤维素包埋后生产 L- 天冬氨酸，37℃连续运转 2 年后其活性仍保持为原活性的 97%。

三、酶和细胞的固定化载体

固定化过程中所采用的水不溶性固体支持物称为载体或基质。酶和细胞的固定化都是以酶的应用为目的，其载体的选择基本相同。作为固定化酶（细胞）的一部分，载体材料的结构和性能对固定化有重要的影响。

（一）固定化酶（细胞）载体的选择

载体材料对固定化酶（细胞）的性质影响非常大，在选择载体材料时应考虑下述性能：

(1) 功能基团：一般来说，载体材料应带有能与酶发生反应的官能团，如带有—OH、—COOH、—CHO 等反应性基团，以供与酶的偶联，同时亦可提高固定化酶的稳定性、延长酶的半衰期。

(2) 渗透性和比表面积：好的载体材料应具有大的比表面积和多孔结构，这样结构的载体材料易和酶（细胞）相交联，可提高固定化率。

(3) 溶解性：一般来说，载体材料要求是不溶于水的，这不仅可以防止酶（细胞）失活，还可以防止其受到污染。

(4) 机械刚性及稳定性：由于固定化酶（细胞）的一个最大特点是要能重复使用，这就要求载体材料的机械刚性和稳定性都非常好。

(5) 组成和粒径：一般来说，材料的孔径越小，其比表面积就越大，结合的酶（细胞）量就越高。

(6)对微生物的抵抗性：在长时间的使用中，载体材料必须要能防止微生物的降解作用，对微生物抵抗性好的载体材料可以长时间使用。

(7)经济性和环保：应尽可能选择来源经济、丰富，无毒、可降解的载体。

(二) 固定化酶(细胞)常用载体

从载体材料的组成来看，固定化酶(细胞)所使用的载体可以分为高分子载体、无机载体、复合载体以及新型载体等。

1. 高分子载体　高分子载体又可以分为天然高分子载体和合成高分子载体。天然高分子载体材料如结构性蛋白(角质、胶原蛋白)、球状蛋白以及碳水化合物等，由于原料易得，都比较适合担当酶的载体材料。此类材料最大的特点是无毒性、传质性能好，但同时存在强度较低、在厌氧条件下易被微生物分解、使用寿命较短等缺点，而且天然高分子材料原料来源往往受产地所限，这在一定程度上限制了它的应用。近年来研究较多的载体是壳聚糖和海藻酸钠。壳聚糖是由甲壳素经脱乙酰化得到的一种天然氨基多糖类高分子材料；海藻酸钠则是从褐藻中提取的多糖类物质，可以与钙、钡等多价金属离子交联成网状结构的凝胶。合成有机高分子材料，由于其化学、物理性能都有很大的可变性，从理论上来说，可以担当任何一种酶的固定化载体，而且它们对微生物的腐蚀也有较强的抵抗力。另外，与天然高分子材料相比，合成有机高分子材料载体还有机械强度较大的优点。聚苯乙烯是世界上第一个用来担当固定化酶载体材料的合成有机高分子，主要通过吸附作用将酶固定化。

2. 无机载体　无机载体具有一些有机材料不具备的优点，如稳定性好、机械强度高、不易被微生物所分解、耐酸碱、成本低、寿命长等。常见的无机载体材料有玻璃、硅凝胶、膨润土等。

3. 复合载体　复合载体是以有机材料和无机材料复合组成的。如磁性高分子微球可以通过共聚、表面改性等化学反应在微球表面引入多种反应性功能基团，通过共价键结合酶、细胞、抗体等生物活性物质，在外加磁场的作用下，进行快速运动或分离。与其他载体材料相比，磁性高分子微球作为固定化载体，具有从反应体系中易分离回收、操作简便、成本较低等诸多优点。

4. 新型载体　设计新型载体并结合当代高新技术，是固定化酶研究的一个新方向。研究发现，导电聚合物作为酶固定化载体时可用于酶电极类生物传感器的制备。当光敏性单体聚合物包埋固定化酶或带光敏性基团的载体共价固定化酶时，由于反应条件温和，固定化酶的酶活力较高。纳米级材料能够很好地保持酶的稳定性。用聚合物纳米凝胶包埋目的酶，可获得包埋单个酶分子的纳米凝胶。纳米限定空间不仅限制了酶的变构，而且含水凝胶的柔性微环境使酶发生柔性变化，能够更好地与底物结合。此外，这种单酶纳米凝胶的热稳定性和在有机溶剂中的稳定性大幅度提高。

常用固定化载体如表6-5所列。

表6-5　固定化酶(细胞)载体的分类

高分子载体		无机载体	复合载体	新型载体
天然高分子载体	合成有机高分子载体			
纤维素 角叉菜凝胶	聚丙烯酰胺 聚乙烯醇	二氧化硅 氧化铝	有机载体材料与无机载体复合	高分子复配载体材料 磁性载体材料
琼脂	聚氨酯泡沫	氧化镁		功能性载体材料
壳聚糖	光交联树脂	陶瓷		
海藻酸盐		玻璃		
葡聚糖凝胶		硅胶		
骨胶原		硅藻土		

四、固定化酶（细胞）的评价指标

游离酶（细胞）制备成固定化酶（细胞）后，其催化功能也由原来的均相体系反应变为固 - 液相不均一反应，酶的催化性质会发生改变。因此，制备固定化酶（细胞）后，必须考查它的性质。常用的评估指标有固定化酶（细胞）的活力、偶联率及相对活力和半衰期。

1. 固定化酶（细胞）的活力　固定化酶（细胞）的活力即指固定化酶（细胞）催化某一特定化学反应的能力，其大小可用在一定条件下它所催化的某一反应的反应初速度来表示。固定化酶（细胞）的活力单位可定义为每毫克干重固定化酶（细胞）每分钟转化底物（或产生产物）的量，表示为 μmol/(min·mg)。与游离酶相仿，表示固定化酶的活力一般要注明下列条件：温度、搅拌速度、固定化酶的干燥条件、固定化的原酶含量或蛋白质含量及原酶的比活力。

固定化酶通常呈颗粒状，所以一般测定溶液酶活力的方法需改进后才能适用于测定固定化酶，其活力可在两种基本系统——填充床系统或均匀悬浮系统中，在保温介质中进行测定。

以测定过程分类，测定方法分为间歇测定和连续测定两种。

(1) 间歇测定：在搅拌或振荡反应器中，与溶液酶在同样测定条件下进行，然后间隔一定时间取样，过滤后按常规进行测定。此方法简单，但所测定的反应速度与反应容器的性状、大小及反应液量有关，所以必须固定条件。而且随着振荡和搅拌速度加快，反应速度上升，达到某一水平便不再升高，所以要尽可能使反应在此水平进行。另外如搅拌速度过快，会由于固定化酶破碎而造成活力上升。

(2) 连续测定：固定化酶装入具有恒温水夹套的柱中，以不同流速流过底物，测定酶柱流出液。根据流速和反应速度之间的关系，算出酶活力（酶的形状可能影响反应速度）。在实际应用中，固定化酶不一定在底物饱和条件下反应，故测定条件应尽可能与实际工艺相同，这样才能利于比较和评价整个工艺过程。

2. 固定化酶的偶联率及相对活力　可用偶联率或相对活力来表示影响酶固有性质诸因素的综合效应及固定化期间引起的酶失活情况。

固定化酶的活力回收率是指固定化后固定化酶（或细胞）所显示的活力占被固定的等当量游离酶（细胞）总活力的百分数。

偶联率 =（加入酶总活力 – 上清液酶活力）/ 加入酶总活力 ×100%

活力回收率 = 固定化酶总活力 / 加入酶的总活力 ×100%

相对活力 = 固定化酶总活力 /（加入酶的总活力 – 上清液酶活力）×100%

偶联率 =1 时，表示反应控制好，固定化或扩散限制引起的酶失活不明显；偶联率 <1 时，固定化或扩散限制对酶活力有影响；偶联率 >1 时，表明有细胞分裂或去除抑制剂等原因使酶活力增加。

3. 固定化酶（细胞）的半衰期　固定化酶（细胞）的半衰期是指在连续测定条件下，固定化酶（细胞）的活力下降为最初活力一半所经历的连续工作时间，以 $t_{1/2}$ 表示。固定化酶（细胞）的操作稳定性是影响其实用性的关键因素，半衰期是衡量稳定性的指标。

半衰期的测定可以和化工催化剂一样实测，即进行长期实际操作，也可以通过较短时间操作进行推算。在没有扩散限制时，固定化酶（细胞）活力随时间呈指数衰减关系，半衰期：

$$t_{1/2}=0.693/K_D$$

式中 $K_D=2.303/t\times\lg(E_0/E)$，称为衰减常数。其中 E_0 是初始酶活力，E 是时间 t 后的酶活力，E/E_0 是时间 t 后酶活力残留的百分数。

4. 固定化酶的热稳定性　将固定化酶在不同温度条件下温育 1 小时之后，在最适温度下测酶活力，固定化酶的活力一般应保持在 60% 以上。

五、固定化酶(细胞)的应用

(一) 固定化酶的应用

1. 固定化酶生产各种产物　固定化酶在工业生产中的应用近几年发展很快,以氨基酰化酶为例,固定化氨基酰化酶是世界上第一种工业化生产的固定化酶。1969 年日本田边制药公司将从米曲霉中分离得到的氨基酰化酶,以 DEAE- 葡聚糖凝胶为载体,通过离子键结合制成固定化酶。利用该酶水解 L- 乙酰氨基酸生成 L- 氨基酸的作用,拆分 DL- 乙酰氨基酸,连续生产 L- 氨基酸。剩余的 D- 乙酰氨基酸经过消旋化处理,又生成 DL- 乙酰氨基酸,再经过固定化酶进行拆分。利用该技术生产 L- 氨基酸,成本仅为游离酶生产成本的 60% 左右。

L-乙酰氨基酸 + H_2O —L-氨基酰化酶→ 乙酸 + L-氨基酸

表 6-6 列出了部分固定化酶在工业生产中的应用。

表 6-6　部分固定化酶及其相应产品

固定化酶	产品	固定化酶	产品
青霉素酰胺酶	6-APA,7-ADCA	短杆菌肽合成酶系	短杆菌肽
氨苄西林酰化酶	氨苄西林	右旋糖酐蔗糖酶	右旋糖酐
青霉素合成酶系	青霉素	β- 酪氨酸酶	L- 酪氨酸,L- 多巴胺
11β- 羟化酶	氢化可的松	5′- 磷酸二酯酶	5′- 核苷酸
类固醇 -Δ^1- 脱氢酶	脱氢泼尼松	3′- 核糖核酸酶	3′- 核苷酸
谷氨酸脱羧酶	γ- 氨基丁酸	天冬氨酸酶	L- 天冬氨酸
类固醇酯酶	睾丸激素	色氨酸合成酶	L- 色氨酸
多核苷酸磷酸化酶	多聚核苷酸	转氨酶	L- 苯丙氨酸
前列腺素合成酶	前列腺素	腺苷脱氢酶	IMP
辅酶 A 合成酶系	CoA	延胡索酸酶	L- 苹果酸
氨甲酰磷酸激酶	ATP	酵母酶系	ATP,FDP,间羟胺

2. 酶传感器　生物传感器(biosensor)是由生物识别元件(酶、微生物、动植物组织、抗体等)与换能器组成的分析系统。生物识别元件是酶、抗原(体)、细胞器、组织切片和微生物细胞等生物分子经固定化后形成的膜结构,对被测定物质有选择性的分子识别能力。换能器可将识别元件上进行的生化反应中消耗或生成的化学物质,或产生的光或热等转换为电信号,并呈现一定的比例关系。利用生物传感器可以简便、快速地测定各种特异性很强的物质,在临床分析、工业监测等方面有着重要的意义。生物传感器的基本结构如图 6-5。

将固定化酶催化技术应用于生物传感器是酶催化技术发展的重要方向之一。酶传感器(enzyme sensor)是以固定化酶作为生物识别元件,与不同类型换能器结合所构成的一类生物传感器。根据换能器的不同,酶传感器主要有酶电极传感器、离子敏场效应晶体管酶传感器、热敏电阻酶传感器、光纤酶传感器和声波酶传感器几种类型。

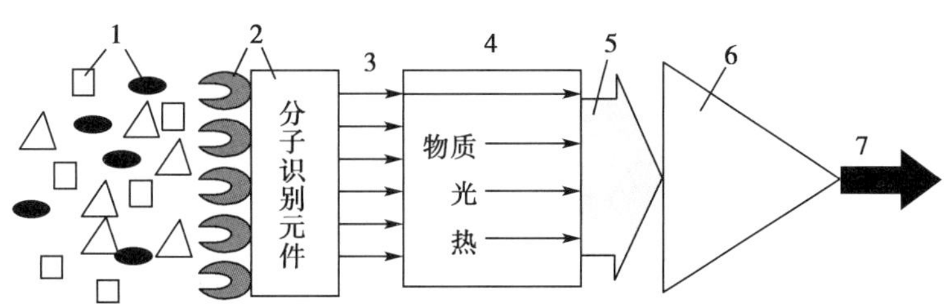

图 6-5 生物传感器的基本结构

以酶电极传感器为例，该传感器主要由固定化酶和相应的各类电化学器件（离子选择电极、气敏电极、氧化还原电极）组成，其结构原理如图 6-6 所示。酶电极传感器既具有酶的分子识别和选择催化功能，又具有电化学电极响应快、操作简便的特点，可以快速测定试液中某一特定化合物的浓度，而且所需样品量很少。

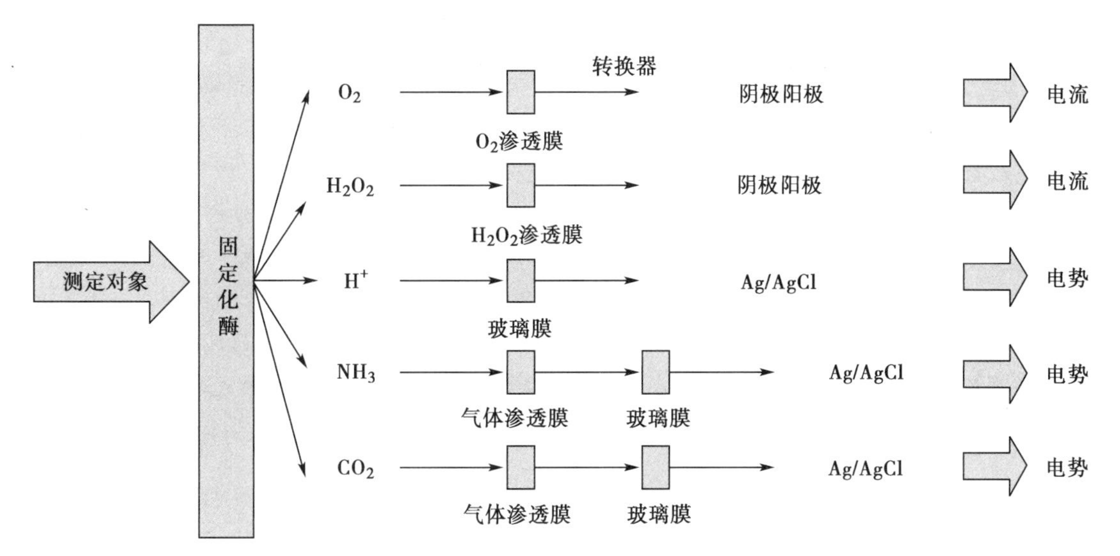

图 6-6 酶电极传感器结构原理

葡萄糖酶电极是研究最早、最深，也是发展最为成熟的酶电极，由固定化葡萄糖氧化酶和电化学电极组成。葡萄糖氧化酶在氧存在情况下使葡萄糖氧化成葡糖酸，同时生成过氧化氢。利用该原理，在特殊构成的溶氧电极表面加一层固定化葡萄糖氧化酶，催化被测溶液中的葡萄糖氧化，然后利用电极测定被消耗的氧或生成的过氧化氢即可了解样品中葡萄糖的浓度。具体反应过程为：

$$\underset{\beta\text{-D-葡萄糖}}{C_6H_{12}O_6} + O_2 \xrightarrow{\text{葡萄糖氧化酶}} \underset{\text{葡萄糖酸内酯}}{C_6H_{10}O_6} + H_2O_2$$

目前，酶电极可用于糖类、醇类、有机酸、氨基酸、核苷酸、激素等物质浓度的测定。

3. 固定化药物酶　新的酶类药物不断问世，但游离酶药物进入人体可能存在一些问题，如：①酶类药物作为蛋白质，口服易被胃酸破坏或沉淀，即使进入人体也容易被单核吞噬细胞系统清除或被蛋白酶水解；②作为异体物质，酶的反复使用易导致免疫反应；③由于稀释效应，药物酶无法集中于靶器官以达到有效治疗浓度。

通过选择适宜的载体与方法将游离酶进行固定化，可减轻甚至解决上述问题，表 6-7 列举了部分固定化药物酶。

表 6-7 部分固定化药物酶

酶	载体	应用方式	应用对象
尿酸氧化酶	血液透析装置	组成体外循环	肾功能不全患者
天冬酰胺酶	转移管	移接	急性淋巴细胞白血病患者
脲酶	尼龙微囊	体内循环	泌尿系统疾病
脂肪酶	肠衣包被	口服	胰功能不全患者
酪氨酸酶	可溶性的聚顺丁烯二酸与聚丙烯酸聚合物	体内循环	肿瘤患者
谷氨酰胺酶	可溶性聚乙二醇	体内循环	肿瘤患者
β- 葡糖醛酸糖苷酶	脂质体	体内循环	补偿先天酶缺失（肝）
胆红素葡糖醛酸基转移酶	酶和聚乙烯吡咯烷酮结合的微粒体	体内循环	黄疸患者
过氧化氢酶	尼龙微囊	体内循环	退化性疾病

（二）固定化细胞的应用

1. 固定化微生物生产各种产物　固定化微生物能够进行正常的生长、繁殖和新陈代谢，因此可同游离细胞一样发酵生产各种代谢物。但是受载体的影响，固定化微生物只能用于生产各种能够分泌到细胞外的产物，如乙醇类、氨基酸类、有机酸类、糖类、辅酶类、抗生素类等。以利用葡萄糖生产丙酸为例，费氏丙酸杆菌发酵生产丙酸存在底物和产物抑制问题，若将菌固定在棉纤维表面，不仅解决了细胞的连续利用问题，同时显著提高了细胞对高葡萄糖和丙酸的耐受性，加快了丙酸的生产速率。

2. 固定化动物细胞生产药物　动物细胞中大部分为贴壁细胞，需要贴附在载体的表面才能正常生长，因此固定化动物细胞在动物细胞培养中被广泛应用。采用微载体对动物细胞进行吸附固定化，可用于生产脊髓灰质炎疫苗、风疹疫苗、狂犬病疫苗、肝炎疫苗等疫苗，也可以生产胰岛素、生长激素、白细胞介素、干扰素等多肽类药物，具有广泛的应用前景。

第四节　酶反应器

酶和固定化酶在体外进行催化反应时，都必须在一定的反应容器中进行，以便控制催化反应的各种条件和催化反应的速度。用于酶催化反应的容器及其附属设备称为酶反应器（enzyme reactor）。酶反应器是完成酶促反应的核心装置，为酶催化反应提供合适的场所和最佳的反应条件，以便在酶的催化下使底物（原料）最大限度地转化成产物。如图 6-7 所示，酶反应器处于酶催化反应过程的中心地位，是连接原料和产物的桥梁。

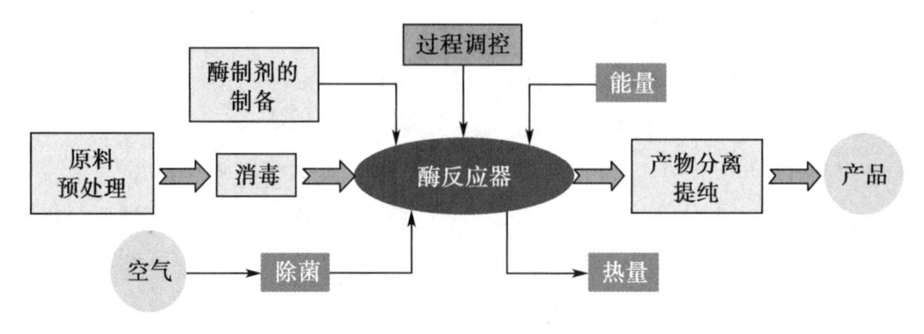

图 6-7　工业生产中酶促反应过程示意图

酶反应器的基本结构，除了有提供酶促反应所必需的壳体容器外，还包括一些控制酶促反应进行的附属设备，如搅拌器、控温电极、pH 电极、通气、检测器等。由于历史的原因，人们常将适合于利用

生长的非固定化细胞(微生物)进行反应的生物反应器称作发酵罐,而将后来开发的适合于酶制剂、固定化酶(细胞)进行反应的新型设备称为酶反应器。

一、酶反应器的基本类型

酶的反应类型主要有两种:一是在溶液中直接应用游离酶进行反应,即为均相酶促反应;另一种是应用固定化酶(包括固定化酶膜)进行的非均相酶促反应。不同的酶促反应类型采用不同的酶反应器。

根据不同分类标准,酶反应器有多种分类方法。按其几何形状可分为罐式(又称为槽式或釜式)、管式、塔式和膜式等;按照结构不同,可以分为搅拌罐式反应器、鼓泡式反应器、填充床式反应器、流化床式反应器、膜反应器、喷射式反应器等;按照操作方式不同,可以分为分批式反应器(batch reactor)、连续式反应器(continuous reactor)和流加分批式反应器(feeding batch reactor)。有时还可以将反应器的结构和操作方式结合一起,对酶反应器进行分类,例如连续搅拌罐式反应器(continuous stirring tank reactor,CSTR)、分批搅拌罐式反应器(batch stirring tank reactor,BSTR)等。现将各种类型酶反应器的特点及其适用范围归纳列于表 6-8。在此重点介绍其余 4 种酶反应器。

表 6-8　常用的酶反应器类型

反应器类型	适用的操作方式	适用的酶	特点
搅拌罐式反应器	分批式 流加分批式 连续式	游离酶 固定化酶	设备简单,操作容易,反应比较完全,反应条件容易调节控制
鼓泡式反应器	分批式 流加分批式 连续式	游离酶 固定化酶	结构简单,操作容易,剪切力小,混合效果好,传质和传热效率高
膜反应器	连续式	游离酶 固定化酶	结构紧凑,利于连续化生产
喷射式反应器	连续式	游离酶	体积小,混合均匀,催化反应速度快
填充床式反应器	连续式 分批式	固定化酶	设备简单,操作方便,混合均匀,传质和传热效果好
流化床式反应器	流加分批式 连续式	固定化酶	温度和 pH 的调节控制比较容易,不易堵塞

1. 膜反应器　膜反应器(membrane reactor,MR)是将酶催化反应与半透膜的分离作用组合在一起而形成的反应器。酶是生物大分子,可以通过选择适当孔径的膜将酶截留在反应器中,而将产物和未反应的底物不断排出,以达到分离的目的。膜反应器既可用于游离酶的催化反应,也可用于固定化酶的催化反应。

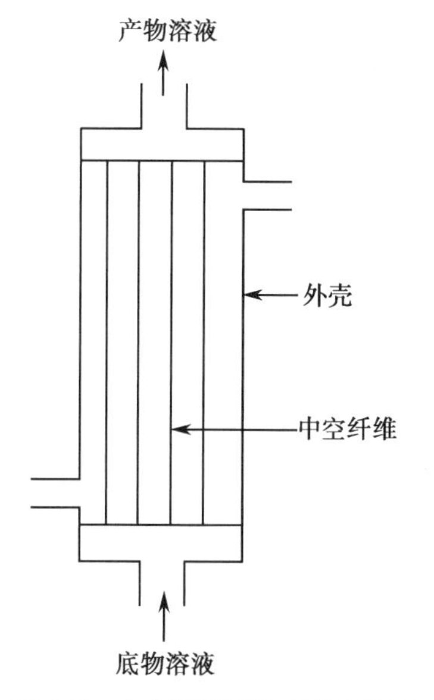

图 6-8　中空纤维型反应器示意图

膜反应器可以制成平板型、螺旋型、管型、中空纤维型、转盘型等多种形状。其中,中空纤维型反应器最常见。如图 6-8 所示,中空纤维型反应器由外壳和醋酸纤维等高分子聚合物制成的中空纤维组成。中空纤维壁的内外结构一般是不同的,其内层是紧密光滑的半透膜,有一定的分子截留值,可以截留大分子物质如酶,而允许小分子物质通过。其外层是多孔海绵状的支持层。酶就固定于中空纤维的支持层中,底物透过中空纤维的微孔与酶分子接触,进行催化反应,小分子的反应产物透过中空纤维微孔进入中空纤维管,随着反应液流出反应器。如果流出液中含有较高浓度的底

物，将产物分离后的流出液可以循环使用，重新进入反应器进行酶催化反应。这种反应器的主要优点在于，固定化过程比较经济，可以完全保留酶（细胞）和易于随时替换酶（细胞），以保持充分活性或生产不同产品。

膜反应器也可以用于游离酶的催化反应，如图 6-9 所示。游离酶在膜反应器中进行催化反应时，底物溶液连续地进入反应器，酶在反应器的溶液中与底物反应，随后酶与产物一起进入膜分离器进行分离，小分子的产物透过超滤膜而排出，大分子的酶分子被截留，可以再循环使用。可以根据酶分子和产物的相对分子质量（M_r）大小选择适宜孔径的分离膜。采用膜反应器进行游离酶的催化反应，集反应与分离于一体。一则酶可以回收循环使用，提高酶的催化效率，特别适用于价格较高的酶；二则反应产物可以连续地排出，可以降低甚至消除产物引起的酶抑制作用，显著提高酶催化反应的速度。然而分离膜在使用一段时间后，酶和杂质容易吸附在膜上，造成酶的损失，同时由于浓差极化而影响分离速度和分离效果。

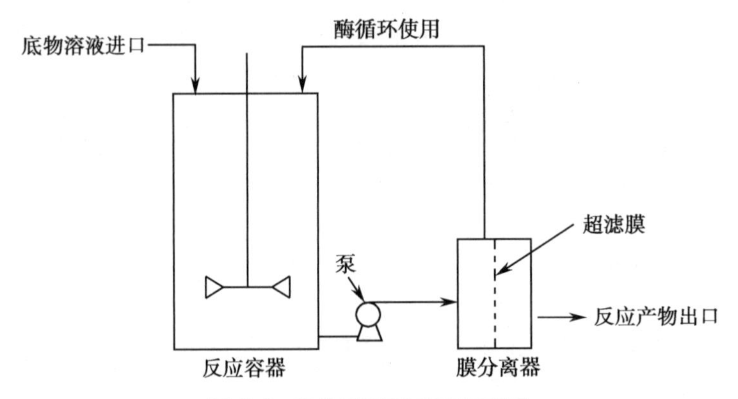

图 6-9 游离酶膜反应器示意图

2. 喷射式反应器 喷射式反应器（projectional reactor，PR）是利用高压蒸汽的喷射作用实现酶与底物的混合，进行高温短时催化反应的一种反应器（图 6-10）。

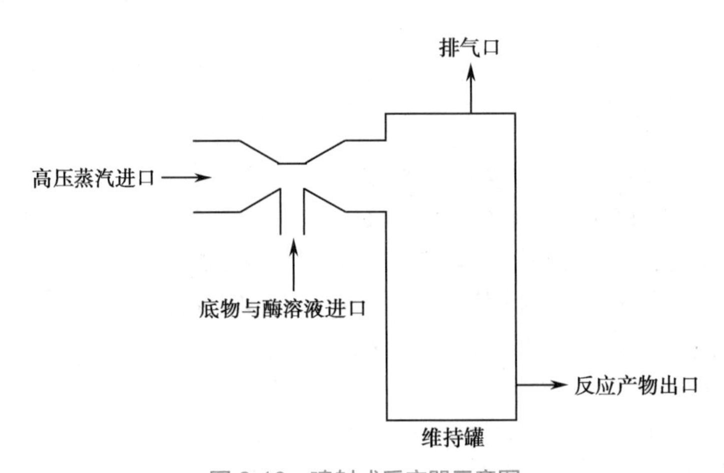

图 6-10 喷射式反应器示意图

喷射式反应器由喷射器和维持罐组成，酶与底物在喷射器中混合，进行高温短时催化，当混合液从喷射器中喷出以后，温度迅速降低到 90℃左右，维持罐中继续进行催化作用。喷射式反应器结构简单、体积小、混合均匀，由于温度高，催化反应速度快且催化效率高，可在短时间内完成催化反应。喷射式反应器适用于游离酶的连续催化反应，但是只适用于某些耐高温酶的反应，如耐高温淀粉酶液化淀粉的反应。

3. 填充床式反应器 填充床式反应器(packed column reactor,PCR)又称固定床反应器,是一种将酶固定化后,填充到柱式反应容器中而制成的反应器,适用于固定化酶的催化反应(图 6-11)。这种反应器已应用于酶催化法合成β-内酰胺类抗生素。

固定化酶填充于反应器,制成稳定的柱床,底物溶液按照一定的方向以一定的速度流过反应床。通过底物溶液的流动实现物质的传递和混合,并进行催化反应。在填充床式反应器使用过程中,底层的固定化酶颗粒所受到的压力较大,容易引起固定化酶颗粒的变形或破碎,为了减少底层固定化酶颗粒所受到的压力,可以在反应器中间用托板分隔。填充床式反应器的优点是设备简单、操作方便、单位体积反应床的固定化酶密度大,在工业生产中普遍使用。

4. 流化床式反应器 流化床式反应器(fluidized bed reactor,FBR)是固定化酶颗粒不断地在反应液中悬浮翻动而进行催化反应的一种反应器(图 6-12),适用于固定化酶进行连续催化反应。在应用过程中,固定化酶颗粒置于反应容器内,底物溶液以足够大的流速连续地从反应器底部向上通过反应器,同时反应液连续地排出,固定化酶颗粒不断地在悬浮翻动状态下进行催化反应。流化床式反应器可用于处理黏度较大和含有固体颗粒的底物溶液,同时也可用于需要提供气体或排放气体的酶反应。在此反应器中所采用的固定化酶颗粒不宜过大,并应具有较高的强度。

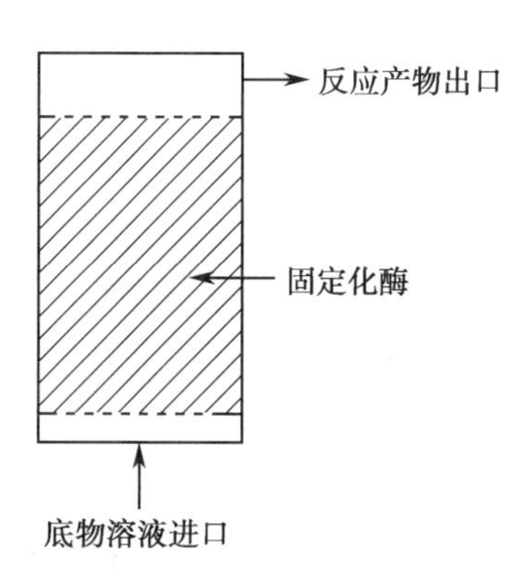

图 6-11 填充床式反应器示意图

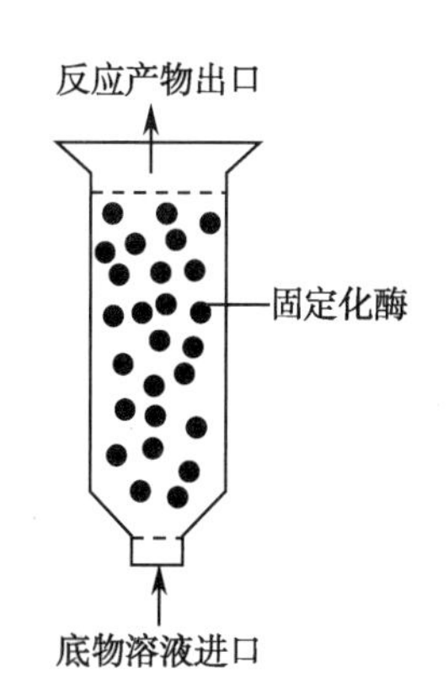

图 6-12 流化床式反应器示意图

二、酶反应器的选择及其性能评价

(一)酶反应器的选择

各种不同的反应器具有不同的特性和用途,同时,影响酶反应器性能的因素也很多。因此在酶反应器的选择过程中,主要从酶的应用形式、底物和产物的理化性质、酶反应动力学特性等几方面考虑。同时,选择的反应器应具有结构简单、操作简便、易于维护和清洗、可适用于多种酶催化反应、制造成本和运行成本较低等特点。

1. 根据酶的应用形式选择反应器 在使用游离酶进行催化反应的过程中,酶与底物一起溶解在反应溶液中,通过相互混合进行催化反应。可用于游离酶催化反应的酶反应器主要有搅拌罐式反应器、膜反应器、鼓泡式反应器和喷射式反应器等。其中,搅拌罐式反应器最常用;鼓泡式反应器由于气体的连续通入,酶与底物混合均匀,物质与热量的传递效率最高;当游离酶价格较高、反应产物的分子量较小且较难获得时,可采用膜反应器;喷射式反应器的混合效果好、催化效率高,因此适用于耐高温酶的催化反应。

对固定化酶而言,应根据固定化酶的形状、颗粒大小及对机械强度的承受能力不同来选择合适的反应器。①根据固定化酶的形状:固定化酶的形状主要有颗粒状、平板状、直管状和螺旋管状等。通常,颗粒状固定化酶可选择连续搅拌罐式反应器、填充床式反应器、流化床反应器和鼓泡式反应器。

平板状、直管状和螺旋管状固定化酶通常选择膜反应器。②根据固定化酶的颗粒大小：当固定化酶颗粒较小时易悬浮，最适宜的反应器是流化床式反应器，若选择固定化床则容易造成固定化酶的流失。③根据固定化酶的稳定性：不同类型反应器对固定化酶承受机械强度的要求不同。在使用搅拌罐式反应器时，搅拌桨叶旋转所产生的剪切力能够对固定化酶颗粒造成损失甚至破坏。流化床反应器中，由于单位体积反应床的固定化酶密度大，酶颗粒需承受较大的压力，容易引起固定化酶颗粒的变形或破碎，从而进一步造成阻塞现象。

2. 根据底物和产物的理化性质选择反应器　在催化反应中，底物和产物理化性质，如溶解性、分子质量、黏度、挥发性等会直接影响酶催化反应的效率：①可溶性底物适用于各类反应器，难溶底物或者呈胶体溶液底物易堵塞柱床，可选用流化床式反应器。只要搅拌速度足够高，连续搅拌罐式反应器能维护颗粒状底物和固定化酶在溶液中呈悬浮状态，故颗粒状底物溶液可适用于连续搅拌罐式反应器。②小分子反应产物可通过多孔膜，而酶或大分子底物可被截留，因此当产物分子较小时可选择膜反应器。③当底物或产物为气体时，可选择鼓泡式反应器，以减少或消除产物对酶促反应的抑制作用。

3. 根据酶反应动力学特性选择反应器　酶反应动力学特性亦是选择反应器的一个重要依据。

(1)酶与底物的混合程度：酶和底物在反应器中的充分混合可增加酶分子与底物分子的有效碰撞，进而提高催化反应效率。搅拌罐式反应器、鼓泡式反应器和流化床式反应器均具有较好的混合效果，而膜反应器和填充床式反应器的混合效果较差。

(2)底物浓度：根据酶促反应动力学特点，在一定范围内，酶促反应速度随底物浓度的增加而升高，但在有些酶促反应过程中，底物浓度过高会对酶的催化起抑制作用，这种现象被称为高浓度底物的抑制作用。对于这样的酶促反应，体系中底物浓度需始终保持在较低浓度，以提高催化反应速率，膜反应器和连续流操作能够满足这一要求。

(3)产物对酶的反馈抑制作用：当产物浓度达到一定水平后，会抑制酶的催化活性。游离酶和固定化酶都可以选择膜反应器降低产物浓度对酶促反应的抑制作用。固定化酶也可以选择填充床式反应器，在该反应器中，产物和底物呈现梯度分布，从进口处到出口处产物浓度逐渐升高，而底物浓度逐渐减低，因此反馈作用较弱。

（二）酶反应器的性能评价

酶反应器的性能评价应尽可能在模拟原生产条件下进行，通过测定活性、稳定性、选择性、产物产量、底物转化率等，衡量其加工制造质量。测定的主要参数有空时、空速、转化率、生产强度。

1. 空时、空速　空时是指底物在反应器中的停留时间，数值上等于反应器体积与底物体积流速之比，又常称为稀释率。当底物或产物不稳定或容易产生副产物时，应使用高活性酶，并尽可能缩短反应物在反应器内的停留时间。对于均相反应，空速定义为空时的倒数。空时、空速这两个指标一般用于连续反应器。

2. 转化率　转化率是指每克底物中有多少被转化为产物。在设计时，应考虑尽可能利用最少的原料得到最多的产物。只要有可能，使用纯酶和纯的底物，以及减少反应器内的非理想流动，均有利于选择性反应。实际上，使用高浓度的反应物对产物的分离也是有利的，特别是当生物催化剂选择性高而反应不可逆时更加有利，同时也使分离所需的溶剂量大大降低。

3. 生产强度　酶反应器的生产强度以每小时每升反应器体积所生产的产品克数表示，主要取决于酶的特性、浓度及反应器特性、操作方法等。使用高酶浓度及缩短停留时间有利于生产强度的提高，但并不是酶浓度越高、停留时间越短越好，这样会造成浪费，在经济上不合算。总体而言，酶反应器的设计应该是在经济、合理的基础上提高生产强度。此外，由于酶对热是相对不稳定的，设计时还应特别注意质与热的传递，最佳的质与热的转移可获得最大的产率。

三、酶反应器的操作

在应用酶反应器进行催化反应的过程中，如何充分发挥酶的催化功能，是酶工程的主要任务之一。要完成这个任务，除了选用高质量的酶、选择适宜的酶应用形式、选择或设计适宜的酶反应器以外，还要在酶反应器的应用过程中确定适宜的操作条件，并根据变化的情况进行适当的调节控制。

（一）酶反应器操作条件的确定及其调节控制

酶反应器的操作条件主要包括底物浓度、酶浓度、反应温度、pH、反应液的混合与流动等。

1. 底物浓度的确定与调节控制　酶的催化作用是底物在酶的作用下转化为产物的过程，底物浓度是决定酶催化反应速度的主要因素。在酶催化反应过程中，要确定一个适宜的底物浓度范围。底物浓度过低，反应速度慢；底物浓度过高，反应液的黏度增加。有些酶还会受到高底物浓度的抑制作用。

对于分批式反应器，为了防止高浓度底物引起的抑制作用，可以采用逐步流加底物的方法，即先将一部分底物和酶加到反应器中进行反应，随着反应的进行，底物浓度逐步降低以后，再连续或分次地将一定浓度的底物溶液添加到反应器中。对于连续式反应器，则将配制好的一定浓度的底物溶液连续地加进反应器中，反应器中底物浓度保持恒定，反应液连续地排出。

2. 酶浓度的确定与调节控制　酶反应动力学研究表明，在底物浓度足够高的条件下，酶催化反应速度与酶浓度成正比，提高酶浓度可以提高催化反应的速度。然而，酶浓度的提高必然会增加用酶的费用，所以酶浓度不是越高越好，特别是对于价格高的酶，必须综合考虑反应速度和成本，确定一个适宜的酶浓度。在酶使用过程中，特别是连续使用较长的一段时间以后，必然会有一部分酶失活，所以需要进行补充或更换，以保持一定的酶浓度。因此，连续式固定化酶反应器应具备添加或更换酶的装置，而且要求这些装置的结构简单、操作容易。

3. 反应温度的确定与调节控制　酶催化作用受到温度的显著影响，因此在酶反应器的应用过程中，要根据酶的动力学特性确定酶催化反应的最适温度，并将反应温度控制在适宜范围内。一般酶反应器中均安装有夹套或列管等换热装置，里面通入一定温度的水，通过热交换作用，保持反应器中反应液的温度恒定在一定范围内。如果采用喷射式反应器，则通过控制水蒸气的压力来达到控制温度的目的。

4. pH 的确定与调节控制　反应液的 pH 对酶催化反应的影响明显，因此在酶催化反应过程中，要根据酶的动力学特性确定酶催化反应的最适 pH，并将反应液的 pH 维持在适宜范围内。采用分批式反应器进行酶催化反应时，通常在加入酶液之前，先用稀酸或稀碱将底物溶液调节到酶的最适 pH，然后加酶进行催化反应；对于在连续式反应器中进行的酶催化反应，一般将调节好 pH 的底物溶液连续加到反应器中。有些酶的底物或者产物是酸或碱，例如葡萄糖氧化酶催化葡萄糖与氧气反应生成葡糖酸，乙醇氧化酶催化乙醇氧化生成乙酸等，反应前后 pH 的变化较大，在反应过程中需进行必要的调节。

pH 的调节通常采用稀酸溶液或稀碱溶液进行，加入稀酸或稀碱溶液时要一边搅拌一边缓慢添加，以防止局部过酸或过碱，必要时可以采用缓冲溶液配制底物溶液，以维持反应液的 pH。

5. 搅拌速度的确定与调节控制　搅拌速度与反应液的混合程度密切相关，而后者直接影响酶的催化效率。在搅拌罐式反应器和游离酶膜反应器中都设计安装有搅拌装置，通过适当的搅拌实现均匀的混合。搅拌速度过慢，会影响混合的均匀性；搅拌过快，产生的剪切力会使酶的结构受到影响，尤其是会使固定化酶的结构破坏，影响催化反应的进行。

6. 流动速度的确定与调节控制　在连续式酶反应器中，底物溶液连续地进入反应器，同时反应液连续地排出，通过溶液的流动实现酶与底物的混合和催化。如果流体流速过慢，固定化酶颗粒就不能很好地漂浮翻动，甚至沉积在反应器底部，影响酶与底物的均匀接触和催化反应的顺利进行；如果

流体流速过快或流动状态混乱，则固定化酶颗粒在反应器中激烈翻动、碰撞，会使固定化酶的结构受到破坏，甚至使酶脱落、流失，影响催化反应的进行。

填充床式反应器中，底物溶液按照一定的方向以恒定的速度流过固定化酶层，其流动速度决定酶与底物的接触时间和反应的进行程度。在反应器的直径和高度确定的情况下，流速越慢，酶与底物接触时间越长，反应越完全，但是生产效率越低；流速过快，则反应不完全，有一部分底物未转化成产物就被排出，影响转化效率。在理想的操作情况下，填充床式反应器任何一个横截面上的流体流动速度是相同的，在同一个横截面上底物浓度和产物浓度也是一致的。此种反应器又称为活塞流反应器（plug flow reactor，PFR）。

（二）酶反应器应用的注意事项

在酶反应器的应用过程中，除了控制各种反应条件，还须注意下列问题：

1. 保持酶反应器的操作稳定性　在酶反应器的应用过程中，应尽量保持操作的稳定性，避免反应条件的激烈波动。在酶的催化反应过程中，酶是反应的主体，必须保证所使用酶的稳定性。在游离酶反应中，要尽量保持酶的浓度稳定在一定的范围；在固定化酶反应中，每隔一段时间要检测酶的活力，并根据变化情况及时进行更换或补充。

2. 防止酶的变性失活　在酶反应器的应用过程中，应特别注意防止酶的变性失活。引起酶变性失活的因素主要有温度、pH、重金属离子、剪切力等。

（1）温度：酶反应器操作时的温度是影响酶催化作用的重要因素，除了某些耐高温的酶以外，通常酶催化反应在60℃以下进行，温度过高会加速酶的变性失活，缩短酶的半衰期和使用时间。

（2）pH：在酶反应器的应用过程中，反应液的pH应当严格控制在酶催化反应的适宜pH范围内，除了某些特别耐酸碱的酶以外，通常酶在pH 4~9的条件下进行催化反应，pH过高或过低都对催化不利，甚至引起酶的变性失活。

（3）重金属离子：重金属离子［例如铅离子（Pb^{2+}）、汞离子（Hg^{2+}）］等会与酶分子结合而引起酶的不可逆变性。因此，在酶反应器的操作过程中要尽量避免重金属离子的存在，必要时可以添加适量的乙二胺四乙酸（EDTA）等金属螯合剂，除去重金属离子对酶的危害。

（4）剪切力：在酶反应器的操作过程中，剪切力是引起酶变性失活的一个重要因素。所以在搅拌式反应器的操作过程中要防止过高的搅拌速度对酶特别是固定化酶结构的破坏；在流化床式反应器和鼓泡式反应器的操作过程中，要控制流体的流速，防止固定化酶颗粒的过度翻动和碰撞而引起固定化酶的结构破坏。

此外，为了防止酶的变性失活，在操作过程中可以添加某些保护剂以提高酶的稳定性，例如在淀粉酶的催化过程中添加钙离子等。酶作用底物的存在往往对酶有保护作用，所以在操作时一般先将底物溶液加进反应器中，然后再将酶加到底物溶液中进行催化反应。

3. 防止微生物的污染　不同酶的催化反应，由于底物、产物和催化条件各不相同，在催化过程中受到微生物污染的可能性存在很大差别。一些酶催化反应的底物或产物对微生物的生长、繁殖有抑制作用，有些酶的催化反应温度较高或者催化反应的pH较高或较低，有些酶可以在非水介质中进行催化反应，在这些条件下微生物污染的可能性甚微。而有些酶催化反应的底物或产物是微生物生长、繁殖的营养物质，例如淀粉酶类催化淀粉水解生成糊精、麦芽糖、葡萄糖等，蛋白酶类催化蛋白质水解生成蛋白胨、多肽、氨基酸等，在反应过程中或者在反应结束后，在适合微生物生长繁殖的情况下必须注意防止微生物的污染。

在酶反应器的操作进程中，防止微生物污染的主要措施有：①保证生产环境的清洁、卫生，要求符合必要的卫生条件；②反应器在使用前后都要进行清洗和适当的消毒处理；③在反应器的操作过程中严格管理，经常检测；④必要时，在反应液中适当添加对酶催化反应和产品质量没有不良影响而又可以杀灭或抑制微生物生长的物质；⑤在不影响酶催化活性的前提下，选择在较高的温度（如

45℃以上)、较高或较低的 pH 条件下进行操作。

第五节　酶工程研究新技术

一、利用基因工程技术生产酶

基因工程技术的出现,彻底改变了传统生物科学技术的被动状态,使得人们可以克服物种之间的遗传屏障,按照愿望定向培养或创造出自然界所没有的新的生命形态,以满足需求。同时,基因工程的应用已使性能更好、功能更强的酶的工业化生产得以实现,为酶的应用开辟了更加广阔的前景。

所谓利用基因工程技术生产酶,是指通过重组 DNA 技术将编码目的酶的基因导入宿主细胞,通过培养宿主细胞大量生产目的酶。其技术过程包括:①选择目的酶的 DNA 特定片段(目的基因)与合适的载体结合,得到重组 DNA;②将重组 DNA 导入受体,使受体具有新的功能或更好的特性,并控制目的酶的表达;③对目的酶进行分离纯化,获得具有实际应用价值的酶制剂。本书第二章对基因工程技术有系统介绍,在此不再累述。目前,通过基因工程实现酶基因的克隆表达已应用于医药行业,包括多聚糖酶、凝乳酶、超氧化物歧化酶、链激酶、溶菌酶、色氨酸合成酶等一大批工具酶或药用酶利用基因工程技术得以规模化生产。

二、突变酶

(一) 突变酶的概念

突变酶(mutational enzyme)是指采用基因工程技术对天然酶基因进行剪切、修饰或突变,通过表达修改的基因获得的在酶学性质上符合需要的酶。突变酶较之天然酶,往往在催化活性、底物特异性、稳定性、最适反应条件等方面有所不同。目前发展的 DNA 突变方法主要有两类:定点突变(site-directed mutagenesis,SDM)和随机广泛突变(random and extensive mutagenesis,REM)。定点突变对酶的改造是在已知酶的结构与功能的基础上,有目的地改变酶的某一活性基团或模块,从而产生新性状的酶,故又称合理化分子设计(rational design)。该方法的基本原理及步骤如图 6-13 所示。

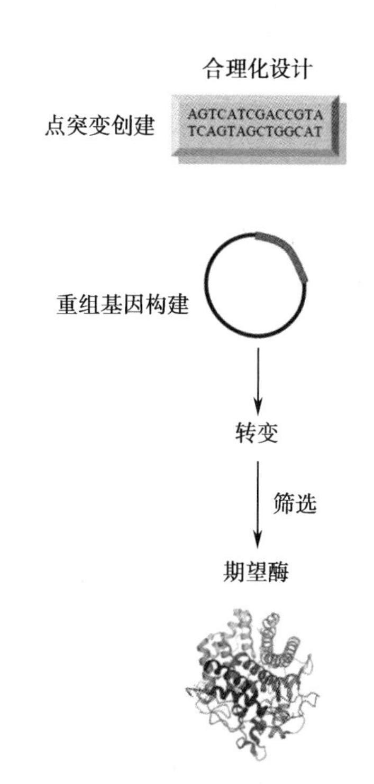

图 6-13　酶分子合理化设计基本原理示意图

突变酶的制备首先需在分析目的酶的一级结构和编码序列、了解其空间结构的基础上,推测其结构与功能之间的关系;然后设计目的酶的改造方案,确定选择性突变位点;最后进行相关的基因操作,获得需要的突变酶。

(二) 酶定点突变的方法

1. 寡核苷酸引物介导的定点突变　寡核苷酸引物介导的定点突变是经典的位点特异性突变方法。该方法通过聚合酶的作用,以含有突变碱基的寡核苷酸片段作为引物,在体外以原基因序列为模板进行复制,合成少量的突变基因,然后通过扩增得到大量的突变基因。为了仅使目的基因的特定位点发生突变,引物中除了所需的突变碱基外,其余部位与目的基因编码链的特定区域完全互补。

2. PCR 介导的定点突变　常用的 PCR 介导的定点突变包括重叠延伸突变和大引物诱变两种方法。

(1) 重叠延伸突变：重叠延伸 PCR 突变需要 4 种扩增引物，共进行 3 个 PCR 反应。如图 6-14 所示，前两个 PCR 分别扩增两条彼此重叠的 DNA 片段，需要突变的碱基存在于重叠区域内，因此也存在于两个扩增片段中。第三个 PCR 以纯化的两个重叠片段为模板，用两条分别与两个模板非重叠区域末端互补的引物作为引物进行扩增，将前两个片段连接起来获得全长含突变的 DNA。

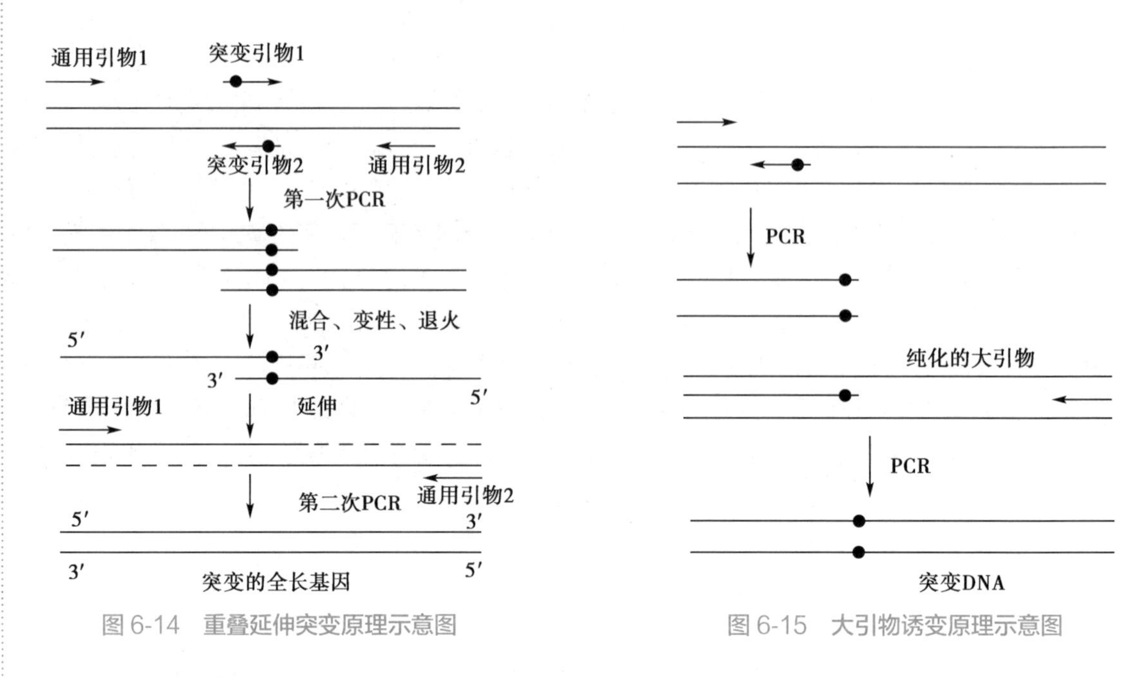

图 6-14　重叠延伸突变原理示意图

图 6-15　大引物诱变原理示意图

(2) 大引物诱变：大引物诱变需要 3 种扩增引物(2 条侧翼引物和 1 个包含预设突变碱基的内部诱变长引物)和两次 PCR 反应。首先以野生型 DNA 为模板，在诱变引物和较近的侧翼引物间进行第一轮 PCR，纯化扩增产物作为双链大引物，与另一侧引物进行第二轮 PCR，所得产物为包含突变的、大小为两个侧翼引物间距离的双链 DNA(图 6-15)。

3. 盒式突变　盒式突变又称为 DNA 片段取代，是利用目的基因中所具有的适当限制性内切核酸酶酶切位点，用一段人工合成的含基因突变序列的双链寡核苷酸片段，取代目的基因中的相应序列。如图 6-16，将目的基因以限制性内切核酸酶酶切后与突变寡核苷酸片段混合，经变性后重新复性，带突变的寡核苷酸片段与目的基因中相对应的酶切黏性末端连接而将突变引入。如果将简并的突变寡核苷酸插入到质粒载体分子上，在一次实验中便可以获得数量众多的突变体，大大减少了突变需要的次数，这对于研究蛋白质分子中不同位点氨基酸残基的作用非常有用。

4. 循环延伸突变　循环延伸突变是目前应用广泛、便捷的重组基因突变方法。所谓的循环延伸是指聚合酶按照模板延伸引物，一圈后回到引物 5′ 端终止，再经过反复加热、退火、延伸的循环过程。该方法的基本原理及步骤如图 6-17，利用循环延伸产物与模板间对限制性内切核酸酶敏感性的差异，首先设计适当的突变引物，循环延伸扩增含有突变基因的全长载体片段，接着用连接酶连接环化载体、限制性内切核酸酶消化去除野生型模板载体或者使野生型模板载体不能环化，然后转化限制性内切核酸酶消化后产物，筛选阳性克隆，获得突变目的基因。

(三) 突变酶的应用

1. 提高酶活性及稳定性　由于突变的定向性、取代残基的可选择性、对高级结构的无(少)干扰性、检验手段的可靠性，这种方法可以明确指出酶分子中的某个氨基酸残基是否与其活性或稳定性相关。以羧肽酶 A 的研究为例，通过定点突变，以 Phe 替换 Tyr^{248}，结果突变酶的活性与天然酶相当，而 K_m 却高出 6 倍。

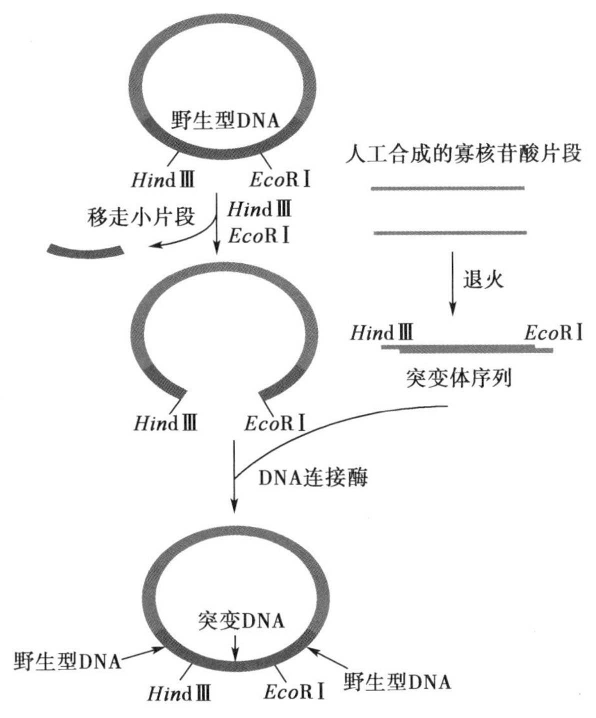

图 6-16　盒式突变原理示意图

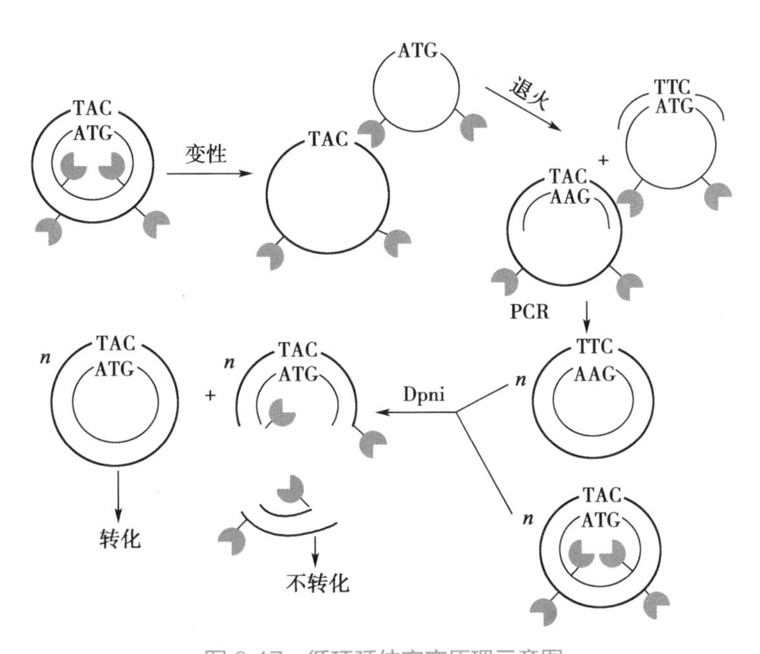

图 6-17　循环延伸突变原理示意图

2. 研究酶的功能基团　利用定点突变方法研究酶的功能基团，最重要的一点是突变目标的选择。一般可通过比较来源不同而功能一致或相近的酶的氨基酸残基序列，找出保守区域。原则上，越是保守的氨基酸残基，在发挥功能方面应该是越重要的，这是生物漫长进化的结果。也可以在空间结构信息指导下进行定点突变，根据酶分子中各氨基酸残基空间构象的分布与排列，选择那些在空间上与底物较接近的氨基酸残基进行定点突变研究，往往会取得事半功倍的效果。

表 6-9 列出了几种酶定点突变的成功实例。

表 6-9 酶定点突变的成功实例

酶	氨基酸突变	目的	结果
枯草杆菌蛋白酶	$Met^{222} \rightarrow Ser \rightarrow Leu$	提高酶的抗氧化能力，制备具漂白作用的加酶洗涤剂	突变体能保留原酶活力的 50%，但在 1mol/L H_2O_2 条件下，酶活力能维持 1 小时
嗜热丝孢菌脂肪酶	引入二硫键	提高热稳定性	热稳定性提高了 12℃，最适作用温度提高了 10℃
木聚糖酶 XYN Ⅱ	N 端两个 β 折叠片层间添加二硫键	提高稳定性	最适反应温度由 50℃提高至 60~70℃，半衰期由 1 分钟提高至 14 分钟，50℃ 30 分钟条件下 pH 稳定范围由 4.0~9.0 扩展到 3.0~10.0
葡萄糖异构酶	$Gly^{38} \rightarrow Pro$	提高热稳定性	在酶比活力相近的情况下，突变体的半衰期延长了 1 倍，最适反应温度提高了 10～12℃
中性纤维素内切酶	删除第 49 位脯氨酸	提高热稳定性	70℃处理 120 分钟，热稳定性比野生型提高了 21.6%

三、酶分子的定向进化

酶分子的改造工作可以归纳为以下两方面：一是基于序列的合理化设计（sequence rational design），如前文提到的酶的定点突变以及化学修饰等；二是利用基因的可操作性，模拟自然界演化进程的非理性化设计（irrational design），如定向进化（directed evolution）和杂合进化（hybrid evolution）等。

理论上，蛋白质分子蕴藏着很大的进化潜力，很多功能有待于开发，这是酶体外进化的先决条件。酶分子的体外定向进化（directed molecular evolution *in vitro* of enzyme）是指不需事先了解酶的空间结构和催化机制，而是人为地创造特殊的进化条件，模拟自然进化机制，在体外对酶基因进行改造和定向筛选，获得具有某些预期特征的进化酶。该技术最早由美国科学家 Arnold 领导的研究组发明，并成功用于枯草杆菌蛋白酶 E 的改造，使其在 60% 的二甲基甲酰胺（DMF）中的催化效率较天然酶提高了 157 倍，最适温度提高了 17℃。

（一）定向进化的基本原理

酶的定向进化又称为酶的体外分子进化或实验分子进化，是蛋白质工程的新策略。定向进化从一个或多个已存在的酶出发，经过基因随机突变和体外基因重组，构建一个人工突变酶库，通过筛选最终获得具有某些特性的进化酶。酶分子定向进化的目的在于，人为地改变天然生物催化剂的某些性质，增强其在不良环境中的稳定性，创造天然生物催化剂所不具备的某些优良特性甚至新的活性，产生新的催化能力，扩大生物催化剂的应用范围。

定向进化的基本原理如图 6-18 所示。在待进化酶基因的 PCR 扩增反应中，利用 TaqDNA 聚合酶不具有 $3' \rightarrow 5'$ 校对功能的特点，配合适当条件，以较低的比率向目的基因中随机引入突变，构建突变库；进行正向突变体间的随机组合，扩大突变库的容量；凭借定向筛选方法，选择所需性质的优化酶，排除其他突变体。简言之，定向进化就是随机突变与正向重组、定向筛选的结合。与自然进化不同，定向进化是人为引发的，起着选择某一方向的进化而排除其他方向突变的作用，整个进化过程完全是在人为控制下进行的。

（二）酶工程定向进化的策略

酶工程定向进化是一种强大的技术，可用于制造有效的酶催化剂，在各种工业中执行各种生物催化功能。与合理化设计相比，定向进化允许相对快速的酶修饰，并且不需要结构 - 功能关系的深刻信

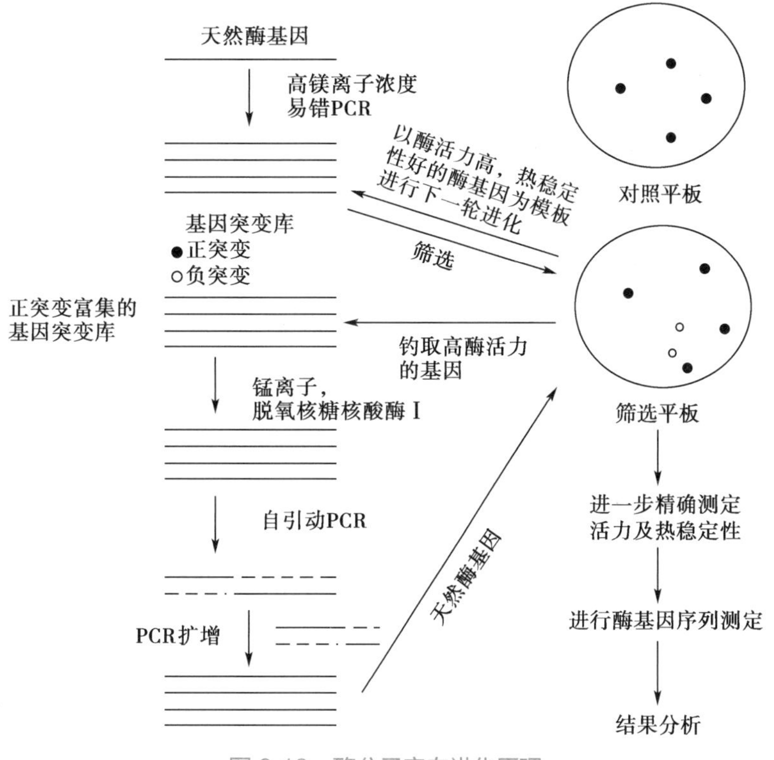

图 6-18　酶分子定向进化原理

息。酶分子的定向进化策略是通过模拟自然进化机制，在体外对基因进行随机突变，获得需要的突变基因，将上述基因的突变库转换成对应的蛋白质突变库，最后通过高通量筛选，检出由于基因突变而引起的蛋白质性状变化，确定并表达性状优良的突变体。酶工程定向进化的策略见图 6-19。

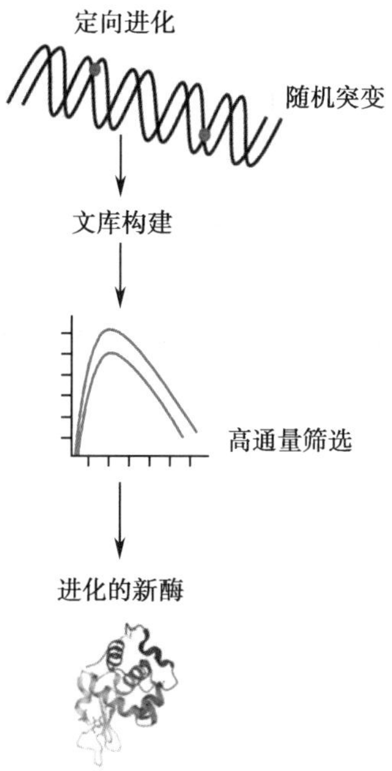

定向进化

随机突变

文库构建

高通量筛选

进化的新酶

图 6-19　酶工程定向进化策略

酶工程定向进化最重要的工作：一是突变库的构建，突变库的质量直接关系到实验结果；二是定向筛选，即从构建好的突变库中筛选具有优良性质的酶分子。突变库容量一般比较大，所以必须设计合适的定向筛选策略，提高筛选效率。

1. 突变库的构建　构建突变基因库的方法主要包括随机突变、同源改组、非同源改组、结构域改组等。

(1) 随机突变：随机突变一般通过易错 PCR（error prone PCR）来实现。易错 PCR 是指通过改变 PCR 的反应条件使碱基在一定程度上随机错配，导致目的基因的随机突变，构建突变库。在通常情况下，经一轮的易错 PCR、定向筛选很难获得令人满意的结果。由此发展出了连续易错 PCR（sequential error prone PCR），该方法是将一次 PCR 扩增得到的有益突变基因作为下一次 PCR 扩增的模板，连续反复的随机诱变，使得每一次获得的少量突变累积而产生重要的有益突变。

(2) 同源改组：以 DNA 改组为例，DNA 改组（DNA shuffling）又称为有性 PCR（sexual PCR），其目的是创造将亲本基因群中的优化突变尽可能组合的机会，以导致更大的变异，最终获得具有最佳突变组合的酶。DNA 改组的基本原理是，将一群密切相关的亲本序列，如靶基因经随机突变所产生的含不同突变类型的亲本基因群，在 DNase Ⅰ 的作用下随机切成 20~50bp 的小片段；由于基因同源性高，这些小片段有部分碱基序列重叠，可互为引物和模板进行扩增，直至获得全长基因；再加入基因的两

端引物进行常规 PCR，最终获得发生改组的基因库。该技术不仅可加速积累有益突变，而且可实现目的蛋白多种特性的共进化，所以无论在理论上还是在实际应用中，均优于连续易错 PCR。

同源改组技术可与随机突变技术相结合，迅速积累有益突变，得到最佳突变组合的酶基因。其优点是操作简单，不必了解蛋白质结构信息，容易获得良性突变，缺点是只能对同源性较高（70% 以上）的一组序列进行改组。

（3）非同源改组：采用渐进式切割产生杂合酶（incremental truncation for the creation of hybrid enzyme，ITCHY）技术，该技术利用外切核酸酶Ⅲ对两个亲本基因分别进行消化，通过控制外切核酸酶的切割速度和短时间连续取样，产生一系列相差单碱基的基因片段，再将两组片段化基因随机融合，产生杂合基因文库。该技术的优点是可以在无同源性或低同源性的两个基因间产生重组，缺点是重组一定是在两个不同的父本之间产生，并且子代中功能杂合子的比率很低。

（4）结构域改组：在许多真核生物基因中，一个外显子编码一个折叠结构域，因此可以利用内含子之间的重组使独立的外显子组装成编码新蛋白质的基因。外显子改组类似于 DNA 改组，两者都是在各自含突变的片段间进行交换。与 DNA 改组不同的是，外显子改组（exon shuffling）是靠同种分子间内含子的同源性带动，而 DNA 改组不受任何限制，发生在整个基因片段上。外显子改组更适用于真核生物，并可获得各种大小的随机肽库。在自然界中，不同分子的内含子间发生同源重组，导致不同外显子的结合，是产生新蛋白质的有效途径之一。

随着分子生物学技术的发展，产生了越来越多的分子定向进化技术，例如临时模板随机嵌合技术（random chimeragenesis on transient template，RACHITT）、酵母细胞重组增强组合文库技术（combinatorial library enhanced by recombination in yeast，CLERY）等。前者以一条在一定间隔插入尿嘧啶的亲本单链 DNA 分子作为临时模板，将随机切割的基因片段杂交到临时 DNA 模板上，进行排序、修剪、补缺和连接得到随机突变。后者则是将体外 DNA 与酵母体内重组相结合，构建高丰度低亲本水平的重组库。需要指出的是，任何一种构建突变库的方法都不是万能的，在实际应用中，应根据具体问题选择合适的方法或组合方法，以达到事半功倍的效果。

2. 酶分子定向进化的筛选　突变基因文库构建之后，需要通过筛选特定的突变，以便限定进化的趋势。文库筛选方法在酶的定向进化中至关重要，直接关系到酶体外定向进化的方向和成败。突变基因库的筛选有两个基本策略：①基于表型的筛选；②根据已知基因编码产物特定活性的筛选。这两种依据功能性原理的筛选方案的主要优点是可以直观、快速地检测出有效突变基因，但需要有比较直观和明显的生物学鉴定性状的出现，例如，宿主菌的生长与否、培养基的颜色变化、特定反应的出现等。传统的也是应用最为广泛的常用筛选方法有：①利用底物显色反应；②根据目的改变培养条件（如逐步提高培养温度或改变培养基的 pH 等）；③利用某些蛋白的固有性质（如产生绿色荧光），直接筛选突变克隆子。

高通量筛选（high throughput screening，HTS）是目前定向筛选的趋势，具有非常广泛的应用前景。实现高通量筛选的途径主要有两条：①通过快速、高效地从文库中选择性富集含有目的基因的克隆，使文库中目的基因的拷贝数得到极大倍数的特异性扩增，从而提高分离目的基因的效率；②将文库的筛选过程转换成对一种特定功能效应的检测，通过对功能效应的简捷、灵敏和特异性的检测，快速反映出在文库筛选过程中发生的各种有意义的分子间相互作用，提高突变基因的发现速度。

高通量筛选的方法可以根据待测样品的合成路线，分为液相筛选和固相筛选；也可以根据筛选目的物，分为蛋白质受体亲和性筛选、酶活性筛选、细胞活性筛选。使用放射性染料筛选、荧光筛选、闪烁迫近分析（scintillation proximity assay，SPA）、ELISA、利用细胞的功能筛选和利用小鼠显型的表型遗传学筛选等也是目前常用的方法。

（三）定向进化的应用

通过定向进化对酶进行改造，显著加速了人类改造酶性质、功能和开发新功能的步伐，无论在提高酶的催化活性、改造底物特异性、提高稳定性、变化催化反应专一性，还是创造新的酶功能等方面均有成功的例子。表 6-10 列举了部分应用酶定向进化方法改变酶特性的例子。

表 6-10 酶定向进化的应用实例

目标酶	所需功能	进化方法	结果	实施菌种
卡那霉素核苷基转移酶	热稳定性	定位诱变 + 选择	在 50 ~ 60℃，酶半衰期增加 200 倍	耐热脂肪芽孢杆菌
枯草杆菌蛋白酶	非水催化	易错 PCR+ 选择	在 60% 二甲亚砜中活力增加 170 倍	枯草杆菌
β- 内酰胺酶	作用于新底物	DNA 改组 + 选择	对头孢他啶的抗性增加 32 000 倍	大肠埃希菌
对硝基苯酯酶	有机溶剂中的底物特异性和活性	易错 PCR+DNA 改组 + 选择	活力增加 60 ~ 150 倍	大肠埃希菌
β- 半乳糖苷酶	底物特异性	DNA 改组 + 选择	活力增加 66 倍，底物特异性增加 1 000 倍	大肠埃希菌

四、抗体酶

（一）抗体酶概述

1. 抗体酶的概念　1969 年，Jencks 等根据抗体结合抗原的高度特异性与天然酶结合底物的高度专一性相类似的特性，首先提出能与化学反应中过渡态结合的抗体可能会具有酶的催化功能。1986 年，Schultz 和 Lerner 首次证实以过渡态类似物为半抗原，通过杂交瘤技术能产生具有催化能力的单克隆抗体——抗体酶。

抗体酶（abzyme）又称催化抗体，是一类由免疫系统产生的、具有催化活性的抗体。抗体酶是抗体的高度选择性和酶的高度催化能力巧妙结合的产物，本质上是一类具有催化活性的免疫球蛋白，在其可变区赋予了酶的属性，是一种新型的人工酶制剂。

2. 抗体酶的特点

（1）能催化一些天然酶不能催化的反应：机体的免疫系统可以产生 10^8 个以上不同的抗体分子，而抗体种类的多样性决定了抗体酶催化反应类型的多样性。因此，制备成功的抗体酶不但能够催化天然酶所能催化的反应，而且还能催化天然酶不能催化的反应。

（2）更高的专一性和更好的稳定性：抗体酶作为一种兼有酶和抗体双重功能的新型生物大分子，具有抗体的精细识别能力，因此较之天然酶具有更高的底物结合特异性。同时，由于抗体结构的稳定性较好，使之较天然酶更稳定、作用更持久。

（3）催化机制不同：酶的催化机制有“锁钥学说”和“诱导契合学说”，而抗体酶的催化机制目前尚未完全搞清楚。研究人员曾提出“识别开关”或“诱饵开关”（bait and switch）机制，即抗体将底物“钓进”抗体结合部位，然后使其与抗体结合，打开底物转化为反应过渡态的“开关”，导致共价键断裂，形成产物。

3. 催化反应类型　抗体的多样性使得抗体酶的催化范围可以十分广泛。迄今为止，科学家们已成功开发出能催化所有 6 种类型的酶促反应和几十种类型化学反应的抗体酶，包括水解、消除、缩合、氧化还原、重排、光分解和聚合、周环反应、异构化、环氧化等。有些抗体酶甚至能催化热力学上无法进行的反应。下面是一些比较常见的抗体酶的催化反应。

（1）氨基转移反应：氨基酸在掺入肽链之前必须进行活化以获得额外能量，这种活化过程即酰基转移反应。研究人员设计了一个中性磷酸二酯作为反应过渡态的稳定类似物，得到的单克隆抗体可

以催化带丙氨酰的胸腺嘧啶的氨酰化反应，反应速度比无催化反应的速度提高了 10^8 倍。

(2) 重排反应：克莱森重排（Claisen rearrangement）是有机化合物异构化的一种重要形式，生物体有一些化合物在光照条件下会发生克莱森重排。研究人员选用一个有椅式构象的氧氮杂双环化合物来模拟由分枝酸生成预苯酸这一克莱森重排反应的过渡态结构，得到了相应的催化抗体，使反应速度提高了 10^3~10^4 倍。

(3) 金属螯合反应：金属螯合反应对于辅酶、辅因子和酶的结合来说意义重大。研究人员用 G- 甲基卟啉诱导产生的抗体可催化平面状卟啉的金属螯合反应，这种抗体对某些金属卟啉具有很高的亲和力，不仅可催化 Cu^{2+}、Zn^{2+} 和卟啉的螯合，还可催化 Co^{2+}、Mn^{2+} 和卟啉的螯合。

(4) 磷酸酯水解反应：磷酸二酯键是自然界最稳定的键之一，研究人员利用稳定的无配位氧代铼络合物 A 模拟 RNA 水解时形成的环形氧代正膦中间物，产生了一种单克隆抗体 G12，可以催化水解磷二酯，催化速度常数（K_{cat}）=1.53×10^{-3}/s，米氏常数（K_m）=240μmol/L。

（二）抗体酶的制备方法

抗体酶的研究策略主要遵循业已确立的酶的催化机制，即：①稳定过渡态；②酸碱催化；③亲电和亲核催化；④邻近效应。目前，抗体酶的设计策略有稳定过渡态法、熵阱法、抗体与半抗原互补法、抗体结合部位修饰法、蛋白质工程法、抗体库法等。其主要方法概述如下：

1. 稳定过渡态法　大多数抗体酶是通过理论设计合适的、与反应过渡态类似的小分子作为半抗原，然后利用动物免疫系统产生针对半抗原的抗体而获得。由于以反应的过渡态类似物作为半抗原诱导的抗体在构象、电荷分布上与反应过渡态互补，因而达到了稳定过渡态、降低了反应活化能，从而提高反应速度的目的。研究人员根据金属肽酶的研究成果，以磷酸酯作为碳酸酯的过渡态类似物，合成了一个含有吡啶甲酸的磷酸酯化合物作为半抗原，得到的单克隆抗体可以催化不含吡啶甲酸的碳酸酯的水解反应。

2. 熵阱法　熵阱是指催化剂以有力的定位方向结合底物的能力，因此限制了底物的位移和旋转自由度，结果导致活性部位中底物的有效浓度增加。除稳定带电过渡态以外，熵阱对催化反应也有决定性作用。抗体作为熵阱效应的成功例子是对克莱森重排反应的催化，由于反应过程不形成离子或游离基中间体，也不需要酸、碱等催化基团催化，这对于采用非化学基团催化的抗体酶的发展具有重要意义。

3. 抗体与半抗原互补法　抗体与其配体的相互作用是相当精确的，抗体常含有与配体功能互补的特殊功能基团。已经发现带正电的抗体常能诱导出结合部位带负电残基的配体，反之亦然。抗体与半抗原之间的电荷互补对抗体所具有的高亲和力以及选择性识别能力起着关键作用。如果能在抗体结合部位引入具有催化活性的氨基酸残基，则能够成功制备具有催化活力的抗体酶。研究人员利用半抗原 - 抗体互补原则，成功制备了可催化 β- 消除反应的抗体酶。

4. 抗体结合部位修饰法　将抗体的结合部位引入催化基团是增加催化效率的途径之一，引入功能基团的方法包括选择性化学修饰法和基因工程定点突变法。亲和标记是将催化基团引入抗体结合部位的有效方法之一。一般可先用可裂解亲和试剂与抗体作用，再利用二硫苏糖醇（DTT）在抗体结合部位附近引入巯基；用此巯基可以很方便地引入其他化学功能基团（如咪唑）。特别重要的是，此方法不需要了解反应的过渡态及反应的详细机制，而且可以引入天然或非天然辅助因子。

5. 蛋白质工程法　通过蛋白质工程技术将抗体结合部位的氨基酸残基产生定点突变，既可直接产生酶活性，也可对初步具有酶活性的抗体进行进一步改造，构建高活性抗体。研究人员利用该方法将催化基团组氨酸插入对二硝基苯专一的抗体结合部位，组氨酸在酯底物水解中起亲和催化的作用。

6. 抗体库法　抗体库法即用基因克隆技术将全套抗体重链和轻链可变区基因克隆出来，重组到原核表达载体上，通过大肠埃希菌直接表达有功能的抗体分子片段，从中筛选特异性的可变区基因。这一技术的基础在于两项关键技术的突破：一是 PCR 技术的发展使得用一组引物克隆出全套免疫球

蛋白的可变区基因成为可能；二是从大肠埃希菌分泌具有结合功能的抗体分子片段获得成功。

（三）抗体酶的应用

抗体酶不仅提供了研究生物催化过程的新途径，同时也为验证天然酶的催化机制，进行酶的人工模拟，以及研究天然酶催化作用的起源提供了新的手段。抗体酶在许多领域已显示出潜在应用价值，包括前药设计、疾病治疗、许多困难的有机合成反应、材料科学等。

1. 在前药设计中的应用　前药又称前体药物，是指某一基团在体外经选择性保护，然后在体内经酶或非酶作用脱去保护基，释放出母体药物而发挥治疗作用的一类药物。抗体酶的制备原理可用于前体药物的设计和活化，例如用催化抗体 38C2 作为前药的激活剂，已成功地在体内实现了一些抗肿瘤前体药物的设计和活化，包括喜树碱（camptothecin）、多柔比星（doxorubicin）、依托泊苷（etoposide）等。这些前药都有一段修饰基团，在抗体酶 38C2 的催化下发生串联的逆醇醛缩合和逆 Michael 反应，除去保护基，释放出活性药物。由于在体内没有天然酶能催化以上的反应，因此无背景干扰。

2. 在疾病治疗中的应用　在治疗方面，抗体酶也有着广泛的用途。例如，抗体酶可用于治疗可卡因上瘾、有机磷中毒以及甲状腺疾病。目前正在发展的抗体导向酶促前药治疗（antibody-directed enzyme-prodrug therapy，ADEPT）技术，即是将能水解前药释放出肿瘤细胞毒剂的酶和肿瘤专一性抗体相偶联，这样酶就会通过与肿瘤结合的抗体而存在于细胞表面，从而提高肿瘤细胞局部药物浓度，增强对肿瘤的杀伤力，达到提高肿瘤化疗效果的目的。在该技术中利用抗体酶替代天然酶，可通过人源化修饰抗体酶降低人体的排斥反应，并可催化天然酶无法催化的化学反应。

3. 在有机合成中的应用　抗体酶能够选择性地稳定相对于普通化学反应来说能量上不利的高能过渡态，因而能够催化不利的化学反应。抗体酶能够催化立体专一性的反应，能区分动力学上的外消旋混合物，能催化内消旋底物合成相同手性的产物。此外，抗体酶也可用于复杂天然产物的合成。例如，研究人员第一次将抗体酶用于天然产物的合成，该抗体酶能催化烯醇醚对映选择性水解，生成具有 4 个不对称中心的产物，尚未发现天然酶能催化此反应。

抗体酶是化学和生物学的研究成果在分子水平交叉渗透的产物，是抗体的多样性和酶分子的巨大催化能力结合在一起的一种新策略。虽然抗体酶存在诸如进化过程过于仓促以及过渡态类似物和真实反应过渡态结构存在差别；大多数抗体酶的底物专一性、反应选择性和催化效率不如天然酶；制备过程过于复杂等缺点，使得抗体酶至今未能大规模应用。但可以相信，随着生物技术和化学学科的迅速发展，这些缺陷必将逐渐得到改善，抗体酶的研究和应用也将达到一个新的水平。

五、酶的化学修饰

（一）酶化学修饰的概念

利用化学手段将某些化学物质或基团结合到酶分子上，或将酶分子的某部分删除或置换，改变酶的理化性质及生物活性，这种应用化学方法对酶分子进行改造的技术称为酶的化学修饰（chemical modification of enzyme）。

自然界本身就存在着酶分子改造和修饰过程，如酶原激活、可逆共价调节等。从广义上说，凡涉及共价键的形成或破坏的转变都可认为是酶的化学修饰；从狭义上说，酶的化学修饰则是指在较温和的条件下，以可控方式使酶蛋白同某些化学试剂发生特异反应，从而引起单个氨基酸残基或其功能基团发生共价性的化学改变。

（二）修饰酶的特点

经过化学修饰的酶，与天然酶相比在性质方面有许多显著变化，其中以热稳定性、抗原性及体内半衰期等变化最为明显。

1. 热稳定性提高　天然酶经修饰后的热稳定性有较大幅度的提高。其原因可能是由于修饰剂

与酶分子共价连接后，使酶的天然构象产生一定的“刚性”，不易伸展失活，并减少了酶分子内部基团的热振动，因此相对固定了酶的分子构象。这种热稳定性效果和修饰剂与酶之间交联点的数量相关，通常交联点增多，酶热稳定性就会提高。另一个热稳定性提高的原因是修饰剂本身增加了酶分子的表面亲水性，使酶分子在水溶液中形成了新的氢键和盐键。

2. 抗原性减弱 通过化学修饰，酶分子表面上的抗原决定簇在反应过程中被修饰剂结合，在空间结构上使这些抗原决定簇被屏蔽，降低了酶分子的抗原性。

3. 半衰期延长 化学修饰能够增强酶分子抗蛋白酶水解、抗抑制剂和抗失活因子的能力，同时可提高其热稳定性；因此，修饰酶的半衰期长于相应的天然酶。这对提高药用酶的疗效很有意义，例如，PEG 修饰后的 L- 天冬氨酸酶在体内的半衰期延长了 13 倍。

4. 最适 pH 改变 大多数修饰酶的最适 pH 会发生变化，更接近于生理环境。例如，猪肝尿酸氧化酶的最适 pH 为 10.5，在 pH 7.4 的生理条件下仅保存 5%~10% 的酶活性。当用白蛋白修饰后，最适 pH 的范围扩大，在 pH 7.4 时保存约 60% 的酶活性，更有利于酶在体内发挥功能。

5. 酶学性质改变 绝大多数酶经化学修饰后，最大反应速度没有变化，但是有些酶在修饰后米氏常数会增大。其原因可能是交联于酶分子上的大分子修饰剂所产生的空间位阻影响了酶对底物的亲和能力。但是人们同时认为，修饰酶抵抗各种失活因子能力的增强和体内半衰期的延长，能够弥补米氏常数增大的缺陷，不会影响修饰酶的应用价值。

（三）化学修饰酶的应用

在医药方面，通过选择合适的化学修饰剂及修饰方法，可以提高医用酶的稳定性，延长它的半衰期，降低免疫原性，提高渗透性，改善药物在体内生物分布或代谢行为等。例如，采用氨基酸置换修饰可显著提高溶菌酶的热稳定性；采用大分子结合修饰，可显著提高超氧化物歧化酶、腺苷脱氨酶、L- 天冬氨酸酶的稳定性，延长其半衰期，降低或消除其抗原性。表 6-11 列举了部分酶在经过化学修饰后，由于增强了抗蛋白酶水解能力、抗抑制剂和抗失活因子能力等原因，体内半衰期较天然酶均有不同程度的延长。

表 6-11 天然酶和修饰酶体内半衰期对比

酶	修饰剂	半衰期或酶活残留率 /%	
		天然酶	修饰酶
羧肽酶 G	右旋糖酐	3.5 小时	17 小时
精氨酸酶	右旋糖酐	1.4 小时	12 小时
α- 淀粉酶	右旋糖酐	16%/2 小时	75%/2 小时
谷氨酰胺酶	糖肽	1 小时	8.2 小时
L- 天冬酰胺酶	聚丙氨酸	3 小时	21 小时
尿酸氧化酶	白蛋白	4 小时	20 小时
α- 葡糖苷酶	白蛋白	10 分钟	3 小时
超氧化物歧化酶	白蛋白	6 分钟	4 小时
尿激酶	白蛋白	20 分钟	90 分钟
氨基己糖苷酶 A	PVP	5 分钟	35 分钟
精氨酸酶	PEG	1 小时	12 小时
腺苷脱氨酶	PEG	30 分钟	28 小时
过氧化氢酶	PEG	0/6 小时	10%/8 小时

在生物技术领域,化学修饰能够提高酶的催化效率及酶对热、酸、碱和有机溶剂的耐受能力,改变酶的底物专一性和最适 pH 等酶学性质,还可以创造新的催化性能。例如,采用金属离子置换修饰,可提高 α- 淀粉酶、锌型蛋白酶的催化效率,增加其稳定性;采用大分子结合修饰,可提高胰蛋白酶的催化效率;辣根过氧化物酶经 PEG 修饰后,在极端 pH 条件下抗变性能力提高,耐热性增加。表 6-12 列举了部分酶在经过化学修饰后最适 pH 发生的变化。

表 6-12　天然酶和修饰酶的最适 pH 对比

酶	修饰剂	最适 pH	
		天然酶	修饰酶
尿酸氧化酶(猪肝)	白蛋白	10.5	7.4 ~ 8.5
糜蛋白酶	肝素	8.0	9.0
吲哚 -3- 链烷羟化酶	聚丙烯酸	3.5	5.0 ~ 5.5
产朊假丝酵母尿酸氧化酶	PEG	8.2	8.8

六、非水相酶催化

(一) 非水相催化的概念

酶在水活度受控制的非单一水相中进行的催化反应称为非水相催化(catalysis in non-aqueous system)。

1984 年,美国学者 Klibanov 等在 *Science* 杂志上发表了一篇关于酶在有机介质中催化条件和特点的综述。在仅含微水量的有机介质中成功地经酶促反应合成了酯、肽、手性醇等多种有机化合物,并证实了酶存在于有机溶剂中,不仅能提高其热稳定性,而且显示出很高的反应活性。

经过近 40 年的发展,目前用于工业规模的有机相酶促反应主要有水解反应(脂肪酶 / 蛋白酶)、腈水解反应(腈水解酶 / 水合酶)、腈合成反应(羟腈化酶)、酯化 / 酰化反应(脂肪酶 / 蛋白酶)、羰基还原反应(酮还原酶 / 醇脱氢酶)等;正在走向规模化应用的有转氨反应(转氨酶)、烯醇还原反应(烯醇还原酶)、羟化反应、Baeyer-Villiger 氧化反应(单加氧酶)、环氧化反应(卤素过氧化物酶)、环氧水解反应(环氧水解酶)、脱卤反应(脱卤酶)、消旋化反应(氨氧化酶、异构酶)等。这些酶催化的反应具有很高的效率,可以减少副产物 / 废弃物排放,对医药、精细化工、材料等行业的发展具有深远影响。

(二) 非水相酶反应的特点

将酶应用于生物催化的主要挑战是将生理状态下的催化剂转变为工业过程中苛刻条件下执行催化功能的催化剂。多数酶在水相的催化是可以安全放大的,但化学反应过程往往使用非生理性底物,部分产物或者底物难溶解于水,在水相体系催化时产物浓度低,采用常规的水相催化过程不具有经济性。

大量的研究表明,非水相中酶的催化反应除了具有酶在水中所具有的特点外,还具有的特点包括:①能够减少水引起的副反应,如水解反应;②有利于疏水性底物的反应,如增加疏水性底物或产物的溶解度;③热力学平衡向产物方向移动,如酯合成、肽合成;④能够提高酶的稳定性,如热稳定性;⑤酶不溶于有机介质,易于回收利用;⑥从低沸点的溶剂中易分离纯化产物;⑦无微生物污染等。

(三) 酶非水相催化的应用

与水溶液中的酶催化反应相比,非水介质中的酶催化作用具有自身的特点,因此采用非水介质作为反应介质大大拓展了生物酶催化的应用领域和实践价值,尤其是有些原本在水相中无法进行的化学反应,却在非水介质中变得非常容易。

1. 手性药物的拆分　手性药物是指只含单一对映体的药物。对于手性药物而言,两个对映体的

药效、代谢过程及副作用程度往往存在很大差异，因此手性药物的拆分具有重要的临床意义。1992年，FDA申明外消旋药物不得作为单一化合物对待，新药上市要尽可能以单一手性异构体形式出售，这一政策极大促进了手性药物的发展。利用酶的高度立体选择性在有机相中进行生物转化，已经成为制备光学活性化合物的重要途径，脂肪酶、蛋白酶等都在有机溶剂中对某些手性化合物表现出高立体选择性和高转化率。例如，采用猪胰脂肪酶在有机介质体系中可实现对2,3-环氧丙醇丁酯的拆分，该物质是合成β受体拮抗剂、HIV蛋白酶抑制剂、抗病毒药物等手性药物的多功能手性中间体。

2. 功能高分子聚合物的合成　酶法在功能高分子合成中，因其高选择性、高效性和常温、常压等特点，显示了不可比拟的优势。例如，辣根过氧化物酶可以在水-水溶性溶剂均相体系中，催化苯酚等酚类物质与过氧化氢反应生成酚氧自由基，然后聚合生成二聚体、三聚体、四聚体等，最终生成高分子酚类聚合物——无甲醛污染的酚树脂。在该反应体系中，水及水溶性有机溶剂能够使酶和酚类底物很好地溶解，过氧化氢可通过蠕动泵滴加到体系中，而反应产物会随分子量增加而沉淀，这样能够很好地提高反应速度，同时生成的聚合物质量比在纯水介质可增加十几倍。

3. 精细化工产品的生产　非水相酶促反应可合成一些低分子量芳香酯、磷脂等，作为食品风味剂、乳化剂等。例如，阿斯巴甜作为一种用途广泛的食品甜味剂，是由天冬氨酸和苯丙氨酸甲酯缩合而成的二肽甲酯，其甜度是蔗糖的150~200倍，该物质可以利用嗜热菌蛋白酶在有机介质中生产。再例如，靛蓝是一种常用染料，广泛应用于印染、食品、药品等领域，利用微生物生产靛蓝是目前市场上靛蓝的重要来源。2002年日本科学家发现，采用非水相介质可以有效克服合成过程中间产物吲哚对靛蓝产生菌的毒害作用，使靛蓝的生产能力显著提高。

七、模拟酶

（一）模拟酶的概念

早在20世纪中叶，人们就认识到研究和模拟生物体系是开辟新技术的途径之一。对生物体系的结构和功能的研究，为设计新的技术提供了新思路、新原理、新方法和新途径。酶是高效的生物催化剂，具有广泛的应用价值，但其对热敏感、稳定性差和来源有限等缺点限制了酶的规模化开发和利用。设计一种酶样的高效催化剂一直都是科学家们追求的目标之一。

模拟酶（enzyme mimics）就是指根据酶的作用原理，用各种方法人为制造的具有酶性质的催化剂。也就是通过利用有机化学、生物化学等方法，设计和合成一些比天然酶简单的非蛋白质分子或蛋白质分子，在分子水平模拟酶活性部位的性状、大小及其微环境等结构特点，以及酶的作用机制和立体化学等特性。

模拟酶一般应具备以下性质：①非共价相互作用是酶柔韧性、可变性和专一性的基础，因此模拟酶应为底物提供良好的疏水结合区域；②模拟酶应提供形成离子键、氢键的可能性，以利于酶以适当方式与底物结合；③模拟酶应具有足够的水溶性，并在接近生理条件下保持其催化活性；④模拟酶的催化基团必须相对于结合位点尽可能同底物的功能团相接近，促使反应定向发生。

（二）模拟酶的分类

根据Kirby分类法，模拟酶可以分为：①单纯酶模型，即以化学方法通过对天然酶活性的模拟来重建和改造酶活性；②机制酶模型，即通过对酶的作用机制，诸如识别、结合、过渡态稳定化的了解和认识，指导酶模型的设计和合成；③单纯合成的酶样化合物，即化学合成的具有酶样催化活性的简单分子。

根据模拟酶的属性可分为：①主-客体酶模型，主-客体酶模型主要基于主-客体化学和超分子化学的原理，即酶分子和底物之间通过非共价键形成具有稳定结构和性质的复合物或“超分子”，兼具分子识别和催化的功能。环糊精是由多个D-葡萄糖以1,4-糖苷键结合而成的一类环状低聚糖，

其分子外侧是亲水的，羟基可与多种客体形成氢键，其内侧C上的氢原子和糖苷氧原子组成的空腔

具有疏水性，因而能包容多种客体分子，很类似于酶对底物的识别。作为人工酶模型的主体分子虽有若干种，但环糊精是迄今应用最广泛且较优越的主体分子。②胶束模拟酶，胶束在水溶液中提供了类似于底物结合部位的疏水微环境，再将催化基团如咪唑基、巯基、羟基等与胶束共价或吸附结合，构建出"活性中心"，使胶束具有酶的催化能力。③肽酶，肽酶是模拟天然酶的活性部位而人工合成的具有催化活性的多肽。④半合成酶，半合成酶是以天然酶为母体，用化学方法或基因工程方法引入适当的活性中心或催化基团，或改变其结构，从而形成的一种人工酶。⑤印记酶，酶对底物的高度选择性源于酶结构中存在能够与底物相匹配的结合部位，如果以一种分子作为模板，其周围用聚合物交联，当模板分子去除后，此聚合物就留下了与此分子相匹配的空穴，也就赋予了该聚合物的选择性识别能力。该技术被称为分子印记，利用这一技术制备的人工酶即为印记酶。

（三）模拟酶的研究意义与展望

模拟酶是生物有机化学的重要研究领域。模拟酶的设计在很大程度上反映了对酶的结构及其反应机制的认识。研究模拟酶可以比较直观地观察与酶的催化作用相关的各种因素，如催化基团的组成、活性中心的空间结构特征、酶催化反应的动力学性质等，因此在理论和实际应用中都具有重要作用。

模拟酶的研究处于化学、生物学等领域的交叉点，属于交叉学科。化学家利用模拟酶了解一些分子复合物在生命过程中的作用，并研究如何将这些仿生体系应用于有机合成，这就是近年来开展的微环境与分子识别的研究内容。目前，对酶的模拟已经不仅限于化学手段，基因工程、蛋白质工程等分子生物学手段正在发挥越来越大的作用。随着酶学理论的发展，人们对酶促机制的进一步认识，以及新技术、新思维的不断涌现，理想的人工模拟酶将会不断出现。

除上述类型外，近年来国际酶工程研究的热点领域还包括组合生物催化、极端环境条件下新酶种类的开发等。组合生物催化（combinatorial biocatalysis）是酶催化、化学催化和微生物转化在组合化学中的应用，即通过生物催化技术对先导化合物的生物转化，建立起高质量的化合物文库，然后从文库中筛选出活性更高或性能更佳的化合物。简单来说，就是通过多种生物催化方法对某种化合物进行衍生，通常情况下先导化合物只有一个。在自然模式下，创造新的有机分子所需时间太长，组合生物催化就是要加速这个自然模式，且将其应用到发现并优化先导化合物中。近来，人们发现许多极端环境，如地热环境、极地、酸性和碱性泉、深海高压冷环境中都栖息着能够适应这些环境的嗜极微生物。例如，嗜热菌的生长温度最高可到 300℃，嗜冷菌的最适生长温度为 −100℃，嗜盐菌生长于饱和盐水中，嗜酸、嗜碱菌分别能生长在 pH 1 以及 pH 11 以上的条件。这些极端微生物中分离出来的酶显示了独特的特性，具有极高的耐热、耐盐、耐酸碱、耐有机溶剂及表面活性剂的能力。目前对嗜热微生物的研究最多，耐高温的 α- 淀粉酶和 Taq 酶已经获得了广泛的应用。

人工智能和机器学习在酶分子设计中的应用（拓展阅读）

第六节　酶工程在制药工业中的应用实例

现代酶工程技术因具有技术先进、工艺流程简单、污染小、效率高、产品收率高、耗能低等优点，已广泛应用于化学工业和医药工业。利用现代酶工程技术不仅可以获得传统的化学合成、微生物发酵及生物材料提取等技术生产的药物，甚至可获得传统技术难以生产的珍贵药品。固定化基因工程菌、工程细胞以及固定化酶技术与连续生物反应器的巧妙结合，引发了整个发酵工业和化学合成工业的根本性变革。

在制药工业中应用酶工程生产的产品及其催化用酶主要有：①维生素类，如 2- 酮基 -L- 古龙糖酸（山梨糖脱氢酶及 L- 山梨糖醛氧化酶）、肌醇（肌醇合成酶）、L- 肉碱（胆碱酯酶）、辅酶 A（辅酶 A 合成酶系）等；②甾体类，如 3- 氧联降胆甾 -1,4- 二烯 -22- 酸（BDA）、雄甾 -4- 烯 -3,17- 二酮（AD）和雄甾 -1,4- 二烯 -3,17- 二酮（ADD）等复杂且关键的中间体，以及泼尼松、11- 去氧泼尼松、氢化可的松等甾体化

合物；③核苷酸类，如通过5′-磷酸二酯酶酶解脱氧核糖核酸可制得脱氧核苷酸，经核酸酶水解产蛋白假丝酵母菌体中的核酸可制得腺嘌呤核苷酸等；④氨基酸和有机酸类，如DL-氨基酸（氨基酰化酶）、L-赖氨酸（二氨基庚二酸脱羧酶或α-氨基-ε-己内酰胺水解酶和消旋酶）、尿酐酸（L-组氨酸氨解酶）、L-酪氨酸及L-多巴（β-酪氨酸酶）、L-天冬氨酸（天冬氨酸合成酶）、L-苯丙氨酸（L-苯丙氨酸氨解酶）、L-谷氨酸（L-谷氨酸合成酶）、L-丝氨酸（转甲基酶）、L-色氨酸（色氨酸合成酶）、天冬酰胺（天冬酰胺合成酶）、谷胱甘肽（复合酶系）、氨基丁酸（谷氨酸脱羧酶）、谷氨酰胺（谷氨酰胺合成酶）等氨基酸，还包括乳酸（乳酸合成酶系）、葡糖酸（葡萄糖氧化酶与过氧化氢酶）、L-苹果酸（延胡索酸酶）、长链二羧酸（加氧酶和脱氢酶）、衣康酸（复合酶系）、L（+）-酒石酸（环氧琥珀酸水解酶）等有机酸；⑤抗生素类，应用酶工程技术可以制备6-氨基青霉烷酸（6-APA）（青霉素酰胺酶）、7-氨基头孢烷酸（7-ACA）（头孢菌素酰化酶）、脱乙酰头孢菌素（头孢菌素乙酸酯酶）、头孢菌素Ⅳ（头孢菌素酰化酶）。

表6-13列出了几种酶工程在制药工程中的应用实例。其中，最有前景的酶工程案例之一是由美国Codexis和Merck公司生产的抗糖尿病药物西格列汀（sitagliptin）。他们利用定向进化获得的*R*-选择性转氨酶对前西格列汀酮（prositagliptin ketone）进行不对称胺化反应，得到了对映体纯度99.95%的西格列汀。

表6-13 酶工程在制药工程中的应用实例

酶	来源	应用	目的	方法	氨基酸修饰
R-选择性转氨酶	节杆菌属	合成西格列汀	增加活性	定向进化	Ser^{223} → Pro
胺氧化酶	黑曲霉	天然生物碱的脱消旋	提高活性和对映选择性	定向进化与合理化设计	产生各种突变体的活性位点及其周围的突变
转氨酶	河流弧菌	合成伊玛巴林	改善活性	定向进化（点饱和突变）	Phe^{19} → Trp/Trp^{57} → Phe/Phe^{85} → Ala/Arg^{88} → Lys/Val^{153} → Ala/Lys^{163} → Phe/Ile^{259} → Val/Arg^{415} → Phe
羰基还原酶	鲑鱼孢子菌AKU4429	β-氨基酮的对映选择性还原	提高活性和对映选择性	定向进化	Pro^{170} → Arg/Leu^{174} → Tyr 和 Pro^{170} → His/Leu^{174} → Tyr
酮还原酶（KRED）	开菲尔乳杆菌	3-环戊酮和3-氧杂环戊酮的对映选择性还原	提高对映选择性	量子力学计算和分子动力学模拟	Ala^{94} → Phe 和 Glu^{145} → Ser
组织型纤溶酶原激活剂	人类	急性心肌梗死治疗和抗凝物	提高半衰期，减少体内抑制，增加特异性	定点突变	Thr^{103} → Asn/Asn^{117} → Gln/Lys^{296} → Ala/His^{297} → Ala/Arg^{298} → Ala/Arg^{299} → Ala
胸苷激酶	单纯疱疹病毒Ⅰ型	癌症治疗	增加特异性	定向进化	HSV-TK/C_H1 融合
果糖基肽氧化酶（FPOX）	土正青霉	糖尿病诊断	提高特异性	定点突变	Tyr^{261} → Trp

一、固定化酶法生产L-氨基酸

在天然氨基酸中，有20种参与蛋白质合成，其中有8种人体不能合成，需外源供给。人体可利用的氨基酸均为L-氨基酸。随着人们生活水平的不断提高，对氨基酸的需要也日益增多，其生产方法的改革就显得尤为重要。固定化酶技术的应用有力地加速了这种改革的进程。

工业上利用氨基酰化酶将*N*-酰化DL-氨基酸水解得到L-氨基酸和未水解的*N*-酰化D-氨基酸，这两种产物的溶解度不同，很容易分离。为水解的*N*-酰化D-氨基酸经过外消旋作用后又生成

DL 型，可再次进行拆分。利用该方法能够产生纯度较高的 L- 氨基酸，反应式如下：

$$\text{DL-}\begin{matrix}\text{R—CH—COOH}\\ |\\ \text{NH—CO—R}'\end{matrix} + H_2O \xrightarrow{\text{氨基酰化酶}} \text{L-}\begin{matrix}\text{R—CH—COOH}\\ |\\ NH_2\end{matrix} + \text{D-}\begin{matrix}\text{R—CH—COOH}\\ |\\ \text{NH—CO—R}'\end{matrix}$$

N-酰化-DL-氨基酸　　　　L-氨基酸　　　　*N*-酰化-D-氨基酸

1969 年，日本千田一郎等通过离子交换法将氨基酰化酶固定在 DEAE- 葡聚糖载体上。这是世界上第一个适用于工业化生产的固定化酶，该固定化酶活性高、稳定性好，可用于连续拆分酰化 -DL- 氨基酸。具体制备方法为：将预先用 pH 7.0、0.1mol/L 磷酸盐缓冲溶液处理的 DEAE- 葡聚糖 A-25 溶液 1 000L，在 35℃条件下与 1 100~1 700L 的天然氨基酸酰化酶水溶液（约含 33 400 万 U 的酶）一起搅拌 10 小时，过滤后，得到 DEAE- 葡聚糖 - 酶复合物，再经过水洗涤。所得固定化酶的活性可达 $(16.7\sim20.0)\times10^4$U/L，活性得率为 50%~60%。

利用该方法获得的固定化氨基酰化酶，可以连续拆分 DL 型外消旋氨基酸，生产不同的 L- 氨基酸时加入底物酰化 DL- 氨基酸所控制的流速不同。如图 6-20 所示，为了达到 100% 的不对称水解，乙酰 -DL- 氨基酸的加入流速可控制在 2.8L/（h·L）床体积，而乙酰 -DL- 苯丙氨酸的加入流速需控制在 2.0L/（h·L）床体积。水解反应的速率与底物溶液的流向无关，但考虑到溶液升温时有气泡产生，通常进料流向采用自下而上为宜。研究指出，只要酶柱填充均匀，溶液流动平稳，体积相同的固定化酶柱的尺寸大小对反应率是没有影响的。DEAE- 葡聚糖 - 氨基酰化酶酶柱的操作稳定性很好，半衰期可达到 65 天。在长期使用之后，酶柱上的酶会有部分脱落，由于酶柱是采用离子交换法将酶固定得到，因此再生非常容易，只需要加入一定量的游离氨基酰化酶，酶柱即可再次活化。

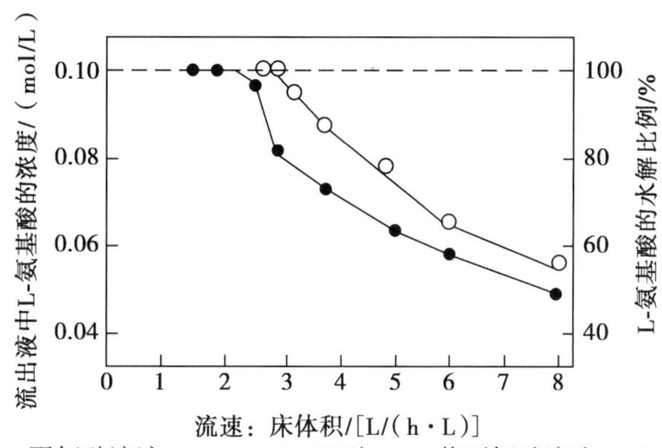

1. 0.2mol/L 乙酰 -DL- 蛋氨酸溶液；2. 0.2mol/L 乙酰 -DL- 苯丙氨酸溶液；50℃，流速 1.5~8L/（h·L）。

图 6-20　乙酰 -DL- 氨基酸通过 DEAE- 葡聚糖 - 氨基酰化酶酶柱后的水解程度

将酶柱流出液通过蒸馏浓缩，调节 pH，使 L- 氨基酸在等电点条件下沉淀析出。利用离心方法分离可获得 L- 氨基酸粗品和母液。通过对粗品进一步重结晶，可将 L- 氨基酸进一步纯化；而母液则通过加入适量乙酐，60℃加热后其中的乙酰 D- 氨基酸发生消旋反应，产生乙酰 -DL- 氨基酸混合物。在酸性条件下（pH 1.8 左右），析出的外消旋混合物可重新作为底物进入酶柱水解。

固定化酶连续生产 L- 氨基酸有重要的经济意义，总操作费用仅约为游离酶分批式生产工艺的 60%，主要原因：①产物的纯化较为简单，收率较游离酶法更高，因此生产单位量 L- 氨基酸所需要的底物量较少；②固定化酶的稳定性较好，使酶的费用大大减少；③连续生产过程能够实现自动控制，大大减少了人力成本。

二、固定化酶法生产 *β*- 内酰胺类抗生素

β- 内酰胺类抗生素是分子中含有 *β*- 内酰胺环的一类天然和半合成抗生素的总称，由于它们的毒

性低，且容易通过化学改造得到一系列高效、广谱、抗耐药菌的半合成抗生素，因而受到人们的高度重视，成为目前品种最多、使用最广泛的一类抗生素。随着环保意识的提高，许多国家加强了对酶促合成新技术的研究，如采用酶促一锅法半合成各种 β- 内酰胺类抗生素引起了研究人员的广泛关注。青霉素酰胺酶又称为青霉素酰化酶或青霉素氨基水解酶，在工业上用于大规模生产 β- 内酰胺类抗生素中间体和半合成 β- 内酰胺类抗生素。有研究表明，游离的青霉素酰胺酶的最适作用条件为 28℃，0.02mol/L pH 8.1 的磷酸缓冲溶液。但由于游离酶对环境变化的耐受力极低，大大限制了该酶的规模化应用。

如何有效固定青霉素酰胺酶是酶促工艺的核心技术，载体材料的选择与制备是技术的关键。国内外利用吸附法、共价结合法、交联法和包埋法等方法对青霉素酰胺酶进行固定，目前应用和报道得最多的一类方法是共价结合法。将巨大芽孢杆菌胞外青霉素酰胺酶通过共价键结合到聚合物载体的环氧基团上，获得高活力的固定化青霉素酰胺酶。该酶的最适 pH 为 8.0，最适温度为 55℃，在 pH 6.0~8.5、温度低于 40℃的条件下，使用 200 批次后该酶的活力仍保留 80% 左右，但这种酶的缺点是副产物苯乙酸对其抑制增大。我国科学家以 γ- 氧化铝为载体，利用吸附法制备固定化酶后，经戊二醛交联，所得的固定化酶能够耐受高离子强度和高 pH 洗涤，固定化青霉素酰胺酶水解青霉素 G 的活力也高于单独以吸附法制备的固定化酶，该酶用于合成头孢拉定 10 批次后，剩余酶活力为 82%，达到较好的改进效果。随着研究的深入，用于固定化青霉素酰胺酶的有机材料越来越倾向于高分子树脂。高分子树脂具有一定的化学稳定性，能抵抗微生物及酸碱等作用，且通过改变化学组成可以调控高分子树脂的有机官能团，创造适宜于酶固定化的微环境。无机载体则以其良好的机械强度，适合在生物反应器中进行工业生产。近年来，材料科学的迅速发展拓宽了无机载体固定化青霉素酰胺酶的研究，特别是以离子型层状材料和介孔分子筛固定化青霉素酰胺酶形成了新的亮点。无机载体的应用解决了工业生产对载体材料重复利用的要求。表 6-14 列举了部分青霉素酰胺酶的固定化方法。

表 6-14 近年来研究的部分青霉素酰胺酶固定化方法

酶来源	固定化方法	载体
钦氏菌	吸附	硅藻土
巨大芽孢杆菌	共价结合	聚合物 Eupergit C 颗粒
巨大芽孢杆菌	共价结合	聚丙烯腈纤维（戊二醛交联）
巨大芽孢杆菌	包埋	聚丙烯酰胺
大肠埃希菌 ATCC11105	包埋细胞	甲基丙烯酰胺和 N,N'- 亚甲基二丙烯酰胺的共聚物
大肠埃希菌	共价结合	环氧载体
	共价结合	DGDA 接枝尼龙膜
淡紫灰链霉菌	共价结合	有环氧活性的珠状丙烯酸
大肠埃希菌	共价结合	多孔载体
大肠埃希菌	共价结合	介孔分子筛 MCM-41
	包埋	AOT/ 异辛烷反胶束

青霉素酰胺酶在偏碱性环境下可催化青霉素 G 水解，制备生产半合成 β- 内酰胺类抗生素所需的关键中间体 6-APA 和 7-ADCA，两者又可在酰化酶的催化下分别生成青霉素和头孢菌素。反应流程如图 6-21。

酶工程是生物工程的重要组成部分，而固定化酶技术是其核心技术之一。充分发挥固定化酶的催化功能、扩大固定化酶的应用范围、提高固定化酶的应用效率是固定化酶技术应用研究的主要目标。借助 DNA 体外重组技术和细胞、噬菌体表面展示技术等进行新酶的研究与开发，借助微生物发酵工程技术的进步，结合固定化酶技术自身的发展，必将使酶工程技术在制药业中发挥更大的作用。

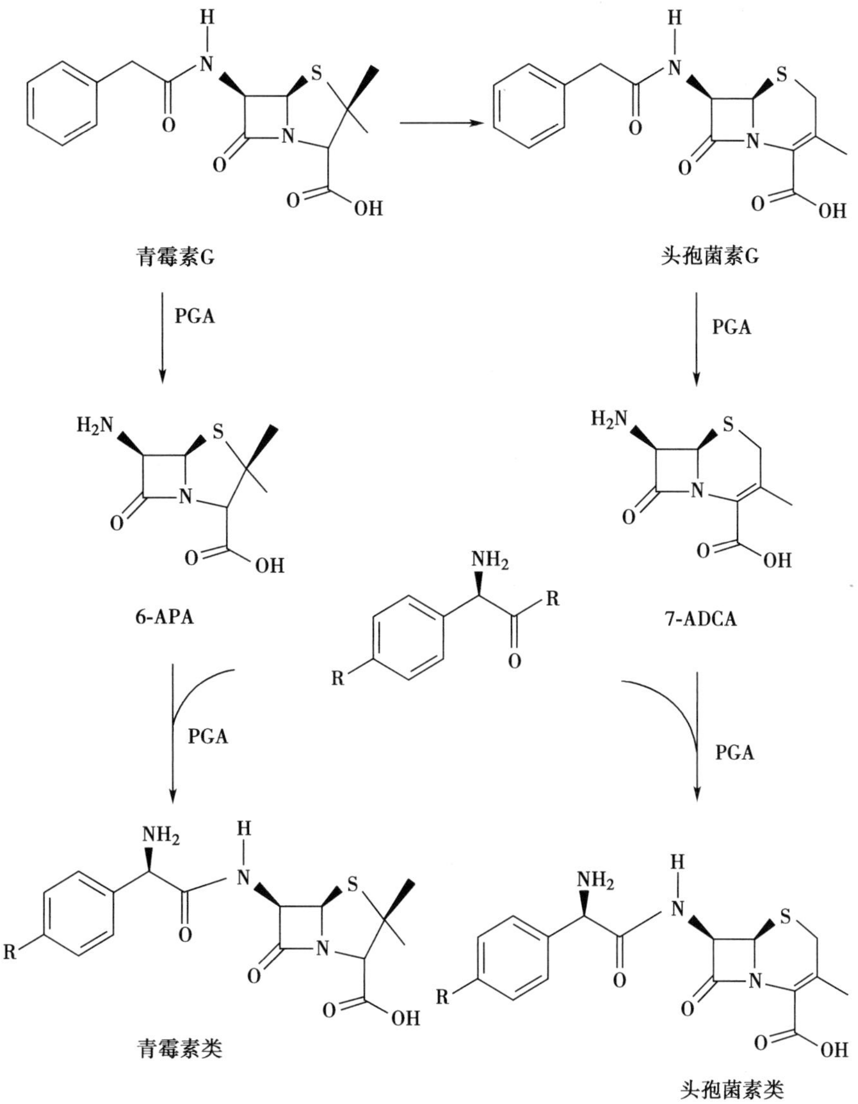

青霉素G　　头孢菌素G

PGA　　PGA

6-APA　　7-ADCA

PGA　　PGA

青霉素类　　头孢菌素类

图 6-21　半合成β-内酰胺类抗生素的合成过程

小结

酶工程是酶学、微生物学与化学工程、医学、药学等有机结合而产生的交叉学科。现代酶工程包括的研究内容主要有：①酶的生产；②酶的分离纯化；③酶和细胞的固定化；④酶修饰及分子改造；⑤非水相催化；⑥酶传感器；⑦酶反应器；⑧抗体酶、人工酶和模拟酶；⑨酶技术的应用。

目前工业上得到的酶绝大多数来自微生物，如淀粉酶类的α-淀粉酶、β-淀粉酶、葡萄糖淀粉酶以及异淀粉酶等都是利用微生物生产的。常用的产酶微生物主要有大肠埃希菌、枯草杆菌、啤酒酵母、青霉菌、链霉菌等。

蛋白质类型的酶可利用蛋白质纯化原理和手段进行分离。但由于酶的特殊性，在分离纯化过程中必须保护酶的活性。一般用总活力回收率和比活力提高倍数两个指标来衡量评价分离纯化的效率。

酶分离纯化的一般过程是：原材料的选择和预处理、酶的分离、酶的精制和酶的浓缩干燥及结晶等步骤。经过盐析、等电点沉淀、有机溶剂沉淀和离心分离等技术分离得到的粗酶，必须经过凝胶过滤、离子交换层析、吸附层析、亲和层析等方式才能够进一步纯化。

固定化酶或固定化细胞具有延长酶的半衰期、提高酶的稳定性以及可以重复使用等优点。

传统的酶固定化方法大致可分为载体结合法、交联法和包埋法等。新型的酶固定化方法则有共固定化、无载体固定化、定向固定化等。固定化细胞与固定化酶的制备原理有相似之处，也包括吸附法、包埋法、交联法方式。此外还包括细胞絮凝等特殊方法。从载体材料的组成来看，固定化酶所使用的载体可以分为高分子载体、无机载体、复合载体以及新型载体等。固定化后酶活力、稳定性、最适温度、最适 pH、米氏常数（K_m）等会发生变化。酶传感器是一种生物传感器，固定化酶作为生物传感器被广泛应用于生产分析和临床化学检测。

按照结构不同，酶反应器可以分为搅拌罐式反应器、鼓泡式反应器、填充床式反应器、流化床式反应器、膜反应器、喷射式反应器等。不同的反应器有不同的流体力学特点。固定化酶的形状、底物的物理性质、酶的稳定性及酶反应动力学特性等都会影响酶反应器的性能。

通过基因工程技术改造酶，获得突变酶、抗体酶，进行酶分子的定向进化；或采用化学手段对酶进行修饰，改变或提高天然酶的原有性质，以满足催化反应对酶的要求。

酶促反应除了可以在水相进行，还可以在非水相中进行催化。目前用于工业规模的有机相酶反应主要有水解反应、腈合成反应、酯化 / 酰化反应、羰基还原反应等，酶的非水相催化对医药、精细化工、材料等行业的发展具有深远影响。

现代酶工程技术在氨基酸（L- 丙氨酸、L- 苯丙氨酸、L- 甲硫氨酸）、抗生素（青霉素、头孢氨苄、头孢羟氨苄）等制药工业生产中已得到广泛的应用。

思考题

1. 为什么目前酶制剂的生产主要以微生物发酵为主？
2. 与游离酶相比，固定化酶有何优缺点？
3. 在酶反应器催化的过程中，如何确定底物和酶的浓度？
4. 什么是酶分子的定向进化？
5. 某企业想生产耐高温的脂肪酶添加到洗衣粉中以增强对油渍的清除效果，请结合酶工程的知识，设计一个开发耐高温脂肪酶产品的技术方案。

第六章
目标测试

（蔡 琳）

参考文献

[1] 魏东芝. 酶工程. 北京: 高等教育出版社, 2020.
[2] 国家药典委员会. 中华人民共和国药典: 2020 年版. 北京: 中国医药科技出版社, 2020.
[3] VICTORINO S A, GONSALES D R, ANTÔNIO O S, et al. Enzyme engineering and its industrial applications. Biotechnol Appl Biochem, 2022, 69 (2): 389-409.
[4] 郭勇. 酶工程. 4 版. 北京: 科学出版社, 2021.
[5] 李珊珊, 莫继先. 发酵与酶工程. 北京: 化学工业出版社, 2020.

第七章

发酵工程制药

学习要求：

第七章
教学课件

1. **掌握** 发酵的定义、类型；发酵菌种选育及保藏的方法；发酵工程制药的过程与控制。
2. **熟悉** 发酵工程中的代谢调控与代谢工程；工业发酵的一般流程及主要发酵设备；典型药物发酵生产的工艺流程。
3. **了解** 发酵工程的主要特点及发展趋势。

发酵工程（fermentation engineering）是将微生物学、生物化学和化学工程学的基本原理有机结合，利用微生物的特定性状，通过现代工程技术在生物反应器中生产工业原料与产品并提供服务的一种技术体系，又称微生物工程。发酵工程与基因工程、细胞工程和酶工程共同构成生物技术的四大支柱，是生物技术产业化的基础和关键技术，是生物技术四大支柱的核心。

现代发酵工业已经形成完整的工业体系，包括抗生素、氨基酸、维生素、有机酸、多糖、酶、蛋白质、基因工程药物、核酸类物质及其他生物活性物质的生产。

第一节　概　　述

一、发酵的定义

发酵（fermentation）最初来自拉丁语“发泡（*fervere*）”这个词，是指酵母菌作用于果汁或麦芽汁产生二氧化碳（CO_2）的现象。巴斯德将其定义为“无氧呼吸”，即没有氧气产生能量的过程。生物化学和生理学意义上的发酵是指微生物在无氧条件下分解各种有机物质产生能量的一种方式，或者更严格地说，发酵是以有机物作为电子受体的氧化还原产能反应。现代发酵工业上的发酵泛指利用微生物制造或生产某些产品的过程，或更确切地说“发酵是用生物催化剂（biocatalyst）使培养物质转变成产品的生物化学反应”。生物催化剂通常是细菌、放线菌、真菌或其解体产物（如酶）、动植物细胞等。

人类利用微生物发酵制造所需产物有几千年的历史，但那时人们并未意识到微生物世界的存在，因而很难人为地控制发酵过程，生产只能凭经验。1680 年，荷兰人列文虎克发明了显微镜，首次观察到大量活的微生物。1857 年，微生物学之父法国人巴斯德证明乙醇发酵是由酵母菌引起的。1897 年，德国的毕希纳阐明了微生物产生化学反应的本质，证明了任何生物都有引起发酵的物质——酶（enzyme）。随后德国的柯赫于 1905 年建立了微生物的分离和纯培养技术，从此开创了人为控制发酵过程的时代。19 世纪末到 20 世纪 20—30 年代的这段时期的发酵产品主要是一些厌氧发酵和表面固体发酵产生的初级代谢产物如乙醇、有机酸（乳酸、枸橼酸）、酶制剂（淀粉酶、蛋白酶）等。作为现代科学概念的发酵工程，是在 20 世纪中期随着抗生素大规模液体深层发酵技术的建立和兴起而得到迅速发展的。抗生素工业的发展又促进其他发酵产品的发展，如 20 世纪 50 年代利用代谢控制发酵生产各种初级代谢产物（氨基酸、核酸等）；20 世纪 70 年代利用固定化酶或固定化细胞进行连续发酵。

可以说这一时期是近代发酵工业的鼎盛时期，新产品、新技术、新工艺层出不穷，生产规模也日益扩大。20 世纪 80 年代以后，随着基因工程和蛋白质工程等技术的发展，发酵工业进入了现代发酵工程时期，现在人们可利用基因重组获得的"工程菌"、细胞融合所得的杂交细胞以及动植物细胞，甚至直接用转基因动植物来生产天然微生物或人体及其他动植物所不能产生或产量很少的特殊产品，如胰岛素、疫苗、生长激素、细胞因子及单克隆抗体等基因工程药物。

二、发酵类型

微生物发酵工业产品种类繁多，但就其发酵类型而言可分为：微生物菌体本身、微生物产生的酶、微生物的代谢产物、利用微生物转化反应所得的产物及生物工程菌和工程细胞产物的发酵等。

（一）微生物菌体发酵

这是以获得具有多种用途的微生物菌体细胞为目的产品的发酵。比较传统的菌体发酵主要包括用于面包业的酵母发酵及用于人类或动物食品的微生物菌体蛋白发酵。另外还有一些新的菌体发酵产物，如香菇类、依赖虫蛹生存的冬虫夏草以及从多孔菌科茯苓菌获得的名贵中药茯苓和担子菌的灵芝，帮助消化的酵母菌片、具有整肠作用的乳酸菌制剂等。菌体发酵工业还包括微生物杀虫剂的发酵，如苏云金杆菌、蜡样芽孢杆菌和侧孢芽孢杆菌，其细胞中的伴孢晶体可毒杀鳞翅目、双翅目的害虫。另外还包括防治人、畜疾病的疫苗等。一些具有致病能力的微生物菌体，经发酵培养再减毒或灭活后，可以制成用于人工主动免疫的生物制品。这类发酵的特点是细胞的生长与产物积累呈平行关系，生长速率最大时期也是产物合成速率最高阶段，生长稳定期产量最高。

（二）微生物酶发酵

酶是由活细胞产生的生物催化剂，普遍存在于动物、植物和微生物中。由于微生物具有生长繁殖快、产量高、培养方法简单、酶品种繁多等优点，目前工业应用的酶大都来自微生物发酵，如 α- 淀粉酶、蛋白酶、糖化酶等。医药用的酶制剂也得到大力发展，如用于抗癌的天冬酰胺酶、用于治疗血栓的纳豆激酶和链激酶以及用于医药工业的青霉素酰胺酶等。酶和细胞的固定化技术的发展，进一步促进了发酵工业和扩大了酶的应用范围。酶生物合成受到微生物的严格调控，为了提高酶的生产能力，就必须解除酶合成的控制机制，如在培养基中加入诱导剂来诱导酶的产生，或者诱变和筛选突变株来提高酶的产量。

（三）微生物的代谢产物发酵

微生物代谢产物的种类很多，按照产生时期和与菌体生长繁殖的关系分为初级代谢产物和次级代谢产物。初级代谢产物（primary metabolite）是菌体对数生长期产生的产物，如氨基酸、蛋白质、核苷酸、核酸、维生素、糖类等，对菌体生长、分化和繁殖都是必需的，也是重要的医药产品。次级代谢产物（secondary metabolite）一般在菌体生长的稳定期合成，与菌体生长繁殖无明显关系，具有较大的经济价值，如抗生素、生物碱、色素、酶的抑制剂、细胞毒素等。其中抗生素是最大一类由发酵生产的微生物次级代谢产物，具有广泛的抗菌作用和抗肿瘤、抗病毒、抗虫等生物活性，已成为发酵工业最重要的组成部分。

（四）微生物转化发酵

长期以来，人们总是从自然界中去分离、鉴别和合成各类化合物，直到 1864 年巴斯德发现醋酸杆菌（*Bacillus aceticus*）能使乙醇氧化为乙酸后，人类才开始通过生物转化来合成化学物质。后来又发现山梨醇在弱氧化醋酸杆菌（*Acetobacter suboxydans*）作用下转化成山梨糖，山梨糖为维生素 C 的中间体，在工业上产生了重大的经济价值。利用这种微生物代谢过程中的某一种酶或酶系将一种化合物转化为含有特殊功能基团产物的生物化学反应称为微生物转化（microbial transformation），转化反应包括脱氢反应、氧化反应（如羟化反应）、脱水反应、缩合反应、脱羧反应、氨化反应、脱氨反应、异构

化反应等。微生物转化相比于化学反应，具有立体专一性强、转化条件温和、转化效率高、对环境无污染等优点。应用最广泛的微生物转化是甾体的生物转化，能制备许多甾体药物中间体，并能使化学方法难以反应的部位产生反应，如甾体 C_{11}- 羟化、A 环芳构化和边链降解等。微生物转化将在本书第八章专门介绍。

（五）生物工程菌发酵

随着生物制药技术尤其是基因工程和细胞工程技术的发展，发酵制药所用的微生物菌种不仅局限于天然微生物，已发展了大量新型的工程菌株，以生产天然菌株所不能产生或产量很低的生理活性物质，拓宽了微生物制药的范围。工程菌的发酵工艺不同于传统的抗生素等的发酵，需要对影响目的基因表达的各种因素及时进行分析和优化，如培养基的组成不仅影响工程菌的生长速率，而且还影响重组质粒的稳定性和外源基因的高效表达。培养温度对工程菌的高效表达有显著调控作用，影响基因的复制、转录、翻译等，还影响蛋白质的活性和包涵体的形成。在不同的发酵条件下，工程菌的代谢途径可能发生变化，因而可对产物的分离纯化工艺造成影响。

三、发酵工程制药的特点和发展趋势

发酵工程制药的特点主要有：①微生物菌种是进行发酵的根本因素，通过菌种选育可以获得高产的优良菌株并使生产设备得到充分利用，也可以因此获得按常规方法难以生产的产品。②发酵的理论产量很难从物料平衡中计算，这与一般的化学反应不一样，存在一个“生物学变量”的概念，一般为 10% 左右。③发酵过程一般都是在常温常压下进行的生物化学反应，反应安全，要求条件简单。④发酵是一个“纯种培养”的过程，对杂菌污染的防治至关重要，反应必须在无菌条件下进行。⑤发酵过程是通过生物体的自动调节方式来完成的，反应的专一性强，因而可以得到较为单一的代谢产物；同时，由于生物体本身所具有的反应机制，能够专一地和高度选择性地对某些较为复杂的化合物进行特定部位的氧化、还原等化学反应，也可以生产比较复杂的高分子化合物。⑥目前发酵工程制药生产已达到分子水平，在发酵中可采用定向发酵、突变生物合成、杂合生物合成等手段得到化合物结构明确的产物。⑦发酵工业与其他工业相比，投资少、见效快，并可以取得较显著的经济效益。除利用微生物外，还可以用动植物细胞、酶以及人工构建的遗传工程菌进行发酵。

应用微生物技术研究开发新药、改造和替代传统制药工业技术、扩大和加快医药生物技术产品的产业化规模与速度是当代医药工业的重要的发展方向。随着重组 DNA 技术和细胞工程技术的发展、新的工程菌和新型微生物的开发，利用发酵工程已生产了很多新型的生理活性多肽和蛋白质类药物，如干扰素、组织型纤溶酶原激活剂、白细胞介素、促红细胞生成素、集落细胞刺激因子等。另外也可以利用工程菌开发研制新型菌体制剂和疫苗。

第二节　发酵工程中的微生物

一、常见的药用微生物

现代生物学观点认为整个生物界首先要区分为非细胞生物和细胞生物两大类群。非细胞生物包括病毒和噬菌体；细胞生物包括一切具有细胞形态的生物，根据结构、形态、组成、生活习性等差异，又可区分为原核生物和真核生物。原核生物（prokaryote）的细胞核是一种裸露的原始核（拟核），无核膜和核仁，细胞器分化不明显，包括细菌、放线菌、支原体、衣原体、立克次体、螺旋体等。真核生物（eukaryote）有完整的细胞核，细胞器分化明显，包括高等动植物和藻类、真菌、和原生动物等。表 7-1 列出了原核微生物和真核微生物的主要区别。

表 7-1 原核微生物和真核微生物比较

结构	原核微生物	真核微生物
细胞壁	除少数外都含有肽聚糖	纤维素、甲壳质
细胞膜	一般没有固醇	常有固醇
细胞器	无	有液泡、溶酶体、微粒体、线粒体等
核糖体	70S(50S +30S)	80S(60S +40S)
细胞核	无核膜、核仁,单个染色体,DNA 不与组蛋白结合,没有有丝分裂	有核膜、核仁,多条染色体,DNA 与组蛋白结合,分裂通过有丝分裂
大小	直径通常小于 2μm	直径 2μm 到大于 100μm

微生物是自然界中种类繁多的独立生物类群,以单细胞或简单多细胞,甚至没有细胞结构的形式存在,它能独自完成生长繁殖和呼吸过程,但不同于植物和动物。发酵工程制药中常用的微生物主要是细菌、放线菌、酵母菌、丝状真菌等。

(一) 细菌

细菌(bacterium)的种类繁多,在制药工业中占有极其重要的地位。

1. 细菌的分类 细菌的分类和高等动植物一样,它的分类等级和命名原则也采用国际沿用的“双命名法”。把相似的细菌归纳在一起,按其共性多少、主次,顺序地排列成界(kingdom)、门(phylum)、纲(class)、目(order)、科(family)、属(genus)、种(species)7 个等级。种以下有变种(variety)、型(type 或 form)、株(strain)等。细菌的国际命名法,其第 1 个词是拉丁的属名,词首大写;第 2 个词为种名,词首一般小写。最多见的是在学名后面有编号、字母或两者兼有的情况,这就是菌株(品系)的名称,例如 *Bacillus subtilis* 1.398 即枯草芽孢杆菌 1.398 株。

2. 细菌的形态和繁殖 细菌是具有细胞壁的原核单细胞微生物,以细胞个体形态为特征。细菌在适宜条件下有一定的形态与结构,经染色后用光学显微镜可观察到各种细菌的形态特点,而其内部的亚显微结构需用电子显微镜才能看到。细菌形态结构的特点不仅是鉴定细菌的依据,而且与其生理功能及药用生产菌的选育有密切关系。

大多数细菌个体大小在 0.5~4μm,一般以杆形或球形形态存在。在一些属中,杆形可以变成单一的弯曲(弧菌)及多个弯曲(螺菌)。球形细胞倾向于形成集合体,如葡萄球菌、双球菌、四联球菌、链球菌等。

大多数细菌以二分裂进行无性繁殖。环状染色体 DNA 复制成两个完全相同的环状物,各向两端移动到细胞的一侧,接着细胞赤道附近的细胞膜由外向内陷入,向菌细胞中心伸展,形成横膈,将细胞分割为二;细胞壁亦向内生长,形成两个子代细胞的细胞壁,最后分裂成两个细胞。在成对的细胞之间可能发生遗传物质的交换,提示存在有性繁殖的形式,这些过程有转化、接合和转导等。

3. 制药工业中常见的细菌 目前利用细菌在制药工业上生产氨基酸、核苷酸、维生素、辅酶等,表 7-2 列出了在制药工业上常用的细菌及产品。

表 7-2 细菌与制药

菌种属名	产物或功能
埃希菌属(*Escherichia*)	氨基酸、6-APA
短杆菌属(*Brevibacterium*)	氨基酸、核苷酸类、辅酶 A、维生素 B_{12}、α- 酮戊二酸
节杆菌属(*Arthrobacterium*)	氨基酸、核苷酸类、甾体转化
棒状杆菌属(*Corynebacterium*)	氨基酸、核苷酸类、甾体转化
小杆菌属(*Microbacterium*)	氨基酸

续表

菌种属名	产物或功能
沙雷菌属(*Serratia*)	氨基酸、核苷酸类、甾体转化
芽孢杆菌属(*Bacillus*)	氨基酸、核苷酸类、甾体转化、维生素 B_{12}、抗生素类
变形杆菌属(*Proteus*)	氨基酸、核苷酸类
产气杆菌属(*Aerobacter*)	氨基酸、核苷酸类
假单胞菌属(*Pseudomonas*)	氨基酸、核苷酸类、甾体转化、维生素 C、6-APA
微球菌属(*Micrococcus*)	氨基酸、核苷酸类、甾体转化
黄单胞杆菌属(*Xanthomonas*)	氨基酸、核苷酸类、甾体转化
无色杆菌属(*Achromobacter*)	氨基酸、核苷酸类
丙酸杆菌属(*Propionibacterium*)	维生素 B_{12}
乳酸杆菌属(*Lactobacillus*)	乳酸

(二) 放线菌

Harz 于 1877 年发现的放线菌(actinomyces),是介于细菌和真菌之间的一类微生物。通过一些近乎连续的过渡类型,与棒状杆菌和分枝细菌有着亲缘关系。放线菌是一类单细胞、有分枝的丝状微生物,由于在培养基上向四周生长的菌丝呈放射状而得名。

放线菌与细菌一样,在构造上没有完整的核,无核膜、核仁及线粒体,因此与细菌同属于原核生物界,为厚壁菌门(Firmicutes)中的一纲。绝大多数放线菌都是革兰氏阳性菌;除少数外,它们都是好氧的,生长的最适温度为 28~30℃,当然嗜热放线菌例外。

放线菌很容易生长于合成培养基上,在自然界分布很广,主要存在于土壤和淡水中。每克土壤中含数万乃至数百万个放线菌孢子,在中性或偏碱性有机质丰富的土壤中较多。土壤的性质、植被及季节都影响土壤中放线菌的种类与数量,土壤特有的泥腥味主要是由放线菌的代谢产物引起。放线菌大部分是腐生菌,少数是寄生菌。腐生型放线菌在自然界的物质循环中起着一定作用,寄生型放线菌可引起动植物病害。

放线菌是产生抗生素最多的一类微生物,如临床上应用的链霉素就是放线菌中的灰色链霉菌(*Streptomyces griseus*)通过深层发酵培养提纯后制得,对治疗结核病有特效;又如金霉素是由金色链霉菌(*Streptomyces aureofacieus*)产生的。放线菌中其他属的菌种也产生许多对临床治疗极为有效的抗生素,如小单孢菌属的棘孢小单孢菌(*Micromonospora echinospora*)产生庆大霉素。放线菌除了产生抗生素外,在制药工业生产维生素 B_{12}、酶以及甾体转化等方面均起着很大作用。

制药工业上常见的放线菌有链霉菌属(*Streptomyces*)、诺卡菌属(*Nocardia*)、小单孢菌属(*Micromonospora*)和游动放线菌属(*Actinoplanes*)等。

(三) 真菌

真菌(fungus)这一名词源于其最显而易见的代表——伞菌类,属于真核生物,但不含叶绿素,无根、茎、叶,由单细胞或多细胞组成,按有性和无性方式繁殖。真菌在自然界中分布广泛,土壤、水、空气和动植物体表均有存在,以寄生或腐生方式生活。真菌种类繁多,已经记载的约有 10 万种。在制药工业上有的是利用真菌的各种代谢产物,如抗生素(青霉素、头孢菌素、灰黄霉素等)、维生素(维生素 B_2、酶制剂、各种有机酸、葡糖酸、麦角碱等;也有的直接利用真菌菌体作为药物,如用作中药的神曲、麦角、冬虫夏草、僵蚕、茯苓、灵芝等。

真菌根据其生物学特性可分为:①藻状菌纲(Phycomycetes),特点是菌丝不分隔,无性孢子为孢囊孢子,有性孢子为接合孢子和卵孢子,如毛霉属(*Mucor*)、根霉属(*Rhizopus*);②子囊菌纲

(Ascomycetes),特点是菌丝分隔,无性孢子为分生孢子,有性孢子为子囊孢子,如酵母菌(yeast);③担子菌纲(Basidiomycetes),特点是菌丝分隔,有性孢子为担孢子,如灵芝(*Ganoderma lucidum*)、茯苓(*Poria cocos*)、马勃(*Lasiosphaera seu Calvatia*)、蘑菇(*Agaricus campestris*);④半知菌纲(Deuteromycetes),特点为菌丝分隔,无性孢子为分生孢子,如各种皮肤癣菌(Dermatophyte)、假丝酵母属(念珠菌属,*Candida*)、青霉属(*Penicillium*)、曲霉属(*Aspergillus*)。青霉属、曲霉属的个别菌种产生子囊孢子者归入子囊菌纲。

霉菌(mold)与酵母菌(yeast)均属真菌。霉菌不是分类学上的名词,而是多细胞丝状真菌的总称。在分类学上霉菌分属于藻状菌纲、子囊菌纲与半知菌纲。而酵母菌在真菌分类系统中分属于子囊菌纲、担子菌纲与半知菌纲。

二、优良菌种的选育

优良的微生物菌种是发酵工业的基础和关键,从自然界分离得到的野生型菌种不论产量还是质量均不适合工业化生产的要求,要使发酵产品的种类、产量和质量有较大提高,首先必须选育优良的生产菌种。理想的工业发酵菌种应符合的要求包括:①遗传性状稳定;②生长速度快,不易污染;③目标产物的产量尽可能接近理论转化率;④目标产物最好分泌到胞外;⑤尽可能减少类似物的产量;⑥培养基成分简单、价格低廉。

菌种选育包括自然选育、诱变育种、杂交育种、原生质体融合、基因工程育种等方法。

(一) 从自然界中获得新菌种

自然界中微生物资源丰富,土壤、空气、动植物及其腐败残骸都是微生物的主要生长繁殖场所,另外从江、河、湖、海及被某种物质污染的水域和一些极端环境中采集的微生物很可能由于具有一些不同的代谢途径和遗传背景,是新型医药品的一个潜在来源。分离微生物新种的具体过程大体可分为采样、增殖、纯化和性能测定等步骤。

通过以上方法直接从自然界中分离的菌株称为野生型菌株,这种菌株往往产量很低,只有经过进一步的人工改造才能真正用于工业发酵生产。

(二) 自发突变与定向育种

利用微生物在一定条件下产生自发突变的原理,通过分离、筛选排除衰退型菌株,从中选出维持或高于原有生产水平菌株的过程称为自然选育(natural screening)。自然选育可以达到纯化菌种、防止菌种衰退、稳定生产水平、提高产物产量的目的,不过由于自发突变的频率很低,出现高产菌株的概率极低,筛选到高产菌株的可能性极小。

定向育种(directive breeding)是指为了获得具有某些需要性状的品系,在一定的环境条件下长期处理某一微生物群体,同时不断移种,从而累积和选择合适的自发突变体的育种方法。定向育种比较成功的例子是抗性突变株的筛选,其原理是应用一些与微生物体内的氨基酸、维生素、嘌呤、嘧啶等分子结构相似的药物,由于它们的结构类似,冒充代谢物掺入到大分子物质中,破坏正常的生理代谢,从而使这一微生物大量死亡,但也有很少的一部分存活,这就是抗性菌株。这些抗性菌株的变构酶结构或阻遏蛋白结构发生了变化,因而可大量分泌产物,成为高产菌株。

(三) 诱变育种

诱变育种(mutation breeding)是利用物理或化学诱变剂处理均匀分散的微生物细胞群,促使其突变率大幅度提高,然后采用简便、快速和高效的筛选方法从中挑选少数符合育种目的的突变株,以供生产实践或科学研究用。诱变育种具有方法简单、快速和收效显著等优点,是目前主要的育种方法之一。

常用的物理诱变剂、化学诱变剂分别列于表 7-3、表 7-4。诱变育种的典型流程见图 7-1。

表 7-3　常用的物理诱变剂及其机制

名称	性质	作用机制	主要生物学效应
紫外线(UV)	非电离辐射	使被照射物质的分子或原子中的内层电子提高能级	DNA 链和氢键断裂 DNA 分子内(间)交联 嘧啶的水合作用 形成胸腺嘧啶二聚体 造成碱基对转换 修复后造成差错或缺失
X 射线 γ 射线 快中子 高能电子流 β 射线	电离辐射	使被照射物质分子或原子中发生电子跳动,使内外层失去或获得电子	DNA 链的断裂 碱基受损 造成碱基对转换 引起染色体畸变 修复后造成差错或缺失
离子束	非电离辐射		

表 7-4　常用的化学诱变剂及其机制

名称	性质	作用机制	主要生物学效应
氮芥(NM) 乙烯亚胺(EI) 硫酸二乙酯(DES) 甲基磺酸乙酯(EMS) 亚硝基胍(NTG) 亚硝基甲基脲(NMU)	烷化剂	碱基烷化作用	DNA 交联 碱基缺失 引起染色体畸变 造成碱基对的转换或颠换
亚硝酸(HNO_2)	脱氨基诱变剂	碱基脱氨基作用	DNA 交联、碱基缺少、碱基对的转换
5- 氟尿嘧啶(5-FU) 5- 溴尿嘧啶(5-BU)	碱基类似物	代替正常碱基掺入 DNA 分子中	碱基对转换
吖啶橙 吖啶黄	移码诱变剂	插入碱基对之间	碱基排列产生码组移动

通过诱变育种产生的营养缺陷型菌株(auxotroph strain),是在一些营养物质(如氨基酸、维生素和碱基)的合成能力上出现缺陷,因此必须在基本培养基中加入相应的有机营养成分才能正常生长的变异菌株。营养缺陷型菌株具有十分重要的意义,既可以作为研究代谢途径的工具菌株,也可以作为氨基酸、维生素或核苷酸等产物的生产菌株。

（四）杂交育种

杂交育种(hybridization breeding)一般指利用真核微生物的有性生殖或准性生殖,或原核微生物的接合、转化和转导等过程,促使两个具不同遗传性状的菌株进行遗传物质交换和基因重组,以获得优良性能或新品种的生产菌株。杂交育种是一个重要的微生物育种手段,比起诱变育种,它具有更强的方向性或目的性。

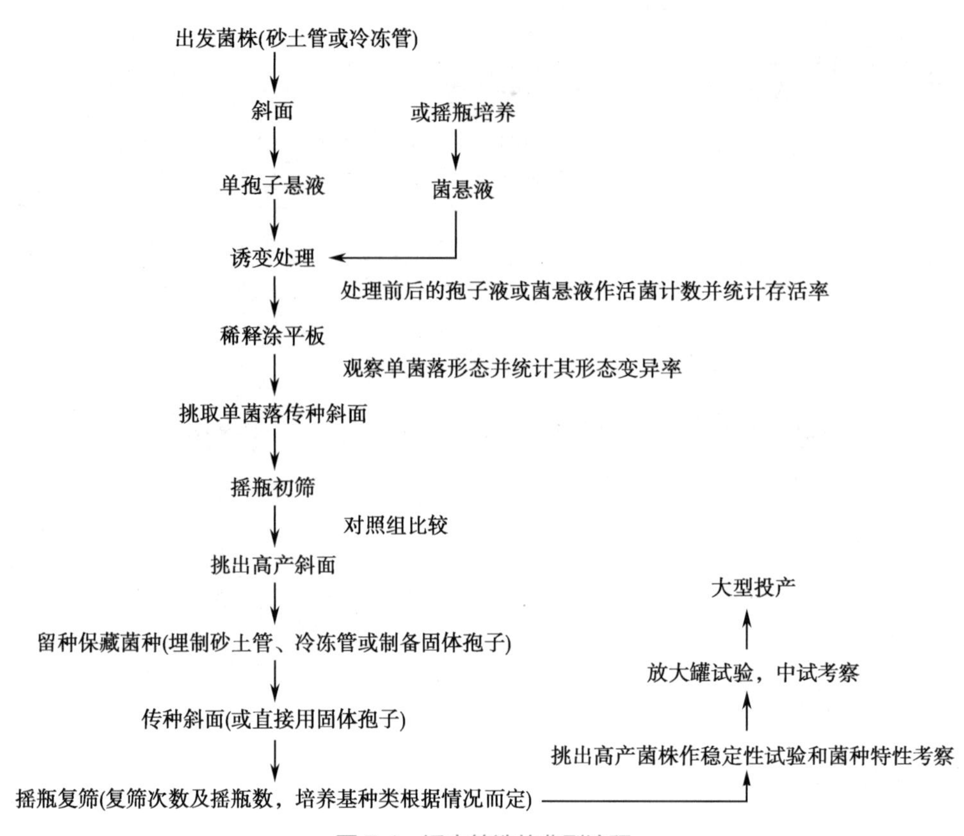

图 7-1 诱变筛选的典型流程

(五) 原生质体融合

原生质体融合(protoplast fusion)是通过人工手段,使遗传性状不同的两个细胞的原生质体发生融合并产生重组子的过程,又称为“细胞融合(cell fusion)”。该技术可使一些未发现有转化、转导和接合现象的原核生物之间及微生物种、属、科间甚至更远缘的微生物细胞间进行融合,获得新物种。该育种方法的关键是制备原生质体,一般采用酶解法去除细胞壁,如细菌和放线菌可采用溶菌酶处理,霉菌常采用纤维素酶处理,酵母菌用蜗牛酶处理。

(六) 基因工程育种

从 20 世纪 70 年代起逐步建立起来的基因工程技术给微生物育种带来革命。它不同于传统的育种方法,是一种自觉的、能像工程一样预先设计和控制的育种技术。基因工程育种技术可以将人工方法获得的一段外源 DNA 分子用限制性内切核酸酶切割后,与载体 DNA 连接,然后导入到受体细胞中进行复制、转录和翻译,从而使受体细胞表达出外源基因所编码的遗传性状;也可采用基因编辑技术如 CRISPR/Cas9 技术改变微生物的遗传性状。然而,基因工程育种还存在一定的局限性,对一些受多个基因控制、代谢途径未完全确证的发酵产物,基因工程还难以完全取代传统的菌种选育方法。

三、菌种保藏

微生物在传代过程中容易发生变异、污染甚至死亡,因此常造成生产菌种的退化,并有可能使优良菌种丢失。菌种保藏的目的是保证菌种经过较长时间后仍保持生活能力,不被其他杂菌污染,形态特征和生理性状尽可能不发生变异,以便长期使用。

菌种保藏,首先应该挑选典型菌种的优良纯种来进行保藏,最好保藏它们的休眠体,如分生孢子、芽孢等;其次,应人为地创造环境条件(如干燥、低温和缺氧),使微生物长期处于代谢不活泼、生长繁殖受抑制的休眠状态;第三,尽可能采用多种不同的手段保藏同一菌株。目前常用的菌种保藏方法有如下几种:

1. 斜面低温保藏法　将菌种接种在适宜的斜面培养基上，待菌种生长完全后，置于4℃左右的冰箱中保藏，每隔一定时间（保藏期）再转接至新鲜斜面培养基上，生长后继续保藏。此法广泛适用于各类微生物菌种的短期保藏，主要保藏措施是低温，一般可保存1~6个月。其优点是简便易行，容易推广，存活率高；缺点是保藏期短，传代次数多，菌种较易发生变异和被污染。

2. 液体石蜡封存法　此法是在无菌条件下，将灭过菌并已蒸发掉水分的液体石蜡倒入培养成熟的菌种斜面（或半固体穿刺培养物）上，液体石蜡层高出斜面顶端1cm，使培养物与空气隔绝，加胶塞并用固体石蜡封口后，垂直放在4℃冰箱内保藏。此法广泛适用于各大类微生物菌种的中期保藏，不适用于保藏某些能分解烃类的菌种。其主要保藏措施是低温、隔氧。一般可保存1~2年。

3. 砂土管保藏法　该法是将砂与土分别洗净、烘干、过筛，按一定比例分装于小试管中，砂土烘干后经检查无菌后备用。将待保藏的菌株制成菌悬液或孢子悬液滴入砂土管中，放线菌和霉菌也可直接刮下孢子与砂土混匀，而后置于干燥器中抽真空，用火焰熔封管口（或用石蜡封口），置于干燥器中，在4℃冰箱内保藏。砂土管保藏法是一种常用的长期保藏菌种的方法，适用于产孢子的微生物及形成芽孢的细菌，对于一些对干燥敏感的细菌及酵母则不适用。砂土管法兼具低温、干燥、隔氧和无营养物等条件，故保藏期较长、效果较好，且微生物移接方便，经济简便。它的保藏期为1~10年。

4. 麸皮保藏法　又称曲法保藏。即以麸皮作载体，吸附接入的孢子，然后在低温干燥条件下保存。其制作方法是：将麸皮与水以一定的比例拌匀，装入试管，湿热灭菌后经冷却，接入新鲜培养的菌种，适温培养至孢子长成；将试管置于盛有氯化钙等干燥剂的干燥器中，于室温下干燥数日后移入低温下保藏；干燥后也可将试管用火焰熔封再保藏，则效果更好。此法适用于产孢子的霉菌和某些放线菌，保藏期在1年以上。因操作简单、经济实惠，工厂采用较多。

5. 甘油悬液保藏法　此法是将菌种悬浮在甘油中，置于低温条件下保藏。本法较简便，但需置备低温冰箱。保藏温度若采用-20℃，保藏期为0.5~1年；而采用-70℃，保藏期可达10年。将拟保藏菌种对数期的培养液直接与经121℃蒸汽灭菌20分钟的甘油混合，并使甘油的终浓度在10%~15%，再分装于小离心管中，置低温冰箱中保藏。基因工程菌常采用本法保藏。

6. 冷冻真空干燥保藏法　又称冷冻干燥保藏法，简称冻干法。它通常是用保护剂制备拟保藏菌种的细胞悬液或孢子悬液于安瓿管中，再在低温条件下快速将含菌样冻结并减压抽真空，使水升华将样品脱水干燥，形成完全干燥的固体菌块；在真空条件下立即熔封，造成无氧真空环境；最后置于低温条件下，使微生物处于休眠状态而得以长期保藏。此法适用于各类微生物，其主要保藏措施是低温、干燥、缺氧、有保护剂，保藏期一般长达5~15年，存活率高，变异率低，是目前被广泛采用的一种较理想的保藏方法。该法操作比较烦琐，技术要求较高，且需要冻干机等设备。

7. 液氮超低温保藏法　简称液氮保藏法或液氮法。它是以甘油、二甲亚砜等作为保护剂，在液氮超低温（-196℃）下保藏的方法。其主要原理是菌种细胞从常温过渡到低温，并在降到低温之前使细胞内的自由水通过细胞膜外渗出来，以免膜内因自由水凝结成冰晶而使细胞损伤。此法适用于各种微生物菌种的保藏，其主要保藏措施是超低温、有保护剂，保藏期一般可达到15年以上，是目前公认最有效的菌种长期保藏技术之一。此法的优点是操作简便、高效，且可保藏使用各种培养形式的微生物，其缺点是需购置超低温液氮设备且液氮消耗较多，费用较高。

第三节　发酵设备及消毒灭菌

典型的发酵设备应包括种子制备设备、主发酵设备、辅助设备（无菌空气和培养基的制备）、发酵液预处理设备、粗产品的提取设备、产品精制与干燥设备及副产物的回收、废物处理设备等。其中主要设备为发酵罐和种子罐，它们各自都附有原料（培养基）配制、蒸煮、灭菌和冷却装置、通气调节和除菌装置以及搅拌器等。种子罐的作用是提供发酵罐培养所必需的菌体量；而发酵罐又称生物反应

器，承担产物的生产任务，它必须能够提供微生物生命活动和代谢所要求的各种条件，并便于操作和控制，保证工艺条件的实现，从而获得高产。

一、发酵设备

（一）发酵罐的基本类型

发酵罐（fermentation tank）是为一个特定生物化学过程的操作提供良好环境的容器。对于某些工艺来说，发酵罐是个密闭容器，同时附带精密控制系统。发酵罐一般要求杜绝杂菌和噬菌体的污染，为了便于清洗、消除灭菌死角，其内壁及管道焊接部位都要求平整光滑、无裂缝、无塌陷，并且在外压大于内压时，有防止外部液体及空气流入反应器的机制。一个优良的生物反应器应具有严密的结构、良好的液体混合性能、高的传质和传热速率，以及可靠的检测及控制仪表。目前发酵罐主要包括以下几种基本类型。

1. 搅拌釜反应器　搅拌釜反应器（stirred tank reactor，STR）（图 7-2）内设搅拌装置，利用机械搅拌作用使无菌空气与发酵液充分混合，促进氧的溶解。这种反应器的适应性最强，从牛顿型流体到非牛顿型的丝状菌发酵液，都能根据实际情况为之提供较高的传质速率和必要的混合速率，因此至今仍是使用最广泛的生物反应器。该型反应器具有操作条件灵活、气体运输效率高等优点，已被实际生产证实可广泛用于各种微生物的发酵。

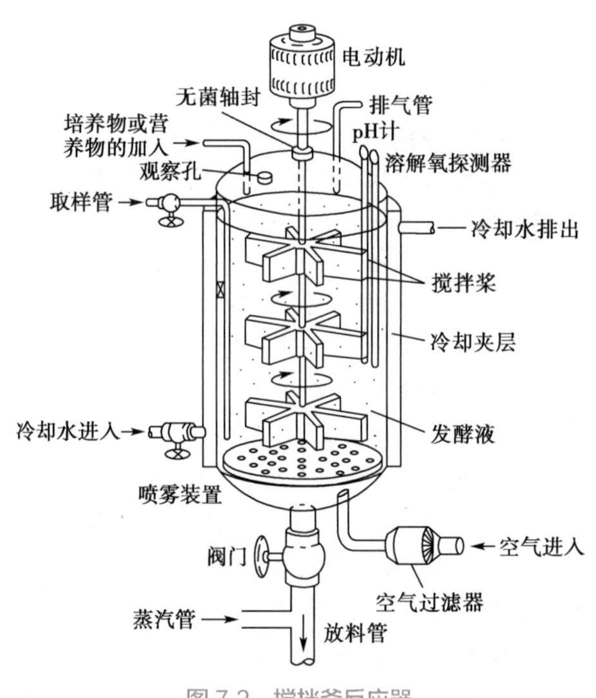

图 7-2　搅拌釜反应器

搅拌釜反应器主要部件包括罐体、搅拌器、挡板、冷却装置、轴封等。罐体是一个培养微生物的巨大容器，为了保持纯种培养、防止杂菌污染，要求罐体是密封的。发酵罐在灭菌和正常工作时，要承受一定的压力（气压和液压）和温度。发酵罐内应尽量减少死角，避免藏污积垢，保证灭菌彻底，防止染菌。罐体应有适宜的径高比，一般为 1∶1.7~1∶4，罐身较长者氧的利用率较高。罐体材料一般为碳钢和不锈钢。机械搅拌器的作用是将空气打碎成小气泡，增加气液接触面，提高氧的传质速率，同时使发酵液充分混合，液体中的固形物质保持悬浮状态。为了使发酵液充分搅动，应根据发酵罐的容积在搅拌轴上配置多个搅拌桨，配置的数量根据罐内液位高度、发酵液的特性和搅拌器的直径等因素来决定。为了克服搅拌器运转时液体产生的涡流，将径向运动改变为轴向运动，促进液体激烈翻动，增加

溶解氧速率，通常在发酵罐内壁安装挡板。

2. 鼓泡式反应器　鼓泡式反应器（bubble column reactor）（图 7-3）无机械搅拌装置，利用气体由反应器底部的高压引入产生的空气泡上升时的动力，带动反应器中液体的运动，从而达到使反应液混合的目的。反应器中的液体深度较大，使空气进入培养基后有较长的停留时间。罐内装有若干筛板，压缩空气由罐底导入，经过筛板逐渐上升，气泡在上升过程中带动发酵液同时上升，上升后的发酵液又通过带有液封作用的降液管下降而形成循环。这种发酵罐的特点是省去了机械搅拌装置，如培养基的浓度合适且操作适当，在不增加空气流量的情况下基本上可达到搅拌釜反应器的发酵水平。但使用时，气泡在上升过程中会逐渐聚集变大，导致传质速率下降，且会使培养基产生大量气泡，限制了它的使用。

3. 气升式反应器　气升式反应器（airlift reactor）（图 7-4）分为内置挡板型和外置循环管道型，在通入空气的一侧由于液体密度降低使液面上升，这样在反应器内形成液体环流，使培养基混合。气升式反应器比鼓泡式反应器的效率更高，尤其对于需要高密度发酵和黏稠培养基的微生物，其混合效果更好，且不像鼓泡式反应器易产生气泡的聚集，影响传质效率。

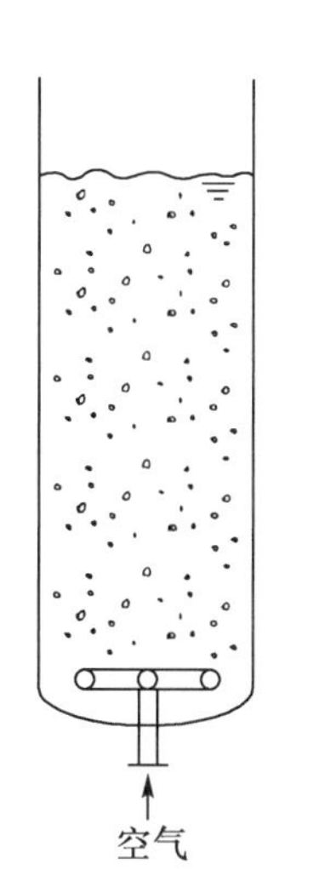

图 7-3　鼓泡式反应器

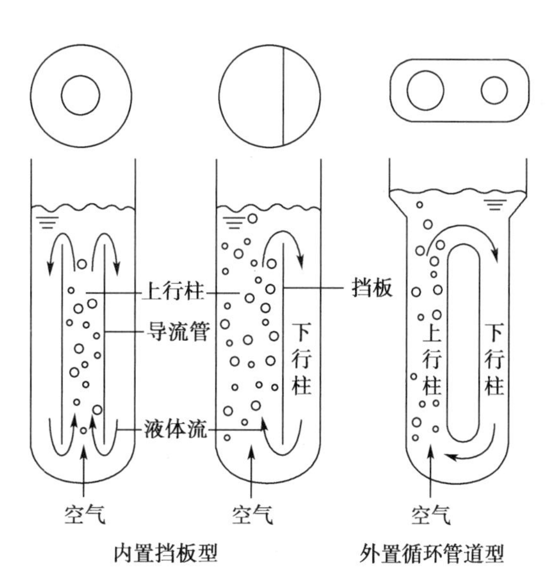

图 7-4　气升式反应器

气升式反应器和鼓泡式反应器都是通过通入气体进行搅拌，而不采用机械搅拌，所以相比于搅拌釜反应器，具有节能和剪切力小等优点，比较适合于重组微生物发酵。

（二）发酵辅助设备

发酵辅助设备主要包括无菌空气系统、灭菌系统、发酵车间的管道及阀门等。

好氧发酵过程中需要大量的无菌空气，空气要做到绝对无菌在目前是不可能，也是不经济的。发酵对无菌空气的要求是：无菌、无灰尘、无杂质、无水、无油、正压等几项指标；发酵对无菌空气的无菌程度要求是：只要在发酵过程中不因无菌空气染菌而造成损失即可。在工程设计中一般要求 1 000 次使用周期中只允许有 1 个细菌通过，即经过滤后空气的无菌程度为 $N=10^{-3}$。

通常空气中含有灰尘、水蒸气和各种杂菌，因此空气的除菌是好氧发酵的重要环节。空气除菌的方法很多，如过滤除菌、热灭菌、化学试剂灭菌和辐射灭菌等。各种辐射和化学试剂灭菌的方法常用于无菌室、培养室、仓库等的空气除菌。而发酵工业中常用的空气除菌方法是过滤除菌，其一般流程如图 7-5。

为保证过滤器有比较高的过滤效率，应维持一定的气流速度和不受油、水的干扰。气流速度可由操作来控制，要保证不受油、水的干扰则需要有一系列冷却、分离、加热的设备来保证空气在相对湿度 50%~60% 的条件下过滤。

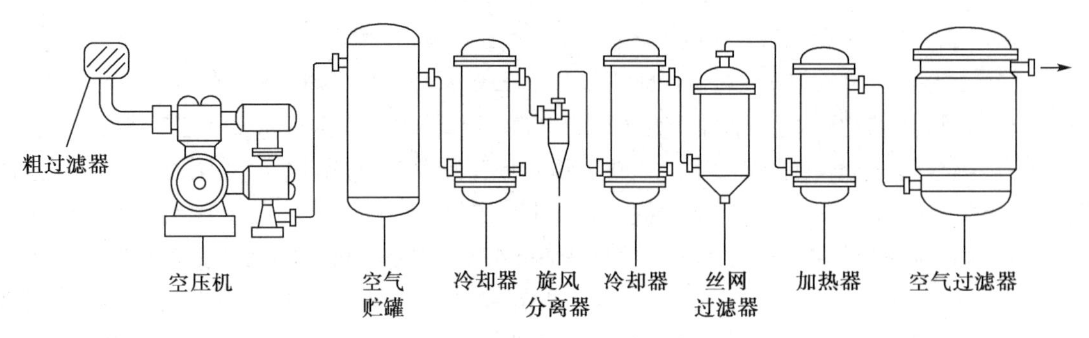

图 7-5　空气除菌设备流程

二、培养基和灭菌

（一）培养基

培养基（culture medium）是人工配制的适合于不同微生物生长繁殖或积累代谢产物的营养基质。不同的菌种或产品所使用的培养基不同。培养基主要由碳源、氮源、无机盐类、生长因子、前体物等组成。

（1）碳源：碳源是组成培养基的主要成分之一，其主要作用是供给菌种生命活动所需要的能量，构成菌体细胞成分和代谢产物。在药物发酵生产中常用的碳源有糖类、脂肪、某些有机酸、醇或碳氢化合物等。

（2）氮源：氮源的主要功能是构成微生物细胞成分和含氮代谢产物，可分为有机氮源和无机氮源两大类。常用的有机氮源有花生饼粉、黄豆饼粉、玉米浆、玉米蛋白粉、蛋白胨、酵母粉、鱼粉、蚕蛹粉、尿素、废菌丝体和酒糟等。常用的无机氮源有氨水、硫酸铵、氯化铵、硝酸盐等。

（3）无机盐及微量元素：药物发酵生产菌与其他微生物一样，在生长、繁殖和生物合成过程中都需要某些无机盐类和微量元素，如镁、硫、磷、铁、钾、钙、钠、氯、锌、钴、锰等，作为生理活性物质的组成成分或生理活性作用的调节物。在培养基中，镁、硫、磷、钾、钙和氯等常以盐的形式（如硫酸镁、磷酸二氢钾、磷酸氢二钾、碳酸钙、氯化钙等）加入，而钴、铜、铁、锌、锰等因其需要量很少，除了合成培养基外，一般在复合培养基中不再另外单独加入。

（4）前体、促进剂与抑制剂：在药物的生物合成过程中，被菌体直接用于药物合成而自身结构无显著改变的物质称为前体（precursor）。前体能明显提高产品的产量，在一定条件下还能控制菌体合成代谢产物的流向。

促进剂是指那些既不是营养物又不是前体，但能提高产物产量的添加剂。例如添加巴比妥盐能使利福霉素单位增加，并能使链霉菌推迟自溶、延长分泌期。

抑制剂可抑制发酵过程中某些代谢途径的进行，同时会使另一代谢途径活跃，从而获得人们所需要的某种产物或使正常代谢的某一代谢中间物累积起来。如四环素发酵中加入溴化剂（如 NaBr）能抑制金霉素生成，但促进四环素的生成。

药物生产所需的培养基大多来源于实验研究和生产实践取得的结果。在考虑培养基总体要求时，首先要注意快速利用的碳（氮）源和慢速利用的碳（氮）源的相互配合，发挥各自的优势；其次选用适当的碳氮比。培养基中的碳氮比的影响十分明显，氮源过多，会使菌体生长过于旺盛，pH 偏高，不利于代谢产物的积累；氮源不足则菌体繁殖量少，从而影响产量。碳源过多，容易形成较低的 pH；碳源不足，易引起菌体衰老和自溶。

（二）培养基灭菌方法

对于大量的培养基和发酵设备的灭菌，最有效、最常用的灭菌方法是蒸汽灭菌（即湿热灭菌）。工厂中培养基灭菌分为实罐灭菌和连续灭菌。

1. 空罐灭菌　空罐灭菌（empty tank sterilization）又叫空消。发酵前首先要将发酵罐及附加设备用高压水蒸气进行灭菌，为准备注入培养基进行实罐灭菌做准备，包括对空罐作系统全面检查（如阀门、焊接和罐顶等）和清理（如挡板积污，易形成死角区域）。为了杀死所有微生物特别是耐热的芽孢，空罐灭菌要求温度较高、灭菌时间较长，只有这样才能杀死设备中各死角残存的杂菌或芽孢。

2. 实罐灭菌　将培养基置于发酵罐中用蒸汽加热，达到预定灭菌温度后维持一定时间，再冷却到发酵温度，然后接种发酵，称为实罐灭菌（filled tank sterilization），又称分批灭菌。实罐灭菌不需专门的灭菌设备，投资少，灭菌效果可靠，一般采用 121℃，30~50 分钟。其过程包括升温、保温和冷却 3 个阶段，灭菌主要在保温过程中实现。蒸汽直接从通风、取样和出料口进入罐内加热，直到所规定的温度并维持一定的时间，这就是所谓的“三路进气”。

3. 连续灭菌　连续灭菌（continuous sterilization）（连消）是在高温快速的情况下，将配制好的培养基向发酵罐输送的同时经过加温、保温、冷却等过程以进行灭菌的方法。培养基从配料罐泵入预热罐中通入蒸汽预热，或就在配料罐中通入蒸汽预热，用泵打入连消塔与高压蒸汽直接混合，达到 128~138℃后进入维持罐，保持高温 8~12 分钟使彻底灭菌，通入冷却排管，待其充满料液后喷淋冷却，再进入已空消好的发酵罐中，继续冷却，整个流程如图 7-6 所示。

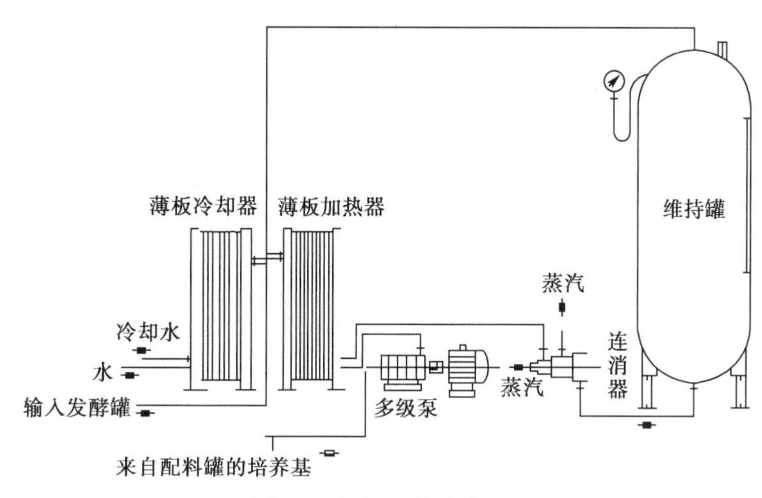

图 7-6　连续灭菌的流程图

连续灭菌时，培养基能在短时间内加热到保温温度并能很快冷却，因此，可在比分批灭菌更高的温度下灭菌，而保温时间则很短，这有利于减少营养物质的破坏；但设备比较复杂，投资较大。

第四节　发酵工程制药的过程与控制

从广义上讲，发酵工程由 3 部分组成：上游工程、发酵生产和下游工程。上游工程（upstream process）包括优良菌种的选育、最适发酵条件（培养基的组成、pH、温度和溶解氧等）的优化等。发酵生产（fermentation production）是指在最适条件下，在发酵罐中生产细胞和代谢产物的工艺技术，本阶段是整个发酵工程的中心环节，要有严格的无菌生长环境。下游工程（downstream process）是指发酵液中产品的分离纯化与鉴定、副产物的回收、废物处理等，由于篇幅有限，在此不做介绍。

一、种子的扩大培养

种子扩大培养（inoculum development）是指将保存在砂土管、冷冻干燥管中处于休眠状态的生产菌种接入试管斜面活化后，再经过扁瓶或摇瓶及种子罐逐级扩大培养，最终获得一定数量和质量纯种

的过程，这些纯种培养物称为种子。

进行种子扩大培养的目的是满足大规模发酵罐所需种子的需求。目前工业规模的发酵罐容积达几十到几百立方米，如按 10% 的接种量计算，要投入几立方米到几十立方米的种子。要从保藏在试管中的菌种逐级扩大到生产用种子是一个由实验室制备到车间生产的过程（图 7-7）。首先将砂土管孢子或冷冻孢子接种到斜面培养基活化培养，长好的斜面孢子或菌丝接种茄瓶固体培养基或摇瓶液体培养基中扩大培养，完成实验室种子制备。接着，在生产车间，种子制备阶段是将实验室扩大培养的孢子或菌丝接种到一级种子罐，制备生产用种子，如需要可进一步接种至二级种子罐扩大培养，种子制备好后备用。

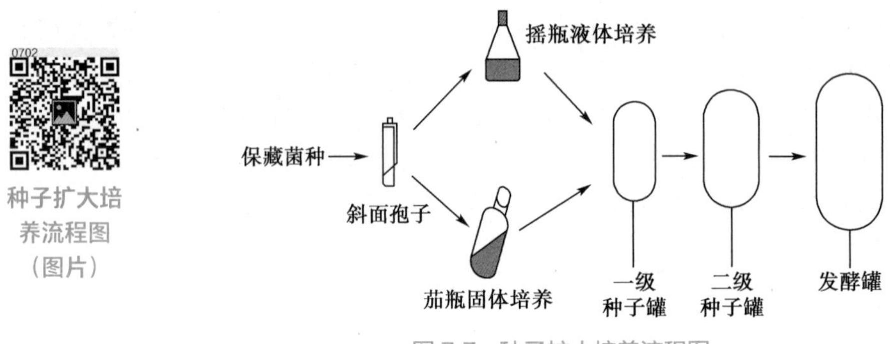

图 7-7　种子扩大培养流程图

种子液质量的优劣对发酵生产起着关键性的作用。作为种子应具备的条件是：①菌种的生长活力强，转种至发酵罐后能迅速生长，延迟期短；②生理状态稳定；③菌体总量及浓度能满足大容量发酵罐的要求；④无杂菌污染，保证纯种培养；⑤保持稳定的生产能力。

在发酵产品的放大生产中，发酵级数的确定是一个非常重要的方面，级数受发酵规模、菌体生长特性、接种量等因素的影响。级数越大越难控制，易染菌，易变异，且管理困难，所以一般控制在 2~4 级。

种子罐中培养的菌丝转入下一级种子罐或发酵罐时的培养时间称为种龄（inoculum age）。通常采用的种龄是以菌丝处在生命极为旺盛的对数生长期，培养基中的菌体量尚未达到最高峰时较为恰当。过于年轻的种子进入发酵罐后，可使生长期迟缓，发酵周期延长，起步单位较低，甚至由于菌丝量过少在发酵罐中形成菌丝团而引起异常发酵；过老的种龄虽然菌丝量多，但接入发酵罐后对发酵后期增长单位不利。在工业生产中还可通过测定种子液的磷含量（对放线菌特别重要）、糖含量、氨基氮含量、淀粉酶的活力、脱氢酶的活力及效价等来判断种子质量的好坏，以决定确切的种龄。

移种的种子液体积和接种后发酵罐培养液体积之比称为接种量（inoculation quantity），一般采用 5%~15%。通常接种量大些，可缩短发酵罐中菌丝生长时间，缩短延迟期，使生产期提前到来；但过大的接种量往往使菌体生长过快、过稠，造成培养液缺氧，影响产量，也会使发酵液后处理困难等。生产上有时也会采用双种，即两个种子罐的菌丝接入一个发酵罐；或倒种，即以发酵 1~2 天的发酵液倒出适量给另一发酵罐作种子，往往也可获得较好的产量。

二、微生物发酵方式

微生物发酵方式可分为固体发酵和液体发酵两种。固体发酵即曲法发酵，适合于传统发酵工艺及生产比较简单的产品，而液体发酵适合于大规模工业化生产。影响液体发酵的因素很多，如温度、pH、通风、搅拌、罐压等，必须适当地控制影响发酵的各种条件，掌握发酵的动态，并进行杂菌的检查和产物测定，使整个发酵过程顺利进行。液体发酵可分为分批发酵、补料 - 分批发酵、半连续发酵和连续发酵等方式。

（一）分批发酵

分批发酵（batch fermentation）是将发酵培养基一次性投入发酵罐，经灭菌、接种和发酵后，再一次性地将发酵液放出的一种间歇式发酵操作类型，又称间歇式发酵。分批发酵是一种准封闭系统，在发酵过程中除了控制温度、不断进行通气（好氧发酵）和加入酸碱溶液调节 pH 外，与外界没有其他物料交换。

分批发酵的一般操作流程如图 7-8。首先对种子罐用高压蒸汽进行空消，然后投入培养基，再通高压蒸汽进行实罐灭菌，接着接入实验室预先培养好的种子进行培养。在种子罐开始培养的同时进行主发酵罐的准备工作，对于大型发酵罐，一般不在罐内对培养基进行实罐灭菌而是采用连续灭菌的方法进行培养基的灭菌。种子罐培养达到一定的菌体量时，即转入到主发酵罐中进行发酵。培养过程中要控制温度和 pH，对于需氧微生物还要进行搅拌和通气。当发酵到达终点时结束反应，将发酵液进行后处理。

典型的分批发酵工艺流程图（图片）

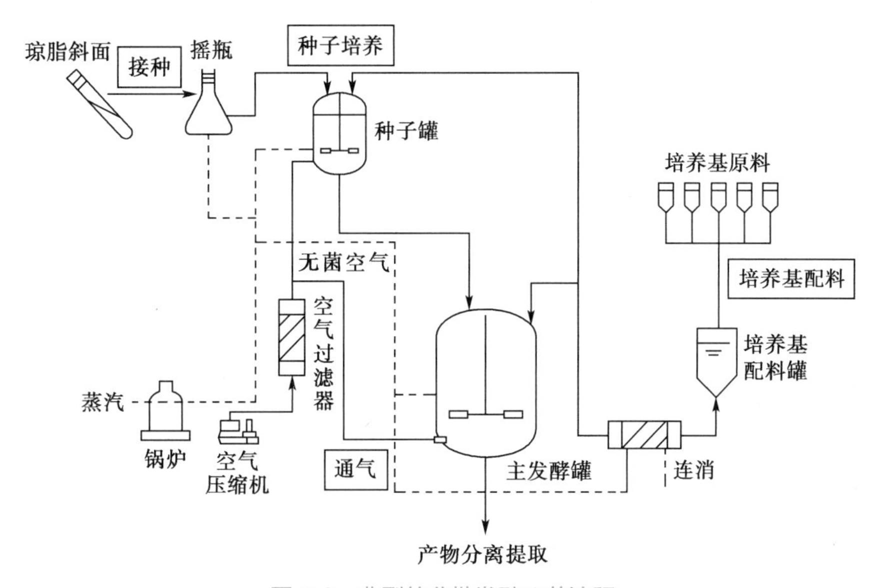

图 7-8　典型的分批发酵工艺流程

分批发酵系统属于封闭体系，微生物处在限制性的条件下生长，表现出典型的生长周期。当菌种接种到新鲜的培养基中，为产生诱导酶或合成有关的中间代谢物，需要有一段适应期，这一时期为延滞期（lag phase）。在这一时期，细胞生长速率常数为零。在发酵工业上需设法尽量缩短延滞期，可通过增加接种量（群体优势，适应性增强）、采用对数生长期的健壮菌种、调整培养基的成分、使种子培养基与发酵培养基相近和选用繁殖快的菌种等方法缩短该时期。接着细胞以几何级数速度分裂、大量繁殖，进入对数生长期。发酵工业上尽量延长该期，以达到较高的菌体密度，有利于初级代谢产物的积累。随着细胞的大量繁殖，培养基中的营养物质迅速消耗，加上有害代谢物的积累，细胞的生长速率迅速下降，进入稳定期。在这一时期，开始合成次级代谢产物（如抗生素），是发酵生产的重要时期，生产上常常通过补料、调节 pH、控制温度等措施来延长稳定期，以积累更多的代谢产物。最后由于培养环境对微生物生长明显不利，使分解代谢大于合成代谢，最终导致细胞大量死亡，进入衰亡期。大多数分批发酵在到达衰亡期前就结束了。

分批发酵因其操作简单、周期短、不易染菌、生产过程和产品的质量容易掌握等优势，在工业生产上有重要位置，但分批发酵存在基质抑制问题，对基质浓度敏感的产物或次级代谢产物如抗生素，用该发酵方式不合适。

（二）补料 - 分批发酵

补料 - 分批发酵（fed-batch fermentation）是在分批发酵过程中间歇或连续地以某种方式补入新鲜料液，克服由于养分不足而导致发酵过早结束的问题。由于只有料液的输入而没有输出，因此，发酵液的体积在增加。与分批发酵相比，通过向培养系统中补充物料，可以使培养液中的底物浓度较长时间地保持在一定范围内，既保证菌体细胞的生长需要，又不造成阻遏抑制等不良影响，从而达到提高产物浓度的目的。

当一般代谢产物收率或其生长速率明显受到某种组分浓度影响时，宜采用补料 - 分批发酵方式，如高密度培养系统，存在高浓度底物抑制、分解代谢物阻遏。分解代谢物阻遏是利用葡萄糖等易被利用的碳源培养时，某种酶尤其是与分解代谢有关的酶的生物合成受到抑制的现象，利用流加法降低葡萄糖浓度，抑制菌体生长，从而消除对有关酶生物合成的抑制作用，例如青霉素的发酵中采用流加葡萄糖的方式，解除分解代谢阻遏，积累青霉素。另外还有利用营养缺陷型突变株系统，采用流加营养物法，既维持菌体生长，又不会对产物合成产生抑制作用。

（三）半连续发酵

在补料 - 分批发酵的基础上，间歇放掉部分发酵液进入下游提取工段的发酵操作方式称为半连续发酵（semi-continuous fermentation）。这种培养方法的开始阶段如同常规分批培养，但在培养和发酵结束时并不将发酵液全部放出，而仅放出其中一部分，同时补入同体积的新鲜培养基或必要的组分，再继续发酵培养，如此可反复多次。使用半连续发酵主要是考虑补料 - 分批发酵虽然可以通过补料补充养分或前体的不足，但由于有害代谢产物的积累，产物合成还是会受到阻遏。半连续发酵不仅可以补充养分和前体，而且有害代谢物质被稀释，有利于产物的继续合成。

但半连续发酵也存在一些缺陷。首先放掉发酵液的同时会损失未被利用的营养物质和正处于代谢活跃状态的菌体细胞；其次中间补料会造成发酵液稀释，增加下游提取液的体积；再次，发酵液中一些由代谢产生的前体有可能会丢失，造成发酵产物产量的影响。此外，半连续发酵过程中的染菌问题也是影响发酵过程能否进行的重要因素。

（四）连续发酵

连续发酵（continuous fermentation）是当发酵过程进行到一定阶段时（如产物合成时期）一边连续补充发酵培养液，一边又以相同的流速放出发酵液，维持发酵液原来体积的发酵方式，微生物在稳定状态下生长和代谢。

与分批发酵相比，连续发酵的优点有：①微生物的生长和代谢活动保持旺盛的稳定状态，从而使产率和产品质量也相应保持稳定；②能够更有效地实现机械化和自动化，降低劳动强度；③减少设备清洗、准备和灭菌等非生产占用时间，提高设备利用率，节省劳动力；④发酵反应器容积小，反应速率易控制，容易对过程进行控制，有效地提高发酵产率。当然连续发酵也存在一定的问题，包括：①由于是开放体系加上发酵周期长，容易污染杂菌；②在长周期连续发酵中，微生物易发生变异；③对设备、仪器及控制元件的技术要求较高；④黏性丝状菌菌体容易附着在器壁上生长或发酵液内结团，带来操作困难。总之，连续发酵营养物利用率低于单批培养，一般只能维持数月至 1 年。

连续发酵有罐式连续发酵和管式连续发酵两种基本形式。

1. 罐式连续发酵　罐式连续发酵的设备与分批发酵的设备无根本区别，一般可采用原有的分批发酵罐改装。在连续发酵罐式反应器中，有两种不同的发酵控制方式：一种是恒浊器（turbidostat）法，即通过浊度来检测细胞浓度，控制调节加入的料液流量，使反应器中菌体浓度保持恒定；另一种是恒化器（chemostat）法，以恒定流速使营养物质浓度恒定，通过控制某一种营养物浓度（如碳源、氮源、生长因子等）使其始终成为生长限制因素，从而保持细菌生长速率恒定的方法。罐式连续发酵系统又可分为单罐连续发酵和多罐串联连续发酵（图 7-9）。

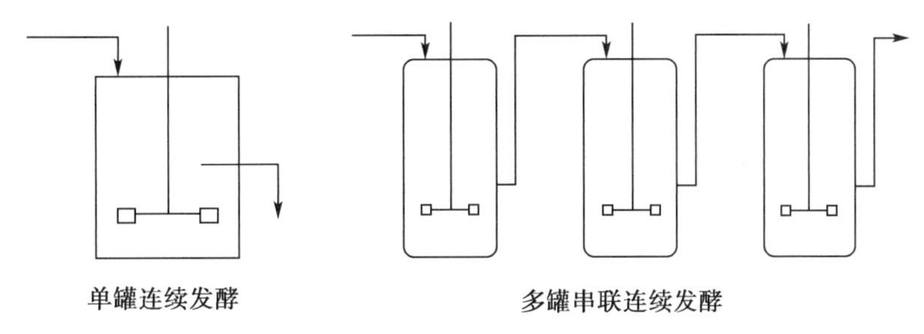

图 7-9　罐式连续发酵系统

2. 管式连续发酵　在管式反应器中，发酵液通过一个没有返混现象的管式反应器向前流动（图 7-10）。在反应器的不同部位，营养物质浓度、细胞密度、氧浓度和产率等都不相同。在反应器的入口，微生物菌体须与培养基混匀加入反应器中，而反应器的出口常与其他反应器相连或装一条支路使发酵液返回。

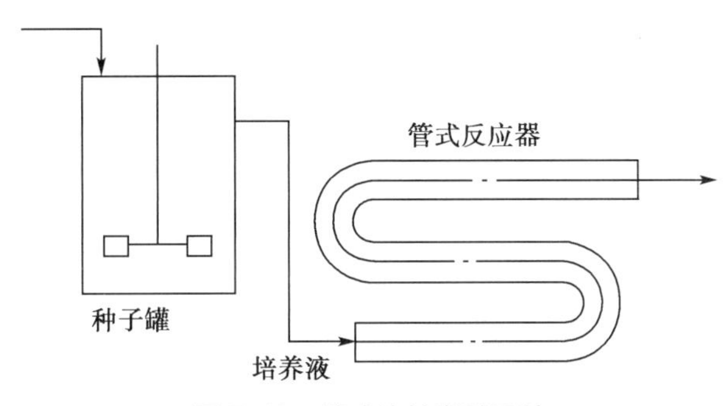

图 7-10　管式连续发酵系统

三、发酵过程中的中间分析项目

发酵过程的中间分析是生产控制的指示，显示了发酵过程中微生物的代谢变化，作为分析和控制发酵情况以及处理异常发酵的主要依据。

（一）产物产量

发酵液中产物的积累通常以发酵单位表示。定时测定发酵单位可以帮助我们选择合适的发酵条件，并控制最合适的发酵周期。

发酵单位的测定方法一般采用化学测定法和生物测定法。化学测定法是以化学性质为基础而加以测定，此法比较简单、迅速，但容易受其他杂质或类似化合物的干扰，因而不能真实反映药物的实际生物活力。生物测定法如抗生素以它的抗菌特性为基础，因此能够比较真实地反映抗生素的生物活力，但需时较长，手续麻烦，人为误差较大。通常生产过程中测定样品单位都尽可能采用化学测定法，以求迅速及时反映生产情况，但发酵终点的样品要同时进行生物测定，以做比较。

（二）pH

微生物在其代谢活动中生长或生物合成各阶段都有其最合适的 pH，而 pH 的变化是微生物代谢状况的一个综合反映。一般通过控制基础培养基中的成分维持最合适的 pH，有时则需通过人工方法进行调节，以维持最合适的 pH。

（三）糖

糖代谢是微生物整个生化代谢中的重要方面，糖的消耗反映了菌体代谢活力。生物合成过程与糖代谢有着密切的联系，观察糖的变化并进行代谢控制，既防止糖过量无节制的消耗，又不使产生菌因饥饿过度而衰老。糖的有节制供给往往是实现高产的关键。最显著的例子是青霉素发酵，结合菌

丝形态、pH 等代谢状况，进行连续的糖定量滴加，以使整个发酵处于一个半饥饿的状态，提高了青霉素的产量。

（四）氨基氮

含氮物质的代谢也是微生物整个代谢中的重要方面，测定游离氨基氮的数值能部分反映含氮物质代谢中的一个侧面。发酵初期，培养基中营养物质的含量较高，此时氨基氮数值较高，但随着微生物生长代谢，蛋白质被分解，氨基氮也下降并且达到某种平衡，这种平衡可以维持到发酵后期。当部分菌体开始自溶，菌体含氮物释放到培养基中去，该数值又会上升。

（五）菌丝形态

生产菌从孢子接入种子培养基起就开始其发酵培养过程，从孢子膨胀、发芽、幼龄菌丝、分泌期菌丝乃至菌丝衰老、自溶，经历着一系列的生理变化，反映在菌丝的形态上也有一定的特征性变化。通过显微镜观察菌丝形态在发酵过程中也是一个重要的分析项目，其目的是：①观察种子阶段菌丝生长情况，掌握最适种龄，确保优质种子；②观察发酵阶段菌丝生长情况，为选择合适的发酵条件提供依据；③及时发现不正常生长的菌丝，设法采取补救措施；④及时发现杂菌污染，及早控制和处理。

四、发酵过程的影响因素及控制

微生物发酵生产的水平不仅取决于生产菌种的性能，而且还需要合适的环境条件即发酵工艺加以配合，才能使它的生产能力充分表现出来。因此，必须研究影响发酵过程的各种因素，如培养基组成、培养温度、pH、供氧等，据此设计合理的发酵工艺，使生产菌种处于最佳的产物合成条件下，达到最佳发酵效果，获得最高的产品收率。

（一）菌体浓度的影响及控制

菌体（或细胞）浓度（cell concentration）是指单位体积培养液中菌体的含量。菌体浓度的大小，在一定条件下不仅反映菌体细胞的多少，而且反映菌体细胞生理特性的不同阶段，因此在实验室研究和工业发酵上，它都是一个重要的参数。菌体浓度主要取决于两方面的因素：一是与菌体的生长速率密切相关。生长速率大的菌体浓度增长也迅速，而菌体的生长速率与微生物的种类和自身的遗传特性有关，细胞结构越复杂，分裂所需的时间就越长，如霉菌、酵母的生长速率小于细菌的生长速率。二是菌体的增长还与营养物质和环境条件相关联。在一定的限度内，菌体的生长速率与营养物质的浓度成正比，但超过此上限，浓度继续增加反而会引起生长速率下降，这可能是由于高浓度基质形成高渗透压，引起细胞脱水而影响生长及一些代谢产物对某些关键酶的抑制。影响菌体生长的环境条件有温度、pH、渗透压和水等因素。

在适当的生长速率下，发酵产物的产率与菌体浓度成正比关系。菌体浓度高，产物的产量也大，如氨基酸、维生素这类初级代谢产物的发酵就是如此；对于抗生素这类次级代谢产物来说，菌体的比生长速率等于或大于临界生长速率时也是如此。但是，菌体浓度过高往往也会产生其他的影响，如营养物质消耗过快、培养液的营养成分发生明显改变、有毒物质的累积，就有可能改变菌体的代谢途径，特别是对培养液中的溶解氧影响尤为明显，因为随菌体浓度的增加，摄氧率会按比例增加，同时由于表观黏度的增加使氧的传递速率呈对数减少，从而导致溶解氧的减少，并使其成为影响产物产率的限制性因素。相反，菌体浓度过低，同样会使产物的产率下降。因此，在发酵过程中必须设法使菌体浓度控制在合适的范围内。生产中主要通过调节培养基中营养基质的浓度来控制，首先基础培养基要有适当的配比，避免产生过浓或过稀的菌体量，然后再通过中间补料来调整。如当菌体生长缓慢、菌体浓度太低时，可补加一部分磷酸盐和碳源促进生长。

（二）营养物质对发酵的影响及控制

各种营养物质对微生物生长繁殖和代谢产物的合成都很重要，必须重视各种营养物质的浓度和配比，以达到维持正常的渗透压、节约原材料及提高代谢产物产量的目的。

1. 碳源的影响及控制 按照利用速度的快慢，碳源可以分为速效碳源和迟效碳源。速效碳源能被微生物快速利用，合成菌体和产生能量，因此有利于菌体生长，但过多的分解代谢产物有时会对目标产物的合成产生分解代谢阻遏作用，不利于产物的合成。迟效碳源为菌体缓慢利用，有利于延长代谢产物的合成，特别有利于延长抗生素的分泌期。在工业上，发酵培养基常采用含速效和迟效碳源的混合培养基来控制菌体的生长与产物的合成。

2. 氮源的影响及控制 氮源与碳源一样，也分为速效氮源和迟效氮源。氨基（或铵基）态氮（氨基酸、硫酸铵）和玉米浆属速效氮源，能被菌体快速利用，促进菌体生长，但对某些代谢产物的合成，如抗生素的合成产生调节作用，影响产量。迟效氮源如黄豆饼粉、花生饼粉、棉籽饼粉等，对延长次级代谢产物的分泌期、提高产量十分重要。发酵培养基一般选用含速效和迟效的混合氮源。

3. 磷酸盐的影响和控制 磷是微生物分解代谢和合成代谢所必需的成分，保证微生物正常生长所必需的磷酸盐浓度一般为 0.32~300mmol/L，而对次级代谢产物而言所允许的最高平均浓度为 1.0mmol/L，超过 10mmol/L 就明显抑制产物合成，两者平均相差几十倍到几百倍，因此控制磷酸盐浓度对微生物药物特别是次级代谢产物的发酵生产是非常重要的。对初级代谢产物而言，通过磷酸盐浓度来调节代谢产物的合成机制通常是通过促进生长而间接产生的，而对次级代谢产物来说，其机制比较复杂。抗生素的发酵对磷酸盐的浓度非常敏感。以链霉素的发酵生成为例，正常生长所需的磷酸盐浓度都会抑制链霉素的形成，以前认为抑制是由于磷酸盐促进基质（葡萄糖）被利用的结果，而实际上是因为链霉素的生物合成途径中有几步磷酸酯酶催化的去磷酸化反应，过量的磷酸盐会产生反馈抑制，阻抑一个或多个磷酸酯酶的活性，因而抑制了链霉素的合成。特别是链霉素生物合成的最后中间体——无活性的链霉素磷酸酯，必须经磷酸酯酶的作用脱去磷酸根才能生成有生物活性的链霉素，过量的磷酸盐抑制磷酸酯酶的活性，结果导致链霉素磷酸酯在培养基内堆积（图 7-11）。

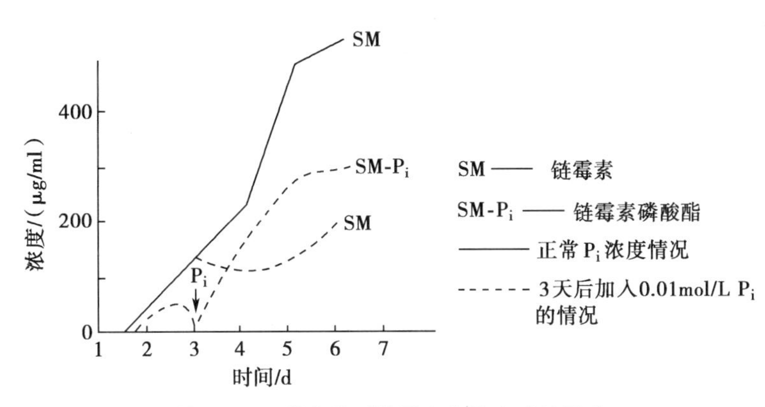

图 7-11 磷酸盐对链霉素生物合成的影响

4. 补料的控制 当菌体在高浓度基质下其生长受到抑制，或发酵周期较长（5~10 天），产物的生物合成时间也较长，就需要在发酵过程中补加基质和前体，称为补料。中途补料对发酵起重要作用，如丰富了培养基，避免了菌体过早衰老，使产物合成期延长；控制 pH 和代谢方向；改善通气效果；补足因发酵过程中通气和蒸发而减少的发酵液体积等。通常补料在菌体生长旺盛后期，发酵液泡沫液位下降后开始。

（三）温度的影响及控制

微生物的新陈代谢都是在各种酶催化下进行的，温度是保证酶活性的重要条件，因此在发酵过程中必须保证稳定而合适的环境温度。

温度对微生物发酵的影响是多方面的。首先，温度会影响各种酶的反应速率，在一定范围内，随着温度的升高酶反应速率加快，但有一最适温度，超过这一温度则酶的催化活性会下降。温度对菌体生长的酶反应和代谢产物合成的酶反应的影响往往不同。温度还能改变菌体代谢产物的合成方向，

如金色链霉菌能同时发酵产生四环素和金霉素，在低于 30℃时主要合成金霉素，随着温度的提高合成四环素的比例提高，当温度超过 35℃时金霉素的合成停止，只产生四环素，因为高温不利于合成金霉素的生物氯化反应。再者，温度还能影响微生物的代谢调控机制，如氨基酸生物合成途径中的终产物对第一个酶的反馈抑制作用在 20℃时比在正常生长温度 37℃更大；另外，温度还通过改变发酵液的物理性质间接影响生产菌的生物合成，如温度会影响基质和氧在发酵液中的溶解与传递速度，影响菌体对某些基质的分解和吸收速度及发酵液黏度等。

发酵过程中，引起发酵温度变化的因素有生物热、搅拌热、蒸发热、辐射热和显热。发酵热就是发酵过程中释放出来的净热量。

$$发酵热 = 生物热 + 搅拌热 - 蒸发热 - 辐射热 - 显热$$

由于生物热、蒸发热和显热(特别是生物热)在发酵过程中是随时间变化的，因此发酵热在整个发酵过程中也随时间变化，引起发酵温度发生波动。

发酵生产中最适温度的选择既要适合菌体的生长，又要适合代谢产物合成，但最适生长温度和最适生产温度往往不一致，因此要综合考虑各方面的因素，通过反复实践来确定。首先，温度选择要考虑菌种及生长阶段的因素。微生物种类不同，所具有的酶系及其性质不同，所要求的温度范围也不同，如谷氨酸棒状杆菌的生长温度为 30~32℃，青霉菌生长温度为 30℃。发酵前期的目的是要尽快得到大量的菌体，因此取稍高的温度促使菌的呼吸与代谢，使菌体生长迅速。发酵中期菌量已达到合成产物的最适量，这时需要延长菌体生长的稳定期，从而提高产量，因此发酵中期温度要稍低一些，可以推迟衰老，同时在稍低温度下氨基酸合成蛋白质和核酸的正常途径关闭，有利于产物合成。发酵后期，产物合成能力降低，延长发酵周期没有必要，可提高温度，刺激产物合成，如四环素产生菌生长温度为 28℃，合成温度为 26℃，后期再升温，但也有的菌种产物形成比生长温度高，如谷氨酸产生菌生长温度 30~32℃，产酸温度 34~37℃。其次，温度选择还要根据培养条件综合考虑，灵活选择。通气条件差时可适当降低温度，使菌体呼吸速率降低些，溶解氧浓度也可高些。培养基稀薄时，温度也该低些，因为温度高营养利用快，会使菌体过早自溶。另外，温度选择还要考虑菌体生长情况。菌体生长快，维持在较高温度的时间要短些；菌体生长慢，维持较高温度的时间可长些。培养条件适宜，如营养丰富、通气能满足，那么前期温度可高些，以利于菌体的生长。总的来说，温度的选择必须根据菌体生长阶段及培养条件综合考虑。

工业生产上所用的大发酵罐因在发酵过程中释放了大量的发酵热，所以一般不需要加热，而需要冷却的情况很多。利用自动控制或手动调节的阀门，将冷却水通入发酵罐的夹层或蛇形管中，通过热交换来降温，保持恒温发酵。

(四) pH 的影响和控制

pH 既是微生物代谢的综合反映，又影响代谢的进行，所以是十分重要的参数。发酵过程中 pH 是不断变化的，通过观察 pH 的变化规律可以了解发酵的正常与否。

1. pH 对发酵的影响　每一类菌种都有其最适的和能耐受的 pH 范围，大多数细菌生长的最适 pH 在 6.3~7.5，霉菌和酵母菌生长的最适 pH 在 3~6，放线菌生长的最适 pH 在 7~8。微生物生长阶段和产物合成阶段的最适 pH 往往不一样，这不仅与菌种的特性有关，还与产物的化学性质有关。

在发酵过程中，pH 对微生物生长繁殖和产物合成的影响表现在：① pH 影响酶的活性，当 pH 抑制菌体某些酶的活性时使菌体的新陈代谢受阻；② pH 影响微生物细胞膜所带电荷的改变，从而改变细胞膜的透性，影响微生物对营养物质的吸收及代谢物的排泄，因此影响新陈代谢的进行；③ pH 影响培养基某些成分和中间代谢物的解离，从而影响微生物对这些物质的利用；④ pH 影响代谢方向，pH 不同，往往引起菌体代谢过程不同，使代谢产物的质量和比例发生改变。例如黑曲霉在 pH 2~3 时发酵产生枸橼酸，在 pH 近中性时则产生草酸；谷氨酸发酵，在中性和微碱性条件下积累谷氨酸，在酸性条件下则容易形成谷氨酰胺和 *N*- 乙酰谷氨酰胺。另外，pH 还会影响菌体形态，如产黄青霉的细胞

壁厚度随 pH 的增加而减小，其菌丝直径在 pH 6.0 时为 2~3μm，pH 7.4 时为 1.8~2μm，并呈膨胀酵母状，pH 下降后，菌丝形态又会恢复正常。pH 还对发酵液或代谢产物产生物理化学的影响，其中要特别注意的是 pH 对产物稳定性的影响。

2. 影响发酵 pH 的因素　发酵过程中，pH 变化的根源在于培养基的成分和微生物的代谢特性。在菌体代谢过程中，菌体本身有构建其生长最适 pH 的能力，但外界条件发生较大的变化时，pH 将会发生较大波动。

引起发酵液 pH 下降的因素有多种，培养基中碳、氮比例不当，碳源过多，特别是葡萄糖过量，或中间补糖过多，加之溶解氧不足，致使有机酸大量积累而使 pH 下降；消泡剂加得过多、生理酸性物质的存在及氮被利用也会使 pH 下降。引起发酵液 pH 上升的因素有培养基中碳、氮比例不当，氮源过多，氨基酸释放等。另外，生理碱性物质的存在，中间补料中氨水或尿素等碱性物质加入过多，也会引起 pH 上升。此外，某些产物本身呈酸性或碱性，如有机酸类使 pH 下降；红霉素、林可霉素、螺旋霉素等抗生素呈碱性，使 pH 上升。通气条件的变化，菌体自溶或杂菌污染都可能引起发酵液 pH 的变化。

3. 最适 pH 的选择和控制　选择最适 pH 的原则是既有利于菌体的生长繁殖，又可以最大限度地获得高的产量。最适 pH 是根据实验结果来确定的，将培养基调节成不同的初始 pH 进行发酵，在发酵过程中定时测定和调节 pH，达到维持初始 pH 的目的，或利用缓冲液来配制培养基以维持初始 pH，同时观察菌体的生长情况，以菌体生长达到最高值的 pH 为菌体生长的最适 pH。以同样的方法，可测得产物合成的最适 pH。

在确定了发酵不同阶段的最适 pH 后，就需要采用各种方法加以控制。首先要考虑和试验发酵培养基的基础配方，各种碳源、氮源的配比，还可在培养基中加入缓冲剂，如磷酸盐、枸橼酸盐和碳酸钙等。特别是碳酸钙能与酮酸反应，防止培养基的 pH 下降，在分批发酵中常用这种方法来控制 pH。利用培养基成分来控制 pH 的能力有限，如果 pH 波动太大，就可以在发酵过程中补加酸或碱和补料的方式来控制。现在常用生理酸性物质如硫酸铵和生理碱性物质如氨水来控制，这些物质不仅可以调节 pH，还可以补充氮源。当 pH 和氨氮含量均低时，应补加氨水；若 pH 较高而氨氮含量较低时，应该补加硫酸铵。最成功的通过补料来控制 pH 的例子是青霉素发酵的补料工艺，如图 7-12 所示，采用按需补糖和恒速补糖两种方法，按需补糖是根据 pH 的变化来决定补糖速率，恒速补糖是通过加入酸碱来控制 pH，两种补糖方式总补糖量相等。

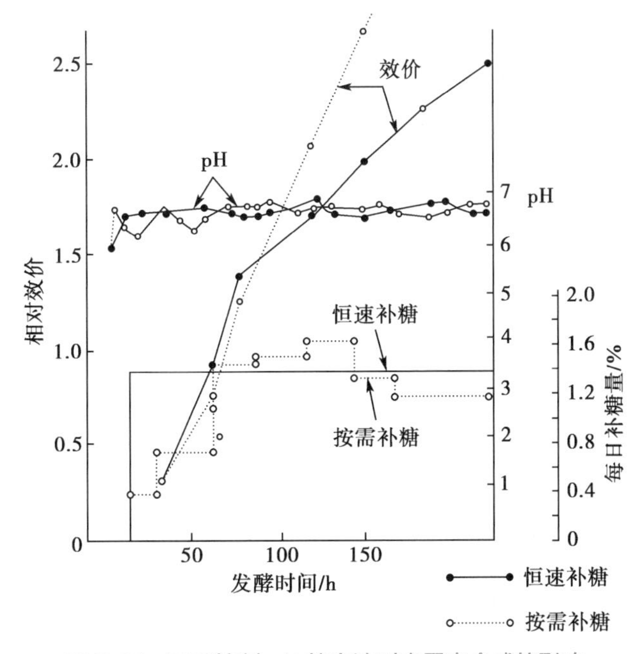

图 7-12　不同控制 pH 的方法对青霉素合成的影响

（五）溶解氧的影响和控制

溶解氧是需氧微生物生长所必需的。在发酵过程中有多方面的限制因素，而溶解氧往往最易成为限制因素。氧在水中的溶解度很小，28℃时，氧在发酵液中达到100%的空气饱和度时其溶解度只有0.25mmol/L左右，比糖的溶解度小7 000倍。所以，在发酵过程中需要不断通气和搅拌才能满足溶解氧要求。溶解氧大小对菌体生长和产物的性质和产量都会产生不同的影响。如谷氨酸发酵，供氧不足时会产生大量乳酸和琥珀酸。

1. 溶解氧浓度的变化　发酵过程中溶解氧浓度的变化受很多因素的影响，设备供氧能力、菌龄、加料（如补糖、补料、加消泡剂）及补水措施、改变通风量等，以及发酵过程中某些事故的发生都会使发酵液中的溶解氧浓度发生变化。

我们可把溶解氧作为发酵中氧是否足够的度量，以了解菌对氧利用的规律。发酵过程中应保持氧浓度在临界氧浓度以上。临界氧浓度一般指不影响菌的呼吸所允许的最低氧浓度，而对产物形成而言，便称为产物合成的临界氧浓度。

一般在发酵前期，由于产生菌大量繁殖，需氧量大幅度地增加，如果此时需氧超过了供氧，会使溶解氧明显下降，溶解氧曲线出现一个低峰。发酵中后期，溶解氧浓度明显受工艺控制手段的影响，例如补料、加前体、加消泡剂等的数量及其加入的时机和方式等。

发酵过程中，常见的引起溶解氧异常下降的原因有：①污染好气性杂菌，大量的溶解氧被消耗；②菌体代谢发生异常，需氧增加，使溶解氧下降；③某些设备或工艺控制发生故障或变化，也可能引起溶解氧下降，如搅拌功率消耗变小或搅拌速度变慢，影响供氧。

在供氧条件没有发生变化的情况下，引起溶解氧异常升高的原因主要是耗氧出现改变，如菌体代谢出现异常，耗氧能力下降，使溶解氧上升。特别是污染烈性噬菌体时影响更为明显，产生菌尚未被裂解前呼吸已受到抑制，溶解氧有可能迅速上升，直到菌体破裂，完全失去呼吸能力，溶解氧就直线上升。

2. 溶解氧的控制　控制好溶解氧浓度，需从供、需两方面考虑。在实际生产中，主要通过调节搅拌转速和通气速率来控制供氧。对于装有机械搅拌器的发酵罐，搅拌器可以从多方面改善通气效率，搅拌可将空气泡打散成小气泡，增加气液接触面和接触时间；搅拌使液体产生径向运动，形成涡流，延长气泡在液体中的停留时间；形成湍流断面，减少气泡周围液膜的厚度，减少传质阻力；除去细胞的CO_2和代谢物，保持菌丝体及营养物于均匀的悬浮状态。对于没有搅拌器的空气发酵罐，则是利用空气带动液体运动，产生搅拌作用。当然搅拌功率并非越大越好，因为过于激烈的搅拌产生很大的剪切力，可能对细胞造成损伤，另外激烈的搅拌还会产生大量的搅拌热，增加传热的负担。

发酵液的需氧量受菌体浓度、菌龄、基质的种类和浓度以及培养条件等因素的影响，其中以菌体浓度的影响最为显著。发酵液的摄氧率随菌体浓度增加而按比例增加，但氧的传递速率随菌体浓度的增加而减少。因此，可以控制菌的比生长速率比临界值略高一点的水平，这是控制最适溶解氧浓度的重要方法。最适菌体浓度则可以通过控制基质的浓度来实现，如青霉素的发酵就是通过控制补加葡萄糖的速率达到最适菌体浓度。

除上述方法外，工业上还可以采用调节温度、液化培养基、中间补水、添加表面活性剂等工艺措施来改善溶解氧水平。

（六）CO_2的影响及控制

CO_2是微生物的代谢产物，同时也是某些合成代谢的基质，溶解在发酵液中的CO_2对氨基酸、抗生素等微生物发酵具有刺激或抑制作用。

CO_2对细胞的作用机制，主要是CO_2及HCO_3^-都影响细胞膜的结构。溶解于培养液中的CO_2主要作用在细胞膜的脂肪酸核心部位，而HCO_3^-影响磷脂、亲水头部带电荷表面及细胞膜表面上的蛋白质。当细胞膜的脂质相中CO_2浓度达到临界值时，使膜的流动性及表面电荷密度发生变化，这将导

致许多基质的膜运输受阻，影响细胞膜的运输效率，使细胞处于“麻醉”状态，细胞生长受到抑制，形态发生改变。

CO_2 还可能使发酵液 pH 下降，或与其他物质发生化学反应，或与生长必需的金属离子形成碳酸盐沉淀，或使溶解氧下降等，从而影响菌的生长和发酵产物的合成。

CO_2 在发酵液中的浓度大小的影响因素主要有菌体的呼吸速率、发酵液流变学特性、通气搅拌程度和外界压力大小等。

CO_2 浓度的控制应随其对发酵的影响而定。如果 CO_2 对产物合成有抑制作用，则应设法降低其浓度；若有促进作用，则应提高其浓度。通气和搅拌速率的大小不仅能调节发酵液中的溶解氧，还能调节 CO_2 的溶解度。降低通气量和搅拌速率，有利于增加 CO_2 在发酵液中的浓度；反之，就会减小 CO_2 的浓度。

CO_2 的产生与补料工艺控制密切相关。如在青霉素发酵中，补料会增加排气中 CO_2 的浓度和降低培养液的 pH。因为补料的糖用于菌体生长、菌体维持和产物合成 3 方面，它们都会产生 CO_2，使 CO_2 增加。

（七）泡沫的影响及控制

在微生物好气培养中，发酵液往往产生许多泡沫，这是正常现象。泡沫由多方面的因素造成，如通气和搅拌、微生物代谢及培养基成分等。通气大、搅拌强烈可使泡沫增多，因此在发酵前期由于培养基营养成分消耗少，培养基成分丰富，易起泡，应先开小通气量，再逐步加大。微生物细胞生长代谢和呼吸也会排出气体，如氨气、二氧化碳等，这些气体使发酵液产生的气泡称为发酵性泡沫。在这些泡沫产生的原因中，培养基物理化学性质对泡沫形成起了决定性的作用。培养基中的花生饼粉、玉米浆、皂苷、糖蜜等，以及微生物菌体具有稳定泡沫的作用。此外，培养基的浓度、温度、酸碱度及泡沫的表面积对泡沫的稳定性都有一定的影响。菌种质量好，生长速度快，可溶性氮源较快被利用，泡沫产生的概率也就少。培养基灭菌质量不好，糖和氮被破坏，抑制微生物生长，使种子菌丝自溶，产生大量泡沫，加消泡剂也无效。

过多的泡沫会给发酵带来负面影响，主要表现在：①降低生产能力，在发酵罐中为了容纳泡沫、防止溢出而降低装液系数，大多数发酵罐的装液系数为 0.6~0.7；②大量气泡引起“逃液”，造成原料和产物的损失；③如果气泡稳定、不破碎，那么随着微生物的呼吸，气泡中充满二氧化碳，而且又不能与空气中的氧进行交换，这样就影响了菌的呼吸；④泡沫液位的上下变动，使部分菌体黏附在罐顶或罐壁上，使发酵液中菌体量减少；⑤泡沫升至罐顶，顶至轴封或逃液，增加染菌机会；⑥消泡剂的加入会给提取工艺带来困难。

消除泡沫的方法可以归结为机械消泡和消泡剂消泡两类。机械消泡又可分为罐内和罐外消泡两种。罐内消泡法，最简单的是在搅拌轴上方安装消泡桨；罐外消泡法，是将泡沫引出罐外，通过喷嘴的加速作用或利用离心力来消除泡沫。

发酵工业中常用的消泡剂有天然油脂（如玉米油、豆油、米糠油、棉籽油、鱼油、猪油等）类、聚醚（如聚氧丙烯甘油和聚氧乙烯氧丙烯甘油）类、高级醇（十八醇和聚二醇）类和硅酮（如聚二甲基硅氧烷及其衍生物）类。

（八）染菌对发酵的影响

绝大多数工业发酵都是纯种发酵，除菌种以外的微生物都被视为杂菌。所谓染菌（contamination），是指在发酵培养基中侵入了有碍生产的其他微生物。染菌的结果，轻者影响产量和质量，重者可能导致倒罐甚至停产，造成原料、人力和设备动力的浪费，因此防治杂菌和噬菌体的污染是保证发酵正常进行的关键之一。

种子罐染菌后，可从备用种子中选择生长正常、无染菌的种子移入发酵罐中。如无备用种子，则可选择一个适当培养龄的发酵罐内的培养物作为种子，移入新鲜培养基中，生产上称为“倒种”。

发酵罐染菌后可根据具体情况采取措施。发酵前期染菌，污染的杂菌对产生菌的危害性很大，可通入蒸汽灭菌后放掉；如果危害性不大，可用重新灭菌、重新接种的方式处理，如果营养成分消耗较多，可放掉部分培养液，补入部分新培养基后进行灭菌，重新接种；如果污染的杂菌量少且生长缓慢，可以继续运转下去，但要时刻注意杂菌数量和代谢的变化。在发酵后期染菌，可加入适量的杀菌剂，如呋喃西林或某些抗生素，以抑制杂菌的生长，也可通过降低培养温度或控制补料量来控制杂菌的生长速度。如果采用上述两种措施仍不见效，就要考虑提前放罐。当然最根本的还是严格管理。

染菌后的罐体用甲醛等化学物质处理，再用蒸汽灭菌。在再次投料之前，要彻底清洗罐体、附件，同时进行严格检查，以防渗漏。

五、发酵终点的确定

微生物发酵终点的判断，对提高产物的生产能力和经济效益是很重要的。生产过程不能只单纯追求产量而不顾及生产的成本，必须把两者结合起来，既要有高产量，又要降低成本。

一般对原材料成本占整个生产成本主要部分的发酵品种，主要追求提高生产率[kg/(m^3·h)]、得率（千克产物/千克基质）和发酵系数[kg 产物/（罐容积 m^3·发酵周期 h）]。如下游提取精制成本占主要部分，以及产品价格比较贵，则除了要求高的产率和发酵系数外，还要求高的产物浓度。

抗生素发酵中判断放罐的主要指标有抗生素单位、过滤速度、氨基氮、菌丝形态、pH、发酵液的外观及黏度等。一般菌丝自溶前总有迹象，如氨基氮浓度开始升高、pH 上升、菌丝碎片增多、黏度增加、过滤速度降低等，其中最后一项对染菌罐的判断尤为重要。合理的放罐时间是由实验来确定的，就是根据不同的发酵时间所得到产物产量计算出的发酵罐的生产能力和产品成本，采用生产力高而成本低的时间作为放罐时间。

六、基因工程菌的发酵

随着基因重组技术的发展，基因工程菌的发酵培养技术也越来越受到重视。目前基因工程技术所采用的宿主有大肠埃希菌、枯草杆菌、酵母和哺乳动物细胞，发酵生产上常用的是大肠埃希菌、枯草杆菌和酵母。

（一）基因工程菌发酵生产的特点

基因工程菌或细胞由于带有外源基因，因而对其进行培养和发酵的工艺技术通常与单纯的微生物细胞的工艺技术有许多不同之处。基因工程菌发酵培养的目的主要是实现外源基因的高效表达，以获得大量的外源基因产物。而外源基因的高水平表达不仅涉及宿主、载体和外源基因三者之间的相互关系，而且与所处的环境条件密切相关。因此，工程菌在保存与发酵生产过程中表现的不稳定性是基因工程的高技术成果能否转化为生产力的关键问题之一。

为了避免高效表达的外源基因产物对宿主细胞的毒性，基因工程菌的发酵一般分为两个阶段，前期是菌体生长阶段，采用常规的种子培养或流加营养物培养，获得高密度菌体；后期是产物表达阶段，加入特殊的物质或利用某些物理条件的改变作为诱导剂，使目的基因大量表达。如采用 *Lac* 启动子时通常加入异丙基-β-D-硫代半乳糖苷（IPTG）诱导外源基因的表达，IPTG 价格昂贵，在大规模发酵生产时可采用较便宜的乳糖取代。对于采用 λ 噬菌体左向或右向启动子（λPL 或 λPR）的工程菌，热诱导是一种非常有效的措施。

基因工程菌发酵生产所使用的发酵罐一般规模较小，在几十升到几百升之间。考虑到生物安全性及产品的高附加值，对用于基因工程菌的发酵罐有如下要求：①密封性能好，以防止染菌及泄漏；②自动化程度高，减少基因工程菌与人的接触；③发酵过程中的排气要经过特殊处理，以保证基因工程菌不泄漏。发酵结束后要经灭菌处理才能放罐。

（二）基因工程菌不稳定性的原因

基因工程菌的不稳定性主要表现为质粒的不稳定性和表达产物的不稳定性两方面。而质粒的不稳定性又分为结构不稳定性和分离不稳定性，结构不稳定性是由于转位作用和重组作用所引起的质粒 DNA 的重排和缺失；分离的不稳定性是细胞分裂过程中发生的不平均分配，从而造成质粒的缺陷型分配，以致造成质粒的丢失。引起质粒载体不稳定性的原因主要是宿主细胞新陈代谢负荷的加重，大量外源蛋白的形成对宿主细胞有损害，通常是致死的，失去制造外源蛋白能力的细胞一般生长得快得多，从而能替代有生产能力的菌株，这就导致基因工程菌的不稳定性。为了抑制基因丢失的菌的生长，一般在培养中加入选择因子，如抗生素。当然，除了上述影响因素外，尚包括宿主细胞的遗传特性、重组质粒的组成和克隆菌所处的环境条件等。

除上述现象外，产物不稳定性也是一个很严重的问题。如某些人干扰素工程菌在表达干扰素时，随着培养时间的延长，干扰素活性反而下降，说明基因表达形成的产物也存在稳定性的问题。

第五节　发酵工程中的代谢调控与代谢工程

微生物有着一套可塑性极强和极精确的代谢调节系统，以保证上千种酶能正确无误、有条不紊地进行极其复杂的新陈代谢反应，通常不会过量合成某一代谢产物。而在工业生产中往往需要单一地积累某种产物，并能达到生产所需的尽可能高的浓度，以便获得经济效益，而这个浓度常常超过细胞正常生长代谢所需的范围。因此，要达到过量积累某种产物的目的，提高生产效率，就必须打乱微生物原有的调节系统，在保证微生物适当生长的条件下建立新的代谢方式，按照人们的意志有目的地积累所需的代谢产物。

生产上常常采用两种代谢调控的方法，一种是通过诱变育种的手段筛选各种突变株，从根本上控制微生物的代谢；另一种是控制微生物的培养和生长环境，影响其代谢过程。也可利用基因工程方法改变代谢流，扩展代谢途径，转移或构建新的代谢途径，或将两个相关的代谢途径通过相关酶连接成新的代谢流，称之为代谢工程（metabolic engineering）或途径工程（pathway engineering）。

一、初级代谢与次级代谢

微生物的初级代谢包括分解代谢和合成代谢，对生长、分化、繁殖都是必需的。从合成代谢的中间产物出发，细胞又可合成一些生理功能不明确、化学结构特殊且对细胞生命并非必需的产物，这一过程称为次级代谢（secondary metabolism），其关系如图 7-13。

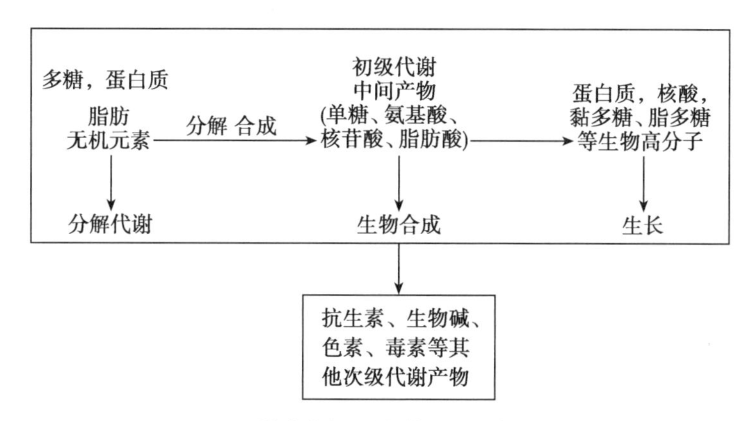

图 7-13　微生物初级代谢和次级代谢的关系

次级代谢产物的化学结构多种多样，但是其生源是由少数几种初级代谢产物构成，是以初级代谢产物为母体衍生而来的。初级代谢和次级代谢同样都受到核内DNA调控，同时相当一部分次级代谢产物的代谢还受核外遗传物质质粒的控制，因此两者在遗传代谢上既有相同的部分，又有不同的部分。次级代谢具有维持初级代谢平衡的生理功能，它将初级代谢积累下来的中间产物进行另一种形式的转化，从而消除物质过量对细胞的不利。某些次级代谢产物可以抑制或杀死其他微生物，使自己在生存中占优势。

二、代谢产物合成的调控

控制微生物代谢产物合成的调控方式有两种，即控制发酵条件或通过诱变选育突变株，从而控制发酵产物生成的途径。

（一）发酵条件的控制

同一微生物在同样的培养基中，只要控制不同的发酵条件，就可能获得不同的代谢产物。如表7-5所示，在谷氨酸发酵过程中，发酵条件不同则发酵生成的主要产物也不同。

表7-5 谷氨酸的发酵转换

控制因素	发酵产物转换
溶解氧	乳酸或琥珀酸（通气不足）⟷ 谷氨酸（适中）⟷ α-酮戊二酸（通气过量）
NH_4^+	α-酮戊二酸（缺乏）⟷ 谷氨酸（适量）⟷ 谷氨酰胺（过量）
pH	谷氨酰胺，*N*-乙酰谷氨酰胺（酸性、NH_4^+过量）⟷ 谷氨酸（中性和偏碱性）
磷酸	缬氨酸（高浓度磷盐）⟷ 谷氨酸
生物素	乳酸或琥珀酸（过量）⟷ 谷氨酸（生物素、油酸、甘油缺陷型）（生物素限量或添加青霉素、饱和脂肪酸等）

控制不同的发酵条件，实际上是通过影响微生物自身的代谢调节系统而改变代谢方向，使之按人们所需的方向进行，进而达到高浓度积累所需要产物的目标。

1. 使用诱导物　许多酶属于诱导酶，在培养和发酵过程中加入适当的诱导物可以增加酶的产量，如青霉素酰胺酶用苯乙酸作为诱导剂。对于次级代谢产物来说，其合成的代谢过程所涉及的某些酶也是诱导酶，需要加入适当的诱导物。微生物进行甾体羟化反应的羟化酶也是诱导酶，需加入甾体底物才能分泌。色氨酸是麦角生物碱合成的一个前体，也是生物碱合成酶的诱导剂，色氨酸的结构类似物也有促进作用，但必须在生长的后期加入，若在生长期加入，色氨酸很快被消耗。在顶孢头孢霉菌发酵生产头孢菌素C时，甲硫氨酸（Met）不仅是硫源，还是合成关键酶环化酶和扩环酶的诱导物，D-Met比L-Met更有效。

2. 改变细胞通透性　产物的反馈调节产生的根本原因是胞内代谢产物的浓度过高，从而对合成的有关酶产生反馈抑制或反馈阻遏作用。在发酵过程中，可以使用能影响细胞膜通透性的物质，以利于代谢产物分泌到胞外，从而减少胞内浓度，避免末端产物的反馈调节。在利用棒状杆菌α-酮戊二酸脱氢酶缺失突变株发酵生产谷氨酸时，当谷氨酸浓度达到50mg/g（干细胞），由于反馈调节作用，谷氨酸的合成便终止；可通过改变细胞膜通透性，使胞内的谷氨酸释放出细胞，解除反馈抑制，使谷氨酸继续合成。

在工业生产中，可以采用各种方法改变细胞膜通透性。如控制生物素浓度在1.5mg/L，作为催化脂肪酸生物合成最初反应的关键酶乙酰CoA羧化酶的辅酶，由于采用生物素限量，影响脂肪酸的合

成，从而形成了有利于谷氨酸向外渗透的磷脂不完整的细胞膜。添加青霉素抑制细胞壁后期合成也是有利于谷氨酸渗透的有效方法，主要机制是抑制细胞壁肽聚糖转肽酶。加入吐温 80 等表面活性剂可将脂类从细胞壁中溶解，使细胞壁疏松，通透性增加。

3. 添加生物合成前体　在发酵液中加入某些物质，它们没有显著的改变就成为产物分子组成的一部分，而显著增加产量或改良产物的组分，这些物质称为前体（precursor）。如加入苯乙酸于产黄青霉菌发酵液中，使青霉素总产量和青霉素 G 的含量均明显上升；加入苯氧乙酸则产生可供口服的青霉素 V。

在色氨酸的合成代谢中（图 7-14），最终产物色氨酸对代谢途径中的第一个酶有强的反馈抑制作用，使发酵产物色氨酸的合成受阻。而邻氨基苯甲酸作为前体仅参与色氨酸最后阶段的合成，如果在发酵中加入邻氨基苯甲酸，虽然最终产物色氨酸的反馈抑制仍然存在，但是对前体转化色氨酸却无影响，因此可以大幅度提高发酵产量。

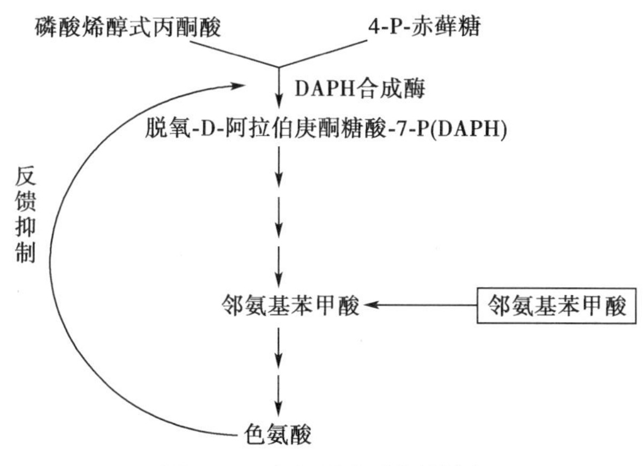

图 7-14　色氨酸合成代谢途径

当生产抗生素时，常加入一些前体物质于发酵液中以增加产量，或获得新的抗生素（表 7-6）。放线菌素发酵时，随着不同的氨基酸加入，可相应产生某种主要放线菌素组分，或产生新组分。

表 7-6　各种抗生素生产时必须添加的前体物质

抗生素	必需前体	抗生素	必需前体
青霉素 G	苯乙酸，苯乙酰胺	放线菌素	各种氨基酸
青霉素 V	苯氧乙酸	灰黄霉素，金霉素，氯霉素	氯化钠
红霉素	丙醇，丙酸	杜晶白霉素 A_1	丁酸盐
5- 氟多氧霉素	5- 氟尿嘧啶		

4. 解除末端产物反馈调节　在生物合成途径中广泛存在反馈调节作用，即末端产物抑制合成途径第一个酶的活性，从而降低产物合成代谢的能力。因此，在发酵过程中不断移去末端代谢产物，降低其在发酵系统中的浓度，就可减少反馈抑制，增加产物产量。

生物反应和产物分离偶联技术（integrated bioreaction-separation technology），又称原位产物分离偶联技术（*in situ* product removal，ISPR），能及时地移去发酵液中的代谢物，一方面解除产物或副产物对发酵过程中细胞生长或产物形成的抑制作用，提高发酵产量和生产效率；另一方面可以从复杂的分离系统中及时回收产物，简化生产过程。

吸附发酵是一种常用的发酵分离偶联技术，在发酵过程中，加入对发酵过程产生的产物或副产物具有特异性或非特异性吸附作用的吸附剂，使具有抑制作用的产物或副产物“脱离”发酵系统，达到回收产物和减少抑制作用的目的。发酵结束后将吸附剂分离回收，经过洗涤洗去黏附和混杂的细胞

与杂质，然后将吸附剂洗脱，即可得一定纯度的产品。此外，还有膜分离发酵、有机溶剂萃取发酵和双水相发酵等。

5. 解除分解代谢物阻遏　葡萄糖虽是微生物生长所需的一种良好的碳源和能源，但对于次级代谢产物的发酵生产反而不佳，这种现象在许多次级代谢产物如青霉素、头孢菌素、丝裂霉素、杆菌肽和赤霉素等的生产中都可见到，具有一定的普遍性。除葡萄糖外，该现象在其他易于利用的碳源和氮源的培养基中也有所发现。但也有例外，如链霉素的发酵需长期保持高浓度的葡萄糖，因为此时葡萄糖不仅作为碳源，而且是链霉素三糖碳架的前体。

一般菌体在生长期之后才进入次级代谢产物的合成阶段，这主要是由于碳源的分解产物产生阻遏作用的结果。在菌体的生长阶段，被菌体快速利用的碳源如葡萄糖、枸橼酸等会产生大量分解产物，这些分解产物阻遏次级代谢酶系的合成，只有当这类碳源被消耗完后，阻遏作用被消除，菌体才由生长阶段转入次级代谢产物合成阶段。这种发酵过程中的次级代谢产物在葡萄糖、甘油等易被利用的碳源被消耗尽时才产生和积累的现象称为分解代谢物阻遏（catabolite repression）。可采用两种方式解除分解代谢物阻遏：一是变更碳源或氮源的配比，如不采用单一碳源如葡萄糖，而加入相当比例的多糖如淀粉作为碳源；二是采用流加方式将葡萄糖逐步加入发酵罐内，以利于前期产生菌体细胞的增殖和后期次级代谢产物的产生及累积。

（二）各种突变株的应用

为了解除反馈调节以大量积累各种代谢产物，除上述方法外，改变微生物的遗传特性，即改变酶的活性或酶的合成，使之对反馈调节不敏感，也能达到过量生产代谢产物的目的。

1. 营养缺陷型突变株的应用　解除反馈抑制的方法之一是选育营养缺陷型突变株，即丧失合成途径中的某一种酶的突变株。使用这种菌株发酵时，因代谢途径中缺少某一种酶，代谢过程不能进行到底，末端产物即不能合成。而且这种微生物的生长也会受到影响，必须在发酵培养基中加入少量缺失酶的产物突变株才能生长，但因产生的末端产物很少不会产生反馈抑制，而使另一种代谢产物过量积累。

如在利用黄色短杆菌发酵生产赖氨酸的生物合成途径中（图 7-15），代谢分支处高丝氨酸脱氢酶（HD）的活性大于二氢吡啶二羧酸合成酶（DHDPS）15 倍，代谢优先流向甲硫氨酸、苏氨酸和异亮氨酸。因此，工业化生产中赖氨酸生产菌株的选育，首先筛选高丝氨酸营养缺陷型，限量供给高丝氨酸或苏氨酸和甲硫氨酸，均可达到累积赖氨酸的目的。

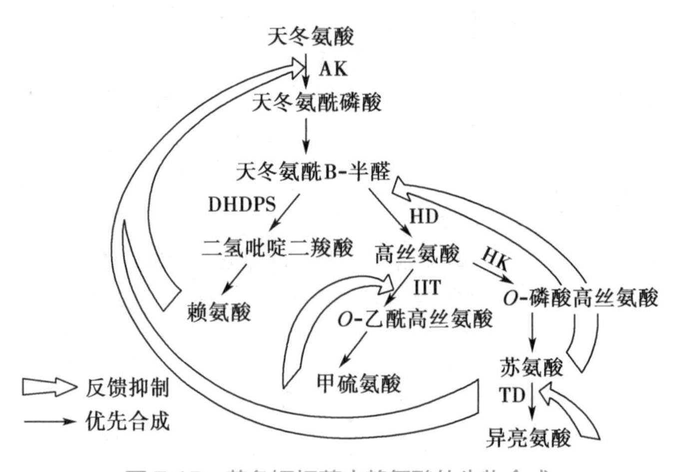

图 7-15　黄色短杆菌中赖氨酸的生物合成

2. 抗代谢类似物突变株的应用　对于生物合成途径已经清楚的代谢产物，也可以选育抗代谢类似物突变株。如根据赖氨酸生产菌的特点，可通过诱导抗类似物突变株解除赖氨酸和苏氨酸的协同反馈抑制。赖氨酸类似物有 *S*-(2- 氨基乙基)-L- 半胱氨酸（AEC）、*γ*- 甲基赖氨酸（ML）等。研究人员

在研究 L- 赖氨酸生物合成时发现 AEC 抗性菌株的天冬氨酸激酶(AK)对苏氨酸和赖氨酸有很强的抵抗作用,约是野生菌的 150 倍。国内已鉴定的 L- 赖氨酸生产菌株之一的黄色短杆菌是 AEC 抗性及高丝氨酸营养缺陷型变异株,其产量是 50~55g/L。

3. 抗生素抗性突变株的应用 各种抗生素通过不同的机制改变微生物的代谢,而使某些产物积累。如衣霉素可以抑制细胞膜蛋白的生物合成,改变细胞的分泌机制,有助于胞内物质分泌到细胞外。枯草杆菌的衣霉素抗性突变株的 α- 淀粉酶的产量较亲株提高了 5 倍;而抗利福平的蜡状杆菌的无芽孢突变株的 β- 淀粉酶的产量提高了 7 倍,这主要是由于利福霉素可抑制芽孢的形成,使芽孢形成的时间推迟,有利于 β- 淀粉酶的形成,而抗利福霉素的突变株往往失去了形成芽孢的能力。同样,谷氨酸棒状杆菌的抗青霉素突变株的谷氨酸产量也会增加。

三、定向发酵

(一) 突变生物合成

采用一些诱变剂,如紫外线、γ 射线、激光、高速电子流或一些化学药物如亚硝基胍、溴化乙锭等对菌株进行诱变,使它们丧失合成某种中间体的能力,因而不能合成原来结构的化合物,成为阻断突变株。在发酵培养这些阻断突变株时添加某种天然或者化学合成的化合物作为中间体,这些突变株能利用这些中间体合成一些新结构的最终化合物,这个过程称为突变生物合成(mutabiosynthesis)。

至少有 3 种类型的阻断突变株:①营养缺陷型突变株,即由于编码菌体生长必需的某种酶的基因发生突变而使菌体不能生长,导致抗生素不能合成;②独需型突变株,这种突变株菌体能正常生长,但由于编码抗生素的某一基因发生突变而丧失抗生素的合成能力;③既是营养缺陷型又是独需型突变株,这种突变株的双重突变同时发生在编码菌体生长所必需的初级代谢及抗生素生物合成的次级代谢的两种基因上。根据以上 3 种不同类型的阻断特点,也可分别称之为初级代谢阻断突变株、次级代谢阻断突变株和双重阻断突变株。

突变生物合成是一种研究药物生物合成途径以及开发新药的方法,目前这一方法主要用于抗生素的结构改造。其中,往往采用独需型突变株,因为由此能够比较容易地获得新的抗生素。图 7-16 为突变生物合成的基本原理,图 7-17 为突变生物合成实验的基本流程。

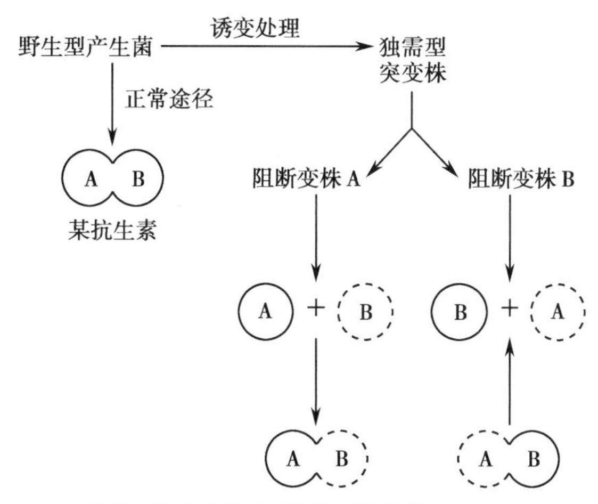

图 7-16 利用突变生物合成产生新抗生素的基本原理

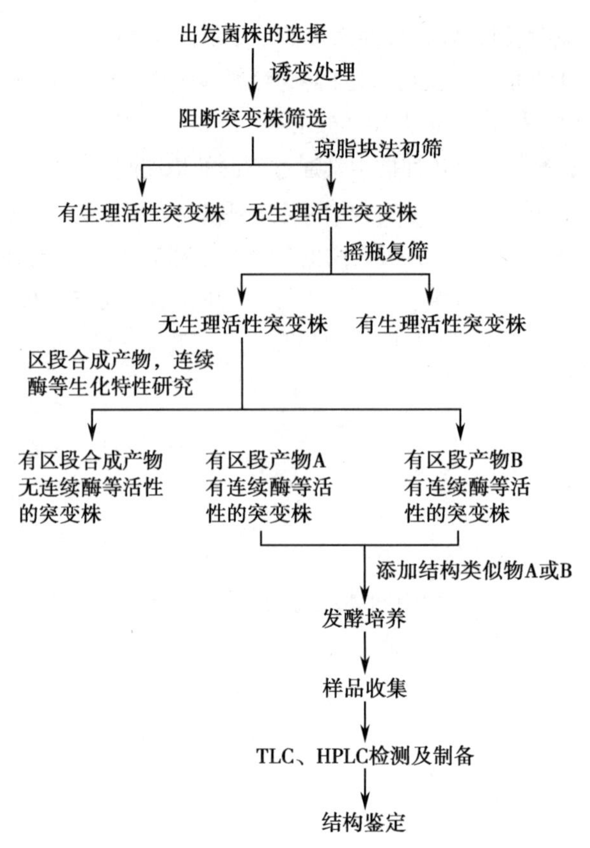

图 7-17 突变生物合成实验的基本流程

利用突变生物合成产生新抗生素在氨基环醇类、大环内酯类、蒽环类、新生霉素等抗生素产生菌中都获得了成功(表 7-7)。突变菌株的多样性和生物合成酶的底物专一性是突变生物合成中决定新抗生素产生的两个关键因素。利用西索米星产生菌伊尼奥小单孢菌 2- 脱氧链霉胺(2-deoxystreptamine，DOS)突变株所获得的 1-*N*- 奈替米星是氨基环醇类抗生素中耳毒性、肾毒性最小的抗生素，目前已通过半合成方法获得产品应用于临床。利用丁酰苷菌素产生菌环状芽孢杆菌的 DOS 突变株得到的 2- 羟基丁酰苷菌素和 3′,4′- 脱氧丁酰苷菌素对临床分离的丁酰苷菌素耐药菌的抗菌活力很强。

表 7-7 突变生物合成产生的新抗生素

菌种	抗生素	特殊营养	增补物	新抗生素
伊尼奥小单孢菌	西索米星	DOS	链霉胺等	突变霉素 1 等
绛红小单孢菌	庆大霉素	DOS	链霉胺等	2- 羟基庆大霉素等
红霉素链霉菌	红霉素	erythronolide	8,8-α-deoxyoleanolide	未鉴别
弗氏链霉菌	新霉素	DOS	链霉胺等	杂交霉素 A,B
加利利链霉菌	阿克拉霉素	阿克拉酮	紫红霉酮等	11- 羟基阿克拉霉素 A
灰色链霉菌	链霉素	链霉胍	2- 脱氧链霉胍	streptomutin A
卡那霉素链霉菌	卡那霉素	DOS	1-*N*- 甲基 DOS 等	1-*N*- 甲基卡那霉素等
雪白链霉菌	新生霉素	氨基香豆素	氨基香豆素同系物	未鉴别
核糖苷链霉素	核糖霉素	DOS	1-*N*- 甲基 DOS 等	1-*N*- 甲基核糖霉素
普拉特链霉菌	普拉特霉素	platenolide	narbonolide	5-*O*-mycaminosyl narbonolide
龟裂链霉菌	巴龙霉素	DOS	链霉胺	杂交霉素 C
巴龙霉素变种康德链霉菌等	尼克霉素	尿嘧啶	嘧啶	尼克霉素 Z 等

（二）杂合生物合成

杂合生物合成的原理是采用一些酶抑制剂阻断生物合成途径的某一步骤，抑制前体物生物合成，然后再添加另外一些前体化合物，形成新的抗生素。其与突变生物合成的不同在于突变生物合成采用突变方法阻断药物的生物合成，杂合生物合成则采用酶抑制剂进行阻断，这两者的共同点是均需添加前体化合物的类似物，利用生物合成途径中其他步骤上的酶的非特异性，形成新的化合物。它们的模式图如图 7-18。

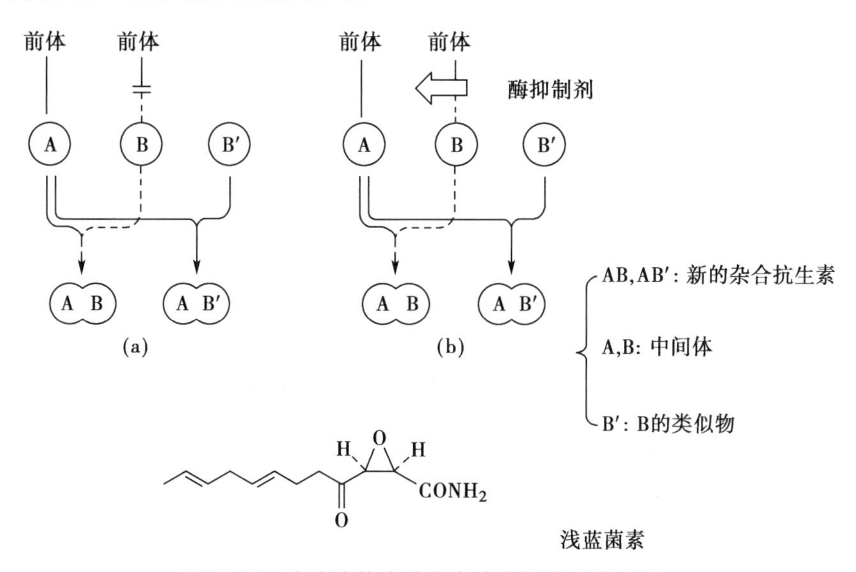

图 7-18 突变生物合成与杂合生物合成模式图

杂合新抗生素研究中最常用的酶抑制剂是浅蓝菌素（cerulenin），它是一种特殊的聚合酶（乙酰 - 酰基载体蛋白和丙酰 - 酰基载体蛋白聚合酶）抑制剂。其可以抑制脂肪酸和聚烯酮生物合成途径，所以与该途径有关的抗生素的生物合成也往往被其抑制。

已报道的杂合抗生素的例子有春雷霉素、泰乐霉素、林可霉素和七尾霉素（nanaomycin）。一个比较生动的例子是新抗生素 M-4365G1（β-D-desosaminyl protylonolide）的杂合生物合成，研究人员采用苦霉素（picromycin）产生菌 *S. sp* AM4900，在浅蓝菌素的存在下添加 protylonolide，生成杂合的 M-4365G1（图 7-19）。

利用基因工程技术可以把生物合成基因簇经过重组导入另一产生菌中构建新的基因模块，以期产生新的杂合抗生素，比如聚酮类如红霉素衍生物和非核糖体聚肽类如达托霉素的组合生物合成（combinatorial biosynthesis）。

四、代谢工程

代谢工程（metabolic engineering）是指利用多基因重组技术有目的地对细胞代谢途径进行修饰、改造，改变细胞特性，并与细胞基因调控、代谢调控及生化工程相结合，为实现构建新的代谢途径生产特定目的产物而发展起来的一个新的学科领域。包括基因调控元件的更换、基因编码序列的修饰，甚至新基因或基因簇的导入和表达。根据具体微生物代谢特性采用不同的设计，可分为改变代谢流、扩展代谢途径和转移或构建新的代谢途径等 3 种。

（一）改变代谢流

改变代谢流是指改变代谢旁路的流向，阻断有害代谢产物的合成，以达到提高产物产量的目的。

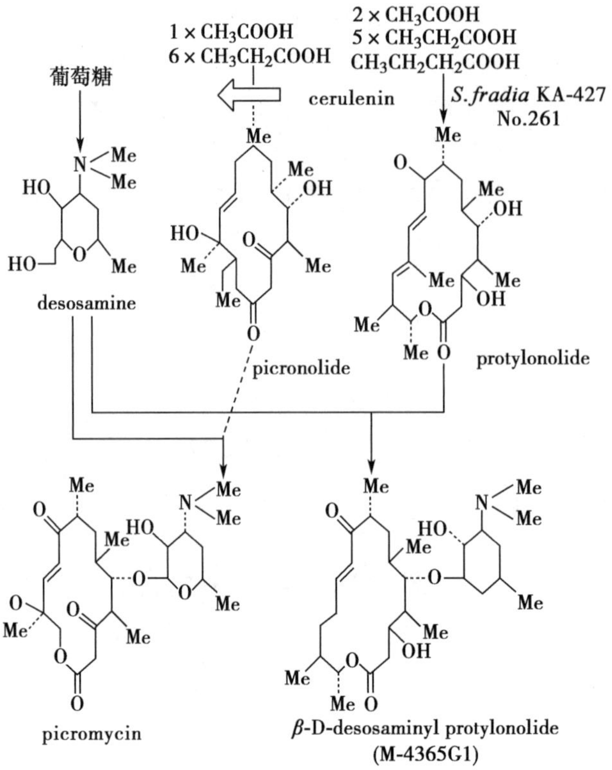

图 7-19　在浅蓝菌素存在下，用苦霉素产生菌（*S. sp* AM4900）与 protylonolide 杂交生物合成 M-4365G1

1. 加速限速反应　将编码限速酶的基因通过基因扩增，增加在宿主菌中表达的拷贝数以提高目的产物的产率。首先必须确定代谢途径中的限速反应及其相关酶，然后将编码限速酶的基因与高拷贝数的载体连接后再导入宿主菌中进行高表达。

在头孢菌素 C 的发酵过程中，青霉素 N 的积累表明下一步反应是头孢菌素合成的限速步骤，通过克隆编码限速酶——脱乙酰氧头孢菌素合成酶基因 *cef* EF，再将其导入头孢菌素 C 的生产菌株顶孢头孢霉菌中，所得工程菌的头孢菌素 C 的产量提高了 25%，而青霉素 N 的积累量减少了 15 倍。该代谢工程菌已用于工业规模生产，效价提高了 15%。

2. 改变代谢旁路流向　提高代谢分支点某一代谢旁路酶活力，使其在与其他代谢旁路的竞争中占据优势，可以提高目的代谢产物的产量。

在赖氨酸的发酵生产中（图 7-15），由于高丝氨酸脱氢酶（HD）的活性远高于二氢吡啶二羧酸合成酶（DHDPS），因此优先合成途径是甲硫氨酸和苏氨酸分支。为了提高赖氨酸的产量，已选育了去除反馈抑制的高丝氨酸营养缺陷型突变株。与此相反，为了获得苏氨酸的高产菌株，使用去除反馈抑制的赖氨酸产生菌为宿主，转入高丝氨酸脱氢酶基因，结果使原不产苏氨酸的赖氨酸产生菌由原产赖氨酸 65g/L 下降到 4g/L，而苏氨酸产量增加到 52g/L，从而使之变为苏氨酸产生菌。这是利用代谢工程改变代谢旁路流向使微生物转产的典型例子。

3. 构建代谢旁路　在利用基因工程菌发酵生产多肽类药物时，常采用高密度培养技术来获得高的产量，而为了实现高密度培养，必须阻断和降低对细胞生长有抑制作用的有毒代谢产物形成。如大肠埃希菌糖代谢产物乙酸达到一定浓度后会明显造成细胞生长的抑制，工业上常采用控制糖的流加速度、溶解氧或发酵与超滤偶联的方法控制乙酸的浓度。现在，可通过代谢工程的方法控制乙酸的产生，例如将枯草芽孢杆菌的乙酰乳酸合成酶基因克隆到大肠埃希菌中，构建新的代谢旁路，可以明显改变细胞糖代谢流，使乙酸处于较低水平，以实现高密度培养。

4. 改变能量代谢途径　除上述通过相关代谢途径的基因操作改变代谢流外，还可以通过改变能量代谢途径或电子传递系统等间接途径来改变代谢流。如将血红蛋白基因导入大肠埃希菌或链霉菌中，不仅在限氧条件下可以提高宿主细胞的生长速率，而且也可以促进蛋白质和抗生素的合成。在这里表达的血红蛋白不是直接作用于生物合成途径，而是在限氧条件下提高了腺苷三磷酸（ATP）的产生效率。将血红蛋白基因导入天蓝色链霉菌（*Streptomyces coelicolor*）中，在小罐中进行分批式发酵，在减少通气时抗生素产量提高了 10 倍。将血红蛋白基因导入生产头孢菌素的真菌产黄顶孢霉中，可以显著提高头孢菌素的产量。同样，将血红蛋白基因导入产黄青霉中，也可提高青霉素的产量。

（二）扩展代谢途径

扩展代谢途径是指在引入外源基因后，使原来的代谢途径向后延伸，产生新的末端代谢产物，或使原来的代谢途径向前延伸，可以利用新的原料合成代谢末端产物。

在代谢工程中研究较早的例子是维生素 C 的前体 2- 酮基 -L- 古龙酸（2-KLG）的合成。1974—1988 年，日本盐野义公司的园山高康等进行了长期的研究，发展了利用两步发酵合成 2-KLG 的方法，即首先采用欧文氏菌属（*Erwinia* sp.）将葡萄糖氧化成 2,5- 二酮基 -D- 葡糖酸（2,5-DKG），再用棒状杆菌属（*Corynebacterium* sp.）继续发酵，将 2,5-DKG 转化产生 2-KLG。瑞士的 Anderson 等把葡萄糖串联发酵的两株菌——欧文氏菌和棒状杆菌的相关特性结合到一株菌中，从图 7-20 可见，在棒状杆菌中存在的 2,5-DKG 还原酶在第 5 位碳原子位置上专一性还原可产生 2-KLG；把 2,5-DKG 还原酶基因分离克隆并构建表达载体，再转化至欧文氏菌中表达。这样，具有表达 2,5-DKG 还原酶特性的欧文氏菌就可“一步发酵”直接产生 2-KLG，但产量并不高。分析发现 2-KLG 被宿主细胞内源的 2- 酮基醛酸还原酶（KR）转化为艾杜糖酸。进一步将欧文氏菌染色体上的 *KR* 基因失活，可使 2-KLG 产量大大提高。

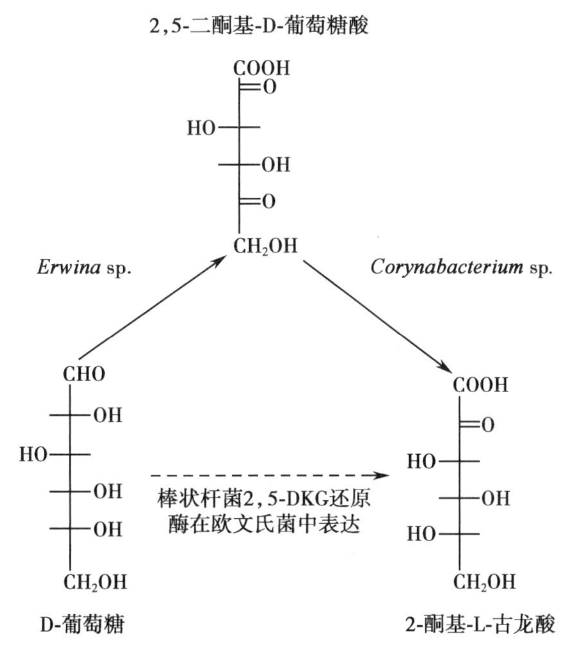

图 7-20　由 D- 葡萄糖到 2- 酮基 -L- 古龙酸串联发酵

注：虚线处表示两株菌的相关特性结合于重组菌中使一步发酵成为可能。

（三）转移或构建新的代谢途径

转移或构建新的代谢途径是指将催化一系列生物反应的多个酶基因克隆到不能产生某种产物的微生物中，使之获得产生新化合物的能力；或利用基因工程的手段克隆少数基因，使细胞中原来无关

的代谢途径连接起来，形成新的代谢途径，产生新的代谢产物；或将催化某一代谢途径的基因组克隆到另一微生物中，使之发生代谢转移，产生目的产物。

将放线菌紫红素（actinorhodin）的生物合成基因簇分别导入榴菌素（granaticin）和曼得尔霉素（medermycin）的产生菌，可以得到具有新结构的杂合抗生素双氢石榴紫红素（dihydrogranatirhodin）与美达紫红素（mederhodin）A 和 B。用同样的方法将碳霉素的生物合成基因转入螺旋霉素产二素链霉菌（*Streptomyces ambofaciens*）中，可得杂合抗生素 4′- 异戊酰螺旋霉素。这些先导研究开辟了一条产生新抗生素的途径。

第六节　发酵工程在制药工业上的应用

发酵工程在抗生素、氨基酸、核酸、维生素、多糖、有机酸、酶抑制剂、激素、免疫调节剂以及基因工程药物的生产中得到了广泛的应用。

一、抗生素的发酵生产

抗生素（antibiotics）是生物体在其生命活动中所产生的一类在低浓度下有选择性地抑制它种细菌或其他细胞生长的次级代谢产物，是目前临床用量最大的药物，为治疗人类疾病做出了重要贡献。大多数抗生素采用发酵生产，各种半合成抗生素其母体化合物仍为发酵产物。下面以青霉素为例，说明抗生素发酵生产过程及一般工艺要求。

（一）生产菌种

将产黄青霉菌的砂土孢子用甘油、葡萄糖和胨组成的培养基进行斜面培养后，移植到大米或小米固体培养基上，于 25℃条件下培养 7 天，孢子成熟后进行真空干燥，并以这种形式低温保存其分生孢子备用，也可用甘油或乳糖溶液作悬浮剂，在 −70℃冰箱或液氮中保存孢子悬浮液和营养菌丝体。

（二）发酵工艺

青霉素生产时，每吨培养基应不少于 200 亿孢子，接种到以葡萄糖、乳糖和玉米浆等为培养基的一级种子罐内，于(27 ± 1)℃培养 40 小时左右，通气比为 1 : 3vvm，搅拌转速为 300~350r/min。一级种子长好后，按 10% 的接种量移种到葡萄糖、玉米浆为培养基的二级种子罐内，于(25 ± 1)℃培养 10~14 小时，便可作为发酵罐的种子。培养二级种子时，通气量为 1 : 1~1 : 1.5vvm，搅拌转速为 250~280r/min。种子质量要求：菌丝长稠，菌丝团很少，菌丝粗壮，有中小空胞。

发酵以花生饼粉、麸质水、葡萄糖、尿素、硝酸铵、硫代硫酸钠、苯乙酰胺和碳酸钙为培养基，温度先后为 26℃和 24℃，接种量约 20%，通气量为 1 : 0.8~1 : 1.2vvm，搅拌速度为 150~200r/min。

发酵过程中必须适当加糖，并补充氮、硫和前体。加糖主要控制残糖量，前期和中期在 0.3%~0.6%，加入量主要决定于耗糖速度、pH 变化、菌丝量及培养液体积。加糖率一般不大于 0.13%/h。发酵过程的 pH，前期 60 小时内维持 pH 6.8~7.2，以后稳定在 pH 6.7 左右。

青霉素发酵过程不断产生泡沫，前期泡沫主要是由花生饼粉和麸质水引起的，在泡沫多的情况下可间歇搅拌，也可少量添加豆油、玉米油等天然消泡剂，但油不能多加；中期泡沫可加油控制，必要时可略为降低空气流量，但搅拌应充分，否则影响菌丝体呼吸；发酵后期尽量少加消泡剂。

青霉素发酵生产的一般流程见图 7-21。

（三）发酵控制

1. 碳源　青霉菌能利用多种碳源，如乳糖、蔗糖、葡萄糖、淀粉、天然油脂等。乳糖能被产生菌缓慢利用而维持青霉素分泌的有利条件，为青霉素生物合成的最好碳源，但价格高。葡萄糖亦是比较好的碳源，但必须控制其加入的浓度，因为它为速效碳源，产生葡萄糖效应影响青霉素的合成。为了降低成本，生产上采用流加葡萄糖的方式。

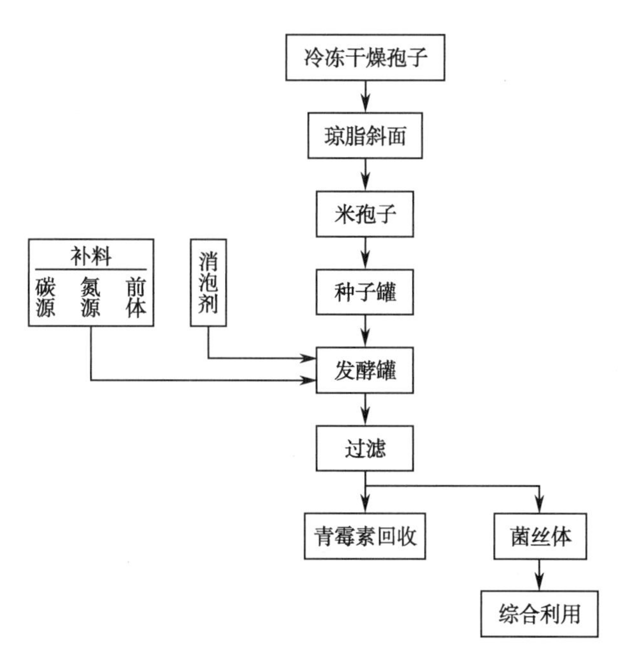

图 7-21 青霉素发酵生产的一般流程

2. 氮源 早期青霉素工业生产中由于采用玉米浆，使产量有很大的提高，至今在国外仍以它为主要氮源。玉米浆是玉米淀粉生产的副产物，含有多种氨基酸，如精氨酸、谷氨酸、苯丙氨酸以及苯乙胺等，苯乙胺为青霉素合成的前体。但由于玉米浆的工艺条件不同使质量不够稳定，常以花生饼粉和棉籽饼粉等替代。花生饼粉的氨基酸组分与玉米浆非常相似，生产水平也可达到相近的技术指标，其优点是质量稳定、便于保藏，目前是青霉素生产的主要有机氮源。

3. 前体 青霉素生物合成前体为苯乙酸或其衍生物苯乙酰胺、苯乙胺、苯乙酰甘氨酸等。它们一部分直接结合到青霉素分子中，另一部分作为养料和能源被利用。这些前体物质对青霉菌都有一定的毒性，特别是苯乙酰胺的毒性更大。为了最大限度地减少前体的氧化，工业上采用间歇或连续加低浓度苯乙酸的办法，保持前体的供应速率仅略大于生物合成需要。

4. pH 控制 青霉素发酵过程主要通过加葡萄糖控制 pH，但加天然油脂多少对 pH 也有影响，在青霉素发酵过程中如 pH 上升，则加糖和油；pH 较低可加入碳酸钙或通过氨水调节，也可提高通气量。生产中有采用自动加酸碱的办法，维持发酵最适 pH 在 6.8~7.2。另外，也可通过按需补糖的方式，即 pH 上升得快就多补，下降时就少补，以维持 pH 在 6.6~6.9，更有利于青霉素的合成。

5. 温度控制 青霉菌生长最适温度（30℃左右）高于青霉素分泌的最适温度（20℃左右）。生产上采用分期变温控制的方法，使之适合青霉菌不同阶段的需要，且前期罐温高于后期。目前为适用于现有的生产条件多采用 26℃，因 20℃培养虽有利于分泌青霉素，但周期拖得较长。

6. 补料 发酵过程中除以中间补糖控制糖浓度及 pH 外，补氮源亦可提高发酵单位。如在基础料中加入 0.05% 尿素，并在补糖中再补加二次尿素，可以扭转发酵浓度转稀、pH 降低和单位增长慢的情况。

（四）提取和精制

1. 发酵液的预处理 发酵液中杂质很多，其中对提取影响最大的是无机离子（Ca^{2+}、Mg^{2+}、Fe^{3+}）和蛋白质等。通常加入草酸去除钙离子，反应生成的草酸钙还能促使蛋白质凝固，加入三聚磷酸钠（$Na_5P_3O_{10}$）可以和镁离子形成不溶性的络合物 $Na_3MgP_3O_{10}$，用磷酸盐处理也可大大降低钙离子和镁离子的浓度。要除去铁离子，可加入黄血盐，使形成铁蓝沉淀。蛋白质一般以胶体的形式存在于发酵液中，单纯依靠调节 pH 至等电点的方法不能将大部分蛋白质除去，可加入一些阴离子（如三氯乙酸盐、水杨酸盐和苦味酸盐等）、阳离子（如 Ag^{+}、Cu^{2+}、Zn^{2+}）、重金属盐、乙醇和丙酮等有机溶剂或表面活

性剂等，使蛋白质变性沉淀。因青霉素对热不稳定，所以不采用加热变性的方法。近年来使用絮凝剂（如聚苯乙烯衍生物）处理青霉素发酵液，不会使单位破坏，不仅能凝结悬浮固体，而且能凝固部分溶解的杂质。

2. 发酵液过滤　采用鼓式过滤机，过滤前加去乳化剂溴代十五烷吡啶（PPB）。菌种、培养基组成、残余培养基的量、消泡油、发酵周期等会影响过滤速度，可通过酸化凝结、电解质处理、热凝固、加助滤剂（硅藻土、纸浆等）改善过滤性能。

3. 萃取　用溶媒萃取法。将发酵滤液酸化至 pH 为 2.0，加入 1/3 体积的乙酸丁酯（BA），得一次乙酸丁酯提取液；然后以碳酸氢钠溶液调 pH 为 7.0 左右，将青霉素从乙酸丁酯中萃取到缓冲液中；再调节 pH 至 2.0，将青霉素从缓冲液再次转到乙酸丁酯中，方法同上，得二次乙酸丁酯萃取液；加入活性炭脱色，过滤。

4. 结晶　采用丁醇共沸结晶法。将二次乙酸丁酯萃取液以氢氧化钠溶液萃取，调节 pH 至 6.4~6.8，得青霉素钠盐水浓缩液。之后加 3~4 倍体积的丁醇，进行真空蒸馏，将水与丁醇共沸物蒸出，则青霉素钠盐结晶析出，过滤，将晶体洗涤后干燥即得成品。

二、氨基酸的发酵生产

氨基酸产品广泛应用于食品、饲料、医药、化学、农药等领域，是人和动物的重要营养物质。氨基酸可以用化学法合成、从天然蛋白质中水解提取、用微生物发酵及酶催化等方法生产，其中微生物发酵法是当前氨基酸工业的主要生产方法，它优于蛋白质水解法与化学合成法，可直接获得生理活性型的 L- 氨基酸。目前可用发酵法生产的氨基酸有 20 余种。菌种改造可以采用传统的诱变育种方法，也可应用现代的基因重组技术，两种方法都广泛用于氨基酸高产菌种的选育。

谷氨酸是一种重要的氨基酸，是连接糖代谢和氨基酸代谢的枢纽之一。L- 谷氨酸单钠，俗称味精，作为调味品用于烹调和食物加工。谷氨酸是目前氨基酸生产中产量最大的一种，约占氨基酸总产量的 50%，其发酵生产工艺是目前氨基酸发酵生产中最典型和最成熟的。现以谷氨酸为例，介绍氨基酸的发酵生产。

（一）生产菌种

工业上常用的谷氨酸产生菌主要有：①棒状杆菌属（*Corynebacterium*）；②小杆菌属（*Microbacterium*）；③短杆菌属（*Brevibacterium*）；④节杆菌属（*Arthrobacterium*）。

这些菌种一般具有相似的形态特征，如菌体的形态呈椭圆形、棒形或短杆形；革兰氏染色阳性；无鞭毛，不能运动；都是需氧性微生物；不形成芽孢等。其生理特征一般为：需要生物素作为生长因子；α- 酮戊二酸氧化能力微弱或缺损；L- 谷氨酸脱氢酶活性强，还原型烟酰胺腺嘌呤二核苷酸磷酸（NADPH）再氧化能力微弱。

（二）发酵工艺

谷氨酸发酵生产包括斜面种子培养、种子扩大培养和发酵等阶段。

1. 斜面种子培养　保藏状态的斜面菌种需经过斜面活化后方可供生产使用。斜面培养基一般由蛋白胨、牛肉膏、氯化钠等组成，培养温度 32℃，时间 24 小时。

2. 种子扩大培养　种子扩大培养往往先采用摇瓶种子培养，然后进行二级种子培养。液体培养基由葡萄糖、玉米浆、尿素、磷酸氢二钾和硫酸镁等组成，pH 为 6.8，摇瓶中 32℃振荡培养 12 小时。二级种子采用小罐进行，在种子罐内搅拌培养 7~10 小时，即可移种。

3. 发酵　发酵罐装液量一般为 70% 左右，接种量为 5%~10%，培养温度前期（0~12 小时）控制在 33~35℃，中后期为 36~38℃。为了获得谷氨酸高产，在发酵的中后期还必须根据 pH 变化流加尿素或氨水。发酵约 12 小时后，菌体浓度基本不变，转入谷氨酸合成期。由于谷氨酸分泌于培养基中，使发酵液 pH 下降，这一阶段应及时流加尿素提供氨以维持谷氨酸合成的最适 pH 7.2~7.4，需大量通气。

临近发酵结束，尿素流加量可适当减少。当营养物质耗尽，谷氨酸浓度不再增加时，及时放罐。发酵需时约 30 小时。

（三）发酵控制

谷氨酸产生菌之所以在体外大量积累谷氨酸是由于菌体代谢异常所引起的，它对环境因素的变化是敏感的。谷氨酸发酵是一个复杂的生化过程，影响因素很多，必须了解和掌握这些因素对谷氨酸生物合成的影响，以便加以控制。由表 7-5 可见，环境条件发生改变，必然影响有关酶的合成及活性，从而导致发酵转换，产生不同的代谢产物。

（四）提取和精制

从发酵液中提取谷氨酸常用的方法主要有等电点沉淀法、离子交换法、金属盐沉淀法等，也可将两种方法结合使用。谷氨酸经中和形成谷氨酸单钠，后经脱色、结晶等步骤可制得谷氨酸单钠成品。

谷氨酸的 pI 为 3.22，此时谷氨酸的溶解度最小。将发酵液的 pH 调至 3.22，可使大部分谷氨酸从发酵液中析出。发酵液中剩余的谷氨酸可用离子交换法进一步分离提纯和浓缩回收。目前国内多用国产 732 型强酸型阳离子交换树脂来提取谷氨酸，然后在 65℃左右用氢氧化钠溶液洗脱，再用等电点法提取。

小结

发酵工程制药是生物技术产业化的基础和关键技术。该工程技术体系主要包括：微生物菌种选育和保藏；培养基和发酵设备的灭菌技术；菌种的扩大培养；微生物代谢产物的发酵生产和产品的分离纯化技术；发酵过程中的补料技术；发酵过程的参数检测、分析与控制技术等。发酵工业的生产水平取决于 3 个要素：生产菌种、发酵工艺和发酵设备。涉及与药物有关的发酵工程产品主要有抗生素、维生素、氨基酸、多糖、酶制剂、基因工程药物、核酸类及其他生物活性物质等。

经过发酵条件的控制和优化，各种突变株的应用等已经使很多产品进入定向发酵，由于细胞融合、细胞固定化以及基因工程的建立，发酵工程进入一个崭新的发展阶段。无论是传统的发酵产品还是现代基因工程的生物技术产品，大都需要通过发酵生产来获得，这些产品广泛应用于医药、食品、轻工、农牧等领域中。生物技术的迅速发展，已提供出更多的生物细胞，而这些生物细胞又必须通过发酵过程才能取得商业化的产品，所以，现代发酵工程已是生物技术实行工业化的基础，在近代医药生物技术发展中占据重要地位。

今天的发酵工业与过去相比，具有范围更广、技术更复杂、要求更高等特点。随着分子生物学、量子生物学、遗传学和生化工程学等学科与技术的发展，发酵工业必将发生新的划时代的变化，医药发酵工业同时也会得到飞速的发展。

思考题

1. 微生物发酵类型有哪几种？各有什么特点？
2. 发酵工程制药有什么特点？
3. 理想的工业发酵菌种有什么要求？
4. 菌种选育有哪些方法？有什么区别？
5. 目前常用的菌种保藏方法有哪些？各有什么优缺点？
6. pH 对发酵有什么影响？如何控制发酵过程的 pH？

第七章
目标测试

（鞠佃文）

参考文献

[1] 吴梧桐. 生物化学. 3 版. 北京: 中国医药科技出版社, 2015.

[2] 韦革宏, 史鹏. 发酵工程. 2 版. 北京: 科学出版社, 2021.

[3] 吴梧桐. 生物制药工艺学. 2 版. 北京: 中国医药科技出版社, 2006.

[4] VOGEL HC, TODARO CM. Fermentation and biochemical engineering handbook: principles, process design and Equipment. 3rd ed. Waltham: William Andrew, 2014.

[5] El-MANS E M T, NIELSEN J, MOUSDALE D, et al. Fermentation microbiology and biotechnology. 4th ed. Abingdon: CRC/Taylor&Francis, 2018.

[6] WONG F T, KHOSLA C. Combinatorial biosynthesis of polyketides--a perspective. Curr Opin Chem Biol, 2012, 16 (1-2): 117-123.

第八章

微生物转化

学习要求：

第八章
教学课件

1. **掌握** 微生物转化常见的基本反应类型及反应特点；甾体药物制备中常用微生物转化反应类型及特点；掌握微生物转化中药的基本途径。
2. **熟悉** 微生物转化在甾体药物合成中的应用；人参皂苷的微生物转化；微生物转化技术在抗癌药物生产中的应用；微生物转化与手性药物合成。
3. **了解** 微生物转化的发展；非皂苷类的苷类生物转化；萜类分子的生物转化；微生物转化青蒿素的研究；微生物转化没食子酸的研究；微生物转化与 β- 羟 -β- 甲戊二酸单酰辅酶 A（HMG-CoA）还原酶抑制剂的制备；微生物转化与 α- 葡糖苷酶抑制剂的制备；合成生物学在药物研究生产中的新发展。

第一节 概 述

一、微生物转化的发展

微生物转化（microbial transformation）是微生物通过其代谢过程中产生的某一个酶或一组酶的催化作用，将一种物质（底物）转化成另一种高活性物质（产物）的一种或多种化学反应。参与转化反应的酶大多是微生物生命活动所必需的，而在微生物转化过程中这些酶又作为催化剂用于化学反应。

1864 年巴斯德（Pasteur）发现醋酸杆菌能使乙醇转化为乙酸，标志着人类开创了通过微生物转化来合成化学物质的道路。1933 年，化学家赖希施泰因（Reichstein）发现在弱氧化醋酸杆菌（*Acetobacter suboxydans*）作用下，D- 山梨醇可以转化为 L- 山梨糖，而后者是维生素 C 的中间体，该发现使得葡萄糖转化为维生素 C 的总产率超过 50%，并使人们开始意识到微生物转化在制药工业中的重要性。20 世纪 50 年代开始，研究人员利用微生物对甾体化合物进行结构改造，先后利用黑根霉（*Rhizopus nigrican*）将黄体酮转化为 11α- 羟基黄体酮，利用紫罗兰梨头霉（*Tieghemella orchidis*）在氢化可的松前体 RSA（17α- 羟基孕甾 -4- 烯 -3，20- 二酮 -21- 醋酸酯）中引入 11β-OH。这些里程碑式的微生物转化反应不仅为甾体药物的合成奠定了基础，而且推动了微生物转化在大规模工业化生产中的应用。近年来，生物技术的快速发展使得生物转化在有机合成反应中得到越来越广泛的应用。随着各国对海洋资源的开发，广阔海洋中的微生物为微生物转化的发展带来了巨大机遇，大量具有高催化活性的海洋微生物正逐渐被发现。可以预言，生命科学特别是酶工程，细胞和酶的固定化技术，基因工程、各种组学及合成生物学等重要生物技术的快速发展，不仅将大幅提高微生物转化的转化率，降低使用成本，而且有望把多种基因整合于同一工程菌中同时完成多步转化反应，使微生物转化在药物合成方面具有更美好的前景。

二、微生物转化的反应类型及应用实例

自微生物转化反应成功应用于维生素 C 和甾体类药物中间体制备的工业生产以来，这类转化反应又相继应用到抗生素、维生素、氨基酸和葡萄糖等多类重要药物的生产及天然产物结构修饰中。所生产的化合物类型包括脂环类、萜类、甾体类、芳香类、杂环类、生物碱类和核酸类等。从转化反应的类型来分达到 200 多种。以下将介绍其中几类主要的微生物转化反应类型。

（一）氧化反应

氧化反应是微生物转化反应中最常见的一类反应，包括单一氧化反应、羟化反应、环氧化反应、脱氢反应和氮及硫杂基团的氧化反应等，现举两例说明。

1. 葡糖酸的制备　葡糖酸毒性极小，它的盐常用于医疗及制药，如葡糖酸亚铁和磷酸葡糖酸亚铁可用于治疗贫血。

葡糖酸可用化学方法如次氯酸盐氧化葡萄糖制备，此外，对葡萄糖进行电解氧化也可制备葡糖酸。而微生物转化方法制备葡糖酸的成本较化学方法要低，因此工业大规模生产主要采用微生物氧化法（图 8-1）。

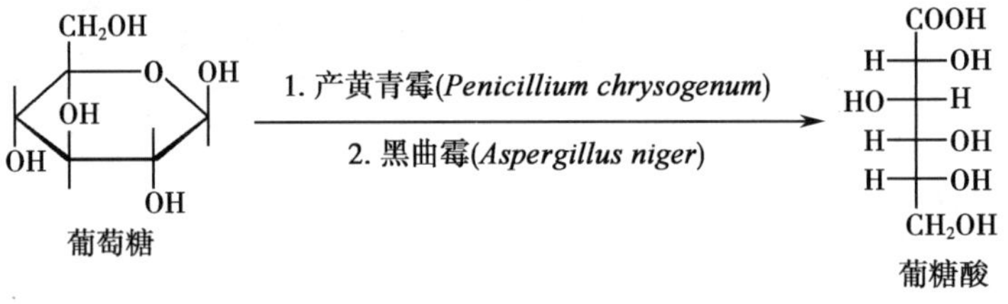

CH_2OH　O　OH　OH　OH　OH
葡萄糖
1. 产黄青霉(*Penicillium chrysogenum*)
2. 黑曲霉(*Aspergillus niger*)
COOH
H—C—OH
HO—C—H
H—C—OH
H—C—OH
CH_2OH
葡糖酸

图 8-1　葡萄糖的微生物氧化反应

2. 氮杂基团的氧化　微生物能将氨基氧化为硝基，如氯霉素的微生物转化（图 8-2）。

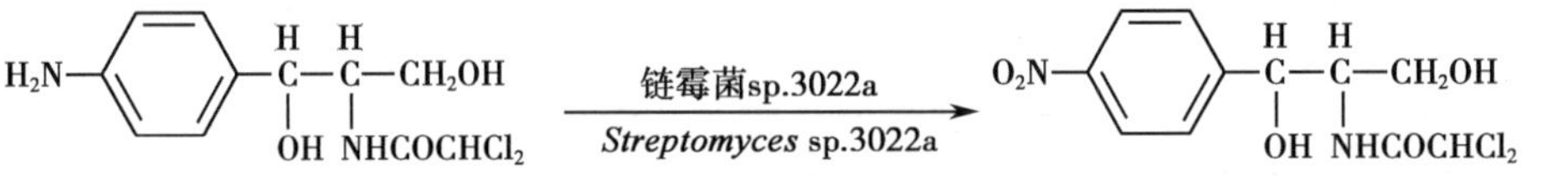

H_2N—C₆H₄—CH(OH)—CH($NHCOCHCl_2$)—CH_2OH
链霉菌sp.3022a
Streptomyces sp.3022a
O_2N—C₆H₄—CH(OH)—CH($NHCOCHCl_2$)—CH_2OH

图 8-2　氯霉素的微生物氧化反应

（二）还原反应

多种类型的醛均能被微生物还原成相应的醇，微生物还原反应的优点之一是可以得到具光学活性的仲醇。单酮、双酮、三酮或者另含羟基、卤素取代的酮基化合物也能被微生物还原。另外，还原反应还包括加氢反应和氮杂基团的还原等，图 8-3 列出了组氨酸的微生物还原反应。

H_2C—CH(NH_2)—CHO　（咪唑环：N，NH）
组氨醛
分节孢子杆菌属
Arthrobacterium histidinolovorans
H_2C—CH(NH_2)—CH_2OH　（咪唑环：N，NH）
组氨醇

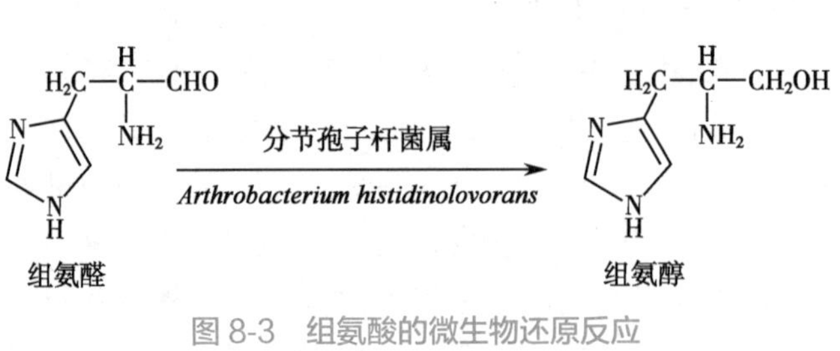

图 8-3　组氨酸的微生物还原反应

（三）水解反应

微生物催化的水解反应包括碳酸酯和内酯的水解、醚的开裂、苷的水解、硫醚开裂、水解脱胺等反应（图 8-4）。

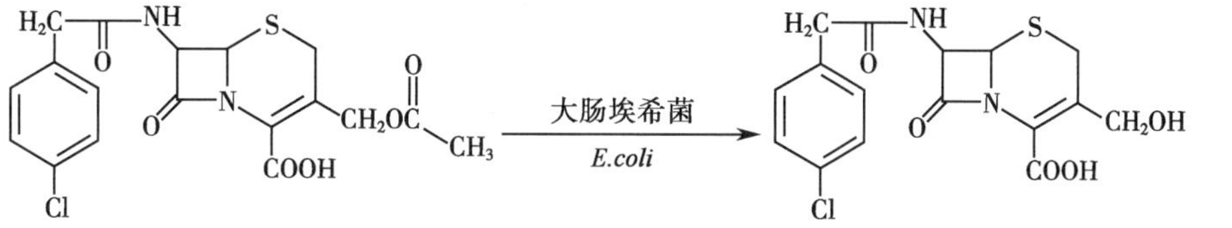

7-对氯苯乙酰头孢菌素C　→ 大肠埃希菌 *E.coli* →　7-对氯苯乙酰-3-脱乙酰-头孢菌素C

图 8-4　酯的水解

（四）缩合反应

以麻黄碱的制备为例。麻黄碱的化学合成法以苯或苯甲醛为原料经一系列反应合成，产物是（–）-麻黄碱和几乎无药效的（+）-麻黄碱，另外可能还含有一些伪麻黄碱，进一步分离需采用二苯甲酰酒石酸钠为分离试剂，操作复杂且产率低。而通过微生物使苯甲醛和乙醛缩合成中间体1-苯基-1-羟基丙酮，再与甲胺缩合，用活性铝还原，铂为接触剂，可直接得到活性成分（–）-麻黄碱（图 8-5）。

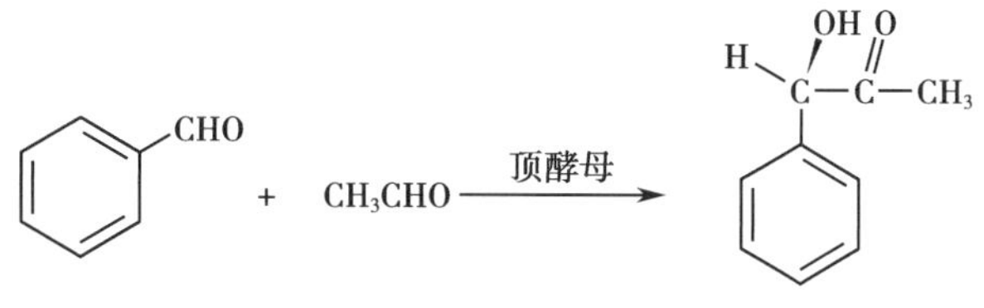

苯甲醛 + CH_3CHO → 顶酵母 → 1-苯基-1-羟基丙酮

图 8-5　微生物转化法制备麻黄碱中间体 1-苯基-1-羟基丙酮

（五）其他

微生物转化反应类型很多，除以上几种主要反应外，还有胺化反应、羟化反应、环化反应、酰基化反应、脱羧反应、脱水反应等（图 8-6，图 8-7）。

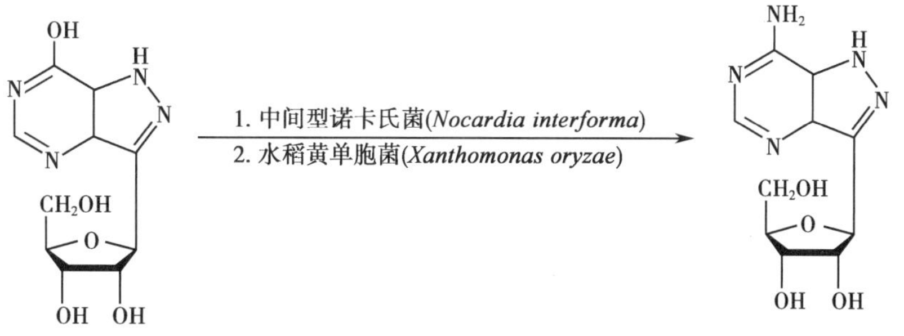

间型霉素B → 1. 中间型诺卡氏菌(*Nocardia interforma*) 2. 水稻黄单胞菌(*Xanthomonas oryzae*) → 7-氨基-间型霉素B

图 8-6　间型霉素 B 的微生物胺化反应

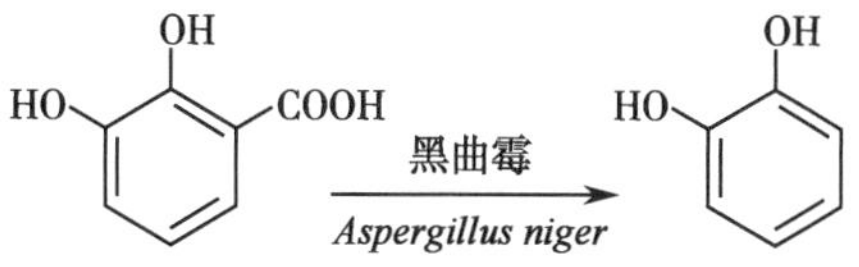

1, 2-二羟基苯甲酸 → 黑曲霉 *Aspergillus niger* → 邻羟基苯酚

图 8-7　二羟基苯甲酸的微生物脱羧反应

三、微生物转化反应的特点

不同于传统酶工程制药，微生物转化具有发酵工艺成熟，设备相对简单，制备成本低，操作条件易于控制，便于工业放大等特点。微生物转化反应常具有如下优点：①可在常温常压和中性条件下进行高效酶催化反应，无须有机合成中常见的高温高压及复杂酸碱水解工艺，有利于改善劳动条件，简化设备和降低成本等。②由于酶反应具有专一性，可以采用复杂粗组分为原料进行反应。例如淀粉水解为葡萄糖时，如用化学酸法水解，就要求利用精制淀粉进行，而利用酶法则可采用山芋粗粉甚至玉米、糠为原料制取葡萄糖。③酶反应可以用简单酸碱、温度或金属离子等加以控制，在生产上容易调节控制。④酶本身无毒、无臭、无味，可用于食品工业和医药工业中。⑤随着酶和细胞固定化等酶工程技术的发展，可将微生物细胞或酶包埋或固定在大分子载体上，使反应连续化，降低生产成本，从而带来巨大的经济价值。⑥微生物繁殖快，酶种类多，并可通过各种突变提高酶的活力，对发展微生物转化工业提供了有利条件。⑦许多化学方法难以进行的反应，可以通过一步或多步微生物转化完成。

作为一项处于快速发展期的新技术，目前微生物转化反应尚存一些技术难题。例如，由于微生物体内酶种类多，一种微生物对底物可能产生多种转化，如毛霉可对脱氢枞醇（dehydroabietol）的多个位点进行羟化、甲基化、酯化、脱氢等多种转化，导致副产物较多，后续纯化困难；另一方面，微生物体内存在对底物的代谢系统（如微生物对胆固醇的代谢），可能将反应底物降解，影响转化反应的产率。伴随着分子生物学技术改造转化酶以增加其对反应底物的选择性，应用固定化细胞、静息细胞转化、原生质体转化、双水相转化、混合培养转化和超临界流体等新技术的发展，这些难题正逐步得到解决。

第二节　微生物转化的研究现状

一、甾体的微生物转化

微生物转化在甾体激素药物工业生产中起着重要作用。人们对甾体的转化反应的研究比较广泛和深入，已经成功利用来源广泛的甾体原料合成了一系列活性化合物，如图 8-8。甾体药物工业仅次于抗生素工业，甾体药物的微生物转化也属于目前最重要、最成熟的生物转化技术。

（一）甾体的简介

甾体化合物又称类固醇化合物，是一类生物活动中的重要内源性物质，在动植物及微生物中都有广泛的分布。人体内包括皮质激素、雌激素、雄激素及孕酮等在内的多种激素都属于该类化合物，在临床上甾体激素药物被广泛应用于抗炎及对应激素的替代疗法。甾体化合物大都含有由 4 个环组成的环戊烷多氢菲母核；C_{10} 和 C_{13} 位含有角甲基；C_3、C_{11}、C_{17} 位可能含有羟基或酮基，A、B 环上可能含有双键；各甾体分子在不同位点可能还有独特的羟基、酮基（图 8-9）。而往往是这些位点上的细微差别造成了天然甾体化合物与药用甾体化合物在活性上的巨大差别。例如，重要的强心药地高辛（digoxin）在原植物（洋地黄）中的含量很低，而植物中绝大部分含有的为无效有毒成分洋地黄毒苷，二者的差别仅为地高辛的 C_{12} 位含有羟基（图 8-10）；可的松类抗炎激素之所以有卓越的抗炎活性，主要是其甾体母核 11 位上导入了一个氧原子（图 8-11）。

甾体激素类药物在临床上应用广泛，但由于甾体化合物分子中含有多个不对称中心，化学人工合成相当困难，而且利用化学方法改造天然甾体化学物来生产甾体类药物存在步骤多、收率低、价格昂贵、不适应工业化大生产等问题。目前，国内外对甾体类药物的生产多采用半合成的工艺路线，即首先从天然产物中获取含有基本骨架的化合物为原料，例如，洗羊毛废水中的胆固醇，造纸废液中的谷固醇，食用油精炼下脚料中的豆甾醇，再进一步将这些价廉丰富的甾醇原料进行适当的微生物转化，生成关键中间体并最终用于甾体药物的生产。微生物转化对甾体分子骨架上的几乎每个位置都能

进行反应，许多化学方法难以进行或需要多步的反应，利用微生物转化简单几步就可完成(图 8-12)。

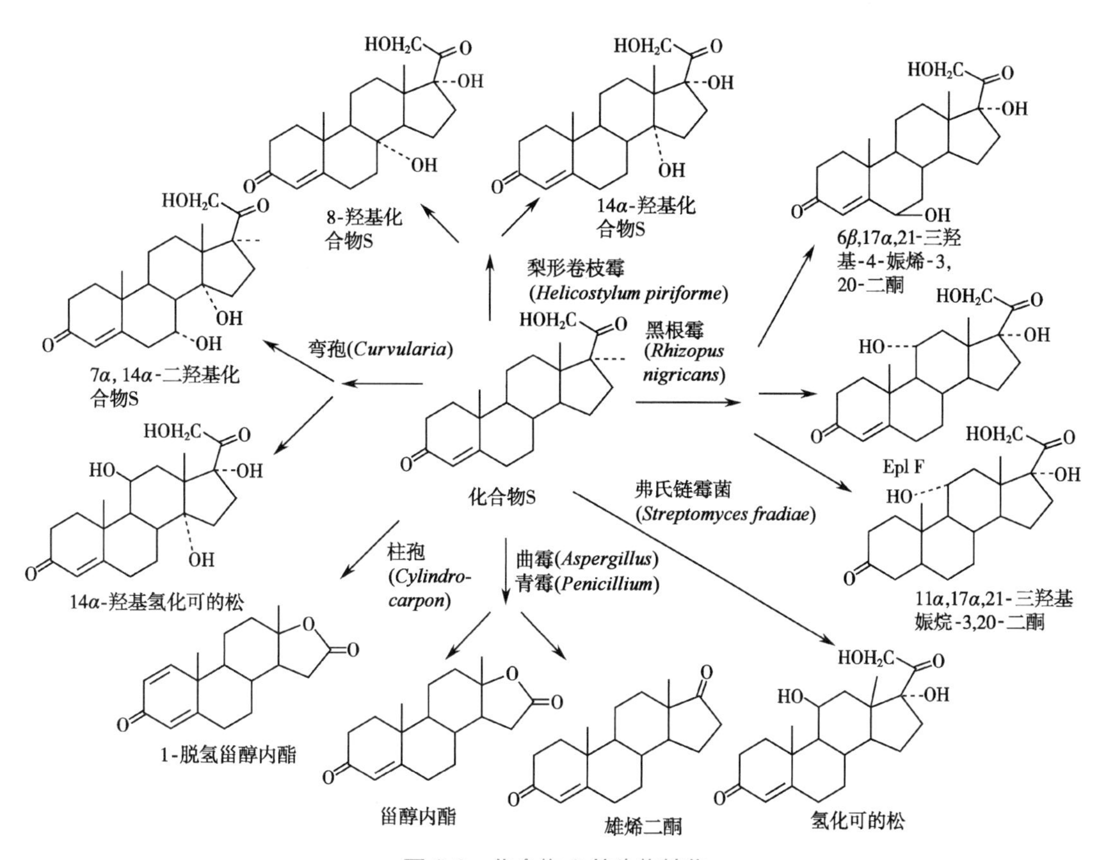

图 8-8　化合物 S 的生物转化

图 8-9　甾体羟化碳位置

洋地黄毒苷

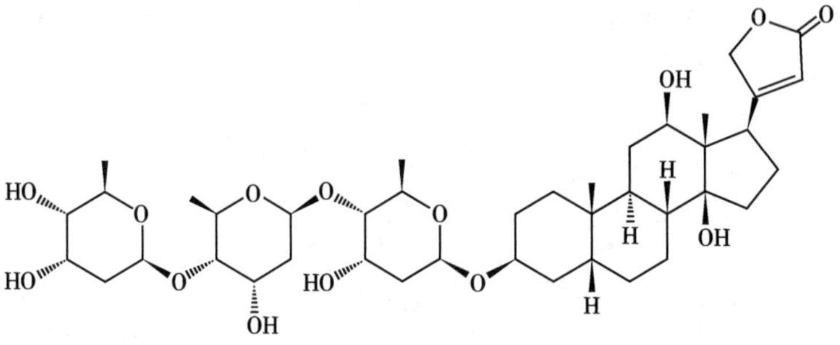

HO OH OH HO O O O O O O O OH OH H H H OH O O

地高辛

图 8-10 洋地黄毒苷转化为地高辛

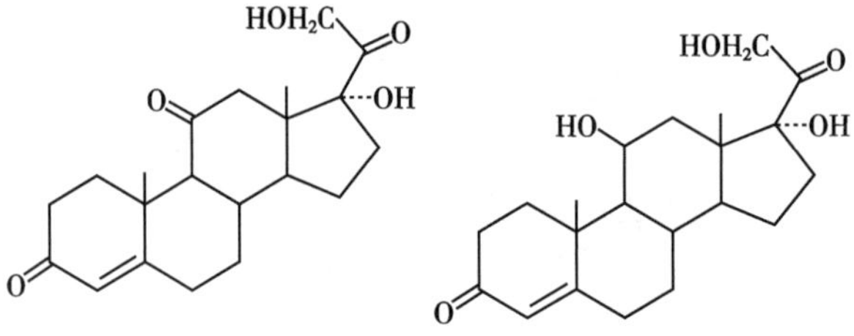

HOH_2C O OH O O

HOH_2C O HO OH O

可的松 氢化可的松

图 8-11 可的松与氢化可的松

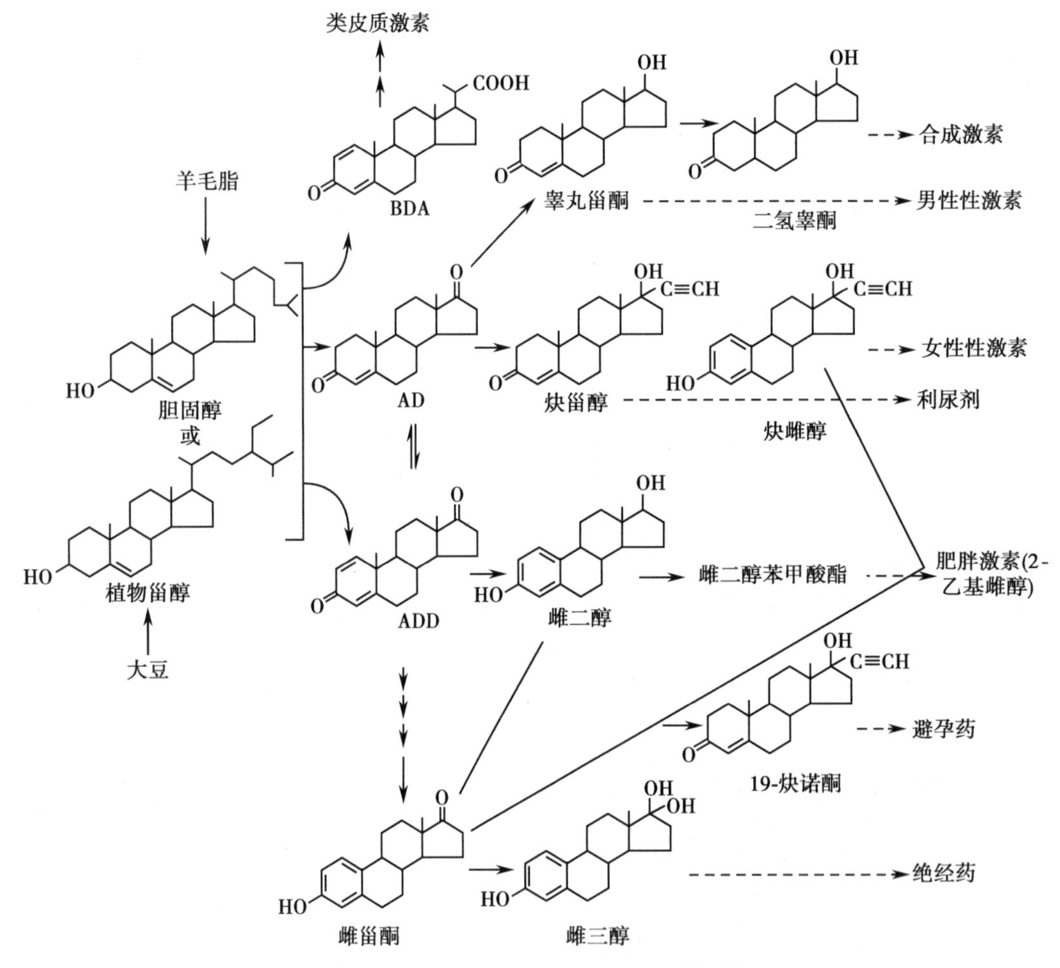

图 8-12 从天然资源制备各种甾体激素药物

近年来，通过应用酶抑制剂、生物阻断突变株和细胞膜通透性改变等生物技术，制备雄甾-1，4-二烯-3，17-二酮（androsta-1，4-diene-3，17-dione，ADD），雄甾-4-烯-3，17-二酮（androst-4-ene-3，17-dione，AD）和3-氧联降胆甾-1，4-二烯-22-酸（3-oxobisnorchola-1，4-dien-22-oic acid，BDA）等几个关键中间体，可以使复杂的天然资源经过几步反应就能合成得到各类性激素和皮质激素。随着现代生物技术及微生物转化新技术如固定化细胞、原生质体转化、双水相转化、混合培养转化和超临界流体等技术的应用，甾体药物工业也获得了蓬勃发展。

（二）微生物对甾体转化反应的特点

不同于常规的发酵过程，甾体药物大都不溶于水，且终反应产物对改造位点的专一性要求高。因此在微生物转化过程中，专一、有效的菌体量的多少，以及甾体底物在水相的溶解性等问题成为影响转化率的重要因素，目前采用的两阶段发酵及两相发酵方法较好地解决了这些甾体生物转化中的问题。

1. 两阶段发酵（two-stage fermentation） 由于生产中需要较多的转化酶，首先应保证菌体的充分生长。在利用微生物的酶对甾体底物的某一部分进行特定的化学反应来获取产物过程中，可以将微生物生长和甾体的转化这两个阶段分开。一般在微生物生长阶段首先进行菌的培养，在菌体的生长过程中累积甾体转化所需要的酶，然后在甾体转化阶段再利用这些酶改造甾体分子。两阶段发酵法存在的问题是，微生物的生长条件与酶的最适条件可能并不完全一致。为取得最佳发酵结果，往往还需要了解各种菌产酶的最适条件，并尽可能在诱导产生所需要的酶的同时抑制转化所不需要的酶。例如用犁头霉（*Absidia* sp.）对RS-21醋酸酯进行11β-羟化，生产氢化可的松，利用静止期早期的菌丝体转化，副产物较少，酶活性高；而用新月弯孢霉（*Curvularia lunata*）进行同样的转化，则用48小时衰老菌体，其所含转化酶的活性最高。

由于转化作用属于酶催化反应，而各种酶又有各自的最适反应条件，所以转化时一般通过控制转化反应时的pH、温度，以及使用各种酶的激活剂和抑制剂等方法提供酶促转化反应所必需的最适条件。例如，利用新月弯孢霉转化甾体母核的羟化反应时，可产生3种羟化酶——11β-、14α-和21-羟化酶，但由于这3种酶的最适pH分别为7.0、2.2和4.0，因此在转化反应时只要控制pH即可调控不同酶的活性，使最终产物的比例发生改变。又如8-羟基喹啉和Co^{2+}，Ni^{2+}等都可有效抑制微生物降解甾体母核中关键酶9α-羟化酶的活性，所以在以17α-甲基表雄酮为底物制备17α-甲基去氧睾酮时，只要在转化液中添加0.05%的$CoSO_4$，就可使原本得不到甾体产物的转化反应变成积累大量所需产物的转化过程。

此外，也可以通过在发酵过程中分阶段依次加入两种转化位点不同的菌体，以达到在第一阶段反应产生第二阶段底物的目的，这一方法在减少中间产物分离步骤的同时，也通过简化工艺、缩短周期、提高收率从而降低了生产成本。例如，采用$C_{1,4}$脱氢能力很强的节杆菌（*Arthrobacter sp.*）AX86和一株具有11α-羟化能力的犁头霉A28配合，首先将底物加入培养好的节杆菌发酵液中，当脱氢反应进行到一定程度时，再将已生长好的犁头霉菌丝体（过滤收集）加入，继续实现羟化反应。

2. 两相发酵（two-phase fermentation） 利用生长好的微生物进行转化，一般有两种方法（图8-13）：一种是直接在生长好的菌液内投加甾体，称为分批培养转化法；另外一种是将生长好的菌体重新悬浮在一种介质中（缓冲液或水），再加甾体底物进行转化。由于甾体化合物都难溶于水，所以不论采用何种方式，转化反应都以两相（水相和固相）状态进行。因而投料底物的物理状态、如何投料等因素都会对转化有很大影响。如用棕曲霉进行黄体酮的11α-羟化时，须先将黄体酮用有机溶剂（如乙醇、丙酮、DMF、DMSO等）溶解后投加，当投料浓度低时转化率很高，但总产量低；如果要提高投料浓度，就会产生有机溶剂对菌的毒害问题，使羟化作用不能顺利进行。为解决这一问题，研究人员采取了许多新技术，例如，在双水相体系中利用分枝杆菌进行胆固醇侧链降解制备AD及ADD的过程中，采用聚乙二醇、葡聚糖及苄泽35（brij 35）或聚乙烯吡咯烷、葡聚糖及brij 35组成的双水相体系，富集在上层的聚乙二醇或聚乙烯吡咯烷相中的菌体有较高的转化活力，转化速率最高达1mg/（g·h）。

另外，通过采用超声粉碎的方法使底物变成表面很光滑的细微颗粒后再直接投加，也可以避免溶剂的毒性，投料浓度从 0.05%~0.1% 提高到 2%~5%。另外采用吐温 -80 类非毒性表面活性剂分散不溶性底物或采用有机溶剂转化和双水相转化等方法也能达到良好效果。

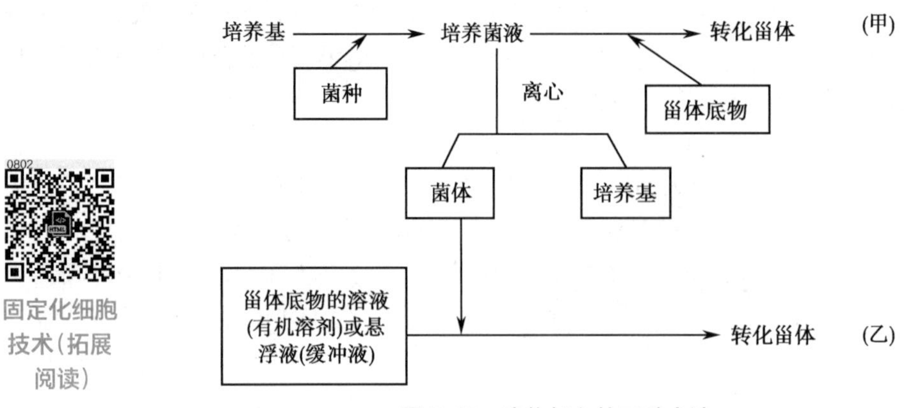

图 8-13 底物加入的两种方法

固定化细胞技术（拓展阅读）

（三）甾体微生物转化反应主要类型及机制

目前，微生物转化反应几乎可以对甾体母核的每个位置进行修饰，其中对甾体合成比较重要的位置和反应如下：

1. 羟化反应　羟化反应是甾体转化中最重要的反应之一。微生物对甾体羟化的位点众多，其中又以 $C_{9\alpha}$、$C_{11\alpha}$、$C_{11\beta}$、$C_{14\alpha}$、$C_{15\alpha}$、$C_{16\alpha}$、$C_{16\beta}$、$C_{17\alpha}$、C_{19} 角甲基和边链 C_{26} 位上的羟化较为重要。利用微生物转化进行甾体羟化，在多样性和重要性方面都显著地影响着甾体药物工业。如应用刺囊毛霉对蟾毒灵进行微生物转化，可得到包括 $C_{7\beta}$、$C_{12\beta}$、$C_{16\alpha}$ 位羟化在内的多种化合物（图 8-14）。

微生物转化甾体的羟化酶多是细胞色素 P-450 依赖型。细胞色素 P-450 作为末端氧化酶，需要利用分子氧以及与 NADPH- 依赖的脱氢酶相连接的电子转移系统。羟化酶所转化的羟基由空气中的氧直接取代甾体上的氢形成，因此，工业上利用黑根霉菌转化甾体时需要充分供氧（图 8-15）。

（1）$C_{9\alpha}$ 羟化：C_9 位导入羟基后，容易在 C_9—C_{10} 之间引入双键，进一步可导入 $C_{11\beta}$ 羟基，因此 $C_{9\alpha}$ 羟化属于甾体药物合成中的一个关键中间步骤。例如，为了制备醛固酮拮抗剂 9α，11β- 环氧甾体，研究人员就用简单棒状杆菌（*Corynebacterium simplex*）对 17β- 羟基 -3- 氧代孕甾 -4- 烯 -21- 羧酸 -γ- 内酯进行 9α- 羟化；再如甾体药物合成重要中间体 9α- 羟基 - 雄甾 -4- 烯 -3,17- 二酮的制备也采用了 $C_{9\alpha}$ 羟化（图 8-16）。另一方面，$C_{9\alpha}$ 羟化还涉及甾体边链选择性降解，而在微生物降解甾体边链过程中，防止甾体母核破裂的关键是抑制 9α- 羟化酶对 9α 的羟化。

（2）$C_{11\alpha}$ 羟化：微生物所特有的 $C_{11\alpha}$ 羟化反应是最早应用于工业生产的微生物转化反应，它的成功应用替代了困难的化学合成，而其在皮质激素类药物的合成中所得产物具有强抗炎活性，促进了皮质激素类药物的合成。如新型避孕药去氧孕烯（desogestrel）具有月经周期控制好、副作用少且避孕效果可靠等优点。19- 去甲基 -13- 乙基 - 雄甾 -4- 烯 -3,17- 黄酮的 11α- 羟化物是去氧孕烯的关键中间体，应用金龟子绿僵菌（*Metarhizium anisopliae*）导入该化合物的 11α- 羟基，克服了化学合成 3- 酮 - 去氧孕烯的难点，简化了合成路线，降低了副反应（图 8-17）。

（3）$C_{11\beta}$ 羟化：同 $C_{11\alpha}$ 羟化一样，$C_{11\beta}$ 羟化同样可以应用于甾体激素生产。其中研究较广泛的有新月弯孢霉，该霉菌对底物结构的变化有较广的耐受性，能对许多结构不同的甾体进行 $C_{11\beta}$ 羟化。1992 年，俄罗斯学者研究了在 β- 环糊精存在下新月弯孢霉的菌丝体对化合物 S（Compound S）的 $C_{11\beta}$ 羟化，氢化可的松产量达 70%~75%（图 8-18）。此外，如布氏小克银汉霉（*Cunninghamella blakesleeana*）、弗氏链霉菌（*Streptomyces fradia*）、犁头霉和一些极毛杆菌也能对甾体进行 $C_{11\beta}$ 羟化。

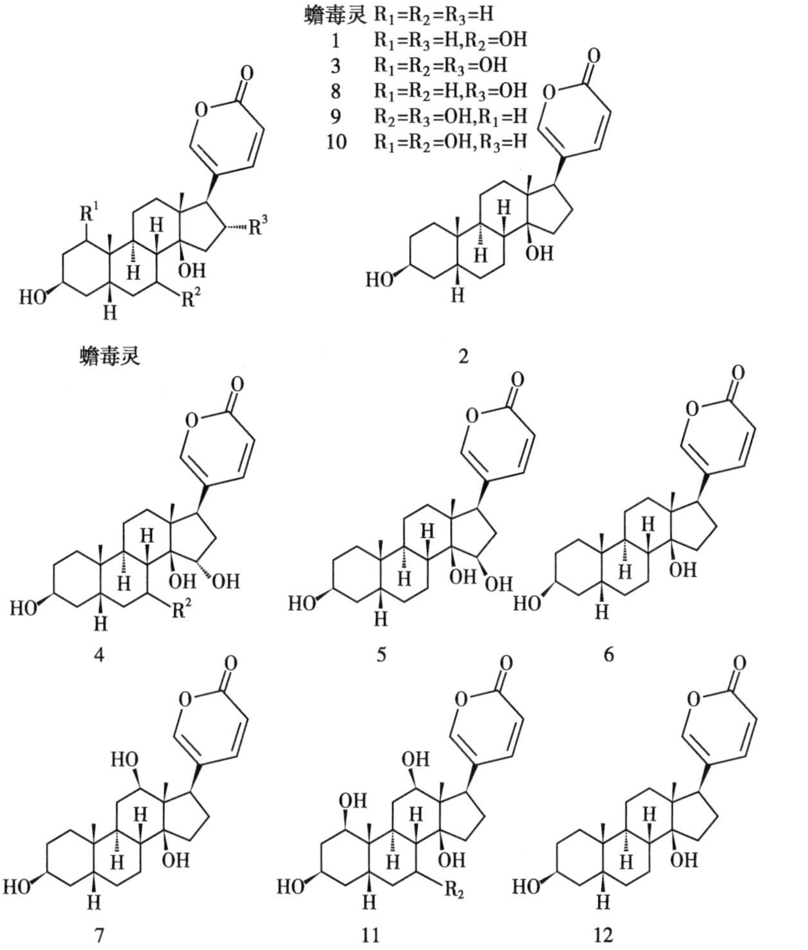

蟾毒灵 $R_1=R_2=R_3=H$
1　$R_1=R_3=H, R_2=OH$
3　$R_1=R_2=R_3=OH$
8　$R_1=R_2=H, R_3=OH$
9　$R_2=R_3=OH, R_1=H$
10　$R_1=R_2=OH, R_3=H$

蟾毒灵　2

4　5　6

7　11　12

图 8-14　刺囊毛霉生物转化蟾毒灵的系列产物

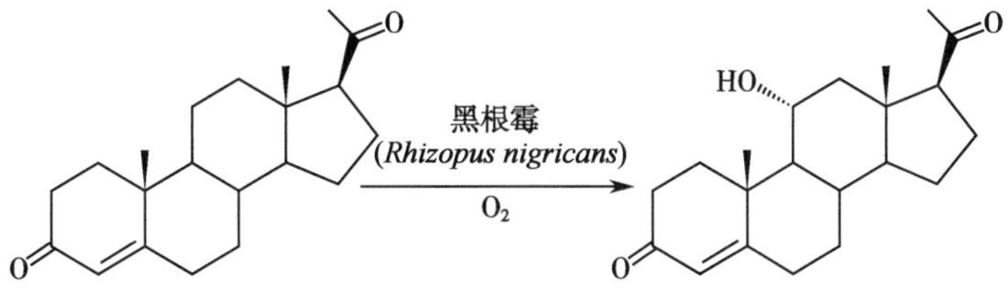

黑根霉
(*Rhizopus nigricans*)
O_2

黄体酮　11α-羟基黄体酮

图 8-15　黑根霉转化黄体酮生成 11α- 羟基黄体酮

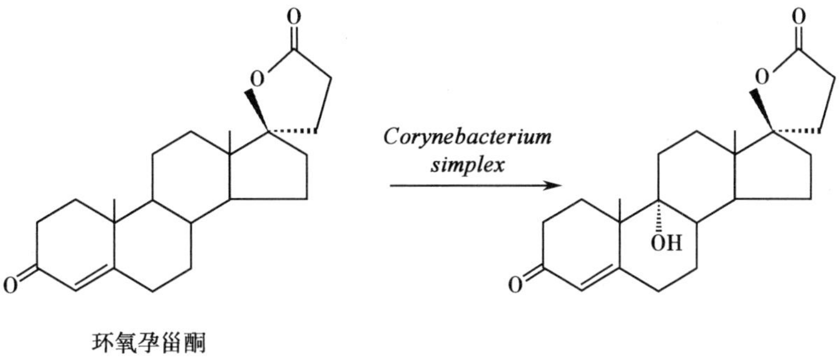

Corynebacterium simplex

环氧孕甾酮

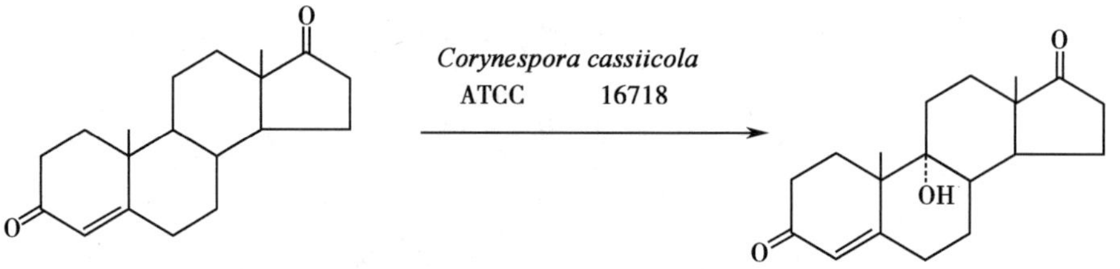

Corynespora cassiicola
ATCC　16718

雄甾-4-烯-3,17-二酮　　9α-羟基-雄甾-4-烯-3,17-二酮

图 8-16　甾体的 $C_{9\alpha}$ 羟化

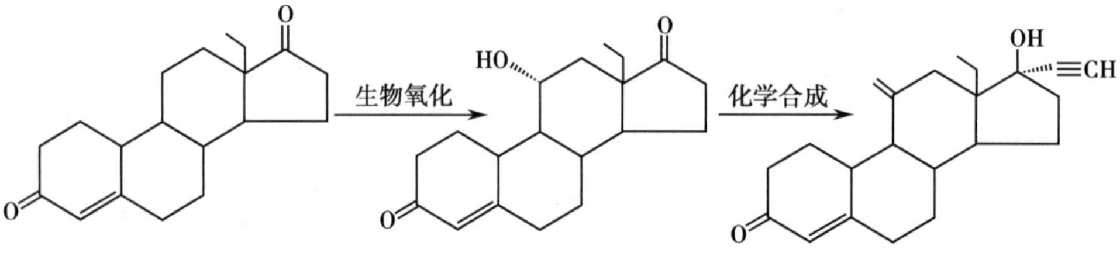

生物氧化　化学合成

19-去甲基-13-乙基-雄甾-4-烯-3,17-二酮　　3-酮-地索高诺酮

图 8-17　去氧孕烯的半合成

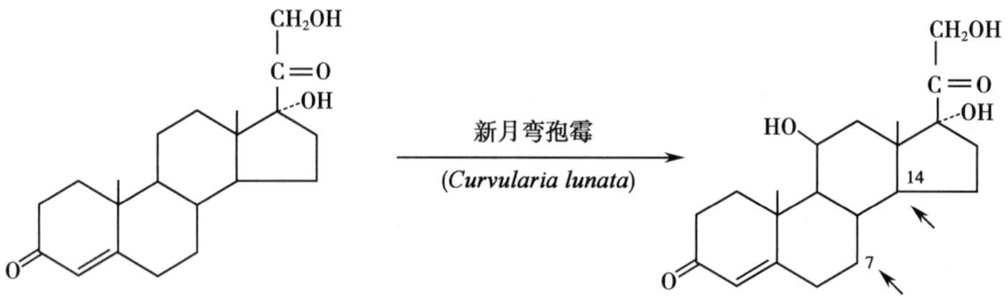

新月弯孢霉（*Curvularia lunata*）

化合物S　　氢化可的松

图 8-18　新月弯孢霉对化合物 S 的 C11β 羟化

(4) $C_{15\alpha}$ 羟化：研究人员用雷氏青霉（*Penicillium raistrickii*）进行 19- 去甲基 -13- 乙基 - 雄甾 -4- 烯 -3,17- 二酮（GD）的 15α 羟化（图 8-19），其 15α 羟化衍生物是生产口服避孕药孕二烯酮（gestodene）的重要中间体。将 *Penicillium raistrickii*477 固定在海藻酸钙凝胶上制成固定化细胞，在 40 天中完成了 10 批生产，并且在生产后将固定化细胞在营养培养基中再生，可以使 15α 羟化活性完全恢复。而对 β- 环糊精存在时雷氏青霉及其固定化细胞对 GD 的 15α 羟化的研究表明，与甲醇作为溶剂比较，应用 β- 环糊精无论使用游离细胞还是固定化细胞都能提高转化率。这是由于 β- 环糊精不仅可以作为碳源被真菌利用，而且有利于提高甾体底物的溶解度。

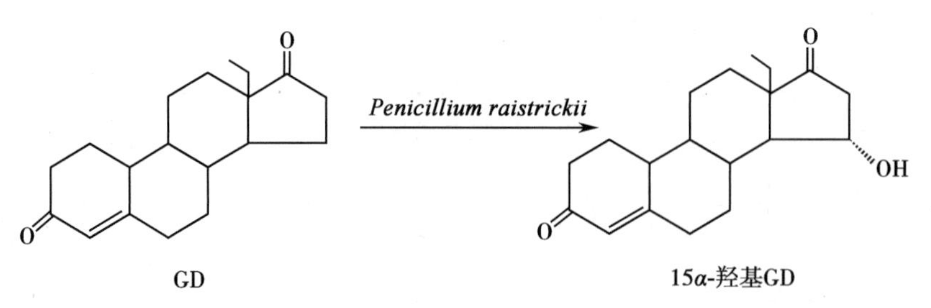

图 8-19　雷氏青霉对 GD 的 $C_{15\alpha}$ 羟化

(5) $C_{16\alpha}$ 羟化：除 C_{11} 位点的羟化外，皮质甾体类药物合成中的另一个重要反应是甾体母核的 $C_{16\alpha}$ 羟化。目前 $C_{16\alpha}$ 羟化常采用放线菌进行生物转化，导入 $C_{16\alpha}$ 羟基后，使电解质影响减少，同时抗炎和糖代谢作用不变。例如高抗炎活性的 9α- 氟氢可的松和 9α- 氟甲去氢氢化可的松在经过 $C_{16\alpha}$ 羟化后，在保留高度抗炎、消炎作用的同时也显著降低了两者的强烈钠潴留副作用（图 8-20）。

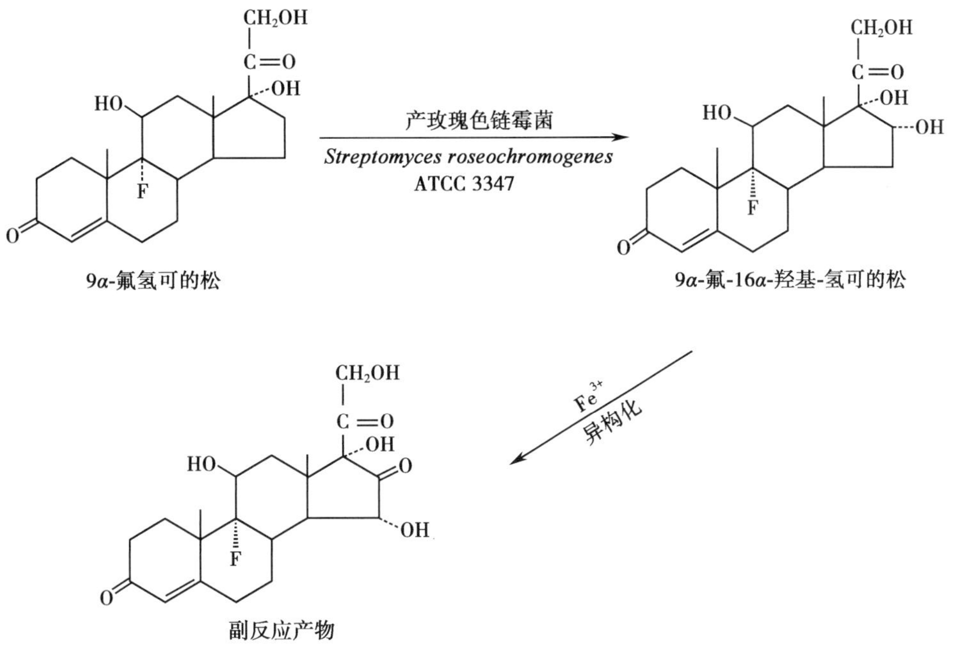

图 8-20　甾体的 $C_{16\alpha}$ 羟化

(6) $C_{17\alpha}$ 羟化：研究发现，在甾体母核上引入 $C_{17\alpha}$ 羟基后能增加皮质甾体药物的抗炎和糖代谢作用。如绿色木霉对黄体酮的 $C_{17\alpha}$ 羟化（图 8-21）。此外，孢囊菌（*Dactylium dehycloides*）和瘤孢菌（*Sepedonium ampullosporum*）也能对甾体母核进行 $C_{17\alpha}$ 羟化。

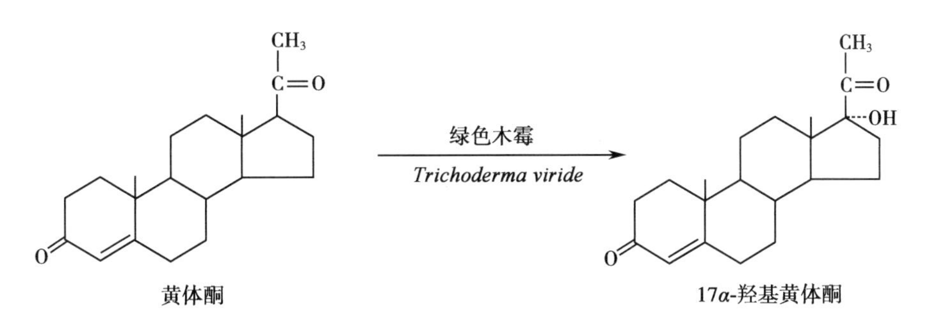

图 8-21　绿色木霉对黄体酮的 $C_{17\alpha}$ 羟化

(7) $C_{19\alpha}$ 羟化：$C_{19\alpha}$ 羟化产物（图 8-22）是制备 19- 失碳甾体化合物的重要中间体。19- 失碳甾体较原甾体具有更显著的生理活性，如 19- 失碳孕甾酮的疗效较孕甾酮的活性高 4~8 倍。

(8) 双羟基化：目前，甾体母核常见的双羟基化反应一般发生在 C_7 与 C_{15} 位置。如并头状菌属（*Syncephalastrum* sp.）的某些菌株能将黄体酮转化为 7α,15β- 二羟基黄体酮（图 8-23）。又如亚麻刺盘孢（*Colletotrichum lini*）的羟化酶系统可将去氢表雄酮转化生成 7α,15α- 二羟基雄烯醇酮，后者是口服避孕药屈螺酮炔雌醇合成过程中的重要中间体（图 8-24）。

球墨孢霉

Nigraspora spherica ATCC 12722

X及Y表示H或CH_3；Z表示H、F、Cl或CH_3；R=OH

图 8-22　甾体的 $C_{19\alpha}$ 羟化

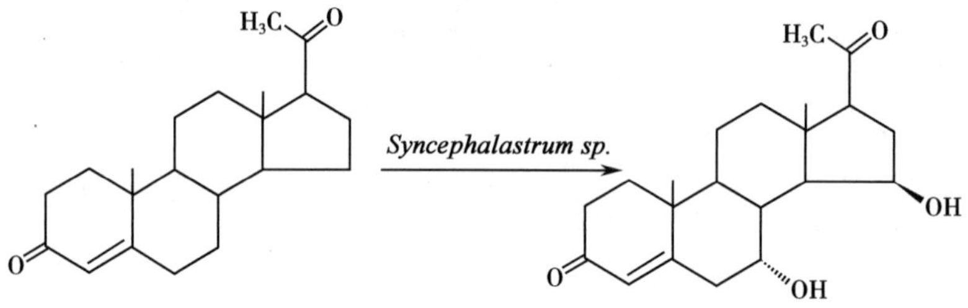

Syncephalastrum sp.

黄体酮　　7α,15β-二羟基黄体酮

图 8-23　黄体酮的双羟基化

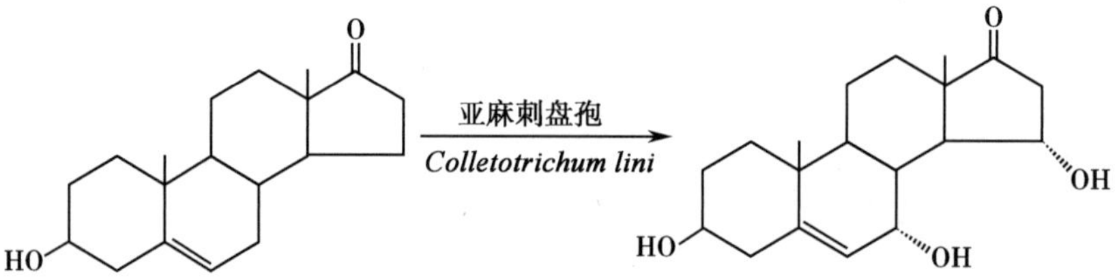

亚麻刺盘孢

Colletotrichum lini

去氢表雄酮　　7α,15α-二羟基雄烯醇酮

图 8-24　7α,15α-二羟基雄烯醇酮的转化

2. 氧化反应

(1)羟基转化为酮基：最常见的是 $C_{3\beta}$ 或 $C_{3\alpha}$ 羟基转为 C_3 酮基及 $C_{17\alpha}$ 羟基转化为 C_{17} 酮基。

(2)环氧化：常发生在 $C_{9,11}$ 和 $C_{14,15}$ 之间。微生物转化法在甾体母核上引入环氧基团的反应与微生物羟化相关。能产生 11β- 羟化的新月弯孢霉或布氏小克银汉霉都可将 17α,21- 二羟基 -4,9(11)- 孕甾二烯 -3,20- 二酮转化成 9β,11β- 环氧化合物(图 8-25)。

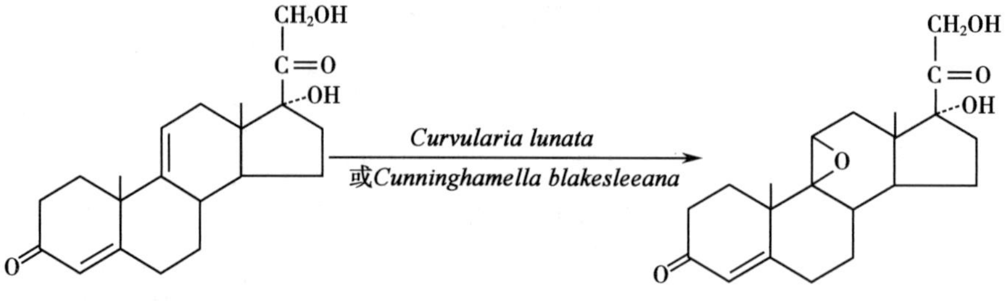

Curvularia lunata

或*Cunninghamella blakesleeana*

17α,21-二羟基-4,9(11)-孕甾二烯-3,20-二酮　　9β,11β-环氧化合物

图 8-25　甾体的 9β,11β- 环氧化

微生物的环氧化反应常发生在羟化反应之后，例如使用能产生 9α- 羟基的诺卡菌可将 $\Delta^{9(11)}$ 甾体化合物转化成 9α,11α- 环氧化合物。产生 11β- 羟基的新月弯孢霉也可将 Δ^{11} 甾体化合物转化成 11β,12β- 环氧化合物。

3. 脱氢反应　在皮质甾体类药物的母核 $C_{1,2}$ 位置导入双键后，能成倍增加其抗炎活性。Reichstein 化合物 S（简称 RS）在犁头霉的转化下，氢化得到氢化可的松和表氢化可的松，抗炎活性大大增加。由于在动物体内缺乏相应的酶，甾体激素类化合物的 $C_{1,2}$ 脱氢反应无法进行，但通过体外进行 $C_{1,2}$ 脱氢，即可得到更高效的甾体药物，这也是人工改造获得高效药物的典型例子。如醋酸脱氢可的松就是在醋酸可的松的 $C_{1,2}$ 位导入双键，比起后者其抗炎作用增加 3~4 倍（图 8-26）；皮质酮和氢化可的松的 1 位脱氢衍生物（泼尼松和泼尼松龙），其抗过敏和抗炎活性增强，且副作用显著降低。采用化学脱氢的方法，一般用二氧化硒脱除法，产品中带有少量难以除尽的对人体有毒害的硒。相比之下，微生物脱氢高效无毒，目前已经成为甾体抗炎激素药物合成中不可缺少的一步。

CH₂OH C=O OH R O *Corynebacterium*

R=O　可的松
R=OH　氢化可的松

R=O　去氢可的松
R=OH　去氢氢化可的松

图 8-26　甾体的微生物脱氢反应

一般情况下，细菌的脱氢能力比真菌强，如棒状杆菌中的节杆菌和分枝杆菌脱氢活力较强。3- 酮基甾体 -Δ^1- 脱氢酶（3-ketosteroid-Δ^1-dehydrogenase），KS1DH［4-ene-3-oxo-steroid:(acceptor)-1-ene-oxidoreductase，ECI.3.99.4］是微生物体内最常见的脱氢酶。KS1DH 是一种以黄素腺嘌呤二核苷酸（FAD）为辅基的黄素酶，可以以吩嗪硫酸甲酯（PMS）或 2,6- 二氯靛酚（DCPIP）作为氢受体，催化 Δ^4-3- 酮甾体的脱氢，其作用是在 3- 酮基甾体的 A 环上引入 1,2 位双键。该反应广泛应用于制药工业以制备重要的具有生理活性的甾体化合物，由于甾体母核降解时也需要甾体 A 环上 1,2 位双键的引入，所以 KS1DH 同时也是甾体母核降解的关键酶。

根据能否利用 C_{11} 取代甾体（如氢化可的皮质酮），可以将 KS1DH 分为两类：第一类主要来源于一些革兰氏阳性细菌如节杆菌，能够脱除甾体 C_{11} 羟基和 C_{11} 酮基生成不饱和键；第二类来源于假单胞菌，不能脱除甾体 C_{11} 羟基和 C_{11} 酮基。

微生物底物脱氢的四条主要途径（拓展阅读）

此外，KS1DH 还能催化脱氢反应的逆反应即 $C_{1,2}$- 加氢反应。该酶的氢化活性对底物的特异性类似于 3- 酮 -4- 烯甾体的脱氢反应，对两种反应的动力学研究表明，其反应按乒乓机制进行（图 8-27），氢供体 KS ⅠH_2 首先与酶结合，使酶的辅因子 FAD 还原，然后脱氢产物从酶分子上解离下来，让位于氢受体 KS Ⅱ，KS Ⅱ在酶分子的相同部位进行加氢反应。

4. 甾体边链降解　各类具有生理活性的甾体药物的基本母核目前都是从高等植物和动物中的天然甾体化合物经过边链降解，除去冗长的边链得到基本甾体母核（图 8-28）。化学方法切断甾体边链缺乏专一性，产率仅 15% 左右，且各国用于制备甾体药物的天然原料如薯蓣皂苷元（约占 60%）、豆甾醇（约占 15%）等供应受限，寻找新资源和新方法显得格外重要。

我国毛纺工业十分发达，胆固醇和 β- 谷固醇来源非常丰富，且油脂工业的废水和下脚料中也含有此类物质，通过微生物转化降解这些原料的边链，即可获得雄甾 -1,4- 二烯 -3,17- 二酮（ADD）、雄甾 -4- 烯 -3,17- 二酮（AD）、3- 氧 - 联降胆甾 -1,4- 二烯 -22- 酸（BDA）等几个重要中间体，再从这些中

间体出发就可制备各种甾体激素类药物。

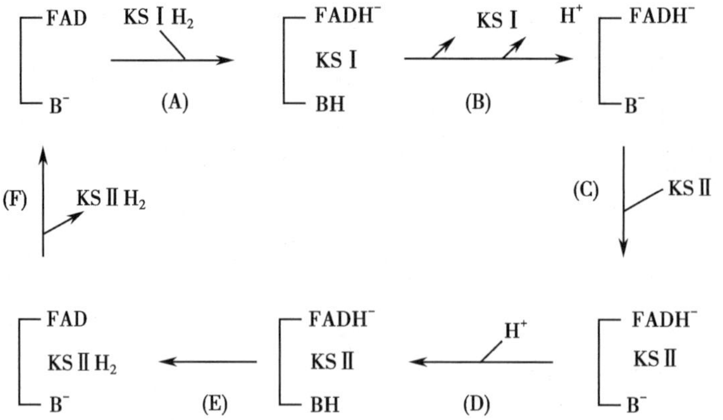

KSⅠH_2 3-酮-4-烯甾体,KSⅠ相应的3-酮-1, 4-二烯甾体;
KSⅡH_2,KSⅡ另一种3-酮甾体;
(A) 脱氢;(B) 产物解离,质子从氨基酸残基(BH)上释放;
(C)、(D)、(E)、(F)为氢化反应过程

图 8-27 KS1DH 的脱氢和加氢反应

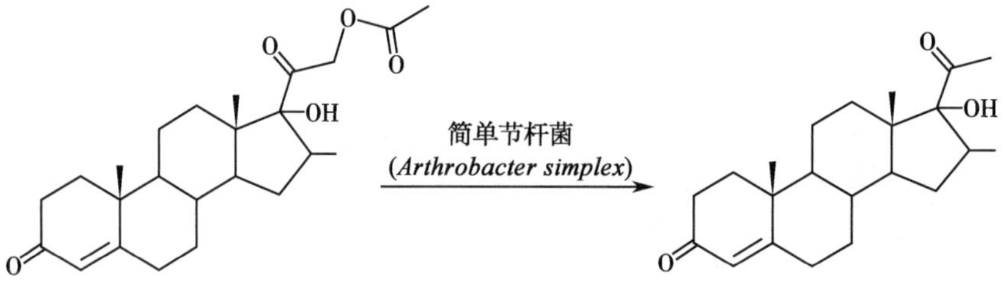

简单节杆菌
(*Arthrobacter simplex*)

图 8-28 简单节杆菌转化甾体边链的降解

研究发现,许多微生物都能够将甾醇类化合物作为碳源利用,可以将甾体母核环戊烷多氢菲和边链完全氧化为 CO_2 和水。Whitmarch 在 1964 年研究诺卡菌变株代谢胆固醇时就提出了边链降解机制;1968 年 Sih 对胆固醇代谢进行了全面的解释,阐明了胆固醇的微生物降解途径。甾醇边链的微生物降解机制与脂肪酸的 β 氧化途径相似(图 8-29)。胆固醇的边链降解途径始于 C_{27} 羟化,再通过氧化形成 C_{27} 酸,然后 β 氧化后先失去丙酸、乙酸,最后脱去丙酸,形成 C_{17} 酮化合物。

边链降解的另一个问题是,微生物降解甾体边链的同时也可以降解甾体母核,而后者在制药过程中为副反应。该反应的机制为:含有 3β- 羟基 -Δ^5 结构的甾醇首先被氧化为 3- 酮 -Δ^4 化合物(Ⅲ);随微生物种类不同,化合物Ⅲ经 $C_{9\alpha}$ 羟化和 $C_{1,2}$ 脱氢或先经 $C_{1,2}$ 脱氢再经 $C_{9\alpha}$ 羟化形成化合物Ⅵ;化合物Ⅵ发生 A 环芳构化同时 B 环开裂,最终导致甾体母核完全降解为 CO_2 和 H_2O(图 8-30)。该过程的关键酶是 9α- 羟化酶(9α-hydroxylase)和 $C_{1,2}$ 脱氢酶(KS1DH)。如果在微生物降解过程中设法控制氧化边链酶、9α- 羟化酶、$C_{1,2}$ 脱氢酶,就能够获得 AD、ADD、9α- 羟基 AD(Ⅴ)和 BDA 等重要中间体用于制备甾体类药物,而这也正是甾体药物中间体研究领域中被广泛关注和研究的问题。

鉴于微生物选择性降解甾体边链在生产过程中的重要性,而甾体母核的降解又是导致底物的损失和边链降解产物产量下降的重要原因,目前一般采用以下 3 种方法避免微生物对甾体母核的降解。

(1) 对甾醇进行结构改造以达到选择性降解甾体边链:一般而言,在甾体的 A 环形成芳香核后不再会发生母核的破裂(图 8-31)。另外当 $C_{6\beta\text{-}19}$ 氧桥存在时会阻碍 $C_{1,2}$ 双键导入,从而保护甾体母核不被微生物进一步降解。

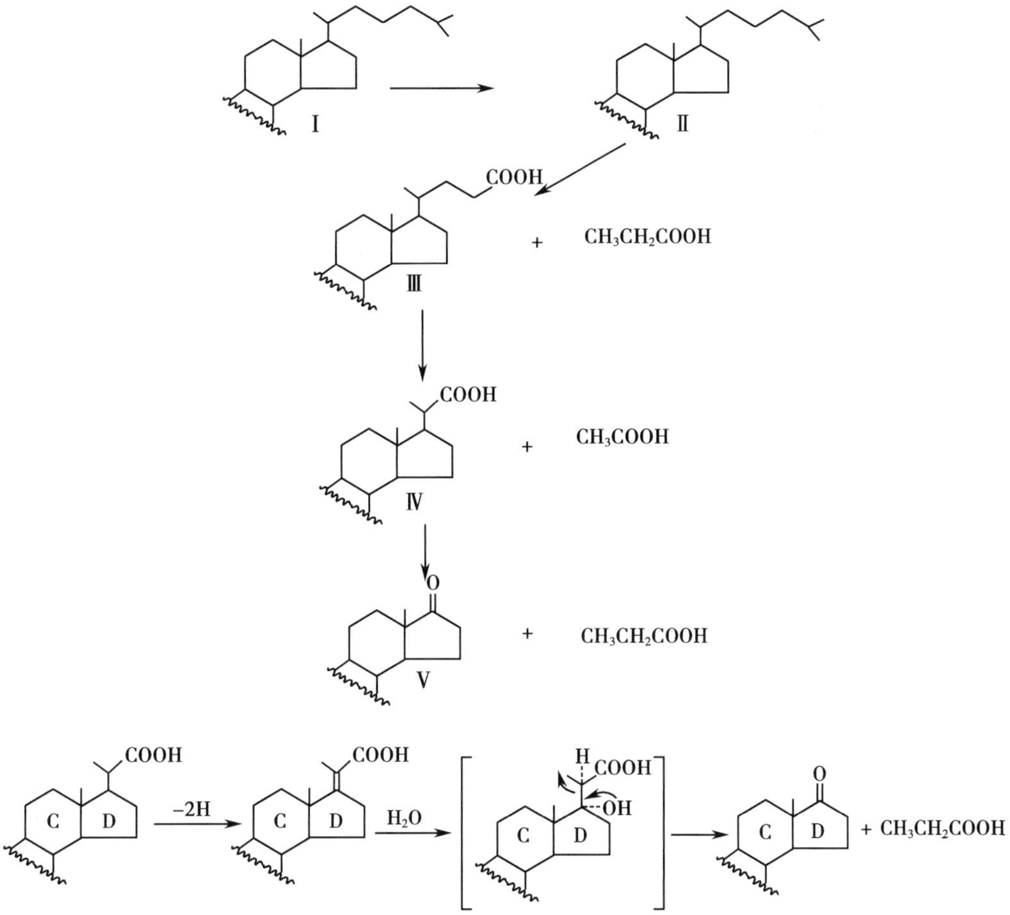

图 8-29　甾醇边链的微生物降解机制

(2)在酶抑制剂存在下对甾体进行选择性边链降解：对甾体母核的选择性边链降解不仅方便甾体药物的改造，而且可以防止甾体母核的破裂。在微生物转化过程中抑制甾体母核降解的关键酶 9*α*-羟化酶或 $C_{1,2}$ 脱氢酶的活性，从而达到选择性降解甾醇边链的目的。9*α*-羟化酶是一个含有铁离子的单加氧酶，一般选用能除去铁离子的化学络合物来抑制该酶活性，也可采用一些性质相似又能取代铁离子的无活性试剂来抑制该酶活性。表 8-1 列出了几类对甾体母核降解有抑制作用的化合物。虽然亲水性的络合物对 9*α*-羟化酶有抑制作用，但它们难以通过细胞膜屏障，因此一般可通过加入青霉素或表面活性剂等来改善细胞膜通透性，使这些亲水性络合物通过细胞膜屏障。另外，由于采用亲脂性有机树脂能吸附抑制剂同时不影响络合铁离子的作用，因此可以用于减轻对转化菌株的毒性。

表 8-1　几类对甾体母核降解有抑制作用的化合物

作用机制	化合物
Fe^{3+} 络合剂	2,2′-双联吡啶、1,10-二氮杂菲
	8-羟基喹啉、5-硝基-1,10-二氮杂菲
	二苯基硫卡巴腙
	二乙基硫氨基甲酸酯、异烟酰肼
	邻苯二胺、4-异丙基-芳庚酚酮
取代 Fe 的金属离子	Ni^{2+}、Co^{2+}、Pb^{2+}
阻碍巯基功能	SeO_3^{2-}、AsO_2^-
氧化还原染料	亚甲蓝、刃天青

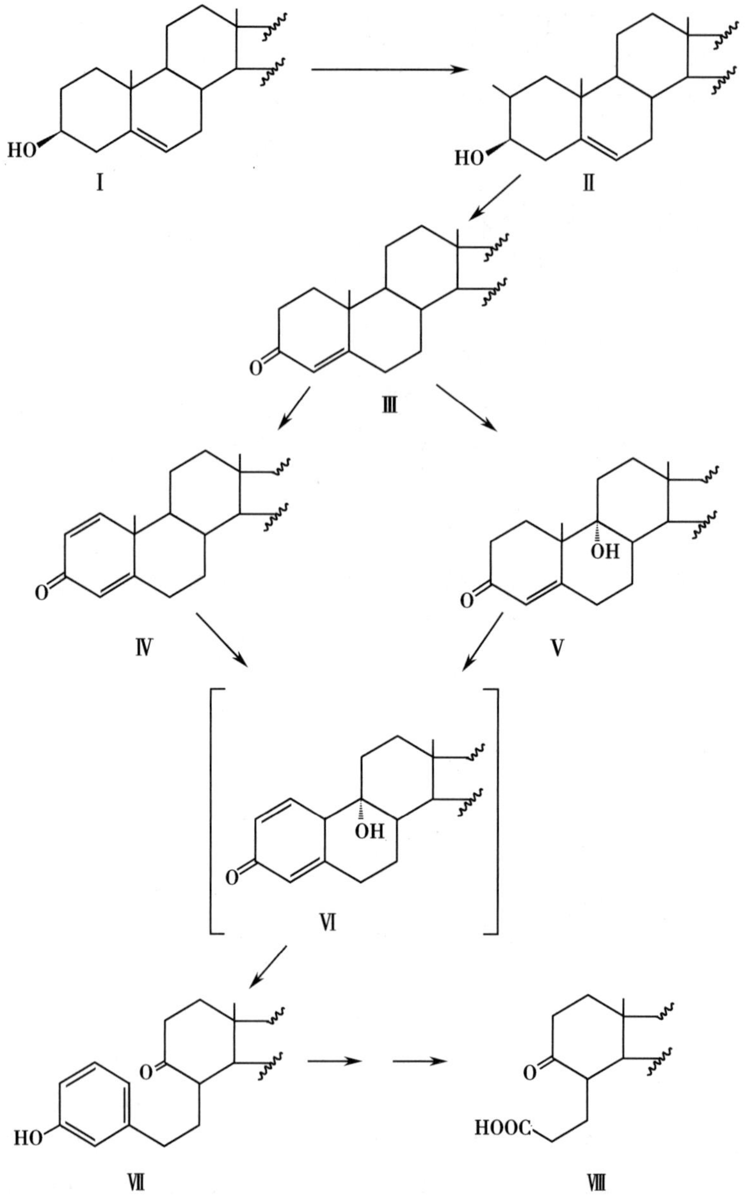

图 8-30 甾体母核的降解机制

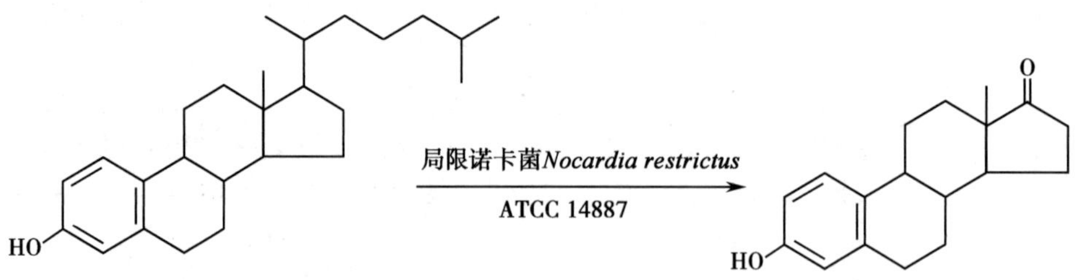

局限诺卡菌*Nocardia restrictus*
ATCC 14887

图 8-31 A 环芳核保护甾体母核

(3)应用分子生物学技术筛选选择性降解甾体边链的菌株：近年来，分子生物学技术在甾体转化中大量应用。采用紫外线、*N*- 甲基 -*N'*- 亚硝基胍等诱变剂，通过诱变技术筛选可以得到生化阻断突变株。由于生化阻断突变株中酶的缺损，可选择性降解甾体边链而不导致甾体母核的降解，且可以大量积累所需要的中间体。如研究人员将原始菌株进行诱变得到突变株 *Mycobacterium* sp. NRRL

B-3683，无须加入抑制剂便能有效积累 ADD；而进一步诱变分离后得到菌株 *Mycobacterium* sp. NRRL B-3805，由于缺乏 $C_{1,2}$ 脱氢酶而能有效积累 AD。Wovcha 等将 *Mycobacterium fortuitum* ATCC 6842 和 *Mycobacterium Phlei* UC3533 诱变后，分别得到的 *M. fortuitum* NRRL B-8153 和 *M. Phlei* NRRL B-8154 能对甾醇进行选择性边链降解，产物是 ADD 和 AD 的混合物。

菌种诱变技术常被用来改造菌株以获得所需化合物，但由于突变菌种不稳定或 / 和转化率低等，因而在制药工业上该技术具有一定的局限性。随着基因工程的发展，人们已大量采用基因工程的手段改造菌株，使之稳定高效地积累所需化合物——甾体药物中间体。如研究人员应用基因同源重组技术，对 *Rhodococcus erythropolis* SQ1 菌株改造，特异性地使编码 KS1DH 的基因 *ksdD* 断裂，在通过一系列培养后得到基因缺失突变株 RG8，RG8 不能在以 AD 和 9*α*- 羟基 AD 为唯一碳源的培养基上生长，但却能生长于以 ADD 为唯一碳源的培养基，说明 RG8 完全丧失 Δ^1- 脱氢酶活性，将该菌株用于甾醇降解就能有效积累中间体 AD 和 9*α*- 羟基 AD。

二、苷类的微生物转化

苷类（glycoside）又称配糖体，是植物体和中草药中最重要的活性成分之一。苷的种类繁多，但许多糖苷类化合物本身可能无活性，只有去掉糖链、释放苷元才能发挥药效作用。利用微生物转化的方法处理此类药物，通过修饰结构及活性位点，可获得新的活性化合物用于新药开发。

（一）皂苷的微生物转化

皂苷（saponin）是非糖基部分为三萜类和甾体类的苷类，现已鉴定出 1 000 余种皂苷。皂苷类物质往往并非直接活性物质，只有通过肠道内源性细菌的代谢，脱除其糖基部分后才能成为高活性物质。由于皂苷的结构复杂，这种体外脱糖基反应非常适合采用微生物转化技术。但当前微生物转化用于皂苷类化合物的研究尚处于初级阶段，只有十几种皂苷酶得到研究，这与庞大的皂苷家族对比数量微小，因此有待对大量的皂苷糖基水解酶及其相应产酶微生物开展深入研究。

1. 人参皂苷的微生物转化　目前研究较多的皂苷为人参皂苷。人参作为滋补强身的药材，在我国和东亚地区已有数千年的应用历史，而人参中最主要的活性成分就是人参皂苷。Rga、Rh_2 是人参中最重要的次生代谢产物，有多种药理活性。目前，已从人参全草及其加工品红参、生晒参和白参中分离出了 40 余种人参皂苷，按其皂苷元结构不同分为人参二醇型（A 型）、人参三醇型（B 型）和齐墩果酸型（C 型）。A 型和 B 型皂苷均属四环三萜皂苷类，C 型皂苷为齐墩果烷型五环三萜的衍生物（图 8-32）。

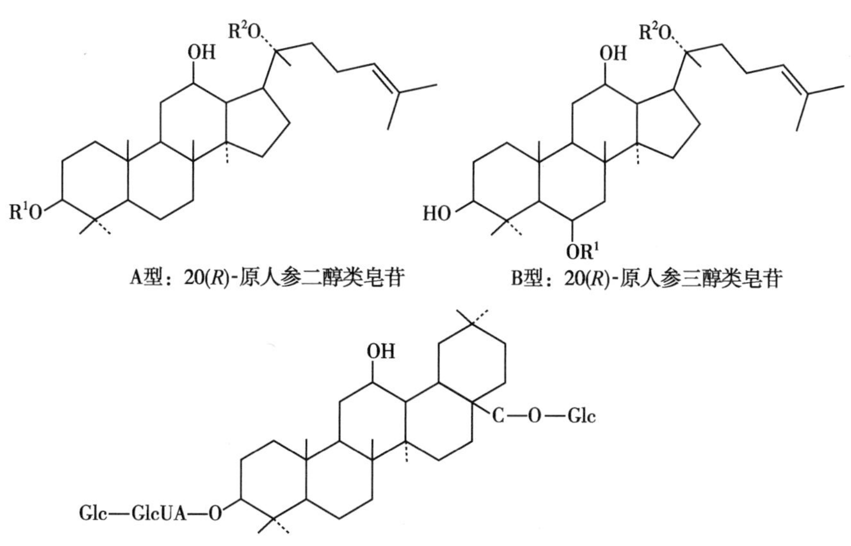

A型：20(*R*)-原人参二醇类皂苷　　B型：20(*R*)-原人参三醇类皂苷

C型：人参皂苷Ro

图 8-32　几种人参皂苷元的结构

此外，在人参中天然含量极低的 Rg_3、Rh_2、C-K 及原人参二醇均具有较高的抗肿瘤活性。这些稀有人参皂苷多由水解人参皂苷的糖苷键得到(图 8-33)，通过微生物转化法制备这些稀有人参皂苷具有重要的应用价值。研究者分离和提纯了来源于霉菌、链霉菌、酵母、担子菌的微生物培养物，得到了多种人参皂苷糖苷酶(表 8-2)，发现这些酶对苷元和糖基的位置选择性很高，但对糖基种类选择性低，能水解多种糖基。

土壤细菌
人参皂苷糖苷酶Ⅰ型

皂苷元

图 8-33　人参皂苷糖苷酶的酶反应式

表 8-2　人参皂苷糖苷酶的基本性质

酶种类	M_r (× 10^4)	水解皂苷糖苷键位置	水解的糖配基
人参皂苷酶Ⅰ	3.4　5.9	C_3	葡萄糖、木糖、
	5.1　8.0	C_{20}	阿拉伯糖
人参皂苷酶Ⅱ	6.6　7.0	PPD C_{20}	葡萄糖、木糖
人参皂苷酶Ⅱ-2	8.6	PPT C_{20}	阿拉伯糖、葡萄糖
人参皂苷酶Ⅲ	3.4	C_3	苷元与糖配基之间的键
人参皂苷酶Ⅳ	5.3　7.8	C_6	鼠李糖、葡萄糖

白头翁皂苷酶、柴胡皂苷酶介导的微生物转化(拓展阅读)

2. 其他皂苷类的微生物转化　与人参皂苷类似，其他皂苷类也多通过微生物皂苷酶的转化作用产生高活性的次生代谢产物。皂苷中的糖链分子量的高低与其生物活性之间有着密切联系，如白头翁皂苷酶、柴胡皂苷酶、朱砂根皂苷酶都可以全部或部分水解底物皂苷上的糖基，具有反应条件温和、副产物少、产物得率高的优点，使定向生产某一种皂苷成为可能。

(二) 非皂苷类的苷类微生物转化

非皂苷类的苷类主要包括苯丙素类、香豆素类、木质素类、黄酮类、低萜类及生物碱，它们的结构比皂苷简单，发展较快。其中较为重要的化合物为黄酮类和木质素类的苷类。目前已发展出橙皮苷酶、柚皮苷酶、黄酮苷酶等数十种苷元小于 15 个碳原子的小分子苷酶，这些苷酶的 DNA 同源性高，可归为同一苷类酶的家族。

1. 黄酮类苷类　组成黄酮苷的糖类主要有单糖类、双糖类、三糖类、酰化糖类等。而在黄酮苷中最常见的为 *O*- 苷，此外还有在 C_6 和 / 或 C_8 位连接糖的 C- 苷。通过去除母核上的侧链糖基，可使产物的活性及水溶性发生显著变化。近年来，对黄酮类的微生物转化研究已取得大量进展，如 *β*- 葡糖苷酶对大豆异黄酮糖基的水解、鼠李糖苷酶对槲皮苷及芦丁的水解，利用糖苷酶将高糖基淫羊藿水解为低糖基淫羊藿等。值得注意的是，有些糖苷酶对黄酮类母环结构具有很强的选择性，但对底物连接方式的选择性却很低，表现出高活性及独特的水解活性。

2. 木质素苷类　木质素也叫木酚素，是以 2,3- 二苯基丁烷为骨架的酚类复合物，主要有开环异落叶松树脂酚和罗汉松脂素。木质素具有抗肿瘤、抗病毒、降低血清胆固醇及雌激素样作用。研究发现，木质素并非直接活性物质，而是通过人体肠道微生物的转化作用后生成肠二醇和肠内酯，这二者通过与雌激素竞争性结合，从而对激素依赖型疾病带来治疗作用。而通过微生物转化的方法已可以在体外完成这一转化。

低糖基淫羊藿苷或淫羊藿苷元的转化（拓展阅读）

三、萜类分子的微生物转化

萜类分子都具有异戊二烯的基本单位，根据异戊二烯的数目，萜类又分为单萜、倍半萜、二萜、三萜等。各萜类间的相互转化可以看作依次递加一个（或多个）异戊二烯基本单位（图 8-34）。萜类在自然界分布广泛、含量大、结构多样、成药性强，是一类重要的天然产物，围绕萜类成分进行的微生物转化也是微生物转化领域的重点。萜类中应用较多的反应有酯化反应、闭环开环反应、水化反应及羟化反应。

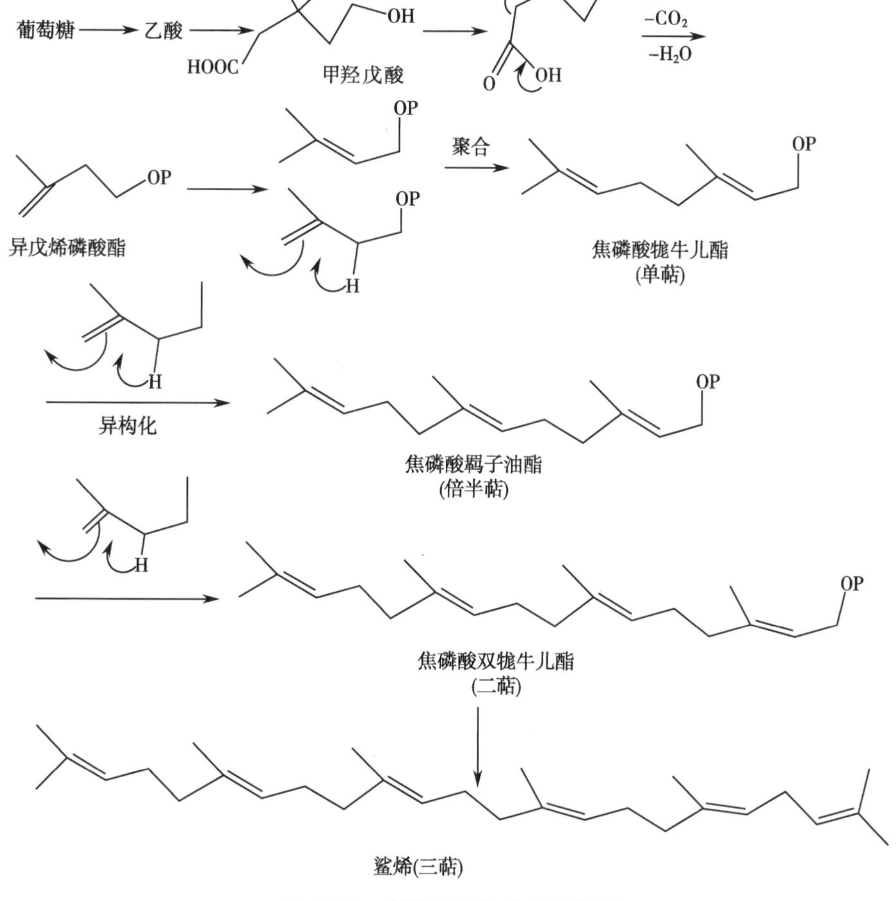

图 8-34　萜类的生物合成示意图

1. 酯化反应 单萜中的几种短链脂肪酸酯，如牻牛儿醇乙酸酯和香茅醇乙酸酯等广泛应用于医药工业。如人苍白杆菌（*Ochrobactrum anthropi*）的羧酸酯酶能水解 L- 薄荷醇乙酸酯而对其光学异构体无作用，但由于酯酶的酶制剂纯化相当困难，目前仅有少数作用于单萜的酯酶被纯化，故直接采用微生物转化的方法受到广泛重视。

2. 闭环开环反应 单萜可分为无环、单环及双环，而通过微生物转化的方法可以实现单萜的闭环或开环。如香茅醛可由指状青霉（*Pennicillium digitatum*）环化成为长叶薄荷醇和异构长叶薄荷醇；由 *Botrytis cinerea*、*Pseudomonas incognita* 和 *Diplodia gossypina* 将里那醇转化为里那醇的氧化物。

3. 水化反应和羟化反应 很多萜类都含有不饱和双键，在水化酶的催化下可以引入羟基，得到所需化合物。而羟化反应是二萜的主要反应类型，常见催化二萜羟化反应的微生物及其底物见表 8-3，二萜中可以引入羟基的位点较多，因此利用微生物转化可以得到不同羟化位点的高活性化合物。

表 8-3 转化二萜羟化反应的常见微生物及其底物

二萜类化合物	转化菌
Candicandiol	毛霉
Cyanthiwigin B	链霉菌 NRRL5690
Cupressic acid	类球形链霉菌
Dehydroabietanol	乔谷镰刀菌
5-episinuleptolide	毛霉
Gelomulide G	黑曲霉、雅致小克银汉菌
南洋杉酸	黑曲霉、刺孢小克银汉菌
异甜菊醇	刺孢小克银汉菌
Jatrophone	黑曲霉
Mulin-11,13-dien-20-oic acid	毛霉
Mulin	刺孢小克银汉菌、灰色链霉菌
戴短侧耳素	刺孢小克银汉菌
Ribenone	毛霉
Stemodin	毛霉、维氏核盘菌、黑曲霉、球孢白僵菌、米根菌
Stemarin	毛霉、维氏核盘菌、黑曲霉、球孢白僵菌
Stemodane	刺孢小克银汉菌、毛霉、米根菌
Stemarane	刺孢小克银汉菌、黄孢原毛平革菌
Solidagenone	黑曲霉、新月弯孢霉
香紫苏醇	亚麻镰孢菌、匍枝根霉
Trachyloban-19-oic acid	匍枝根霉
雷公藤甲素	短刺小克银汉霉
雷公内酯酮	黑曲霉
Teideadiol	毛霉

四、合成生物学中的微生物转化研究

作为第三代生物技术革命的代表，合成生物学是利用生物系统、生物机体或其代谢产物，为特定用途而生产或改变产品或过程的技术应用。应用模块化和工程设计原理，合成生物学在基因及基因组水平上对生物系统进行改造或创建，从而合成目标化合物或新的分子。“合成生物学”一词

最早出现在法国物理化学家 Stephane Leduc 于 1911 年所著的 *The Mechanism of Life*(《生命的机制》)一书,但受限于当时生物学认识水平,合成生物学未得以发展。近年来,随着以基因组学和蛋白质组学等为代表的研究技术快速发展以及基因工程技术的日益成熟,大量基因的具体功能得以揭示,为微生物转化研究带来了全新契机,人们可以理性地通过合成生物学技术对生物元件进行改造。

作为一门新兴学科,合成生物学正在缓慢地重塑药物发现领域。几千年来,天然产物一直是人类药物的主要来源,如抗生素、萜类化合物、菲醌化合物等。在长期的进化过程中,它们的化学结构和功能得以选择与优化,所具有的独特化学结构赋予了许多天然产物与特定靶点专一性结合的能力和良好的生物活性,使之可以直接成药用于疾病的治疗。抗生素是过去一个世纪发现和开发的最成功药物之一,微生物次级代谢产物被系统地筛选抗生素活性,抗生素天然产物的一个标志是其化学多样性和复杂性。这种化学多样性基于作为核心结构的多肽、聚酮、糖类、生物碱或萜烯主干组成的化学骨架,各种化学反应(如异构化和外消旋化、还原和氧化以及基团转移)修饰这些骨架后最终合成天然产物,所以最终产物通常结构复杂。尽管天然产物在药物和抗生素发现方面有着良好的历史记录,但其鉴定、纯化、合成和规模化生产方面存在着重大技术挑战。

合成生物学的兴起,为药物发现和生产提供了巨大机会。在合成生物学中,具有一定功能的 DNA 序列组成最简单的生物部件,不同功能的生物部件按照一定的顺序组成复杂的生物组件后,在合适的生物工具中生产合成目标或新的化合物。以新抗生素生物合成为例,通过以编码骨架(多肽、聚酮等)和各种剪裁酶的基因为生物部件,在组装成编码特定化合物的生物组件后,利用合适的宿主(细菌、酵母等)进行共同表达即可产生目标药物(图 8-35)。

培养和操作简单的微生物的开发与利用是合成生物学的重要研究内容之一。合成生物学的原理、策略和工具已被应用于指导和改造微生物,相比于传统的化学合成法,合成生物学利用重组微生物菌株的大量发酵得到产物,成本低,环境污染较小,为建立供高通量筛选的天然化合物库提供了有力支持。在合成生物学中所需要采用的技术手段,包括对生物合成基因簇实施突变、异源表达生物合成基因簇、重组结构域或模块等。

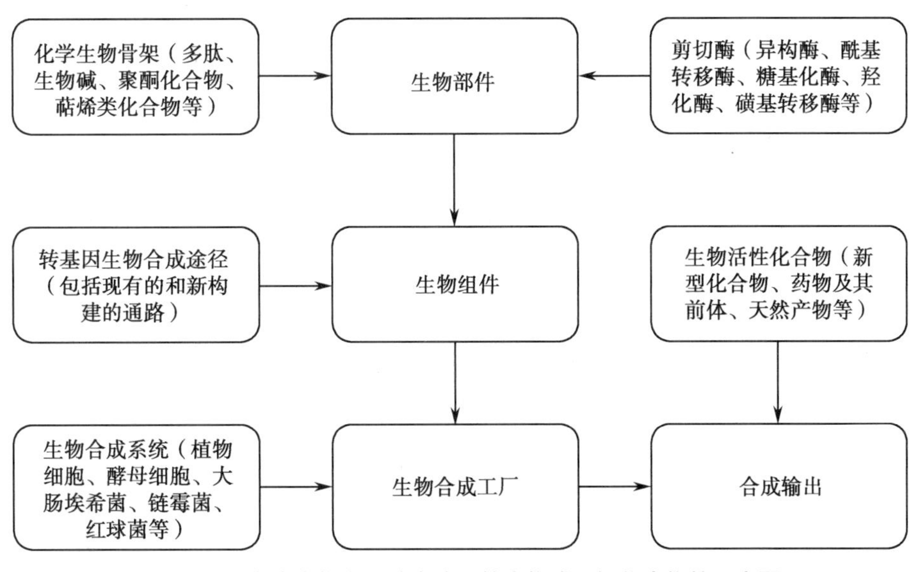

图 8-35　合成生物学设计合成天然产物或目标化合物的示意图

（一）对生物合成基因簇实施突变

通过同源重组手段敲除或替换微生物次级代谢产物生物合成基因中特定的结构域，获得的突变菌株可以产生与原代谢产物不同的新化合物。这些改变可发生在某种化合物生物合成基因簇的某个结构域，也可同时发生在多个结构域，从而使化合物生物合成过程中的多个步骤发生催化活性的缺失或催化方式改变，导致突变株具备次级代谢产物多样性的基础。例如研究人员在对含有红霉素生物合成基因簇进行改造的过程中，利用雷帕霉素聚酮合成酶（rapamycin polyketide synthase，RAPS）有关结构域替换 6- 去氧红霉素内酯合成酶（6-deoxyerythronolide B synthase，DEBS）中的部分结构域或 RAPS 模块 1 中的脱水酶 / 烯酰还原酶 / 酮基还原酶结构域（rapDH/ER/KR1）；或是直接将酮基还原酶结构域敲除，结果发现产物母核的支链发生了多种变化，最终获得了 100 余个修饰在 6- 去氧红霉素内酯的 2、3、4、5、10 和 11 位上的新型红霉素类似物。

（二）异源表达生物合成基因簇

通过向常见天然产物生产菌株（如酵母、大肠埃希菌、链霉菌属、红球菌属和假单胞菌属等）中插入所构建的异源表达基因簇，可构建能表达全新产物的菌株。

吗啡为阿片受体激动剂，属于苄基异喹啉类生物碱，在临床中经常作为镇痛药治疗急性锐痛、慢性疼痛、癌症晚期疼痛等严重疼痛。医疗领域对吗啡等阿片类生物碱的需求量极大，传统吗啡主要从罂粟中提取，每年需种植约 10 万公顷，生产约 800 吨阿片类化合物才能满足临床需求。吗啡是罂粟的次级代谢产物，其合成过程极其复杂，天然吗啡的合成包括 33 步反应，分为 3 个模块：①蔗糖→葡萄糖→ L- 酪氨酸；② L- 酪氨酸→（*S*）- 牛心果碱；③（*S*）- 牛心果碱→（*R*）- 牛心果碱→吗啡，有几十种酶参与。目前，研究人员已经掌握吗啡生物合成的各步反应及其需要的酶。2015 年，斯坦福大学 Smolke 团队利用酵母宿主，通过合成生物学方法构造了每步反应的关键酶及体系，在酵母中构建出阿片类生物碱生物合成的完整通路，成功生产了蒂巴因和氢可待因，并在酵母中实现了由蒂巴因到吗啡的转化，是合成生物学应用于微生物复杂代谢通路改造的一个重要案例。

丹参酮是从中药丹参中提取的脂溶性菲醌活性成分，具有抗菌、消炎、活血化瘀、促进伤口愈合等多方面作用。目前丹参酮主要从丹参中提取，但丹参生长周期长、提取步骤复杂，影响了对其深入的开发。我国学者致力于解析丹参酮生物合成途径并实现了丹参酮的异源生产。次丹参酮二烯是丹参酮前体，通过功能基因组学方法首次克隆次丹参酮二烯合成所需酶 SmCPS 和 SmKSL，并在大肠埃希菌中进行了代谢途径重构，产量达到 2.5mg/L。通过设计模块组合方式，研究者进一步优化了合成过程中编码 SmCPS、SmKSL、法尼基焦磷酸（FPP）合酶、香叶基香叶基焦磷酸（GGPP）合酶和甲羟戊酸还原酶共 5 个蛋白基因，使次丹参酮二烯产量大幅上升到 365mg/L。通过对丹参酮合成途径的比较转录组学研究，鉴定得到 6 个与次丹参二烯生物合成相关的细胞色素 P-450 基因，发现 SmCYP76AH1 催化次丹参酮二烯转化为铁锈醇，并构建至酿酒酵母异源表达。通过对比丹参酮和铁锈醇的结构，可以推测铁锈醇脱氢形成隐丹参酮之后，在还原酶的催化下形成丹参酮。以上研究为进一步解析丹参酮生物合成下游途径以及微生物合成丹参酮奠定了基础（图 8-36）。

（三）重组结构域或模块

除了将生物合成基因簇中对应酶的某个结构域或模块的基因片段进行替换和敲除外，将合适的结构域或模块组合，亦可产生结构与原产物相差很大的新化合物。例如将来源于红霉素、格尔德霉素（geldanamycin）以及雷帕霉素等合成酶中不同功能的模块进行随机组合后，成功合成了所预期的聚酮类化合物库。

总之，合成生物学是实现化合物多样性的重要新途径，为新药开发和生产提供了新的手段。相比于传统化学方法，组合生物合成技术可使酶精确催化特定底物的特定位点，故不会导致副产物的生

成，具有更高的选择性。随着生物信息数据库的不断充实和新型基因工程操作技术的改进，合成生物学在新药研发和医疗领域的作用将愈加重要。

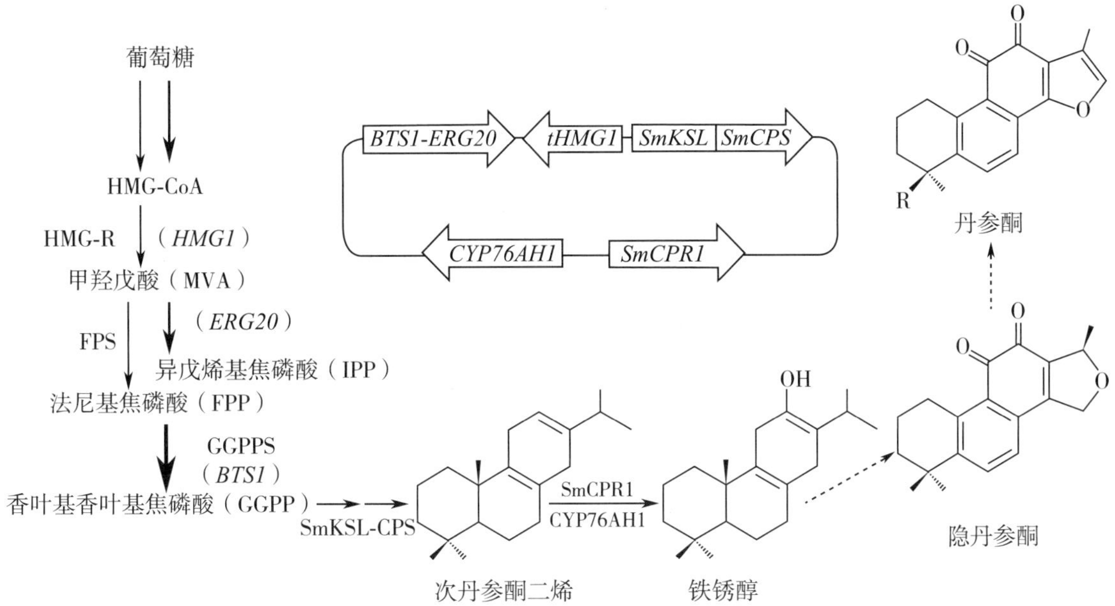

图 8-36　丹参酮合成生物学研究过程

第三节　微生物转化在制药工业上的应用及实例

在过去的 30 多年中，微生物转化技术在有机化学合成领域中的尝试不仅使理论研究获得广泛开展，在实际应用方面也取得了巨大进步。许多化学合成工艺十分复杂的药物、食品添加剂、维生素、化妆品和其他一些精细化工产品合成过程中的某些重要反应，现在已经能够用微生物或酶转化技术替代。目前，微生物转化除了在甾体药物中应用外，也已经广泛应用于中药和其他药物的研究领域，还为中药现代化发展提供了新途径和新方法，并且在天然活性物质的研究和手性药物等研究领域也显示出其无可比拟的优势。

一、微生物转化在甾体药物合成中的应用

微生物转化在甾体药物合成中的应用是微生物转化反应的应用研究中开展最早和最广泛的领域。以前单纯采用化学方法改造不同的天然甾体化合物，往往合成步骤多，收率低且价格昂贵，而且某些反应甚至无法用化学方法进行。自从微生物转化反应用于生产后，一般以化学与微生物转化反应相结合来生产甾体药物。现以糖皮质激素类及性激素类药物为例，介绍微生物转化在甾体药物合成中的应用。

（一）糖皮质激素类药物

1. 结构和种类　糖皮质激素（glucocorticoid）属甾体化合物，由肾上腺皮质分泌，包括氢化可的松和可的松等。其基本结构见图 8-37，它在化学结构上的特征是甾体母核 C 环的 C_{11} 上有酮基（如可的松）或羟基（如氢化可的松），在 D 环的 C_{17} 上有 α- 羟基。这类激素对糖代谢的作用较强，而对水、盐代谢的作用较弱，所以称为糖皮质激素。同时这类激素又有显著的抗炎作用，故又称为甾体抗炎药。

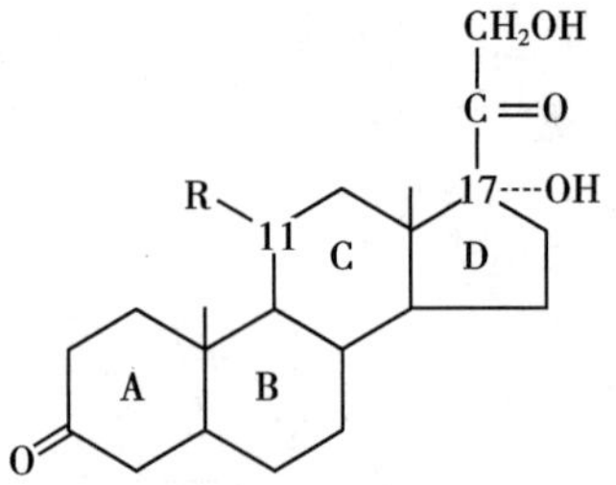

糖皮质激素基本结构

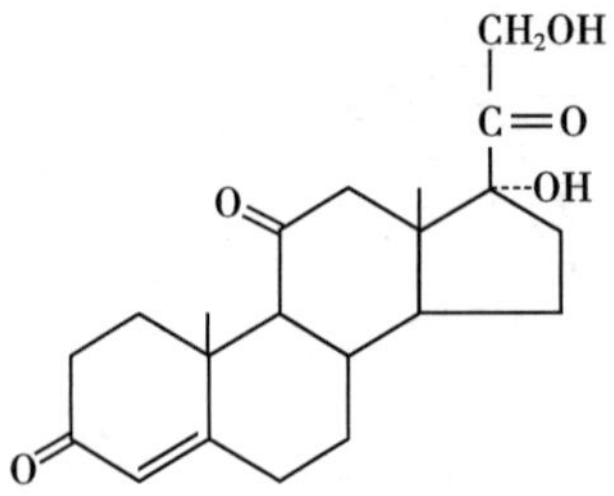

可的松 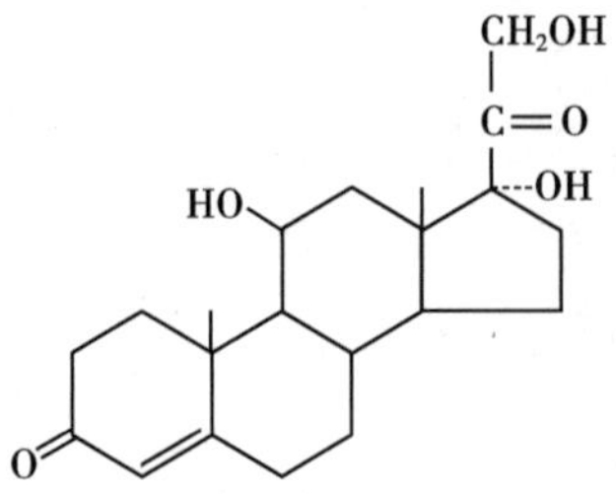　　　　氢化可的松

图 8-37　糖皮质激素类药物基本结构

糖皮质激素自 1948 年用于治疗急性风湿病以来，其治疗范围迅速扩展到许多疾病，至今已有 70 多年的应用历史。一般生理情况下分泌的糖皮质激素（生理剂量）主要影响正常物质的代谢过程，当超过生理剂量达药理剂量时，除可影响物质的代谢外，还具有抗炎、免疫抑制、抗病毒和抗休克等药理作用。

2. 合成　工业上生产糖皮质激素类药物的起始原料通常采用薯蓣皂素，经降解为化合物 S（compound S）后，再结合化学和微生物转化方法来生产（图 8-38）。

醋酸可的松的生产最初采用从薯蓣皂素经黄体酮的十四步合成法，即由薯蓣皂素经开环、氧化、消除、水解等生成中间体黄体酮，再利用黑根霉在黄体酮 C_{11} 位上引入羟基，再经氢化、氧化、还原、羟化、乙酰化、脱氢等反应得到醋酸可的松。我国黄鸣龙等于 1958 年用黑根霉使 16*α*，17*α*- 环氧孕甾 -4- 烯 -3,20- 二酮（16*α*、17*α*- 环氧黄体酮）氧化引入 C_{11} 羟基，从而研究成功了从薯蓣皂素合成可的松的七步合成法路线，这是我国第一个用于甾体药物生产的微生物合成。目前，醋酸可的松的生产通常采用从薯蓣皂素合成化合物 S 的路线：由薯蓣皂素经开环、氧化、水解等生成化合物 S，利用黑根霉在化合物 S 上导入 C_{11} 羟基，再经乙酰化、氧化得到醋酸可的松（图 8-38 A）。

由醋酸可的松 1,2 位去氢即制得醋酸泼尼松，其抗炎作用增加 3~4 倍，而钠潴留副作用减少。早期的脱氢方法是用二氧化硒氧化法，收率较低，约为 65%，并且产品中含有微量硒不易除尽，影响质量。我国于 1969 年采用微生物方法脱氢（简单节杆菌脱氢），将收率提高到了 88%（图 8-38 B）。

可的松与泼尼松的 C_{11} 位上的酮基需转化为羟基，生成氢化可的松和泼尼松龙后才能发挥作用，此反应主要在肝脏进行，所以严重肝功能不全者不宜用氢化可的松和泼尼松龙。1950 年，Wendler 等用化学合成法合成氢化可的松；1952 年，Collingsworth 又用微生物氧化法从化合物 S 制备氢化可的松。以醋酸化合物 S 为底物，由新月弯孢霉转化，在 C_{11} 位引入羟基得到氢化可的松，但往往会有 14*α*- 羟基副产物产生。如果采用 17*α*- 醋酸化合物 S，因立体位阻可阻止 14*α*- 羟基副产物的产生。其生产路线是将化合物 S 乙酰化得到 3*β*，17*α*，21- 三醋酸酯化合物 S，经黄杆菌（*Flavobacterium lants*）水解得 17*α*- 醋酸酯化合物 S，再经新月弯孢霉转化得到 11*β*- 羟化合物 S-17*α*- 醋酸酯，将其溶解于甲醇后，加入 NaOH 使 17*α*- 醋酸酯水解即可得氢化可的松，产率可到 70% 左右（图 8-38 C）。氢化可的松在简单节杆菌作用下 $C_{1,2}$ 脱氢得泼尼松龙，再经乙酰化得到醋酸氢化泼尼松即醋酸泼尼松

龙(图 8-38 D)。

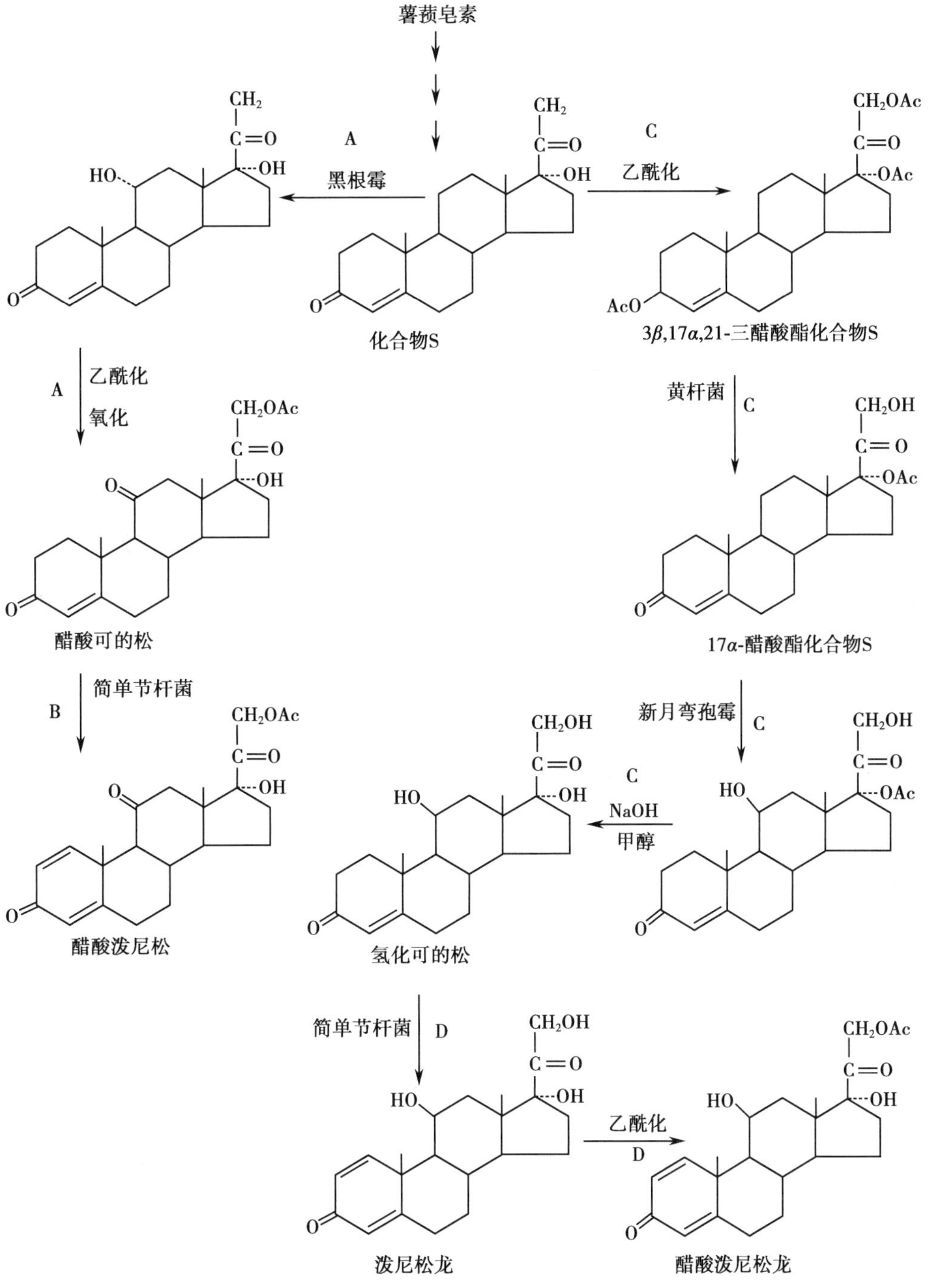

图 8-38　糖皮质激素类药物的合成

醋酸地塞米松系高效皮质激素之一,具有剂量小、药效高的优点,其抗炎作用是氢化可的松的 30 倍以上。该生产工艺中的 $\Delta^{1,4}$ 脱氢采用了简单节杆菌(*Arthrobacter simplex*)和诺卡菌(*Nocardia*)混合物菌种同时接种于培养基中,30℃培养 48 小时后加入双酯化合物,转化 70 小时,一步微生物氧化可取代化学合成法中的水解、氧化、上溴、脱溴、脱氢五步反应,使收率显著提高。所得的 $\Delta^{1,4}$ 脱氢物,经溴羟环氧上氟,制得醋酸地塞米松。其新老工艺对照见图 8-39。

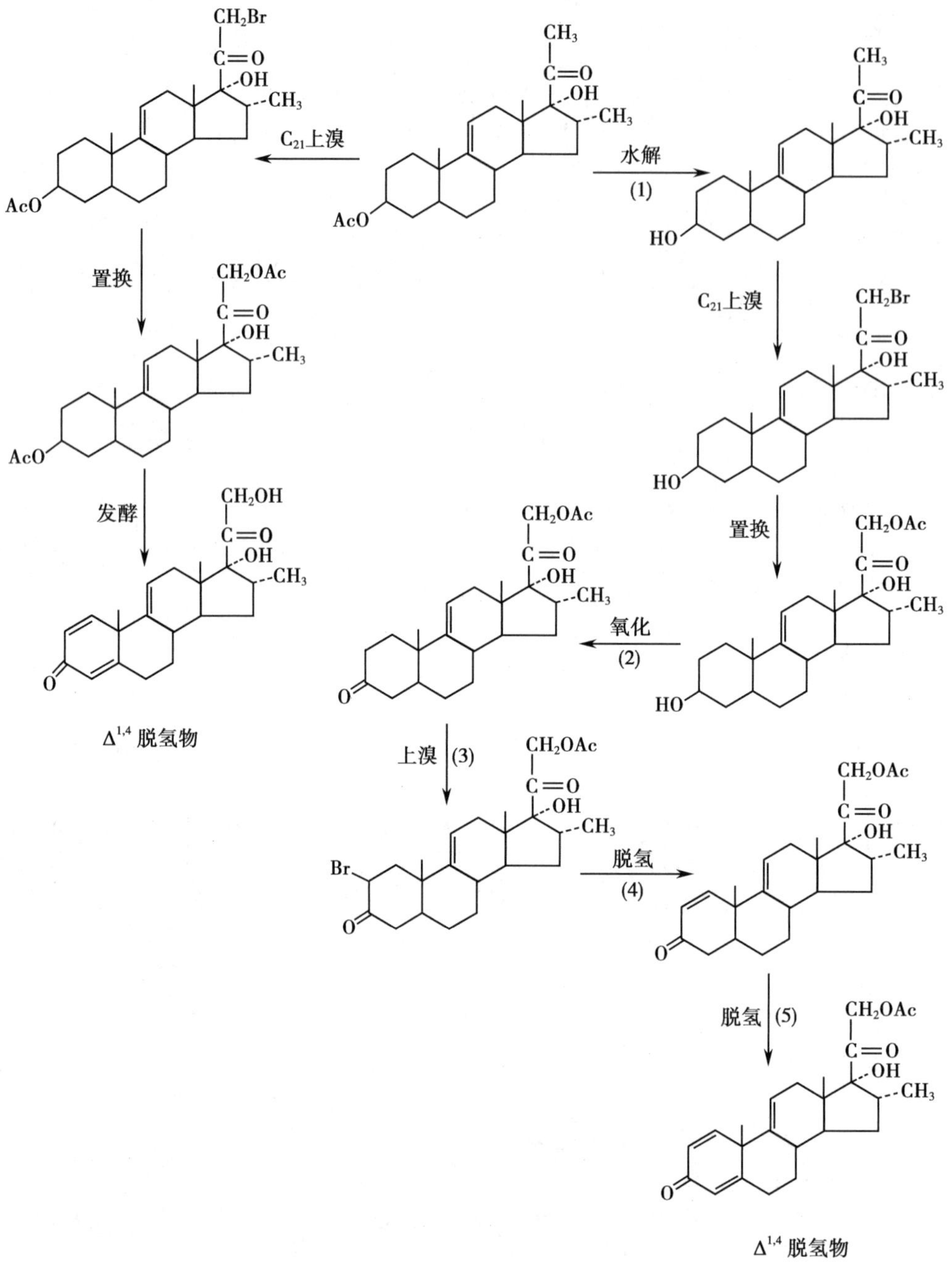

图 8-39 醋酸地塞米松新老工艺对照

(二) 性激素类药物

1. 结构和种类 性激素主要包括雌激素(estrogen)、雄激素(androgen)和孕激素(progestogen),由性腺分泌,能够促进性器官的发育、成熟、副性征发育及增进两性生殖细胞的结合和孕育,同时还具有一定的调节代谢作用。其母核结构为甾体母核环戊烷多氢菲,结构变化主要发生在 C_1 与 C_2 之间的化学键、C_3 的酮基或烯醇基、C_{10} 及 C_{17} 的取代基团中(图 8-40)。

临床上,雌激素常用来治疗女性性功能疾病、更年期综合征、骨质疏松以及作为口服避孕药,如雌二醇(estradiol)、曲美孕酮(trimegestone)主要用于妇女绝经后综合征,炔雌醇(ethinylestradiol)现已成为口服避孕药中最常用的雌激素组分。孕激素主要有黄体酮(progesterone),常用于治疗黄体功能不全所致的月经失调、不孕症、先兆流产及习惯性流产等。雄激素主要有睾酮(testosterone),主要用于保持男性性功能及副性征,也可用于治疗功能失调性子宫出血、子宫肌瘤、贫血、营养不良等疾病。

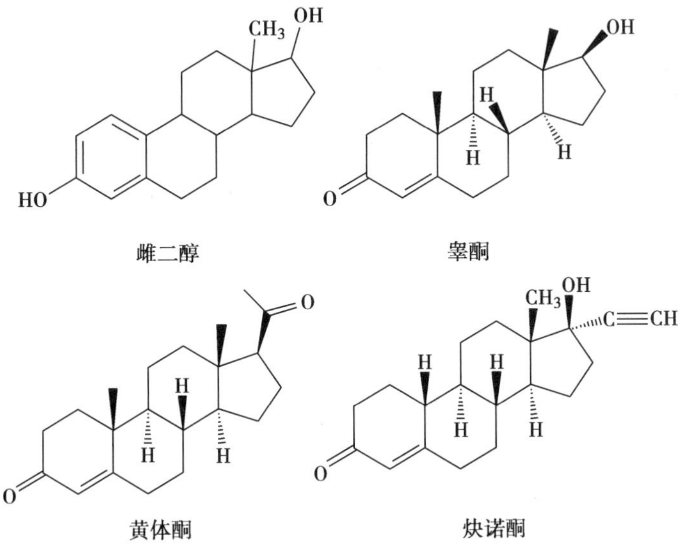

雌二醇　睾酮

黄体酮　炔诺酮

图 8-40　性激素类药物基本结构

2. 微生物转化法制备　与糖皮质激素类药物类似，目前工业上对于性激素类药物的生产主要采用化学合成结合微生物转化。

早在 20 世纪 60 年代中期，研究已发现某些微生物可以切除胆固醇的侧链而成功得到合成甾体化合物，尤其是性激素类化合物的重要前体 AD 及 ADD，其中 AD 主要用来生产雄激素、蛋白同化激素、螺内酯等药物；ADD 主要用于合成 19- 去甲甾体系列雌激素，如雌酮（estrone），炔诺酮（norethisterone）和黄体酮（progesterone）等。

微生物转化降解甾醇生产 AD 的过程包括 C_3 位的羟基氧化成酮基，$C_{5,6}$ 位双键的氢化以及侧链的降解。其中起决定作用的是侧链的降解，侧链的降解机制与脂肪酸的 β 氧化相似，开始于 C_{27} 位羟化，再氧化成 C_{27} 位羧酸，再 β 氧化失去丙酸、乙酸，最后再失去丙酸，形成 C_{17} 位酮基化合物，涉及 9 种酶参与的 14 步连续的催化反应，而后 AD 进行 $C_{1,2}$ 脱氢即可得到 ADD（图 8-41）。

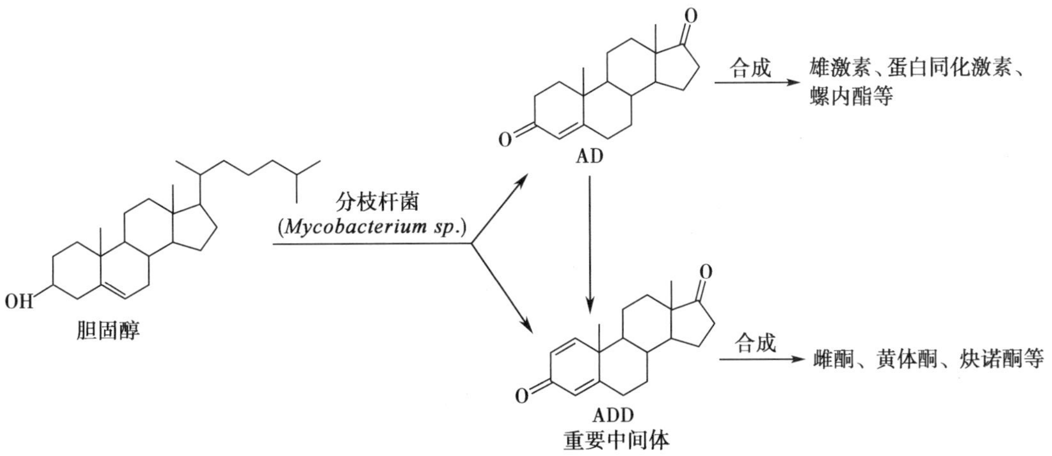

胆固醇　分枝杆菌 (*Mycobacterium sp.*)　AD　合成　雄激素、蛋白同化激素、螺内酯等

ADD 重要中间体　合成　雌酮、黄体酮、炔诺酮等

图 8-41　性激素类药物的微生物转化过程

二、微生物转化与中药现代化

中药是中华民族 5 000 年文化积淀的一份宝贵遗产和瑰宝。在数千年的中医理论发展中，中药无论从数量种类还是配方应用等方面均发生了多次质的飞跃。但在近代，我国在中药研究及工业化

方面的发展较慢。特别是我国加入世界贸易组织（WTO）以后，药物研究开发的基本方法必然从过去的仿制转向自主研发。中药现代化已经成为我国新药研制和走向世界的必由之路。若想使中药实现现代化，打开国际市场，就必须在中药研究中应用新技术和新手段，其中微生物转化技术就是重要途径之一。微生物具有丰富而强大的酶系，微生物转化可用完整的微生物细胞或从微生物细胞中提取的酶作为生物催化剂，具有较强的立体选择性，且能完成一些化学合成难以进行的反应。微生物转化技术为中药的研究提供了多种技术手段。

（一）微生物转化技术对中药研究和生产的意义

与传统生产方式相比较，应用微生物转化技术进行中药研究和生产有以下优点：

1. 保护中药活性成分免遭破坏　与传统中药提取工艺煎、煮、熬、炼、蒸、浸等相比，微生物是在常温、常压等较为温和的条件下进行的微生物转化，故能最大限度地保护中药中活性成分免遭破坏，特别是对敏感的芳香类挥发油、维生素等活性成分更能有效地加以保护。

2. 为中药活性成分结构修饰提供新途径　近年来，以微生物为反应器进行中药活性成分的微生物转化和生物合成，已逐渐成为中药活性成分获取的新途径。通过对中药中有效成分进行修饰，可以获得更有效的成分以提高治疗效果。如淫羊藿苷有增强内分泌，促进骨髓细胞 DNA 合成和骨细胞生长的作用。淫羊藿苷一般含 3 个糖基，研究表明低糖基淫羊藿苷和淫羊藿苷元的活性均明显高于淫羊藿苷。利用曲霉属真菌产生的诱导酶水解淫羊藿苷，可制得低糖基淫羊藿苷或淫羊藿苷元，且转化率高。

3. 加深对中药作用机制的认识　中药化学成分多种多样，当作为药物应用时，必须在消化道中与肠道菌群接触。一些中药成分可以直接被人体吸收，但有一些则必须通过人体消化酶或肠道菌代谢才能吸收。通过研究肠道菌对中药的转化作用，能开发出可被人体直接利用的重要制剂，如注射剂，满足一些特殊的用药需求，提高中药的使用价值。

4. 有利于发现新的先导化合物和开发中药新药　以多种不同催化功能的酶体系对中药化学成分进行转化，可产生新的天然化合物库，结合高效、快速的药物筛选手段。如可治疗多种疾病的传统中药雷公藤，其中的活性成分是雷公藤内酯，用短刺小克银汉霉 AS3.970 转化雷公藤内酯 5 天后，色谱分离获得了 4 个新化合物，且都具有对人肿瘤细胞株的细胞毒作用。

5. 有利于提高中药现代化的水平　利用微生物转化技术来生产发酵中药具有较高的技术水平，药材（或有效成分）的生产可以在人为控制条件下进行，通过控制培养条件和培养方式较大地提高生产率，并能确保所得产物的产品质量且制剂方便，便于与国际标准接轨，有利于提高我国中药现代化的水平。

（二）微生物转化中药的途径

微生物在生产过程中会产生各种各样的酶，其丰富而强大的酶系可以将药物的成分分解转化形成新的活性成分，产生新的药效。其转化途径归纳起来有：①微生物将中药中的有效成分经代谢形成新的化合物；②微生物生产过程中产生的某些次级代谢产物本身就是功效良好的药物；③微生物产生的某些次级代谢产物与中药中的某些物质发生反应形成的化合物；④微生物在中药的特殊环境中有可能改变自身的代谢途径，从而形成新的活性物质或者改变活性成分的比例；⑤微生物的分解作用有可能将中药中的有毒物质降解，从而降低药物的毒副作用。利用微生物转化来炮制中药，可较大幅度地改变药性，提高疗效，降低毒副作用，扩大适应证，比传统的物理和化学炮制手段更具有优越性。

三、微生物转化在天然药物开发中的应用

我国是天然药物生产和应用大国，近年来随着基因工程、细胞工程、酶工程技术的不断发展和完善，微生物转化技术有了突飞猛进的发展，已经成为现代生物工程技术的重要组成部分。鉴于微生物

转化产品的形成过程更接近或等同于自然界产物，FDA将这类产品列入天然产品，这为微生物转化及天然发酵产物的市场化提供了一个很好的软环境。微生物转化技术具有其他一般方法无法比拟的优势，可以为开发新药、提高药物疗效、降低药物毒副作用的研究提供新的手段。

(一) 微生物转化技术在抗癌药物生产中的应用

一些抗癌药物发挥药效的天然活性成分往往含量低、结构复杂、合成困难，如紫杉醇、三尖杉酯碱、喜树碱、美登木素等的含量都在万分之几或更低。从野生植物中寻找原料难以满足工业生产的需要，人工栽培也存在成本高、周期长、产量难以保证等问题。而在植物中往往还存在一些生源关系相近或结构类似的化合物，利用微生物转化技术把这些类似物转化成高活性的目标化合物，不但可以大大提高生物资源的利用率，而且能够保护我们赖以生存的自然环境。

1. 紫杉醇 紫杉醇(taxol)是20世纪60年代后期科学家从太平洋紫杉即红豆杉树皮中提取的一种具有特殊骨架的二萜类生物碱，具有特殊抗肿瘤作用，对卵巢癌、乳腺癌、肺癌、食管癌、前列腺癌及直肠癌等有特效，此外在类风湿关节炎、脑卒中、阿尔茨海默病的治疗上也有较好疗效，被誉为近十几年来天然药物研究领域最大的发现。由于紫杉醇在天然红豆杉中的含量很低，加上红豆杉资源本身亦非常匮乏，限制了紫杉醇的进一步开发和应用，寻找紫杉醇的新来源已成为当务之急。自20世纪80年代末以来，研究人员相继进行了化学合成紫杉醇，利用红豆杉细胞培养技术生产紫杉醇等技术方法的研究，但仍存在产率比较低的问题。

1993年，研究人员从短叶红豆杉(*Taxus brevifolia*)韧皮中分离到一种紫杉真菌(*Taxomyces andreanae*)生产紫杉醇，其药效与植物性紫杉醇相似，但产率较低，仅为24~50ng/L。从此开始了利用植物的内生真菌发酵生产紫杉醇的研究。除了短叶红豆杉外，云南红豆杉(*Taxus yunnanensis*)、西藏红豆杉(*Taxus wallachiana*)、南方红豆杉(*Taxus chinensis* var. *mairei*)等红豆杉植物内生真菌发酵生产紫杉醇的研究均有报道。

除了利用微生物发酵法生产紫杉醇外，近年来利用微生物转化法生产紫杉醇也受到关注。微生物转化法不仅可以用于紫杉醇的合成，而且可以对紫杉醇结构类似物进行基团修饰以获得更高活性的化合物。如在云南红豆杉中除含有紫杉醇外，还含有一系列结构相似的紫杉烷，如7-表-10-去乙酰基紫杉醇(7-epi-10-deacetyl-taxol)和1β-羟基巴卡亭Ⅰ(1β-hydroxybaccatin-Ⅰ)等，特别是1β-羟基巴卡亭Ⅰ具有独特的4β,20-环氧骨架，是云南红豆杉中含量较多的紫杉烷。我国研究人员从云南红豆杉中分离到3株内生真菌：*Microsphaeropsis onychiuri*，*Mucor* sp.和*Alternaria alternate*。其中*Microsphaeropsis onychiuri*和*Mucor* sp.能将7-表-10-去乙酰基紫杉醇选择性地水解或异构化生成10-去乙酰基巴卡亭Ⅴ、10-去乙酰基紫杉醇和10-去乙酰基巴卡亭Ⅲ。而*Alternaria alternate*能将1β-羟基巴卡亭Ⅰ转化为5-去乙酰基-1β-羟基巴卡亭Ⅰ，13-去乙酰基-1β-羟基巴卡亭Ⅰ和5,13-双去乙酰基-1β-羟基巴卡亭Ⅰ。这些转化产物都可以成为半合成紫杉醇或紫杉醇类似物的起始原料，如Denis等成功地用10-去乙酰基巴卡亭Ⅲ半合成紫杉醇过程中，得到比紫杉醇活性更高、水溶性更好的多西他赛(docetaxel)。另外，也报道了真菌*Cunninghamella echinulata*、*C. elegans*和*Aspergillus niger*对紫杉烷的选择性去乙酰化、羟化和环氧化等。

近年来，研究人员对紫杉醇的生物合成途径进行了深入探索，发现紫杉醇的生物合成主要涉及三步：即上游由甲基赤藓糖磷酸(methylerythritol phosphate，MEP)通路形成异戊基焦磷酸盐；然后经过经典萜类异生途径(heterologous pathway)形成紫杉二烯(taxadiene)；而紫杉二烯在细胞色素P-450介导的氧化酶、羟化酶的作用下最终形成紫杉醇。通过优化异戊二烯生物合成途径(萜类生物合成途径)，使生物表达朝着紫杉二烯的方向进行，并抑制其主要副产物吲哚的生成，这样采用大肠埃希菌即可大量发酵生产紫杉醇的关键性前体化合物紫杉二烯，然后利用酶工程或微生物转化将紫杉二烯羟化，即可得到紫杉醇，使紫杉醇的大量生产获得关键性突破(图8-42)。随着基因工程和其他生物技术的发展，相信在不久的将来，人们有望利用微生物来解决紫杉醇的来源危机。

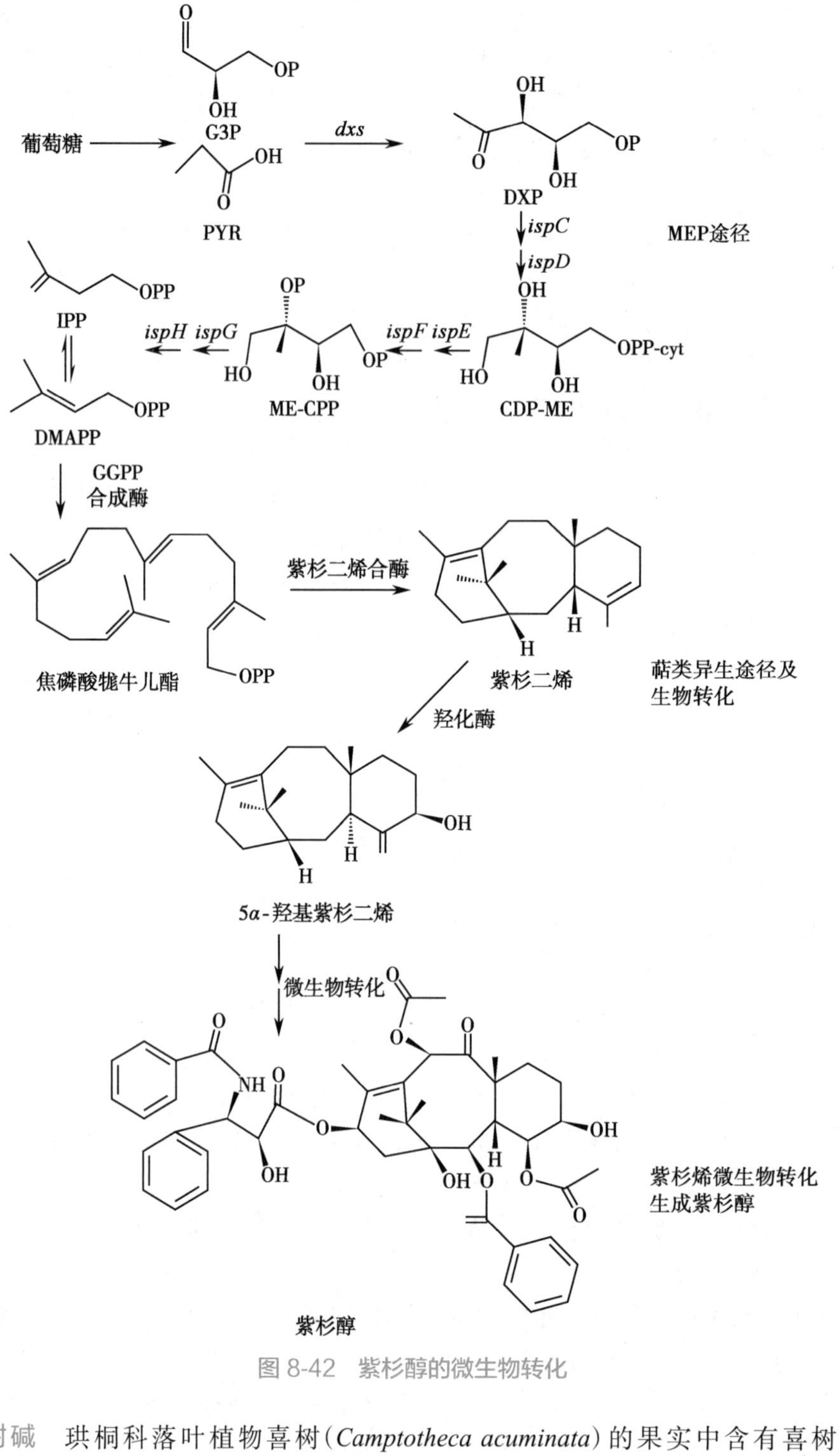

图 8-42　紫杉醇的微生物转化

2. 喜树碱　珙桐科落叶植物喜树(*Camptotheca acuminata*)的果实中含有喜树碱(camptothecine,CPT)、羟喜树碱(hydrocamptothecine,HCTP)、去氧喜树碱、甲氧基喜树碱等多种结构类似的生物碱。喜树碱类生物碱是唯一有选择性抑制 DNA 拓扑异构酶(Topo Ⅰ)作用的植物抗癌药,已成为继紫杉醇之后第二个由植物衍生的重要抗癌药物。经动物药理和临床肿瘤实验结果证明,10- 羟基喜树碱(羟喜树碱)比喜树碱具有更好的治疗效果和更低的毒副作用,但在该植物中生物碱含量为万分之几,且以喜树碱为主要成分,10- 羟基喜树碱仅占 12 万分之一,依靠天然资源提取分离费时、费力且浪费资源。

早在 1977 年,中国科学院上海药物研究所的研究人员就从 150 株真菌中筛选得到曲霉 T-36 菌株,能有效地在喜树碱的 10 位上引入羟基生成 10- 羟基喜树碱(图 8-43),为解决资源问题开辟了新路。另外，还可以利用微生物中的脱烷基化酶、羟化酶等使甲氧基喜树碱、去氧喜树碱转化成喜树碱、羟喜树碱。

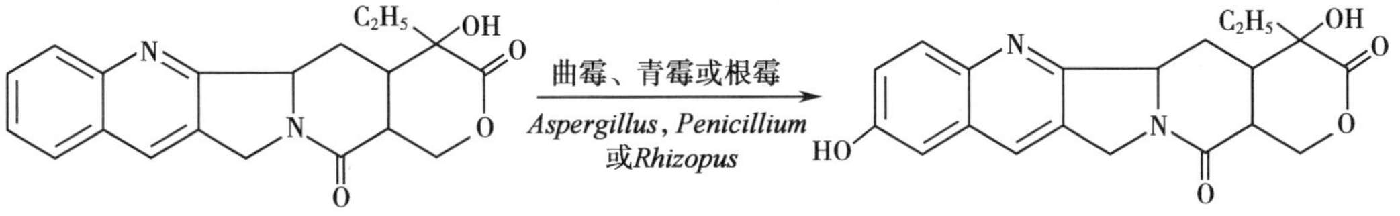

曲霉、青霉或根霉
Aspergillus, *Penicillium* 或*Rhizopus*

喜树碱　　　10-羟基喜树碱（羟喜树碱）

图 8-43　喜树碱的微生物羟化反应

（二）微生物转化青蒿素的研究

青蒿素(artemisinin)是我国学者在 20 世纪 70 年代初从青蒿(*Artemisia annua*)中分离得到的抗疟有效单体，是含有过氧化基团的新型半萜内酯化合物。青蒿素是由我国科学家自主研究开发并在国际上注册的药物，是目前世界上最有效的治疗脑型疟疾和抗氯喹恶性疟疾的药物之一。世界上青蒿素药物的生产主要依靠我国从野生青蒿素中直接提取，但野生资源已经远远不能满足世界范围内对青蒿素原料日益增长的需求。研究表明青蒿素的活性与其分子的极性相关，许多科学工作者都试图通过结构改造来提高药物疗效，以提高青蒿素的资源利用率。迄今已制备了数百个青蒿素的衍生物，但由于青蒿素的有效活性基团过氧桥不稳定，使得对青蒿素结构改造无法在酮基以外的部位进行，目前可用的化学改造方法都停留在对酮基的还原及对羟基的取代反应方面。

近年来，国内外研究人员试图利用微生物转化方法对青蒿素结构的其他部位进行改造。如国内研究者采用灰色链霉菌(*Streptomyces griseus* ATCC 13273)转化青蒿素，得到一个新的衍生物 9*α*- 羟基青蒿素。该化合物的结构与用化学改造方法所得到的衍生物结构不同，即羟基取代基不是在 12 位，而是在 9 位，体外抗疟活性研究表明，9*α*- 羟基青蒿素具有较强的抗疟活性。果德安等采用华根霉(*Rhizopus chinensis*)和雅致小克银汉霉(*Cunninghamella elegans*)对青蒿素进行转化(图 8-44)，得到 3 个衍生物：去氧青蒿素(deoxyartemisinin)，3*α*- 羟基去氧青蒿素(3*α*-hydroxydeoxyartemisinin)和 9*β*- 羟基青蒿素(9*β*-hydroxyartemisinin)。其中，去氧青蒿素，3*α*- 羟基去氧青蒿素由于过氧键的断裂而丧失抗疟活性。

（三）微生物转化没食子酸的研究

多酚类化合物具有良好的抗氧化及抗炎功能，在食品、生物、医药、化工等领域有广泛的应用。没食子酸又称倍酸、五倍子酸，是自然界存在的一种典型的多酚类化合物，主要用于药物、染料、墨水制造，也用做食品抗氧剂、防腐剂、金属提取剂、紫外线吸收剂、消毒剂、止血收敛剂、显影剂、化学试剂、泥浆流化剂和葡萄生长剂等。目前，工业生产上主要是以从五倍子、塔拉中所提取的单宁酸为原料，采用酸法、碱法水解制取没食子酸。尽管该方法产量高，但是其具有污染严重、设备易腐蚀等缺点，严重制约了没食子酸的大规模生产。而采用微生物转化法降解单宁酸制备没食子酸，依靠一些微生物连续或在底物诱导下产生的单宁酶来降解单宁酸，具有效率高、环境污染小，对设备几乎无腐蚀等优点，成为国内外学者的研究热点。曲霉和青霉是研究最为深入的单宁酶产生菌，已被广泛应用于微生物转化法生产没食子酸的研究中，其中黑曲霉可在培养基中不存在单宁酸的情况下连续产生单宁酶，并可以耐受高达 20% 的单宁酸而不影响酶的产生和菌株的生长。

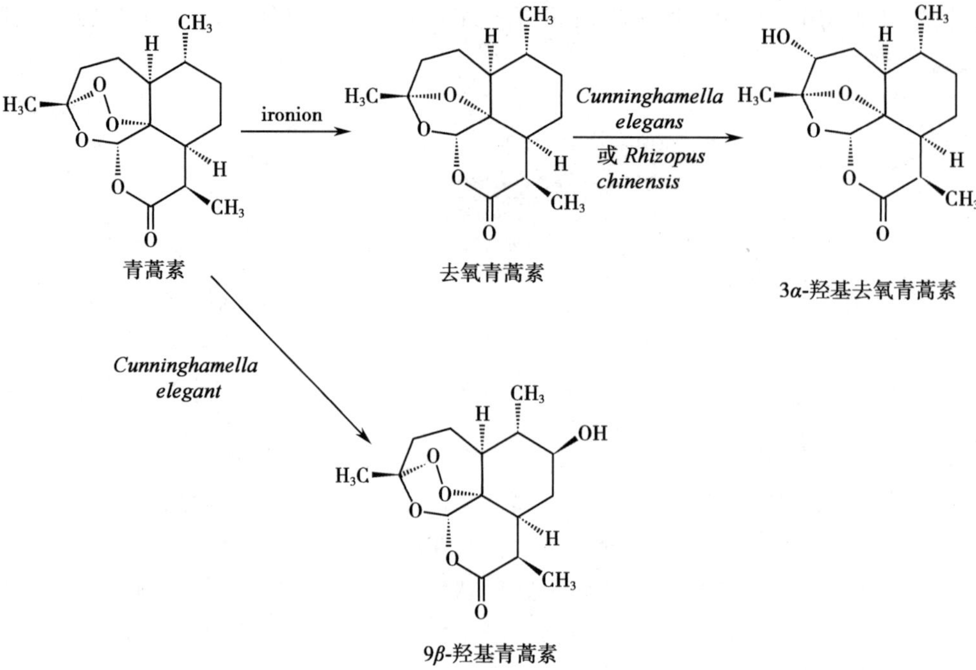

ironion

Cunninghamella elegans 或 *Rhizopus chinensis*

Cunninghamella elegant

青蒿素　去氧青蒿素　3α-羟基去氧青蒿素　9β-羟基青蒿素

图 8-44　青蒿素的微生物转化

（四）微生物转化人参皂苷的研究

皂苷类化合物具有中枢神经系统作用、抗肿瘤、抗炎、抗过敏、抗病毒、降低胆固醇及心血管活性等药理作用。人参皂苷（ginsenoside）是"百草之王"人参的主要活性成分，具有抗肿瘤、抗衰老、软化血管、抗肿瘤、抗炎、神经保护、保肝等作用，在功能性食品、传统医药、化妆品等行业应用广泛，具有极高的经济价值。

目前已鉴定出一百余种人参皂苷，其中糖基化人参皂苷 Rb_1、Rb_2、Rc、Rd、Re 和 Rg_1 为人参中主要皂苷类成分，占人参皂苷成分的 80% 左右。去糖基化人参皂苷包括 Rh_1、Rh_2、F_2、Rg_3、C-K 等，在人工栽培的人参中含量很低，是主要糖基化人参皂苷的代谢产物。去糖基化人参皂苷更容易被血液吸收，具有更好的药理活性和药用价值，是治疗癌症的潜在候选药物。传统提取去糖基化人参皂苷的方法主要包括高压热处理法、硫黄熏蒸法、化学酸水解法、碱水解法等，传统方法程序烦琐复杂，加热及化学反应过程缓慢，易造成环境污染，且获得终产物较少、产率较低、成本昂贵。因此，现已开发出微生物转化法用于去糖基化人参皂苷的制备。研究者利用从发酵泡菜中分离出的类消化乳杆菌 LH4 将人参皂苷 Rb_1 转化为药理学活性更强的 C-K，反应的摩尔转化率可达 88%。近年来有学者改良利用桔梗内生菌将糖基化人参皂苷转化为去糖基化人参皂苷，由于特殊的生存环境，内生菌可形成特殊的生活方式来维持稳定的共生关系，并能产生各种胞外酶进行次生代谢物的生物合成。因此，内生菌已被用来进行一些复杂的反应，以获得更有活性的化合物。改良的内生菌 JG09 能同时将原人参二醇人参皂苷 Rb_1、Rb_2、Rc 水解为去糖基化人参皂苷 F_2 和 C-K，其主要转化途径涉及消除 C_{20} 和 C_3 的糖基部分，Rb_1 去糖基后转化为 Rd，Rd 去糖基后转化为 F_2，然后 F_2 消除 C_3 的糖基部分产生化合物 C-K（图 8-45）。该方法转化人参皂苷 F_2 和 C-K 的最高产率达到 94.53% 和 66.34%，是传统物理化学方法的数倍。除此之外，肠道细菌、土壤微生物、食品微生物、贝氏拟青霉菌等已经被用于去糖基化人参皂苷的转化生产。相比于化学法制备，其转化过程特异性高，副反应少，在保证高转化率的同时选择性大大提高，被认为是制备去糖基化人参皂苷的最有效途径之一。

图 8-45　稀有人参皂苷的微生物转化

（五）黄酮类化合物的微生物转化

黄酮类化合物是一系列含有 2 个具有酚羟基的苯环通过中央三碳原子连接的化合物。黄酮类化合物广泛存在于植物体内，在植物生命过程的各阶段以及抗病虫害中均起着重要的作用。葛根中提取的葛根素具有扩张冠状动脉、降血压、降血脂、保护心肌及抗氧化、抗血栓形成、改善微循环等多种活性，临床可用于心、脑血管疾病的治疗，但其因水溶性和脂溶性差而限制了它的应用。利用微生物将其羟化为 3′- 羟基葛根素，或者糖基化得到 α- 葡萄糖基 -$(1 \rightarrow 6)$ 葛根素和 α- 麦芽糖基 -$(1 \rightarrow 6)$ 葛根素，均显著提高了溶解度及活性。

四、微生物转化与其他药物的制备

（一）微生物转化与手性药物的合成

当前，手性药物已成为我国新药开发的主要方向之一，单一异构体药物将逐渐占据药物的主要市场。生物手性合成技术是指利用酶促反应或特定的微生物转化技术将化学合成的外消旋体、前体或前手性化合物转化成单一光学活性的化合物（手性化合物）。由于生物合成反应具有条件温和、选择性强、副反应少、收率相对较高、光学纯度高、环境污染较少和生产成本较低等优点，目前已成为手性药物合成中的热门技术。

利用假单胞菌（*Pseudomonas* sp.），以 DL-2- 氨基噻唑啉 -4- 羧酸（DL-2-amino-thiazoline-4-carboxylicacid，DL-ATC）为原料，采用微生物酶法合成 L- 半胱氨酸已发展为较为成熟的生产工艺（图 8-46）。相比于以前的毛发水解法、还原法、酶法合成法、化学合成法和发酵法，以野生型菌株进行的发酵环境友好，产物可达药用标准。

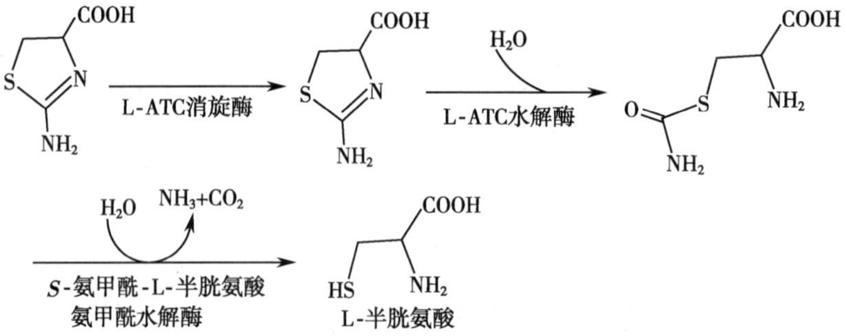

图 8-46　微生物法合成 L- 半胱氨酸

另外利用微生物转化技术还可以从含有外消旋的药物中开发单一异构体药物，即拆分手性化合物。该法利用酶的高度立体选择性进行外消旋体的拆分，获得纯的光学活性物质。目前常用的手性药物生物合成方法见表 8-4。

表 8-4　常见的手性药物生物合成方法

常见的微生物和酶转化法	合成的部分手性药物
酮洛芬烷基酯微生物活酶催化水解	酮洛芬
不对称醇类的酶法拆分	索他洛尔、硝苯洛尔、依那普利
光学活性 3- 羟基吡咯烷二酮的合成（脂肪酶参与下 3- 位羟基酯化后水解）	碳酰青霉烯类
手性羧酸类化合物微生物或酶催化氧化合成法	布洛芬、萘普生、酮洛芬、氟比洛芬
酶法或微生物还原法制备含羟基的亚磺酰基氨基化合物	索他洛尔

续表

常见的微生物和酶转化法	合成的部分手性药物
R- 酮洛芬和 *S*- 酮洛芬的制备(酯水解酶催化水解)	酮洛芬
光学活性 3- 甲基 -2- 苯基丁胺的制取(微生物不对称水解)	布洛芬、酮洛芬
1,4- 苯并二蒽烷 -2- 羧酸酯酶法对映体选择性水解	多沙唑嗪
光学活性酰胺的制备(腈的生物或酶催化水解)	阿替洛尔
光学活性 α-(羟基苯基)链烷酸的合成(酶催化水解)	拟交感神经药物、糖尿病药物和血管紧张素转化酶抑制剂
酶法 D,L-α- 氨基酸的拆分	L-α- 氨基酸

(二) 微生物转化与 HMG-CoA 还原酶抑制剂的制备

高胆固醇血症与动脉粥样硬化、冠心病等心血管疾病之间存在明显的相关性。抑制肝脏过多的胆固醇合成已被证明是防治心血管疾病的一种有效途径。胆固醇合成从乙酰辅酶 A 开始，经过 30 个步骤最终合成胆固醇。其合成途径如图 8-47 所示。

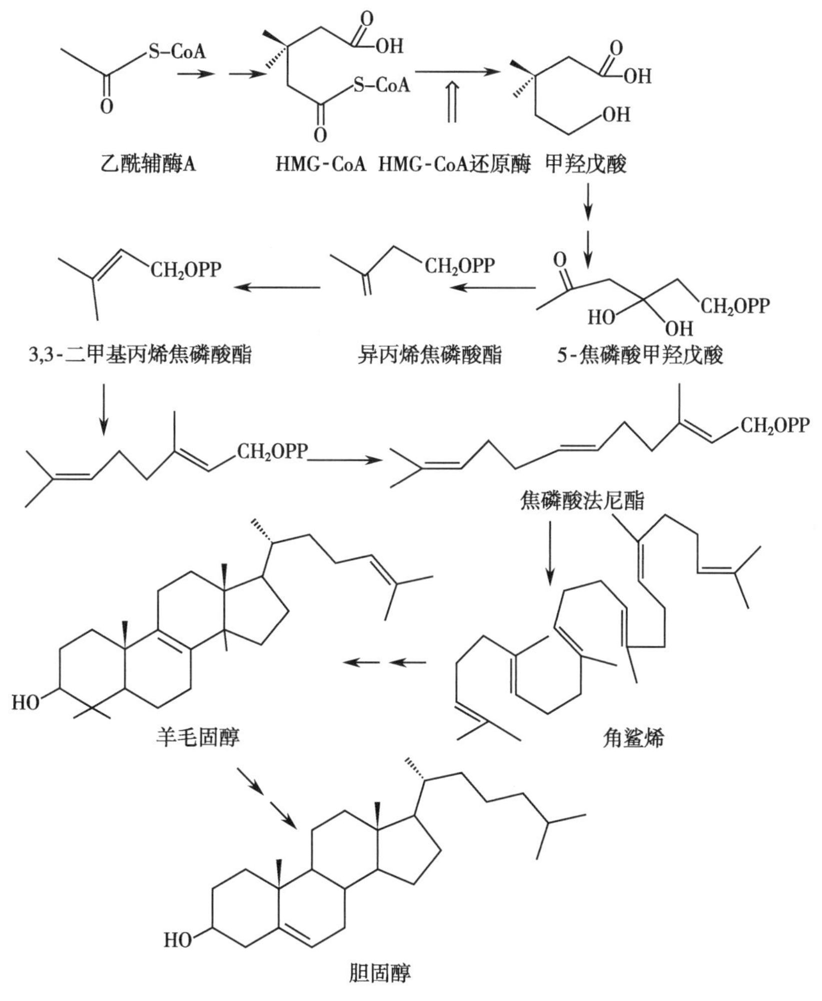

图 8-47　胆固醇的生物合成过程

此过程中，β- 羟 -β- 甲戊二酸单酰辅酶 A（HMG-CoA）还原酶是肝内合成胆固醇的限速酶之一，抑制此酶活性，能有效地减少或阻断体内胆固醇的合成，而达到防治高胆固醇血症及心血管疾病的目的。自 1976 年第一个 HMG-COA 还原酶抑制剂美伐他汀（mevastatin）问世以来，他汀类药物发展迅速，目前已成为治疗高胆固醇血症的首选药物。图 8-48 介绍了几种通过不同方法制得的 HMG-CoA 还原酶抑制剂。研究表明 HMG-CoA 还原酶抑制剂分子结构上都有 3,5- 二羟基庚酸，该基团是与 HMG-CoA 还原酶的反应作用位点，为必需的药效基团。研究人员在此基础上采用化学及微生物转化的方法对其结构进行改造，以得到效果更好的新衍生物。然而化学方法步骤多，难度大，且回收率低，成本高。而微生物转化则逐渐成为此类新药开发的重要手段。

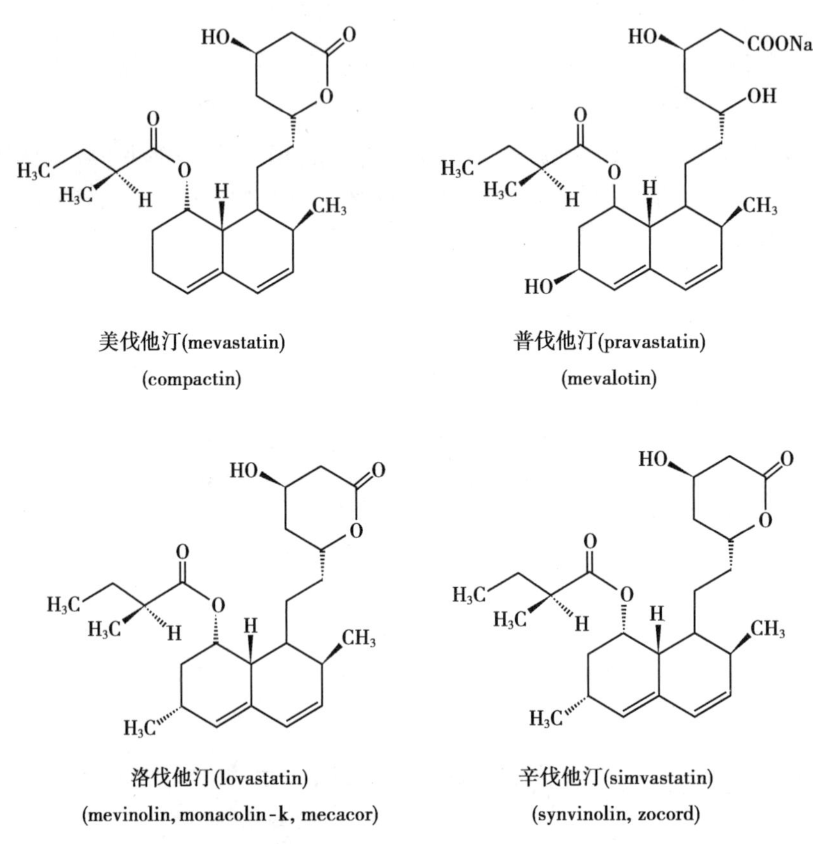

图 8-48 几种通过不同方法制备的 HMG-CoA 还原酶抑制剂的化学结构

（三）微生物转化与 α- 葡糖苷酶抑制剂的制备

糖尿病是由人体代谢失调引起的内分泌疾病，分为 1 型（胰岛素依赖型）及 2 型（非胰岛素依赖型），其中 2 型糖尿病的比例高达 90%，且随着人们作息结构及饮食习惯的变化，糖尿病的发病率及 2 型糖尿病的比例会进一步增大。

对于早期 2 型糖尿病，口服降糖药成为主要治疗手段。而传统的口服降糖药如胰岛素增敏剂（如双胍类）或促胰岛素释放剂（如磺酰脲类）等，其疗效有限，种类较少。α- 葡糖苷酶抑制剂如伏格列波糖，竞争性抑制上段小肠黏膜刷状缘中的 α- 葡糖苷酶，阻断葡萄糖的消化与吸收，稳定饭后血糖浓度。图 8-49 为伏格列波糖的微生物转化合成过程。

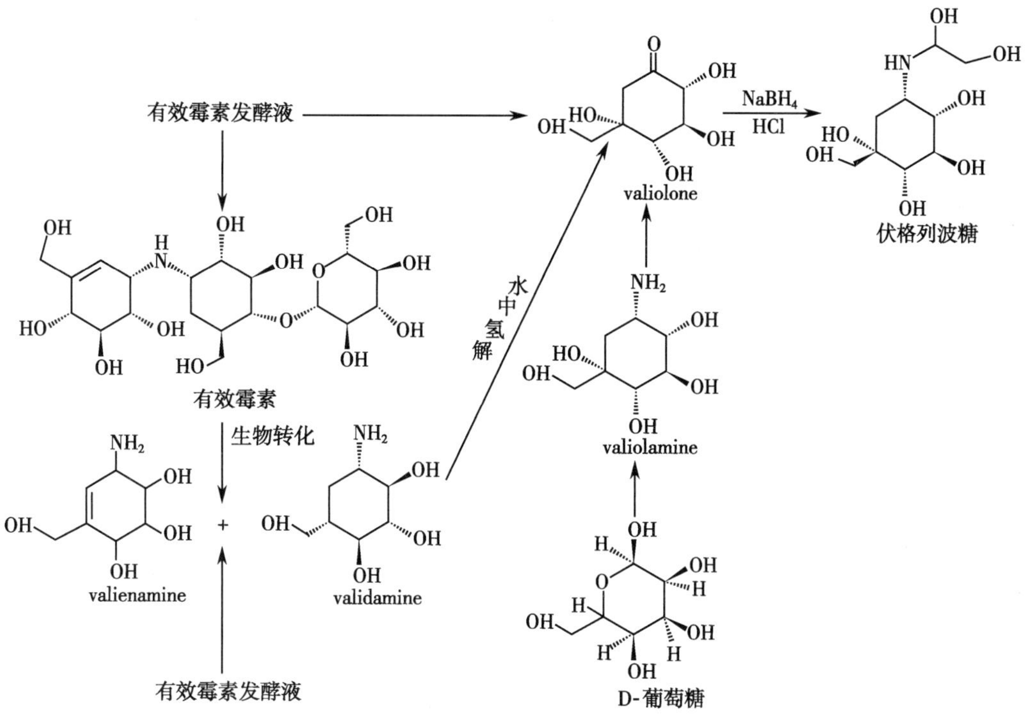

图 8-49 伏格列波糖的微生物转化合成过程

小结

微生物转化是生物技术制药中的一项重要技术，微生物转化包括羟化反应、氧化反应、还原反应、水解反应、缩合反应等多种类型的化学反应。相对于有机合成反应，微生物转化反应具有反应条件温和、反应专一、容易调节、反应可连续化及产物安全等优点，因而越来越多地被应用于甾体药物生产、抗肿瘤药物的生产、手性药物的生产、天然产物的转化及中药现代化。

甾体在各种生命活动中起着重要的作用，甾体药物工业也是目前仅次于抗生素工业的第二大药物生产工业，而微生物转化对甾体的选择性羟化、氧化、脱氢及边链降解反应已成为甾体药物生产中不可或缺的重要步骤。

现代生命科学的迅速发展，使药物的研发、生产进入了组学时代，微生物转化也起着革命性的变革，通过对生物合成基因簇实施突变、异源表达生物合成基因簇及重组结构域或模块等技术对微生物进行组合改造，简单几步即可获得一系列微生物转化产物。

思考题

1. 什么是微生物转化，其基本特点是什么？
2. 试述甾体药物微生物转化的特点。
3. 微生物转化甾体羟化的机制是什么？
4. 思考如何利用微生物转化大量获得低成本紫杉醇。
5. 试述组合生物合成中所需要采用的技术手段及基本过程。

第八章
目标测试

（黄 昆）

参考文献

[1] OTTESEN A, YOUNG R, GIFFORD M, et al. Multispecies diel transcriptional oscillations in open ocean heterotrophic bacterial assemblages. Science. 2014, 345 (6193): 207-212.
[2] GUO J, ZHOU Y J, HILLWIG M L, et al. CYP76AH1 catalyzes turnover of miltiradiene in tanshinones biosynthesis and enables heterologous production of ferruginol in yeasts. Proc Natl Acad Sci USA, 2013, 110 (29): 12108-12113.
[3] PARK B, HWANG H, LEE J, et al. Evaluation of ginsenoside bioconversion of lactic acid bacteria isolated from kimchi. J Ginseng Res, 2017, 41 (4): 524-530.
[4] KUNAKOM S, EUSTÁQUIO S. Natural products and synthetic biology: where we are and where we need to go. mSystems, 2019, 4 (3): e00113-19.
[5] 金凤燮. 天然产物生物转化. 北京: 化学工业出版社, 2009.

第九章

蛋白质药物的化学修饰

学习要求：

第九章
教学课件

1. **掌握** 蛋白质药物化学修饰的概念，化学修饰剂选择的一般原则、常用聚乙二醇定点修饰剂及修饰反应。
2. **熟悉** 蛋白质药物化学修饰的意义、常用糖类化学修饰剂及修饰反应、其他类型化学修饰剂。
3. **了解** 蛋白质药物化学修饰的发展简史、蛋白质化学修饰在制药工业中的应用。

第一节 概 述

一、蛋白质药物化学修饰简介

蛋白质是一类重要的生物大分子，可用作疾病的治疗或诊断，其生物学活性取决于其特定的一级结构和空间结构。从广义上讲，凡是通过基团的引入或去除而使蛋白质一级结构发生改变的过程，统称为蛋白质的化学修饰（chemical modification of protein）。

蛋白质的化学修饰主要包括侧链基团的改变和主链结构改变两方面，目前主要被用于以下几方面：①蛋白质纯度鉴定与分析；②蛋白质结构与作用机制研究；③蛋白质固定化；④蛋白质改性。蛋白质药物的化学修饰主要是指在分子水平上对蛋白质药物进行化学改造，通过对主链的切割、剪接及化学基团的引入，实现对蛋白质药物理化性质和生物活性的改变，属于蛋白质改性的范畴。

蛋白质的化学修饰及其应用（拓展阅读）

（一）蛋白质药物化学修饰的发展简史

随着医药技术的不断发展，蛋白质作为一种重要的生物大分子，在疾病的治疗和诊断中正在发挥越来越大的作用。蛋白质药物临床疗效好，主要用于治疗糖尿病、贫血、癌症等重大疾病，具有其他药物品种无法替代的重要作用。但是很多蛋白质药物由于免疫原性强、毒副作用大及血浆半衰期短，在临床使用时不得不加大给药剂量和增加给药频率以获得显著的临床效果，这就大大限制了这些蛋白质药物的应用。如干扰素（IFN）的半衰期仅为 4 小时，在慢性丙型肝炎的治疗中需每周注射 3 次，且易形成药物浓度的峰谷效应，不仅增加患者痛苦，也影响药物疗效。

20 世纪 50 年代，随着蛋白质空间结构与生物学性质和功能关系研究的开展，蛋白质的化学修饰研究逐渐成为热点。20 世纪 70 年代后期，生物大分子化学修饰的应用研究报道开始出现。1977 年，Davis 及其团队首先应用聚乙二醇（PEG）修饰蛋白质类药物获得成功，证明作为治疗药物，某些 PEG 修饰的蛋白质比未修饰蛋白质更有效。随后，蛋白质药物化学修饰技术不断发展，取得了长足进步，1990 年，第一个化学修饰蛋白质药物——PEG 修饰的腺苷脱氨酶（PEG-ADA）上市。Hershfield 首次用 PEG-ADA 来治疗 ADA 缺乏的患者，研究表明 PEG-ADA 的半衰期显著延长，它可使患者的免疫功能不同程度地得到恢复，且无过敏反应。1994 年，PEG 修饰的天冬酰胺酶上市。迄今，已有众多化

学修饰的蛋白质药物通过 FDA 批准进入市场，如 PEG 修饰的干扰素 α-2b（peg-interferon alfa 2b）、干扰素 α-2a（peg-interferon alfa 2a）、重组人粒细胞集落刺激因子（peg-filgrastim）等（表 9-1）。除了这些上市的药物之外，还有很多处于临床或临床前研究的药物，如 PEG 化的超氧化物歧化酶（SOD）等。

表 9-1 部分上市的蛋白质化学修饰药物

化学修饰药物	修饰剂及策略	时间	适应证
PEG-adenosine deaminase（Adagen®）	线性 PEG，随机	1990	重症联合免疫缺陷
PEG-asparaginase（Oncaspar®）	线性 PEG，随机	1994	急性淋巴细胞白血病
PEG-interferon α-2b（PEG-Intron®）	线性 PEG，随机	2000	丙型肝炎，HIV/AIDS
PEG-interferon α-2a（Pegasys®）	分支 PEG，随机	2002	丙型肝炎
PEG-G-CSF（pegfilgrastim，Neulasta®）	线性 PEG，定点	2002	中性粒细胞减少
PEG-growth hormone receptor antagonist（pegvisomant，Somavert®）	线性 PEG，随机	2002	肢端肥大症
PEG-erythropoietin（PEG-EPO，Mircera®）	线性 PEG，随机	2008	贫血
PEG-uricase（pegloticase，Krystexxa®）	线性 PEG，随机	2010	痛风
PEG-interferon α-2b（sylatron）	线性 PEG，随机	2011	黑色素瘤
PEG-inesatide（omontys）	分支 PEG，定点	2012	慢性肾脏病（CKD）引发的贫血
PEG-interferon β-1a（Plegridy®）	线性 PEG，定点	2014	多发性硬化症
PEG-calaspargase（Asparlas®）	线性 PEG，随机	2018	急性淋巴细胞血病
PEG-G-CSF（Fulphila®）	线性 PEG，定点	2018	接受骨髓抑制性化疗的癌症患者
Semaglutide（Ozempic®）	脂肪酸，定点	2019	2 型糖尿病

（二）蛋白质药物化学修饰的意义

蛋白质药物化学修饰能赋予蛋白质药物多种优良性能，具体表现为：①循环半衰期延长；②免疫原性降低或消失，毒副作用减小；③物理、化学和生物稳定性增强等。这在很大程度上扩宽了蛋白质药物的应用范围。其可能的原因见图 9-1：①蛋白质经化学修饰后，相对分子质量（M_r）增大，当 M_r 达到或超出肾小球滤过阈值时，化学修饰的蛋白质随血液循环进入肾脏后就可以逃避肾小球的滤过作用；同时由于修饰剂的屏蔽效应，使得修饰后的蛋白质或多肽不易受到各种蛋白酶的攻击，降解速率降低，可以在血液循环中停留更长的时间。②修饰剂能掩盖蛋白质表面的抗原决定簇，使得蛋白质不被机体的免疫系统识别，避免了相应抗体的产生，降低了蛋白质的免疫原性。③修饰剂与蛋白质偶联后能赋予其优良的理化性质，因而改善蛋白质的生物分布和溶解性能。

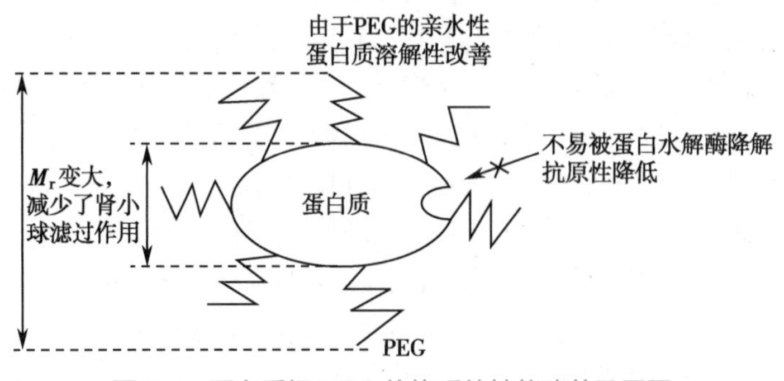

图 9-1 蛋白质经 PEG 修饰后的性能改善及原因

以已上市的 PEG 修饰的 L- 天冬酰胺酶为例。L- 天冬酰胺酶与其他化疗药物结合是治疗白血病

的一种有效手段，但是由于其血浆半衰期短，需要经常注射，而反复注射容易引发免疫反应。PEG 修饰的 L- 天冬酰胺酶的免疫原性显著降低，生物半衰期显著延长，实现其长效作用。

选择蛋白质修饰剂需要考虑的问题及常用的修饰剂（拓展阅读）

二、修饰剂

蛋白质药物化学修饰剂（modifier）的选择是修饰目的能否达到的关键。一般来说，选择蛋白质修饰剂需要考虑的问题有：①修饰剂的毒性、抗原性及稳定性；②修饰剂的反应活性及对修饰位点的选择性；③修饰剂与蛋白质连接键的稳定性；④修饰剂对蛋白质构象及生物活性的影响；⑤是否适合于建立快速、方便的分析、分离及纯化方法；⑥修饰剂是否价廉易得等。

可以用于蛋白质化学修饰的化合物很多，其中主要是水溶性高分子聚合物，如 PEG、葡聚糖、右旋糖酐、肝素及低分子量肝素、多聚唾液酸、聚乙烯吡咯烷酮、聚氨基酸、白蛋白等，目前以 PEG 类修饰剂最为常用。与其他修饰剂相比，PEG 类修饰剂具有毒性小、无抗原性、溶解性良好的优点，且该聚合物具有得到 FDA 认证的生物相容性。

随着化学修饰技术的不断发展，对化学修饰剂的要求也在不断变化。以 PEG 为例，M_r 较大的分支 PEG 由于空间位阻大，能减少蛋白质活性中心被修饰的概率，且能有效屏蔽蛋白质药物表面的抗原决定簇和蛋白酶水解位点，降低药物的免疫原性，提高药物的蛋白酶稳定性，已经逐渐取代 M_r 较小的直链 PEG。其他类型的化学修饰剂由于存在 M_r 分布宽、对蛋白质的修饰率不易控制等原因而导致修饰产物活性降低、修饰产物种类多、分离纯化困难，目前也正向窄 M_r 分布、高修饰活性等方面发展。总之，提高修饰剂均一度、降低修饰剂对蛋白质活性的破坏和提高修饰物产率是化学修饰剂研究的发展方向。

实现蛋白质的化学修饰，必须要对修饰剂进行必要的活化。PEG 类修饰剂可以经三聚氯氰、二环己基碳二亚胺（DCC）等活化剂活化后，再与蛋白质共价结合。目前，已经有大量活化后的 PEG 修饰剂商品化，为 PEG 类修饰剂的应用提供了便利。多糖类修饰剂一般经高碘酸钠或溴化氰活化后与蛋白质共价连接形成双键，由于所形成的键为双键不稳定，有时需用还原剂还原成单键。同源蛋白或人工多肽类可经戊二醛或碳二亚胺活化，再与目标蛋白偶联。水溶性聚烯属烃基氧化物为修饰剂时，需先用适当方法使其末端变成羧基，再经戊二醛或碳二亚胺活化后与蛋白质偶联。

三、修饰策略

利用活化的修饰剂（activated modifier）对蛋白质进行修饰是活化的修饰剂与蛋白质分子功能基团的反应，这些功能基团主要是蛋白质上的氨基、巯基、羧基等。针对不同的功能基团和修饰所需达到的目的，往往采取不同的修饰策略。从大的方面讲，修饰策略分为随机修饰（random modification）和定点修饰（site-specific modification）两种，而针对修饰结果不同，随机修饰和定点修饰的具体方法也不尽相同。

（一）氨基修饰

蛋白质分子表面游离赖氨酸残基的 ε-NH_2 和 *N*- 端氨基酸残基的 α-NH_2，二者具有较高的亲核反应活性，是蛋白质化学修饰中最常用的被修饰基团。由于游离氨基在蛋白质分子中含量较高，因此对该类基团的修饰主要为随机修饰。该修饰通常发生在多个游离 -NH_2，其产物常常是多种修饰异构体的混合物。

此外，利用特定的化学修饰剂，如 PEG- 醛，可以针对蛋白质 *N*- 端氨基酸残基的 α-NH_2 实现定点修饰。在蛋白质分子中，*N*- 端氨基酸残基的 α-NH_2 的 pK_a 通常低于赖氨酸的 ε-NH_2 的 pK_a，在弱酸性环境中，PEG- 醛更易与 *N*- 端氨基酸残基的 α-NH_2 在氰基硼氢化钠（$NaCNBH_3$）的参与下发生还原烷

化反应，从而实现 *N*- 端氨基的定点修饰。

（二）巯基修饰

针对巯基的修饰多为定点修饰。由于蛋白质分子中巯基含量较少，利用巯基的高亲核性选取能够特异性与巯基偶联的化学修饰剂，可以对蛋白质分子进行定点修饰。对于不含巯基的蛋白质，可利用蛋白质工程手段在蛋白质分子中定点引入巯基，然后再进行修饰。常用的引入位置有：糖蛋白的糖基化位点、蛋白质的抗原决定簇及蛋白质末端等。对于分子中有多个半胱氨酸残基的蛋白质，也可采用定点突变，将某些半胱氨酸残基替换为其他氨基酸残基（如丝氨酸残基），只保留一个半胱氨酸残基以达到定点修饰蛋白质的目的。

疏水性较大的巯基常常包埋在蛋白质结构内部，而分子量较大的修饰剂由于水化半径大，难以进入蛋白质内部与巯基反应，这时对不同的蛋白质需要采用不同的方法进行修饰，具体方法见本章第二节。

对于那些通过与细胞表面相应受体结合而发挥作用的蛋白质类药物，常常含有较多二硫键而很少存在游离的半胱氨酸残基，因此，可以先将二硫键还原为两个游离的巯基，再利用双烷基化 PEG 试剂将两个巯基分别烷基化形成三碳桥，PEG 通过三碳桥与蛋白质共价偶联。

（三）羧基修饰

羧基修饰的位点包括天冬氨酸残基、谷氨酸残基及末端羧基。首先把修饰剂（如 PEG）分子中的羟基转化为氨基，再在碳二亚胺存在下与蛋白质的羧基缩合，得到修饰的蛋白质。

除了针对上述 3 种功能基团进行修饰外，还可以将非天然氨基酸如带有卤素、酮基、烯基、叠氮基等基团的氨基酸引入蛋白质中，并以此为靶点对蛋白质进行定点修饰；可以对糖蛋白上的糖基或 *N*-端含有丝氨酸残基或苏氨酸残基的蛋白质的羟基利用高碘酸钠进行氧化生成活性醛基，使之与 PEG-胺修饰剂发生特异性反应；也可选取特定的酶为催化剂，诱导 PEG- 烷基胺与蛋白质上特定的基团进行定点修饰。如果蛋白质上缺少酶催化作用所需的特异肽段，也可以通过基因工程或其他方法在蛋白质的 *N*- 或 C- 端引入。

四、蛋白质药物化学修饰的前景

蛋白质化学修饰改变了蛋白质分子的性质，如消除了免疫原性和免疫反应性、延长了在体内的半衰期、降低了用药频率等，因而在很大程度上扩宽了蛋白质的应用范围，使很多原本不能够发挥治疗效果的蛋白质药物进入临床或临床前研究。表 9-1 已列出部分上市的化学修饰的蛋白质药物，它们较未修饰的相应蛋白质药物表现出了更好的临床效果。随着蛋白质组学的深入研究，越来越多的功能蛋白将被发现，也会有越来越多的蛋白质被开发成药物，因而作为克服天然蛋白质药物一些固有缺点有效手段之一的蛋白质药物化学修饰技术具有广阔的应用前景。

由于蛋白质药物类型众多，大小和性质各异，蛋白质化学修饰技术存在一些难点。比如，许多蛋白质药物随机修饰不能得到理想的效果，得到的产物不均一、质量不易控制、活性损失大。目前，PEG 定点修饰技术进展迅速，已经逐渐取代以往的随机修饰，但由于修饰剂自身不均一、蛋白质供修饰的功能基团不唯一等原因，定点修饰仍然存在许多困难。但是，从随机修饰向定点修饰发展、由复杂的多单元操作向便捷高效的集成操作发展将是今后的发展方向和趋势。

总之，如何降低修饰剂的成本、提高修饰剂的均一性、提高修饰的专一性、降低修饰蛋白的活性损失、提高修饰产物的稳定性是蛋白质化学修饰技术发展的重点。蛋白质药物化学修饰技术是涉及医药学、化学、生物学等学科的交叉技术，随着学科间的不断交融和促进，蛋白质药物化学修饰技术必将获得更大的发展，也必将为人类医疗事业提供更多、更有效的临床药物。

0904

PEG 作为修饰剂的优势及蛋白质经 PEG 修饰后性能改善的原因(拓展阅读)

第二节 聚乙二醇化修饰

蛋白质的 PEG 修饰即 PEG 化(pegylation),是将活化的 PEG 通过化学方法以共价键偶联到蛋白质上的技术。自 1977 年 Davis 首次采用 PEG 修饰牛血清白蛋白以来,PEG 修饰技术迅速发展,并广泛应用于多种蛋白质化学修饰,PEG 修饰技术也从理论走向实际的药物应用。目前,PEG 是应用最为广泛的蛋白质化学修饰剂。

一、可作为修饰剂的聚乙二醇

(一) 选择 PEG 修饰剂要考虑的因素

PEG 是一个线性分子,它的分子式为:

$$HO—CH_2\text{+}CH_2—O—CH_2\text{+}_nCH_2OH$$

但是,两端为羟基的 PEG 活化后会形成双功能 PEG,使两个蛋白之间发生连接或多个蛋白聚集,并且由于修饰产物的不均一性,会增加分离纯化的难度和成本,因此被用作修饰剂的 PEG 多为单甲氧基 PEG(polyethylene glycol monomethyl ether,mPEG),也称聚乙二醇甲醚[poly(ethylene glycol) methyl ether]。

$$CH_3—O—CH_2\text{+}CH_2—O—CH_2\text{+}_nCH_2OH$$

PEG 对蛋白质的化学修饰包括随机修饰和定点修饰两种,因此被用作修饰剂的 PEG 也分为两种。但是无论用于随机修饰还是定点修饰的 PEG,一般来讲,其选择主要考虑以下几方面:

1. PEG 的 M_r　PEG 修饰后蛋白质的生物活性、免疫原性、稳定性和生物半衰期与 PEG 的 M_r 大小和修饰类型有关。一般 PEG 的 M_r 越大,修饰蛋白的活性损失越大、免疫原性越低、稳定性越高、生物半衰期越长,因此 M_r 选择要综合考虑修饰蛋白的生物活性、免疫原性、稳定性和生物半衰期等多方面的因素。另外,同一 M_r 的修饰剂的不同修饰类型对蛋白质的生物活性影响也不尽相同。PEG 在随机修饰时比定点修饰时更有可能结合蛋白质的活性中心,从而增加了修饰后蛋白质活性丧失的风险,但通过控制修饰条件可以降低这种风险。因此,PEG 的 M_r 具体选择必须通过实验来确定。

2. 修饰位点　修饰位点(modification site)的选择要根据蛋白质构效关系分析,选择不与受体结合的蛋白质表面残基作为修饰位点,这样修饰后的蛋白质能够保留较高的生物活性。另外,不同的修饰剂对于修饰位点具有不同的反应特异性。按照修饰剂的反应特异性不同,PEG 修饰剂的发展经历了第一代和第二代。在第一代 M_r<20 000 的 PEG 修饰中(随机修饰),PEG 交联的基团是赖氨酸的 α-NH_2 和 ε-NH_2,交联度不均一,没有特异性,PEG 修饰后的蛋白质产物是混合物,修饰蛋白的分离纯化困难。第二代 M_r>20 000 的 PEG 修饰为定点修饰(特异性修饰),又可分为氨基定点修饰、巯基定点修饰、羧基定点修饰、非天然氨基酸残基定点修饰等。这些定点修饰有赖于新型 PEG 修饰剂的开发,常用的有 PEG- 丙醛、PEG- 马来酰亚胺、PEG- 酰肼等。

3. 水解稳定性和反应活性　水解稳定性和反应活性取决于活化基团的稳定性和修饰反应的条件控制,特别是 pH 的控制。一般来说,PEG 修饰剂的反应活性高,则其稳定性就差,容易水解。

另外,还需要考虑需要的修饰度、修饰剂与蛋白质的连接键的稳定性、修饰后蛋白质的构象变化及修饰后产物的分离纯化等。

(二) 常用 PEG 修饰剂

1. 用于随机修饰的 PEG　用于随机修饰的 PEG 修饰剂(PEG modifier)为经过不同活化基团活化后的 PEG 产物,部分如下:

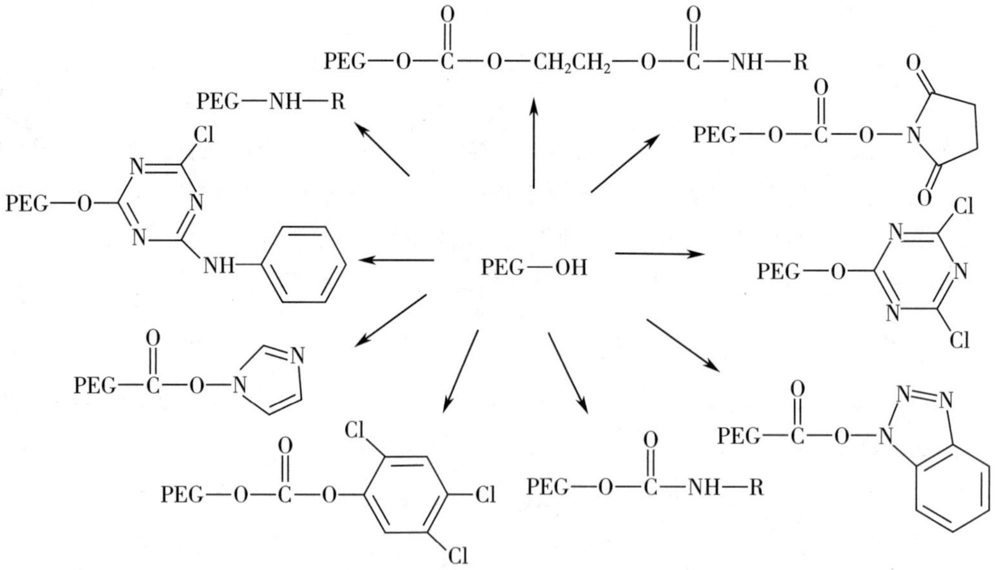

PEG—OH →

- PEG—O—C(=O)—O—CH₂CH₂—O—C(=O)—NH—R
- PEG—O—C(=O)—O—N（琥珀酰亚胺）
- PEG—O—（二氯三嗪）Cl, Cl
- PEG—O—C(=O)—O—N（苯并三唑）
- PEG—O—C(=O)—NH—R
- PEG—O—C(=O)—O—（2,4,5-三氯苯基）
- PEG—C(=O)—O—N（咪唑）
- PEG—O—（三嗪）Cl, NH—（苯基）
- PEG—NH—R

2. 用于定点修饰的 PEG　该类修饰剂多为活化后的商品化产品，部分见表 9-2。

表 9-2　PEG 定点修饰剂

修饰位点	名称	结构	备注
N- 端氨基	PEG- 丙醛	PEG—OCH₂CH₂CH(=O)	pH 为 5 时，与 α-NH_2 的偶合具有高选择性
	PEG- 丁醛	PEG—OCH₂CH₂CH₂CH(=O)	
	PEG- 氧胺	PEG—O—NH₂	可以与蛋白质的末端氨基氧化生成的酮基结合
羧基	PEG- 酰肼	PEG—C(=O)—NH—NH₂	酸性条件下偶联
	PEG- 胺	PEG—NH₂	可以与蛋白质羧基结合
巯基	PEG- 邻 - 吡啶 - 二硫醚	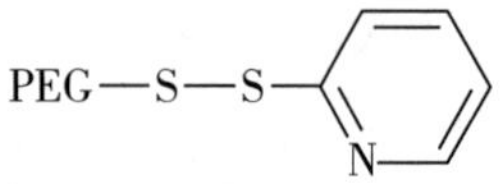 PEG—S—S—（2-吡啶基）	对巯基的选择性强，在体内或还原剂存在下不稳定
	PEG- 马来酰亚胺	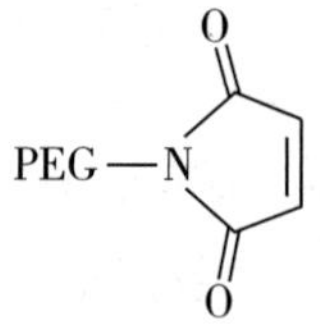 PEG—N（马来酰亚胺）	成键后稳定性好，但选择性不高，pH>8 能与氨基反应
	PEG- 乙烯基砜	PEG—S(=O)(=O)—CH=CH₂	
	PEG- 碘乙酰胺	PEG—NH—C(=O)—CH₂I	反应活性低，应用较少
其他	三芳基膦衍生化 PEG	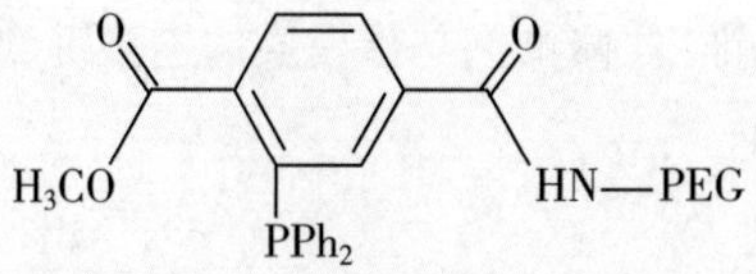 H₃CO—C(=O)—（苯环，PPh₂）—C(=O)—HN—PEG	与蛋白质上引入的叠氮基团偶联
	PEG- 炔	PEG—C≡CH	与蛋白质上引入的碘苯丙氨酸或叠氮基团偶联

二、随机修饰

早期 PEG 修饰的修饰靶点多为蛋白质氨基，包括赖氨酸的 ε-NH_2 和末端的 α-NH_2。氨基是蛋白质中数量最多的亲核功能基团，而且常常暴露于分子表面，因此较容易与 PEG 试剂反应。虽然以氨基为靶点的 PEG 修饰存在一系列缺陷，如 PEG 修饰产物同分异构体数量多、难以分离纯化获得单一的 PEG 化产物等，但仍有此类修饰药物通过了 FDA 批准，如 PEG- 天冬酰胺酶、PEG-ADA 和 PEG- 干扰素 α 等。

PEG 的羟基可与许多种类的活化剂起反应而被活化，然后再与蛋白质分子中的氨基缩合。目前使用的活化剂有三聚氯氰、溴化氰、*N*- 羟基琥珀酰亚胺、羰基二咪唑及苯基氯甲酸酯等。

PEG 随机修饰蛋白质（拓展阅读）

1. 三聚氯氰活化法　三聚氯氰上的 3 个氯原子很容易发生亲核取代反应，1 个氯原子的取代可以稳定其他酰氯键（第 1 个氯原子在 4℃就能反应，第 2 个氯原子在 25℃反应，第 3 个氯原子则要到 80℃才反应）。可以利用三聚氯氰上氯原子的亲核性活化 PEG，然后再与蛋白质偶联，实现化学修饰，反应通式如下：

活化反应需要在无水苯中进行。为抑制氯原子的亲核活性以控制反应，也可先加入苯胺取代其中一个氯原子，剩下的氯原子用于蛋白质的偶联，反应式如下：

该反应简单、易行，但由于三聚氯氰的毒性以及卤原子过强的亲核活性，使其应用受到一定的限制。

2. 溴化氰活化法　高 pH 时，溴化氰可以与 PEG 的羟基反应转化成氰酸酯和亚氨基碳酸酯，从而实现 PEG 的活化，然后再与蛋白质偶联，实现化学修饰。反应通式如下：

$$\text{PEG—OH} \xrightarrow[\text{OH}^-]{\text{NaOH}} \text{PEG—O}^- \xrightarrow{\text{CNBr}} \text{PEG—OCN} \xrightarrow{\boxed{\text{Pro}}\text{—NH}_2} \text{PEG—O—}\overset{\text{NH}}{\overset{\|}{\text{C}}}\text{—NH—}\boxed{\text{Pro}}$$

该反应简单、易行而且反应环境温和，但偶联后的异脲键不稳定。另外，由于溴化氰有毒，操作须在通风橱中进行，该方法逐渐被其他方法所取代。

3. *N*- 羟基琥珀酰亚胺活化法　在无水条件下，利用 *N*,*N*- 琥珀酰亚胺碳酸酯活化 PEG，形成

PEG *N*- 琥珀酰亚胺碳酸酯，然后进行修饰反应。反应通式如下：

$$\text{(NHS)N—O—}\overset{\text{O}}{\overset{\|}{\text{C}}}\text{—O—N(NHS)} + \text{PEG—OH} \longrightarrow \text{PEG—O—}\overset{\text{O}}{\overset{\|}{\text{C}}}\text{—O—N(NHS)} + \text{HO—N(NHS)}$$

$$\xrightarrow{\boxed{\text{Pro}}\text{—NH}_2} \text{PEG—O—}\overset{\text{O}}{\overset{\|}{\text{C}}}\text{—NH—}\boxed{\text{Pro}} + \text{HO—N(NHS)}$$

4. 羰基二咪唑活化法　PEG 的羟基可与羰基二咪唑反应得到活泼的酰基咪唑，蛋白质中赖氨酸的伯氨基可与其迅速反应形成稳定的酰胺键。反应通式如下：

$$\text{PEG—OH} + \text{(Im)N—}\overset{\text{O}}{\overset{\|}{\text{C}}}\text{—N(Im)} \longrightarrow \text{PEG—O—}\overset{\text{O}}{\overset{\|}{\text{C}}}\text{—N(Im)} + \text{HN(Im)}$$

$$\xrightarrow{\boxed{\text{Pro}}\text{—NH}_2} \text{PEG—O—}\overset{\text{O}}{\overset{\|}{\text{C}}}\text{—NH—}\boxed{\text{Pro}} + \text{HN(Im)}$$

活化反应需要在无水条件下进行，利用活化后的 PEG 对蛋白质进行修饰时，缓冲液中不可含有胺类，否则将与待连接的蛋白质竞争偶联。

5. 苯基氯甲酸酯活化法　利用 2,4,5- 三氯苯基氯甲酸酯或对硝基苯基氯甲酸酯活化 PEG 得到 PEG 苯基碳酸盐衍生物，然后与蛋白质共价结合。反应通式如下：

$$\text{PEG—OH} + \text{Cl—}\overset{\text{O}}{\overset{\|}{\text{C}}}\text{—O—R} \longrightarrow \text{PEG—O—}\overset{\text{O}}{\overset{\|}{\text{C}}}\text{—O—R} \xrightarrow{\boxed{\text{Pro}}\text{—NH}_2} \text{PEG—O—}\overset{\text{O}}{\overset{\|}{\text{C}}}\text{—NH—}\boxed{\text{Pro}}$$

其中R = —(2,4,5-三氯苯基：Cl、Cl、Cl) 或 —C_6H_4—NO_2

6. 光气参与的活化方法　分别用 *N*- 羟基琥珀酰亚胺盐、硝基苯酚及三氯苯酚与光气反应制备活化聚乙二醇，活化主要分两步：

$$\text{(NHS)N—OH} \;/\; \text{HO—C}_6\text{H}_4\text{—NO}_2 \;/\; \text{2,4,6-Cl}_3\text{C}_6\text{H}_2\text{—OH} + \text{Cl—}\overset{\text{O}}{\overset{\|}{\text{C}}}\text{—Cl} \longrightarrow$$

$$\text{(NHS)N—O—}\overset{\text{O}}{\overset{\|}{\text{C}}}\text{—Cl}$$

$$\text{O}_2\text{N—C}_6\text{H}_4\text{—O—}\overset{\text{O}}{\overset{\|}{\text{C}}}\text{—Cl} + \text{PEG—OH}$$

$$\text{Cl}_3\text{C}_6\text{H}_2\text{—O—}\overset{\text{O}}{\overset{\|}{\text{C}}}\text{—Cl}$$

$$\text{PEG}-\text{O}-\overset{\text{O}}{\overset{\|}{\text{C}}}-\text{O}-\text{N}(\text{succinimide})$$

$$\text{PEG}-\text{O}-\overset{\text{O}}{\overset{\|}{\text{C}}}-\text{O}-C_6H_4-NO_2 \xrightarrow{\boxed{\text{Pro}}-NH_2} \text{PEG}-\text{O}-\overset{\text{O}}{\overset{\|}{\text{C}}}-\text{NH}-\boxed{\text{Pro}}$$

$$\text{PEG}-\text{O}-\overset{\text{O}}{\overset{\|}{\text{C}}}-\text{O}-C_6H_2Cl_3\ (2,4,6\text{-trichlorophenyl})$$

这些活化剂都应与聚乙二醇在有机相中反应，操作方法类似。但该反应由于有光气参与，毒性极强而且操作相对复杂。

PEG 随机修饰技术成熟，操作简单，但是存在修饰剂呈现多种聚合度、选择性不够高和修饰后的药物分子 M_r 分布宽、活性低、稳定性有时不够理想等突出问题。

三、定点修饰

PEG 定点修饰（site-specific modification）是指选择蛋白质分子上特定位点的基团进行修饰。该修饰方法可避免或减少对活性位点的修饰，并且能较好地控制修饰程度，有利于产品质量控制和工业化生产，已成为 PEG 修饰药物技术的研究热点。

PEG 定点修饰蛋白质主要从 3 方面着手：①蛋白质方面，通过蛋白质的定点突变、蛋白质可逆性位点定向保护、非天然氨基酸残基的引入等，以引入或留有单一的供修饰的基团；② PEG 的活化形式，即通过选择 PEG 的活化形式来实现与特定基团的反应，如修饰氨基的 PEG- 醛和修饰巯基的 PEG- 乙烯基砜等；③反应条件的控制，即通过控制 pH、温度、金属离子或酶的催化等实现定向修饰反应。下面就氨基、羧基、巯基、非天然氨基酸残基及酶和过渡金属催化修饰几方面分别进行介绍。

（一）氨基修饰

PEG 定点修饰蛋白质（拓展阅读）

氨基的定点修饰策略主要有 *N*- 端氨基酸残基的 $\alpha\text{-}NH_2$ 的定点修饰、定点突变去除多余的含氨基侧链的氨基酸残基后再行修饰、保护剂定点保护与脱保护修饰、氧化去氨基反应后修饰等。

1. *N*- 端 $\alpha\text{-}NH_2$ 的定点修饰　在蛋白质骨架中，*N*- 端氨基酸残基的 $\alpha\text{-}NH_2$ 的 pK_a 通常低于赖氨酸 $\varepsilon\text{-}NH_2$，在弱酸性环境中，PEG- 醛更易与末端氨基酸残基的 $\alpha\text{-}NH_2$ 在氰基硼氢化钠（$NaCNBH_3$）的参与下发生还原烷化反应，从而实现 *N*- 端氨基的定点修饰。反应通式如下：

$$\text{PEG}-OCH_2CH_2\overset{\text{O}}{\overset{\|}{\text{C}}}H + \boxed{\text{Pro}}-NH_2 \xrightarrow{NaCNBH_3} \text{PEG}-OCH_2CH_2CH_2NH-\boxed{\text{Pro}}$$

2. 定点突变去除多余的氨基残基后修饰　蛋白质的氨基修饰包括赖氨酸的 $\varepsilon\text{-}NH_2$ 和末端的 $\alpha\text{-}NH_2$，多个氨基位点的存在常常导致反应产物的不均一，包括多种修饰位点、多种修饰程度等。利用定点突变技术将赖氨酸残基突变为不含氨基侧链的氨基酸残基，只保留末端氨基，再与相应 PEG 试剂偶联，可定点修饰末端氨基。但是，由于赖氨酸残基在蛋白质中含量较多，一般占氨基酸残基总数的 10% 左右，若将所有的赖氨酸残基都突变，很可能会影响蛋白质的生物活性。

3. 保护剂定点保护与脱保护修饰　该策略是用 9- 芴甲氧羰基（FMOC）和叔丁氧羰基（BOC）等氨基保护剂定点保护不拟修饰的氨基，在修饰完成后再脱去保护剂而达到定点修饰的目的。但该方

法在保护和脱保护的过程中常常会破坏蛋白质的结构，易造成活性损失。

4. 氧化去氨基反应后修饰　在磷酸吡哆醛（PLP）存在的条件下，利用氧化去氨基反应去除蛋白质的末端氨基，并氧化产生酮基，再与 PEG- 酰肼或 PEG- 氧胺成腙或成肟。该方法有利于保持蛋白质的生物活性，但只有当蛋白质的末端氨基暴露在分子表面的情况下才易与 PEG 试剂偶联，限制了该方法的应用。反应通式如下：

$$H_2N-CH_2-C(=O)-\boxed{Pro} \xrightarrow{PLP} H-C(=O)-C(=O)-\boxed{Pro} \xrightarrow{PEG-ONH_2} H-C(=N-O-PEG)-C(=O)-\boxed{Pro}$$

总之，末端氨基的定点修饰反应修饰率高，获得产物均一度高、活性保留率高、半衰期明显延长，但是不同的氨基定点修饰方法仍存在不同的应用局限性。

（二）羧基修饰

羧基的修饰位点包括天冬氨酸和谷氨酸残基的羧基及 C- 端羧基。由于部分蛋白质药物 *N*- 端为其活性中心的组成部分，因此在 C- 端进行 PEG 修饰更为可行。在二环己基碳二亚胺（DCC）或 1- 乙基 -3- 二甲氨基丙基 - 碳二亚胺盐酸盐（EDC）存在的条件下，羧基可与氨基 PEG 结合。一般可选用 PEG- 酰肼或 PEG- 胺为修饰剂，其中，PEG- 酰肼在酸性条件下能够选择性地与羧基进行偶联反应，而不会像 PEG- 胺那样容易交联形成多聚体，因此 PEG- 酰肼更适合于羧基修饰，反应式如下：

$$PEG-C(=O)-NH-NH_2+\boxed{Pro}-C(=O)-OH \xrightarrow{EDC} PEG-C(=O)-NH-NH-C(=O)-\boxed{Pro}$$

（三）巯基修饰

蛋白质分子中巯基含量较少，利用巯基的高亲核性，选取能够特异性地与巯基偶联的 PEG 偶联剂，可以定点修饰蛋白质。以 PEG- 马来酰亚胺为例，反应式如下：

$$\text{马来酰亚胺-N-PEG} \xrightarrow{\boxed{Pro}-SH} \boxed{Pro}-S-\text{(琥珀酰亚胺)-N-PEG}$$

1. 包埋于蛋白质内部的巯基修饰　由于巯基的疏水性大，常常包埋在蛋白质结构内部。同时，分子量较大的 PEG 偶联试剂水化半径大，呈无规则卷曲，因而难以进入蛋白质内部。在这样的情况下，不同的蛋白质需要采用不同的方法进行修饰。如对 IFN β 修饰采用两步法，即首先用一种一端含有能与巯基特异性反应的基团、另一端含叠氮基团的小分子 PEG 衍生物，由于此种 PEG 衍生物的分子量小、空间位阻小，因而能到达蛋白质结构内部，进而与包埋于蛋白质内部的半胱氨酸残基的巯基偶联；然后，再将能与叠氮基团反应的高分子量 PEG 衍生物与之前引入的含叠氮基团 PEG 结合。对粒细胞集落刺激因子（G-CSF）可采用另外一种方法，即首先用 4mol/L 盐酸胍使蛋白质部分变性，再与相应 PEG 试剂偶联，经复性后 G-CSF 能恢复其结构和生物活性。

2. 基因工程技术引入巯基后再进行修饰　对于缺少巯基的蛋白质，可以通过基因工程技术在蛋白质的合适位置引入巯基，再用相应的 PEG 偶联试剂进行修饰。常用的引入位置有：糖蛋白的糖基化位点、蛋白质的抗原决定簇、蛋白质末端等。另外，通过基因工程在蛋白质中引入一个新的半胱氨酸残基固然能达到定点修饰蛋白质的目的，但是这种方法在技术上要求较高，花费大，而且常常会导致蛋白质错误折叠，同时在纯化过程中也易形成不可逆聚集。

对于分子中有多个半胱氨酸残基的蛋白质，也可采用定点突变，将某些半胱氨酸残基替换为其他氨基酸残基，只保留一个半胱氨酸残基以达到定点修饰蛋白质的目的。

3. 二硫键的定点修饰　对于含有较多二硫键而不存在游离半胱氨酸残基的蛋白质，可以先将

二硫键还原为两个游离的半胱氨酸巯基，再利用双烷基化 PEG 试剂将两个巯基分别烷基化形成三碳桥，PEG 通过三碳桥与蛋白质共价偶联。此反应不会造成蛋白质的不可逆变性，二硫键还原后能保持蛋白质的三级结构。另外，双烷基化 PEG 试剂对二硫键的选择性高，且由于 PEG 分子的空间屏蔽作用，一个二硫键只能结合一个 PEG 分子。此种针对蛋白质二硫键进行定点修饰的策略已成功应用于多种细胞因子、酶及抗体片段，结果表明此方法定点 PEG 化蛋白质，产率较高且未破坏蛋白质的三级结构，生物活性也得到较好保持。

（四）非天然氨基酸残基修饰

近年来，许多报道阐述了将非天然氨基酸如带有卤素、酮基、烯基、叠氮基等基团的氨基酸残基引入蛋白质中，并以此为靶点对蛋白质进行定点修饰。以非天然氨基酸残基为靶点的蛋白质定点修饰主要基于以下 4 种类型的反应：

1. Sonogashira 偶联反应　采用化学合成或基因工程手段将对碘苯丙氨酸引入蛋白质，在金属催化剂 $Pd(OAc)_2$ 和 CuI 存在的条件下，可以与 PEG- 炔发生 Sonogashira 偶联。反应通式如下：

$$\boxed{\text{Pro}}-C_6H_4-I + \text{PEG}-C\equiv CH \xrightarrow{\text{金属钯}} \boxed{\text{Pro}}-C_6H_4-C\equiv C-\text{PEG}$$

2. 成肟或成腙反应　利用化学合成或重组蛋白技术将含有酮基的氨基酸残基引入蛋白质，再与 PEG- 氧胺或 PEG- 酰肼偶联生成肟类或腙类复合物，可定点修饰蛋白质；糖蛋白上的糖基、蛋白质 *N*- 端的丝氨酸或苏氨酸残基的羟基，可被高碘酸氧化为羰基衍生物，再与 PEG- 氧胺或 PEG- 酰肼反应也可对 *N*- 端进行定点修饰。反应通式如下：

$$\text{PEG}-ONH_2 + \boxed{\text{Pro}}-C(=O)-X \longrightarrow \text{PEG}-O-N=C(X)-\boxed{\text{Pro}}$$

$$\text{PEG}-C(=O)-NH-NH_2 + \boxed{\text{Pro}}-C(=O)-X \longrightarrow \text{PEG}-C(=O)-NH-N=C(X)-\boxed{\text{Pro}}$$

3. Staudinger 反应　该反应为叠氮基团与三芳基膦偶联生成酰胺键。可以通过定点突变技术在蛋白中 C- 端引入叠氮甲硫氨酸，再与三芳基膦衍生化 PEG 反应，从而实现 C- 端定点修饰。反应通式如下：

$$H_3CO-C(=O)-C_6H_3(PPh_2)-C(=O)-HN-\text{PEG} + N\equiv\overset{\oplus}{N}-\overset{\ominus}{N}-\boxed{\text{Pro}} \longrightarrow \boxed{\text{Pro}}-HN-C(=O)-C_6H_3(PPh_2)-C(=O)-HN-\text{PEG}$$

4. Huisgen［3+2］环化加成反应　该反应为叠氮基团与炔基经 Cu（Ⅰ）催化发生［3+2］环化加成反应。在转录水平上向蛋白中引入叠氮丙氨酸残基或炔丙基甘氨酸残基后，可以在 Cu（Ⅰ）催化下与相应活化形式的 PEG 相偶联，实现对蛋白质的化学修饰。反应通式如下：

$$N\equiv\overset{\oplus}{N}-\overset{\ominus}{N}-\boxed{\text{Pro}} + \text{PEG}-C\equiv CH \longrightarrow \boxed{\text{Pro}}-N(\text{三唑环})-\text{PEG}$$

以上所述的非天然氨基酸残基修饰方法的优势就在于选择性高，引入的非天然氨基酸残基只能与相应的活化 PEG 试剂特异性反应，而天然的生物大分子则不存在此类氨基酸残基，因此 PEG 修饰的选择性好、效率高；同时由于只改变了蛋白质末端或表面的一个氨基酸残基位点，因此对其空间构象影响不大，有利于保持蛋白质的生物活性。

（五）酶和过渡金属催化修饰

酶催化修饰是利用酶的催化特性，将蛋白质上的特定基团与 PEG 衍生物的特定基团相连接。如

选取特定的酶为催化剂，可以使 PEG- 烷基胺与蛋白质上特定的底物进行定点连接。如果蛋白质上缺少酶催化作用所需的蛋白质片段，也可以通过基因工程或其他方法在蛋白质的 *N*- 或 C- 端引入该片段。目前，常用的酶为转谷氨酰胺酶，这是一种蛋白质修饰酶，能催化谷氨酰胺上的 γ- 酰胺基团与其他氨基酸的转移反应，因此将 PEG- 烷基胺作为亲核供体，通过转谷氨酰胺反应就能将 PEG 连接到蛋白质的特定位置。

蛋白质多带有亲核功能基团，利用亲电的有机金属试剂能更有效地进行 PEG 修饰。如在卡宾铑催化下，色氨酸残基上的吲哚基团可被专一性修饰。酪氨酸残基在芳基膦钯催化下能与 PEG 试剂反应。过渡金属在这一领域的应用使得许多无法常规 PEG 化的氨基酸残基如色氨酸、酪氨酸残基等变得可用，从而大大扩展了蛋白质 PEG 修饰的靶点。

总之，PEG 定点修饰有利于保持蛋白质的活性，能获得某一特定修饰位点的均一 PEG 产物，免去了复杂甚至不可能实现的分离纯化步骤，易于控制产品质量，PEG 定点修饰已成为蛋白质药物研究的一大热点。随着新的化学专一技术、蛋白质化学合成和蛋白质重组技术的发展进步，以及准确、快速、灵敏的分析方法的建立，PEG 定点修饰技术将具有更加广泛的适用性和广阔的发展前景。

第三节 糖基化修饰

一、可作为修饰剂的糖

许多糖类及其衍生物被广泛应用于蛋白质药物的化学修饰研究，常用作修饰剂的糖有右旋糖酐类、肝素类、甘露聚糖、硫酸软骨素、壳聚糖、β- 环糊精等。

1. 右旋糖酐类　右旋糖酐是由 α- 葡萄糖通过 α-1,6- 糖苷键形成的高分子多糖，具有较好的水溶性和生物相容性。右旋糖酐硫酸酯是多糖分子结构中的羟基与硫酸成酯而得。多糖链上的双羟基结构经活化后可与蛋白质分子上自由氨基结合。右旋糖酐已被应用于超氧化物歧化酶（SOD）、胰岛素等的化学修饰研究。

2. 肝素类　肝素是由 β-D- 葡糖醛酸（或 α-L- 艾杜糖醛酸）和 *N*- 乙酰氨基葡糖所形成的重复二糖单位组成、*N*- 硫酸化程度高的黏多糖，具有抗凝血、调血脂、抗过敏、抗炎等多种生物活性。多糖链上的双羟基结构经活化后可与蛋白质分子上的自由氨基结合。肝素被用于修饰具有溶解血栓活性或者抗肿瘤活性的蛋白质时可以增加其疗效。

3. 甘露聚糖　甘露聚糖是由甘露糖聚合而成的高分子多糖，具有多分支、高水溶性的特点。甘露聚糖对巨噬细胞具有高亲和性，修饰蛋白质后可使修饰蛋白对巨噬细胞的靶向性增加。

4. 硫酸软骨素　硫酸软骨素是另一种重要的黏多糖，具有防治动脉粥样硬化、调血脂等作用。活化后的硫酸软骨素修饰蛋白质可使被修饰的蛋白质保留较高的活性。

5. 壳聚糖　壳聚糖是甲壳质经过脱乙酰作用得到的多糖，是糖蛋白的理想修饰剂。利用高碘酸钠将壳聚糖糖链上的邻羟基氧化成二醛结构，再与蛋白质分子上的氨基缩合，最后通过硼氢化钠还原形成一个稳定的修饰产物。壳聚糖已被应用于 L- 天冬酰胺酶、血红蛋白等的化学修饰研究中。

6. β- 环糊精　β- 环糊精是一种由 7 个葡萄糖分子连成的环状低聚糖，高碘酸钠氧化 β- 环糊精可使之成为具有二醛结构的活性化合物，与蛋白质反应后，经硼氢化钠还原，即获得 β- 环糊精修饰的蛋白质。也有将带有环糊精支链的羧甲基纤维素作修饰剂来修饰蛋白质的研究。

蛋白质的糖基化修饰策略（拓展阅读）

二、修饰策略

糖类对蛋白质的化学修饰多为随机修饰。糖类用于修饰蛋白质药物之前，也需要经过活化，目前常用的活化剂有高碘酸钠、溴化氰、三聚氯氰和碳二亚胺等。

（一）蛋白质的随机糖基化修饰

1. 高碘酸钠氧化法　高碘酸钠通过氧化邻双羟基结构而将葡萄糖环打开，形成的高活性醛基能与蛋白质分子上的氨基反应，使糖基修饰剂和蛋白质共价结合。反应式如下：

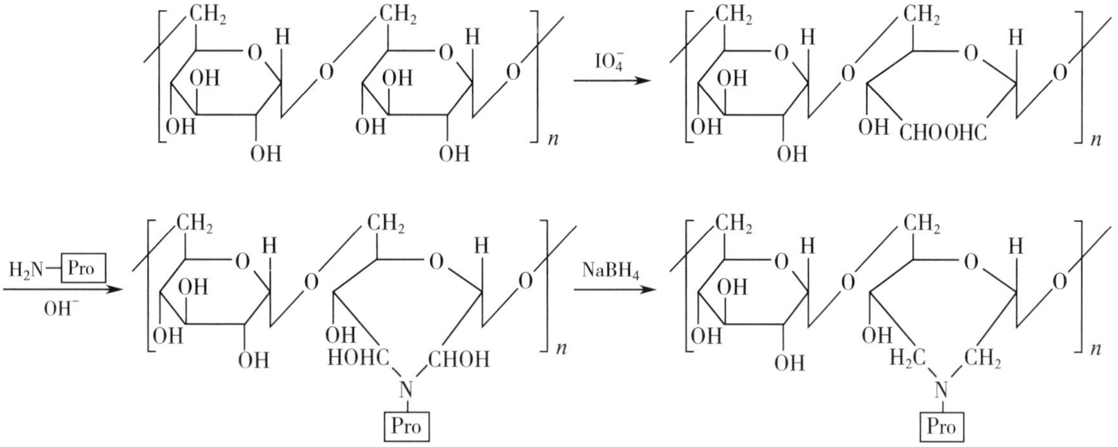

同时，也可通过调节加入的高碘酸的量来控制修饰剂的氧化程度。

2. 溴化氰活化法　糖分子上邻双羟基在溴化氰作用下活化，然后在碱性条件下与蛋白质分子上的氨基反应，产生共价结合。反应式如下：

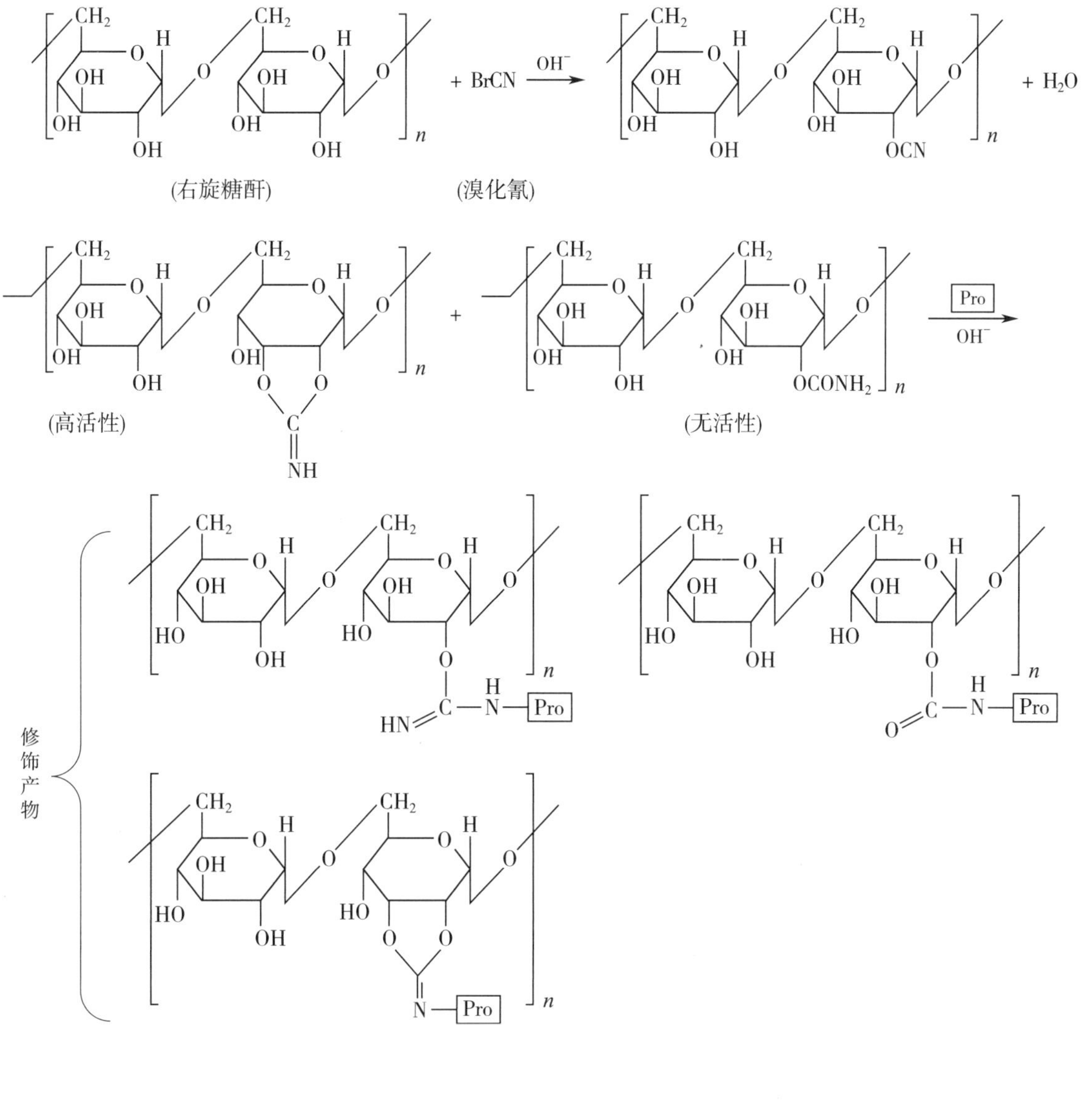

（右旋糖酐）　（溴化氰）

（高活性）　（无活性）

修饰产物

活化反应体系中溴化氰用量不能过多，以减少修饰剂在活化时产生过多的自身交联所导致的产物水溶性降低。溴化氰要分次加入反应体系中并剧烈搅拌，以防止溴化氰自身水解和反应体系中局部溴化氰浓度过高引起产物水溶性降低。通常加入固体溴化氰效果比加入液体溴化氰好。活化反应要在4℃条件下进行，待体系中pH保持一段时间不变后即为反应终点。

3. 三聚氯氰活化法　用三聚氯氰活化糖分子上的羟基，然后和蛋白质分子上的氨基反应。以肝素为例，反应式如下：

COOH　$CH_2OSO_3^-$
H　H　O　H　O
OH　O　OH
O　O　n
H
OH　$NHSO_3^-$
\+　Cl　N　N　Cl　N　Cl　$\xrightarrow{OH^-}$

COOH　$CH_2OSO_3^-$
H　H　O　H　O
OH　O　OH
O　O　n
H　$NHSO_3^-$
O
N　N
Cl　N　Cl
$\xrightarrow[OH^-]{H_2N-\boxed{Pro}}$
COOH　$CH_2OSO_3^-$
H　H　O　H　O
OH　O　OH
O　O　n
H　$NHSO_3^-$
O
N　N
Cl　N　NH — Pro

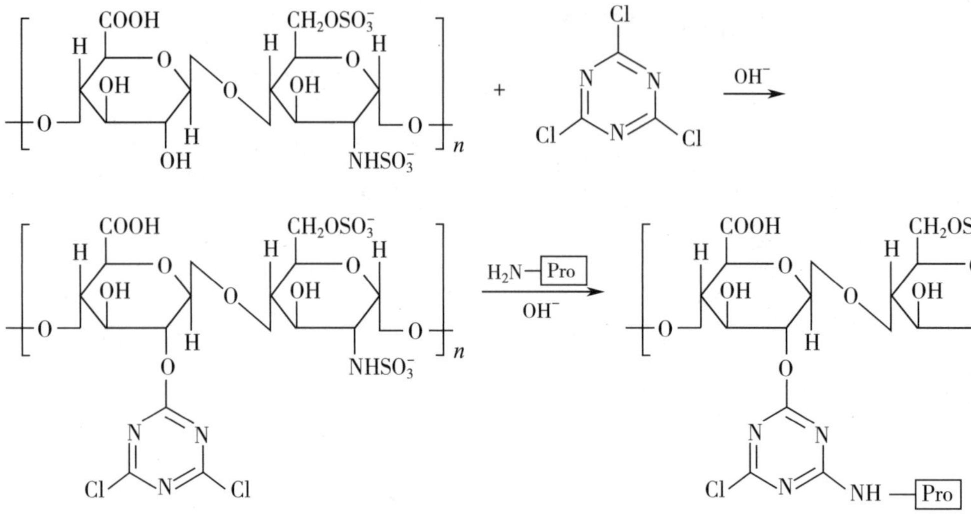

4. 碳二亚胺活化法　用碳二亚胺活化糖分子上的羧基，然后与蛋白质分子上氨基偶联，完成修饰反应。以肝素为例，反应式如下：

COOH　$CH_2OSO_3^-$
H　H　O　H　O
OH　O　OH
O　O　n
H
OH　$NHSO_3^-$
\+ RN＝C＝NR′ ⟶

HRN — C＝NR′
O
C＝O　$CH_2OSO_3^-$
H　H　O　H　O
OH　O　OH
O　O　n
H
OH　$NHSO_3^-$
$\xrightarrow{H_2N-\boxed{Pro}}$

O＝C — NH — Pro　$CH_2OSO_3^-$
H　H　O　H　O
OH　O　OH
O　O　n
H
OH　$NHSO_3^-$

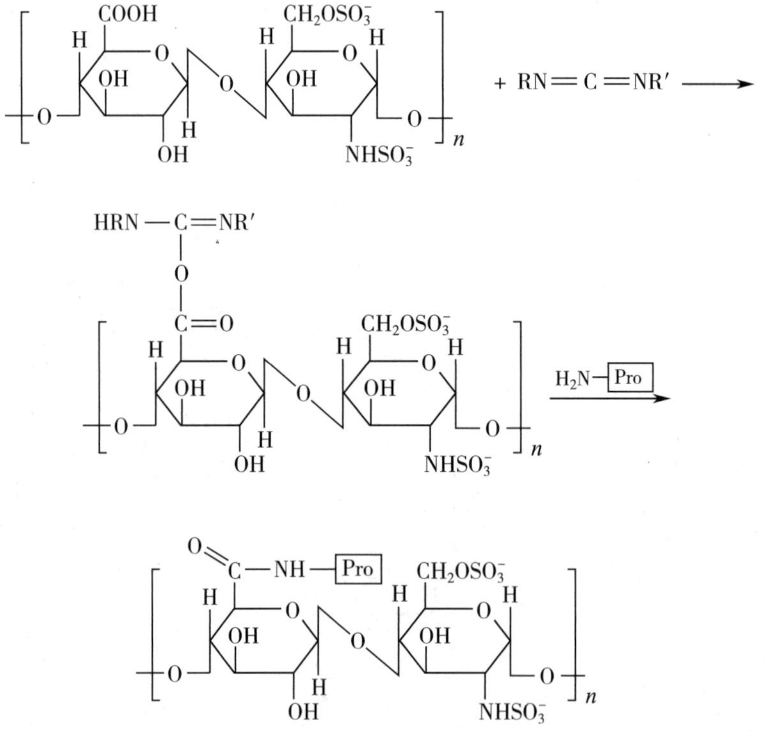

（二）蛋白质多肽的定点糖基化修饰

1. 均一糖蛋白和糖肽的合成方法　定点糖基化修饰蛋白质或多肽可得到均一的糖蛋白和糖肽，在研究结构与功能的关系、促进成药性方面具有非常重要的意义。合成均一糖蛋白和糖肽的方法众多，逆合成分析总结合成的方法包括：①线性合成；②汇聚式合成；③糖蛋白和糖肽的糖链再修饰。

（1）线性合成：将糖基通过化学合成的方法引入氨基酸侧链，合成核心的糖-氨基酸单元，在固

相合成时加入糖基化的氨基酸，延长肽链合成特定糖链修饰的糖肽片段，这一方法又被称为 cassette approach 策略。

（2）汇聚式合成：分别合成好寡糖片段和多肽链后，将二者通过缩合反应连接起来。

（3）糖蛋白和糖肽的糖链再修饰：通过化学法或酶水解法得到含单糖或寡糖的糖蛋白，然后在糖基转移酶或糖苷水解酶的催化作用下，引入寡糖或聚糖链。

2. 糖基化修饰类型　氨基酸残基和糖链的连接键具有不同的形式，常见的有 *O*- 糖苷键和 *N*- 糖苷键。此外，还有 *S*- 糖苷键、C- 糖苷键、*P*- 糖苷键等。下面主要介绍 *O*- 糖基化、*N*- 糖基化和 *S*- 糖基化修饰蛋白或多肽的方法。

（1）*O*- 糖基化修饰：*O*- 糖基化修饰是将单糖或糖链与丝氨酸、苏氨酸或酪氨酸等含羟基的氨基酸残基的氧原子连接。如以氟代糖（glycosyl fluoride）作为供体，在 $Ca(OH)_2$ 催化下于室温对酪氨酸残基进行修饰，反应式如下：

α-D-氟糖苷（3当量）；$Ca(OH)_2$（3当量），H_2O，室温，10min

（2）*N*- 糖基化修饰：*N*- 糖基化修饰是将单糖或糖链与天冬酰胺残基或精氨酸残基连接。如以 *N*- 唾液酸寡糖为原料制备含保护基的 tBoc-Asn- 唾液酸寡糖联苯酯 -OH，用于合成含 *N*- 糖的促红细胞生成素（erythropoietin，EPO）。含保护基的 *N*- 糖苷结构如下：

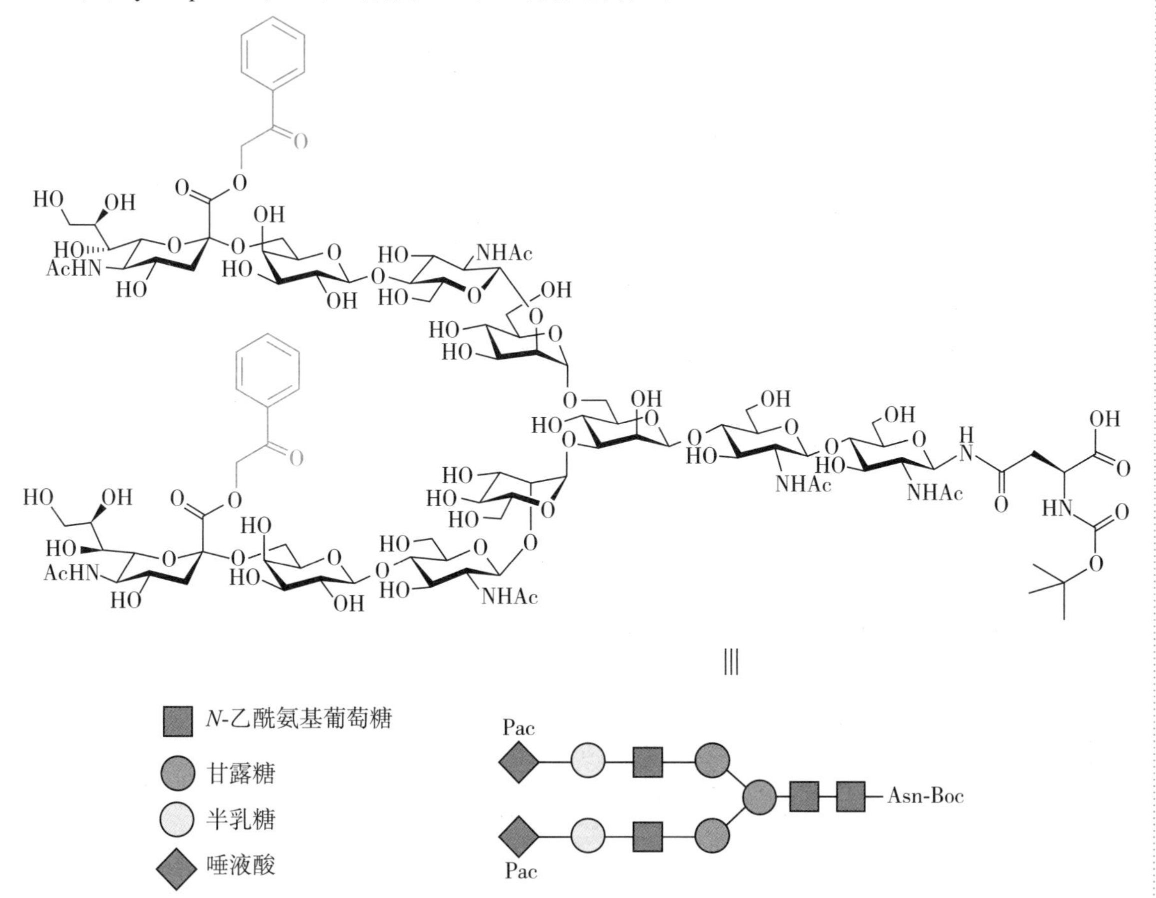

（3）*S*- 糖基化修饰：*S*- 糖基化修饰是单糖或糖链与半胱氨酸残基连接。此修饰方法可以烯丙基砜糖基化试剂为供体，在光催化条件下，烯丙基糖基砜与 Cys 反应形成 *S*- 糖苷键。反应式如下：

伊红Y

糖基化试剂盒

上述反应可在温和条件下进行，适用于广泛的糖基供体，并允许完全不受保护的多肽直接糖基化。

目前，糖类对蛋白质的修饰与 PEG 修饰相比有其优越性，如由于有的糖类具有特定的生物学功能，利用糖对蛋白质药物修饰之后，不仅能够延长蛋白质的半衰期、增加其稳定性，还能够由于糖自身的生物活性而赋予蛋白质新的生物活性或靶向性，这是 PEG 等无活性的生物大分子修饰剂所不具备的优势。因此，利用糖类对蛋白质进行化学修饰尤其是定点修饰的研究具有重大意义。

第四节　人血清白蛋白修饰

血浆蛋白质是血浆中的天然成分，它们和其他蛋白质所形成的复合物在血液中有可能被视为“自体蛋白”而被接受。同时，由于血浆蛋白质具有较大的分子量，在改进蛋白质性质方面效果明显，因此被认为是具有较大优越性和前途的一类修饰剂。其中，人血清白蛋白是目前研究较多的一种蛋白质化学修饰剂，其修饰方法主要有以下几种：

（一）戊二醛法

此方法利用戊二醛双功能基团的活泼性，使白蛋白和被修饰蛋白质分子上的氨基产生交联反应，反应通式如下：

$$\boxed{白蛋白}—NH_2 + \boxed{Pro}—NH_2 \xrightarrow{CHO—(CH_2)_3—CHO} \boxed{白蛋白}—N{=}CH—(CH_2)_3—\underset{H}{C}{=}N—\boxed{Pro}$$

修饰产物

$$\left.\begin{array}{l}\boxed{白蛋白}—N{=}CH—(CH_2)_3—\underset{H}{C}{=}N—\boxed{白蛋白}\\ \boxed{Pro}—N{=}CH—(CH_2)_3—\underset{H}{C}{=}N—\boxed{Pro}\end{array}\right\}副产物$$

此修饰反应由下列因素控制：①双功能基团与蛋白质和溶剂的相对反应速度；②双功能基团与被修饰蛋白和白蛋白的相对反应速度（与被修饰蛋白上可反应基团的数目有关）；③分子间交联速度与分子内交联速度的相对关系（高蛋白质浓度可能有利于分子内交联）；④白蛋白和被修饰蛋白质的反应分子比例。

（二）碳二亚胺法

白蛋白和蛋白质以碳二亚胺作为交联剂的修饰反应过程如下：

$$\boxed{白蛋白}\begin{array}{l}—COOH\\—NH_2\end{array} + \boxed{Pro}\begin{array}{l}—COOH\\—NH_2\end{array} \xrightarrow{R—N{=}C{=}N—R'} \boxed{白蛋白}—\overset{O}{\overset{\|}{C}}—NH—\boxed{Pro}$$

修饰产物

$$\left.\begin{array}{l}\boxed{白蛋白}-\overset{\overset{\displaystyle O}{\|}}{C}-NH-\boxed{白蛋白}\\ \boxed{Pro}-\overset{\overset{\displaystyle O}{\|}}{C}-NH-\boxed{Pro}\end{array}\right\}副产物$$

从上述两种方法中可看到，白蛋白用化学性质活泼的戊二醛、碳二亚胺作为交联剂来修饰蛋白质，反应产物不仅有所需的修饰蛋白质，而且还有被修饰蛋白药物分子间和白蛋白分子间的交联副产物，这直接影响了修饰蛋白药物的收率。

另外从许多报道来看，在运用上述两种修饰方法时，反应结束后蛋白质活性损失较大，主要原因可能是在修饰反应过程中，活泼的双功能交联剂不仅与蛋白质的氨基、羧基反应生成修饰蛋白，而且还可能与蛋白质活性基团发生反应，导致蛋白质活性降低。

（三）活性酯法

活性酯法白蛋白修饰工艺是根据多肽合成原理发展起来的，主要特点是反应条件温和，避免了活泼的双功能交联剂直接与蛋白质接触所可能产生的蛋白质失活，减少了副反应的产生。如用活性酯法以白蛋白修饰尿激酶，在不用底物保护酶活性部位的条件下，酶活力回收率仍高达 90% 以上，结合率高达 80% 以上。下面是活性酯法的工艺过程。

（1）白蛋白琥珀酰化：这步反应通过白蛋白和琥珀酸酐作用后，使白蛋白分子表面的氨基琥珀酰化。这既提供了大量的活性酯反应必需基团——羧基，又防止了在活性酯反应时白蛋白产生自身交联。

$$\boxed{白蛋白}-NH_2+\text{(琥珀酸酐)}\xrightarrow{OH^-}\boxed{白蛋白}-HN-\overset{\overset{\displaystyle O}{\|}}{C}-(CH_2)_2-COOH$$

（2）活性酯形成反应：琥珀酰化白蛋白在碳二亚胺作用下与对硝基苯酚形成活性酯，除去小分子活泼交联剂后，将得到的大分子白蛋白活性酯用于与被修饰蛋白进行共价交联。

$$\boxed{白蛋白}-HN-\overset{\overset{\displaystyle O}{\|}}{C}-(CH_2)_2-COOH+HO-C_6H_4-NO_2\xrightarrow{R-N=C=N-R'}$$

$$\boxed{白蛋白}-HN-\overset{\overset{\displaystyle O}{\|}}{C}-(CH_2)_2-\overset{\overset{\displaystyle O}{\|}}{C}-O-C_6H_4-NO_2$$

（3）修饰反应：由于白蛋白活性酯的反应活泼性，可使被修饰蛋白与白蛋白形成良好的交联，同时小分子交联剂作为被修饰蛋白质与白蛋白之间的“手臂”，防止了白蛋白形成对被修饰蛋白的空间障碍，有利于保留被修饰蛋白的生物活性。

$$\boxed{白蛋白}-HN-\overset{\overset{\displaystyle O}{\|}}{C}-(CH_2)_2-\overset{\overset{\displaystyle O}{\|}}{C}-O-C_6H_4-NO_2+\boxed{Pro}-NH_2\longrightarrow$$

$$\boxed{白蛋白}-HN-\overset{\overset{\displaystyle O}{\|}}{C}-(CH_2)_2-\overset{\overset{\displaystyle O}{\|}}{C}-NH-\boxed{Pro}+HO-C_6H_4-NO_2$$

第五节　用其他修饰剂修饰

除了 PEG、糖类、人血清白蛋白修饰剂外，还有许多其他修饰剂被用于蛋白质药物的化学修饰研究，如脂肪酸、糖肽、卵磷脂及聚烯属羟基氧化物等。

一、用脂肪酸修饰

经过活化的脂肪酸可以在温和的条件下与蛋白质药物的氨基发生酰化反应，从而在药物分子上偶联不同链长的脂肪酸，进而改善被修饰蛋白的理化性质和体内外活性。脂肪酸的活化方式如下：

$$RCOOH \xrightarrow{SOCl_2} RCOCl$$

$$RCOOH \longrightarrow RCOCl \longrightarrow RCOO—N(\text{琥珀酰亚胺})$$

$$RCOOH \longrightarrow R—C(=O)—O—C_6H_4—S^+(CH_3)_2$$

活化后脂肪酸与蛋白质氨基的反应通式如下：

$$R—C(=O)—X + \boxed{Pro}—NH_2 \longrightarrow R—C(=O)—NH—\boxed{Pro}$$

其中 $X = —O—C_6H_4—S^+(CH_3)_2$ 或 $—ON$(琥珀酰亚胺) 或 $—Cl$

常用作修饰剂的脂肪酸包括乙酸、丙酸、癸酸、辛酸、月桂酸、棕榈酸、硬脂酸等。以棕榈酸为例，可以用氯化亚砜对棕榈酸进行酰化，使其成为活化的棕榈酸（棕榈酰氯）后再与蛋白质反应获得修饰产物。虽然修饰后的蛋白质分子量增加不明显，但修饰后的蛋白质在热稳定性、酸碱稳定性、抗蛋白酶、抗有机溶剂方面都较未修饰蛋白有所提高。这主要是由于棕榈酸含有较长的疏水尾巴，可以遮盖影响蛋白质的敏感位点。

二、用糖肽修饰

糖肽一般是通过纤维蛋白酶或蛋白水解酶降解人纤维蛋白或γ-球蛋白而得。糖肽结构上的氨基经过活化后，可与被修饰蛋白质分子上的氨基结合。常用以下两种方法：

（一）戊二醛法

此反应机制与白蛋白对蛋白质的化学修饰机制类似，是利用双功能试剂戊二醛活化糖肽的氨基，然后与被修饰蛋白的氨基反应。

（二）异氰酸法

糖肽在低温条件下用甲苯-2,3-异氰酸酯活化，再在碱性条件下与蛋白质结合。反应通式如下：

$$\boxed{糖肽}—NH_2 + CH_3C_6H_3(NCO)_2 \xrightarrow[4℃]{pH\ 7.5} CH_3C_6H_3(NCO—NH—\boxed{糖肽})(NCO)$$

$$\xrightarrow[pH\ 9.5]{\boxed{Pro}—NH_2} CH_3C_6H_3(NCO—NH—\boxed{糖肽})(NCO—NH—\boxed{Pro})$$

三、用卵磷脂修饰

用卵磷脂修饰蛋白质及卵磷脂修饰蛋白质的特性（拓展阅读）

卵磷脂的结构如下：

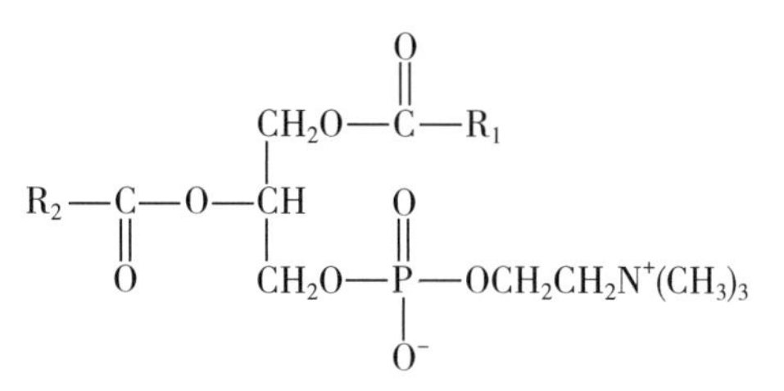

其中，R_1、R_2 为脂肪酸烃基

卵磷脂可以经多种活化剂如 *N*- 羟基琥珀酰亚胺等活化，再与蛋白质的氨基共价结合，反应式如下：

$$R_2-C(=O)-(CH_2)_n-C(=O)-O-CH\left(CH_2O-C(=O)-R_1\right)\left(CH_2O-P(=O)(O^-)-OCH_2CH_2N^+(CH_3)_3\right) + HO-N(\text{琥珀酰亚胺}) \longrightarrow$$

$$(\text{琥珀酰亚胺})N-O-C(=O)-(CH_2)_n-C(=O)-O-CH\left(CH_2O-C(=O)-R_1\right)\left(CH_2O-P(=O)(O^-)-OCH_2CH_2N^+(CH_3)_3\right) \xrightarrow{\boxed{\text{Pro}}-NH_2}$$

$$\boxed{\text{Pro}}-HN-O-C(=O)-(CH_2)_n-C(=O)-O-CH\left(CH_2O-C(=O)-R_1\right)\left(CH_2O-P(=O)(O^-)-OCH_2CH_2N^+(CH_3)_3\right)$$

其中，R_1、R_2 为脂肪酸烃基

卵磷脂 - 蛋白质修饰物除了可以增加被修饰蛋白质的稳定性、延长其半衰期外，还可以提高被修饰蛋白对细胞膜和组织的吸附能力。

除了上述几种化学修饰剂外，还有许多其他修饰剂被用于蛋白质药物的化学修饰，例如乙酰咪唑、卤代乙酸、*N*- 乙基马来酰亚胺、焦碳酸二乙酯、四硝基乙烷等。但是大部分修饰剂都存在修饰产物不均一、质量不易控制等问题，如何实现对蛋白质的定点修饰是这类修饰剂未来研究的关键。

第六节　蛋白质的化学修饰在制药工业上的应用

一、PEG 修饰腺苷脱氨酶

（一）腺苷脱氨酶的作用

重症联合免疫缺陷病是一种体液免疫、细胞免疫同时有严重缺陷的疾病，25%~50% 的重症联合免疫缺陷病病例主要与先天性缺乏腺苷脱氨酶（ADA）有关。ADA 缺乏一则严重影响细胞 DNA 包括淋巴细胞 DNA 的合成代谢，同时由于脱氧腺苷三磷酸在淋巴细胞的堆积对淋巴细胞尤其是 T 细胞具有一定的毒性作用，从而造成淋巴细胞在增补、分化及功能方面的障碍。直接给予患者 ADA 可

一定程度地改善其免疫功能状态，但是由于 ADA 体内半衰期短且免疫原性较强，其应用受到限制。

（二）PEG 修饰的 ADA

1990 年，FDA 批准了 PEG-ADA（Adagen®）用于重症联合免疫缺陷病的治疗。PEG-ADA 采用的是线性 PEG 随机修饰的方式，每个 ADA 分子上连接多个 PEG 分子。PEG 对 ADA 的化学修饰可延长其在体内的半衰期，减少其免疫原性，利用其治疗重症联合免疫缺陷病几乎可完全纠正患儿的代谢紊乱，使免疫功能得到不同程度的恢复。

PEG-ADA 是世界上第一个上市的 PEG 化学修饰的蛋白质药物，其上市对于化学修饰药物从理论进入临床具有重要的实际意义。

二、PEG 修饰干扰素

（一）干扰素的作用

丙型病毒性肝炎简称丙型肝炎，由丙型肝炎病毒引起。丙型肝炎分布较广，更容易演变为慢性肝炎、肝硬化和肝细胞癌。

急性丙型肝炎虽然有部分患者可以自愈，但对所有的急性丙型肝炎患者应给予积极治疗，其中最主要的治疗为抗病毒治疗。自 20 世纪 80 年代中期干扰素（IFN）广泛用于治疗慢性丙型肝炎以来，IFN 已成为治疗慢性丙型肝炎的首选药物。临床上 IFN 一般联合利巴韦林用药，目的是抑制病毒复制以减少传染性、改善肝功能、减轻肝组织病变、提高生活质量、减少或延缓肝硬化和肝细胞癌的发生。

自从 1992 年 FDA 批准普通 IFN α-2b 联合利巴韦林用于治疗急性或慢性丙型肝炎以来，治愈率可以达到 41%~47%。但是，由于普通 IFN α-2b 半衰期短导致给药频繁，其临床使用受到一定限制，这也使得更加长效 IFN 的研发成为热点。目前无论是急性丙型肝炎，还是慢性丙型肝炎，标准治疗方案都是 PEG-IFN（α-2a 或 α-2b）联合利巴韦林，丙型肝炎的治愈率提高了近 20%。PEG-IFN α 由于每周 1 次给药，给药次数大大减少，方便了患者用药，相对于普通 IFN 的每周 3 次或隔日 1 次，PEG-IFN 又称为长效 IFN。

（二）PEG 修饰干扰素

FDA 分别于 2000 年和 2002 年批准了 PEG 修饰的 IFN α-2b（PEG-Intron®）和 PEG 修饰的 IFN α-2a（Pegasys®），其结构分别如下：

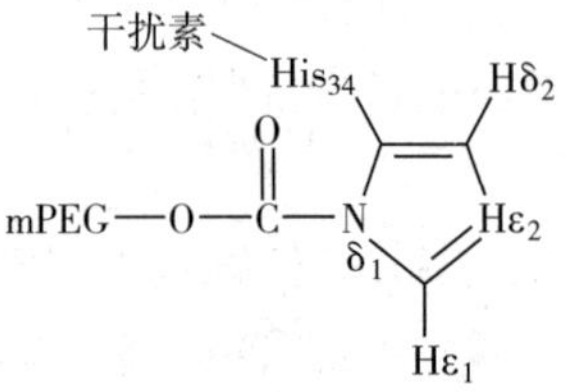

干扰素—His$_{34}$　Hδ_2
mPEG—O—C(=O)—N　δ_1　Hε_2
Hε_1

PEG-IFNα-2b

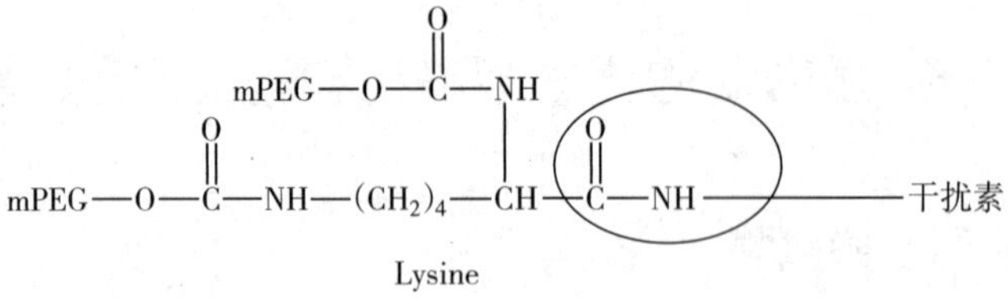

mPEG—O—C(=O)—NH
mPEG—O—C(=O)—NH—$(CH_2)_4$—CH—C(=O)—NH——干扰素
Lysine

PEG-INFα-2a

PEG-IFN α-2b 采用的是线性 PEG 随机修饰的方式，使用的 PEG 的 M_r 为 12kDa。在 IFN α-2b 中有 3 个组氨酸残基，His-7、His-57 和 His-34，由于 PEG-IFN α-2b 是在酸性条件下反应获得，大量的 PEG 聚集在 His-34 上。在此情况下，PEG 偶合到组氨酸的侧链咪唑环上含双键 N 的位置上，形成氨基甲酸酯。

PEG-IFN α-2a 采用的是分支 PEG 随机修饰的方式，使用的 PEG 的 M_r 为 40kDa。IFN α-2a 分子中有 12 个氨基（1 个 *N*- 端加上 11 个赖氨酸残基）可用于 PEG 化，但并非所有的氨基都容易与 40kDa 分支 PEG（含有两条 PEG 链，每条链的 M_r 均为 20kDa）结合，因为这种 PEG 的体积较大。40kDa 分支 PEG 仅可与 IFN α-2a 分子中 31、121、131 或 134 位赖氨酸残基中的 1 个连接，形成单一 PEG-IFN α-2a。因此，IFN α-2a PEG 化的位点较少，其合成的 PEG 化 IFN α-2a 较为均一。经制备与纯化后，PEG-IFN α-2a 包含至少 95% 的 PEG 化 IFN α-2a，即 95%PEG-IFN α-2a 不含未修饰蛋白，连接位点不超过 2 个，无副产品。

两种 PEG 修饰 IFN 之间的直接比较临床试验表明，使用 12kDa PEG 修饰的 IFN α-2b 的复发率明显低于 40kDa PEG 修饰的 IFN α-2a，原因可能与两者的抗病毒活性不同及分子大小差异引起的药物分布不同有关：40kDa PEG 分子较大，对 IFN 活性中心影响较大，导致抗病毒活性不如 PEG-IFN α-2b；另外，12kDa PEG-IFN α-2b 可以全身分布，不仅清除肝内的主要病毒，更可以清除淋巴结、肾、脾、肾上腺、唾液腺等肝外病毒，故停药后的复发率较低，而 40kDa PEG 修饰的 IFN α-2a 由于分子较大，限于血管和肝内分布，对肝外的病毒清除不利。

PEG-IFN α-2b 和 PEG-IFN α-2a 的临床应用实践为 PEG 修饰剂的选择原则提供了新的参考依据：虽然带支链的大分子修饰剂比线性的较小分子修饰剂可以赋予被修饰蛋白更长的半衰期和更高的稳定性，但是由于其对生物活性中心的掩盖更大且对修饰后药物的全身分布有影响，因此，修饰剂的具体选择还要综合考虑被修饰药物的特点及被用于治疗疾病的特点来选择。

三、PEG 修饰尿酸氧化酶

（一）尿酸氧化酶的作用

痛风为嘌呤代谢紊乱和 / 或尿酸排泄障碍所致血尿酸增高的一组异质性疾病。过多的尿酸最终以针状结晶存留在关节或软组织中，引起间歇性肿胀、发红、发热、疼痛和关节僵硬。痛风患者的常规疗法是服用能够降低血液中尿酸含量的药物，例如黄嘌呤氧化酶抑制剂别嘌醇（allopurinol）和非布司他（febuxostat，Uloric），但约有 3% 的人群无法从常规治疗中获益。注射尿酸氧化酶是治疗痛风以及禁忌常规疗法或使用常规疗法无效的患者的理想药物。

（二）PEG 修饰的尿酸氧化酶

由于人体内不存在尿酸氧化酶，因此只能利用异体来源尿酸氧化酶，但外源尿酸氧化酶具有较强的免疫原性，当其用于机体时会引发抗体产生而降低疗效，甚至会引起严重的过敏反应。PEG 与其结合可解决或缓解尿酸氧化酶药用过程中存在的诸多问题。

2010 年 9 月，FDA 批准了治疗痛风的新药——PEG 修饰的尿酸氧化酶（pegloticase，Krystexxa®），用于常规治疗无效或常规治疗无法耐受的成年痛风患者。

尿酸氧化酶亚单位的氨基酸残基组成如下：

TYKK NDEVEFVRTG YGKDMIKVLH IQRDGKYHSI KEVATTVVQLT　50
LSSKKDYLHG DNSDVIPTDT IKNTVNVLAK FKGIKSIETF AVTICEHFLS　100
SFKHVIRAQV YVEEVPWKRF EKNGVKHVHA FIYTPTGTHF CEVEQIRNGP　150
PVIHSGIKDL KVLKTTQSGF EGFIKDQFTT LPEVKDRCFA TQVYCKWRYH　200
QGRDVDFEAT WDTVRSIVLQ KFAGPYDKGE YSPSVQKTLY DIQVLTLGQV　250
PEIEDMEISL PNIHYLNIDM SKMGLINKEE VLLPLDNPYG KITGTVKRKL　300
SSRL　304

采用线性 PEG 随机修饰赖氨酸 $-NH_2$ 的方式，实现了对尿酸氧化酶四聚体的化学修饰，每个尿酸氧化酶亚单位的 28~30 个赖氨酸残基中 9~12 个被 PEG 修饰，修饰后的尿酸氧化酶 M_r 约为 540kDa，其半衰期显著延长，抗原性和免疫原性明显降低且活性保留百分率高达 90%。药效学研究显示，首次

给予 PEG 修饰的尿酸氧化酶后约 24 小时，用药组（8mg，每 2 周 1 次给药）受试者平均血浆尿酸水平为 41.64μmol/L，而安慰剂组平均尿酸水平为 487.8μmol/L。在一项 24 例症状性痛风患者给药 1 小时后，血浆尿酸随给药剂量或浓度增加而降低，血浆尿酸的抑制时间随给药剂量增加而增加。给药剂量达到 8mg 和 12mg 时，血浆尿酸持续降低，低于溶解度浓度 357μmol/L 长于 300 小时。

四、脂肪酸修饰胰高血糖素样肽 -1

（一）胰高血糖素样肽 -1 的作用

2 型糖尿病（T2DM）是以高血糖症、高脂血症为主要特征的慢性代谢性疾病。持续的高血糖、高血脂会导致机体继发多种重要器官的并发症，严重威胁人类生命健康。胰高血糖素样肽 -1（GLP-1）是回肠内分泌细胞分泌的一种脑肠肽，临床应用中不但降糖效果良好，而且具有减重、降压、降脂、心血管保护、肾保护等作用，副作用小，有着二甲双胍类药物和胰岛素等传统降糖药物所不具备的优势，很少导致低血糖，是有潜力的降血糖药物。

（二）脂肪酸修饰胰高血糖素样肽 -1

胰高血糖素样肽 -1 在血液循环中仅能存活 1~2 分钟，半衰期短，会被二肽基肽酶 4（DPP-4）分解而失去活性。用脂肪酸修饰 GLP-1 可解决了其半衰期短、易被肾清除等限制成药的诸多问题。

2010 年 1 月，FDA 批准了治疗糖尿病的新药利拉鲁肽（liraglutide，Victoza®），适用于 2 型糖尿病成人患者。

利拉鲁肽的化学结构如下：

H_2N—H A E G T F T S D V S S Y L E G Q A A—NH—CO—E F I A W L V R G R G—COOH

Lys^{26}

Glu-连接臂

HO NH O

H_3C

棕榈酸

固相合成法制备直链肽 Arg^{34}GLP-1（7-37），以及脂肪侧链酰化剂，在碱性条件下用合成的脂肪链酰化剂对直链肽 Lys^{26} 进行修饰，得到利拉鲁肽。他与天然 GLP-1 有 97% 的同源性。注射利拉鲁肽后，其侧链上连接的脂肪酸链可驱动利拉鲁肽分子自联形成稳定的七聚体，从而延缓吸收；并且还可以在体内通过非共价键作用与人体血清白蛋白连接形成生物大分子，有效延缓肾脏的清除、DPP-4 的代谢作用以及促进该药从注射部位缓慢释放等作用。它的血浆半衰期长达约 13 小时，每天一次皮下注射，能够显著降低糖尿病患者心血管事件的发生。

五、化学修饰的超氧化物歧化酶

（一）超氧化物歧化酶的作用

超氧化物歧化酶（SOD）是一类广泛存在于生物体内的金属酶，是生物体内一种重要的氧自由基清除剂，能够平衡机体的氧自由基，从而避免机体内过高的超氧阴离子自由基浓度导致的损伤，有防辐射、抗衰老、消炎、抑制肿瘤、治疗自身免疫性疾病等作用。然而，由于 SOD 体内半衰期短（6~10 分钟）、稳定性差、难以进入细胞内、与细胞膜亲和力小、具有抗原性，直接药用存在疗效差和有一定的副作用等缺点，其在临床上的应用一直受到很大限制。

（二）化学修饰的超氧化物歧化酶

为了延长 SOD 的半衰期、解除免疫原性、提高稳定性、增加对细胞膜的通透性，以充分发挥其临

床效果，国内外大多采用一些不具有免疫原性的水溶性高分子化合物对 SOD 非活性部位赖氨酸残基进行修饰。目前，已经实现多种修饰剂对 SOD 进行修饰。其中，糖和糖的衍生物常用于修饰 SOD，如右旋糖酐、糖肽、蔗糖、药用淀粉、肝素、低分子量肝素、透明质酸等。但目前研究最为深入、也最成功的是 PEG 修饰的 SOD，PEG-SOD 已经进入Ⅲ期临床试验研究。

SOD 化学修饰后的特性变化主要有以下几方面：

1. 在血液中的半衰期延长　SOD 在体内的半衰期很短，仅 6~10 分钟，因此不易维持长时间的治疗作用。通过化学修饰可显著延长其半衰期（表 9-3）。

表 9-3　修饰 SOD 的半衰期

修饰 SOD	$t_{1/2}$/h	修饰 SOD	$t_{1/2}$/h
牛血 Cu，Zn-SOD（天然）	0.1	同源白蛋白 -SOD	16
PEG-SOD	40	聚氧化烯 -SOD	8
右旋糖酐 -SOD	7	低抗凝活性肝素 -SOD［LAAH（CN）-SOD］	7.62
聚蔗糖 -SOD	24		

关于蛋白质在高分子亲水性物质修饰后其体内半衰期延长的原因是多方面的，其中主要原因是修饰剂对蛋白质肽键的屏蔽作用，即修饰剂分子在溶液中包裹在蛋白质的分子外部，同时吸附大量的水分子，从而形成一个保护层，血液中的蛋白酶受这层保护层的阻隔不能与蛋白质分子接触，从而不能水解蛋白质。研究发现修饰 SOD 的半衰期与其 M_r 有关，M_r 大的可能半衰期长。研究还发现修饰酶残留的氨基数及其本身结构的稳定性对半衰期有影响。SOD-PEG-6-3（M_r 46kDa；6 代表 PEG 的 M_r 为 6kDa，3 代表其与 1mol SOD 连接的摩尔数）的半衰期小于 SOD-PEG-1.9-6（M_r 43kDa），表明半衰期不仅与修饰剂的 M_r 有关，连接到酶上的 PEG 的数量也起到重要作用。这些结果表明，以 M_r 大的修饰剂修饰的酶不一定具有较长的半衰期，用短链修饰剂修饰的 SOD 也可能具有较长的半衰期。用同源白蛋白修饰的 SOD 随分子量的增大，清除速率增加。分别以 M_r>600kDa 或同源白蛋白修饰 SOD，发现小鼠静脉注射前者的半衰期为 2.6 小时，而后者则为 16 小时。

2. 免疫原性降低　用于治疗的 SOD 制剂多来自动物或微生物，多次注入人体常可诱发免疫反应，从而降低疗效，甚至引起过敏反应。目前认为蛋白质表面的抗原决定簇大多由亲水性氨基酸，特别是亲水性较强的赖氨酸组成。用免疫惰性物质对蛋白质进行化学修饰，蛋白质表面的抗原决定簇将部分或全部被掩盖，因而可使蛋白质的免疫原性降低以至消除，但仍能保留相当程度的生物活性。

研究表明，SOD 用 PEG 修饰后，诱发机体产生抗体的能力随 M_r 的增大而显著减小，当 M_r 达到一定程度后即不再诱发机体产生抗体，产生免疫耐受（表 9-4）。表 9-4 显示 PEG-SOD 被动皮肤过敏反应（PCA）实验结果，滴度值越大表明产生抗体的能力越强。研究表明，随着氨基酸被修饰的百分比增加，SOD 免疫原性下降，当此百分比达到一定值后，复合物免疫原性丧失。这说明以 PEG 修饰的 SOD 的免疫原性与修饰剂的 M_r 和修饰程度有关。

表 9-4　PEG-SOD 的免疫原性

不同 M_r 的 PEG 修饰的 SOD	在下列时间测定的 PCA 滴度值				
	7d	14d	21d	28d	36d
SOD	4	128	128	612	612
PEG（360）-SOD	0	8	32	266	266
PEG（760）-SOD	0	4	16	32	32
PEG（1900）-SOD	0	0	0	0	0
PEG（6000）-SOD	0	0	0	0	0

3. 抗炎活性增强　SOD经化学修饰后，抗炎活性增强。其原因有二：一是SOD的抗炎活性与其在体内的血浆半衰期有直接关系。角叉莱胶足跖水肿实验显示，天然SOD无活性或只有很小的活性，只在角叉莱胶注射前后多次给药才显示较好的抗炎活性，而经化学修饰的SOD预防性给药一次即有较好的抗炎活性。二是SOD的抗炎活性可能与其对细胞膜的亲和力有关（特别是局部炎症部位），SOD修饰后增强了其与细胞膜的亲和力，使其抗炎活性增强。

4. 膜通透能力增强　SOD临床应用的另一个基本问题是如何使其进入病变区发挥作用。天然SOD不易进入细胞内，不能补偿细胞内SOD的不足，也不能清除细胞内生成的超氧阴离子自由基，而只能治疗由细胞外超氧阴离子自由基的毒性引起的病变，如炎症。SOD与PEG连接后，可使培养的内皮细胞吸收的SOD酶增加，说明PEG连接SOD增强了进入细胞的能力。PEG修饰酶进入内皮细胞有3种可能的机制：①直接进入细胞膜；②连接在细胞膜表面；③通过细胞内吞作用吸收。

5. 理化性质改变　SOD经修饰后，理化性质有较大改变：①分子量明显增大，聚丙烯酰胺凝胶电泳中R_f值明显小于天然酶；②荧光激发光谱的波长和荧光发射光谱的波长均有改变，修饰酶的发射光谱强度明显小于天然SOD；③耐热性明显提高；④耐酸、碱性明显提高；⑤抗蛋白酶水解能力明显提高；⑥对乙二胺四乙酸（EDTA）的稳定性明显提高。

小结

蛋白质药物化学修饰主要是指在分子水平上对蛋白质药物进行化学改造，通过对主链的切割、剪接及化学基团的引入，实现对蛋白质药物理化性质和生物活性的改变。蛋白质药物化学修饰能赋予蛋白质药物多种优良性能，具体表现为：①循环半衰期延长；②免疫原性降低或消失，毒副作用减小；③物理、化学和生物稳定性增强等。

可以用于蛋白质化学修饰的化合物很多，主要是水溶性高分子聚合物，如葡聚糖、右旋糖酐、肝素及低分子量肝素、多聚唾液酸、聚乙烯吡咯烷酮、聚氨基酸、聚乙二醇（PEG）、白蛋白等，目前以PEG类修饰剂最为常用。要实现修饰剂对蛋白质的化学修饰，必须要完成修饰剂的活化过程。

利用活化的修饰剂对蛋白质进行修饰是活化的修饰剂与蛋白质分子功能基团的反应，这些功能基团主要是蛋白质上的氨基、巯基、羧基等。针对不同的功能基团和修饰目的，往往采取不同的修饰策略。从大的方面讲，修饰策略分为随机修饰和定点修饰两种。

蛋白质的PEG修饰即PEG化（pegylation），是将活化的PEG通过化学方法以共价键偶联到蛋白质上的技术。在对一特定的蛋白质进行PEG修饰时，要选择合适的PEG。在选择PEG时要考虑其相对分子质量（M_r）、蛋白质分子上的修饰位点、水解稳定性和反应活性，还要确定是采用随机修饰还是定点修饰以及修饰策略。PEG随机修饰选择的修饰靶点多为蛋白质氨基，包括赖氨酸的ε-NH_2和末端的α-NH_2，常采用的活化方法有三聚氯氰活化法、溴化氰活化法、*N*-羟基琥珀酰亚胺活化法、羰基二咪唑活化法、苯基氯甲酸酯活化法、光气参与的活化方法等。PEG定点修饰主要从3方面着手：①蛋白质方面，通过蛋白质的定点突变、蛋白质可逆性位点定向保护、非天然氨基酸的引入等，以引入或留有单一的供修饰的基团；②PEG的活化形式，即通过选择PEG的活化形式来实现与特定基团的反应，如修饰氨基的PEG-醛和修饰巯基的PEG-乙烯基砜等；③反应条件的控制，即通过控制pH、温度、金属离子或酶的催化等实现定向修饰反应。定点修饰选定的修饰靶点可为氨基、羧基、巯基、非天然氨基酸的特殊基团等，其中：氨基的定点修饰策略主要有*N*-端氨基酸残基的α-NH_2的定点修饰、定点突变去除多余的侧链含氨基的氨基酸残基再行修饰、保护剂定点保护与脱保护修饰及氧化去氨基后修饰等；羧基的修饰位点包括天冬氨酸、谷氨酸残基的羧基及C-端羧基；巯基的定点修饰除直接对在分子表面的单一巯基进行修饰外，还可采用对包埋于蛋白质内部的巯基进行修饰、基因工程技术引入巯基后再进行修饰、二硫键的定点修饰；非天然氨基酸定点修饰策略是通过化学或生物的手段，将带有卤素、酮基、烯基、叠氮基等基团的氨基酸引入蛋白质中，并以此为靶点对蛋白质进行定点修饰。

多糖类及其衍生物也被广泛应用于蛋白质药物的化学修饰研究，常用作修饰剂的糖有右旋糖酐类、肝素类、甘露聚糖、硫酸软骨素、壳聚糖、*β*- 环糊精等。糖类对蛋白质的化学修饰多为随机修饰。糖类被用于修饰蛋白质药物之前也需要经过活化，目前常用的活化剂有高碘酸钠、溴化氰、三聚氯氰、碳二亚胺等。

因人血清白蛋白对人而言是自体蛋白，没有抗原性，也常被用于蛋白质药物的化学修饰。其修饰方法主要有戊二醛法、碳二亚胺法、活性酯法。

除了 PEG、糖类、人血清白蛋白修饰剂外，还有许多其他修饰剂被用于蛋白质药物的化学修饰研究，如脂肪酸、糖肽、卵磷脂及聚烯属羟基氧化物等。

蛋白质的化学修饰已经在制药工业上获得广泛的应用。自 1990 年第一个化学修饰蛋白质药物——PEG 修饰的腺苷脱氨酶（PEG-ADA）上市以来，已有多个 PEG 修饰的蛋白质药物上市，如 PEG 修饰的天冬酰胺酶、干扰素 α-2b 和干扰素 α-2a、重组人粒细胞集落刺激因子、生长激素受体拮抗剂、促红细胞生成素、尿酸氧化酶等。

思考题

1. 简述蛋白质药物化学修饰的概念、意义、修饰后蛋白质性能改善的原因。
2. 修饰剂选择要考虑的问题与修饰策略是什么？
3. 简述选择 PEG 修饰剂要考虑的因素、PEG 随机修饰常采用的 PEG 活化方法和 PEG 定点修饰可选定的修饰靶点及修饰策略。
4. 蛋白质药物糖基化修饰可用的多糖及修饰策略是什么？
5. 简述用人血清白蛋白、脂肪酸、糖肽、卵磷脂修饰蛋白质药物的方法与优越性。

第九章
目标测试

（王凤山）

参考文献

[1] 周海梦, 王洪睿. 蛋白质化学修饰. 北京: 清华大学出版社, 1998.
[2] VERONESE F M. PEGylated protein drugs: Basic science and clinical applications. Basel: Birkhäuser Verlag, 2009.
[3] NIEMEYER C M. Bioconjugation protocols. Totowa: Humana Press, 2010.
[4] TURECEK P L, BOSSARD M J, SCHOETENS F, et al. PEGylation of biopharmaceuticals: A review of chemistry and nonclinical safety information of approved drugs. J Pharm Sci, 2016, 105 (2): 460-475.
[5] MURAKAMI M, KIUCHI T, NISHIHARA M, et al. Chemical synthesis of erythropoietin glycoforms for insights into the relationship between glycosylation pattern and bioactivity. Sci Adv, 2016, 2 (1): e1500678.

第十章

核酸药物及其制备技术

第十章
教学课件

学习要求：

1. 掌握　核酸药物和基因治疗的基本概念。
2. 熟悉　核酸药物和基因治疗的主要作用特点和机制。
3. 了解　新型生物技术的未来发展方向。

随着生命科学和生物技术的快速发展，在现代分子遗传学、分子免疫学、再生医学、细胞生物学、发育生物学等学科基础上发展起来的生物制药新技术不断出现，有的在动物实验中表现出很大的潜力，有的在临床试验中取得了显著的疗效，有的则已经进入临床用于一些恶性疾病的治疗。本章将对其中核酸类药物和基因治疗等一些新型生物技术药物的进展、原理和临床应用进行简要介绍。核酸药物与传统的核苷酸类药物不同，指的是那些具有特定碱基序列、可以在细胞中专一地降低目标基因表达水平的寡核苷酸药物，包括反义核酸、核酶、RNA 干扰药物等。

第一节　反义核酸和核酶

反义技术（antisense technology）是根据碱基互补原理，利用特定碱基序列的 DNA 或 RNA 片段在细胞中专一性地降低目标基因表达水平的技术。反义核酸（antisense nucleic acid）是基于反义技术制备的核酸类物质，一般是由 20 个左右的核苷酸残基组成的反义寡核苷酸（antisense oligonucleotide，AO），包括反义 DNA、反义 RNA 和核酶。与传统的核苷酸类药物不同，它们是作用于编码蛋白质的基因。本节所介绍的反义核酸类药物（antisense nucleic acid drug）的制药技术，关键在于要根据分子生物学原理和目标基因的碱基序列进行药物的设计。在药物生产方面，大分子量的核酸类药物主要通过发酵工程产生，而 20 个以下碱基的寡核苷酸类药物目前主要通过化学合成法来生产。

一、反义核酸

1. 反义 DNA（antisense DNA）　DNA 有两条链，其中一条链与 mRNA 序列相同，称为编码链（coding strand）或正义链（sense strand）；另一条能够指导 mRNA 合成，与 mRNA 互补配对的 DNA 链称为模板链（template strand）或反义链（antisense strand）。反义 DNA 是能够与基因 DNA 分子中的正义链互补的 DNA 片段。反义 DNA 进入细胞后，能与目标 mRNA 杂交形成双链，可阻止核糖体与 mRNA 结合，同时形成的 RNA/DNA 双链可激活核糖核酸酶 H（RNase H），后者将切除双链中的 RNA 部分，从而阻止翻译。此外，反义 DNA 可与双链 DNA 分子中某些序列结合而形成三链结构，从而阻止目标基因的复制及转录。

2. 反义 RNA（antisense RNA）　反义 RNA 是指可以与目标基因 mRNA 互补结合、并影响目标基因 mRNA 正常功能的 RNA 分子。由于核糖体不能翻译双链的 RNA，所以反义 RNA 与 mRNA 特异性互补结合就抑制了该 mRNA 的翻译。反义 RNA 分子在各种原核和真核生物的细胞中广泛存

在，并对特定基因的表达和细胞的某些生物学功能进行调控。

反义核酸降低基因表达的作用机制并不是很清楚。研究发现它的作用方式可能有：①与前体RNA结合，影响其形成正确的二级结构，从而干扰其经剪接加工形成成熟的mRNA；②与mRNA结合，封闭核糖体结合到mRNA上的结合位点，或抑制核糖体沿mRNA扫描，从而影响翻译的进行；③与mRNA分子形成双链RNA，诱导核糖核酸酶H（RNase H）降解mRNA；④与细胞基因组DNA的相应序列结合，影响DNA复制等。

近几年来，通过人工合成特定基因的反义RNA，并将其导入细胞内，能抑制某特定基因的表达，阻断该基因的功能，有助于了解该基因对细胞生长和分化的作用。

许多疾病的发生发展都与基因表达水平的异常相关。例如，肿瘤的发生往往与细胞中某些癌基因的过度表达密切相关。因此，特异性地降低或抑制细胞中这些相关基因的表达水平，将可以用于疾病的治疗。另外，如果能抑制被病毒感染的细胞中病毒基因的表达，就能够有效地控制病毒的复制并降低其致病性。

随着核酸合成技术的成熟，大规模化学合成寡核苷酸成为可能，利用反义RNA作为疾病治疗药物的一些实验研究和临床试验相继开展，并取得了良好的效果。

此外，近年的研究表明，反义RNA分子和mRNA分子结合形成的小段双链RNA可能具有非常强烈的作用。同时，如果能在反义RNA分子上加上一段具有催化活性的区域如核酶，可以大大加强反义RNA的作用。

二、核酶

1. 核酶（ribozyme）的定义　核酶不是普通的蛋白质酶，而是一类具催化活性的核酸分子。核酶最早是20世纪80年代初由托马斯·罗伯特·切赫（Thomas Robert Cech）及其同事在嗜热四膜虫（*Tetrahymena thermophila*）中发现，他们发现这种纤毛虫的Ⅰ型内含子RNA序列具有自我剪接的活性。此后，人们进一步发现核糖核酸酶P（RNase P）中含有的RNA组分，在tRNA的成熟过程中也发挥了催化剪接的作用，表明此类核酶除了可以自我催化外，也可能具有反式催化底物的能力。在以后的研究中，人们从低等真核生物、病毒和一些细菌中相继发现了许多具有核酶活性的RNA分子。

2. 核酶的种类　目前已知的具有核酶催化功能的RNA结构至少可以分成5类，包括发夹状核酶、锤头状核酶、Ⅰ型内含子核酶、RNase P核酶、丁型肝炎病毒核酶等。这些核酶都是自然界中天然存在的单链RNA，具有高度的分子内配对能力，可以形成复杂的二级和三级结构，其中一些特定的序列和结构具有自我催化与催化底物的能力。

3. 核酶的结构　在各种类型的核酶中，从类病毒中发现的锤头状核酶结构最为简单，同时也研究得最清楚。类病毒是一类特殊的病原体，只有RNA而没有蛋白质，主要感染植物，例如可以引起马铃薯纺锤病。类病毒具有自我催化复制并自我切割的活性。复制时，类病毒首先形成多拷贝串联排列的RNA分子，该分子内会形成局部类似“锤头”的二级结构（图10-1 A），催化区序列和切割位点都位于其中的不完全配对部分，自我催化造成RNA分子在切割位点处发生断裂，形成单位长度的类病毒RNA分子。通过这种途径，可以产生大量具有感染能力的子代类病毒。

锤头状核酶切割的底物序列是5′-NUH-3′，其中N是任意碱基，H可以是A、U、C中任一种，但它识别切割5′-AUC-3′和5′-GUC-3′位点的效率最高。研究发现，即使将类病毒核酶的催化区和切割位点分成两条链，只要它们之间能够配对形成锤头状的分子结构，就仍然具有酶解活性。因此，可以将锤头状核酶设计成为具有靶标特异性的反式切割酶。在实际应用中，可以将反义RNA和核酶的特性结合在一起，根据目标基因mRNA的序列设计反义RNA作为结合臂，并在其中的适当部位插入锤头状核酶的催化序列，就可以得到各种具有不同底物序列特异性的新型核酶（图10-1 B）。这样的锤

头状核酶长度最小不到40个核苷酸残基，结构简单，易于合成生产。在细胞中，它与目标mRNA配对结合，由锤头状核酶切割降解mRNA。与单纯的反义核酸相比，加入核酶后可明显提高反义RNA分子降低目标基因表达水平的能力。

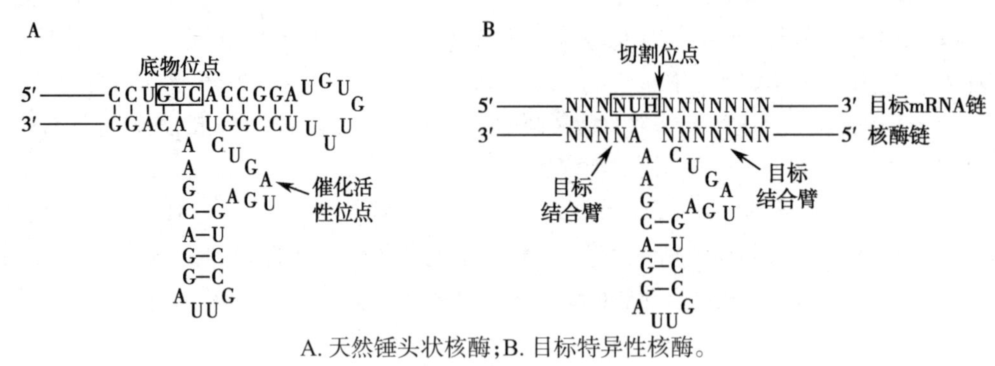

A. 天然锤头状核酶；B. 目标特异性核酶。

图10-1 锤头状核酶示意图

设计目标特异性核酶的关键是要找到合适的靶位点，除了5′-NUH-3′的底物位点外，由于mRNA分子内部会形成稳定的局部配对和复杂的二级结构，造成反义RNA-核酶难以结合上去并发挥降解作用，因此必须找到相对暴露、松散的单链RNA区域来设计位点特异性核酶。这需要经过仔细地计算预测，而且必须通过实验检验其实际效果。有些计算机软件可以帮助预测目标序列的二级结构，确定切割位点并设计反义RNA，可以大大提高设计的成功率。

4. 核酶的应用前景 核酶在生物医药方面已显示出强大的生命力。在病毒性疾病方面，针对HIV-1 RNA的*ena*编码区的高度保守位点而设计的Rz1-9多聚体锤头型核酶，具有抑制HIV-1复制的作用；锤头型核酶在体外对丙型肝炎病毒具有抑制作用。在肿瘤治疗方面，研究人员尝试以血管内皮生长因子（VEGF）的mRNA为靶位设计核酶，用于抑制VEGF的表达从而达到抗肿瘤的目的。

三、反义核酸药物的应用

反义核酸技术在一些动物实验和临床试验中取得了较好的效果。20世纪90年代后期以来，国外一些研究机构和制药公司开展了大量反义核酸药物的临床试验，用于治疗自身免疫性疾病，如克罗恩病、银屑病、类风湿关节炎和溃疡性结肠炎，以及治疗恶性肿瘤、感染、血管再狭窄、肾移植排斥反应等。

2016年12月，诺西那生钠（nusinersen，商品名Spinraza）注射液获得美国食品药品管理局（FDA）批准，成为世界上第一个治疗脊髓性肌肉萎缩症（spinal muscular atrophy，SMA）的反义寡核苷酸（antisense oligonucleotide，ASO）药物。

SMA是一种罕见的神经退行性遗传病，主要由于运动神经元生存蛋白（survival of motor neuron1，SMN1）失活变异造成。人体染色体5q13的复制区还有一个与*SMN1*基因序列相近似的*SMN2*基因。患有SMA的人依靠*SMN2*来制造SMN蛋白。但是*SMN2*基因在表达时缺失7号外显子，导致蛋白略短，很快被降解失活，不能满足所有运动神经元的需求。没有SMN蛋白，运动神经元无法从中枢神经系统向肌肉发送信号，肌肉变得越来越虚弱，主要表现为进行性、对称性四肢和躯干肌肉无力、萎缩，重症患儿常死于呼吸衰竭。

反义寡核苷酸药物是一种合成的核苷酸短链，选择性地结合目标RNA并调节基因表达。诺西那生钠注射液可以改变*SMN2* mRNA前体的剪接，增加*SMN2* mRNA中的7号外显子含量，从而增加SMA患者的完整长度SMN蛋白的产生，克服SMA患者的遗传缺陷。

第二节　RNA 干扰药物

一、RNAi 的发现

RNA 干扰（RNA interference，RNAi）是指在进化过程中高度保守的、由双链 RNA（double-stranded RNA，dsRNA）诱发的同源 mRNA 高效特异性降解的现象。研究表明，将与 mRNA 对应的正义 RNA 和反义 RNA 组成的双链 RNA 导入细胞，可以使 mRNA 发生特异性的降解，导致其相应的基因沉默。

RNAi 现象最早在植物中观察到。20 世纪 80 年代，人们开始开展利用转基因技术进行基因组改造，从而使植物具有更理想性状的研究。可是不少实验发现：增加植物中相关基因的拷贝数并没有提高该基因的表达水平，反而会降低细胞中原有的同源基因的表达水平。例如，在碧冬茄中转入与色素合成相关的酶基因，原意是加深花的颜色，但结果却得到了颜色变浅的花，甚至出现了白边。植物分子生物学家证实这种现象是一种“转录后基因沉默”，即基因转录水平正常，但转录后的一些过程受到抑制。其具体的机制并不清楚。

20 世纪 90 年代，研究人员在模式生物线虫中也发现了类似现象。当利用反义 RNA 技术研究线虫中一个对发育具有关键作用的基因 *Par1* 时，发现无论给线虫注射正义链还是反义链都会引起 *Par1* 基因的表达抑制，并造成线虫死亡。直到 1998 年，科学家才解开了谜底：由于实验室人工合成的反义 RNA 存在技术问题，用于注射线虫的正义链和反义链 RNA 中都混有少量的双链 RNA。真正起到调控基因表达作用的不是正义链，也不是原来设想的反义链（反义链有一定作用，但作用并不很强），而是这少量的双链 RNA。自此，RNA 干扰的奥秘开始被慢慢揭开。植物中引入外源基因所导致的转录后基因沉默现象也是形成的双链 RNA 所导致的。

由于使用 RNAi 技术可以特异性剔除或关闭特定基因的表达，所以该技术已被广泛用于探索基因功能和传染病及恶性肿瘤的基因治疗领域。这项发现曾于 2002 年和 2003 年连续两年被 *Science* 杂志评为年度世界科技突破，最早成功阐释该现象的美国科学家安德鲁·法尔（Andrew Fire）和克雷格·梅洛（Craig C. Mello）荣获了 2006 年度“诺贝尔生理学或医学奖”。

二、RNAi 的作用原理

双链 RNA 诱导 RNAi 的过程可以分成两个主要阶段：启动阶段和执行阶段（图 10-2）。在启动阶段，当细胞中由于病毒感染等原因出现双链 RNA 分子，或带有较长双链的发卡结构 RNA 时，细胞中一种称为 Dicer 的核酸酶就会识别这些双链 RNA，并将其降解成 21~23bp 长的小干扰 RNA（small interfering RNA，siRNA）。单链 siRNA 与一些蛋白质形成复合体，构成“RNA 诱导沉默复合体（RNA-induced silencing complex，RISC）”。在执行阶段，当目标 mRNA 与 RISC 中的 siRNA 完全配对时，RISC 就会切割目标 RNA，并由细胞中的核酸酶将其进一步降解，从而抑制目标基因的表达。

除了外来双链 RNA 以外，细胞 RNA 转录也会产生一些带有不完全配对双链区的发卡结构 RNA，这些发卡结构同样可以通过与 siRNA 类似的过程形成微 RNA（microRNA，miRNA）。在 RISC 的参与下，与目标 mRNA 发生不完全的配对结合，抑制 mRNA 翻译的进行。大量的研究结果已经证实，siRNA、miRNA 以及所涉及的 RNAi 机制对于生物的生长发育、疾病发生、传染病防御等都有重要的作用。随着研究的深入，其重要性可能会越来越多地被揭示出来。

RNAi 的发现及启示（拓展阅读）

三、siRNA 药物

双链 RNA 可以产生抑制该 RNA 序列所对应基因的表达水平的效果。但在哺乳动物中，长双链 RNA 会诱导细胞合成并分泌干扰素，干扰素又会抑制细胞的蛋白质合成，造成一定的副作用。如果直接用 21~23bp 的小双链 RNA，即 siRNA，则不会诱导干扰素反应，却能直接在细胞中激活 RISC，发挥抑制基因表达的作用。

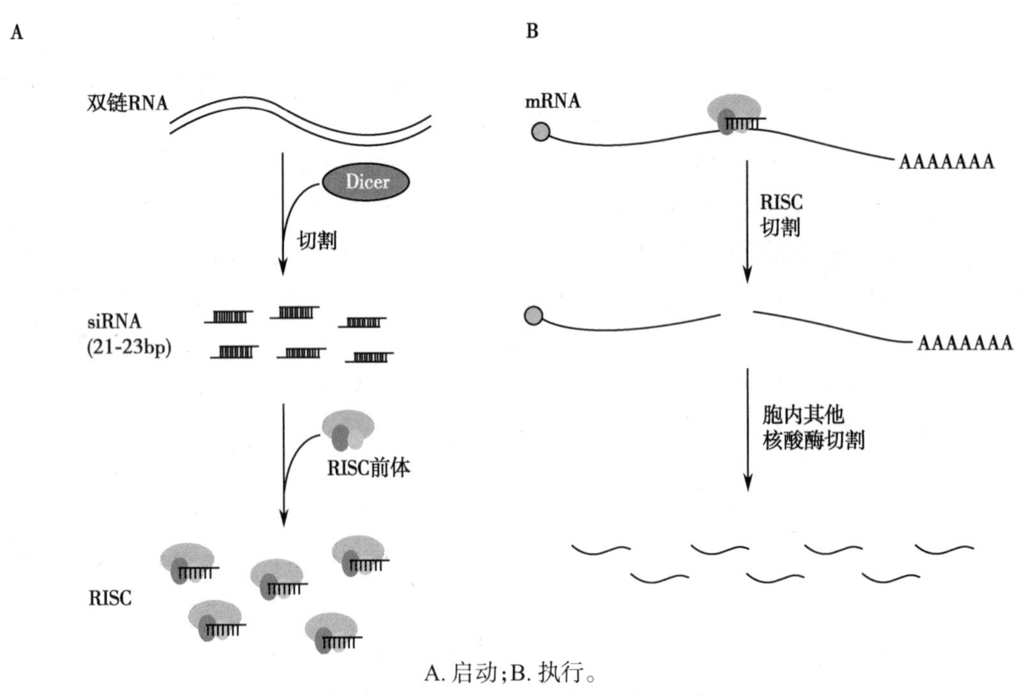

A. 启动；B. 执行。

图 10-2 RNA 干扰的诱导和作用机制

siRNA 的设计与合成比较简单，作用效果明确，安全性高，是理想的调节基因表达的药物，可以在控制疾病中发挥重要作用。许多体外实验和动物模型研究证明 siRNA 药物可以成功抑制人类免疫缺陷病毒（HIV）、乙型肝炎病毒、流感病毒、SARS 冠状病毒、口蹄疫病毒等病毒感染。例如，用针对 HIV 的 siRNA 可以降解病毒 RNA，减少子代病毒的产生；针对 HIV 侵入所必需的 CD4 分子 mRNA 的 siRNA 也可以降低细胞表面 CD4 分子的数量，抑制病毒的侵入和扩散。此外，siRNA 也可以用于治疗一些非感染性疾病。老年性黄斑变性是由视网膜血管异常生长引起的一种疾病，可影响视力、导致失明。初步研究发现针对血管内皮生长因子基因的 siRNA 能够减缓患者眼中血管的生长并改善视力，药效能够持续，除了药物注射部位出现短时间红肿外，没有观察到其他副作用，表现出良好的应用前景。

与反义 RNA 相似，siRNA 作为药物，具有目标基因专一性强、容易生产，除了大剂量使用可能对动物的肝脏产生不良影响外，几乎不会产生严重不良反应等优点。与反义 RNA 药物相比，siRNA 药物的作用机制更加明确，效果更为肯定。但是 siRNA 药物也存在如下问题：① siRNA 必须与目标 RNA 完全配对才能发挥作用，因此目标 RNA 个别位点的突变就可以大大降低 siRNA 的效果。针对病毒抗药突变株，可以选择对病原体非常关键的位点设计 siRNA，或者同时使用多个不同的 siRNA 来克服位点突变的问题。②有些病原体在进化过程中已经产生了一些对抗细胞 RNAi 的机制，例如病毒的一些蛋白质，如流感病毒的 NS1、痘病毒的 E3L 等，可与 RNAi 相关的一些细胞蛋白发生相互作用，抑制 RNAi 作用。③也有些病毒可以产生大量的小 RNA 分子，起到“迷惑”细胞识别双链 RNA 的能力，从而影响 RNAi 机制的发挥。这些都需要在进一步研究中找到有效的克服途径，siRNA 药物需要更多探索，特别是临床研究数据的支持。

四、siRNA 的设计和制备

siRNA 本质上就是 21~23bp 长的小分子双链 RNA。设计 siRNA 时应该选择对疾病发生具有至关重要作用、而对细胞的其他功能影响不大的基因作为目标基因,同时还要注意目标基因应该是相对保守的,或基因中的高度保守区域。选定基因后,就要根据基因序列设计多个 siRNA,从中筛选出有效的 siRNA。

1. siRNA 的设计原则 一般选择翻译起始密码子后 50~100bp 的范围,以 AA 作为正义链的第 1、2 个核苷酸残基,GC 比为 50% 左右,同时在正义链和反义链的 3′ 都有 TT 2 个核苷酸残基的突出。统计表明,根据这个原则设计的 siRNA 的有效率为 50%。一些计算机软件、网站和寡核苷酸合成公司可以提供 siRNA 设计服务,但所设计的 siRNA 是否真正有效还需要动物实验和临床试验检验。

2. siRNA 的制备 siRNA 制备方法有很多种,例如,在实验室可以构建目标基因两侧分别带有噬菌体 T7、SP6 等启动子的表达质粒,在体外转录系统中分别产生正义链和反义链两条单链 RNA,混合后即可产生双链 RNA,再用 Dicer 酶加工处理,就可以产生成熟的 siRNA。但这个方法较烦琐,不适合规模化生产。由于目前 RNA 大规模化学合成的方法已经很成熟,完全可以大量合成 siRNA 药物,还可以在合成时加入一些保护基团,使在不影响功能的情况下提高 siRNA 分子的稳定性和药动学特性。

siRNA 药物开发正方兴未艾,许多研究机构和制药企业纷纷大力投入研发。如果目前存在的一些具体应用难题如稳定性、给药效率等能够得到顺利解决,siRNA 有望成为下一代重要的新型生物技术药物。

五、核酸适配体

核酸适配体的 SELEX 筛选示意图(图片)

核酸适配体(aptamer)通常是利用指数富集的配体系统进化技术(systematic evolution of ligands by exponential enrichment,SELEX)从核酸分子库中筛选得到的短 DNA 或 RNA 寡核苷酸片段,通过形成一些独特的结构,如茎(stem)、环(loop)、发夹(hairpin)、隆起(bulge)、假结(pseudoknot)和 G- 四链体(G-quadruplex),能够与其靶标(包括小分子、多肽、蛋白质、细胞、病毒等)特异性结合(图 10-3),又被称为化学抗体。

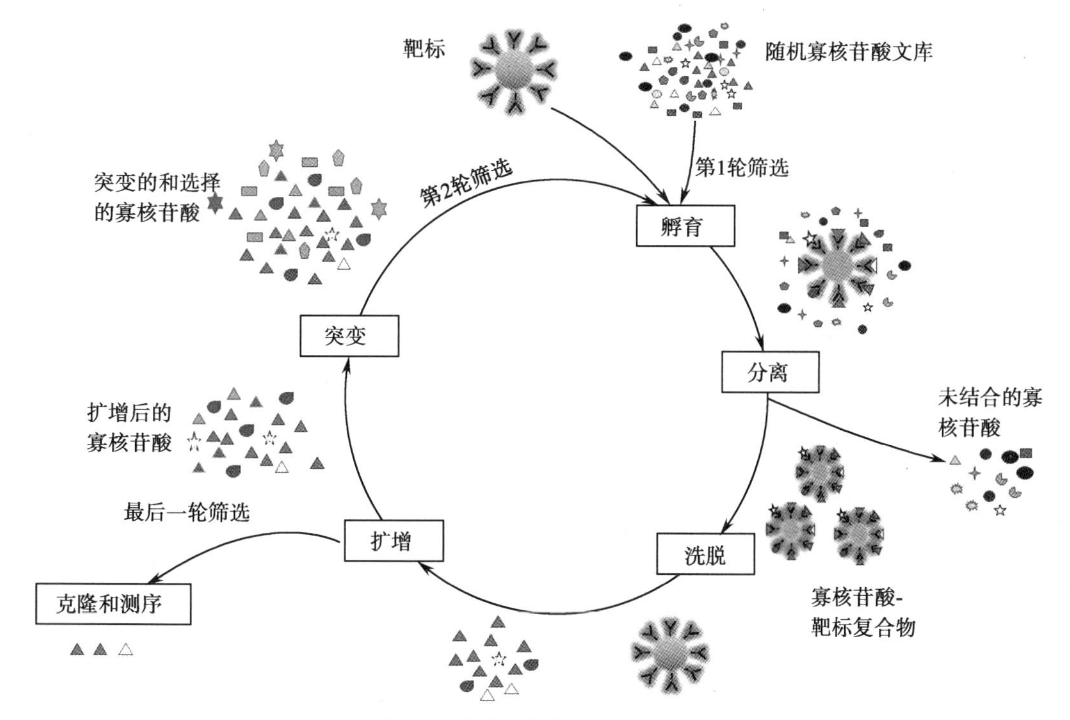

图 10-3 核酸适配体的 SELEX 筛选

核酸适配体广泛应用于环境及食品中微生物、污染物、病毒、致病菌的检测。近年来,核酸适配体在肿瘤诊断和肿瘤成像方面的应用也十分广泛,将核酸适配体与纳米颗粒、微流控芯片技术、荧光技术等结合,能简单、快速、灵敏地识别肿瘤细胞。核酸适配体可用作药物,其与对应的蛋白质、多肽、小分子等靶标特异性结合,抑制其生物学功能,影响其活性,达到治疗疾病的目的。

核酸适配体用作药物时,常常需要进行结构修饰。有些核酸适配体的3′端核苷酸进行2′-氟和2′-氧-甲基等修饰,3′端尾加脱氧胸苷终端帽,使其不被血液中的内切核酸酶和外切核酸酶降解,减弱肾脏的消除作用;5′端结合聚乙二醇,增加其分子量,延长其在体内的半衰期。经过修饰的核酸适配体,在体内的存留时间更长,可以更好地发挥药效作用。

有些核酸适配体进行了镜像化处理,即将位于核苷酸核糖中的所有手性碳都镜像反转,形成镜像核酸适配体。镜像核酸适配体具有天然的生物稳定性,可折叠成不同形状,以高亲和力选择性地结合靶标,并具有更强的血液稳定性和免疫被动性。

核酸适配体具有筛选制备简单快速、生产成本低、批次间差异小、纯度高等优点,近年来,核酸适配体药物应用于眼科疾病、肿瘤、血液疾病、病毒性疾病、心血管疾病等诸多领域。

第三节 基因治疗技术

一、基因治疗的概念

1. 基因治疗(gene therapy)的概念 将外源正常基因或有治疗作用的基因导入靶细胞,纠正或补偿由基因缺陷和异常引起的疾病,达到治疗目的的治疗方法。基因治疗是通过表达产物来发挥治疗作用的基因治疗方法,它包括基因的分离、基因向人体的导入、基因在人体内的高效表达以及调控等多方面技术。随着人类基因组研究的开展和对基因与疾病关系研究的不断深入,基因治疗的适用范围不断扩大,从最初的遗传性疾病扩展到肿瘤和病毒感染等领域。

2. 基因治疗的分类

(1)体细胞的基因编辑:是指对具有某种基因疾病个体的体细胞中的基因进行编辑,编辑后的产物可以对疾病进行治疗。这种治疗方法仅限于治疗个体某一种体细胞内基因的改变,这种改变无法传给后代。

(2)生殖细胞的基因编辑:是指对具有基因缺陷的生殖细胞进行矫正,基因编辑后会改变个体生殖细胞及子代基因组,因为涉及子代基因的改变,所以在伦理方面具有极大的争议。

3. 基因治疗的步骤 基因治疗是将外源基因导入至靶标部位,通过控制目的基因的表达,纠正、替换或者补偿异常基因或致病基因而发挥治疗作用。因此,基因治疗的过程包括:①目的基因的获取;②治疗靶位的选择(器官、组织及细胞);③目的基因的导入;④基因的表达与调控。

对单个基因缺陷引起的遗传性疾病,需要将正常基因运送到病变细胞中取代缺陷基因,使细胞功能恢复正常。对于多基因疾病,要从中选择出其中的主导基因,对其进行替换或抑制,以减缓患者的症状。确定了治疗基因后,需要合适的载体将治疗基因转入细胞内或患者体内。转入的外源基因必须保持完整无损,能在细胞内表达出正常功能的蛋白质,才能真正发挥其治疗作用。

4. 基因治疗的给药途径 基因治疗主要的给药途径有两种(图10-4),一种是离体基因导入(*ex vivo* gene delivery)途径,即从患者体内分离细胞,进行体外培养并导入正确的基因,然后再将基因修饰过的细胞植回体内,通过它们在体内的定植、增殖和表达目标基因,发挥修复基因缺陷的作用。这种方法步骤较烦琐,技术要求高,但效果和安全性较有保证。另一种是体内基因导入(*in vivo* gene delivery)途径,即将携带正确基因的载体(包括病毒载体和非病毒载体)或裸DNA等,直接注射到患者体内,由它们将基因导入目标细胞,进行基因表达,产生治疗作用。这种方式操作较简单,适用性

广，是基因治疗发展的主要方向，但这种方式对基因载体有较高的要求。

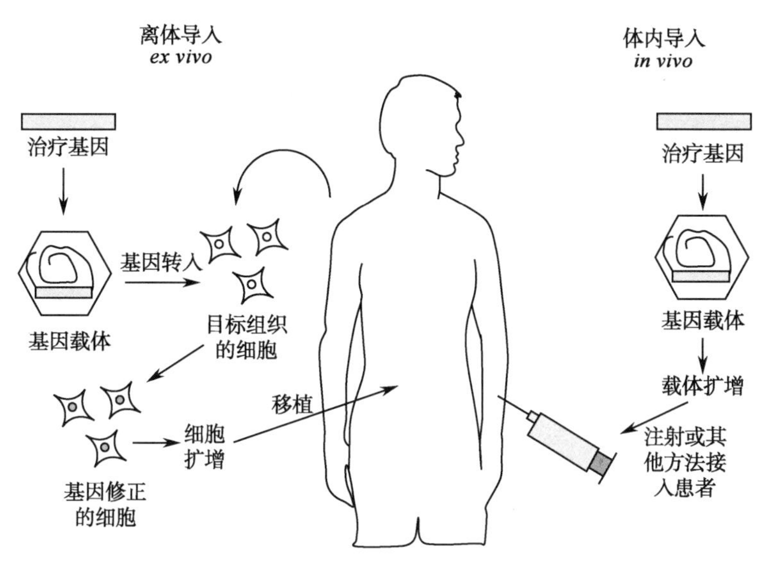

图 10-4 基因治疗的给药途径——离体导入途径和体内导入途径

1990 年，美国进行了人类第一例体细胞基因治疗，将腺苷脱氨酶（ADA）基因导入一个患重症联合免疫缺陷病（SCID）的 4 岁女孩。治疗采用病毒介导的离体导入法，即用反转录病毒载体将野生型 ADA 基因导入离体培养的患儿白细胞中，并用白介素 -2（IL-2）刺激其增殖，再经静脉输入患儿体内。每 1~2 个月治疗一次，8 个月后患儿体内 ADA 水平达到正常值的 25%，治疗取得了成功且未见明显副作用。此后又进行其他的临床试验，获得了类似的效果。

此后，全世界多个国家对若干重要疾病，包括肿瘤进行了多项基因治疗试验，也取得了不同程度的效果。基因治疗的范围也已经从单纯的单基因遗传病扩展到肿瘤、心血管疾病、神经系统疾病、传染病等，显示了其广阔的应用前景。

二、基因治疗的方法

（一）基因治疗的基本方法

1. 基因置换（gene replacement） 通过使用正常基因置换整个致病基因，从而永久更正致病基因。它可以使致病基因全部除去，在原位更正突变的基因。

2. 基因修正（gene correction） 指纠正致病基因的突变碱基序列，而保留正常部分。

3. 基因增强（gene augmentation） 指将目的基因导入病变细胞或其他细胞，目的基因的表达产物使原有的功能得到加强，但致病基因本身并未得到改变。

4. 基因失活（gene inactivation） 指应用反义技术（antisense technology），将反义寡核苷酸或反义 RNA 导入细胞来封闭某些基因的表达，以达到抑制某些有害基因表达的目的。

5. 基因抑制（gene suppression） 指导入外源基因去干扰、抑制有害基因的表达，如向肿瘤细胞中导入肿瘤抑制基因，以抑制癌基因的表达。

（二）治疗性基因的导入方法

与传统的基因工程药物相比，基因治疗的治疗方式上有很大不同，它是将外源基因导入至靶标部位，通过控制目的基因的表达，纠正、替换或者补偿异常基因或致病基因而发挥治疗作用。因此，目的基因的成功导入是基因药物发挥作用的关键环节。

1. 非生物法导入基因 无论是体内导入还是离体导入，都需要将基因高效地导入细胞。虽然有不少用裸 DNA 直接注射到肌肉，或用基因枪将吸附了 DNA 分子的微小金属颗粒高速射入活体组织

的细胞中取得成功的例子，但其效率和应用范围都很有限。特别是在体内应用时，一方面核酸分子会被核酸酶降解，当采用静脉注射时尤其如此；另一方面由于核酸分子本身带负电荷，与体内带负电荷的细胞膜相排斥，使其难以进入细胞内发挥作用。

(1) 用各种材料对 DNA 分子加以保护：常用的方法就是用脂质体与 DNA 混合，使 DNA 分子被脂质体包裹，这种脂质体除了保护 DNA 分子免受降解以外，还可帮助 DNA 高效地进入细胞，是一种较理想的基因导入方法。用于基因导入的脂质体主要是阳离子脂质体，已经有多种商品化脂质体。

(2) 将基因与一些高分子材料连接：将基因连接到一些高分子材料（如阳离子聚合物、多糖聚合物）上，一方面抑制核酸酶的降解，另一方面也可以通过细胞对这些颗粒的内吞作用，保证 DNA 分子高效地进入细胞中。

非生物导入法具有方法简单、DNA 材料容易规模化生产、安全性好等优点，但同时也存在缺乏专一性、导入效率一般低于生物导入法等缺点。

2. 生物法导入基因　生物法导入基因是选用合适的基因载体导入基因。由基因载体包载基因形成的系统称为基因导入系统（gene delivery system）。基因载体通常分为两种：病毒载体和非病毒载体。病毒载体导入基因的效率较高，但是安全性较低；而非病毒载体比病毒载体的安全性高，但是导入效率相对较低。

理想的基因载体应当具备的条件包括：①携带目的基因的 DNA 定向导入到特定的靶器官、组织及细胞部位，并且能保护其免受体内核酸酶的降解；②能克服细胞膜对目的基因的排斥作用，高效地穿透细胞膜进入细胞内；③稳定性好，无毒性或者低毒性，对机体安全且无害；④基因能有效地从基因载体中释放出来，高效地进行表达。

病毒是天然的基因载体。病毒作为一种细胞内寄生物，在复制过程中需要高效地将自身的基因注入宿主细胞中，进行基因表达和子代病毒生产。病毒的蛋白质外壳也可以起到保护基因免受体内核酸酶降解的作用。有些病毒能将基因整合到细胞染色体上，从而实现基因的长期表达。病毒的这些特性正是基因治疗载体所需要的。人们可以通过病毒基因工程技术，在病毒中加入目标基因，使之能够在细胞中进行表达，起到基因治疗的作用。

常用于基因治疗的病毒载体主要有腺病毒载体、腺相关病毒载体、反转录病毒载体等。

(1) 腺病毒载体（adenovirus vector）：腺病毒是一种双链 DNA 病毒，属腺病毒科，长度约 36kb。腺病毒是一种常见的人类病毒，可引起一些呼吸道和消化道感染，但其致病性不强，安全性曾得到广泛的验证。优点：①腺病毒的宿主范围较广，可以侵入多种细胞；②对外源基因的容量较大，是一种较理想的载体。缺点：①这种病毒的抗原性较强，会导致产生抗体和强烈的炎症反应，因此存在一定的安全性隐患，难以长期反复使用；②由于不少成年人曾经被腺病毒感染过，体内已经有此类病毒的抗体，因此会对病毒载体产生反应，影响其效果；③这类病毒一般不会将基因组整合到染色体上，因此作用的时间较短。目前已经用腺病毒载体进行了多种疾病的基因治疗试验，取得了较好的效果，尤其在肿瘤的基因治疗方面可以发挥很大的作用。

(2) 腺相关病毒载体（adeno-associated virus vector）：腺相关病毒是一种单链 DNA 病毒，属细小 DNA 病毒科，基因组长度约为 5kb。这种病毒不能单独复制，只能在已经被腺病毒、疱疹病毒等病毒感染的细胞中复制，因而得名。优点：①迄今未发现该病毒与任何人类疾病有关，因此它的安全性高；②该病毒复制时能将基因组整合到人 19 号染色体的特定区域，使治疗基因在细胞中长期存在并持续表达。腺相关病毒的整合率约 10%，整合位点有一定的选择性，整合对细胞基因的表达没有明显的影响。这些特性使腺相关病毒成为很有应用前景的病毒载体。但该病毒也存在对外源基因的容量有限、病毒制备较困难等缺点。

(3) 反转录病毒载体（retrovirus vector）：反转录病毒是哺乳动物细胞基因转移和基因治疗中最常

用的载体病毒。反转录病毒具有感染细胞的效率高、整合能力强的优点。但反转录病毒整合位点的专一性不高,整合到染色体中后,病毒两侧的长末端重复序列具有启动子和增强子的活性,可能会影响周围基因的表达,引起细胞转化,因此反转录病毒作为基因治疗载体存在一定的安全隐患。

此外,其他病毒,如疱疹病毒、痘苗病毒、慢病毒等也可以作为基因治疗的载体,它们有各自的优点,也存在一定的不足,需要通过不断改进提高它们的性能。表 10-1 总结了各种基因载体的特点和存在的问题。

表 10-1 常用病毒载体的比较

载体	分类	基因组	致病性	基因容量	组织特异性	整合	主要优点	主要缺点
腺病毒	腺病毒科	双链 DNA	低	30kb	广泛	否	能高效感染大部分组织细胞	引起免疫反应
反转录病毒	反转录病毒科	单链 RNA	有	8kb	分裂细胞或广泛	是	可持续表达治疗基因	基因组整合可能引起细胞转化和肿瘤发生
腺相关病毒	细小病毒科	单链 DNA	未发现	<5kb	广泛	是	安全性高,免疫原性低	基因容量小
疱疹病毒	疱疹病毒科	双链 DNA	有	>40kb	神经细胞	否	基因容量大,对神经细胞效率高,能持续表达	在神经以外的组织中只能瞬时表达,会引起免疫反应
痘苗病毒	痘病毒科	双链 DNA	有	25kb	广泛	是	基因容量大,高效表达外源基因	免疫原性大

三、肿瘤的基因治疗

肿瘤种类多、发病率高、危害大,现有的放化疗治疗方法具有相当的副作用,尚缺乏有效的治疗手段。目前对肿瘤发生、发展过程以及细胞周期和细胞凋亡的调控机制的研究,为通过基因治疗抑制肿瘤细胞生长、诱导细胞凋亡奠定了基础。

肿瘤的基因治疗与遗传病的基因治疗不同,不强调基因长期表达和持续发挥作用,而是要求快速杀伤肿瘤细胞,抑制肿瘤生长和转移。因此,对于肿瘤基因治疗载体的要求,也与遗传病基因治疗有所不同,不强调基因整合,而是强调通过基因治疗调动多种途径杀伤肿瘤细胞。

(一) 通过抑癌基因抑制肿瘤细胞生长和诱导细胞凋亡

常用于肿瘤治疗的抑癌基因(tumor suppressor gene)包括 *p53*、*Rb*、*p16* 等。*p53* 抑癌基因是细胞生长调控中的关键基因,它在相当部分的肿瘤中都发生了突变。将野生型 *p53* 基因引入肿瘤细胞可以诱导肿瘤细胞凋亡,基于 *p53* 抑癌基因的肿瘤基因治疗是最常见的治疗方法之一。

为了提高病毒治疗载体的有效性和安全性,可以通过基因工程修饰病毒载体,强化它们对肿瘤细胞的专一性。例如,腺病毒是通过其表面的纤维蛋白与细胞表面的受体结合侵入细胞的,可以通过病毒基因工程技术改造纤维蛋白,加入能与肿瘤细胞表面高表达的 CD46 分子结合的序列,就可以加强病毒对多种肿瘤细胞的感染力,并降低其对正常细胞的影响。又如在病毒载体中利用肿瘤细胞专一性的启动子,如在肝癌细胞中活性高的甲胎蛋白启动子来表达治疗基因,也可能起到提高安全性和治疗效果的作用。

(二) 通过病毒感染杀伤肿瘤细胞

有些病毒能够选择性地在肿瘤细胞中复制,造成细胞病理效应和机体免疫反应,导致肿瘤细胞

的裂解死亡，同时对正常细胞和组织却没有破坏作用，或影响较小，这类病毒称为溶瘤病毒（oncolytic virus）。这类病毒之所以有这样的选择性，可能是因为肿瘤细胞生长旺盛，可以为寄生性的病毒提供理想的场所，而正常细胞的生长受到严密调控，不利于病毒繁殖；另外，由于某些癌基因的作用，肿瘤细胞中干扰素的产生及作用受到限制，也使病毒能够更顺利地进行复制。

已经发现的天然溶瘤病毒包括细小病毒、呼肠孤病毒、鸡新城疫病毒等。当用天然病毒进行肿瘤治疗时，一般选用不致病或轻微致病的天然病毒。例如，鸡新城疫病毒是一种主要侵害鸡、火鸡、野禽及观赏鸟类的副黏病毒科副黏病毒属病毒，该病毒的一些株系对人体无害，但能感染并裂解人类肿瘤细胞，具有溶瘤作用。该病毒复制迅速，感染后 3 小时就可以产生子代病毒，扩散到周围肿瘤细胞，还会造成被感染细胞发生细胞融合，形成合胞体，导致细胞凋亡。*E1B* 基因缺失的突变体腺病毒是比较常用的溶瘤病毒。*E1B* 缺失的腺病毒感染正常细胞后，由于 *p53* 的作用，病毒的复制受到抑制；但在许多肿瘤细胞中，由于 *p53* 基因发生了突变，*E1B* 基因缺失的病毒也能正常地复制并杀伤细胞。此外，该突变体病毒可能还存在其他选择性感染肿瘤细胞的机制。

（三）通过诱导免疫系统识别并杀伤肿瘤细胞

正常的免疫系统具有控制肿瘤发生发展的作用，但是在肿瘤患者中，多种原因会导致免疫系统不能发挥作用。如果能够打破免疫系统的沉默状态，则可以显著提高肿瘤的治疗效果。事实上，当溶瘤病毒在肿瘤细胞中复制并造成细胞裂解死亡时，会释放大量病毒抗原和肿瘤细胞抗原，可以激活免疫系统，强化免疫系统对肿瘤组织的识别和攻击。同时，也可以在基因治疗载体上加入一些与免疫相关的基因，如 HLA、共刺激分子 B7、热休克蛋白等的基因，来加强免疫系统对肿瘤细胞的识别。动物实验结果表明，在溶瘤性疱疹病毒中插入免疫相关的基因可显著提高局部干扰素水平，既可以杀伤肿瘤细胞，也能激活免疫系统清除残余的肿瘤组织，控制肿瘤手术后的复发。

（四）肿瘤的自杀基因治疗

阿昔洛韦、更昔洛韦等抗病毒药物是一类前体药物，在被疱疹病毒等病毒感染的细胞中，它们会被病毒编码的胸腺嘧啶核苷激酶（thymidine kinase，TK）磷酸化，成为核苷酸类似物，可以掺入到正在合成的 DNA 链中，并阻止 DNA 链的进一步合成。由于未被病毒感染的细胞中没有类似的广谱酶，因此这些药物对细胞的毒性很低。如果在载体病毒中加入 *TK* 基因，并让它在肿瘤细胞中特异性地表达该基因，在基因治疗的同时再辅以这类药物治疗，就可以显著加强病毒对肿瘤细胞的杀伤作用，而且由于死亡的细胞释放的 TK 酶又能进一步转化前体药物，因此可以将对细胞的杀伤效果扩展到附近未被病毒感染的细胞，形成所谓“旁观者效应（bystander effect）”。类似的前体药物 / 转化酶还有 5- 氟胞嘧啶（5-FC）/ 胞嘧啶脱氨基酶（CD）等。这些在抗肿瘤基因治疗中都可以发挥一定的作用。

（五）肿瘤抗原靶向的肿瘤基因治疗

肿瘤抗原包括肿瘤特异性抗原和肿瘤相关抗原，将肿瘤抗原基因通过合适的途径在患者体内表达，可以打破机体对肿瘤抗原的免疫耐受状态，刺激机体产生抗肿瘤免疫功能，可以产生显著的抗肿瘤作用。用于体内表达肿瘤抗原的途径有通过重组病毒载体、利用成纤维细胞介导、直接注射多核苷酸疫苗等。通过这些途径表达的肿瘤抗原增强了肿瘤细胞原先低下的免疫原性，激活机体抗肿瘤的细胞免疫和体液免疫，使机体重新建立起对肿瘤的免疫识别和杀伤功能，属于肿瘤的主动免疫治疗，其疗效和安全性正在动物实验和人体试验中不断得到证实。

（六）反义基因治疗

原癌基因存在于正常细胞中，其表达产物与细胞的正常生长、增殖和分化过程相关。原癌基因在被某种因素激活后会转变成癌基因，诱导肿瘤的发生。因此，通过封闭或者阻断癌基因的表达，可以达到治疗肿瘤的目的。利用反义寡核苷酸技术，即合成与原癌基因 mRNA 互补的寡核苷酸，通过碱基互补配对原则高度特异性地与肿瘤细胞中原癌基因的 mRNA 结合，干扰这些原癌基因的翻译以关闭其表达。利用这一原理，临床上已有针对 *BCL-ABL* 癌基因的反义 RNA 来治疗慢性粒细胞白血病。

此外，抗体、核酶等基因导入治疗肿瘤在动物实验和临床试验中也取得了显著的进展。

第四节　核酸药物的修饰和给药系统

在体内应用反义 RNA、siRNA 等新型核酸药物进行治疗时，如何保证它们能够抵抗体内血液和组织液中存在的大量核酸酶的降解，不被肾过滤排出体外，被有效地运输到靶细胞或组织并有很好的生物利用度，并且不对机体产生免疫刺激等，也是治疗过程中面临的关键问题。siRNA、核酸适配体等核酸药物都是寡核苷酸片段，具有相似的物理性质，如带有大量负电荷，很难直接通过被动扩散进入细胞内；具有较大的分子量；稳定性差，裸露的 RNA 分子易被血清的核糖核酸酶降解；半衰期短，容易被肾脏清除。这些不利的物理性质限制了核酸药物的应用，需要不断发现合适的策略来解决这些问题。

通过对核酸药物进行化学修饰，以及选择适合的给药系统，可以提高其稳定性和药动学性能，甚至治疗效果。

一、核酸药物的修饰

通过化学修饰可以增强寡核苷酸分子的稳定性，提高其生物利用度。

1. 修饰磷酸二酯键　如用硫原子替代磷酸基团中的一个氧原子，产生硫代磷酸寡核苷酸。这类分子容易合成、稳定性好，同时在水中溶解度高，易被细胞吸收，也能促进 RNase H 对目标 RNA 的切割作用。但其主要缺点是会降低其与靶 RNA 分子的亲和性。

2. 修饰核糖　最常用的是利用甲基等基团对 RNA 的戊糖 2′-OH 进行修饰，从而使其不易被核酸酶降解，同时能够和目标 mRNA 发生高亲和性和特异性的配对结合。研究发现，这类修饰对于抑制 mRNA 翻译有较好的作用，但对诱导 RNase H 的降解作用效果不明显。但如果这类修饰的寡核苷酸中带有 6~8 个未经修饰的脱氧核苷酸，就能显著提高其激活 RNase H 的能力。此类嵌合寡核苷酸是目前最常见的反义核酸类药物之一。

3. 修饰骨架　肽核酸是用多肽键来代替天然核酸的磷酸 - 戊糖骨架，同时保留碱基结构的寡核苷酸类似结构。这种肽核酸保持了与 DNA 或 RNA 发生高亲和性和特异性结合的能力，对各种内切核酸酶、外切核酸酶和蛋白酶都有很强的抗性。但肽核酸的结构决定了它无法激活 RNase H 机制，而是主要通过与 mRNA 结合，阻止 mRNA 剪接成熟和翻译来起作用。它也可以与 DNA 结合，从而抑制 RNA 的转录起始和延伸。肽核酸在应用中需要解决的问题包括提高其水溶性和进入细胞的效率等，这些可能可以通过进一步对肽核酸进行化学修饰加以改进。

此外，另一种骨架修饰方式是用吗啉代替戊糖，同时用磷酸二胺键代替磷酸酯键，形成磷酰二胺吗啉代寡核苷酸。这类分子对单链 RNA 分子的结合能力更强，但高浓度下有一定的细胞毒性。该类修饰分子也在进行临床试验研究。

二、核酸药物的给药

虽然化学修饰可以增强核酸药物对核糖核酸酶的抵抗力，但不能解决这些带有大量负电荷的寡核苷酸片段的跨膜运输问题。因此，研究人员试图找出合适的载体，促进核酸药物的跨膜运输。利用不同材料包埋核酸药物，既可以保护这些药物分子，也有助于它们进入细胞。常用的输送系统包括脂质体和聚合物等。

1. 脂质体　脂质体是由一层或多层磷脂分子在水中经过疏水相互作用，自组装形成的具有双分子膜的闭合囊泡结构。亲水性头部分布于双分子膜的内、外两侧，疏水性尾部分布于中间。根据所带电荷的不同，脂质体可分为阳离子脂质体、中性脂质体和阴离子脂质体。

阳离子脂质体是目前最为常用的非病毒基因载体之一。阳离子脂质体能够依靠自身阳离子脂质部分所带的正电荷，与带负电荷的外源 DNA 发生静电相互作用，将 DNA 紧密压缩至脂质体的内部，形成载基因复合物。带正电荷的脂质体基因复合物与带负电荷的细胞膜产生静电吸附，通过内吞作用形成内涵体进入细胞内。阳离子脂质体能够与内涵体膜产生静电相互作用，促进外源 DNA 从内涵体中释放出来。阳离子脂质体具有体内毒性和免疫原性低、易于被降解、操作简单易行及转染效率较高等优点。

2. 聚合物　聚合物主要由高分子聚合材料组成，在酸性或生理条件下带正电荷，能够压缩带负电荷的核酸药物形成纳米材料基因复合物，从而将核酸药物导入体内。聚合物主要包括聚乙烯亚胺、多聚赖氨酸、聚酰胺 - 胺树枝状分子等。

(1)聚乙烯亚胺(polyethylenimine，PEI)：PEI 的单体分子式为—CH_2—CH_2—NH—，可以形成线状和链状等形状。PEI 具有“质子海绵效应”——PEI 利用其伯氨基质子化产生的较高密度的正电荷与 DNA 产生静电吸附，结合在一起形成载基因复合物；将其导入体内后，复合物表面的正电荷与带负电荷的细胞膜结合，通过内吞进入细胞形成内涵体，内涵体与溶酶体融合，PEI 的氨基所带的正电荷和缓冲能力使溶酶体的质子泵持续开放，最终引起溶酶体肿胀破裂，释放出的 DNA 经过核孔进入细胞核，转入的目的基因经转录、翻译得以表达。随着分子量的增加，转染效率逐渐提高，但毒性随之也会增大，故分子量在 5~25kDa 的 PEI 适合作为核酸药物的载体。

(2)多聚赖氨酸(poly-L-lysine，PLL)：PLL 是由赖氨酸缩合形成的线性多肽，其侧链的伯胺可以质子化带上一定的正电荷，能够将 DNA 压缩形成纳米尺寸的复合物。PLL 的分子量越大，正电性越强，形成的粒径越小，压缩 DNA 的能力也越强。但是由于 PLL 相对缺乏溶酶体逃逸能力，因此其转染效率相对较低。

(3)聚酰胺 - 胺(polyamido-amine，PAMAM)树枝状分子：PAMAM 是通过乙二胺聚合而成的树枝状聚合物。PAMAM 末端的氨基能够质子化而使其带上正电荷，能够压缩 DNA 形成纳米复合物，同样有类似于 PEI 的“质子海绵效应”，具备溶酶体逃逸能力，在体内外均有较高的转染效率。不过，研究发现它在体内能够使红细胞聚集发生溶血。通过适当的 PEG 修饰，可以显著降低 PAMAM 的毒性，并保持 PAMAM 较高的转染效率。

可以针对不同的应用目的而采用不同的给药方式，包括局部注射、静脉注射。有报道表明，核酸药物可以通过皮肤黏膜吸收，因此可以通过外用或者吸入给药的方式进行核酸药物的给药。表 10-2 中汇总了近年来上市的寡核苷酸类药物。脂质纳米颗粒(lipid nanoparticle，LNP)具有相容性高、可生物降解、能携带大量 siRNA 或 miRNA 药物等优点。2018 年上市的 patisiran 脂质复合物静脉注射液(商品名 Onpattro)，采用 LNP 导入技术将 siRNA 药物包裹在 LNP 内。LNP 载体除能改善药物的靶向性和稳定性问题之外，还可保证 siRNA 在血液循环过程中不被肾脏过滤清除，缓慢地被靶细胞摄取。2019 年获批上市的 givosiran 注射液(商品名 Givlaari)采用共轭连接技术将 *N*- 乙酰半乳糖胺(*N*-acetylgalactosamine，GalNAc)与 siRNA 的正义链偶联，在降低 siRNA 脱靶效应的同时，将药效增强了数 10 倍，显著提升了 siRNA 的安全性。

表 10-2　已上市的寡核苷酸类药物

上市时间	商品名	通用名	公司	适应证	药物类型	剂型 / 给药方式
1998	Vitravene	福米韦生(fomivirsen)	Novartis	获得性免疫缺陷综合征(AIDS)并发巨细胞病毒性视网膜炎(已退市)	反义寡核苷酸	注射液(玻璃体内)

续表

上市时间	商品名	通用名	公司	适应证	药物类型	剂型/给药方式
2004	Macugen	哌加他尼(pegaptanib)	Valeant Pharms LLC	新生血管性黄斑病变	核酸适配体	注射液(玻璃体内)
2013	Kynamro	米泊美生钠(mipomersen sodium)	Kastle Theraps LLC	家族性高胆固醇血症	反义寡核苷酸	注射液(皮下)
2016	Defitelio	去纤苷钠(defibrotide sodium)	Jazz Pharms Inc.	造血干细胞移植后罕见并发症	单链寡核苷酸	注射液(静脉)
2016	Exondys 51	依特立生(eteplirsen)	Sarepta Theraps Inc.	进行性假肥大性肌营养不良	反义寡核苷酸	注射液(静脉)
2016	Spinraza	诺西那生(nusinersen)	Biogen Idec	脊髓性肌萎缩	反义寡核苷酸	注射液(鞘内)
2018	Tegsedi	inotersen	Akcea Theraps	遗传性转甲状腺素蛋白淀粉样变性引发的多发性神经疾病	反义寡核苷酸	注射液(皮下)
2018	Onpattro	帕替司兰(patisiran)	Alnylam Pharms Inc.	遗传性转甲状腺素蛋白淀粉样变性引发的多发性神经疾病	siRNA	注射液(静脉)
2019	Givlaari	givosiran	Alnylam Pharms Inc.	急性肝卟啉病	siRNA	注射液(皮下)

小结

本章主要介绍了核酸药物和基因治疗这两种发展迅速的新型生物制药技术的基本概念、原理和临床应用。核酸药物与传统的核苷酸类药物不同，指的是那些具有特定碱基序列、可以在细胞中专一地降低目标基因表达水平的寡核苷酸药物，包括反义核酸、核酶、RNA 干扰药物等。对核酸药物进行化学修饰可以提高其稳定性和药动学性能，甚至治疗效果，主要的修饰方式有修饰磷酸二酯键、修饰核糖、修饰骨架等。

基因治疗是指将外源正常基因或有治疗作用的基因导入靶细胞，纠正或补偿由基因缺陷和异常引起的疾病，达到治疗目的的治疗方法。基因治疗的适用范围包括遗传性疾病、肿瘤和病毒感染等领域。基因治疗的给药途径主要有两种：离体基因导入方式和体内基因导入方式。基因导入细胞的方法分为非生物法导入基因和生物法导入基因两种。肿瘤的基因治疗包括抑癌基因治疗、溶瘤病毒治疗、免疫相关基因治疗、自杀基因治疗、肿瘤抗原靶向的肿瘤基因治疗、反义治疗、细胞因子基因治疗等。

在恶性肿瘤、感染、自身免疫性疾病等严重危害人类健康的疾病的治疗和预防中，生物技术药物因其安全性好、特异性强而起到了重要的治疗作用。

思考题

1. 反义核酸药物的原理是什么？有哪些成功的应用？
2. 基因治疗的主要病毒载体有哪些？各有什么优缺点？

3. 肿瘤的基因治疗有哪些种类?

4. 为什么要对核酸药物进行修饰?修饰的目的是什么?修饰的方法有哪些?

第十章
目标测试

(王 毅)

参考文献

[1] 张文庆, 王桂荣. RNA 干扰: 从基因功能到生物农药. 北京: 科学出版社, 2021.

[2] SHIGDAR S, SCHRAND B, GIANGRANDE P H, et al. Aptamers: Cutting edge of cancer therapies. Mol Ther, 2021, 29 (8): 2396-2411.

[3] SCHERMAN D. Advanced textbook on gene transfer, gene therapy and genetic pharmacology. 2nd ed. London: Imperial College Press, 2019.

[4] 付小兵, 王正国, 吴祖泽. 再生医学转化与应用. 北京: 人民卫生出版社, 2016.

[5] 刘世利. CRISPR 基因编辑技术. 北京: 化学工业出版社, 2021.

[6] 张岩松, 陈丽娇, 张婷, 等. 基因治疗的研究进展. 中国细胞生物学学报, 2020, 42 (10): 1858-1869.

[7] KARA G, CALLIN G A, OZPOLAT B. RNAi-based therapeutics and tumor targeted delivery in cancer. Adv Drug Deliv Rev, 2022 (182): 114113.

第十一章

细胞药物及其制备技术

学习要求：

第十一章
教学课件

1. **掌握** 细胞药物的基本定义；免疫细胞、干细胞和传统体细胞药物的常见类型。
2. **熟悉** 免疫细胞、干细胞和传统体细胞药物的主要作用特点、作用机制、制备方法；各国细胞药物的制备标准。
3. **了解** 全球已上市的细胞药物。

第一节 概 述

一、细胞药物的基本概念

细胞（cell）是生物体结构和功能的基本单位，是最基本的生命系统。细胞药物（cell drug）是以不同细胞为基础的用于治疗疾病的制剂、药物或产品的统称，可实施个性化治疗。

细胞治疗（cell therapy）是指利用某些具有特定功能的细胞，采用生物工程方法获取或通过体外扩增、特殊培养等处理后，使这些细胞具有增强免疫、杀死病原体或肿瘤细胞、促进组织器官再生和机体康复等治疗功效，从而达到治疗疾病的目的。

二、细胞药物的发展简史

细胞是生物体的基本组成部分，是行使许多生物学功能的重要场所。利用细胞药物治疗疾病是目前生物技术药物发展的重要方向。1665 年，英国科学家罗伯特·胡克（Robert Hooke）在"*Micrographia*"期刊上首次描述了细胞的结构性质；1667 年，法国医生让 - 巴蒂斯特·德尼（Jean-Baptiste Denys）将小牛血液注射给了一个发热的小男孩，被视为是使用活细胞治疗的首次探索；19 世纪 30 年代，两位德国生物学家施莱登（Matthias Jakob Schleiden）和施旺（Theodor Schwann）共同创建了"细胞学说"，指出细胞是生物体结构和功能的基本单位；1912 年，德国内科医生库特纳（Kuettner H）提出应将组织器官切成小块，溶于生理盐水后注入患者体内，从而完成器官移植的理论；1930 年，瑞士科学家保罗·尼汉斯（Paul Niehans）将公牛的甲状旁腺取出，切成小块后注入患者体内以弥补患者体内甲状旁腺功能不足，使患者的病情很快得到控制；1950 年，科学家们发现将骨髓细胞移植到遭受致死剂量辐射的小鼠后能够重建小鼠的骨髓造血免疫系统，使小鼠得以存活；1967 年，美国科学家爱德华·唐纳尔·托马斯（Edward Donnall Thomas）完成第一例同种异体骨髓移植，此后该方法可用于治疗部分先天性血液系统疾病（如范科尼贫血）、自身免疫系统疾病（如系统性红斑狼疮）、白血病等，1990 年该科学家也因此获得了诺贝尔生理学或医学奖；1984 年，美国国家肿瘤中心率先将细胞免疫治疗正式列入肿瘤综合治疗的第四大模式。自此，细胞作为药物正式用于临床治疗。经过漫长的发展，细胞药物治疗已成为现代医药技术中不可分割的一部分。

三、细胞药物的分类及作用方式

细胞具有很强的增殖分化能力和功能的可塑性。运用不同的细胞药物来修复病变细胞，可以重建受损的功能细胞和组织，恢复其生物学功能，使细胞缺失或损伤性疾病得到治疗。细胞药物治疗疾病的机制主要分为两大类，即：①直接作用，直接运用细胞特定的生物活性杀伤靶细胞或修复受损伤的组织和器官，起到特异性或非特异性的杀伤 / 修复作用；②间接作用，如分泌相关的细胞因子或活性分子，调节患者自身细胞的增殖和功能活动。

目前用于疾病治疗的细胞药物主要有免疫细胞、干细胞、传统体细胞等类型。免疫细胞包括固有免疫细胞和适应性免疫细胞。①固有免疫细胞（innate immune cell）是在物种发育和进化过程中逐渐形成的一系列的防御体系，主要有单核吞噬细胞、自然杀伤细胞（natural killer cell，NK cell）、皮肤黏膜上皮细胞、γδT 淋巴细胞等；②适应性免疫细胞（adaptive immune cell）是指生命体在受到抗原刺激以后形成的能与刺激抗原起特异性免疫反应的细胞，主要有抗原呈递细胞、T 淋巴细胞、B 淋巴细胞等。

干细胞（stem cell）是具有自我更新能力以及高度增殖和多向分化潜能的细胞群，即这些细胞可通过分裂维持自身细胞的特性和大小，又可进一步分化为各种组织细胞，从而构成各种复杂的组织器官。干细胞来源广泛，主要有从胚泡内细胞团中分离的胚胎干细胞（embryonic stem cell，ESC）、从胎儿组织中分离的成体干细胞（adult stem cell，ASC）、成人组织来源的原代干细胞、体细胞经重新编程的诱导多能干细胞（induced pluripotent stem cell，iPSC）等。

体细胞（somatic cell）是一个相对于生殖细胞的概念，人体内除生殖细胞以外的细胞均为体细胞，其遗传信息不会像生殖细胞那样遗传给下一代。需要注意的是，免疫细胞和干细胞均属于体细胞，但由于其特殊的生理功能，故在本章节中将其单独列出进行介绍。

通常情况下，为了避免在治疗过程中发生免疫排斥反应，用于治疗疾病的细胞一般来源于患者自身。但是，异体的干细胞或细胞株也可被用于细胞治疗中。上述各类型的细胞均能在体外分离后，通过培养、扩增和分化等操作，获得患者疾病治疗所需的细胞类型。生产得到的各类细胞药物被重新回输到患者体内，可以治疗包括神经系统疾病（帕金森病、肌萎缩侧索硬化、脑卒中、脊髓损伤等）、自身免疫系统疾病（1 型糖尿病、多发性硬化症、克罗恩病等）、眼病、肾病、肝脏疾病、骨骼疾病（骨关节炎）在内的多种疾病。

目前，基于细胞的生物治疗技术是个体化治疗药物中发展最快的方向之一，细胞疗法的不断进步将极大地改变未来的临床治疗策略。过去 10 年中，部分细胞药物已在欧美、日本、韩国等国家相继获得上市许可，我国也已有大量的相关临床试验相继通过审批。相信在不久的未来，细胞治疗将为患者带来更大的福音。

细胞药物的分类（图片）

第二节 免疫细胞药物

凡参与免疫应答或与免疫应答有关的细胞均称为免疫细胞（immunocyte）。免疫细胞主要包括淋巴细胞、树突状细胞、单核细胞、巨噬细胞、自然杀伤细胞、粒细胞、肥大细胞及它们的前体细胞等。在免疫功能正常的个体中，免疫细胞通常保持着高度的活性，但是由于病原体感染或肿瘤细胞的某些特性，会形成免疫逃逸、免疫耐受等现象，影响免疫系统对目标的识别效果。通过人为激活免疫细胞的方法来加强免疫细胞对特定目标的识别，可以起到治疗疾病的作用。

目前全球已有多个免疫细胞药物上市，主要为嵌合抗原受体 T 细胞（CAR-T）药物。2021 年 6 月，我国首个 CAR-T 药物——益基利仑赛注射液（又称阿基仑赛，代号：FKC876）正式获批上市，该药物可用于治疗接受过二线或以上标准治疗后复发或难治性大 B 细胞淋巴瘤成年患者。除了

CAR-T 药物，全球还有其他类型免疫细胞药物正在研发中，例如肿瘤浸润淋巴细胞（tumor infiltrating lymphocyte，TIL）、细胞因子诱导的杀伤细胞（cytokine-induced killer cell，CIK）、γδT 细胞、自然杀伤细胞（natural killer cell，NK cell）、树突状细胞（dendritic cell，DC）等。

一、基于 T 细胞的免疫细胞药物

T 细胞是胸腺依赖淋巴细胞的简称，为来源于骨髓的多能干细胞在胸腺内成熟的淋巴细胞。T 细胞具有异质性，可分为多个表型和功能各异的亚群。按照 T 细胞抗原受体（T cell receptor，TCR）双链肽的构成不同，可将其分为 αβT 细胞和 γδT 细胞；根据 T 细胞表面分化抗原（cluster of differentiation，CD）不同，可将成熟的 T 细胞分为初始 $CD4^+$T 细胞和 $CD8^+$T 细胞；根据 T 细胞所处的分化阶段不同，可将其分为初始 T 细胞（naive T cell，Tn cell）、效应 T 细胞（effector T cell，Te cell）和记忆 T 细胞（memory T cell，Tm cell）；根据效应 T 细胞在免疫应答中效应的不同，可将其分为辅助性 T 细胞（helper T cell，Th cell）、调节性 T 细胞（regulatory T cell，Tr cell）和细胞毒性 T 细胞（cytotoxic T cell，Tc cell）等。其中，Th 细胞表面带有标记分子 CD4，能够识别抗原，分泌多种淋巴因子，调节免疫系统功能，增强免疫力；Tr 细胞具有免疫抑制作用，主要表现为直接接触抑制靶细胞活化和分泌细胞因子，进而抑制免疫应答；Tc 细胞则主要发挥特异性杀伤靶细胞作用，参与抗胞内病原体感染、抗肿瘤免疫及抑制排斥反应等。

采集并分离肿瘤患者的外周血、淋巴组织、肿瘤组织等组织中的以 T 细胞为主的抗肿瘤效应细胞，经体外培养激活后回输患者体内，可以发挥一定的免疫治疗作用。目前，基于 T 细胞的免疫治疗方法主要有 TIL 疗法、CIK 疗法、γδT 细胞疗法、CAR-T 疗法、TCR-T 疗法等（图 11-1）。

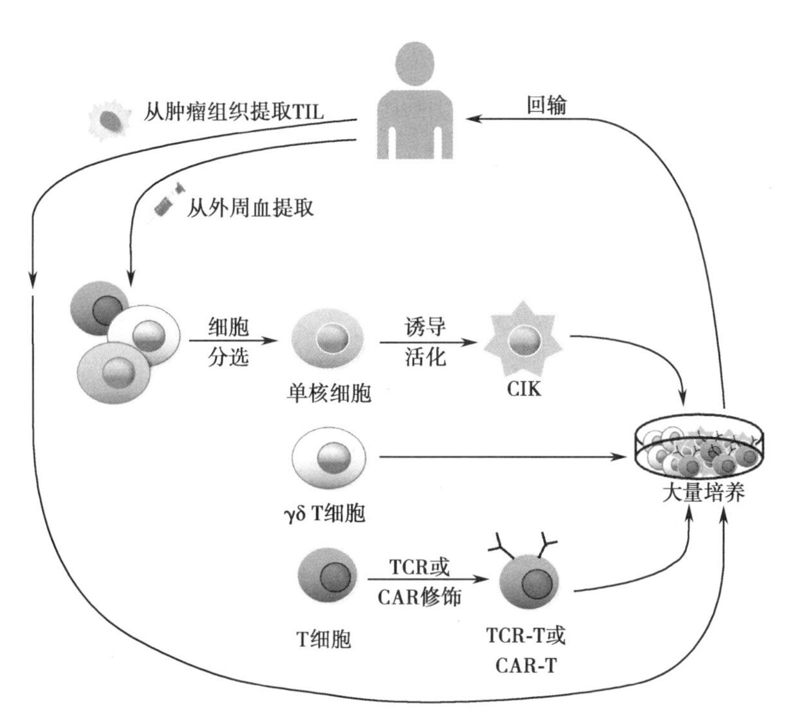

图 11-1　常见的基于 T 细胞的细胞治疗方法

（一）TIL 疗法

肿瘤浸润淋巴细胞（tumor infiltrating lymphocyte，TIL）是一类从肿瘤组织中分离出的、具有抗原效应的细胞群。TIL 包括 T 细胞、B 细胞和 NK 细胞，其中，$CD8^+$T 细胞在杀伤靶细胞中发挥重要作用。从术中切下的肿瘤组织、癌性胸腔积液或肿瘤引流淋巴结中分离获得的具有抗肿瘤活性的 T 淋

巴细胞，在体外经白介素 -2（IL-2）刺激大量扩增后回输患者体内，即为 TIL 疗法。该疗法治疗效果较好，副作用小，具有较高的选择性，对非自体的其他肿瘤或正常细胞没有杀伤作用。尽管 TIL 疗法治疗肿瘤具有一定优势，但是回输免疫细胞数量不足、T 细胞治疗效果受肿瘤细胞表面主要组织相容性复合体（major histocompatibility complex，MHC）类抗原限制、细胞在患者体内存活时间短等问题，限制了 TIL 疗法的使用。

（二）CIK 疗法

细胞因子诱导的杀伤细胞（cytokine-induced killer cell，CIK）又称为自然杀伤样 T 细胞，是从外周血、骨髓或脐血中分离的单核细胞经多种细胞因子（如 IL-2、IL-1、IFN α 或 CD3 单克隆抗体等）共同作用后诱导而成的一群具有高度异质性和免疫活性的 T 细胞，其主要的效应 T 细胞的细胞膜上同时表达 CD3 和 CD56，因此又称为 NK 细胞样 T 淋巴细胞，兼具有 T 淋巴细胞强大的抗瘤活性和 NK 细胞的非 MHC 限制性杀伤肿瘤的优点。CIK 因具有强增殖力、强细胞活性、强抗肿瘤活性和非 MHC 限制性的特点，对于失去手术机会或已复发转移的晚期肿瘤患者能迅速缓解临床症状，提高生存质量，延长生存期。

（三）γδT 细胞疗法

γδT 细胞（γδT cell）是 T 细胞的一个亚群，其 T 细胞受体（TCR）由 γ 链和 δ 链组成，主要存在于上皮和黏膜组织，表型多为 $CD8^+$ 单阳性。γδT 细胞可通过直接或间接的方式起到抗肿瘤作用，作用途径包括：①通过穿孔素 - 颗粒酶途径直接溶解肿瘤细胞；②通过配体 TRAIL 和 FasL 消灭肿瘤细胞；③通过抗体依赖细胞介导的细胞毒作用（antibody-dependent cell-mediated cytotoxicity，ADCC）杀死肿瘤细胞；④通过分泌促炎细胞因子、表达前凋亡分子从而裂解肿瘤细胞，如 INF-γ 等；⑤通过自身独特的抗原呈递作用激活 $CD8^+$T 细胞和 $CD4^+$T 细胞，起到抗肿瘤作用。目前已有多个临床试验正在检测 γδT 细胞对恶性肿瘤的治疗潜力，如肺癌、肾细胞癌、乳腺癌等。尽管 γδT 细胞在癌症的治疗中显示了一定的作用，但是其距离真正应用于临床仍有很大的差距。

（四）CAR-T 疗法

CAR-T 疗法，即嵌合抗原受体 T 细胞治疗（chimeric antigen receptor T cell therapy，CAR-T cell therapy），是将能够识别肿瘤抗原的抗体表达于 T 细胞上，实现了抗原特异性非 MHC 依赖性的 T 细胞活化及效应增强，从而获得新的抗肿瘤能力。嵌合抗原受体（CAR）是人工构建的融合基因编码的跨膜分子，主要包含胞外区（通常是抗体单链可变区片段 scFv）、跨膜区和胞内区（如第一信号 CD3ζ 链、第二信号共刺激信号等）。其中，胞外区负责识别肿瘤特异性抗原，跨膜区负责连接胞外区和胞内区，胞内区负责信号转导。经 CAR 改造的 T 细胞具有非 MHC 限制性和特异性识别肿瘤抗原的能力。目前 CAR-T 已发展至第四代技术，与前三代技术相比，第四代 CAR-T 细胞组装的第二信号分子与共刺激因子可提高 T 细胞生存、活化和对肿瘤细胞的记忆效应及杀伤活性。此外，第四代 CAR-T 细胞中还导入了细胞因子的表达原件，起到募集各类免疫细胞增强杀伤作用的目的（图 11-2）。

CAR-T 疗法是将患者的 T 细胞在体外进行活化后导入 CAR 基因，得到 CAR-T 细胞，使其能够识别肿瘤细胞表面抗原，而后将改造好的 CAR-T 细胞回输到患者体内，达到识别和杀灭癌细胞的治疗效果。部分 CAR 的靶点——肿瘤相关抗原，如 CD19、CD20、HER2、EGFR 等，在正常组织中也有表达，因此在治疗过程中可能损伤表达有这些抗原的正常组织。另外，由于 CAR-T 细胞整合了 T 细胞活化的第一信号和共刺激信号，活性较高，能在短时间内杀伤大量肿瘤细胞或有抗原表达的非肿瘤细胞，因此可能引发细胞因子释放综合征和肿瘤裂解综合征等不良反应。

CAR-T 制备过程（图片）

目前，包括我国获批的益基利仑赛注射液在内，全球共上市 7 个 CAR-T 药物。其中，靶向 CD19 的 CAR-T 细胞（CAR19）研究应用最广。CD19 是簇分化抗原的一种，在恶性 B 细胞、正常 B 细胞和 B 细胞前体细胞中均有表达，因此可在白血病及淋巴瘤的免疫治疗中作为治疗的靶点。FDA 批准上市的 Kymriah、Yescarta、KTE-X19、

Breyanzi 和 brexucabtagene autoleucel，以及我国批准上市的益基利仑赛注射液，均为针对 CD19 的自体 CAR-T 细胞药物。另外，FDA 于 2021 年批准上市的 Abecma 是全球第一个获批的靶向 B 细胞成熟抗原（B cell maturation antigen，BCMA，CD269）的 CAR-T 细胞药物。BCMA 是一种普遍表达于多发性骨髓瘤癌细胞上的蛋白质。Abecma 作为抗 BCMA 的 CAR-T 细胞疗法，可以识别并结合 BCMA，导致表达有 BCMA 的细胞死亡，因此可用于治疗复发性或难治性多发性骨髓瘤。

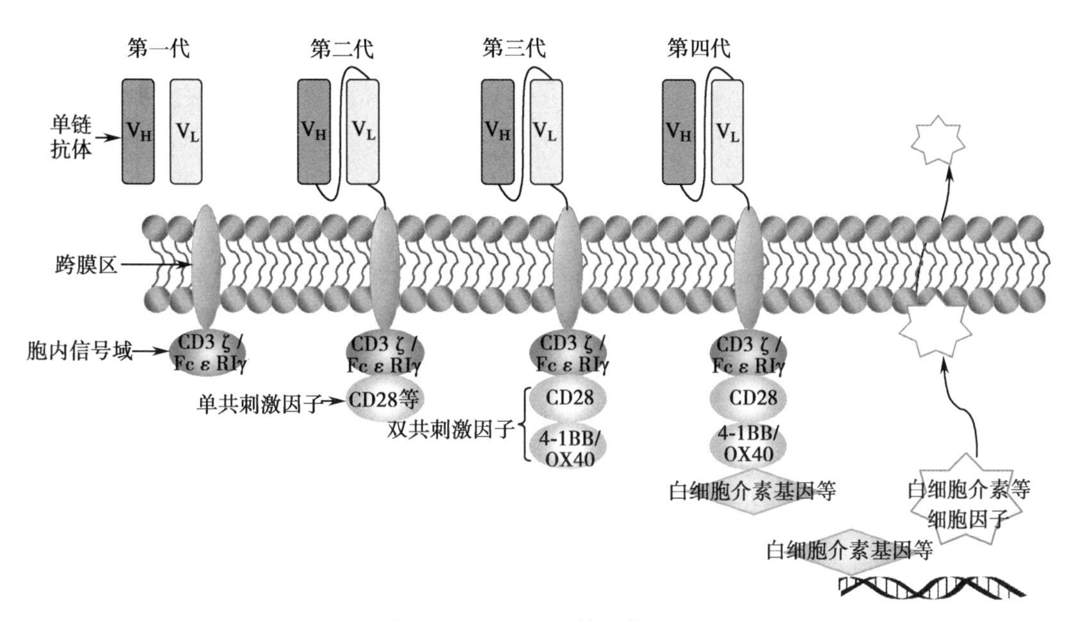

图 11-2　CAR-T 的研发历程

（五）TCR-T 疗法

T 细胞受体修饰型 T 细胞（T cell receptor-gene engineered T cell，TCR-T）是指利用病毒或非病毒载体将能够特异性识别肿瘤抗原的 *TCR* 基因（融合抗原结合域及 T 细胞信号结构域或 TCR α/β 异二聚体）导入患者外周血来源的 T 细胞中，经过体外培养、扩增后回输患者体内，从而发挥 MHC 依赖性抗肿瘤效应，使 T 细胞重新高效识别肿瘤相关抗原（tumor associated antigen，TAA），令原来无肿瘤识别能力的 T 细胞能够有效地识别并杀伤肿瘤细胞。TCR-T 可以通过 TCR 介导识别 MHC 分子呈递的抗原肽，进而靶向识别肿瘤细胞，其优势是能够识别肿瘤细胞内的抗原，即 TCR-T 可针对胞内抗原（占全部抗原的 90%），不局限在表面抗原（仅占 10%）。因此，TCR 对肿瘤的识别范围比抗体类药物以及依靠抗体识别肿瘤的 CAR-T 类药物的应用范围更广。

制备 TCR-T 细胞主要包括 4 个步骤，分别为靶点的选择、TCR 的获取、TCR 基因的修饰和 TCR 的转染。TCR-T 细胞发挥作用的关键是特异性地识别靶细胞，因此，肿瘤抗原的特异性表达靶点的选择最为重要。其次，当确定靶点后，需要对该靶点抗原具有高亲和力的 T 细胞群进行分离以及对其 TCR 进行测序。随后，可根据需要对测序得到的 TCR 进行优化。最后，可使用基因表达载体系统将优化的 TCR 序列导入 T 细胞中。目前 CAR-T 类细胞药物针对实体瘤的疗效较差，TCR-T 技术有望解决这一难题。

二、基于自然杀伤细胞的免疫细胞药物

CAR-T 与 TCR-T 的区别与联系（图片）

自然杀伤细胞（natural killer cell，NK cell）由骨髓中的淋巴细胞分化而来，是天然的免疫细胞，主要功能是杀死受感染或异常的细胞（如受细菌、病毒感染细胞，癌变细胞等）。NK 细胞在人体内分布广泛，以 MHC 非依赖方式识别和活化，具有非特异性识别和无须致敏直接快速杀伤病变和损伤细胞的能力。由于 NK 细胞表面带有 MHC-Ⅰ的

抑制性受体，因此会优先杀伤低表达或不表达MHC-Ⅰ类分子的靶细胞。NK细胞的直接杀伤作用依赖于其与靶细胞之间形成的免疫突触，其杀伤机制主要为颗粒依赖的杀伤机制和死亡受体依赖的调控机制。此外，NK细胞还可通过释放干扰素和粒细胞-巨噬细胞集落刺激因子（GM-CSF）等细胞因子促进获得性免疫反应，间接发挥抗肿瘤作用。

输注扩增和活化的NK细胞可用于改善机体免疫反应。在此过程中，可使用外周血单个核细胞来源的NK细胞、干细胞来源的NK细胞、NK细胞系或CAR修饰的NK细胞等。

（一）外周血单个核细胞来源的NK细胞

外周血来源广泛，采集方便。尽管外周血中的NK细胞仅占10%左右，其仍被视为理想的来源。自体或异体来源的外周血可通过$CD3^-$或$CD56^+$分选的方法分离得到NK细胞，两种分离方法的联合应用通常可使NK细胞的纯度达到99%左右。由于外周血中NK细胞占比较少，因此可通过体外扩增和活化进一步提高NK细胞的数量。目前常使用细胞因子、抗体、饲养细胞或多种刺激因子组合的方法对NK细胞进行扩增。虽然临床前研究中证实此种来源的NK细胞具有较好的细胞毒性，但其临床研究结果差异却较大，推测部分原因可能是由于各研究中NK细胞体外扩增活化的方法不同，导致其最终数量与活性差异较大。

（二）干细胞来源的NK细胞

目前，脐带血来源的干细胞、胚胎干细胞和诱导的多能干细胞均可进行体外分化诱导得到NK细胞。在脐带血中，使用磁珠分选$CD34^+$细胞，然后在各种刺激条件下进行扩增和分化，最终获得NK细胞。由于脐带血来源NK细胞的杀伤细胞免疫球蛋白样受体（KIR）分子表达水平较低，因此其细胞毒性受到了一定的影响。另外，脐带血来源的NK细胞由于缺少NK细胞活化标记物CD57的表达，其细胞活性也较弱。使用胚胎干细胞和诱导的多能干细胞生产NK细胞时，同样需要分选得到$CD34^+$细胞，然后使用细胞因子或饲养细胞诱导分化形成NK细胞。

（三）NK细胞系

目前，研究者应用恶性病变的NK细胞克隆已成功建立多种NK细胞系，如NK-92、KHYG-1、NKL、NKG、YT等。其中，NK-92是唯一被FDA批准进行临床研究的NK细胞系。NK-92是加拿大的英属哥伦比亚癌症研究中心从急进性非霍奇金淋巴瘤患者外周血中提取的单核细胞衍生而来的一株IL-2依赖型NK细胞株，此细胞株拥有较强的类NK细胞样杀伤作用，并且可在体外无限增殖。NK细胞系的建立，解决了NK细胞的来源少及冻存和体外扩增难等难题。

（四）CAR修饰的NK细胞

利用CAR等基因工程修饰方法可提高NK细胞的活性。目前，有多种CAR的设计方法，例如，胞外区靶向位点包括CD19、CD20、CD33、CD138等，胞内区除了常规的第一信号CD3ζ链、第二信号共刺激信号，还增加了CD137、2B-4等，以便能够更好地激活NK细胞的功能。德国实验室新近报道了已成功建立符合GMP标准程序的CAR-NK细胞生产车间，其质量和剂量水平均可达到临床使用标准。由于NK细胞具有抗病毒感染的防御机制，使CAR-NK的转染效率受到了一定影响，是未来需要进一步解决的问题。

三、基于树突状细胞的免疫细胞药物

1973年，科学家拉尔夫·斯坦曼（Ralph Steinman）从小鼠脾脏中分离出一类树枝样突起的星状细胞，并将其命名为树突状细胞（dendritic cell，DC）。该科学家由于第一个发现了免疫系统中的DC及其对获得性免疫所具有的独特的激活与调节能力，于2011年荣获诺贝尔生理学或医学奖。

DC起源于骨髓中的造血干细胞，主要有髓系分化和淋巴分化两种分化途径。DC是体内抗原呈递能力最强的专职抗原呈递细胞，特点是能够刺激初始T细胞，是体内免疫应答的主要启动者，并可通过直接或间接方式促进B细胞的增殖与活化，调控体液免疫应答，刺激记忆T细胞活化，诱导再次

免疫应答。此外，DC 还能诱导免疫耐受、参与调节性 T 细胞的产生和诱导。

DC 与单核巨噬细胞拥有共同的前体——骨髓 $CD34^+$ 造血干细胞。在体内，除大脑外的各脏器均有 DC 分布，但数量极少。可通过脐带血、骨髓及外周血分离 $CD34^+$ 造血干细胞或 $CD14^+$ 单核细胞，用 GM-CSF、IL-4 等细胞因子诱导其分化为 DC，从而在体外大量制备所需的 DC。

由于 DC 的抗原呈递功能，研究人员设计使 DC 负载一些肿瘤抗原后将这些细胞回输至患者体内，可以打破对肿瘤细胞的免疫耐受，提高免疫系统对肿瘤细胞的专一性识别和清除能力。这种策略可同时靶向多个肿瘤抗原，但存在激发自身免疫反应的潜在风险。DC 回输疗法已试用于非霍奇金 B 细胞淋巴瘤、黑色素瘤、前列腺癌等疾病的治疗（图 11-3）。

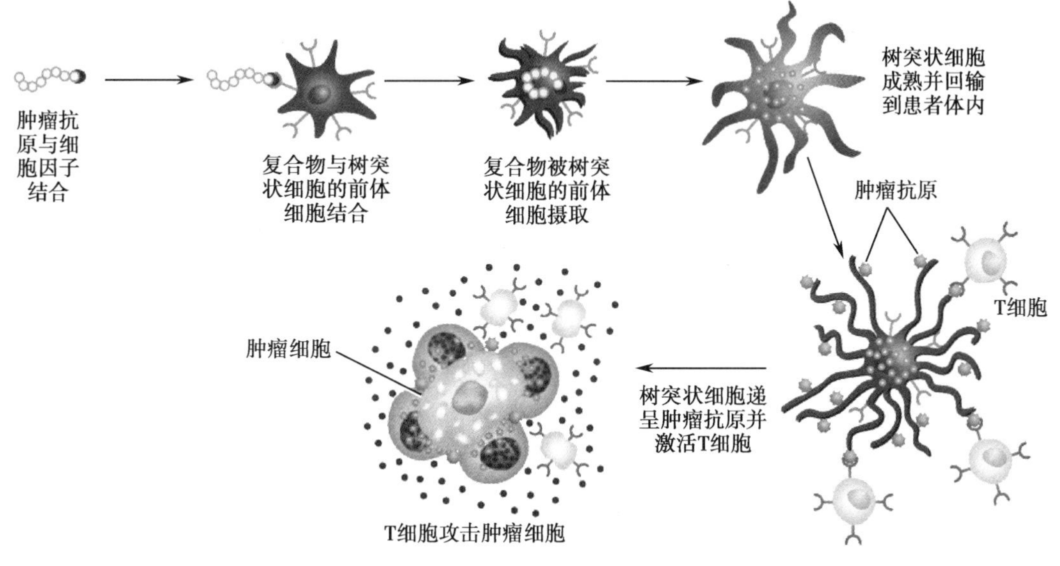

图 11-3　树突状细胞攻击肿瘤细胞机制图

2010 年，FDA 批准 Sipuleucel-T 上市，用于治疗无症状或症状轻微的转移性去势抵抗性前列腺癌。Sipuleucel-T 是一种新型的自体 DC 免疫疗法，主要制备过程是：首先采集分离得到患者自身的外周血单核细胞，诱导培养生成 DC，然后将 DC 置于培养基中，与融合蛋白 PA2024（由前列腺酸性磷酸酶和 GM-CSF 共同构成，可产生更强的抗原特异性免疫反应）共孵育 36~40 小时，而后将其与 250ml 乳酸林格液混合，回输给患者。

体内回输免疫活性细胞的治疗方法可以在不损伤机体免疫系统结构和功能的前提下直接杀伤肿瘤细胞，调节和增强机体的免疫功能，为预防肿瘤复发、改善晚期肿瘤患者的生存质量提供了有效的治疗手段。

第三节　干细胞药物

干细胞（stem cell）具有无限或较长期自我更新能力、可在生物体内至少产生一种高度分化的子代细胞，在生物体生长、发育和生命维持中均起到重要作用。干细胞的自我更新能力和多向分化潜能的特性使其不仅成为多个生物医学领域的重要研究工具，还在再生医学中起到重要作用，甚至有望治疗包括损伤、萎缩疾病、肿瘤等在内的多种复杂难治的重大疾病。

从第一例干细胞移植至今，干细胞研究领域发生了巨大的变化。随着近年来基础科研与临床转化的突破，当前全球已有十余种干细胞产品上市。2015 年国家食品药品监督管理总局（CFDA）颁布《干细胞临床研究管理办法（试行）》，标志着我国干细胞药物的研发已迈入新阶段。干细胞治疗在临

床医学、生命科学及生物医药等领域正产生着重要的影响。

人类干细胞按其分化潜能不同主要可分为3类，分别为：①全能干细胞（totipotent stem cell），即具有发育成完整个体分化潜能的细胞，如受精卵和早期囊胚细胞；②多能干细胞（pluripotent stem cell），指无法发育成完整个体但具有分化成多种细胞组织潜能的细胞，如胚胎细胞；③单能干细胞（unipotent stem cell），只能向一种或两种密切相关的细胞类型分化的细胞，如上皮组织基底层的干细胞等。干细胞按发育阶段不同，可分为胚胎干细胞（embryonic stem cell，ESC）和成体干细胞（adult stem cell，ASC）。根据取材来源不同，可分为骨髓干细胞、骨膜干细胞、脂肪干细胞、滑膜干细胞、骨骼肌干细胞、肝干细胞、乳牙干细胞、脐带干细胞、脐带血干细胞等。根据组织功能不同，可分为造血干细胞、神经干细胞、血管干细胞、皮肤干细胞等。

干细胞治疗（stem cell therapy）是指应用人自体或异体来源的干细胞，经体外操作后输入（或植入）患者体内用于疾病治疗的过程。这种体外操作包括干细胞的分离、纯化、扩增、修饰，以及干细胞（系）的建立、诱导分化、冻存、冻存后的复苏等过程。

干细胞药物（stem cell drug）是一类通过不同途径将其输入体内后可以改善身体健康状态或防治各种疾病的干细胞制剂。多能干细胞，如造血干细胞（hematopoietic stem cell，HSC）、间充质干细胞（mesenchymal stem cell，MSC）和胚胎干细胞（embryonic stem cell，ESC），是用于临床治疗的第一代干细胞，它们可产生组织限制或谱系特异性的细胞类型。据不完全统计，目前国际上已批准多个干细胞药物上市，适应证包括膝关节软骨缺损、移植物抗宿主病、克罗恩病、遗传性或获得性造血系统疾病、退行性关节炎和膝关节软骨损伤、克罗恩病并发肛瘘、黏多糖贮积症ⅠH型（赫尔勒综合征）、肌萎缩侧索硬化症、中度至重度角膜缘干细胞缺乏症、血栓闭塞性动脉炎等。目前，干细胞药物总体数量仍较少，大部分药物仍处在临床前和临床研究阶段。

一、胚胎干细胞及其应用

胚胎干细胞（ESC）是一种高度未分化细胞，其细胞体积小、核大、胞质少，有一个或多个核仁，核质比高，具有正常稳定的二倍体核型。ESC具有高端粒酶活性，表明其复制的寿命长于体细胞复制的寿命。ESC来源于受精卵发育形成的囊胚内细胞团以及受精卵发育至桑葚胚之前的早期胚胎细胞，或者从胎儿生殖嵴分离得到的原生殖细胞。ESC具有发育的多潜能性，能分化出成体动物所有组织和器官，未来有可能解决器官移植供体来源短缺的难题（图11-4）。

目前，ESC的采集方法主要有4种：第一种，受精卵发育形成的囊胚内细胞团以及受精卵发育至桑葚胚之前的早期胚胎细胞均可作为ESC的主要来源；其次为生殖克隆途径（治疗性克隆），即由体细胞核移植建立ESC细胞系，该方法可避免伦理问题及患者自身的免疫反应，已在多个国家获得批准；第三种方法是孤雌激活途径，即利用物理或化学方法激活未受精的卵母细胞，体外培养使其发育至囊胚，从而建立孤雌胚胎干细胞（pgESC）；最后一种是由成体细胞诱导得到多能干细胞（iPSC），该方法同样可以避免伦理问题及患者自身的免疫反应。采集的内细胞团可通过免疫外科学法、显微分离法或组织培养法分离得到ESC，再应用滋养层培养体系、条件培养基培养体系或分化抑制因子培养体系使ESC增殖。

尽管ESC可在体外培养、增殖、克隆、冻存等，但其定向诱导分化为特定类型细胞的技术仍不完善，且机体对异源干细胞的免疫排斥反应也是亟待解决的问题之一。目前，对ESC的认知大部分仍来自动物ESC，人类胚胎干细胞（hESC）是开发干细胞疗法非常理想的细胞种类，但受到伦理因素限制，并且如何保证分化细胞不产生基因突变以致肿瘤发生等也是需要考虑的问题，因此，目前hESC研究多数仍处在实验室研究阶段。

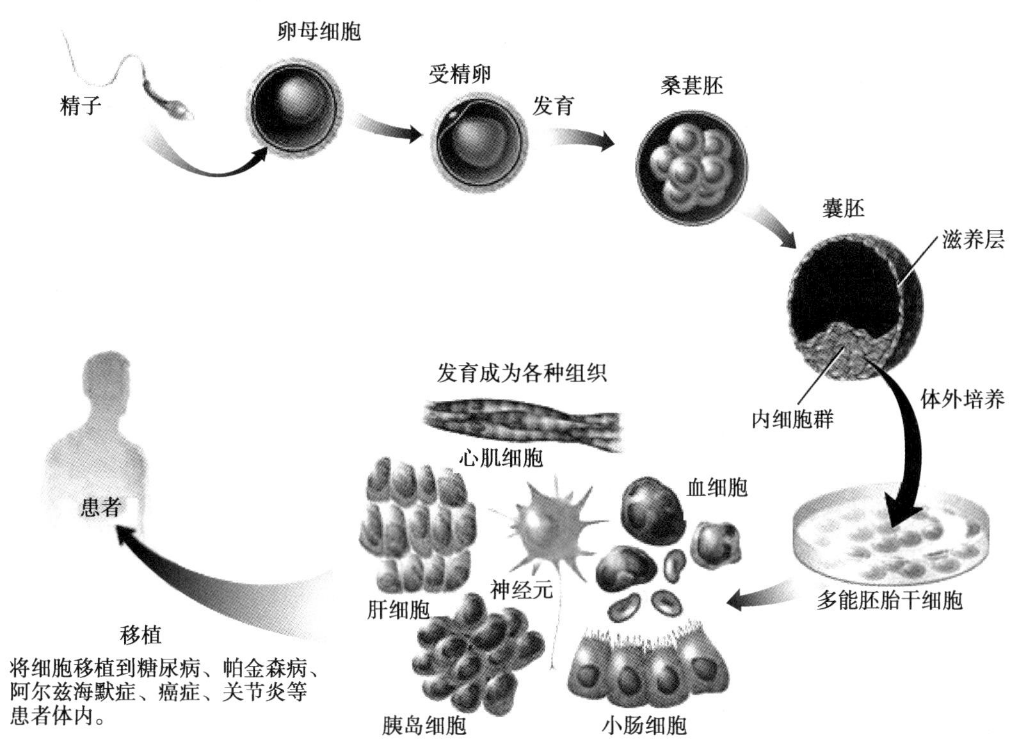

图 11-4 胚胎干细胞治疗技术

目前，胚胎干细胞已经成功定向诱导分化为造血干细胞、神经细胞、视网膜细胞、内皮细胞等，并有部分研究成果已进入临床试验阶段。Advanced Cell Technology Inc.（ACT 公司，现为安斯泰来再生医学研究所，AIRM）开创了第一个由人 ESC（hESC）衍生的视网膜色素上皮细胞（hESC-RPE，商品名：MA09-hRPE）治疗视网膜退行性疾病的先河，可用于治疗斯特格黄斑变性（Stargardts macular degeneration）、地图状萎缩（geographic atrophy）和老年性黄斑变性（senile macular degeneration）。该药的临床安全性研究尚未发现由细胞移植引起的具有临床意义的视网膜血管炎、视网膜炎、组织坏死、黄斑囊样水肿或出血性炎症反应等不良反应。移植物宿主免疫排斥反应也可通过免疫抑制剂和类固醇激素得到控制。临床研究表明，hESC-RPE 移植物的治疗效果较好，许多患者出现临床上可测量的视力改善。研究也发现，视觉功能改善与移植视网膜色素上皮细胞刺激的神经保护作用有关，移植的细胞可通过旁分泌和自分泌信号产生生长因子和细胞因子，这些细胞因子可能具有免疫调节或恢复活力的作用，这可能是其改善视觉功能的关键所在。

二、成体干细胞及其应用

在成体组织或器官中，许多仍具有自我更新及分化产生不同组织细胞能力的细胞称为成体干细胞（adult stem cell，ASC）。近年来，研究人员已成功鉴定或分离出多种组织的成体干细胞，如造血干细胞、间充质干细胞、神经干细胞、上皮干细胞、胰腺干细胞、肝干细胞等。尽管成体干细胞存在数量少、分离困难、部分组织器官没有成体干细胞等问题，但是由于其来源广泛、可从自体获得进而避免异体免疫排斥反应、收集过程操作简单、培养过程中污染概率小、不存在伦理道德问题等优势，在干细胞治疗中有着重要的地位。

（一）造血干细胞及其应用

造血干细胞（hematopoietic stem cell，HSC）是发现较早、研究最多、应用最广的成体干细胞之一，是体内各种血细胞的唯一来源，主要存在于骨髓、外周血、脐带血和胎盘组织中，采集方便，易在体外培养。在过去医学发展的数十年中，造血干细胞主要被用于移植医学领域，用于治疗包括白血病在内

的多种血液疾病、先天性遗传疾病以及多发性和转移性恶性肿瘤等。尽管早期移植手术经常失败，但人类白细胞抗原（HLA）基因匹配的出现以及移植条件和移植技术的改进显著提高了 HSC 的移植成功率。现在，全世界每年进行超过 50 000 次骨髓移植，大量的临床试验也在进行中，旨在进一步提高 HSC 的移植成功率。

2011 年 11 月，FDA 批准脐带血源性造血祖细胞类产品 Hemacord 上市。Hemacord 是全球第一个上市的干细胞疗法产品。配合适当的造血和免疫重建准备方案，Hemacord 可用于非亲缘供体的造血祖细胞移植手术，也可用于遗传性、获得性或清除骨髓治疗导致的影响造血系统的疾病患者。Hemacord 是通过从新生儿的脐带或胎盘中抽取的血液制备而来。将脐带血中的 HSC 纯化、浓缩并冷冻以备将来使用。当 Hemacord 被移植到同种异体受体后，造血祖细胞会迁移到骨髓，此时骨髓中的内源性细胞已被放疗耗尽，供体 HSC 细胞随机播种并成熟，最终进入血流，进而部分或完全重建骨髓来源的血细胞数量和功能并恢复免疫功能。

（二）间充质干细胞及其应用

间充质干细胞（mesenchymal stem cell，MSC）来源于发育早期的中胚层和外胚层，属于多能干细胞。MSC 存在于人体的多种组织中，主要有骨髓、脂肪、滑膜、骨骼、肌肉、脐带、胎盘等，具有分化为成骨细胞、软骨细胞、肥大细胞、成纤维细胞、成肌细胞等多种细胞的潜能。大量证据表明，MSC 在再生医学、组织工程和免疫治疗中具有重要作用。MSC 具有强增殖力、多向分化潜能、造血支持和促进干细胞植入、免疫调控和自我复制以及表面抗原不明显等特点，在体内或体外特定的诱导条件下，可分化为脂肪、骨、软骨、肌肉、肌腱、韧带、神经、肝、内皮等多种组织细胞，连续传代培养和冷冻保存后仍具有多向分化潜能，可作为理想的种子细胞用于衰老和病变引起的组织器官损伤修复。随着 MSC 基础研究的深入，其临床适应证涵盖了慢性病、神经系统疾病、血液病等。

分离间充质干细胞（MSC）的标准操作程序（图片）

迄今为止，临床关于应用 MSC 治疗的报道多数使用的是自体细胞。MSC 作为治疗用细胞需要一定的数量，自体 MSC 由于个体差异的原因导致其质量不能标准化，严重影响其治疗效果。目前，多项临床试验证实了同种异体 MSC 的临床有效性和安全性，因此研究人员认为，同种异体的 MSC 可能是未来临床使用的首选药物。在常规使用的细胞治疗替代方案中，同种异体 MSC 主要用于骨骼再生。当组织损伤发生时，组织损伤（如缺氧、缺血或坏死）以及与组织损伤相关的各种介质开始动员 MSC。MSC 迁移并定居在受损组织中，与常驻细胞和基质相互作用，并分泌重要的生物活性分子，这些分子可以改变氧化还原电位、调节细胞凋亡、诱导细胞增殖并招募其他细胞，进而继续修复处理和调节局部免疫反应。这一复杂的级联效应是 MSC 治疗组织损伤的基础。MSC 主要通过两种主要机制执行上述功能，即替换受损细胞和局部递送生物活性分子。前者是再生医学细胞治疗的目标，后者则作为介质和受体的释放，是许多细胞过程的基础。由于 MSC 具有表面抗原不明显的特点，因此同种异体 MSC 是免疫特权细胞，其在免疫治疗领域的应用可能更加广泛。目前同种异体 MSC 的免疫调节功能主要表现为抑制 T 细胞增殖（图 11-5）。

目前全球仅有少数的 MSC 类药物获得了监管部门的上市批准，包括 2012 年加拿大批准上市的 Prochymal（由 Osiris 开发）和 2018 年欧盟批准上市的 Alofisel（由 TiGenix/Takeda 开发）。2012 年 5 月，加拿大宣布批准 Prochymal 上市，由此 Prochymal 成为全球首个获准用于治疗全身性疾病的 MSC 药物。Prochymal 最初被用于治疗儿童急性移植物抗宿主病（graft versus host disease，GVHD），随后扩大适应证为成年人的 GVHD，并在新西兰、瑞士等国同时上市。Prochymal 的主要成分是来自成年捐赠者的骨髓 MSC，在组织的修复过程中，MSC 通过细胞间的相互作用及释放可溶性生物活性因子，抑制 T 细胞的增殖及其免疫反应，从而发挥免疫重建的功能。

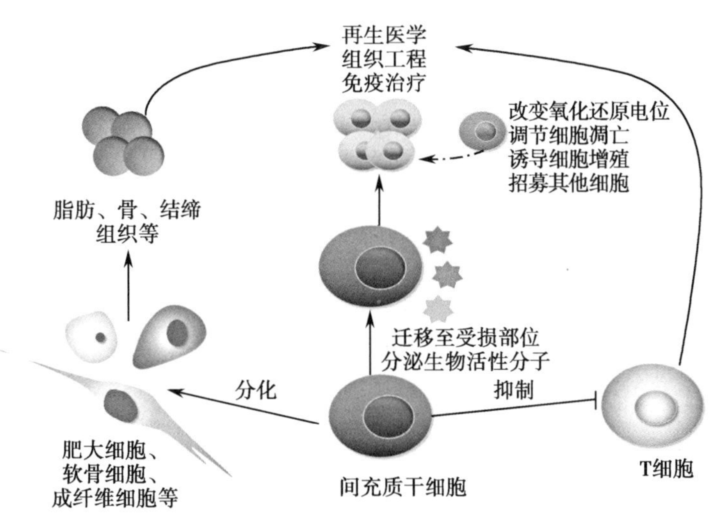

图 11-5　间充质干细胞用于治疗的作用机制

(三) 神经干细胞(NSC)及其应用

神经干细胞(neural stem cell,NSC)是神经系统中存在的部分原始细胞,其仍具有自我更新和增殖能力,主要存在于胚胎神经系统和成年脑的海马齿状回及室管膜下层中。NSC 在诱导下可向神经元、星形胶质细胞和少突胶质细胞分化。由于神经系统的细胞并不是持续补充的,因此 NSC 的再生能力和分化潜能有限。NSC 用于治疗中枢神经系统疾病仍处于实验研究或临床研究阶段,应用范围包括帕金森病、阿尔茨海默病、肌萎缩侧索硬化、脑内新陈代谢失调、神经性疼痛、脑肿瘤等。

(四) 表皮干细胞(ESC)及其应用

表皮干细胞(epidermal stem cell,ESC)的存在是组织再生和创伤修复的基础。ESC 不断分裂增殖、分化、产生角质形成细胞修复表皮,同时自我更新维持干细胞存在。ESC 的活力和分裂增殖状况直接影响创伤修复的进程。应用 ESC 治疗皮肤创伤的关键是提高 ESC 的自我更新与增殖能力,并抑制成纤维细胞的过度增殖。

(五) 角膜缘干细胞(LSC)及其应用

角膜缘干细胞(limbal stem cell,LSC)位于角膜缘上皮层基底部,LSC 移植术可用于治疗严重的眼角膜疾病。2015 年欧盟审批上市了 LSC 药物 Holoclar。Holoclar 来源于患者角膜未受损区域的 LSC,通过细胞培养制成。在临床试验中,Holoclar 能够修复眼部角膜损伤,并改善或解决疼痛、畏光等症状,同时可改善患者的视敏度。Holoclar 条件性获批用于治疗成人患者因物理或化学灼烧而引起的中至重度角膜缘干细胞缺陷症(limbal stem cell deficiency,LSCD),这是被推荐用于 LSCD 的首个药物。

目前,全球关于干细胞药物的开发运用仍处于起步阶段,对于干细胞特别是胚胎干细胞引起的伦理争论、干细胞治疗产品质量控制标准的完善、完善并加强干细胞临床研究的全过程管理和分级监管,以及深入开展干细胞应用领域的开发研究等均是目前有待解决的一些问题。相信在未来,随着相关技术的发展进步,干细胞药物在临床中的应用将得到快速发展。

第四节　传统体细胞药物

体细胞治疗(somatic cell therapy)是指人的自体、同种异体或异种的非生殖性活细胞的治疗应用,其中包括经体内或体外途径扩增、筛选、药物处理或用其他方法改变了生物学性质的为输入用的血液制品。可用于临床移植治疗的传统体细胞主要有软骨细胞、肝细胞、胰岛细胞、嗅鞘细胞等。此类

细胞不具有分化潜能，在具体组织器官中起着特定作用，行使一定功能。在临床上有过多种体细胞移植的尝试。1987 年，哥德堡大学的医学院伦理委员会批准自体软骨细胞移植（autologous chondrocyte implantation，ACI）可用于治疗关节软骨缺损患者，现已成为一种较为成熟的关节软骨缺损治疗技术。1992 年，水户（M Mito）团队成功对患者自体肝细胞进行了移植。2000 年，雷·拉约特（Ray V. Rajotte）团队通过同种异体胰岛移植，使 7 例不稳定性 1 型糖尿病患者摆脱了胰岛素。这些研究结果均说明体细胞治疗在临床上仍具有一定的发展潜力。

一、肝细胞及其应用

肝细胞是高度分化的细胞，具有丰富的酶系及多种特异性功能，被广泛用于实验性肝损伤、药动学、毒理学等研究。1999 年，研究人员发现大部分肝细胞（而不是小部分干细胞样肝细胞）具有多次分裂的能力，可以重建肝脏。初期实验表明，当内源性肝细胞遭到持续性破坏或死亡时，移植的肝细胞可代替内源性肝细胞行使功能，且其具有干细胞样克隆增殖能力。肝细胞移植是先将供体的肝脏在原位进行插管灌注、分离、纯化、培养，并对培养中的肝细胞进行检测，然后将具有正常细胞功能的活性肝细胞经皮导管或植入式端口直接注入受体门静脉。根据肝脏的疾病类型不同，肝细胞移植旨在替代 5%~10% 的肝实质质量的功能。目前，肝细胞移植主要用于原位肝移植前的短期替代，也可用于支持患有遗传性代谢缺陷、急性肝衰竭和慢性肝竭的患者。

用于肝细胞移植的肝组织主要是不适合实体器官移植的供体肝脏，包括肝脏的边缘或尸体的肝脏细胞等，但脂肪变性或严重缺血会限制肝细胞的产量和活力。为进一步解决原代人肝细胞稀缺性的问题，现已应用人类肝脏肿瘤或永生化人类肝细胞开发了几种肝细胞系。这些细胞系具有无限增殖的优势，但与正常肝细胞相比，肝脏特异性代谢较少。

生物人工肝是肝细胞移植的另一种来源，将动物或人类的肝脏活细胞加入生物反应器中，再向其中灌注肝衰竭患者的血液或血浆，培养后使其达到具有合成蛋白质（如凝血因子等）、调节激素、解毒、肝脏免疫等功能的目的。然而，缺乏足够有效的原代人肝细胞一直是开发生物人工肝的主要挑战。生物人工肝的另一种肝细胞来源是异种细胞，例如猪肝细胞。猪肝细胞的缺点主要是具有猪内源性反转录病毒感染的风险和人体对猪组织的免疫反应。转基因猪的使用将有望降低异种间免疫排斥反应。尽管生物人工肝是相对安全的，并且能够改善患者的神经系统和生化指标，但是尚无一项Ⅲ期临床试验显示其可以显著提高患者生存率。鉴于肝细胞生物学、生物工程和再生医学研究的快速发展，新一代生物人工肝有望为肝衰竭患者提供长期支持并显著改善该类患者的生存。

二、胰腺细胞及其应用

19 世纪末 20 世纪初，早期的胰岛细胞同种异体移植和异种移植为患有糖尿病相关并发症及慢性胰腺炎的患者开创了新的胰腺手术方法。大卫·萨瑟兰（David Sutherland）于 1977 年在明尼苏达大学为一名患有严重胰腺炎的患者进行了首例全胰腺切除术伴自体胰岛细胞移植术。随后，他和约翰·纳贾里安（John Najarian）成功地为 10 名手术诱发的糖尿病患者移植了自体胰岛细胞，其中 3 名患者分别在 1 个月、9 个月和 38 个月内脱离了胰岛素的治疗。

分离胰岛包括修剪脂肪、血管和结缔组织，并在抗生素溶液中清洗胰腺等步骤。胰管被插管并灌注酶促体系后胰腺膨胀，体积显著增大。将膨胀的胰腺切成小块（1 000~2 000mm^3）后转移到 Ricordi 腔室系统中进行消化。胰腺的消化是确保胰岛细胞产量和功能的关键步骤。消化完成并成功分离的胰岛细胞进行无菌性、内毒素和活力分析。最后，质量合格的胰岛细胞与白蛋白及肝素混合输注于患者门静脉内。

近十年来，临床自体胰岛细胞移植的研究取得了较大进展。目前，越来越多的临床研究中心

正在为符合其适应证的患者提供此类手术。手术术式正在向减小手术切口和减少胰岛损伤的方向发展。分离胰岛细胞的技术也较为成功，围手术期管理的重点是通过各种策略提高胰岛细胞移植成功率。胰岛细胞移植的应用也存在一定的风险，比如血液介导的炎症反应、门静脉内输注时栓塞门静脉窦毛细血管的可能性等。未来的目标是设法进一步提高移植胰岛细胞的长期存活率。

三、软骨细胞及其应用

自体软骨细胞移植（ACI）是利用自体关节软骨细胞，将其分离并培养扩增，然后移植到受损部位从而治疗软骨损害。ACI 于 20 世纪 80 年代后期首次开发，用于治疗膝关节软骨缺损。目前 ACI 已进入第三代：第一代 ACI 是利用骨膜补片将培养的软骨细胞溶液包含在缺损部位内；第二代 ACI 则更换为胶原膜补片，旨在解决骨膜移植物肥大的问题；第三代 ACI 允许微创植入，旨在改善细胞输送，更好地复制正常软骨结构，加速患者康复。三代 ACI 均对治疗高级别胫股骨软骨缺损有效。然而，冠状面对齐、韧带松弛 / 不稳定和半月板缺陷的问题仍需得到解决，否则影响 ACI 术后效果。

ACI 治疗包括两个阶段。第一阶段是自体软骨细胞的采集。软骨细胞通常通过关节镜从较轻的负重区域采集，最常见的是在股骨远端切迹上。利用初始胶原酶消化碎软骨，进而释放软骨细胞，将得到的软骨细胞在液体培养基中培养扩增。体外培养的目的是保持软骨细胞的基本表型，但增加软骨细胞的总数。ACI 的第二阶段是将软骨细胞重新植入缺损处。第三代 ACI 手术的第二阶段通常通过微型关节切开术进行。大于 2 000mm^2 的较大缺损和多个缺损（一个膝盖的缺损数为 2~5）均可以应用自体软骨细胞移植治疗，目前该技术正在尝试用于治疗存在骨对骨两极缺损的胫骨、髌骨和股骨问题。

实体器官移植是患者终末器官衰竭的最后治疗手段，在过去的几十年中切实有效地改善了大量患者的预后。然而，实体器官移植仍具有许多缺点，包括需要对经常患有多种合并症的患者进行侵入性手术，容易增加短期死亡率等。与器官移植相比，细胞移植的缺点较少。例如，与全胰腺移植相比，经皮门静脉输注胰岛细胞所需的手术次数更少。虽然门静脉输注胰岛细胞也有发生并发症的风险，但其风险率显著低于移植胰腺术后的并发症风险率。目前，细胞移植已成为一种常见的治疗手段，并且在部分情况下细胞移植要优于整体器官移植。

第五节　细胞药物的标准和质量管理

细胞治疗是一个正在兴起的发展中的医学领域，旨在为患者的精准化医疗提供帮助。随着越来越多的细胞药物通过临床试验获得上市批准，对稳定且明确的药物生产方法的需求也变得越来越急迫。为了使细胞药物可以切实应用于临床，要求无论细胞类型或应用如何，都必须使用一致、安全和有效的细胞药物来治疗患者。细胞药物制剂应满足完全无菌、无支原体、无外源病毒、无其他外来微生物感染等关键要求，以确保其安全性。由于细胞药物产品的独特性，例如异质性 / 复杂性、有限的保质期和稳定性、很少 / 缺乏制造的行业标准或参考材料以及其作用方式的模糊性，因此与其他生物制剂的 GMP 标准生产相比，更难以具体说明并确保和复制其质量。此外，这些产品在消除安全风险方面存在困难，因为细胞药物的许多检测方法未经验证或许多已验证的检测方法无法用于细胞治疗产品的评估。基于细胞产品的特性及风险性，采用灵活的方法来确保细胞治疗产品的质量尤为重要，尤其是在临床试验的早期阶段。从多个角度来看，开发细胞药物类产品具有极大的挑战性，包括制造、监管、分销、检测和交付。因此，各国均出台相关法律来建立适当的监管框架，促进细胞治疗产品的发展。

一、国外细胞药物的标准和质量管理

细胞药物获得上市许可的两个首要条件是安全性和有效性。美国食品药品管理局(FDA)和欧洲药品管理局(European Medicines Agency,EMA)为监管指令中规定的质量、安全性和有效性应如何解释及其相应的应用标准提供了详细的指南。在新型细胞药物的临床前开发过程中,必须评估药物的毒性风险。有助于确定细胞产品安全性的几项评估包括:①细胞类型和其固有的生物学特征(干细胞样特性、细胞分化潜力、增殖能力等);②供体来源(自体或异体);③操作类型和水平(体外扩增与基因工程,最小处理与高度复杂的合成生物学过程等);④生产过程和技术(例如自动化程序、封闭系统、GMP 验证协议、基于病毒灭活工程技术等);⑤递送方式(全身输注或局部植入);⑥预期的不良反应和毒性(例如,细胞因子释放综合征、移植物抗宿主病、严重的免疫抑制等)。同时,部分细胞药物存在伦理问题(如胚胎干细胞等),部分针对罕见病的细胞药物无法广泛进行药动学和药效学研究,对新型细胞和基因疗法的机制知之甚少,不同研究中心 GMP 标准操作程序不同导致产品之间具有异质性以及一些细胞药物存在不良反应等,也是细胞药物开发生产中面临的问题。

(一) 美国细胞药物的标准和质量管理

在美国,人体细胞、组织以及基于细胞或组织的产品(human cells, tissues, and cellular and tissue-based products, HCT/Ps)被定义为包含或由人体细胞或组织组成的制品,用于植入、移植、输液等方式转移到人类接受者体内。HCT/Ps 包括但不限于骨、结缔组织、皮肤、硬脑膜、角膜、造血干细胞 / 祖细胞(来自外周血、脐带血和骨髓)、经处理的自体软骨细胞、合成基质上的上皮细胞、精液或其他生殖组织。全血、血液成分或血液衍生产品(如白细胞、血小板、凝血因子等)、动物来源的细胞组织或器官和干预最小化、作为同源性应用的骨髓不属于 HCT/Ps 分类监管的产品。

FDA 的生物制品评价与研究中心(Center for Biologics Evaluation and Research, CBER)负责监管细胞治疗产品、人类基因治疗产品以及与细胞和基因治疗相关的某些设备。CBER 以《公共卫生服务法》(*Public Health Services Act*)和《联邦食品、药品和化妆品法》(*Federal Food, Drugs, and Cosmetic Act*)作为监管的授权法规,并于 1998 年发布了《人体细胞疗法与基因治疗指南》(*Guidance for Industry: Guidance for Human Somatic Cell Therapy and Gene Therapy*),将大部分用于治疗的组织类产品及用于人体细胞治疗的细胞类产品划归为生物制品管理,要求其生产符合 cGMP 的要求,临床研究应进行新药研究申请,并且需要进行上市前批准。后期 CBER 又相继出台了多项管理要求(目前主要为 PHS ACT-Section 351 CFR 21, 1271),进一步规范细胞制品的各项管理。

(二) 欧盟细胞药物的标准和质量管理

在欧盟,自 2003 年起细胞治疗受到欧盟 2003/63/EC 法规的监管。另外,这些产品属于生物药物类别,其原始材料的捐赠、收集和分析必须符合欧盟 2004/23/EC 法规,生产要求必须符合欧盟 2003/94/EC 的标准,最后还需遵守欧盟 2001/20/EC 和 2005/28/EC 法规中制定的临床规范的相应原则和程序。欧洲药品管理局(EMA)于 2007 年颁布并于 2008 年正式实施的《先进治疗医药产品管理规定》[Regulation (EC) No.1394/2007 on Advanced Therapy Medicinal Product],将基因治疗医药产品、体细胞治疗医药产品和组织工程产品纳入先进治疗医药产品(Advanced Therapy Medicinal Product, ATMP)管理。同时法规中提出了医院豁免条款,由医院决定对患者的治疗应用。考虑到 ATMP 上市后的风险,特别强调此类产品的可追踪性,要求生产商和医院均需建立相应的追踪制度,生产商要保证生产、包装、贮存、运输和配送以及原料来源的可追溯性,医院要保证产品和患者的可追溯性。

(三) 日本细胞药物的标准和质量管理

在日本,细胞治疗产品被称为再生医疗产品,是指通过化学处理、改变生物学特性和进行人工基因操作增殖或激活细胞用于治疗疾病或组织修复再生的,含有或由自体或者同源人类细胞或组织组

成的药物或医疗器械。日本将细胞治疗、基因治疗、组织工程作为独立于药物、医疗器械的再生医学产品单独监管，并在 2013 年进行了再生医学产品的审批改革。2014 年 11 月，日本颁布了《药品和医疗器械法》(*Pharmaceuticals and Medical Devices Law*，PMDL）和《再生医学安全法案》(*Act on the Safety of Regenerative Medicine*，ASRM）这两项法律。PMDL 首次定义了再生医疗产品，并引入了一个系统再生医疗产品的有条件和限时上市许可。该管理办法规定：对于均质性不一的再生医疗等制品，如果能确定其安全性，并且能估计其有效性，那么可以通过附加条件及期限，特别是在早期就可以对其予以承认。然后，再重新验证其安全性和有效性。这个政策的变化令个性化医疗的管理再次向前迈进了一大步。

（四）韩国细胞药物的标准和质量管理

在韩国，由食品药品安全部（Ministry of Food and Drug Safety，MFDS）负责监管食品、生物制品、药品、医疗器械和化妆品。细胞治疗产品被归类为生物产品，受《药事法》(*South Korean Pharmaceutical Affairs Act*，PAA）监管。韩国的细胞产品被定义为通过物理、化学和 / 或生物操作制造的医药产品，例如自体、同种异体或异种细胞的体外培养等。但是，该定义不适用于医生在医疗中心进行外科手术或治疗过程中进行的不引起细胞安全问题的最小操作（例如，简单的分离、洗涤、冷冻、解冻等操作，同时保持生物学特性）的情况。MFDS 监管的细胞产品包括体细胞、干细胞以及此类细胞与支架或其他设备的组合产品。来自活体或尸体供体的 9 类人体组织（软骨、骨骼、韧带、肌腱、皮肤、心脏瓣膜、血管、筋膜和羊膜）受《人体组织安全和控制法》(*Human Tissue Safety and Control Act*）的监管。根据《生物伦理与安全法》(*Bioethics and Safety Act*)，使用细胞、基因和其他人源材料的研究必须以适当且合乎道德的方式进行，以保护受试者。

二、我国细胞药物的标准和质量管理

2002 年，在国家药品监督管理局发布的《药品注册管理办法》中，体细胞治疗产品被归类为生物制剂。2003 年，中华人民共和国科学技术部和中华人民共和国卫生部（以下简称为卫生部）联合发布了《人类胚胎干细胞研究伦理指导原则》，该指导原则是我国第一部规范干细胞研究的指南。2009 年，卫生部发布了第一个允许临床应用的三类医疗技术清单，细胞免疫治疗和干细胞治疗被列入该清单，这表明自体细胞免疫治疗和干细胞治疗获得卫生部的批准，被允许在特定医院应用。2015 年，中华人民共和国卫生和计划生育委和国家食品药品监督管理总局（CFDA）联合发布了《干细胞临床研究管理办法（试行）》。2017 年，国家食品药品监督管理总局颁布了《细胞治疗产品研究与评价技术指导原则（试行）》并开始实施。2019 年，中华人民共和国卫生健康委员会发布《体细胞治疗临床研究和转化应用管理办法（试行）（征求意见稿）》，该意见稿就促进体细胞治疗创新、满足患有严重或危及生命的疾病或病症患者的医疗需求等问题进行了解释。根据该政策草案，如果通过选定医院的临床研究证明安全性和有效性，可以将体细胞疗法以临床应用的形式提供给患者。

目前，中国的细胞治疗产品在《药品注册管理办法》的授权下作为生物产品受到监管。技术要求参考 2017 年《细胞治疗产品研究与评价技术指导原则（试行）》指南，阐明了药物研究、非临床和临床试验的一般原则和基本要求，适用于按照药品进行研发与注册申报的人体来源的活细胞产品。涉及体外基因改造或工程的细胞治疗产品，应遵循国家食品药品监督管理局于 2003 年颁布的《人基因治疗研究和制剂质量控制技术指导原则》。如果生物制品包含特定的输送装置（例如动脉内导管）、细胞接种支架或封装装置，国家药品监督管理局（NMPA）医疗器械标准管理中心有责任通过以下方式确定这些疗法的产品管辖范围属性指定请求。此外，NMPA 还在 2019 年底制定了《GMP 附录 - 细胞治疗产品（征求意见稿）》，作为针对细胞产品量身定制的 GMP 标准，这将填补中国细胞治疗产品质量控制的监管和技术

细胞药物的标准和质量管理（图片）

方面的空白。

小结

生物技术药物发展迅速，本章主要介绍了细胞药物这一类发展迅速的新型生物制药技术的基本概念、原理、制备方法、临床应用及已上市相关药品。细胞治疗属于个体化治疗技术，其中免疫细胞药物包括基于T细胞的免疫细胞药物、基于自然杀伤细胞的免疫细胞药物和基于树突状细胞的免疫细胞药物。体内回输免疫活性细胞可以在不损伤机体免疫系统结构和功能的前提下直接杀伤肿瘤细胞，调节和增强机体的免疫功能，为预防肿瘤复发、改善晚期肿瘤患者的生存质量提供了有效的治疗手段。干细胞是具有自我更新和多向分化潜能的细胞，按照发育阶段不同可分为胚胎干细胞和成体干细胞。胚胎干细胞可以分化为各种类型的组织细胞，在合适的条件下甚至可能发育成为完整的器官，有可能解决器官移植供体来源短缺的问题。成体干细胞来源广泛，可从自体获得，从而避免异体免疫排斥反应，其用于移植治疗发展很快，也较为成熟。目前国际上已批准多个干细胞药物上市，适应证包括膝关节软骨缺损、移植物抗宿主病、克罗恩病、遗传性或获得性造血系统疾病、退行性关节炎和膝关节软骨损伤、克罗恩病并发肛瘘、黏多糖贮积症ⅠH型(赫尔勒综合征)、肌萎缩侧索硬化症、中度至重度角膜缘干细胞缺乏症、血栓闭塞性动脉炎等。体细胞治疗是指人的自体、同种异体或异种的非生殖性活细胞的治疗应用。此类细胞不具有分化潜能，在具体组织器官中起着特定作用，行使一定功能。目前，可用于临床移植治疗的传统体细胞主要有软骨细胞、肝细胞、胰腺细胞、软骨细胞等。随着越来越多的细胞药物通过临床试验获得上市批准，对稳定且明确的药物生产方法的需求也变得越来越急迫，因此全球各国纷纷制定相应的政策法规促进细胞药物的健康发展。相信在不远的未来，细胞药物将为患者带来更大的福音。

思考题

1. 基于T细胞的免疫治疗药物有哪些种类？
2. 简述树突状细胞药物发挥作用的基本原理。
3. 胚胎干细胞药物与成体干细胞药物各自的优缺点是什么？
4. 常见的传统体细胞药物有哪些？优点是什么？
5. 细胞药物安全性评估包含哪些项目？

第十一章
目标测试

（房 月）

参考文献

[1] 刘保池，朱焕章. 细胞治疗临床研究. 上海：复旦大学出版社，2019.
[2] 徐威. 药学细胞生物学. 3版. 北京：中国医药科技出版社，2019.

［3］刘宝瑞. 肿瘤个体化与靶向免疫治疗学. 北京: 科学出版社, 2017.
［4］MAGDALENA KLINK. 肿瘤细胞免疫免疫细胞和肿瘤细胞的相互作用. 刘世利, 韩明勇, 译. 北京: 化学工业出版社, 2016.
［5］王佃亮. 细胞药物的种类及生物学特性——细胞药物连载之一. 中国生物工程杂志, 2016, 36 (5): 138-144.

中英文名词对照索引

E

F

G

H

J

K

L

M

N

P

Q

Y

Z